U0845324

卡耐基励志经典

廖敏——编著
达夫——译编

江西美術出版社
全国百佳出版单位

图书在版编目（CIP）数据

卡耐基励志经典 / 廖敏编著 ; 达夫编译 . -- 南昌 :
江西美术出版社 , 2018.5
ISBN 978-7-5480-5995-0

Ⅰ . ①卡… Ⅱ . ①廖… ②达… Ⅲ . ①成功心理 – 通
俗读物 Ⅳ . ① B848.4-49

中国版本图书馆 CIP 数据核字 (2018) 第 026161 号

出 品 人：周建森
责任编辑：陈军 廖静
责任印制：谭勋

卡耐基励志经典 廖敏 编著 达夫 编译

出 版：江西美术出版社
社 址：南昌市子安路 66 号 邮编：330025
电 话：0791-86566274
发 行：010-88893001
印 刷：北京海石通印刷有限公司
版 次：2018 年 5 月第 1 版
印 次：2018 年 5 月第 1 次印刷
开 本：850mm × 1180mm 1/32
印 张：22
ISBN：978-7-5480-5995-0
定 价：39.80 元

本书由江西美术出版社出版。未经出版者书面许可，不得以任何方式抄袭、复制或节录本书的任何部分。

本书法律顾问：江西豫章律师事务所 晏辉律师

版权所有，侵权必究

前言

PREFACE

戴尔·卡耐基是20世纪美国最伟大的成功学导师，人际关系之父，成人教育之父和心理学家，他为人类做出了杰出的贡献，永远在人类历史的银河中灿若星辰。

卡耐基运用心理学和社会学知识，对人类共同的心理特点和人性都进行了深刻的探索和分析，开创并发展出一种容演讲术、推销术、为人处世术、智力开发术为一体的独特的成人教育方式，卓有成效。无论是西方国家还是东方世界，他的著作的译本几乎涵盖了所有语系的文字。而他开创的“人际关系训练班”，包括美国卡耐基成人教育机构、国际卡耐基成人教育机构，以及遍布世界50多个国家的分支机构，更是多达2000余所。他以超人的智慧、严谨的思维，在道德、精神和行为准则上指导万千读者，给人们安慰、鼓舞，使他们从中汲取力量，从而改变自己的生活，开创崭新的人生。从总统到内阁大臣，从各界名流到普通百姓，卡耐基教育机构造就了千千万万的毕业生，所开创的成功学教育培训帮助无数人实现了自己的梦想，影响了本世纪的几代人。他也由此奠定了作为第一代成功学大师的地位，被誉为20世纪最伟大的人生导师，畅销全球的美国《时代周刊》给予他极高的评价：“或许除了自由女神，他就是美国的象征”。

卡耐基在实践的基础上写出的成功学著作，是20世纪最畅销的成功励志经典。主要代表作有《人性的弱点》、《人性的优点》、《美好的人生》、《快乐的人生》、《语言的突破》、《伟大的人物》以及《人性的光辉》等7本书，其中《人性的弱点》一书，是继《圣经》之后世界出版史上第二畅销书。这7本书也共同构成了卡耐基为人处世、通向成功之路的成功学体系，与他的成人教育培训班相辅相成，改变了传统的成人教育方式，影响了千百万人的生活。“不要犹豫!请立刻阅读!这是改变你一生的机会!”大多数读过卡耐基著作的人都很熟悉这句话。

本书共收录了卡耐基三部经典著作，包括《人性的优点全集》、《人性的弱点全集》、《语言的突破全集》，系卡耐基成就最高、流传最广、影响最大的作品，也是卡耐基伟大思想的精髓。其中《人性的优点全集》告诉你如何摆脱忧虑的困扰，并指导你如何获得快乐，享受快乐的人生。在这一部分内容中，卡耐基阐明了这样一个观点：消除错误的忧虑思想和行为，在心灵中注入快乐，比割除身上的肿瘤和脓疮还重要；而有了快乐的思想和行为，你就能感到快乐，就能享受到快乐的人生。本部分则从战胜忧虑心理、培养快乐心情两方面对他的观点进行了阐述。另外，因为工作与金钱对人们的日常生活有着莫大影响，而人的快乐心情也与其休戚相关，于是在如何处理好这两个问题方面，卡耐基也进行了详细的阐释与说明，并提出了非常具有实用价值的忠告，因为这两个问题对人的快乐有着非常重要的影响。

《人性的弱点全集》从人性本质的角度,挖掘出潜藏人们体内的弱点,使人们能够充分认识自己,并不断改造自己,从而能有所长进,直至取得最后的成功，其内容主要包括三个方面，即使别人同意你的意见的规则、改变他人的意见的技巧以及使你的家庭婚姻生活保持幸福快乐的秘诀。书中以简单明了的道理加上生动活泼的具体事例，从各个方面总结了为人处世、接人待物以及家庭生活的原则和方法，内容涉及同事、朋友、领导、客户和家庭成员之间的关系，告诉你在人际交往中应该注意的各种事项，以及怎样与配偶、家人处理好关系，维持家庭的和睦。

《语言的突破全集》教导你应该如何在演讲与口才方面实现语言的突破。本部分所倡导的一些原则和方法并不局限于演讲本身，它们同样适用于生活中的人际交往的语言沟通。众所周知，口才对人们的生活影响已经越来越重要，拥有出色的语言表达能力将使你离成功更加接近。而这些，相信你在看过本部分后一定会深有感触和体会，如果能认真按照书中所指引的方法坚持练习与实践，一定也可以实现自己在语言方面的突破。

相信你一定能从本书中得到有益的启发和激励，“不要犹豫!请立刻阅读!这是改变你一生的机会!”

目录
CONTENTS

人性的优点全集

语言的突破全集

第七章　说服力

第八章　打造个人的说话风格

第一篇

人性的优点全集

本书是卡耐基一生中最重要、最生动的人生经验的汇集，也是一本记录成千上万人如何摆脱心理问题走向成功的实例汇集。本书一经出版，便在全球畅销不衰，改变了千百万人的生活和命运，被誉为“克服忧虑获得成功的必读书”“世界励志圣经”。

第一章

忧虑，幸福人生的破坏者

忧虑是健康的大敌

◎ 不知道如何抗拒忧虑的人都会寿命减少。

◎ 忧虑容易导致三种疾病：溃疡、高血压、心脏病。

◎ 在医生接触的病人中，有70%的人只要消除他们的恐惧和忧虑，病就会自然好起来。

很多年以前的一个晚上，一个邻居来按我的门铃，要我和家人去种牛痘，预防天花。他是整个纽约市几千名志愿者中去按门铃的人之一。很多吓坏了的人都排了好几个小时的队接种牛痘。在所有的医院、消防队、警察局和大工厂里都设有接种站。大约有2000名医生和护士夜以继日地替大家种痘。怎么会这么热闹呢？因为纽约市有8个人得了天花——其中2人死了——800万纽约市民中死了2人。

我在纽约市已经住了37年，可是还没有一个人来按我的门铃，并警告我预防精神上的忧郁症——这种病症，在过去37年里所造成的损害，至少比天花要大一万倍。

从来没有人来按门铃警告我：目前生活在这个世界上的人中，每10个人就有1个会精神崩溃，而大部分都是因为忧虑和感情冲突而引起的。所以我现在写本章，就等于来按你的门铃，向你发出警告。

曾经获得诺贝尔医学奖的亚历克西斯·卡锐尔博士说：

不知道抗拒忧虑的商人都会短命而死。

其实不只商人，家庭主妇、兽医和泥水匠……都是如此。

几年前，我在度假的时候，跟戈伯尔博士一起坐车经过得克萨斯州和新墨西哥州。戈伯尔博士是圣塔菲铁路的医务负责人，他的正式头衔是海湾—科罗拉多和圣塔菲联合医院的主治医师。当我们谈到忧虑对人的影响时，他说：

“在医生接触的病人中，有70%的人只要能够消除他们的恐惧和忧虑，病就会自然好起来。不要误以为他们都是生了病，他们的病都像你有一颗蛀牙一样实在，有时候还严重100倍。我说的这种病就像神经性的消化不良，某些胃溃疡、心脏病、失眠症，一些头痛症和麻痹症等等。这些病都是真病，我这些话也不是乱说的，因为我自己就得过12年的胃溃疡。恐惧使你忧虑，忧虑使你紧张，并影响到你胃部的神经，使胃里的胃液由正常变为不正常。因此就容易产生胃溃疡。”

约瑟夫·蒙塔格博士曾写过一本《神经性胃病》的书，他也说过同样的话：“胃溃疡的产生，不是因为你吃了什么而导致的，而是因为你忧愁些什么。”

梅奥诊所的阿尔凡莱兹博士说：“胃溃疡通常根据你情绪紧张的高低而发作或消失。”

他的这种说法在对梅奥诊所的15000名胃病患者进行研究后得到了证实。每5个人中，有4个并不是因为生理原因而得的胃病。恐惧、忧虑、憎恨、极端自私，以及无法适应现实生活，才是他们得胃病和胃溃疡的原因。胃溃疡可以让你丧命。

我最近和梅奥诊所的哈罗德·哈贝恩博士通过几次信。他在全美工业界医师协会的年会上读过一篇论文，说他研究了176位平均年龄在4④3岁的工商界负责人。他报道说：大约有1/3多的人因为生活过度紧张而引起下列三种病症之一——心脏病、消化系统溃疡和高血压。想想看，在我们工商界的负责人中，有1/3的人都患有心脏病、溃疡和高血压，而他们都还不到45岁，成功的代价是多么高啊！而他们甚至都不能算是成功，一个身患胃溃疡和心脏病的人能算是成功之人吗？就算他能赢得全世界，却损失了自己的健康，对他个人来说，又有什么好处？即使他拥有全世界，每次也只能睡在一张床上，每天也只能吃三顿饭。就是一个挖水沟的人，也能做到这一点，而且还可能比一个很有权力的公司负责人睡得更安稳，吃得更香。我情愿做一个在阿拉巴马州租田耕种的农夫，在膝盖上放一把五弦琴，也不愿意在自己不到45岁的时候，就为了管理一个铁路公司，或者是一家香烟公司而毁了自己的健康。

说到香烟，一位世界最知名的香烟制造商，最近在加拿大森林里想轻松一下的时候，因为心脏病发作而死了。他拥有几百万元的财产，却在61岁时就离世了。他也许是牺牲了好几年的生命换取了所谓的“生意上的成功”。

在我看来，这个有几百万财产的香烟大王，其成功还不及我爸爸的一半。我爸爸是密苏里州的农夫，一文不名，却活到了89岁。

心脏病是美国的第一号凶手。在二次大战期间，大约有30几万人死在战场上，可是在同一段时间里，心脏病却杀死了200万平民——其中有100万人的心脏病是由于忧虑和过度紧张的生活引起的。中国人和美国南方的黑人却很少患这种因忧虑而引起的心脏病，因为他们处事沉着。死于心脏病的医生比农夫多20倍，因为医生过的是紧张的生活，所以才有这样的结果。

“上帝可能原谅我们所犯的罪，”威廉·詹姆斯说，“可是我们的神经系统却不会。”

这是一个令人吃惊而难以相信的事实：每年死于自杀的人，比死于种种常见的传染病的人还要多。

为什么呢？答案通常都是“因为忧虑”。

古时候，残忍的将军要折磨他们的俘虏时，常常把俘虏的手脚绑起来，放在一个不停往下滴水的袋子下面……水滴着……滴着……夜以继日，最后，这些不停滴落在头上的水，变得好像是用槌子敲击的声音，使那些人精神失常。这种折磨人的方法，以前西班牙宗教法庭和希特勒手下的德国集中营都曾经使用过。

忧虑就像不停往下滴、滴、滴的水，而那不停地往下滴、滴、滴的忧虑，通常会使人心神不宁而自杀。

当我还是密苏里州一个乡下孩子的时候，礼拜天听牧师形容地狱的烈火，吓得我半死。可是他从来没有提到，我们此时此地由忧虑所带来的重重痛苦的地狱烈火。比方说，如果你长期忧虑下去的话，你有一天就很可能会患最痛苦的病症——狭心症。

这种病要是发作起来，会让你痛得尖叫，跟你的尖叫比起来，但丁的《地狱篇》听来都像是“娃娃游玩具国”了。到时候，你就会跟你自己说：“噢，上帝啊！噢，上帝啊！要是我能好的话，我永远也不会再为任何事情忧虑——永远也不会了。”如果你认为我这话说得太夸张的话，不妨去问问你的家庭医生。

你爱生命吗？你想健康、长寿吗？下面就是你能做到的方法。我再引用一次亚历西斯·卡瑞尔博士的话：“在纷繁复杂的现代城市中，只有能保持内心平静的人，才不会变成神经病。”

你是否可以在现代城市的混乱中保持内心的平静呢？如果你是一个正常人，答案应该是：“可以的”，“绝对可以”。我们大多数人实际上都比我们所认为的更坚强得多。我们有很多也许从来没有发现的内在力量，就像梭罗在他不朽的名著《狱卒》里所说的：“我不知道有什么比一个人能下定决心改善他的生活能力更令人振奋了……要是一个人，能充满信心地朝他理想的方向去做，下定决心过他所想过的生活，他就一定会得到意外的成功。”

停止忧虑。

精神失常的原因

◎ 在纷繁复杂的现代社会，只有能保持内心平静的人，才不会变成神经病。

◎ 医生所犯的最大错误是，他们想治疗身体，却不想医治思想。可是精神和肉体是一致的，不能分开处置。

著名的梅奥兄弟宣布，我们有一半以上的病床上，躺着患有神经病的人。可是，在强力的显微镜下，以最现代的方法来检查他们的神经时，却发现大部分人都非常健康。他们“神经上的毛病”都不是因为神经本身有什么异常的地方，而是因为情绪上有悲观、烦躁、焦急、忧虑、恐惧、挫败、颓丧等等的情形。柏拉图说过：

“医生所犯的最大错误是，他们想治疗身体，却不想医治思想。可是精神和肉体是一致的，不能分开处置。”

医药科学界花了2300年的时间才认清这个真理。我们刚刚才开始发展一种新的医学，称之为“心理生理医学”，用来同时治疗精神和肉体。现在正是做这件事的最好时机，因为医学已经大量消除了可怕的、由细菌所引起的疾病——比方说天花、霍乱、黄热病，以及其他种种曾把数以百万计的人埋进坟墓的传染病症。可是，医学界一直还不能治疗精神和身体上那些不是由细菌所引起，而是由于情绪上的忧虑、恐惧、憎恨、烦躁，以及绝望所引起的病症。这种情绪性疾病所引起的灾难正日渐增加，日渐广泛，而速度又快得惊人。

医生们估计说：现在活着的美国人中，每20人就有1人在某一段时期得过精神病。第二次世界大战期间被征召的美国年轻人，每6人中就有1人因为精神失常而不能服役。

精神失常的原因何在？没有人知道全部的答案。可是在大多数情况下，极可能是由恐惧和忧虑造成的。焦虑和烦躁不安的人，多半不能适应现实的世界，而跟周围的环境隔断了所有的关系，缩到自己的梦想世界，以此逃避他所忧虑的问题。

在我写这一章时，我书桌上就有一本书，是爱德华·波多尔斯基博士所写的《停止忧虑，换来健康》。书中谈到了几个问题：

①忧虑对心脏的影响。

②忧虑造成高血压。

③风湿症可能因忧虑而起。

④为了保护你的胃，请少忧虑些。

⑤忧虑如何使你感冒。

⑥忧虑和甲状腺。

⑦忧虑与糖尿病患者。

另外一本谈忧虑的好书，是卡尔·明格尔博士所写的《与己作对》。它没告诉你怎样避免忧虑的规则，却告诉你一些很可怕的事实，让你看清楚焦虑、烦躁、憎恨、后悔、反叛和恐惧情绪怎样伤害我们的身心健康。

忧虑甚至会使最强壮的人生病。在美国南北战争的最后几天里，格兰特将军发现了这一点。故事是这样的：

格兰特围攻里奇蒙德有9个月之久，李将军的衣衫不整、饥饿不堪的部队被打败了。有一次，好几个兵团的人开了小差，其余的人在他们的帐篷中开会祈祷，叫着、哭着，看到了种种幻象。眼看战争就快结束了，李将军手下的人放火烧了里奇蒙德的棉花，以及烟草仓库，也烧了兵工厂，然后在烈焰升腾的黑夜里弃城逃走了。格兰特乘胜追击，从左右两侧和后方夹攻南部联军，而由骑兵从正面截击，拆毁铁路线，俘虏了运送补给的车辆。

由于剧烈头痛而使眼睛半瞎的格兰特无法跟上队伍，就停在了一个农家。“我在那里过了一夜，”他在回忆录里写道，“把我的两脚泡在了加了芥末的冷水里，还把芥末药膏贴在我的两个手腕和后颈上，希望第二天早上能恢复。”

第二天清早，他果然复原了。可是使他复原的，不是芥末药膏，而是一个带回李将军降书的骑兵。

“当那个军官来到我面前的时候，”格兰特写道，“我的头痛得很厉害，可是我一看到那封信的内容，我就好了。”

显然，格兰特是由于忧虑、紧张和不安才生病的。一旦他在情绪上恢复了自信，想到他的成就和胜利，病马上就好了。

70年后，罗斯福总统的财政部长亨利·摩根索发现忧虑会使他病得头昏眼花。他在日记中记述说，为了提高小麦的价格，罗斯福总统在一天以内买了440万蒲式耳的小麦，使他感到非常忧虑。他在日记里说：“在这件事还没有结果之前，我觉得头昏眼花。我回到家中，在吃完中饭后睡了两个小时。”

著名的法国哲学家蒙泰格被选为老家的市长时，他对市民们说：“我愿意用我的双手处理你们的事情，可是不愿把它们带到我的肝里和肺里。”

但我那个邻居却把股票市场带到了他的血液中，差点送了他的老命。

如果我想记住忧虑对人有什么影响，我不必去看我领导的房子，只要看看我现在坐着的这个房间，想想以前这栋房子的主人——他由于忧虑过度而进了坟墓。忧虑会使你患风湿症或关节炎而坐进轮椅，康奈尔大学医学院的罗素·塞西尔博士是世界闻名的治疗关节炎权威，他列举了四种最容易得关节炎的情况：

①婚姻破裂。

②财务上的不幸和难关。

③寂寞和忧虑。

④长期的愤怒。

确实，以上四种情绪状况，并不是关节炎形成的惟一原因。而使关节炎产生的最“常见的原因”是西基尔博士所列举的这四点。举个例子来说，我的一个朋友在经济不景气的时候，遭到了很大的损失。结果煤气公司切断了他的煤气，银行没收了他抵押贷款的房子，他的太太突然染上关节炎，虽然经过治疗和增加营养，关节炎却一直到他们的财务状况改善之后才算痊愈。

不久以前，我和一个得这种病的朋友到费城去。我们去见伊莎瑞尔士内·布拉姆博士——一位主治这种病达38年之久的著名专家。在他候诊室的墙上挂了一块大木板，上面写着他给病人的忠告。我把它抄在一个信封的背面：

轻松和享受

最使你轻松愉快的是，

健全的信仰、睡眠、音乐和欢笑。

——对神要有信心，

——要能睡得安稳，

——喜欢好的音乐，

——从滑稽的一面来看待生活，

健康和快乐就都是你的。

他问我朋友的第一个问题就是：“有什么问题使你的情绪产生这种情况？”他警告我的朋友说，如果他继续忧虑下去，就可能会染上其他并发症，例如心脏病、胃溃疡，或是糖尿病。“所有的这些病症，”这位名医说，“都互为亲戚关系，甚至是很近的亲戚。”一点都不错，它们都是近亲——由忧虑所产生的病症。

放下忧虑，平衡心灵。

忧虑是容貌最大的克星

◎ 再没有什么会比忧虑使一个女人老得更快，而摧毁了她的容貌了。

◎ 我觉得化妆品不只是搽在肌肤上的东西，它更应该是搽拭在精神上的东西，经常使用化妆品的人会变得心情舒畅，其实它应从更深层次上减轻女性们的精神痛苦。

我去访问女明星英乐·奥伯恩时，她告诉我她绝对不会忧虑，因为忧虑会摧毁她在银幕上的主要资产——她美丽的容貌。她告诉我说：

"当我最先想要进入影坛的时候，我既担心又害怕。我刚从印度回来，在伦敦一个熟人也没有，却想在那里找一份工作。去见过几个制片家，可是没有一个人肯用我。我仅有的一点钱渐渐用光了，整整有两个礼拜，只靠一点饼干和水过活。这下我不仅是忧虑，还很饥饿，我对自己说：'也许你是个傻子，也许你永远也不可能闯进电影界。归根究底，你没有经验，也从来没有演过戏，除了一张漂亮的脸蛋，你还有些什么呢？'

"我照了照镜子。就在我望着镜子的时候，才发现忧虑对我的容貌起了极坏的影响。我看见了忧虑造成的皱纹，看见了焦虑的表情，于是我对自己说：'你一定得马上停止忧虑，不能再忧虑下去了，你所能给人家的只有你的容貌了，而忧虑会毁了它的。'"

再没有什么会比忧虑使一个女人老得更快，而摧毁了她的容貌。忧虑会使我们的表情难看，会使我们咬紧牙关，会使我们的脸上产生皱纹，会使我们老是愁眉苦脸，会使我们头发灰白，有时甚至会使头发脱落。忧虑会使你凛上的皮肤发生斑点、溃烂和粉刺。

曾经有一段时期在日本掀起了第一次"自然化妆品"热潮，与现时的"自然"有所不同，主要以使用更加原始的原材料生产化妆品为特色，比如使用赤豆、丝瓜等所谓“传统智慧”的化妆品大行其道，对流行时尚极为敏感的年轻女性完全陷于其中不能自拔。这种自然化妆品的依据便是“绝不使用任何界面活性剂、防腐剂以及香料等成分”，使用这些“含对皮肤有害的物质的大型化妆品生产厂家的化妆品对人的肌肤是极其危险的”，等等。这种极端的论调使陷于其中的女性们纷纷对著名厂家的化妆品敬而远之，甚至持否定态度，一心追捧赤豆和丝瓜。

在这一片热潮中，有一位起劲地抬轿子而立下汗马功劳的女性，她在接受各种杂志的采访时曾语出惊人，发出豪言壮语：“除了纯自然的化妆品，其他都令人可怕，使用不得！”

可是大约一年之后，她又突然宣称自己是“敏感性肌肤”，开始热衷于由皮肤科医师开发研制的化妆品，说“即使不使用防腐剂的自然化妆品也令人可怕，使用不得”。再过了大约两年左右，她又转而竭力称赞起所谓“无任何添加物”的化妆品来，对皮肤科医师开发研制的化妆品也变成了否定：“那只不过是一种错觉而已！”后来，每当与她联系时便换了一种“爱用品”的她，又迷上了我只听到过名字的二线品牌的邮购化妆品，而选择的理由自然是每次都各不相同，真是很有意思。毫无疑问，她就是那种“化妆品信息源”、“超级时尚发布中心”，同时又是稍嫌不成熟的狂热的化妆品爱好家。

彷徨于各种化妆品间而无法确定自己所适合的，这本是谁都会发生的事情，没有什么不好；可是她的情况却稍稍有些病态，对各种化妆品一一热衷又一一幻灭，因而肌肤老是不能变得光滑美丽，尽管尝试了各种各样的化妆品，但是她一点儿也没有美丽起来，脸色总是显得黯淡无光，一直在为脸上的疙瘩而烦恼。

后来她又随着时尚潮流开始为“冥想化妆品”而倾倒，但是脸色仍然未见丝毫好转，终于发出了“难道所有化妆品都没有什么效果么”的疑问，即使这样，她还是没有停止尝试和彷徨，先后使用了各种“冥想化妆品”。她将毫无改善的原因统统归结为化妆品，而旁观者则清清楚楚地知道这绝不是化妆品的原因。三年前，她结婚当了一名全职主妇，出于很容易理解的原因，她听从住所附近主妇们的推荐，又试着换用了在主妇中间很受欢迎的上门推销的化妆品，结果如何？令人简直不敢相信，她的肌肤一下子变得光滑美丽起来。

“真的是好不容易才遇上了这样好的化妆品啊！”

她兴奋异常地给我挂来电话报告。我问她：“怎么个好法？”回答：“脸上的疙疙瘩瘩全都不见了，皮肤也变白了……”

我情不自禁地想：果不其然！

她为肌肤持续烦恼了约10年的根本原因，不是因为“没有遇见好的化妆品”，而是她身体内反反复复蓄积下来的令人感觉不适的精神压力，巨大的精神压力会导致植物神经系统失调，血液循环不畅，皮肤的免疫机能低下或出现紊乱。她总是脸色黯淡，稍有一点小事脸上便长出疙瘩等，全都是内在的精神压力所致。那么，为什么持续了10年的讨厌的问题会在一瞬间全面解决呢？我想大家已经明白了吧，那就是结婚。年过35岁的“闪电式结婚”，不要说周围人都觉得惊讶不已，她本人可能也最最想不到会有这样的事情吧？

类似的例子还可以举出许多。一位皮肤粗糙不堪的女性先后尝试了各种各样的化妆品，在某次人事变动后被调到了其他科室，突然间仿佛全身的毒素全部排出似的，肌肤变得光滑润洁起来；还有一位女性在与长期同居的男友分手，重新搬家之后，立即显得容光焕发，终于告别了彷徨于各种化妆品的生活。不管是谁，都是在改变了自己的日常生活场所的同时发生了变化。

然而更重要的却是，现今的时代在被称作狂热的美容爱好家的人群中，像这样类型的人——将自己不幸的原因指向毫不相干的化妆品，漫无目标地热衷于化妆品中——其实真的是很多。这些人往往不信任“主流”化妆品，而宁愿更相信自然化妆品、邮购化妆品等“支流”的化妆品，热衷于从一些二线品牌的化妆品中发现所谓的“价值”，因而她们“追求更好更有效的化妆品”的意识比一般人更加强烈，以至一直彷徨于频繁地更换化妆品的病态之中。

或许有人会认为这是“庞大的浪费”，不过我却有一瞬真的觉得：靠着化妆品或多或少解救了深陷于“暗无天日”的巨大精神压力中的她们，这不也是一件好事吗？就拿上述那位女士来说，大概甚至将“或许结不了婚”的原因也归罪于“化妆品一点也没有效果”，假如真是这样的话，这种归罪也就不至于使她产生“我不是一个好女人”、“我缺少女性的魅力”一类的自卑感。她之所以能够结婚，可以说也正是因为她并没有这种自卑感的缘故。她所反复尝试和彷徨于其中的许许多多的化妆品，即使没有治愈她肌肤上的问题，但至少减轻了她精神上的自卑感，所以说还是产生了效果的，一点也没有浪费。

日本知名的女性心理专家斋藤薰说得好：“我觉得化妆品不只是搽在肌肤上的东西，它更应该是搽拭在精神上的东西，我们经常说使用化妆品后人会变得心情舒畅，其实它还从更深层次上减轻了女性们的精神苦痛。”

忧虑是女人容貌的最大克星，拥有一份好心情就是最好的天然化妆品。如果你不想让你的眼睛周围那些皮肤特别薄的地方过早出现皱纹，请及时地脱离忧虑。

忧虑是容貌最大的克星。

你的生活与忧虑无关

◎ 忧虑最能伤害到你的时候，不是在你有所行动的时候，而是在一天的工作做完了之后。

◎ 不知怎样抗拒忧虑的人都会短命；同理，就事业而言，不知抗拒忧虑同样会失败。

在现实的生活中，我们每天必须亲自处理各种各样的日常工作，这些工作不仅满足我们生存的需要，同时也给我们带来快乐，但在相当多数情况下我们其中的一些人却享受不到工作的快乐，而是痛苦于由工作压力带来的种种忧虑。

我曾参与过一项名为"压力下的家庭健康"的调查，在接受调查的20 000人中有近85%的人认为，绝对需要学习如何处理压力。根据过去10年美国家庭医师协会（American Academy of Family Practitioners）的调查估计，一般的病人中，有近3/4具有与压力有关的问题。这样的调查和其他类似的调查统计，引起许多公司机构与企业界领导人的关切，因为在过去的一年里，怠工以及与压力相关的疾病而造成的生产效益低下，已使得他们的公司损失了500亿美元。而且他们相信在两年以内，这种花费会增至750亿美元——平均每位美国的工人要花750美元。家庭与婚姻是受压力影响最严重的领域。一般来说，压力是婚姻问题与人际关系问题的最根本的原因之一。

艾柯森博士在他的一篇医学报告中为我们总结了一些关于工作压力带来的忧虑症状。他说："压力是精神与身体对内在、外在事件的生理反应与心理反应，具有下列特征：A.主观性——同样的事件有人觉得有压力，有人却觉得不怎么样；B.评价性——同样的压力有人认为对自己有帮助，然而有人却认为对自己有副作用；C.活动性——压力会因为对每一个人造成的严重性不同，从而产生程度不同的压力。”艾柯森仔细地观察他的病人，发现80%的人因为工作的压力产生忧虑，而烦躁和忧虑致使他们的身体经常呈现如下这样一些症状。

情绪：紧张、敏感、多疑、不稳定、焦躁不安、忧虑烦恼、难以放松等。

生理：口干舌燥、心跳急速、异常出汗、肌肉紧绷僵硬、便秘、头痛、失眠、血压升高、全身酸痛、疲劳、精神不济、消化系统不良、新陈代谢失调等。

行为：抱怨、争执、挑剔、责备、暴力、滥用药物、生活作息混乱、坐立不安等。

不错，工作的压力是忧虑的主要来源，但忧虑最能伤害到你的时候，不是在你有所行动的时候，而是在一天的工作做完了之后。你曾否注意到，当你在工作出现过失或者差错的时候，你害怕别的同事或者上司会发现这事时，你心中有着一股怎样强大的压力？这种压力是我们每个人都会有的，因为我们都曾经或多或少地在工作中出现过失误。

我在得州举办的成人教育班上，一个叫玛丽·苏伊曼的女士讲述了她一段至今难忘的经历。

“十年前，我刚刚从佛罗里达州立大学毕业进入一家洗涤品公司销售部工作，当时公司新研制出了一种冰箱除味剂，首先在几家超市做了试销，效果还不错，接着上司肖恩向我布置了新的销售任务——一星期内作出一份销售除味剂的策划案。当时我异常紧张：‘我只是个新手，为什么让我来做挑战性这么大、风险又这么高的策划案？为什么肖恩不让已经在这里工作了两年的彼得去做？’在这样的不安中我度过了前两天，我当时真实的感受是，当黎明到来的时候，我迅速起床赶到一个个社区中给每个家庭主妇分发除味剂，然后就在现场统计关于价格啊、包装啊、气味啊等方面的调查结果，到了晚上我面对摆在桌子上的一堆资料开始忧虑：‘这样能行吗？别的同事是否会取笑甚至在会上反对这种销售方式？成功的概率到底有多少？’整个夜晚就在这样的质疑中迷迷糊糊度过。到了第四天事情开始出现转机，一位退休在家的老教授找到我们公司，急切地问你们的除味剂怎么在超市的货架上找不到。这样简短的一个问题使我打消了忧虑，我自信地告诉肖恩我的策划案已经完成。压力消失了，困扰也不在了，我们成功地推销了新除味剂。”虽然事情时隔10年了，玛丽依然很激动，“可能很多人生活中的忧虑和不快乐来自工作中的压力，其实更多的情况是，工作的压力不是因为工作本身，而是我们自己给自己制造的压力。”

著名的心理学者哈里·赖文生博士，谈到我们对自己将来的光明前景的期待的问题。他说，我们总是尽力使每一件事尽善尽美，因为我们希望能活得更像心目中的自己。但在实际状况与自我期望之间总是有一段距离，这距离就是引起压力的根源，也称为自我的压力。因此理想中的我是导致潜在问题的原因。

前几年一个经常和我联系的商人谈到了他在这种压力中挣扎的经验。他说：“许多年前我的公司曾经问过我，是否愿意考虑调职到日本。那真是表现自我的好机会，但我知道，若我接受，很可能会造成家庭问题。我已因职业的关系，而搬家至四个不同的城市，某一次搬家之后，当时我那15岁的大儿子，离家出走了几天，以示抗议。我知道我不应再考虑为事业而搬家，因我另外一个儿子，那时也已经15岁，正值青春期的危险年龄。但我仍让上司将我列入考虑人选中达六周之久。在这段时间里，我说：‘我不会自我推荐的，上帝啊，我会让别人来决定。’我的太太琼说：‘我祷告，求神指示我们。’而我知道，这是她表示不愿意去的方式。我那15岁的儿子则坦白地对我说：‘爸爸，我不要再搬家。’在六周后事情决定了，是由另一位同事去。虽然我口里说‘那好啊’，但两天以后，我患了肠疾，而且并没有立刻就好，就在那个时候我才明白我的挣扎有多严重。病了四天后，半夜肚子不舒服使我醒来，我轻声地祷告：‘我现在才知道我一直在苦苦挣扎，请赦免我只想到自己的需要。请医治我与家人的关系……并且也请医治我身体上的不舒服。’那夜我也不必再爬起来了，因为我的罪已得赦免，而我的难处也随着紧张一并消失。结果我得到宝贵的教训，当一个人不顾一切要得到一个工作上的地位，而甘冒失去家庭和邻里的和谐关系这种风险时，就会丧失分辨是非黑白的能力。”

在忙碌的生活中，自我管理的能力实在很重要，而正确处理理想的自我便是其中重要的部分。或许我们生命中有90%的时间，是花费在自己的事情与追逐自我的理想中。我们只为自己着想，因为那会使我们陷在自我的捆绑中。古罗马有这样一句谚语：“不是负担，而是过重的负担杀死熊。”换句话说，是每日的压力，加上过多的焦虑伤害了我们。

另外还有一种压力，是来自犹豫不决的困扰。

有的时候你在工作中受到的压力，就和你得了感冒一样，是渐渐形成的。没人能事先警觉，因为每一个人都知道，一点点的压力不会伤害你，或许还有些好处呢。但当有一天你可能会发现你受到的压力，已超过了负荷量，而你甚至不知道是从什么时候开始的。于是，你必须寻求一种医治的方法使你从十分疲惫的争斗中得以解脱。在这项个人与压力的搏斗中，你若放弃自己的一意孤行，压力就可以减少许多。

记住，你的生活与忧虑无关。

第二章

擦拭心灵，来一场忧虑的革命

科学对待：平均率帮你战胜忧虑

◎ 我们所担心的事，有99%的根本就不会发生。

◎ 当我们怕被闪电打死、怕坐的火车翻车时，想一想发生的平均率，会把我们笑死。

我从小生长在密苏里州的一个农场上。有一天，在帮母亲摘樱桃的时候，我开始哭了起来。我妈妈说："嘉里，你到底有什么好哭的啊？"我哽咽地回答道："我怕我会被活埋。"

那时候我心里充满了忧虑。暴风雨来的时候，我担心被闪电打死；日子不好过的时候，我担心东西不够吃；另外，我还怕死了之后会进地狱；我怕一个叫詹姆怀特的大男孩会割下我的两只大耳朵——像他威胁过我的那样。我忧虑，是因为怕女孩子在我脱帽向她们鞠躬的时候取笑我；我忧虑，是因为怕将来没一个女孩子肯嫁给我；我还为我们结婚之后我该对我太太说的第一句话是什么而操心。我想象我们会在一间乡下的教堂里结婚，会坐着一辆垂着流苏的马车回到农庄……可是在回农庄的路上，我怎么能够一直不停地跟她谈话呢？该怎么办？怎么办？我在犁田的时候，常常花几个钟点在想这些惊天动地的问题。

日子一年年地过去，我渐渐发现我所担心的事情里，有99%根本就不会发生。比方说，像我刚刚说过的，我以前很怕闪电。可是现在我知道，随便在哪一年，我被闪电击中的机会，大概是三十五万分之一。

我怕被活埋的恐惧，更是荒谬得很。我没有想到——即使是在发明木乃伊前的那些日子里——在1 000万人里可能只有一个人被活埋，可是我以前却曾经因为害怕这件事而哭过。

每8个人里就有一个人可能死于癌症，如果我一定要发愁的话，我就应该去为得癌症的事情发愁——而不应该去愁被闪电打死，或者遭到活埋。

事实上，我刚刚谈的都是我在童年和少年时所忧虑的事。而很多成年人的忧虑也几乎一样荒谬。我们可根据平均率评估我们的忧虑究竟值不值得。如此一来，我想你和我都能够把我们的忧虑消掉9/10了。

全世界最有名的保险公司——伦敦的罗艾得保险公司就靠大家对一些根本很难得发生的事情的担忧，而赚进了几百万元。伦敦的罗艾得保险公司是在跟一般人打赌，说他们所担心的灾祸几乎永远不可能发生。不过，他们不把这叫做赌博，他们称之为保险，实际上这是以平均率为根据的一种赌博。这家大保险公司已经有两百年的良好历史了，除非人的本性会改变，它至少还可以继续维持5 000年。而它只是替你保鞋子的险，保船的险，利用平均率来向你保证那些灾祸发生的情况，并不像一般人想象的那么常见。

如果检查一下所谓的平均率，就常常会为我们所发现的事实而惊讶。比方说，如果我知道在5年以内，就得打一场盖茨堡战役那样惨烈的仗，我一定会吓坏了。我一定会想尽办法去加保我的人寿险；我会写下遗嘱，把我所有的财物变卖一空。我会说："我大概没办法活着撑过这场战争，所以我最好痛痛快快地过剩下的这些年。”但是事实上，根据平均率，在平时，50到55岁之间，每1 000人里死去的人数，和盖茨堡战役里16万士兵中每1 000人中平均阵亡的人数相同。

有一年夏天，我在加拿大洛基山区里弓湖的岸边碰见了何伯特·沙林吉夫妇。沙林吉太太是一个很平静、很沉着的女人，给我的印象是：她从来没有忧虑过。有一天夜晚，我们坐在熊熊的炉火前，我问她是不是曾经因忧虑而烦恼过。“烦恼？”她说，“我的生活都差点被忧虑毁了。在我学会征服忧虑之前，我在自作自受的苦难中生活了11个年头。那时候我脾气很坏，很急躁，生活在非常紧张的情绪之下。每个礼拜，我要从在圣马提奥的家搭公共汽车到旧金山去买东西。可是就算在买东西的时候，我也愁得要命——也许我又把电熨斗放在熨衣板上了，也许房子烧起来了；也许我的女佣人跑了，丢下了孩子们；也许他们骑着他们的脚踏车出去，被汽车撞死了。我买东西的时候，常常因发愁而弄得冷汗直冒，冲出店去，搭上公共汽车回家，看看是不是一切都很好。难怪我的第一次婚姻没有结果。

“我的第二任丈夫是一个律师——一个很平静、事事都能够加以分析的人，从来没有为任何事情忧虑过。每次我神情紧张或焦虑的时候，他就会对我说：‘不要慌，让我们好好地想一想……你真正担心的到底是什么呢？让我们看一看平均率，看看这种事情是不是有可能会发生。’

“举个例子来说，我还记得有一次，那是在新墨西哥州。我们从阿布库基开车到卡世白洞窟去，经过一条土路，在半路上碰到了一场很可怕的暴风雨。

“车子一直滑着，没办法控制。我想我们一定会滑到路边的沟里去，可是我的先生一直不停地对我说：‘我现在开得很慢，不会出什么事的。即使车子滑进了沟里，根据平均率，我们也不会受伤。’他的镇定和信心使我平静下来。

“有一个夏天，我们到加拿大的洛基山区托昆谷去露营。有天晚上，我们的营帐扎在海拔7 000英尺高的地方，突然遇到暴风雨，好像要把我们的帐篷吹成碎片。帐篷是用绳子绑在一个木制的平台上的，它在风里抖着，摇着，发出尖厉的声音。我每一分钟都在想：我们的帐篷会被吹跑的，吹到天上去。我当时真吓坏了，可是我先生不停地说着：‘我说，亲爱的，我们有好几个印第安向导，这些人对一切都知道得很清楚。他们在这些山地里扎营，都扎了有60年了，这个营帐在这里也过了很多年，到现在还没有被吹跑。根据平均率来看，今晚上也不会被吹跑。而即使被吹跑的话，我们也可以躲到另外一个营帐里去，所以不要紧张。’……我放松了心情，结果那后半夜睡得非常熟。

“几年以前，小儿麻痹症横扫过加利福尼亚州我们所住的那一带。要是在以前，我一定会惊慌失措，可是我先生叫我保持镇定，我们尽可能采取了所有的预防方法：我们不让小孩子出入公共场所，暂时不去上学，不去看电影。在和卫生署联络过之后，我们发现，到目前为止，即使是在加州所发生过的最严重的一次小儿麻痹症流行时，整个加利福尼亚州只有1835个孩子染上了这种病。而平常，一般的数目只在200 ~ 300之间。虽然这些数字听起来还是很惨，可是到底让我们感觉到：根据平均率看起来，某一个孩子感染的机会实在是很小。

“‘根据平均率，这种事情不会发生’，这一句话就消灭了我90%的忧虑，我过去20年来的生活，过得那样美好和平静，都是靠这一句话的力量。”

回顾过去的几十年时，我发现我大部分的忧虑也都是因此而来的。詹姆·格兰特告诉我，他的经验也是如此。他是纽约富兰克林市场的格兰特批发公司的大老板。每次他要从佛罗里达州买10到15

车的橘子等水果。他告诉我，他以前常常想到很多无聊的问题，比方说，万一火车出事怎么办？万一水果滚得满地都是怎么办？万一我的车子正好经过一座桥，而桥突然垮了怎么办？当然，这些水果都是经过保险的，可是他还是怕万一没有按时把水果送到，就可能失掉市场。他甚至因过度忧虑而得了胃溃疡，因此去找医生检查。医生告诉他说，他没有别的毛病，只是过于紧张罢了。“这时候我才明白，”他说，“我开始问我自己一些问题。我对自己说：‘注意，詹姆·格兰特，这么多年来你批发过多少车的水果？’答案是：‘大概有25 000多车。’然后我问我自己：‘这么多车里有多少出过车祸？’答案是：‘噢——大概有5部吧。’然后我对我自己说，一共25 000部车子，只有5部出事，你知道这是什么意思？比率是5 000：1。换句话说，根据平均率来看，以你过去的经验为基础，你车子出事的可能概率是5 000：1，那你还担心什么呢？’

“然后我对自己说：‘嗯，桥说不定会塌下来，’然后我问我自己：‘在过去，你究竟有多少车水果是因为塌桥而损失了呢？’答案是：‘一部也没有。’然后我对我自己说：‘那你为了一座根本没塌过的桥，为了5 000：1的火车失事的概率而让你忧愁成疾，不是太傻了吗？’

“当我这样来看这件事的时候，”詹姆·格兰特告诉我，“我觉得以前自己真的太傻。于是我就在那一刹那决定，以后让平均率来替我担忧——从那以后，我就没有再为我的‘胃溃疡’烦恼过。”

埃尔·史密斯在纽约当州长的时候，我常听到他对攻击他的政敌说：“让我们看看记录……让我们看看记录。”然后他就把很多事实讲出来。下一次你若再为可能发生什么事情而忧虑，最好学一学这位聪明的老埃尔·史密斯，查一查以前的记录，看看你这样忧虑到底有没有道理。这也正是当年佛莱德雷·马克斯塔特害怕自己躺在散兵坑里的时候所做的事情。下面就是他在纽约成人教育班上所说的故事：

"1944年的6月初，我躺在奥玛哈海滩附近的一个散兵坑里。当时我正在第9信号连服役，而我们刚刚抵达诺曼底。我看到了地上那个长方形的散兵坑，就对自己说：'这看起来多像一座坟墓。'当我准备睡在里面的时候，更觉得那就是一座坟墓，我忍不住对我自己说：'也许这就是我的坟墓呢。'在晚上11点钟的时候，德军的轰炸机开始飞了过来，炸弹纷纷往下落。我吓得呆若木鸡。前三天我根本睡不着。到了第四天还是这样。第五天夜里，我几乎精神崩溃了。我知道要是不赶紧想办法的话，我整个人就会疯掉。所以我提醒自己说：'已经过了五个夜晚了，我还活得好好的，而且我们这一组的人也都活得很好，只有两个受了轻伤。'他们之所以受伤，并不是因为被德军的炸弹炸到了，而是被我们自己的高射炮的碎片打中。我决定做一些有建设性的事情来制止我的忧虑，所以在我的散兵坑上造了一个厚厚的木头屋顶，来保护我自己不至于被碎弹片击中。我计算了我这个坑伸展开来所能到达的最远地方，告诉我自己：'只有炸弹直接命中，我才可能被炸死在这个又深又窄的散兵坑。'于是我算出直接命中的比率，还不到万分之一。这样子想了两三夜之后，我平静了下来，后来就连敌机来袭的时候，我也睡得非常安稳。"

美国海军也常用平均率所统计的数字，来鼓舞士兵的士气。一个以前当海军的人告诉我，当他和船上的伙伴被派到一艘油船上的时候，他们都吓坏了。这艘油轮运的是高标号汽油，于是他们都认为，要是这条油轮被鱼雷击中，就会爆炸开来，把船上的每个人都送上西天。

可是美国海军有他们的办法。海军单位发出了一些很正确的统计数字，指出被鱼雷击中的100艘油轮里，有60艘并没有沉到海里去，而真正沉下去的40艘里，只有5艘是在不到5分钟的时间沉没。那就是说，如果鱼雷真的击中油轮，你有足够的时间跳下船——也就是说，在船上丧命的机会非常小。这样对士气有没有帮助呢？“知道了这些平均数字之后，我的忧虑一扫而光。”住在明尼苏达州保罗市的克莱德·马斯——也就是说这个故事的人，说：“船上的人都觉得轻松多了，我们知道有的是机会，根据平均的数字来看，我们可能不会死在这里。”

用平均率战胜忧虑。

平衡心理：平静让忧虑止步

◎ 学会对自己说：“这件事只值得我担一点点心，没有必要去操更多的心。”

◎ 获得心理平静的最大秘密之一，就是要有正确的价值观念。

◎ 林肯认为：“一个人实在没有时间把他的半辈子花在争吵上，要是那个人不再攻击我，我就不会记他的仇。”

你是否想知道如何在华尔街赚钱？恐怕至少有100万以上的人想知道这一点。如果我知道这个问题的答案，这本书恐怕就要卖一万美元一本了。不过，这里却有一个很好的想法，而且很多成功的人都加以应用。讲这个故事的人叫查尔斯·罗伯茨，一位投资顾问。

“我刚从得克萨斯州来到纽约的时候，身上只有两万美元，是我朋友托付我到股票市场上来投资用的。我原以为，我对股票市场懂得很多，可是后来我赔得一分钱不剩。不错！在某些生意上我赚了几笔，可结果全部都赔光了。

“要是我自己的钱都赔光了，我倒不会那么在乎！可是我觉得把我朋友们的钱赔光了，是一件很糟糕的事情，虽然他们都很有钱。在我们的投资得到这样一种不幸的结果之后，我实在很怕再见到他们，可是没有想到的是，他们不仅对这件事情看得很开，而且还乐观到不可救药的地步。

“我开始仔细研究自己犯过的错误，并下定决心在我再进股票市场以前，一定要先了解整个股票市场到底是怎么一回事。于是我找到一位最成功的预测专家波顿·卡瑟斯，跟他交上了朋友。我相信能从他那里学到很多东西，因为他多年来一直是个非常成功的人，而我知道能有这样一番事业的人，不可能全靠机遇和运气。

“他先问了我几个问题，问我以前是怎么做的。然后告诉我一个股票交易中最重要的原则。他说：‘我在市场上所买的每一宗股票，都有一个到此为止、不能再赔的最低标准。比方说，我买的是每股50元的股票，我马上规定不能再赔的最低标准是45元钱。’这也就是说，万一股票跌价，跌到比买进价低5元的时候，就立刻卖出去，这样就可以把损失只限定在5元钱。

“‘如果你当初买得很聪明的话，’这位大师继续说道，‘你的赚头可能平均在10元、25元，甚至于50元。因此，在把你的损失限定在5元以后，即使你半数以上的判断错误，也能让你赚很多的钱。’

“我马上学会了这一办法，从此便一直使用，这个办法替我的顾客和我挽回了不知几千几万块钱。

“过了一段时间之后，我发现，这个所谓‘到此为止’的原则也可以用在股票市场以外的地方，我开始在财务以外的忧虑问题上订下‘到此为止’的限制，我在每一种让我烦恼和不快的事情上，加一个‘到此为止’的限制，结果简直是太不可思议了。

“举例来说，我常常和一个很不守时的朋友一起午餐。他以前总是在我的午餐时间过去大半之后才来，最后我告诉他我现在碰到问题就用‘到此为止’的原则。我告诉他说：以后等你‘到此为止’的限制是10分钟，要是你在10分钟以后才到的话，我们的午餐约会就算告吹了——你来也找不到我。”

各位，我真希望在很多很多年以前就学会了把这种“到此为止”的限制，用在化解我的缺乏耐心、我的脾气、我的自我适应的欲望、我的悔恨和所有精神与情感的压力上。为什么我以前没有想到要抓住每一个可能会摧毁我思想平静的情况呢？为什么不会对自己说“这件事情只值得担这么一点点心——没必要去操更多的心”？

不过，我至少觉得自己在一件事上做得还不差，而且那是一次很严重的情况——是我生命中的一次危机——当时我几乎眼看着我的梦想、我对未来的计划，以及多年来的工作付诸流水。事情经过是这样的：

在我30岁刚出头的时候，我决定终生以写小说为职业，想做个弗兰克·瑞斯洛、杰克·伦敦或哈代第二。当时我充满了信心，在欧洲住了两年，在第一次世界大战结束后的那段日子里，用美元在欧洲生活，开销算是很小的。我在那儿过了两年，从事我的创作。我把那本书题名为《大风雪》，这个题目取得真好，因为所有出版家对它的态度都冷得像呼啸而刮的大风雪一样。当我的经纪人告诉我这部作品不值一文，说我没有写小说的天分和才能的时候，我的心跳几乎停止了。我茫然地离开他的办公室，哪怕他用棒子当头敲我，也不会让我更感到吃惊，我简直是呆住了。我发现自己站在生命的十字路口，必须作出一个非常重大的决定。我该怎么办呢？我该往哪一个方向转呢？几个礼拜之后，我才从这种茫然中醒来。在当时，我从来没有听过“给你的忧虑订下‘到此为止’的限制”的说法，可是现在回想起来，我当时所做的正是这件事。我把费尽心血写那本小说的那两年时间看作是一次可贵的经验，然后从那里继续前进。我回到组织和教授成人教育班的老本行，有空的时候写一些传记和非小说类的书籍。

我是不是很高兴自己作出了这样的决定呢？现在每逢我想起那件事情，就得意地想在街上跳舞，我可以很诚实地说，从那以后，我再也没有哪一天或哪一个钟点后悔我没有成为哈代第二。

100年前的一个夜晚，当一只鸟沿着沃登湖畔的树林里叫的时候，梭罗用鹅毛笔蘸着自己做的墨水，在他的日记里写道："一件事物的代价，也就是我称之为生活的总值，需要当场或长时期内进行交换。"

换个方式来说，如果我们以生活的一部分来付出代价，而付出得太多了的话，我们就是傻子。这也正是吉尔伯特和苏利文的悲哀：他们知道如何创作出快乐的歌词和歌谱，可是完全不知道如何在生活中寻找快乐。他们写过很多令世人非常喜欢的轻歌剧，可是他们却没有办法控制他们的脾气。他们为了一张地毯的价钱而争吵多年。苏利文为他们的剧院买了一张新的地毯，当吉尔伯特看到账单的时候，大为恼火。这件事甚至闹至公堂，从此两个人至死都没有再交谈过。苏利文替新歌剧写完曲子之后，就把它寄给吉尔伯特，而吉尔伯特填上歌词之后，再把它们寄回给苏利文。有一次，他们一定要一起到台上谢幕，于是他们站在台的两边，分别向不同的方向鞠躬，这样才可以不必看见对方。他们就不懂得应该在彼此的不快里订下一个"到此为止"的最低限度，而林肯却做到了这一点。

有一次，在美国南北战争中，林肯的几位朋友攻击他的一些敌人，林肯说："你们对私人恩怨的感觉比我要多，也许我这种感觉太少了吧；可是我向来以为这样很不值得。一个人实在没有时间把他的半辈子都花在争吵上，要是那个人不再攻击我，我就再也不会记他的仇。"

我真希望我的老姑妈——爱迪丝姑妈也有林肯这样的宽恕精

神。她和弗兰克姑父住在一栋抵押出去的农庄上。那里土质很差，灌溉不良，收成又不好。他们的日子很难过，每时每刻都得省吃俭用。可是爱迪丝姑妈却喜欢买一些窗帘和其他的小东西来装饰家里。她向密苏里州马利维里的一家小杂货铺赊账买这些东西。弗兰克姑父很担心他们的债务，他很注重个人的信誉，不愿意欠债。所以他偷偷地告诉杂货店老板，不要再赊账给姑妈。当她听说这件事之后，大发脾气——那时到现在差不多有50年了，她还在大发脾气。我曾经听她说这件事情——不止一次，而是好多好多次。我最后一次见到她的时候，她已经70多快80岁了。我对她说："爱迪丝姑妈，弗兰克姑父这样羞辱你是不对的，可是难道你真的不觉得，从那件事发生之后，你差不多埋怨了半个世纪，比他所做的事情还要坏得多吗？"

爱迪丝姑妈对她这些不快的记忆所付出的代价实在是太贵了，她付出的是她自己半生的内心平静。

富兰克林小的时候，犯了一次他70年来一直没有忘记的错误。当他7岁的时候，他喜欢上了一支哨子，于是他兴奋地跑进玩具店，把他所有的零钱放在柜台上，也不问问价钱就把那支哨子买了下来。"然后我回到家里，"70年后他写信告诉他朋友说，"吹着哨子在整个屋子里转着，对我买的这支哨子非常得意。"可是等到他的哥哥姐姐发现他买哨子多付了钱之后，大家都来取笑他。而他正像他后来所说的："我懊恼地痛哭了一场。"

很多年之后，富兰克林成为世界知名的人物，做了美国驻法国的大使。他还记得因为他买哨子多付了钱，使他得到的痛苦多过了哨子所给他的快乐。

富兰克林在这个教训里所学到的道理非常简单。"当我长大以后，"他说，"我见识到许多人类的行为，我认为我碰到很多人买哨子都付了太多的钱。简而言之，我相信，人类的苦难部分产生于他们对事物的价值做了错误的估计，也就是他们买哨子多付了钱。”

吉尔伯特和苏利文对他们的哨子多付了钱，我的爱迪丝姑妈也一样，我个人也一样——在很多情况下。还有不朽的托尔斯泰，也就是两部世界最伟大的小说——《战争与和平》和《安娜·卡列尼娜》的作者，根据《大英百科全书》的记载，托尔斯泰在他生命的最后20年里，“可能是全世界最受尊敬的人物”。在他逝世前的那20年，崇拜他的人不断到他家里去，希望能见他一面，听到他的声音，甚至于只摸一摸他衣服的一角。他所说的每一句话都有人在笔记本上记下来，就像那是一句“圣谕”一样。可是在生活上，托尔斯泰在70岁的时候，还不及富兰克林在7岁的时候聪明，他简直一点脑筋也没有。我为什么要如此说呢?

托尔斯泰娶了一个他非常爱的女子。事实上，他们在一起非常快乐，他们常常跪下来，向上帝祈祷，让他们继续过这种神仙眷侣的生活。可是托尔斯泰所娶的那个女子天性善妒，她常扮成乡下姑娘，去打探他的行动，甚至于溜到森林里去看他。他们发生了很多很可怕的争吵，她甚至嫉妒她亲生的儿女，曾经抓起一把枪来，把她女儿的照片打了一个洞。她会在地板上打滚，拿着一瓶鸦片对着嘴巴，威胁着说要自杀，害得她的孩子们缩在屋子的角落里，吓得尖声大叫。

结果托尔斯泰怎么做呢?如果他跳起来，把家具打得稀烂，我倒不怪他——因为他有理由这样生气。可是他做的事比这个要坏多了，他记了一本私人日记!在那里面，他把一切都怪在太太身上，这个就是他的“哨子”。他下定决心要下一代能够原谅他，而把所有的错都怪在他太太身上。而他太太用什么办法来对付他这种做法呢?这还用问，她当然是把他的日记撕下来烧掉了。她自己也写了一本日记，在日记里把错都推在托尔斯泰身上。她甚至还写了一本小说，题目叫做《谁的错》。在那本小说里，她把她的丈夫描写成一个破坏家庭的人，而她自己是一个烈士。

所有的事情结果如何呢？为什么这两个人会把他们惟一的家变成托尔斯泰称谓的“一座疯人院”呢？很显然，有几个理由。其中之一就是他们极想引起别人的注意。不错，他们所最担心的就是别人的意见。我们会不会在乎应该怪谁呢？不会的，我们只会注意我们自己的问题，而不会浪费一分钟去想托尔斯泰家里的事。这两个无聊的人为他们的“哨子”付出了多么大的代价。50年的光阴都住在一个可怕的地狱里，只因为他们两个人都没有一个有脑筋会说“不要再吵了”，因为两个人都没有足够的价值判断力，并能够说：“让我们在这件事情上马上告一段落，我们是在浪费生命，让我们现在就说‘够了’吧。”

不错，我非常相信，这是获得心理平静的最大秘密之一——要有正确的价值观念。而我也相信，只要我们能够定出一种个人的标准来——就是和我们的生活比起来，什么样的事情才值得的标准，我们的忧虑有50%可以立刻消除。

所以，要在忧虑摧毁你以前，先改掉忧虑的习惯。任何时候，我们想拿出钱来买的东西和生活比较起来不合算的话，让我们先停下来，问问自己下面的三个问题：

①我现在正在担心的问题，到底和我自己有什么样的关系？

②在这件令我忧虑的事情上，我应该在什么地方设定一个“到此为止”的最低限度，然后把它整个忘掉？

③我到底应该付这支“哨子”多少钱？我是否已经付出了超过它价值的钱呢？

平衡心理，让忧虑止步。

正视现实：不要试图改变不可避免的事

◎ 事情既然如此，就不会另有他样。

◎ 我们所有迟早要学到的东西，就是必须接受和适应那些不可避免的事实。快乐之道无他——我们的意志力所不及的事情，不要去忧虑。

◎ 正如杨柳承受风雨、水适于一切容器一样，我们也要承受一切不可逆转的事实，对那些必然之事主动而轻快地承受。

人生之路充满了许多未知未卜的因素，这些因素大致可以分为两类，一类是可变的，我们可以通过自身的努力，或改变一定的条件使之转化；另一类是无法改变的，无论我们付出何种努力，都无法改变这一不可避免的现实。因此，当我们面对后者时，就得认定事实，作出积极乐观的反应，这才是一种可取的态度。

当我还是一个小孩的时候，有一天，我和几个朋友一起在密苏里州西北部的一间荒废的老木屋的阁楼上玩。当我从阁楼爬下来的时候，先在窗栏上站了一会儿，然后往下跳。我左手的食指上带着一个戒指，当我跳下去的时候，那个戒指钩住了一根钉子，把我整根手指拉脱了下来。

我尖声地叫着，吓坏了，还以为自己死定了，可是在我的手好了之后，我就再也没有为这个烦恼过。再烦恼又有什么用呢？我接受了这个不可避免的事实。

现在，我几乎根本就不会去想，我的左手只有四个手指头。

几年之前，我碰到一个在纽约市中心一家办公大楼里开货梯的人。我注意到他的左手齐腕砍断了。我问他少了那只手会不会觉得难过，他说：“噢，不会，我根本就不会想到它。只有在要穿针的时候，才会想起这件事情来。”

令人惊讶的是，在不得不如此的情况下，我们差不多能很快接受任何一种情形，或使自己适应，或者整个忘了它。

我常常想起在荷兰首都阿姆斯特丹有一家15世纪的老教堂，它的废墟上留有一行字：

事情既然如此，就不会另有他样。

在漫长的岁月中，你我一定会碰到一些令人不快的情况，它们既是这样，就不可能是他样。我们也可以有所选择。我们可以把它们当作一种不可避免的情况加以接受，并且适应它，或者我们可以用忧虑来毁了我们的生活，甚至最后可能会弄得精神崩溃。

下面是我最喜欢的心理学家、哲学家威廉·詹姆斯所提出的忠告：

要乐于接受必然发生的情况，接受所发生的事实，是克服随之而来的任何不幸的第一步。

住在俄勒冈州波特壮的伊丽莎白·康奈莉，却经过很多困难才学到这一点。下面是一封她最近写给我的信：

"陆军在北非获胜的那一天，我接到国防部的一封电报，我的侄儿——我最爱的人——在战场上阵亡了。

"我悲伤得无以复加。以前，我一直觉得活着真好，我有一份自己喜欢的工作，努力带大了这个侄儿。在我看来，他代表了年轻人美好的一切……然而这封电报，把我的整个世界都粉碎了，觉得活下去没有什么意义。我悲伤过度，决定放弃工作，离开家乡，把自己藏在眼泪和悔恨之中。

"就在我清理我的桌子，准备辞职的时候，我突然翻到几年前我母亲去世的时候，侄儿写给我的一封信。'当然我们都会想念她的，'那封信上说，'尤其是你。不过我知道你会撑过去的。我永远也不会忘记你教我的那些美丽的真理：不论活在哪里，不论我们分离得有多么远，我永远都会记得你教我要微笑，要像一个男子汉，承受一切已发生的事情。'

“我把那封信读了一遍又一遍，似乎觉得他就在我的身边，正在和我说话。他好像在对我说：‘你为什么不照你教给我的办法去做呢？撑下去，不论发生什么事情，把你个人的悲伤藏在微笑底下，继续活下去。’

“于是，我继续工作。我再次对自己说：‘事情到了这个地步，我要把思想和精力都用在工作上，我不再为已经永远过去的那些事悲伤，现在我每天的生活里都充满了快乐。”

伊丽莎白·康奈莉，学到了须接受和适应那些不可避免的事。那些曾经在位的皇帝们，也常常提醒他们自己这样做。乔治五世，在他白金汉宫卧房里的墙上挂着下面一句话：“不要为月亮哭泣，也不要为过去的事后悔。”叔本华说：“能够顺从，是你在踏上人生旅途后最重要的一件事。”

很显然，环境本身并不能使我们快乐或悲伤，我们对周围环境的反应才能决定我们的悲欢。

在必要的时候，我们都能忍受灾难和悲剧，甚至战胜它们。我们内在的力量强大得惊人，只要我们肯加以利用，就能帮助我们克服一切。

已故的布斯·塔金顿总是说：“人生加诸我的任何事情，我都能接受，只除了一样，就是瞎眼。那是我永远也没有办法忍受的。”

然而，在他六十多岁的时候，有一天他低头看着地上的地毯，色彩整个是模糊的，他无法看清楚地毯的花纹。他去找了一个眼科专家，发现了那不幸的事实：他的视力在减退，有一只眼睛几乎全瞎了，另一只离瞎也为期不远了。他所最怕的事情，终于发生在他的身上。塔金顿对这种“所有灾难里最可怕的”有什么反应呢？他是不是觉得“这下完了，我这一辈子到这里就完了”呢？没有，他自己也没有想到他还能觉得非常开心，甚至于还能善用他的幽默感：以前，浮动的“黑斑”令他很难过，它们会在他眼前游过，遮挡了他的视线，可是现在，当那些最大的黑斑从他眼前晃过的时候，他却会说："嘿，又是老黑斑爷爷来了，不知道今天这么好的天气，它要到哪里去。"

当塔金顿终于完全失明之后，他说："我发现我能承受我视力的丧失，就像一个人能承受别的事情一样。要是我五种感官全丧失了，我知道我还能够继续生存在我的思想里，因为我们只有在思想里才能够看，只有在思想里才能够生活，不论我们是不是知道这一点。"

塔金顿为了恢复视力，在一年之内接受了12次手术，为他动手术的是当地的眼科医生。他有没有害怕呢？他知道这都是必要的，他知道他没有办法逃避，所以惟一能减轻他痛苦的办法，就是爽爽快快地去接受它。他拒绝在医院里用私人病房，而住进大病房里，和其他的病人在一起。他试着去使大家开心，而在他必须接受好几次手术时——他很清楚地知道在他眼睛里动了些什么手术——他只尽力让自己去想他是多么的幸运。"多么好啊，"他说，"多么妙啊，现在科学的发展已经达到了这种技巧，能够为人的眼睛这么纤细的东西动手术了。"

一般的人如果经历了这些灾难恐怕都会变成精神病了，可是塔金顿说："我可不愿意把这次经历拿去换一些不开心的事情。"这件事教会他如何接受，这件事使他了解到生命所能带给他的没有一样是他能力所不及而不能忍受的。这件事也使他领悟富尔顿所说的："瞎眼并不令人难过，难过的是你不能忍受瞎眼。"要是我们因此而退缩，或者是加以反抗，我们也不可能改变那些不可避免的事实。

不论在哪一种情况下，只要还有一点挽救的机会，我们就要奋斗。可是当常识告诉我们，事情已不可避免——也不可能再有任何转机，那么，请保持我们的理智，不要"左顾右盼，无事自忧"。

许多美国有名的生意人，都能接受那些不可避免的事实而过着无忧无虑的生活。如果不这样的话，他们就会在过大的压力下被压垮。

创设了遍及全美的潘氏连锁商店的潘尼说：“哪怕我所有的钱都赔光了，我也不会忧虑，因为我看不出忧虑可以让我得到什么。我尽我所能把工作做好，至于结果就要看老天爷了。”中国也有句古话说：“谋事在人，成事在天。”

亨利·福特也说过类似的话：“碰到我无法处理的事情，我就静观尘埃落定。”

克莱斯勒公司的总经理凯勒先生谈到他如何避免忧虑的时候说：“要是我碰到很棘手的情况，只要想得出办法解决的，我就去做。要是干不成的，我就干脆把它忘了。我从来不为未来担心，因为，没有人能够知道未来会发生什么事情，影响未来的因素太多了，也没有人能说出这些影响从何而来，所以何必为它们担心呢。”他的想法，正和1900年前，罗马的大哲学家依匹托塔士的理论差不多。“快乐之道无他，”依匹托塔士告诉罗马人，“就是不要去忧虑我们的意志力所不能及的事情。”

莎拉·班哈特曾经是全世界观众最喜爱的一位女演员，她在71岁那一年破产了——所有的钱都损失了，而她的医生——巴黎的波基教授告诉她必须把腿锯断。她因摔伤染上了静脉炎，腿痉挛，医生觉得她的腿一定要锯掉，又怕把这个消息告诉那个脾气很坏的莎拉。然而，当他告诉她的时候，他简直不敢相信，莎拉看了他一阵子，然后很平静地说：“如果非这样不可的话，那只好这样了。”这就是命运。

当她被推进手术室的时候，她的儿子站在一边哭，她朝他挥了下手，高高兴兴地说：“不要走开，我马上就回来。”

在去手术室的路上，她一直背着她演过的一出戏里的一幕。有人问她这么做是不是为了提起她自己的精神，她说：“不是的，是要让医生和护士们高兴，他们受的压力可大得很呢。”

手术后，莎拉·班哈特还继续环游世界，使她的观众又为她疯迷了7年。

当我们不再反抗那些不可避免的事实之后，我们就能节省下精力，创造出一种更丰富的生活。

我在密苏里州我自己的农场上就看过这样的事情。我在农场上种了几十棵树，起先它们长得非常快。然而一阵冰雹过后，每一根细小的树枝上都堆满了一层重重的冰。这些树枝在重压下并没有顺从地弯下来，却很骄傲地反抗着，终于在沉重的压力下折断了——然后不得不被毁掉。它们不像北方的树木那样聪明。我曾经在加拿大看过长达好几百英里的常青树林，从来没有看见一棵柏树或是一株松树被冰或冰雹压垮。这些常青树知道怎么去顺从，怎么弯垂下它们的枝条，怎么适应那些不可避免的情况。

日本的柔道大师教他们的学生：“要像杨柳一样地柔顺，不要像橡树一样地挺立。”

你知道你汽车的轮胎为什么能在路上支持那么久，忍受得了那么多的颠簸吗？起初，制造轮胎的人想要制造一种轮胎，能够抗拒路上的颠簸，结果轮胎不久就被切成了碎条；然后他们做出一种轮胎来，可以吸收路上所碰到的各种压力，这样的轮胎可以“接受一切”。如果我们在多难的人生旅途上，也能够承受所有的挫折和颠簸的话，我们就能够活得更长久，能享受更顺利的旅程。

如果我们不吸收这些，而去反抗生命中遇到的挫折的话，我们会碰到什么样的事情呢？答案非常的简单，我们就会产生一连串内在矛盾，我们就会忧虑、紧张、急躁和神经质。

如果我们再进一步，抛弃现实世界的不快，退缩到一个我们自己所虚构的梦幻世界里，那么我们就会精神错乱了。

在战时，成千成万心怀恐惧的士兵，只有两种选择，接受那些不可避免的事实，或在压力之下崩溃。让我们举个例子，说的是威廉·卡赛流斯的事。下面就是他在纽约成人教育班中所说的一个得奖的故事：

“我在加入海岸警卫队后不久，就被派到大西洋这边最可怕的一个单位。他们叫我管炸药。想想看，我——一个卖小饼干的店员，居然成了管炸药的人！光是想到站在几千几万吨TNT顶上，就把一个卖饼干的店员的骨髓都吓得冻住了。我只接受了两天的训练，而我所学到的东西让我内心更充满了恐惧。我永远也忘不了我第一次执行任务的情形。那天又黑又冷，还下着雾，我奉命到新泽西州的卡文角露码头。

“我奉命负责船上的第五号舱，得和五个码头工人一起工作。他们身强力壮，可是对炸药却一无所知。他们正将重两千到四千磅的炸弹往船上装，每一个炸弹都包含一吨的TNT，足够把那条老船炸得粉碎。我们用两条铁索把炸弹吊到船上，我不停地对自己说：万一有一条铁索滑溜了，或者是断了，噢，我的妈呀！我可真害怕极了。我浑身颤抖，嘴里发干，两个膝盖发软，心跳得很厉害。可是我不能跑开，那是逃亡，不但我会丢脸，我的父母也会丢脸，而且我可能因为逃亡而被枪毙。我不能跑，只能留下来。我一直看着那些码头工人毫不在乎地把炸弹搬来搬去，心想船随时都会被炸掉。在我担惊受怕、紧张了一个多钟点之后，我终于开始运用我的普通常识。我跟自己好好地谈了谈，我说：‘你听着，就算你被炸了，又怎么样？你反正也没有什么感觉了。这种死法倒痛快得很，总比死于癌症要好得多。不要做傻瓜，你不可能永远活着，这件工作不能不做，否则要被枪毙，所以你还不如做得开朗点。’

“我这样跟自己讲了几个钟点，然后开始觉得轻松了些。最后，我克服了我的忧虑和恐惧，让我自己接受了那不可避免的情况。

“我永远也忘不了这段经历，现在每逢我要为一些不可能改变的事实忧虑的时候，我就耸下肩膀说：‘忘了吧。’”

好极了，让我们欢呼三声，再为这位卖饼干的店员多欢呼一声。

“对必然的事，要轻快地去承受。”这几句话是在耶稣基督出生前399年说的。但是在这个充满忧虑的世界，今天的人比以往更需要这几句话：“对必然的事，要轻快地去承受。”

所以，要在忧虑毁了你之前，改掉忧虑的习惯。

正视现实，适应不可避免的情况。

忠于自我：这才是快乐的人生

◎ 一个人最糟的是不能成为自己，并且在身体与心灵中保持自我。

◎ 一个人想要集他人所有的优点于一身，是最愚蠢、最荒谬的行为。

◎ 你在这个世界上每天都是一个崭新的自我，为此而高兴吧！善用你的天赋。

我有一封伊笛丝·阿雷德太太从北卡罗来纳州艾尔山寄来的信。“我从小就特别敏感而腼腆，”她在信上说，“我的身体一直太胖，而我的一张脸使我看起来比实际上还胖得多。我有一个很古板的母亲，她认为把衣服弄得漂亮是一件很愚蠢的事情。她总是对我说：‘宽衣好穿，窄衣易破。’而她总照这句话来帮我穿衣服。所以我从来不和其他的孩子一起做室外活动，甚至不上体育课。我非常害羞，觉得我跟其他人都‘不一样’，完全不讨人喜欢。

“长大之后，我嫁给了一个比我年长好几岁的男人，可是我并没有改变。我丈夫一家人都很好，也充满了自信。他们就是我应该是而不是的那种人。我尽最大的努力要像他们一样，可是我办不到。他们为了使我开朗而做的每一件事情，都只是令我更退缩到我的壳里去。我变得紧张不安，躲开了所有的朋友，情形坏到甚至怕听到门铃响。我知道我是一个失败者，又怕我的丈夫会发现这一点。所以每次当我们出现在公共场合的时候，我都假装很开心，结果常常做得太过分，事后我会为这个而难过好几天。最后不开心到使我觉得再活下去也没有什么道理了，我开始想自杀。”

出了什么事才改变了这个不快乐的女人的生活？只是一句随口说出的话。

“一句随口说出的话，”阿雷德太太继续写道，“改变了我的整个生活。有一天，我的婆婆正在谈她怎么教育她的几个孩子，她说，‘不管事情怎么样，我总会要求他们保持本色。’……‘保持本色’……就是这句话！在那一刹那之间，我才发现我之所以那么苦恼，就是因为我一直在试着让自己适合于一个并不适合我的模式。

“在一夜之间我整个改变了。我开始保持本色。我试着研究我自己的个性，试着找出我究竟是怎样的人。我研究我的优点，尽我所能去学色彩和服饰上的学问，尽量以能够适合我的方式去穿衣服。我主动地去交朋友，我参加了一个社团组织——开始是一个很小的社团——他们让我参加活动，把我吓坏了。可是我每一次发言，都能增加一点勇气。这事花了很长的一段时间，可是今天我所有的快乐，却是我从来没有想到可能得到的。在教养我自己的孩子时，我也总是把我从痛苦的经验中所学到的结果教给他们：‘不管事情怎么样，总是保持本色。’”

“保持本色的问题，像历史一样古老，”詹姆斯·高登·季尔基博士说，“也像人生一样普遍。”不愿意保持本色，即是很多精神和心理问题的潜在原因。安吉罗·帕屈在幼儿教育方面曾写过13

本书和数以千计的文章，他说："没有人比那些想做其他人，和除他自己以外其他东西的人，更痛苦的了。"

这种希望能做跟自己不一样的人的想法，在好莱坞尤其流行。山姆·伍德是好莱坞最知名的导演之一。他说在他启发一些年轻的演员时，所碰到的最头痛的问题就是这个：要让他们保持本色。他们都想做二流的拉娜·透纳，或者是三流的克拉克·盖博。"这一套观众已经受够了，"山姆·伍德说，"最安全的做法是：要尽快丢开那些装腔作势的人。"

最近我请教素凡石油公司的人事室主任保罗·包延登，来求职的人常犯的最大错误是什么。他应该知道的，因为他曾经和6万多个求职的人面谈过，还写过一本名为《谋职的6种方法》的书。他回答说："来求职的人所犯的最大错误就是没有保持本色。他们不以真面目示人，不能完全地坦诚，却给你一些他以为你想要的回答。"可是这个做法一点用也没有，因为没有人要伪君子，也从来没有人愿意收假钞票。

我知道有一位公共汽车驾驶员的女儿就是很辛苦才学到这个教训的。她想当歌星，但不幸的是她长得不好看，嘴巴太大，还长着龅牙。她第一次在新泽西的一家夜总会里公开演唱时，直想用上唇遮住牙齿，她企图让自己看来显得高雅，结果却把自己弄得四不像，这样下去她就注定要失败了。

幸好当晚在座的一位男士认为她很有歌唱的天分，他很直率地对她说："我看了你的表演，看得出来你想掩饰什么，你觉得你的牙齿很难看？"那女孩听了觉得很难堪，不过那个人还是继续说下去，"龅牙又怎么样？那又不犯罪！不要试图去掩饰它，张开嘴就唱，你越不以为然，听众就会越爱你。再说，这些你现在引以为耻的龅牙，将来可能会带给你财富呢！"

凯丝·达莱接受了那人的建议，把龅牙的事抛诸脑后，从那次以后，她只把注意力集中在观众身上。她开怀尽情地演唱，后来成为电影及电台中走红的顶尖歌星，现在，别的歌星倒想来模仿她了。

威廉·詹姆士曾说过：

一般人的心智能力使用率不超过10%，大部分人不太了解自己还有些什么才能。与我们应该取得的成就相比，其实我们只运用了身心资源的一小部分。人往往都活在自己所设的限制中，我们拥有各式各样的资源，却常常不能成功地运用它们。

保持你自己的本色，像欧文·柏林给已故的乔治·盖许文的忠告那样。当柏林和盖许文初次见面的时候，柏林已经大大有名，而盖许文还是一个刚出道的年轻作曲家，一个礼拜只赚35美金。柏林很欣赏盖许文的能力，就问盖许文要不要做他的秘书，薪水大概是他当时收入的三倍。“可是不要接受这个工作，”柏林忠告说，“如果你接受的话，你可能会变成一个二流的柏林，但如果你坚持继续保持你自己的本色，总有一天你会成为一个一流的盖许文。”

盖许文接受了这个警告，后来他慢慢地成为美国当时最重要的作曲家之一。

卓别林、威尔·罗吉斯、玛丽·玛格丽特·麦克布蕾、金·奥特雷，以及其他好几百万的人，都学过我在这一章里想要让各位明白的这一课，他们也学得很辛苦——就像我一样。

卓别林开始拍电影的时候，那些电影导演都坚持要卓别林去学当时非常有名的一个德国喜剧演员，可是卓别林直到创造出一套自己的表演方法之后，才开始成名；鲍勃·霍伯也有相同的经验。他多年来一直在演歌舞片，结果毫无成绩，一直到他挖掘出自己的喜剧本事之后，才有名起来；威尔·罗吉斯在一个杂耍团里，不说话光表演抛绳技术，继续了好多年，最后才发现他在讲幽默笑话上有特殊的天分，于是开始在耍绳表演的时候说笑话，因此成名。

玛丽·玛格丽特·麦克布蕾刚刚进入广播界的时候，想做一个爱尔兰喜剧演员，结果失败了。后来她发挥了她的本色，做一个从密苏里州来的、很平凡的乡下女孩子，结果成为纽约最受欢迎的广播明星。

金·奥特雷刚出道的时候，想要改掉他得州的乡音，穿得像个城里的绅士，自称是纽约人，结果大家都在他背后笑话他。后来他开始弹五弦琴，唱他的西部歌曲，开始了他那了不起的演艺生涯，成为全世界在电影和广播两方面最有名的西部歌星。

你在这个世界上是个新东西，应该为这一点而庆幸，应该尽量利用大自然所赋予你的一切。归根结底说起来，所有的艺术都带着一些自传体；你只能唱你自己的歌，你只能画你自己的画，你只能做一个由你的经验、你的环境和你的家庭所造成的你。不论好坏，你都得自己创造一个自己的小花园；不论好坏，你都得在生命的交响乐中，演奏你自己的小乐器。

就像爱默生在他那篇《论自信》的散文里所说的："在每一个人的教育过程之中，他一定会在某个时期发现，羡慕就是无知，模仿就是自杀。不论好坏，他必须保持本色。虽然广大的宇宙之间充满了好的东西，可是除非他耕作那一块自己的土地，否则他绝得不到好的收成。他所有的能力是自然界的一种新能力，除了他之外，没有人知道他能做些什么，他能结什么，而这都是他必须去尝试求取的。"

下面是一位诗人——已故的道格拉斯·马罗区所说的：

如果你不能成为山顶的一株松，
就做一丛小树生长在山谷中，
但须是溪边最好的一小丛。
如果你不能成为一棵大树，
就做灌木一丛。

如果你不能成为一丛灌木，

就做一片绿草，

让公路上也有几分欢娱。

如果你不能成为一只麝香鹿，

就做一条鲈鱼，

但须做湖里最好的一条鱼。

我们不能都做船长，

我们得做海员。

世上的事情，多得做不完，

工作有大的，也有小的，

我们该做的工作，就在你的手边。

如果你不能做一条公路，

就做一条小径。

如果你不能做太阳，

就做一颗星星。

不能凭大小来断定你的输赢，

不论你做什么都要做最好的一名。

忠于自我，才是快乐的人生。

活在今天：今天比昨天和明天更宝贵

◎ 我们首要去做的事情不是去观望遥远的未来，而是去做手边的清楚之事。

◎ 为明日做好准备的最佳办法就是集中你所有的智慧、热忱，把今天的工作做得尽善尽美。

◎ 昨天，是张作废的支票；明天是尚未兑现的期票；只有今天才是现金，有流通性的价值之物。

在一次培训课上，我和学员们讨论到“及时行乐”这个话题，大多数人认为“及时行乐”带有太多利己观念，但我认为“及时行乐”里面也包含很多积极进取的因素，有这么一个小故事：

一个20出头的小伙子急匆匆地走在路上。一个人拦住了他，问道：

“小伙子，你为何行色匆匆啊？”

小伙子连头也不回，飞快地向前跑着，只泛泛地甩了一句：

“别拦我，我要寻求幸福。”

转眼20年过去了，小伙子已变成中年人，可他依旧在路上奔波。

有一个人又拦住他。

“喂！中年人，你上哪儿去啊！”

“别拦我，我在寻找我的幸福。”

20年又过去了，这个中年人逐渐变得苍老，面色憔悴，背亦驼得像一张弯弓，可他仍挣扎着，一步步向前挨。

又有个人拦住他。

“老头子，你还在寻找你的幸福吗？”

“是啊！”

当老头回答完这句问话，猛地惊醒，一行老泪流了下来。原来，刚才问他问题的那个人，就是幸福之神啊！他寻找了一辈子，实际上幸福就在他身边，他却屡次与他擦肩而过。

讲到这里，我看了看下面的学员，提出了这样一个问题：

“请问在座诸位，对于‘及时行乐’这个命题还有不同看法吗？”

教室内一片寂静，看得出每个人都陷入了苦苦的思索之中。

是的，我们的人生太短促，但是，我们脚下的路却是很长很长，如果懂得适时地享受生活中的乐趣，抛开人世间的一切苦恼与忧虑，我们的人生就是幸福的、快乐的。

1871年春天，一个蒙德里尔综合医院的医科学生，因为受一句话的启发，而成为一代医学权威，创建了全世界知名的约翰·霍普金斯医学院，成为牛津大学的钦定医学教授，获得了医学界最高荣誉——女王勋章。他还被加封为子爵，他就是威廉·奥斯勒，而他看到的那句话是：

"最重要的不是去看远方的模糊，而要做手边清楚的事。"

他的成功，就是因为他活在一个所谓"完全独立的今天"。42年后，他在耶鲁大学发表演说时对大学生们说：

"你们当中的每一个的组织都比一条大海船复杂、精美得多，所要走的航程也远得多，但你们要学会怎样适应、控制一切，活在一个'完全独立的今天'。

"要注意聆听你们生活的每一个层面，隔断已经死去的昨天，也隔断那些尚未诞生的明天。那你拥有的就是今天。

"明天的重担，再加上昨天的重担，就会成为今天最大的障碍，要把未来像过去那样紧紧地关在门外，因为未来就在于今天。"

奥斯勒教授以为：为明日做准备的最好方法，就是要集中你所有的智慧，所有的热情，把今天的工作做得尽善尽美。在今天完成今日事，这才算为明天铺路。

我们多数的人，都拖延着不去享受今天的生活，我们都梦想着天边有一座奇妙的玫瑰园，而不去欣赏今天就开放在我们窗口的玫瑰。

"我们生命的小小历程是多么奇怪啊，"斯蒂芬·柯高写道，"小孩子说：'等我长大的时候。'然而等他长大成人了，他又说：'等我结婚之后。'可是结了婚，又能怎么样呢？他们的想法变成了'等到我退休之后'。然而，等到退休之后，他回头看看他所经历过的一切，似乎有一阵冷风吹过来。不知怎么的，他把所有的都错过了，而一切又一去不再回头。我们总是无法及早领会：生命就在今天的生活里，就在每一天和每一时刻里。”

“生活在一个完全独立的今天里”这句话，让一名瘦了34磅、精神濒临崩溃的士兵摆脱了忧虑的困扰，步入了快乐而有益的生活。他的名字叫泰德·班哲明，住在马里兰州的巴铁摩尔城。

“在1945年的4月，”泰德·班哲明写道，“我忧愁得患了一种医生称之为结肠痉挛的病，这种病使人极为痛苦。

“我当时整个人筋疲力尽。我在第九十四步兵师，担任士官的职务，工作是建立和维持一份在作战中死伤和失踪者的记录，还要帮忙发掘那些在战事激烈的时候被打死的、被草草掩埋的士兵。我得收集那些人的私人物品，要确切地把那些东西送到他们的家人或近亲的手里。我一直在担心，怕我们会造成那些让人很窘的或者是很严重的错误，我担心我是不是能撑得过这些事，我担心是不是还能活着回去把我的独生子——一个我从来没有见过的16个月的儿子抱在怀里。我既担心又疲劳，瘦了34磅，我眼看着自己的两只手只剩下皮包骨。我一想到自己瘦弱不堪地回家就害怕，我崩溃了，哭得像个孩子，我浑身发抖……有一段时间，也就是德军最后大反攻开始不久，我常常哭泣，几乎放弃了还能再成为一个正常人的希望。

“最后我住进了医院。一位军医给了我一些忠告，整个改变了我的生活。在为我做完一次彻底的全身检查之后，他告诉我，我的问题纯粹是精神上的。‘泰德，’他说，‘我希望你把你的生活想象成为一个沙漏，你知道在沙漏的上一半，有成千成万粒的沙子，它们都慢慢地很平均地流过中间那条细缝。除了弄坏沙漏，你跟我都没有办法让两粒以上的沙子同时通过那条窄缝。你、我和每一个人，都像这个沙漏。每天早上开始的时候，有成百上千件的工作，让我们觉得我们一定得在那一天里完成。可是如果我们不一次做一件，让它们慢慢平均地通过这一天，像沙粒通过沙漏的窄缝一样，那我们就一定会损害到我们自己的身体或精神了。’

“从那一天起，‘一次只流过一粒沙，一次只做一件事’，这个忠告在身心两方面都救了我。目前对我在手艺印刷公司的公共关系及广告部中的工作，也有莫大的帮助。我发现在生意场上，也有像在战场上同样的问题，一次要做好几件事情——但却没有多少时间可利用。但是，我不会再紧张不安，因为我永远记得那个军医告诉我的话：‘一次只流过一粒沙子，一次只做一件工作。’我一再对自己重复地念着这两句话。我的工作比以前更有效率，做起来也不会再有那种在战场上几乎使我崩溃的、迷惑和混乱的感觉。”

我们的医院里大概有一半以上的床位，都是留给神经或者精神上有问题的人的。他们都是被累积起来的昨天和令人担心的明天加起来的双重重担所压垮的病人。而那些病人中，大多数只要能奉行耶稣的这句话——“不要为明天忧虑”，或者是威廉·奥斯勒爵士的这句话——“生活在一个完全独立的今天里”，他们就都能走在街上，过着快乐而有益的生活了。

你和我，在目前这一刹那，都站在两个永恒交汇之点——已经永远消逝了的过去，以及延伸到无穷尽的未来——我们都不可能活在这两个永恒之中，甚至连一秒钟也不行。若想那样做的话，我们就会毁了自己的身体和精神。所以，我们就以能活在这一刻而感到满足吧。从现在一直到我们上床，“不论担子有多重，每个人都能支持到夜晚的来临，”罗勃·史蒂文生写道，“不论工作有多苦，每个人都能做他那一天的工作，每一个人都能很甜美、很有耐心、很可爱、很纯洁地活到太阳下山，而这就是生命的真谛。”

对一个聪明人来说，每一天都是一个新的生命。

底特律城已故的爱德华·诺文斯，在学会“活于今天”之前，几乎因为忧虑而自杀。爱德华·诺文斯生长在一个贫苦的家庭，起先靠卖报来赚钱，然后在一家杂货店当店员。后来，家里有七口人要靠他吃饭，他就谋到一个当助理图书管理员的职位，薪水很少，他却不敢辞职。八年之后，他才鼓起勇气开始他自己的事业。不久，就用借来的55块钱，发展成一个大的事业，一年赚两万美金。就在这时，厄运降临了：他替一个朋友开出一张面额很大的支票，而那位朋友破产了。很快地，在这件灾祸之后又来了另外一次大灾祸，那家存着他全部财产的大银行垮了，他不但损失了所有的钱，还负债一万六千元。他精神受不住这样的打击，“我吃不下，睡不着，”他还说道，“我开始生起奇怪的病来。没有别的原因，只是因为担忧。有一天，我走在路上的时候，昏倒在路边，以后就再不能走路了。他们让我躺在床上，我的全身都烂了，伤口往里面烂进去之后，连躺在床上都受不了。我的身体愈来愈弱，最后医生告诉我，我只有两个礼拜可活了。我大吃一惊，写好我的遗嘱，然后躺在床上等死。挣扎或是担忧都没有用了，我放弃了，也放松下来，闭目休息。在此以前，连续好几个礼拜，我几乎没有办法连续睡两个小时以上。可是这时候，因为一切困难很快就将结束，我反而睡得像个孩子似的安稳。那些令人疲倦的忧虑渐渐消失了，我的胃口恢复了，体重也开始增加。

“几个礼拜之后，我就能撑着拐杖走路。六个礼拜以后，我又能回去工作了。我以前一年曾赚过两万块钱，可是现在能找到一个礼拜30块钱的工作，就已经很高兴了。我的工作是推销用船运送汽车时放在轮子后面的挡板。这时我已学会不再忧虑——不再为过去发生的事情后悔，也不再担心将来。我把所有的时间、精力和热忱，都放在手头的工作上。”

由于他脚踏实地做好手头的每一件事情，他的进展非常快，不到几年，他已是诺文斯工业公司的董事长，多年来，这个公司一直是纽约股票市场交易所的一家公司。如果你乘飞机到格陵兰去，很可能降落在诺文斯机场——这是为了纪念他而命名的飞机场。可是，如果他没有学会“生活在完全独立的今天里”的话，爱德华·诺文斯绝不可能获得这样的成功。

时间并不能像金钱一样可以让我们随意贮存起来，以备不时之需。我们所能使用的只有被给予的那一瞬间，也就是今日和现在。假如我们不能充分利用今日而让时间白白虚度，那么它将一去不返。所谓“今日”，正是“昨日”计划中的“明日”，而这个宝贵的“今日”，不久将消失到遥远的彼方。对于我们每个人来讲，得以生存的只有现在——过去早已消失，而未来尚未来临。昨天，是张作废的支票；明天，是尚未兑现的期票；只有今天，才是现金，有流通性的价值之物。

摆脱忧虑的一个重要方法就是学会在现时中生活。请注意，这里使用的不是“现实”而是“现时”一词，它更加强调的是“现在”这一时间概念，现时生活是你真正生活的关键所在。细想一下，除了“现在”，我们永远不能生活在任何其他时刻，你所能把握的只有现在的时光，其实未来也只不过是一种即将到来的“现在”。有一点可以肯定：在未来到来之前，你是无法生活于未来之中的；然而，我们的文化传统总是降低现时的重要性，我们常听人们如此言谈：

为将来而积蓄；

要考虑后果；

不要过于注重享乐；

想想今后；

为退休做好准备；等等。

在我们的传统文化中，回避现实几乎成为一种流行性疾病。社会环境总是要求人们为将来牺牲现在。根据逻辑推理，在这种思想的影响下，人们总是在今天为明天或昨天的事情担忧，无法“活在今天”。回避现实这种态度意味着不仅要避免目前的享受，而且要永远回避幸福——难道不是吗？将来那一时刻一旦到来，也就成为现时，而我们到那时又必须利用那一现时为将来做准备。这样，幸福总是明日复明日，永远可望而不可及。

回避现实往往导致对未来的一种理想化。你可能会想象自己在今后生活中的某一时刻，会发生一个奇迹般的转变，你一下子变得事事如意，幸福无比，财富无限，或者期望自己在完成某一特别业绩——如大学毕业、结婚、有了孩子或职务晋升之后，你将重新获得一种新的生活。然而，当那一刻真正到来时，你却并没获得自己原先想象的幸福，甚至往往有些令人失望。未来永远没有你所想象的那么美好、如诗如画，它也只是一种切切实实的“现时”。为什么许多年轻人婚后不久就哀叹生活与婚姻的不幸？其中不乏一个原因——他们曾经将婚姻和未来幻想得过于幸福美满，而当这一切真正到来时，当他们置身于现时生活之中，他们不愿面对一些现实。

美国著名小说家亨利·詹姆斯在《大使们》一书中如此忠告：

“尽情地生活吧，否则，就是一个错误。你具体做什么都关系不大，关键是你要生活。假如没有生命，你还有什么呢？失去的就永远失去了，这是毫无疑义的……所谓适当的时刻就是人们仍然有幸得到的时刻，幸福地生活吧！”

“如果你也像托尔斯泰书中的伊凡·伊里奇那样回顾自己的一生，你将发现自己很少会因为做了某事而感到遗憾。”

“如果我到目前为止的整个生活都是错误的，那该怎么办？他忽然意识到以前在他看来完全不可能的事也许的确是真的，他也许真的没有按照他本应做的那样去生活。他忽然意识到，自己以前那些难以察觉的念头——尽管出现之后便随即被打消——或许才是真的，而其他一切则是虚假的。他的职业义务、他的生活以及家庭的整个安排，还有他的一切社会利益和表面利益，也许完全都是虚无的。他一直在为所有这一切进行着辩解，然而现在，他蓦然感到自己的辩解是苍白无力的，没有什么值得辩解的……”

恰恰相反，正是那些你所没做的事情才会使你在心中耿耿于怀。因此，你现在应该去做的事情十分显然——行动起来！珍惜现在的时光，充分利用现在的时光，不要放过一分一秒。否则，如果你以自我挫败的方式度过现在的时光，就无异于永远地失去这一现时。

让我们用铁门把过去隔断——隔断已经死去的那些昨天；揿下另一个按钮，用铁门把未来也隔断——隔断那些尚未诞生的明天。然后你就保险了——你有的是今天……切断过去，把已死的过去埋葬掉；切断那些会把傻子引上死亡之路的明天，人类得到救赎的日子就是现在，精力的浪费、精神的苦闷，都会紧随着一个为未来担忧的人……那么把船后的大隔舱都关断吧，准备养成一个好习惯。生活在“完全独立的今天”里。幸福快乐就在你生活的每一天。

让我们用一个每天能产生快乐而富建设性思想的计划，来为我们的快乐而奋斗吧！

下面这个“只为今天”的计划，对我们过一种积极有益的生活非常有效，如果能照着做，我们就能大量地产生“生活上的快乐”。

①只为今天，我要很快乐。假如林肯所说的“大部分人只要下定决心都能很快乐”，这句话是对的，那么快乐是来自内心，而不是来自于外界。

②只为今天，我要让自己适应一切，而不去试着调整一切来适应我的欲望。我要以这种态度接受我的家庭、我的事业和我的运气。

③只为今天，我要爱护我的身体。我要多运动、善于照顾、善

于珍惜；不损伤它、不忽视它；使它能成为我争取成功的好基础。

④只为今天，我要加强我的思想。我要学一些有用的东西，我不要做一个胡思乱想的人。我要看一些需要思考、更需要集中精神才能看的书。

⑤只为今天，我要用三件事来锻炼我的灵魂：我要为别人做一件好事，但不要让人家知道；我还要做两件我并不想做的事，而这就像威廉·詹姆斯所建议的，只是为了锻炼。

⑥只为今天，我要做个讨人喜欢的人，外表要尽量修饰，衣着要尽量得体，说话低声，行动优雅，丝毫不在乎别人的毁誉。对任何事都不挑毛病，也不干涉或教训别人。

⑦只为今天，我要试着只考虑怎么度过今天，而不期望我一生的问题一次就解决。因为，我虽能连续十二个钟头做一件事，但若要我一辈子都这样做下去的话，就会吓坏了我。

⑧只为今天，我要订下一个计划。我要写下每个钟头该做些什么事。也许我不会完全照着做，但还是要订下这个计划，这样至少可以免除两种缺点——过分仓促和犹豫不决。

⑨只为今天，我要为自己留下安静的半个钟头，轻松一番。在这半个钟头里，我要想到神，使我的生命更充满希望。

⑩只为今天，我要心中毫无惧怕。尤其是，我不要怕快乐，我要去欣赏美的一切，去爱，去相信我爱的那些人会爱我。如果我们想培养平安和快乐的心境，请记住这条规划：

“有了快乐的思想和行为，你就能感到快乐。”

我在自己浴室的镜子上贴了一首诗，以便自己每天早上刮胡子的时候都能看见它。这首诗的作者是一个很有名的印度戏剧家卡里达沙。

向黎明致敬

看着这一天！

因为它就是生命，生命中的生命。
在它短短的时间里，
有你存在的所有变化与现实；
生长的福泽，
行动的辉煌。
因为昨天不过是一场梦，
而明天只是一个幻影，
但是活在很好的今天，
却能使每一个昨天都是一个快乐的梦，
每一个明天都是有希望的幻景。
所以，好好地看着这一刻吧，
这就是你对黎明的敬礼。

活在今天。

杞人无忧：别让小事妨碍了你的大事

◎ 人生短暂，如白驹过隙，然而有很多人却浪费了很多时间，去愁一些一年内就会被忘却的小事。

◎ 我们通常都能很勇敢地面对生活里那些大的危机，却被些小事情搞得垂头丧气。大多数时间里，要想克服因为一些小事情引起的困扰，只要把自己的看法和重点转移一下就可以了。你会找到一个新的使你开心一点的想法。

下面是一个也许会让你毕生难忘、很富戏剧性的故事。说这个故事的人叫罗勒·摩尔。

“1945年的3月，我学到了我这一生最重大的一课。”他说，“我是在中南半岛附近276英尺深的海底下学到的。当时我和另外

87个人一起在贝雅S·S·三一八号潜水艇上。我们由雷达发现，一小支日本舰队正朝我们这边开过来。在天快亮的时候，我们升出水面发动攻击。我由潜望镜里发现一艘日本的驱逐护航舰、一艘油轮，和一艘布雷舰。我们朝那艘驱逐护航舰发射了三枚鱼雷，但是都没有击中。那艘驱逐舰并不知道它正遭受攻击，还继续向前驶去，我们准备攻击最后的一条船——那条布雷舰。突然之间，它转过身子，直朝我们开来（一架日本飞机，看见我们在60英尺深的水下，把我们的位置用无线电通知了那艘日本的布雷舰）。我们潜到150英尺深的地方，以避免被它侦测到，同时准备好应付深水炸弹。我们在所有的舱盖上都多加了几层栓子，同时为了使我们的沉降保持绝对的静默，我们关了所有的电扇、整个冷却系统，和所有的发电机器。

“3分钟之后，突然天崩地裂。6枚深水炸弹在我们四周爆炸开来，把我们直压到海底——深达276英尺的地方。我们都吓坏了，在不到1 000英尺深的海水里，受到攻击是一件很危险的事情——如果不到500英尺的话，差不多都难逃劫运。而我们却在不到500英尺一半深的水里受到了攻击——要照怎么样才算安全说起来，水深等于只到膝盖部分。那艘日本的布雷舰不停地往下丢深水炸弹，攻击了15个小时，要是深水炸弹距离潜水艇不到17英尺的话，爆炸的威力可以在潜艇上炸出一个洞来。有十几个深水炸弹就在离我们五十英尺左右的地方爆炸，我们奉命‘固守’——就是要静躺在我们的床上，保持镇定。我吓得几乎无法呼吸：‘这下死定了。’电扇和冷却系统都关闭之后，潜水艇的温度非常高，可是我怕得全身发冷，穿上了一件毛衣，以及一件带皮领的夹克，可是还要冷得发抖。我的牙齿不停地打颤，全身冒着一阵阵的冷汗。攻击持续了15个小时之久，然后突然停止了。显然那艘日本的布雷舰把它所有的深水炸弹都用光了，就驶了开去。这15个小时的攻击，感觉上就像有1500

万年。我过去的生活都一一在我眼前映现，我记起了以前所做过的所有的坏事，所有我曾经担心过的一些很无稽的小事情。在我加入海军之前，我是一个银行的职员，曾经为工作时间太长、薪水太少、没有多少升迁机会而发愁。我曾经忧虑过，因为我没有办法买自己的房子，没有钱买部新车子，没有钱给我太太买好的衣服。我非常讨厌我以前的老板，因为他老是找我的麻烦。我还记得，每晚回到家里的时候，我总是又累又难过，常常跟我的太太为一点芝麻小事吵架。我也为我额头上的一个小疤——是一次车祸里留下的伤痕——发愁过。

“有一次，我们到芝加哥一个朋友家里吃饭。分菜的时候，他有些事情没有做对。我当时并没有注意到，即使我注意到，我也不会在乎的。可是他太太看见了，马上当着我们的面跳起来指责他。‘约翰，’她大声叫道，‘看看你在搞什么！难道你就永远也学不会怎么样分菜吗？’

“然后她对我们说：‘他老是犯错，简直就不肯用心。’也许他确实没有好好地做，可是我实在佩服他能够跟他太太相处20年之久。坦白地说，我情愿只吃一两个抹上芥末的热狗——只要能吃得很舒服——而不愿一面听她唠叨，一面吃鱼翅。

“在碰到那件事情之后不久，我妻子和我请了几位朋友到家里来吃晚饭。就在他们快来的时候，我妻子发现有三条餐巾和桌布的颜色不大相配。

“‘我冲到厨房里，’她后来告诉我说，‘结果发现另外三条餐巾送去洗了。客人已经到了门口，没有时间再换，我急得差点哭了出来。我只想到：为什么会有这么愚蠢的错误，来影响我的整个晚上？然后我想到——为什么要让它使我不高兴呢？我走进餐厅去吃晚饭，决心好好地享受一下。我果然做到了。我情愿让朋友们认为我是一个比较懒散的家庭主妇。’她告诉我说，‘也不要让他们认为我是一个神经兮兮、脾气不好的女人。而且，据我所知，根本没有一个人注意到那些餐巾的问题。’”

有一条大家都知道的法律上的名言：“法律不会去管那些小事情。”一个人也不该为这些小事忧虑，如果他希望求得心理上的平静的话。

大多数时间里，要想克服因为一些小事情所引起的困扰，只要把自己的看法和重点转移一下就可以了——让你有一个新的、能使你开心一点的看法。

狄士雷利说过：“生命太短促了，不能再只顾小事。”

“这些话，”安德利·摩林在《本周》杂志里说，“曾经帮我挨过很多很痛苦的经历。我们常常让自己因为一些小事情、一些应该不屑一顾和忘了的小事情弄得非常心烦……我们活在这个世上只有短短的几十年，而我们浪费了很多不可能再补回来的时间，去愁一些一年之内就会被所有的人忘了的小事。不要这样，让我们把我们的生活只用在值得做的行动和感觉上，去想伟大的思想，去经历真正的感情，去做必须做的事情。因为生命太短促了，不该再顾及那些小事。”

“多年前，那些令人发愁的事看起来都是大事，可是在深水炸弹威胁着要把我送上西天的时候，这些事情又是多么的荒谬、微小。就在那时候，我答应我自己，如果我还有机会再见到太阳跟星星的话，我永远永远不会再忧虑了。永远不会！永远不会！永远也不会！在潜艇里面那15个可怕的小时里，我对于生活所学到的，比我在大学念了四年的书所学到的还要多得多。”

我们通常都能很勇敢地面对生活里面那些大的危机，可是，却会被这些小事搞得垂头丧气。比方说，撒母耳·白布西在他的《日记》里谈到他脖子上那块痛伤的地方。

这也是帕德上将在又冷又黑的极地之夜所发现的另外一点——

他手下的人常常为一些小事情而难过，却不在乎大事。他们能够毫不埋怨地面对危险而艰苦的工作，在零下几十度的寒冷中工作，“可是，”帕德上将说，“我却知道有好几个同房的人彼此不讲话，因为怀疑对方把东西乱放，占了他们自己的地方。我还知道，队上有一个讲究所谓空腹进食，细嚼健康法的家伙，每口食物一定嚼过28次才吞下去；而另外有一个人，一定要在大厅里找到一个看不见这家伙的位子坐着，才能吃得下饭。”

“在南极的营地里，”帕德上将说，“像这类的小事情，都可能把最有训练的人逼疯。”

而帕德上将，你还可以加一句话：“小事”如果发生在夫妻间的生活里，也会把人逼疯，还会造成“世界上半数的伤心事”。

而纽约州的地方检察官弗兰克·霍根也说：“我们处理的刑事案件里，有一半以上都起因于一些很小的事情：在酒吧里逞英雄，为一些小事情争争吵吵，讲话侮辱别人，措辞不当，行为粗鲁——就是这些小事情，结果引起伤害和谋杀。很少有人真正天性残忍，一些犯了大错的人，都是因自尊心受到小小的损害，一些小小的屈辱，虚荣心不能满足，结果造成世界上半数的伤心事。”

罗斯福夫人刚结婚的时候，她忧虑了好多天，因为她的新厨子做饭做得很差。“可如果事情发生在现在，”罗斯福夫人说，“我就会耸耸肩膀把这事给忘了。”好极了，这才是一个成年人的做法。就连凯瑟琳女皇——这个最专制的女皇，在厨子把饭做得不好的时候，通常也只是付之一笑。

就像吉布林这样有名的人，有时候也会忘了“生命是这样的短促，不能再顾及小事”。其结果呢？他和他的舅爷在维尔蒙打了一场官司——这场官司打得有声有色，后来还有一本专辑记载着，书的名字叫《吉布林在维尔蒙的领地》。

故事的经过情形是这样的：吉布林娶了一个维尔蒙地方的女孩

子凯洛琳·巴里斯特，在维尔蒙的布拉陀布罗造了一间很漂亮的房子，在那里定居下来，准备度他的余生。他的舅爷比提·巴里斯特成了吉布林最好的朋友，他们两个在一起工作，在一起游戏。

然后，吉布林从巴里斯特手里买了一点地，事先协议好巴里斯特可以每一季在那块地上割草。有一天，巴里斯特发现吉布林在那片草地上开了一个花园，他生起气来，暴跳如雷，吉布林也反唇相讥，弄得维尔蒙绿山上的天都变黑了。

几天之后，吉布林骑着他的脚踏车出去玩的时候，他的舅爷突然驾着一部马车从路的那边转了过来，逼得吉布林跌下了车子。而吉布林——这个曾经写过“众人皆醉，你应独醒”的人——却也昏了，告到官里去，把巴里斯特抓了起来。接下去是一场很热闹的官司，大城市里的记者都挤到这个小镇上来，新闻传遍了全世界。事情没办法解决，这次争吵使得吉布林和他的妻子永远离开了他们在美国的家，这一切的忧虑和争吵，只不过为了一件很小的小事：一车子干草。

平端克里斯在2400年前说过：“来吧，各位！我们在小事情上耽搁得太久了。”一点也不错，我们的确是这样子的。

下面是哈瑞·爱默生·傅斯狄克博士所说的故事里最有意思的一个——有关森林的一个巨人在战争中怎么样得胜，怎么样失败。

“在科罗拉多州长山的山坡上，躺着一棵大树的残躯。自然学家告诉我们，它曾经有400多年的历史。它初发芽的时候，哥伦布才刚在美洲登陆；第一批移民到美国来的时候，它才长了一半大。在它漫长的生命里，曾经被闪电击中过14次；400年来，无数的狂风暴雨侵袭过它，它都能战胜它们。但是在最后，一小队甲虫攻击了这棵树，那些甲虫从根部往里面咬，渐渐伤了树的元气，就只靠它们很小、但持续不断的攻击，使它倒在地上。这个森林里的巨人，岁月不曾使它枯萎，闪电不曾将它击倒，狂风暴雨没有伤着它，却因一些小得用大拇指跟食指就可以捏死的小甲虫而终于倒了下来。”

我们岂不都像森林中的那棵身经百战的大树吗？我们曾经历过生命中无数狂风暴雨和闪电的打击，但都撑过来了。可是却会让我们的心被忧虑的小甲虫咬噬——那些用大拇指跟食指就可以捏死的小甲虫。

几年以前，我去了怀俄明州的提顿车家公园。和我一起去的是怀俄明州公路局局长查尔斯·西费德，还有一些他的朋友。我们本来要一起去参观洛克菲勒坐落在那公园里的一栋房子的，可是我坐的那部车子转错了一个弯，迷了路。等到达那座房子的时候，已经比其他的车子晚了一个小时。西费德先生没有开那扇大门的钥匙，所以他在那个又热又有好多蚊子叮他的森林里等了一个小时，等我们到达。那里的蚊子多得可以让一个圣人都发疯，可是它们没有办法赢过查尔斯·西费德。当我们到达的时候，他是不是正忙着赶蚊子呢？不是的，他正在吹笛子，当作一个纪念品，纪念一个知道如何不理会那些小事的人。

不要让自己因为一些应该丢开和忘记的小事烦心，
要记住：“生命太短促了，不要再为小事烦恼。”

第三章

停止忧虑，盛装出发

让自己忙起来

◎一个人无论多么聪明，他的思想都不可能在同一时间想一件以上的事情。

清除忧虑的最好办法，就是要让你自己忙着，去做一些有用的事情。

我永远也忘不了几年前的那一夜。我班上的一个学生马利安·道格拉斯告诉我们，他家里遭受到不幸的悲剧，不止一次，而是两回。第一次他失去了他五岁大的女儿，一个他非常喜欢的孩子。他和他的妻子，都以为他们没有办法忍受这个损失。可是，正如他说的："十个月之后，上帝又赐给我们另外一个小女儿——而她只活了五天就死了。"

这接二连三的打击，重得使人几乎无法承受。"我承受不了，"这个做父亲的告诉我们说，"我睡不着，我吃不下，我也无法休息或是放松。我的精神受到致命的打击，信心尽失。"最后他去看了医生。一个医生建议他吃安眠药，另外一个则建议他去旅行。他两个方法都试过了，可是没有一样能够对他有所帮助。他说："我的身体好像被夹在一把大钳子里，而这把钳子愈夹愈紧，愈夹愈紧。”那种悲哀给他的压力——如果你曾经因悲哀而感觉麻木的话，你就知道他所说的是什么了。

“不过感谢上帝，我还有一个孩子——一个四岁大的儿子，他教我们得到解决问题的方法。有一天下午，我呆坐在那里为自己感到难过的时候，他问我：‘爸爸，你肯不肯为我造一条船？’我实在没有兴致去造条船。事实上，我根本没有兴致做任何事情。可是我的孩子是个很会缠人的小家伙，我不得不顾从他的意思。

“造那条玩具船大概花了我三个钟头，等到船弄好之后，我发现用来造船的那三个小时，是我这么多个月来第一次有机会放松我的心情的时间。

“这个大发现使我从昏睡中惊醒过来。它使我想了很多——这是我几个月来的第一次思想。我发现，如果你忙着去做一些需要计划和思想的事情的话，就很难再去忧虑了。对我来说，造那条船就把我的忧虑整个击垮了，所以我决定让自己不断地忙碌。

“第二天晚上，我巡视屋子里的每个房间，把所有该做的事情列成一张单子。有好些小东西需要修理，比方说书架、楼梯、窗帘、门钮、门锁、漏水的龙头等等。叫人想不到的是，在两个礼拜以内，我列出了242件需要做的事情。

“在过去的两年里，那些事情大部分都已经完成。此外，我也使我的生活里充满了启发性的活动：每个礼拜，有两天晚上我到纽约市参加成人教育班，并参加了一些小镇上的活动。我现在是校董事会的主席，参加很多的会议，并协助红十字会和其他的机构募捐。我现在简直忙得没有时间去忧虑。”

没有时间去忧虑，这正是丘吉尔在战事紧张到每天要工作18个小时的时候所说的。当别人问他是不是为那么重的责任而忧虑时，他说：“我太忙了，我没有时间去忧虑。”

查尔斯·柯特林在发明汽车的自动点火器的时候，也碰到这样的情形。柯特林先生一直是通用公司的副总裁，负责世界知名的通用汽车研究公司，最近才退休。可是，当年他却穷得要用谷仓里堆稻草的地方做实验室。家里的开销，都得靠他太太教钢琴所赚来的1500美金。后来，他又去用他的人寿保险作抵押借了500美金。我问过他太太，在那段时期她是不是很忧虑。“是的，”她回答说，“我担心得睡不着，可是柯特林先生一点也不担心。他整天埋头在工作里，没有时间去忧虑。”

伟大的科学家巴斯特曾经谈到“在图书馆和实验室所找到的平静”。平静为什么会在那儿找到呢？因为在图书馆和实验室的人，通常都埋头在他们的工作里，不会为他们自己担忧。做研究工作的人很少有精神崩溃的现象，因为他们没有时间来享受这种“奢侈”。

为什么“让自己忙着”这么一件简单的事情，就能够把忧虑赶出去呢？因为有这么一个定理——这是心理学上所发现的最基本的一条定理。这条定理就是：不论这个人多么聪明，人类的思想，都不可能在同一时间想一件以上的事情。让我们来做一个实验：假定你现在靠坐在椅子上，闭起两眼，试着在同一个时间去想：自由女神；你明天早上打算做什么事情。

你会发现你只能轮流地想其中的一件事，而不能同时想两件事，对不对？从你的情感上来说，也是这样。我们不可能既激动、热诚地想去做一些很令人兴奋的事情，又同时因为忧虑而拖累下来。在同一时间里，一种感觉会把另一种感觉赶出去，也就是这么简单的发现，使得军方的心理治疗专家们，能够在战时创造这一类的奇迹。

詹姆斯·墨塞尔是哥伦比亚师范学院的教育学教授。他在这方面说得很清楚：

忧虑最能伤害到你的时候，不是在你有所行动的时候，而是在你没有什么事可做的时候。那时候，你的想象力会混乱起来，使你想起各种荒诞不稽的可能，把每一个小错误都加以夸大。在这种时候，你的思想就像一部没有载货的汽车，乱冲乱撞，撞毁一切，甚至自己也会变成碎片。消除忧虑的最好办法，就是要让你自己忙着，去做一些有用的事情。

不一定非得是一个大学教授才能懂得这个道理，才能付诸实行。战时，我碰到一个住在芝加哥的家庭主妇，她告诉我，她发现“消除忧虑的好办法就是让自己忙着，去做一些有用的事情”。当时我正在从纽约回密苏里农庄的路上，在餐车碰到了这位太太和她的先生。

这对夫妇告诉我，他们的儿子在珍珠港事件的第二天加入了陆军。那个女人当时为她的独子十分担忧，并且几乎使她的健康受损。她总是要为儿子担心：他在什么地方？他是不是很安全？他是不是正在打仗？他会不会受伤，阵亡？

我问她，后来她是怎么克服忧虑的。她回答说：

“我让自己忙着。我把女佣辞退了，希望能靠自己做家事来让自己忙着，可是这没有多少用处。问题是，我做起家事来几乎是机械性的，完全不要用思想；所以当我铺床和洗碟子的时候，还是一直担忧着。我发现，我需要一些新的工作才能使我在一天的每一个小时，身心两方面都能感到忙碌，于是我到一家大百货公司里去当售货员。

“这下成了，我马上发现自己好像掉进了一个行动大漩涡：顾客挤在我的四周，问我关于价钱、尺码、颜色等问题。没有一秒钟能让我想到除了手边工作以外的其他问题。到了晚上，我也只能想，怎样才可以让我那双痛脚休息一下。等我吃完晚饭之后，我倒在床上，马上就睡着了，既没有时间，也没有体力再去忧虑。”

要是我们为什么事情担心的话，让我们记住，我们可以把工作当作很好的古老治疗法。以前在哈佛大学医学院当教授、已故的理查德·凯波特博士，在他那本《人类以此生存》的书里也说过："身为一个医生，我很高兴看到工作可以治愈很多病人。他们所感染的，是由于过分疑惧、迟疑、踌躇和恐惧等所带来的病症。工作所带给我们的勇气，就像爱默生永垂不朽的自信一样。"

当有些人因为在战场上受到打击而退下来的时候，他们都被称为"心理上的精神衰弱症"。军方的医生都以"让他们忙着"为治疗的方法。

除了睡觉的时间之外，每一分钟都让这些在精神上受到打击的人充满了活动，比如钓鱼、打猎、打球、拍照、种花，以及跳舞等等，根本不让他们有时间去回想他们那些可怕的经历。

"职业性的治疗"是近代心理医生所用的名词，也就是拿工作来当作治病的处方。这并不是新的办法，在耶稣诞生500年前，古希腊的医生就已经在使用了。

在富兰克林时代，费城教友会教徒也用这种办法。1774年有一个人去参观教友会的疗养院，看见那些精神病人正忙着纺纱织布，使他大为震惊。他认为那些可怜而不幸的人们，在被压榨劳力，后来教友会的人才向他解释说，他们发现那些病人惟有在工作的时候病情才能真正有所好转，因为工作能安定神经。

不管是哪个心理治疗医生，他都能告诉你：工作——让你忙着——是精神病最好的治疗剂。名诗人亨利·朗费罗在他年轻的妻子去世之后发现了这个道理。有一天，他太太点了一支蜡烛，来熔一些信封的火漆，结果衣服烧了起来。朗费罗听见她的叫喊赶过去抢救，可是她还是因烧伤而亡。有一段时间，朗费罗没有办法忘掉这次可怕的经历，几乎发疯。幸好他三个幼小的孩子需要他照料。虽然他很悲伤，但还是要既当爸又当妈地照料孩子。他带他们出去散步，给他们讲故事，和他们一同玩游戏，还把他们父子间的亲情永存在"孩子们的时间"一诗里。他也翻译了但丁的《神曲》。这些工作加在一起，使他忙得完全忘记了自己，也重新得到了思想的平静。就像泰尼森在最好的朋友阿瑟·哈勒姆死时曾经说的那样：“我一定要让自己沉浸在工作里，否则我就会在绝望中苦恼。”

奥莎·约翰逊发现了比她早一世纪的泰尼森在诗句里所说的同一个真理：“我必须让自己沉浸在工作里，否则我就会挣扎在绝望中。”

海军上将伯德之所以也能发现这一点，是因为他在覆盖着冰雪的南极的小茅屋里单独住了5个月——在那冰天雪地里，藏有大自然最古老的秘密——在冰雪覆盖下，是一片无人知道的、比美国和欧洲加起来都大的大陆。伯德上将独自度过的5个月里，方圆100公里内没有任何一种生物存在。天气奇冷，当风从他耳边吹过的时候，他能听见他的呼吸冻住，结得像水晶一般。在他那本名叫《孤寂》的书里，伯德上将叙述了他在一种既难过又可怕的黑暗里所过的5个月的生活。他一定得不停地忙着才不至于发疯。

要是你和我不能一直忙碌着——如果我们闲坐在那里发愁——我们会产生一大堆被达尔文称之为“胡思乱想”的东西，而这些“胡思乱想”就像传说中的妖精，会掏空我们的思想，摧毁我们的行动力和意志力。

我认得纽约的一个生意人，他也用忙碌驱赶自己的那些“胡思乱想”，使他没有时间去烦恼和发愁。他的名字叫屈伯尔·朗曼，也是我成人教育班的学生。他征服忧虑的经过非常有意思，也非常特殊，所以下课之后我请他和我一起去消夜。我们在一间餐馆里面一直坐到半夜，谈着他的那些经验。下面就是他告诉我的故事：

18年前，我因为忧虑过度而得了失眠症。当时我非常紧张，脾气暴躁，而且非常的不安。我想我就要精神崩溃了。

我这样发愁是有原因的。我当时是纽约市西百老汇大街皇冠水果制品公司的财务经理。我们投资了50万美元，把草莓包装在一加仑装的罐子里。20年来，我们一直把这种一加仑装的草莓卖给制造冰淇淋的厂商。突然我们的销售量大跌，因为那些大的冰淇淋制造厂商，像国家奶品公司等等，产量急剧增加，而为了节省开支和时间，他们都买36加仑一桶的桶装草莓。

我们不仅没办法卖出价值50万美元的草莓，而且根据合约规定，在接下去的一年之内，我们还要再买价值100万美元的草莓。我们已经向银行借了35万美元，既还不出钱来，也没有办法再续借这笔借款，难怪我要担忧了。

我赶到我们位于加州的工厂里，想要让我们的总经理相信情况有所改变，我们可能面临毁灭的命运。他不肯相信，把这些问题的全部责任都归罪在纽约的公司身上——那些可怜的业务人员。

经过几天的要求之后，我终于说服他不再这样包装草莓，而把新的供应品放在旧金山的新鲜草莓市场上卖。这样差不多可以解决我们大部分的困难，照理说我应该不再忧虑了，可是我还做不到这一点。忧虑是一种习惯，而我已经染上这种习惯了。

我回到纽约之后，开始为每一件事情担忧：在意大利买的樱桃，在夏威夷买的凤梨等等，我非常地紧张不安，睡不着觉，就像我刚刚说过的，简直就快要精神崩溃了。

在绝望中，我换了一种新的生活方式，结果治好了我的失眠症，也使我不再忧虑。我让自己忙碌着，忙到我必须付出所有的精力和时间，以至于没有时间去忧虑。以前我一天工作7个小时，现在我开始一天工作15到16个小时。我每天早晨8点钟就到办公室，一直待到半夜，我接下新的工作，负起新的责任，等我半夜回到家的时候，总是筋疲力尽地倒在床上，用不了几秒钟就不省人事了。

这样过了差不多3个月，等我改掉忧虑的习惯，再回到每天工作7到8个小时的正常情形。这事情发生在18年前，从那以后，我就再没有失眠和忧虑过。

萧伯纳说得很对，他把这些总结起来说：

让人愁苦的秘诀就是，有空闲时间来想想自己到底快不快乐。

所以不必去想它，在手掌心里吐口唾沫，让自己忙起来，你的血液就会开始循环，你的思想就会开始变得敏锐——让自己一直忙着，这是世界上最便宜的一种药，也是最好的一种。

要改掉你忧虑的习惯，请记住下面的规则。

> 让自己不停地忙着，忧虑的人一定要让自己沉浸在工作之中，否则只有在绝望中挣扎。

让烦恼迅速“过期”

◎ 惟一可以使过去的错误具有价值的方法，就是冷静地分析我们过去的错误，并从错误中得到教训，然后再把错误忘掉。

◎ 当你开始为那些已经做完或过去的事忧虑的时候，你不过是在锯一些木屑。

◎ 聪明的人永远不会坐在那里为他们的损失而悲伤，却会很高兴地想办法来弥补他们的创伤。

就在我写这句话的时候，我望望窗外，看见了我院子里一些恐龙的足迹—— 一些留在大石板和石头上的恐龙的足迹。这些恐龙的足迹，是我从耶鲁大学的皮博迪博物馆买来的。我还有一封由皮博迪博物馆馆长写来的信，说这些足迹是一亿八千万年前留下来的。就连白痴也不会想追溯到一亿八千万年前去改变这些足迹，而一个人的忧虑就正如这种想法一样愚蠢，因为就算是180秒钟以前所发生的事情，我们也不可能再回头去纠正它——可是我们有很多的人却正在做这样的事情。说得更确实一点，我们可以想办法来改变180秒钟以前发生的事情所产生的影响，但是我们不可能去改变当时所发生的事情。

惟一可以使过去的错误有价值的方法，就是平静地分析我们过去的错误，并从错误中得到教训，然后再把错误忘掉。

我知道这句话是有道理的，可是我是不是一直有勇气、有脑筋去这样做呢？要回答这个问题，让我先告诉你几年前我有过的一次奇妙经验吧。我让30几万元钱从大拇指缝里溜过，没有得到一分钱的利润。事情的经过是这样的：

我开办了一个很大的成人教育补习班，在很多城市里都有分部，在组织费和广告费上，我也花了很多的钱。我当时因为忙于教课，所以既没有时间，也没有心情去管理财务问题，而且当时也太天真，不知道我应该有一个很好的业务经理来支配各项支出。

最后，过了差不多一年，我发现了一件清楚明白，而且很惊人的事实：虽然我们的收入非常多，却没有得到一点利润。在发现了这点之后，我应该马上做两件事情：

第一，我应该有那个脑筋，去做黑人科学家乔治·华盛顿·卡佛尔在银行倒了他5万元的账——也就是他毕生的积蓄——时所做的那件事。当别人问他是不是知道他已经破产了的时候，他回答说："是的，我听说过了。"然后继续教书。他把这笔损失从他的脑子里抹去，以后再也没有提起过。

我应该做的第二件事是，应该分析自己的错误，然后从中学到教训。

可是坦白地说，这两件事我一样也没有做。相反的，我却开始大大发愁起来。一连好几个月我都恍恍惚惚的，睡不好，体重减轻了很多，不但没有从这次大错误里学到教训，反而接着犯了一个只是规模小了一点的同样的错误。

对我来说，要承认以前这种愚蠢的行为，实在是一件很窘迫的事。可是我很早就发现："去教20个人怎么做，比自己一个人去做，要容易得多了。”

我真希望我也能够到纽约的乔治·华盛顿高中去做保罗·布兰德威尔的学生。这位老师曾经教过住在纽约市布朗士区的艾伦·桑德斯。

桑德斯先生告诉我，他的生理卫生课的老师保罗·布兰德威尔博士教给他最有价值的一课：

“当时我只有十几岁，可是那时候我已经常为很多事情发愁。我常常为我自己犯过的错误自怨自艾；交完考试卷以后，我常常会半夜里睡不着；咬着我的指甲，怕我没办法考及格；我老是在想我做过的那些事情，希望当初没有这样做；我老是在想我说过的那些话，希望我当时把那些话说得更好。

“有一天早上，我们全班到了科学实验室。老师保罗·布兰德威尔博士把一瓶牛奶放在桌子边上。我们都坐了下来，望着那瓶牛奶，不知道那跟他所教的生理卫生课有什么关系。然后，保罗·布兰德威尔博士突然站了起来，一掌把那瓶牛奶打碎在水槽里，一面大声叫道：‘不要为打翻的牛奶而哭泣。’

“然后他叫我们所有的人都到水槽边去，好好地看看那瓶打碎的牛奶。‘好好地看一看，’他告诉我们，‘因为我要你们这一辈子都记住这一课，这瓶牛奶已经没有了——你们可以看到它都漏光了，无论你怎么着急，怎么抱怨，都没有办法再救回一滴。只要先用一点思想，先加以预防，那瓶牛奶就可以保住。可是现在已经太迟了——我们现在所能做到的，只是把它忘掉，丢开这件事情，只注意下一件事。’

“这次小小的表演，在我忘了我所学到的几何和拉丁文以后很久都还让我记得。事实上，这件事在实际生活中所教给我的，比我在高中读了那么多年所学到的任何东西都好。它教我只要可能的话，就不要打翻牛奶，万一牛奶打翻、整个漏光的时候，就要彻底把这件事情给忘掉。”

有些读者大概会觉得，花这么大力气来讲那么一句老话：“不要为打翻了的牛奶而哭泣”，未免有点无聊。我知道这句话很普通，也可以说很陈旧。可是像这样的老生常谈，却饱含了多年来所积聚的智慧，这是人类经验的结晶，是世世代代传下来的。如果你能读尽各个时代很多伟大学者所写的有关忧虑的书，你也不会看到比“船到桥头自然直”和“不要为打翻的牛奶而哭泣”更基本、更有用的老生常谈了。只要我们能应用这两句老话，不轻视它们，我们就根本用不到这本书了。然而，如果不加以应用，知识就不是力量。

本书的目的并不在告诉你什么新的东西，而是要提醒你那些你已经知道的事，鼓励你把已经学到的东西加以应用。

我一直很佩服已故的佛雷德·福勒·夏德，他有一种能把老的事例用又新又吸引人的方法说出来的天分。他是一家报社的编辑。有一次大学毕业班讲演的时候，他问道：“有多少人曾经锯过木头？请举手。”大部分的学生都曾经锯过。然后他又问道：“有多少人曾经锯过木屑？”没有一个人举手。

“当然，你们不可能锯木屑，”夏德先生说道，“因为那些都是已经锯下来的。过去的事也是一样，当你开始为那些已经做完的和过去的事忧虑的时候，你不过是在锯一些木屑。”

棒球老将康尼·麦克81岁的时候，我问他有没有为输了的比赛忧虑过。

“噢，有的。我以前常这样，”康尼·麦克告诉我说，“可是多年以前我就不干这种傻事了。我发现这样做对我完全没有好处，磨完的粉子不能再磨，”他说，“水已经把它们冲到底下去了。”

不错，磨完的粉子不能再磨；锯木头剩下来的木屑，也不能再锯。可是你还能消除你脸上的皱纹和胃里的溃疡。在去年感恩节的时候，我和杰克·登普西一起吃晚饭。当我们吃火鸡和橘酱的时候，他给我讲了他把重量级拳王的头衔输给滕尼的那一仗。当然，这对他的自尊是一次很大的打击。

“在拳赛的当中，我突然发现我变成了一个老人……到第十回合终了，我还没有倒下去，可是也只是没有倒下去而已。我的脸肿了起来，而且有很多处伤痕，两只眼睛几乎无法睁开……我看见裁判员举起吉恩·滕尼的手，宣布他获胜……我不再是世界拳王，我在雨中往回走，穿过人群回到自己的房间。在我走过的时候，有些人想来抓我的手，另外一些人眼睛里含着泪水。

“一年之后，我再跟滕尼比赛了一场，可是一点用也没有，我就这样永远完了。要完全不去愁这件事情实在很困难，可是我对自己说：‘我不打算生活在过去里，或是为打翻了的牛奶而哭泣，我要能承受这一次打击，不能让它把我打倒。’”

而这一点正是杰克·登普西所做到的事。怎么做呢？只是一再地向自己说：“我不为过去而忧虑”吗？不是的！这样做只会再强迫他想到他过去的那些忧虑。他的方法是承受一切，忘掉他的失败，然后集中精力来为未来计划。他的做法是经营百老汇的登普西餐厅和大北方旅馆；安排和宣传拳击赛，举行有关拳赛的各种展览会；让自己忙着做一些富于建设性的事情，使他既没有时间也没有心思去为过去担忧。

“在过去十年里，我的生活，”杰克·登普西说，“比我在做世界拳王的时候要好得多了。”

登普西先生告诉我，他没有读过很多书，可是，他却是不自觉地照着莎士比亚的话在做：

“聪明的人永远不会坐在那里为他们的损失而悲伤，却会很高兴地想办法来弥补他们的创作。”

当我读历史和传记并观察一般人如何度过艰苦的环境时，我一直觉得吃惊，并羡慕那些能够把他们的忧虑和不幸忘掉并继续过快乐生活的人。

我曾经到辛辛监狱去看过，那里最令我吃惊的是，囚犯们看起来都和外面的人一样快乐。我当即把我的看法告诉了刘易士·路易斯——当时辛辛监狱的狱长——他告诉我，这些罪犯刚到辛辛监狱的时候，都心怀怨恨且脾气很坏。可是经过几个月之后，大部分聪明一点的人都能忘掉他们的不幸，安定下来承受他们的监狱生活，尽量地过好。

路易斯狱长告诉我，有一个辛辛监狱的犯人—— 一个在园子里工作的人——在监狱围墙里种菜种花的时候，还能一面唱歌。歌词是这样唱的：

“事实已经注定，事实已沿着一定的路线前进，

痛苦、悲伤并不能改变既定的情势，

也不能删减其中任何一段情节，

当然，眼泪也无补于事，它无法使你创造奇迹。

那么，让我们停止流无用的眼泪吧！

既然谁也无力使时光倒转，因此不如抬头往前看。”

所以，为什么要浪费眼泪呢？当然，犯了过错和疏忽都是我们的不对，可是又怎么样呢？谁没有犯过错？就连拿破仑，在他所有重要的战役中也输过1/3。也许我们的平均纪录并不会坏过拿破仑，谁知道呢？

不要试着去锯木屑，不要为打翻了的牛奶而哭泣。

准备迎接最坏的情况

◎ 能接受既成事实，这是克服随之而来的任何不幸的第一步。

◎ 能接受最坏的情况，就能在心理上让你发挥出新的能力。

◎ 忧虑最大的坏处就是摧毁我们集中精神的能力，一旦忧虑产生，我们的思想就会到处乱转，从而丧失作出决定的能力。

卡瑞尔是一个很聪明的工程师，他开创了空气调节器制造业，现在是位于纽约州瑞西的著名卡瑞尔公司的负责人。我所知道的解决忧虑困难的最好办法，是我和卡瑞尔先生在纽约的工程师俱乐部吃中饭的时候亲自从他那里学到的。

“年轻的时候，”卡瑞尔先生说，“我在纽约州水牛城的水牛钢铁公司做事。我必须到密苏里州水晶城的匹兹堡玻璃公司——一座花费好几百万美金建造的工厂，去安装二架瓦斯清洁机，目的是清除瓦斯里的杂质，使瓦斯燃烧时不至于有损引擎。这种清洁瓦斯的方法是新的方法，以前只试过一次——而且当时的情况很不相同。我到密苏里州水晶城工作的时候，很多事先没有想到的困难都发生了。经过一番调整之后，机器可以使用了，可是成绩并不能好到我们所保证的程度。

“我对自己的失败非常吃惊，觉得好像是有人在我头上重重地打了一拳。我的胃和整个肚子都开始扭痛起来。有好一阵子，我忧虑得简直没有办法睡觉。

“最后，我的常识告诉我忧虑并不能够解决问题，于是我想出了一个不需要忧虑就可以解决问题的办法，结果非常有效。我这个排除忧虑的办法已经使用了30多年。这个办法非常简单，任何人都可以使用。其中共有三个步骤：

“第一步，我毫不害怕而诚恳地分析整个情况，然后找出万一失败可能发生的最坏的结果。没有人会把我关起来，或者把我枪毙，这一点说得很准。不错，很可能我会丢掉差事，也可能我的老板会把整个机器拆掉，使投进去的2万美元泡汤。

“第二步，找出可能发生的最坏的情况之后，我就让自己在必要的时候能够接受它。我对自己说，这次失败，在我的纪录上会是一个很大的污点，可能我会因此而丢差事。但即使真是如此，我还是可以另外找到一份差事。至于我的那些老板，他们也知道我们现在是在试验一种清除瓦斯新法，如果这种实验要花他们2万美元，他们还付得起。他们可以把这笔账算在研究费用上，因为这只是一种实验。

“发现可能发生的最坏情况，并让自己能够接受之后，有一件非常重要的事情发生了。我马上轻松下来，感受到几天以来所没经验过的一份平静。

“第三步，从这以后，我就平静地把我的时间和精力，拿来试着改善我在心理上已经接受的那种最坏情况。

“我努力找出一些办法，让我减少我们目前面临的2万美元损失。我做了几次实验，最后发现，如果我们再多花5 000美元，加装一些设备，我们的问题就可以解决。我们照这个办法去做之后，公司不但没有损失2万美元，反而赚了1.5万美元。

“如果当时我一直担心下去的话，恐怕永远不可能做到这一点。因为忧虑的最大坏处，就是会毁了我集中精神的能力。在我们忧虑的时候，思想会到处乱转，而丧失所有作决定的能力。然而，当我们强迫自己面对最坏的情况，而在精神上接受它之后，就能够衡量所有可能的情形，使我们处在一个可以集中精力解决问题的地位。

“我刚才所说的这件事，发生在很多很多年以前，因为这种做法非常好，我就一直使用着。结果呢，我的生活里几乎完全不再有烦恼了。”

为什么威利·卡瑞尔的万能公式这么有价值，这么实用呢？从心理学上来讲，它能够把我们从那个巨大的灰色云层里拉下来，让我们不再因为忧虑而盲目地摸索，它可以使我们的双脚稳稳地站在地面上，而我们也都知道自己的确站在地面上。如果我们脚下没有结实的土地，又怎么能希望把事情想通呢？

应用心理学之父威廉·詹姆斯教授，已经去世38年了，可是如果他今天还活着，听到这个面对最坏情况的公式的话，也一定会大表赞同。我怎么知道的呢？因为他曾经告诉他的学生说："你要愿意承担这种情况，因为能接受既成的事实，就是克服随之而来的任何不幸的第一个步骤。"

林语堂在他的《生活的艺术》里也谈到同样的概念。"心理的平静，"这位中国哲学家说，"……能接受最坏的情况，在心理上，就能让你发挥出新的能力。"

这就对了，一点也不错。在心理上就能让你发挥出新的能力。当我们接受了最坏的情况之后，我们就不会再损失什么，而这也就是说，一切都可以得回来。"在面对最坏的情况之后，"威利·卡瑞尔告诉我们说，"我马上就轻松下来，感到一种好几天来没有经历过的平静。然后，我就能思想了。"

很有道理，对不对？可是还有成千上万的人，为愤怒而毁了他们的生活。因为他们拒绝接受最坏的情况，不肯由此以求改进，不愿意在灾难中尽可能地救出点东西来。他们不但不重新构筑他们的财富，却参与了"和经验所作的一次冷酷而激烈的斗争"——终于变成我们称之为忧郁症的那种颓丧的情绪的牺牲者。

这套消除忧虑的万灵公式，曾经使一个带着棺材航海旅行的垂死病人胖了90磅。这是艾尔·汉里的故事。那是1948年11月17日，他在波士顿史帝拉大饭店亲口告诉我的故事：

"1929年，"他说，"因为我常常发愁，得了胃溃疡。有一天晚上，我的胃出血了，被送到芝加哥西比大学的医学院附设医院里。我的体重从175磅降到90磅。我的病严重到使医生警告我，连头都不许抬。三个医生中，有一个是非常有名的胃溃疡专家。他们说我的病是‘已经无药可救了’。我只能吃苏打粉，每小时吃一大匙半流质的东西，每天早上和每天晚上都要有护士拿一条橡皮管插进我的胃里，把里面的东西洗出来。

“这种情形过了好几个月……最后，我对自己说：‘你睡吧，汉里，如果你除了等死之外没有什么别的指望了，不如好好利用你剩下的这一点时间。你一直想在你死以前环游世界，所以如果你还想这样做的话，只有现在就去做了。’

“当我对那几位医生说，我要环游世界，我自己会一天洗两次胃的时候，他们都大吃一惊。不可能的，他们从来都没有听说这种事。他们警告我说，如果我开始环游世界，我就只有葬在海里了。‘不，我不会的。’我回答说，‘我已经答应过我的亲友，我要葬在尼布雷斯卡州我们老家的墓园里，所以我打算把我的棺材随身带着。’

“我去买了一具棺材，把它运上船，然后和轮船公司安排好，万一我去世的话，就把我的尸体放在冷冻舱里，一直到回老家的时候。我开始踏上旅程，心里只想着奥玛开俨的一首诗。

啊，在我们零落为泥之前，
岂能辜负，不拼作一生欢，
物化为泥，永寂黄泉下，
没酒、没弦、没歌伎，而且没明天。

“我从洛杉矶上了亚当斯总统号的船向东方航行的时候，就觉得好多了，渐渐地不再吃药，也不再洗胃。不久之后，任何食物都能吃了——甚至包括许多奇奇怪怪的当地食品和调味品。这些别人都说我吃了一定会送命的。几个礼拜过去之后，我甚至可以抽长长的黑雪茄，喝几杯老酒。多年来我从来没有这样享受过。我们在印度洋上碰到季风，在太平洋上遇到台风。这种事情要是害怕，也会让我躺进棺材里的，可是我却从这次冒险中得到很大的乐趣。

“我在船上和他们玩游戏、唱歌、交新朋友，晚上聊到半夜。到了中国和印度之后，我发现我回去之后要料理的私事，跟在东方所见到的贫穷与饥饿比起来，简直像是天堂跟地狱之比。我中止了所有无聊的担忧，觉得非常的舒服。回到美国之后，我的体重增加了90磅，几乎完全忘记了我曾患过胃溃疡。我这一生中从没有觉得这么舒服。我回去后一天也没再病过。”

艾尔·汉里告诉我，他发现他是在下意识里应用了威利·卡瑞尔征服忧虑的办法。

让我们看看其他人怎样利用威利·卡瑞尔的万灵公式，来解决他们自己的问题。下面就是一个例子。这是以前我的一个学生——目前他是一名纽约油商——所做过的事情：

“有人勒索我，”他说，“我不相信会有这种事情——我不相信这种事情会发生在电影以外的现实生活里——可是我真的是被勒索了。事情是这样的：我主管的那个石油公司，有好几辆运油的卡车和好些司机。在那段时期，物价管理委员会的条例是很严格的，我们所能送给每一个顾客的油量也都有限制。我起先不知道事情的真相，好像有一些运货员减少我们固定顾客的油量，把偷下来的卖给一些他们的顾客。

“有一天，有个自称政府调查员的人来看我，跟我索要红包。他说，他掌握我们运货员舞弊的证据。并以此要挟说，如果我不答应的话，他要把证据转交给地方检察官。这时候，我才发现公司有这种非法的买卖。

“当然，我知道我没有什么好担心的——至少跟我个人无关。但是我也知道法律规定，公司应该为员工的行为负责。还有，万一案子打到法院去，上了报纸，这种坏名声就会毁了我的生意。我对自己的生意非常骄傲——我父亲在24年前为此打下了基础。

“我生病了，三天三夜吃不下睡不着。我一直在那件事情里面打转。我是该付那笔钱——5 000美金，还是该跟那个人说，你爱怎么干就怎么干吧？我一直决定不下，每天晚上都在噩梦中度过。

“在事情发生后的某一个礼拜天的晚上，我碰巧拿起一本叫做《如何不再忧虑》的小书，这是我去听卡耐基公开演说时拿到的。我读到威利·卡瑞尔的故事，里面说：‘面对最坏的情况。’于是我问自己：‘如果我不肯付钱，那个勒索者把证据交给地检处的话，可能发生的最坏情况是什么呢？’

“答案是：‘毁了我的生意——最坏就是如此。我不会被送进监狱。可能发生的，只是我会被这件事毁了。’

“于是我对自己说：‘好了，生意即使毁了，但我心理上可以接受这点，接下去又会怎样呢？’

“嗯，我的生意毁了之后，也许得去另外找份工作。这也不坏，我对石油知道得很多——有几家大公司可能会乐意雇用我……我开始觉得好过多了。三天三夜之后，我的那份忧虑开始消散了。我的情绪终于稳定了下来……而意外地，我居然能够开始思考了。

“我清醒地看出第三步——改善最坏的情况。就在我想解决方法的时候，一个全新的局面展现在我的面前：如果我把整个情况告诉我的律师，他可能会帮我找到一条我一直没有想到的路子。这乍听起来很笨，因为我起先一直没有想到这一点——我原先一直没有好好思想，只是一味在担心。我打定了主意，第二天清早就去见我的律师，接着我上了床，安安稳稳地睡了一觉。

“事情的结果如何呢？第二天早上，我的律师叫我去见地方检察官，把真实情形告诉他。我照他的话做了。当我说出原委之后，出乎意外地听到地方检察官说，这种勒索的案子已经持续好几个月了，那个自称是‘政府官员’的人，实际上是警方通缉犯。当我为了是否该把5 000美金交给那个职业罪犯而担心了三天三夜之后，听到这番话，真是松了一大口气。

“这次的经历给我上了永难忘怀的一课。现在，每当面临会使我忧虑的难题时，我就把所谓的‘威利·卡瑞尔的老公式’派上用场。”

学会接受最坏的情况。

说出你的忧虑

◎ 只要一个病人能够说话——单单说出来，就能够解除他心中的忧虑。

◎ 不要为别人的缺点过于操心。

◎ 今晚上床之前，先安排好明天工作的程序。

一年秋天，我的助手坐飞机到波士顿参加一次世界性的最不寻常的医学课程。这个课程每周举行一次，参加的病人在进场之前都要进行定期和彻底的身体检查。可是实际上这个课程是一种心理学的临床实验，虽然课程正式的名称叫做应用心理学，其真正的目的却是治疗一些因忧虑而得病的人，而大部分病人都是精神上感到困扰的家庭主妇。

这种专门为忧虑的人所准备的课程是怎么开始的呢？1930年，约瑟夫·普拉特博士——他曾是威廉·奥斯勒爵士的学生——注意到，很多到波士顿医院来求诊的病人，生理上根本没有毛病，可是他们却认为自己有某种病的症状。有一个女人的两只手，因为“关节炎”而完全无法干活，另外一个则因为“胃癌”的症状而痛苦不堪。其他有背痛的、头痛的，常年感到疲倦或疼痛。她们真的能够感觉到这些痛苦，可是经过最彻底的医学检查之后，却发现这些女人没有任何生理上的疾病。很多老医生都会说，这完全是出于心理因素——“病在她的脑子里”。

可是普拉特博士却了解，单单叫那些病人“回家去把这件事忘掉”不会有一点用处。他知道这些女人大多数都不希望生病，要是她们的痛苦那么容易忘记，她们自己早就这样做了。那么该怎么治疗呢？

他开这个班，虽然医学界的很多人都对这件事深表怀疑，但却有意想不到的结果。从开班以来，18年里，成千上万的病人都因为参加这个班而“痊愈”。有些病人到这个班上来上了好几年的课——几乎就像上教堂一样的虔诚。我的那个助手曾和一位前后坚持了9年并且很少缺课的女人谈过话。她说当她第一次到这个诊所来的时候，她深信自己有肾脏病和心脏病。她既忧虑又紧张，有时候会突然看不见东西，担心失明。可是现在她却充满了信心，心情十分愉快，而且健康情形非常良好。她看起来只有40岁左右，可是怀里却抱着一个睡着的孙子。“我以前总为我家里的问题烦恼得要死，”她说，“几乎希望能够一死了之。可是我在这里懂得了忧虑对人的害处，学会了怎样停止忧虑。我现在可以说，我的生活真是太幸福了。”

这个班的医学顾问罗斯·希尔费丁医生觉得，减轻忧虑最好的药就是和你信任的人谈论你的问题，他们称之为净化作用。她说：“病人到这里来时，可以尽量地谈她们的问题，一直到她们把这些问题完全赶出她们的脑子。一个人闷着头忧虑，不把这些事情告诉别人，就会造成精神紧张。我们都应让别人来分担我们的难题，我们也得分担别人的忧虑。我们必须感觉到世界上还有人愿意听我们的话，也能够了解我们。”

我的助手亲眼看到一个女人在说出她心里的忧虑之后，感到一种非常难得的解脱。她有许多家务方面的烦恼，而在她刚刚开始谈论这些问题的时候，她就像一个压紧的弹簧，然后一面讲，一面渐渐地平静下来。等到谈完之后，她居然能够面露微笑。这些困难是否已经得到了解决呢？没有，事情不会那样容易。她之所以有这样的改变，是因为她能和别人谈一谈，得到了一点点忠告和同情。真正造成变化的，是具有强而有力的治疗功能的语言。

就某方面来说，心理分析就是以语言的治疗功能为基础的。从弗洛伊德的时代开始，心理分析家们就知道，只要一个病人能够说话——单单只要说出来，就能解除他心中的忧虑。为什么呢？也许是因为说出来以后，我们就可以更深入地看到我们的问题，能够看到更好的解决方法。没有人知道确切的答案，可是我们所有的人都知道——“吐露一番”或是“发发心中的闷气”，就能立刻使人觉得畅快很多。

所以，下一次我们再碰到什么情感上的难题时，何不去找个人谈一谈呢？当然我并不是说，随便到哪儿抓一个人，就把我们心里所有的苦水和牢骚说给他听；我们要找一个能够信任的人，和他约好一个时间。也许找一位亲戚、一位医生、一位律师、一位教士，或是一个神父，然后对那个人说：“我希望得到你的忠告。我有个问题，希望你能听我谈一谈，你也许可以给我点忠告。也许旁观者清，你可以看到我自己所看不到的角度。可是即使你不能做到这一点，只要你坐在那儿听我谈谈这件事情，也就等于帮了我很大的忙了。”

不过，如果你真觉得没有一个人可以谈话，那我要告诉你所谓的“救生联盟”——这个组织和波士顿那个医学课程完全没有任何关联。这个“救生联盟”是世界上最不寻常的组织之一。它的组成是为了防止可能会发生的自杀事件。多年来，它的服务范围已扩大到给那些不欢乐或是在情感和精神方面需要安慰的人以安慰。

把心事说出来，这是波士顿医院所安排的课程中最主要的治疗方法。下面是我们在那个课程里所得到的一些概念。其实我们在家里就可以做这些事。

准备一本“供给灵感”的剪贴簿

你可以贴上自己喜欢的令人鼓舞的诗篇，或是名人格言。往后，如果你感到精神颓丧，也许在本子里就可以找到治疗方法。在波士顿医院的很多病人都把这种剪贴簿保存好多年，她们说这等于是替你在精神上“打了一针”。

不要为别人的缺点太操心

不错，你的丈夫有许多的缺点，但如果他是个圣人的话，恐怕他就根本不会娶你了，对不对？在那个班上有一个女人，发现她自己变成了一个对人苛刻，爱责备别人、爱挑剔，还常常拉长一张脸的妻子。当人家问她“要是你丈夫死了你该怎么办”的问题时，她才发现自己的短处。她当时着实大吃一惊，连忙坐下来，把她丈夫所有的优点列举出来。她所写的那张单子可真长呀！所以下次要是你觉得嫁错了人，何不也试着这样做呢？也许在看过他所有的优点以后，会发现他正是你所希望遇到的那个人。

要对你的邻居感兴趣

对那些和你在同一条街上共同生活的人，要有一种很友善也很健康的兴趣。有一个孤独的女人，觉得自己非常的“孤立”。她一个朋友都没有。有人要她试着把她下一个碰到的人作为主角编一个故事，于是她开始在公共汽车上为她所看到的人编造故事。她假想那人的背景和生活情形，试着去想象他的生活怎样。后来，她碰到别人就谈天，而今天她非常的欢乐，变成了很讨人喜欢的人，也治好了她的“痛苦”。

晚上上床之前，先安排好明天工作的程序

在班上，他们发现很多家庭主妇，因为忙不完的家事而感到疲劳。她们好像永远都做不完自己的工作，老是被时间赶来赶去。为了要治好这种忧虑，他们建议各个家庭主妇，在头一天就把第二天的工作安排好，结果呢？她们能完成很多的工作，却不会感到疲劳。同时还因为有成绩而感到非常的骄傲，甚至还有时间休息和打扮。每一个女人每一天都应该抽出时间来打扮，让自己看起来漂亮一点。我觉得，当一个女人知道她外观很漂亮的时候，就不会紧张了。

避免紧张和疲劳的惟一途径就是放松

再没有比紧张和疲劳更容易使你苍老的事了，也不会有别的事物对你的外表更有害了。我的助手，在波士顿医院思想控制课堂里坐了一个钟点，听负责人保罗·约翰逊教授谈了很多我们在前一章已经讨论过的原则——一些能够放松的方法。在10分钟放松自己的练习结束以后，我那位和其他人一起做练习的助手几乎坐在椅子上睡着了。为什么生理上的放松能够有这么大的好处呢？因为这家医院的医生知道，如果你要消除忧虑，就必须放松。

是的，身为一个家庭主妇，一定要懂得怎样放松自己。你有一点强过别人的地方——就是想躺下随时都可以躺下。而且你还可以躺在地上。奇怪的是，硬硬的地板比里面装了簧的席梦思床更有助于你放松自己。地板给你的抵抗力比较大，对脊椎骨大有好处。

好啦，下面就是一些可以在你自己家里做的运动。先试一个礼拜，看看对你的外表是否有大的帮助：

①只要你觉得疲倦了，就平躺在地板上，尽量把身体伸直，如果你想要转身的话就转身，每天做两次。

②闭起你的两只眼睛，像约翰逊教授所建议的那样想："太阳在头上照着，天空蓝得发亮，大自然非常的沉静，控制着整个世界——而我，大自然的小孩，也能与整个宇宙谐和一致。"

③如果你不能躺下来，因为你正在炉子上煮菜，没有这个时间，那样只要你能坐在一张椅子上，得到的效果也完全相同。在一张很硬的直背椅子里，像一个古埃及的雕像那样，然后把你的两只

手掌向下平放在大腿上。

④现在，慢慢地把你的脚趾头蜷曲起来——然后让它们放松，收紧你的腿部肌肉——然后让它们放松；慢慢地朝上，运动各部分的肌肉，最后一直到你的颈部。然后让你的头向四周转动，好像你的头是一个足球。要不断地对你的肌肉说："放松……放松……"

⑤用很慢很稳定的深呼吸来平定你的神经，要从丹田吸气，印度的瑜伽术做得不错，规律的呼吸是安抚神经的最好方法。

⑥想想你脸上的皱纹，尽量使它们抹平，松开你皱紧的眉头，不要闭紧嘴巴。

如此每天做两次，也许你就不必再到美容院去按摩了，也许这些皱纹就会从此消失。

说出你的忧虑。

冲破孤独，别让自己成为孤岛

◎ 如怀地博士说的，那些能克服孤寂的人，一定是居住在"勇气的氛围"里。无论我们走到哪里，一定要与人们培养出亲密的情谊关系。就好像燃烧的煤油灯一样，火焰虽小，却仍能产生出光亮和温暖。

◎ 幸福并不是靠别人来布施，而是要自己去赢取别人对你的需求和喜爱。

在现实生活中，总是有这么一类人：把自己关在屋子里，将自己的身体、内心与外界完全隔离开来。他或者沉默寡言，整天不吭一声；或者面对着电视，一眼不错地呆呆地盯着看；或者面前摆上一本书，眼神呆滞半天也看不上一页。别人很难进入他的内心世界，简直就像一个坚强的堡垒一样打不开。他很少与人交谈来往，他仿佛是自我流放到一个孤岛上，没有人烟，甚至连活物都没有。他没有一丝逃出荒岛之意，可他却明显地发生着变化：孤独、寂寞、烦闷、暴躁、衰老……这种人就是所谓的自我封闭者，医学上称之为自闭症。

其实，每个人一生中都会遇到不幸和挫折，当你面临这种处境，不如面对现实，积极解决，随着时间消逝，你就会走出困境与不幸，何必将自己那颗跳动的心紧闭，让自己的人生陷入痛苦与不安？

几年前，我的一位朋友失去了自己的丈夫，她悲痛欲绝。自那以后，她便和成千上万的人一样，陷入了一种孤独与痛苦之中。“我该做些什么呢？”在丈夫离开她近一个月之后的一天晚上，她跑来向我求助，“我将住到何处？我还有幸福的日子吗？”

我极力向她解释，她的焦虑是因为自己身处不幸的遭遇之中，才50多岁便失去了自己生活的伴侣，自然令人悲痛异常。但时间一久，这些伤痛和忧虑便会慢慢减缓消失，她也会开始新的生活——从痛苦的灰烬之中建立起自己新的幸福。

“不！”她绝望地说道，“我不相信自己还会有什么幸福的日子。我已不再年轻，孩子也都长大成人，成家立业。我还有什么地方可去呢？”可怜的妇人是得了严重的自怜症，而且不知道该如何治疗这种疾病。好几年过去了，我发现朋友的心情一直都没有好转。

有一次，我忍不住对她说：“我想，你并不是要特别引起别人的同情或怜悯。无论如何，你可以重新建立自己的新生活，结交新的朋友，培养新的兴趣，千万不要沉溺在旧的回忆里。”她没有把我的话听进去，因为她还在为自己的命运自艾自叹。后来，她觉得孩子们应该为她的幸福负责，因此便搬去与一个结了婚的女儿同住。

但事情的结果并不如意，她和女儿都是面临一种痛苦的经历，甚至恶化到大家翻脸成仇。这名妇人后来又搬去与儿子同住，但也好不到哪里去。后来，孩子们共同买了一间公寓让她独住——这更不是真正解决问题的方法。

有一天她对我哭诉道，所有家人都弃她而去，没有人要她这个老妈妈了。这位妇人的确一直都没有再享有快乐的生活，因为她认为全世界都亏欠她。她实在是既可怜，又自私，虽然现今已61岁了，但情绪还是像小孩一样没有成熟。

许多寂寞孤独的人之所以会如此，是因为他们不了解爱和友谊并非是从天而降的礼物。一个人要想受到他人的欢迎，或被人接纳，一定要付出许多努力和代价。要想让别人喜欢我们，的确需要尽点心力。情爱、友谊或快乐的时光，都不是一纸契约所能规定的。让我们面对现实，无论是丈夫死了，或太太过世，活着的人都有权利再快乐地活下去。但是他们必须了解：幸福并不是靠别人来布施，而是要自己去赢取别人对你的需求和喜爱。

让我们再看另一个故事。一艘游轮正在地中海蓝色的水面上航行，上面有许多正在度假中的已婚夫妇，也有不少单身的未婚男女穿梭其间，个个兴高采烈，随着乐队的拍子起舞。其中，有位明朗、和悦的单身女性，大约60来岁，也随着音乐陶然自乐。这位上了年纪的单身妇人，也和我的那位朋友一样，曾遭丧夫之痛，但她能把自己的哀伤抛开，毅然开始自己的新生活，重新展开生命的第二度春天，这是经过深思之后所做的决定。

她的丈夫曾是她生活的重心，也是她最为关爱的人，但这一切全都过去了。幸好她一直有个嗜好，便是画画。她十分喜欢水彩画，现在更成了她精神的寄托。她忙着作画，哀伤的情绪逐渐平息。而且由于努力作画的结果，她开创了自己的事业，使自己的经济能完全独立。

有一段时间，她很难和人群打成一片，或把自己的想法和感觉说出来。因为长久以来，丈夫一直是她生活的重心，是她的伴侣和力量。她知道自己长得并不出色，又没有万贯家财，因此在那段近乎绝望的日子里，她一再自问：如何才能使别人接纳我，需要我？

她后来找到了自己的答案——她得使自己成为被人接纳的对象。她得把自己奉献给别人，而不是等着别人来给她什么。想清了这一点，她擦干眼泪，换上笑容，开始忙着画画。她也抽时间拜访亲朋好友，尽量制造欢乐的气氛，却绝不久留。不多久，她开始成为大家欢迎的对象，不但时有朋友邀请她吃晚餐，或参加各式各样的聚会，并且还在社区的会所里举办画展，处处都给人留下美好印象。

后来，她参加了这艘游轮的“地中海之旅”。在整个旅程当中，她一直是大家最喜欢接近的目标。她对每一个人都十分友善，但绝不紧缠着人不放。在旅程结束的前一个晚上，她的舱旁是全船最热闹的地方。她那自然而不造作的风格，使每个人都留下深刻印象，并愿意与之为友。

从那时起，这位妇人又参加了许多类似这样的旅游。她知道自己必须勇敢地走进生命之流，并把自己贡献给需要她的人。她所到之处都留下友善的气氛，人人都乐意与她接近。

人们的自我封闭多因生活中发生了巨变，突如其来的巨变让人措手不及。常见的像生活环境发生了变化，从农村到城市、从本国到国外，环境的变化尤其是文化的巨大落差会造成自闭。事业遭受重创也是产生自闭症的原因。某公司老板投资股市，亏损严重，公司破产，这位老板一下子从昔日的有说有笑、活泼开朗变成了破产后的沉默寡言，时常把自己一个人关在办公室里，终于有一天这位老板割脉自杀于他的办公室里。家庭婚变也可让人产生自我封闭。某位中年男人，自从他的妻子跟别人私奔之后，他一下子就像被霜打的茄子一样，头再也抬不起来，从此一声不吭，像个幽灵一样无声无息。另外亲人的去世也会使人把自己封闭起来。某位中年男人一生和妻子恩恩爱爱，即使年龄很大了也经常手牵手成双成对出入，受到邻居们的交口称赞，可妻子有一天突患心肌梗死与世长辞，这位男士一夜之间白了头，仿佛老了几十岁。此后他就像傻子一样抱着妻子的相片，不吃不喝，亲戚朋友怎么劝也不行，没过一年，这位整日把自己关在房子里的男子也死了。

面对突如其来的各种变故，你都应该坚强地面对现实而不是逃避，因为逃避无法最终消除人的痛苦；只有勇敢面对，你才可能走出自闭的误区，重新找到人生的快乐。

把自己置身于群体之中，是避免和纠正自闭症的一个良方。那些喜欢体育运动的青少年朋友个个性格开朗，活泼、大方，这就是证明。

我们可以尝试下列的方法来克服自我封闭：

①环境转移法。遭受巨变的成人可以尝试此方法，例如妻子逝世之后，丈夫完全可以换个环境，比如去外地旅游散心，看看秀美山川、风土人情，陶醉在自然的怀抱里。不要整天把自己关在房子里，因为房子里的一切都会让你睹物思人，痛不欲生，都会破坏、影响你的正常情绪，而最终造成自闭。

②忙忙碌碌法。破产的老板完全可以重找一份工作一心扑在上面，从头再来，争取忙得团团乱转，让你根本没有时间去想先前如何如何。有的企业主破产之后便在街道拐角处摆一擦皮鞋摊，重新开始。如果你不想工作，那你可以去整修草地、花木，给鱼喂食，去老年协会和一帮老头打牌下棋、钓鱼散步，你惟一不要做的是把自己关在屋子里“面壁思过”，那没有任何用处。

③培养兴趣法。自我封闭者通常都是那些无所事事或感到

自己无所事事的人。培养自己的某个爱好或兴趣，可以转移注意力。一位离了婚的男人，发现自己整天无所事事，下班回家便窝在家里，为离婚而痛苦。偶然间他翻到上高中时的集邮册，他少年时的热情又迸发出来，又开始集起邮票来，由集邮又认识了一大帮集邮迷，整日在邮市里互相交流，这个男人便从自我封闭状态中摆脱了出来。

不论你属于哪种自我封闭，都是有百害而无一益，还是尽快摆脱为好。

冲破孤独，别让自己成为一座孤岛。

每一天都是新的生命

◎ 对于聪明的人来讲，一天就是一个新的生命。

◎ 只要活着，我就有希望，因为每一天都会给我提供不同的机会。

住在密歇根州沙支那城法院街815号的杰尔德太太曾感到极度的颓丧，甚至于几乎想自杀。她讲述了这一段的生活："1937年我丈夫死了，我觉得非常颓丧，而且我的生活陷入了经济危机。我写信给我过去的老板里奥罗西先生，他是堪萨斯城罗浮公司的老板，我请求他让我回去做我过去的老工作。我从前是靠向学校推销《世界百科全书》维持生计的。两年前我丈夫生病时，我把汽车卖了。为了重新工作，我勉强凑足钱，以分期付款的方式又买了一部旧车，开始出去卖书。

"我原以为，重新工作或许可以帮助我从颓丧中解脱出来。可是，总是一个人驾车、一个人吃饭的生活几乎使我无法忍受。加上有些地方根本就推销不出去书，所以即使分期付款买车的数目不大，却也很难付清。

“1938年春，我在密苏里州维沙里市推销书，那里的学校很穷，路又很不好走。我一个人又孤独又沮丧，以至于有一次我甚至想自杀。我感到成功没有什么希望，生活没有什么乐趣。每天早上我都很怕起床去面对生活；我什么都怕：怕付不出分期付款的车钱，怕付不起房租，怕东西不够吃，怕身体搞垮没有钱看病。惟一使我没有自杀的原因是，我担心我的姐姐会因此而悲伤，况且她又没有充裕的钱来付我的丧葬费用。

“后来，我读到一篇文章，它使我从消沉中振作起来，鼓足勇气继续生活。我永远永远地感激文章中的那一句令人振奋的话：‘对于一个聪明人来说，每一天都是一个新的生命。’我用打字机把这句话打下来，贴在汽车的挡风玻璃窗上，使我开车的每时每刻都能看见它。我发现每次只活一天并不困难，我学会了忘记过去，不考虑未来。每天清晨我都对自己说：‘今天又是一个新的生命。’

“我终于成功地克服了自己对孤寂的恐惧。整个人都非常快活，事业也还算成功，并对生命充满了热诚和爱。我现在知道，不论在生活中遇上什么问题，我都不会再害怕了；我现在知道，我不必惧怕未来；我现在知道，我每一次只要活一天，而‘对于一个聪明人来说，每一天就是一个新的生命’。”

人无远虑，必有近忧。像杰尔德太太这样的经历可以说是非常悲惨，但是，就一句话——“对于一个聪明人来说，每一天都是一个新的生命”改变了她的一生。失去丈夫的痛苦，巨额生活费用及债务压力，毫无前途的明天，就因为这一句话烟消云散。

许多人面临同样的境遇时，都难免会消沉。然而很少有人会认真想一想：逝者长已，他们会希望你这么一直痛苦下去吗？未来还长，难道真的就毫无机会了吗？

记得一位哲人说过："只要活着，我就有希望，因为每一天都会给我提供不同的机会。"

眷恋过去，生活在回忆中，或者杞人忧天，生活在不切实际的幻想中或忧虑中，都会使我们丧失生活的勇气，伤害我们的人生。我们为什么不去把握现在，利用眼前的每一分每一秒呢？罗勃特·史蒂文森曾经说过："任何人都有足够的精力去承担一天的压力，不论这一天是多么疲惫、多么忙碌，我们都可以支持。从日出到日落，这才是真正属于自己的空间，我们可以任意支配它、控制它，使这一天充满朝气和活力，使这一天充实而珍贵。"是的，这就是我们所需要的生活。

亚瑟·苏兹柏格是世界上著名的《纽约时报》的发行人。据苏兹柏格先生讲述，当第二次世界大战的战火蔓延到欧洲时，他感到非常吃惊，对前途的忧虑使他彻夜难眠。他常常半夜从床上爬起来，拿着画布和颜料，照着镜子，想画一张自画像。而他对绘画一无所知，他之所以这样做，一方面想以此驱逐内心的紧张和恐惧，另一方面想为自己留下些什么，以备万一发生意外。幸好他在一次偶然的机会中，看到了一段警世名言，否则他是没有办法摆脱深深的忧虑的。这段伴随着教堂钟声的赞美诗拯救了他，帮助他重新树起了正确而欢乐的人生观：

仁慈的上帝，我亲爱的父亲，
请你带着我，
我不要求你告诉我遥远的未来，
我只请求你一步一步地带着我。

耶稣在《圣经》中说过一句话："不要为明天忧虑。"每一天都是一个新的生命，每天都意味着一个新的开始。我们应当把每一天都看成如生命一样珍贵，努力去珍惜每分每秒，这样我们就可以享受到至高无上的快乐。

每一天都是新的生命。

建立“愚人档案”

◎ 拿破仑说过：“除了我之外，没有任何人应该为我的失败承担责任。我是我最大的敌人——也是我不幸命运的根源。”

◎ 艾尔伯特◎哈伯特说过：“每个人一天起码有五分钟不够聪明，智慧似乎也有无力感。”

◎ 傻子受到一点点批评就会大发脾气，而聪明人却会从这些责备他们、反对他们，以及“在路上阻碍他们”的人那里，学到更多的经验。

在我的私人档案柜里，有一个卷宗夹，上面写着“我所做过的傻事”。我把自己做过的所有傻事都记了下来，存在这个夹子里。有时我会用口述方式让我的秘书记录下来。但这些问题有时候太富于个人性，或者太愚蠢，使我不好意思口述，就只好由我自己动手写下来。

我现在还记得我于15年前放在这个夹子里的一些事情，如果我能够一直对我自己保持绝对诚实的话，那么我所做过的这种傻事恐怕会挤破我的档案柜了。我可以在此重复索罗王1300年前所说过的：“我曾经做过傻事，做过很多傻事。”

每当我拿出“我所做过的傻事”卷宗，重读我对自己的批评时，它们都能帮我解决我所面临的最困难的问题，即如何控制自我。

我以前常常把碰到的麻烦推到别人头上，可是随着年岁渐长，我发现我所有的不幸几乎都应该怪我自己。很多人在年纪大了之后都会发现这一点。“除了我自己，再也没有别人。”拿破仑在被放逐的时候说，“除了我之外，没有任何人应该为我的失败承担责任。我是我自己最大的敌人——也是我不幸命运的根源。”

就让我告诉你一个我熟悉的人的事情吧：每当他在自我评价和自我控制的时候，可以称得上一个艺术家。他叫H.P.霍华，当他1944年7月31日在纽约大使酒店突然去世的消息传遍全美国的时候，整个华尔街都异常震惊，因为他是美国财金领域的领袖——美国商业银行和信托投资公司的董事长，同时也是好几个大公司的董事。他小的时候没有受过多少正规教育，只在一个乡村小店里当店员，后来成为美国钢铁公司贷款部经理。然后，他的职位越来越高，权力也愈来愈大。

“多年来，我一直在一个记事本上记下当天所有的约会，”在我请他解释他的成功原因时，霍华先生对我说，“我的家人也从来不在礼拜天晚上给我安排什么活动，因为他们都知道我每个礼拜天晚上都要花一些时间自我反省，重新回顾和检讨我这一星期所做的工作。晚饭之后，我就一个人关在房里，打开我那个记事本，回想周一早上以来所有的会谈、讨论和会议。我会问自己：‘我那一次犯了什么错误？’‘哪些事情我做对了——怎样才能改进我的做法？’‘我能从中学到些什么？’有时我发现这种每周一次的检讨让自己很不高兴，甚至会为自己所犯的过错而吃惊。当然，时间一年年地过去，这些错误也就渐渐减少了。这种自我分析持续了一年又一年，是我曾经做过的事情中最有意义的。”

也许霍华的这种做法是从老富兰克林那里学来的，只不过富兰克林不会等到星期天的晚上。他会在每天晚上把当天的事情重新回顾一遍。他发现他有13个很严重的错误，下面只是其中的三项——浪费时间、为小事烦恼、和别人冲突争论。睿智的富兰克林发现，除非他能减少这类错误，否则他就不可能获得大成就。因此，他每星期都会挑出一项缺点来改正，然后把每一天的情况做成记录。到下个星期，他会再挑出另一个坏毛病，准备好了之后，再接下去进行另一场“战斗”。富兰克林这种奋斗持续了两年多时间。难怪他会成为美国有史以来最受人敬爱，也最具有影响力的人。

阿尔伯特·赫伯德说：“每个人在每天当中至少有5分钟是个大笨蛋。所谓智慧，就是如何不超过这5分钟的限制。”

如果有人骂你愚蠢不堪，你会生气吗？会愤愤不平吗？我们来看看林肯如何处理。林肯的军务部长爱德华·史丹顿就曾经这样骂过总统。史丹顿是因为林肯的干扰而生气。为了取悦一些自私自利的政客，林肯签署了一次调动兵团的命令。史丹顿不但拒绝执行林肯的命令，而且还指责林肯签署这项命令是愚不可及。有人告诉林肯这件事，林肯平静地回答：“史丹顿如果骂我愚蠢，我多半是真的笨，因为他几乎总是对的。我会亲自去跟他谈一谈。”

林肯真的去看史丹顿。史丹顿指出他这项命令是错误的，林肯就此收回成命。林肯很有接受批评的雅量，只要他相信对方是真诚的、有意帮忙的。

一般人常因他人的批评而愤怒，有智慧的人却想办法从中学习。诗人惠特曼曾说：“你以为只能向喜欢你、仰慕你、赞同你的人学习吗？从反对你的人、批评你的人那儿，不是可以得到更多的教训吗？”

与其等待敌人来攻击我们，倒不如自己动手，我们可以是自己最严苛的批评家。在别人抓到我们的弱点之前，我们应该自己认清并处理这些弱点。达尔文就是这样做的。当达尔文完成其不朽的著作——《物种起源》时，他已意识到这一革命性的学说一定会震撼整个宗教界及学术界。因此，他主动开始自我评论，并耗时15年，不断查证资料，向自己的理论挑战，批评自己所下的结论。

我认识一个以前推销肥皂的人，他甚至常常请人来批评他。

他刚开始为柯盖公司推销肥皂的时候，订单非常少，这使他很担心会失去这份工作。他知道他的肥皂和价格都没有什么问题，所以他想问题一定出在他自己身上。因此，每次他没有做成业务的时候，就在街上散步，希望弄清楚问题究竟出在哪里：是不是他说话太含糊？是不是他的态度不够热诚？有时他会回去找客户说："我这次回来，不是向你推销肥皂，我希望能得到你的建议和你的批评。可不可以麻烦你告诉我，我在几分钟以前向你推销肥皂的时候，有什么地方做得不对的？你的经验比我丰富，也比我成功，请你给我批评，请你坦诚地、不加掩饰地告诉我。"

这种诚恳的态度使他赢得了很多朋友和许多宝贵的忠告。

你猜他后来如何了？现在他已经是CPP肥皂公司的董事长——这是全世界最大的肥皂公司，他的名字叫E.H.李特，去年，全美国只有14个人的收入超过他。

查尔斯·卢克曼是培素登公司的总裁，他每年赞助100万美元给鲍勃霍伯节目。他从来不看那些称赞这个节目的信件，而是要看那些批评的信件。他知道自己可以从这些信中学到许多东西。

福特公司也希望找出他们在管理和业务方面存在什么缺点。于是公司最近对全体员工做了一次意见调查，请他们来批评公司。

只有非常了不起的人才能做到H.P.霍华、富兰克林、E.H.李特所做的事情。现在，既然没有人看着你，你何不自己照照镜子，问问自己到底是哪一种人？

因为我们不可能达到完美的程度，就让我们按照E.H.李特的办法去做，请别人给我们坦诚的、有益的、建设性的批评。

记下自己做过的傻事。

关心别人等于关心自己

◎ 如果想自人生中得到任何快乐，就不能只想到自己，而应为他人着想，因为快乐来自于你为别人，别人为你。

◎ 著名心理学家阿德勒对那些患有忧郁症的病人说："按照这个处方，保证你14天内就能治好忧郁症。每天想到一个你得努力使他开心的人。"

下面是一位女士的故事，她现在已经当祖母了。几年前，我到她住的小镇演讲，住在她家一个晚上，第二天她开车送我去50英里外的车站搭火车。车上，我们谈到如何交朋友，她说：

"卡耐基先生，我要告诉你一件我从来没有告诉过任何人的事——连我先生也不知道的事。我们家以前在费城是靠社会救济金过活的。我年轻的岁月中最大的悲剧都来自我们的贫困。我从来不能像别的少女们那样享受正当的社交生活。我衣着寒酸，当然款式也都过时了。我觉得无颜见人，常常哭着睡去。绝望中，忽然心生一计，每次在聚会时，我都请我的男伴谈谈他的经历、想法以及对未来的计划。我问这些问题，倒不是对他们的回答特别感兴趣，实在只是希望分散他们的注意力，不要看出我的装扮寒酸。可是，奇妙的事发生了：当我听这些青年谈话时，我学到一些东西，并开始产生了真正的兴趣。我变得兴味盎然，自己也忘了服饰的问题。可是最令我惊异的是：因为我是个很好的聆听者，又鼓励他们谈论自己，他们跟我在一起时总是很快乐，我竟渐渐成为最受欢迎的女孩，有三位男士都要求我嫁给他。"

有人看到这里可能会说："什么对别人的事感兴趣，这全是胡扯！我才懒得过问别人的事，我只要自己赚到钱，得到我所追求的东西就好了，管别人闲事干吗？"

西雅图的弗兰克·卢帕博士已瘫痪了23年。但西雅图《星报》

的斯图尔特·怀特豪斯告诉我："我采访过卢帕博士许多次，我不知道还有谁比他更无私，更善用人生。"

这位卧床不起的病人怎么能善用人生呢？我让你猜两次，他是因为批评抱怨而做到的？当然不是……那么是因为自怜，把自己当作一切的中心？当然又错了！其实只是因为他遵循威尔斯的五字誓言："我服务于人。"他收集了许多其他瘫痪病人的姓名地址，给他们写信鼓励。事实上，他组织了一个瘫痪者联谊俱乐部，让大家相互写信，最后他组织了一个全国性的社团组织。

他躺在床上，平均一年要写1400封信，给千万个同病相怜的人送去喜悦。

卢帕博士与其他人最大的差异在哪里？因为他有一种无穷的精神力量，有一种使命感。他深切体会到，比自身生命更高贵的奉献动机，会带来真正的喜乐。正如萧伯纳所说："一个以自我为中心的人总是在抱怨世界不能顺他的心，不能使他快乐。"忧郁症是对他人的一种长期愤怒责备的情绪，其目的是赢得他人的关心、同情与支持，病人似乎仍因自身的罪恶感而沮丧。忧郁病人第一件回想起来的事多半是："我记得我很想躺在沙发上，可是我哥哥先躺下了，我一直哭到他不得不起来让我。"

抑郁病人常以自杀来报复自己，因此医生的第一步是避免给他任何自杀的借口。我自己治疗的第一条是先解除这种紧张，我会说："千万别做任何你不喜欢的事。"这看起来没什么，但我深信这是一切问题的根源。如果病人做他想做的事，那他还能怪谁？又怎么向自己报复？我会告诉他们："如果你想上戏院，或休个假，就去做。如果半路上你又不想去了，那就别去。"这是最好的状况，因为他的优越感会得到满足。他就像上帝一样随心所欲。不过，这完全不符合他的习性。他本来是想控制别人、怪罪别人，如果大家都同意他，他就无从控制了。用这种方式，我的病人还没有一个自杀过。

病人通常会回答："可是没有一件事是我喜欢做的。"我早就准备好了怎么回答他们，因为我实在听过太多次了，我会说："那就不要做任何你不喜欢的事。"有时候他会回答："我想在床上躺一整天。"我知道只要我同意，他就不会那么做。而如果我反对，就会引起一场大战。我通常一定会同意的。

这是一种方式。另一种处理他们生活方式的方法更直接。我告诉他们："只要照这个处方，保证你14天内痊愈，那就是每天想办法取悦别人。"看他们觉得如何。他们的思想早被自己占满了，他们会想："我干吗去担心别人？"有的人会说："这对我太简单了，我一生都在取悦别人。"事实上他们绝对没有做过。我告诉他们："你睡不着的时候，可以全部用来想你可以让谁开心，而且这对你的健康会很有助益。"第二天我问他们："你昨晚有没有照我的建议去做呀？"他们回答："昨晚我一上床就睡着了。"当然这都是在一种温和友善的气氛下进行的，不能露出一丝强迫的意思。

有人会说："我做不到，我太烦了！"我会说："不用停止烦恼，你只要同时想想别人就好了。"我要把他们的注意力转移到别人身上。很多人说："为什么要我去取悦别人？别人怎么不来取悦我？"我回答："别人后来会有苦头吃的。"我几乎没有碰到过一位病人说："我照你的建议想过了。"我所有的努力不过是想提高病人对他人的兴趣。我了解他们的病因是因为与人缺乏和谐，我要他们能了解这一点，什么时候他能把别人放在同等合作的地位，他就痊愈了。十诫中最难的一条是"爱你的邻人"。对别人不感兴趣的人不但自己有很严重的困难，而且给周围的人也会带来最大的伤害。人类所有的失败都是因为这一类的人引起的。"我们对人的要求，以及所能给予的最高赞赏就是，他应是一位好同事、好朋友、爱与婚姻的良伴。"

纽约心理服务中心主任林克曾说："我认为，现代心理学最重要的一个发现就是：科学证明，为完成自我实现与得到快乐，自我牺牲与纪律都是必要的。"

耶茨太太是一位小说家，但她写的小说没有一部比得上她自己的故事真实而精彩。她的故事发生在日本偷袭珍珠港的那天早晨。耶茨太太由于心脏不好，一年多来躺在床上不能动，一天得在床上度过22个小时。最长的旅程是由房间走到花园去进行日光浴。即使那样，也还得依靠女佣的扶持才能走动。

"我当年以为自己的后半辈子就这样卧床了。如果不是日军来轰炸珍珠港，我永远都不能再真正生活了。

"发生轰炸时，一切都陷入混乱。一颗炸弹掉在我家附近，震得我跌下了床。陆军派出卡车去接海、陆军军人的妻儿到学校避难。红十字会的人打电话给那些有多余房间的人。他们知道我床旁有个电话，问我是否愿意帮助联络中心。于是我记录那些海军、陆军的妻小现在留在哪里，红十字会的人会叫那些先生们打电话来我这里找他们的眷属。

"很快我发现我先生是安全的。于是，我努力为那些不知先生生死的太太们打气，也安慰那些寡妇们——好多太太都失去了丈夫。这一次阵亡的官兵共计2 117人，另有960人失踪。

"开始的时候，我还躺在床上接听电话，后来我坐在床上。最后，我越来越忙，又亢奋，忘了自己的毛病，我开始下床坐到桌边。因为帮助那些比我情况还惨的人，使我完全忘了自己，我再也不用躺在床上了，除了每晚睡觉的8个小时。我发现如果不是日本空袭珍珠港，我可能下半辈子都是个废人。我躺在床上很舒服，我总是在消极地等待，现在我才知道，潜意识里我已失去了复原的意志。

"空袭珍珠港是美国史上的一大惨剧，但对我个人而言，却是最重要的一件好事。这个危机让我找到我从来不知道自己拥有的力量。它迫使我把注意力从自己身上转移到别人身上。它也给了我一个活下去的重要理由，我再也没有时间去想自己或照顾自己。”

心理医师的病人如果都能像耶茨太太所做的那样去帮助别人，起码有1/3可以痊愈。这是我个人的想法吗？不，这是著名心理学家荣格说的，他说：我的病人中有1/3都不能在医学上找到任何病因，他们只是找不到生命的意义，而且自怜。

我们再来看看20世纪最杰出的美国无神论者——西奥多·德莱塞。德莱塞把所有的宗教都看成神话，而人生只是“一出傻瓜说的故事，没有任何意义”。但他却遵循耶稣的一个道理——服务他人。德莱塞说过：“如果想从人生中得到任何快乐，就不能只想到自己，而应为他人着想，因为快乐来自于你为别人、别人为你。”

有一个人被带去观赏天堂和地狱，以便比较之后能聪明地选择他的归宿。他先去看了魔鬼掌管的地狱，第一眼看去令人十分吃惊，因为所有的人都坐在酒桌旁，桌上摆满了各种佳肴，包括肉、水果、蔬菜。

然而，当他仔细看那些人时，他发现没有一张笑脸，也没有伴随盛宴的音乐或狂欢的迹象。坐在桌子旁边的人看起来沉闷，无精打采，而且皮包骨。他还发现每人的左臂都捆着一把叉，右臂捆着一把刀，刀和叉都有4尺长的把手，使他们不能用来吃东西。所以即使每一样食品都在他们手边，结果还是吃不到，一直在挨饿。

然后他又去天堂，景象完全一样：同样有食物、刀、叉与那些4尺长的把手，然而，天堂里的居民却都在唱歌、欢笑。他怀疑为什么情况相同，结果却如此不同——在地狱的人都挨饿而且可怜，可是在天堂的人吃得很好而且很快乐。最后，他终于看到了答案：地狱里每一个人都试图喂自己，可是一刀一叉以及4尺长的把手根本不可能吃到东西；天堂上的每一个都是喂对面的人，而且也被对方的人所喂，因为互相帮助，结果帮助了自己。

这个启示很明白。如果你帮助其他人获得他们需要的东西，你也会因此而得到想要的东西，而且你帮助的人越多，你得到的也越多。

许多年以前，在北弗吉尼亚，一个老人站在一条河的岸上等着过河。由于天气非常冷，河上又没有桥，他必须得骑马过河。长时间的等待之后，他终于看到一群骑马的人走过来。第一个过去了，第二个过去了，第三个、第四个、第五个都过去了。最后，只剩下了最后一个骑马人。当他走到老人面前时，这个老人看着他的眼睛说："先生，你能带我骑马过河吗？"

那个骑马的人毫不犹豫地说："当然可以，上马吧。"

一过了河，老人就下了马。在他离开之前，那个骑马的人问："先生，我看到您让其他骑马的人从您面前走过却不叫住他们，当我走过时您却叫住了我，我很想知道这是为什么。"

老人平静地回答说："我在他们的眼睛里没有看到爱，我心里知道即使我向他们提出要求，他们也不会答应的。但是在你的眼睛里，我看到了同情、爱和热心，因此，我知道你会乐意帮助我过河的。"

听完这些话，骑马的人非常谦恭地说："我很感激你刚才说的话，它让我明白了一个道理。"

带着这句话，托马斯·杰斐逊走进了白宫，开始了执政生涯。

关心别人等于关心自己。

把烦恼交给时间解决

◎ 时间是好的心理医生，在不知不觉中，时间会带走曾经困扰我们心头的忧愁。如果你有足够的时间，烦恼就会自动消失。

“忧虑”曾使我丧失了生命中从18～28岁的10年时光，而这10年本来应该是年轻人最有收获、最丰富多彩的岁月。

现在我已经明白，我失去这10年并不是别人的错；相反，它是由我自己一手造成的。

我对所有的事情都感到烦恼：我的工作、健康、家庭、自卑感。为此，我经常不得不躲避我所认识的人。当我在街上碰到某位朋友时，我往往会假装没有看见他，因为我害怕遭到他的嘲笑和奚落。

我非常害怕和陌生人见面——如果有陌生人在的话，我就会感到不自在——因此有一次在两个星期当中，我曾接连失去了3个工作机会，只因为我没有勇气面对老板。

然后，到了8年前的某一天下午，我征服了一切烦恼——从那时开始，我就很少有烦恼了。那天下午，我去了某人的办公室。那人似乎没有任何烦恼，而且是我所认识的人当中最快乐的一个。他在1929年发了一笔大财，可是后来却赔得分文不剩。1932年他又东山再起，赚了一大笔钱，可是又赔光了。然后在1937年他又大赚一笔，可是又赔光了。他曾多次破产，遭到敌人和债主的各种逼压。他所遭遇的烦恼可以使任何人精神崩溃，甚至自杀。

8年前的那一天，我坐在他的办公室里，内心对他充满了羡慕，希望上帝将我也改造得像他一样。

在我们谈话的时候，他把那天早晨收到的一封信放到我手中，说：“你看看这封信。”

那是一封言辞十分愤怒的来信，里面提出了一些令人十分难堪的问题。如果我收到这样的一封信，我可要烦死了。我说：“比尔，你打算如何回复这封信？”

“哦，”比尔说，“我告诉你一个小小的秘密。当你下一次真的碰到一些令你烦恼的事时，不妨取出一支铅笔和一张纸，详细地写下你所烦恼的事。然后，将那张纸放在你右手下方的抽屉里。等过了一两个礼拜之后，再取出来看看。如果你第二次阅读时，认为那些事情仍让你感到烦恼，那么再将它放回原来的抽屉中，把它再放上一两个星期。在那儿它绝对安全，不会有什么变故。但与此同时，你所烦恼的事情可能会发生许多变化。而且我发现，只要我有足够的耐心，烦恼总会自动消失。”

这个建议给了我很大的影响，现在，我一直都在使用比尔的这套方法。结果显示，确实减少了许多忧虑，让我拥有了快活的心情。

既然过去的天平已经倾斜，就应该鼓足勇气，让激荡在胸中的热血，压上奋斗的砝码，让过去的沉重随时光沉淀。

时间是最好的心理医生，在不知不觉中，时间会带走曾经困扰我们心头的忧愁。

把烦恼交给时间去解决吧。

第四章

做自己情绪的主人

愤怒意味着无知

◎ 温和与友善总是要比愤怒和暴力更强有力。

◎ 林肯说："一滴蜜比一加仑胆汁更能捕到苍蝇。"

◎ 中国人有一句格言，充满了东方一成不变的悠久智慧："轻履者行远。"

如果你发起脾气，对人家说出一两句不中听的话，你会有种发泄感。但对方呢？他会分享你的痛快吗？你那火药味的口气、敌视的态度，能使对方更容易赞同你吗？"如果你握紧一双拳头来见我，"威尔逊总统说，"我想，我可以保证，我的拳头会握得比你的更紧。但是如果你来找我说：'我们坐下，好好商量，看看彼此意见相异的原因是什么。'我们就会发觉，彼此的距离并不那么大，相异的观点并不多，而且看法一致的观点反而居多。你也会发觉，只要我们有彼此沟通的耐心、诚意和愿望，我们就能沟通。"

工程师史德伯希望他的房租能够减低，但他知道房东很难缠。"我写了一封信给他，"史德伯在讲习班上说，"通知他，合约期一满，我立刻就要搬出去。事实上，我不想搬，如果租金能减低，我愿意继续住下去，但看来并不可能，因为其他的房客都试过——

失败了。大家都对我说，房东很难打交道。但是，我对自己说，现在我正在学习为人处事这一课，不妨试试，看看是否有效。

“他一接到我的信，就同秘书来找我。我在门口欢迎他，充满善意和热忱。开始我并没有谈论房租太高，只是强调我多么的喜欢他的房子。我真是‘诚于嘉许，惠于称赞’。我称赞他管理有道，表示我很愿再住一年，可是房租实在负担不起。他显然是从未见过一个房客对他如此热情，他简直不知道该怎么办才好。

“然后，他开始诉苦，抱怨房客，其中一位给他写过14封信，太侮辱他了。另一位威胁要退租，如果不能制止楼上那位房客打鼾的话。‘有你这种满意的房客，多令人轻松啊！’他赞许道。接着，甚至在我还没有提出要求之前，他就主动要减收我一点租金。我想要再少一点，就说出了我能负担的数字，他一句话也不说就同意了。

“当他离开时，又转身问我：‘有没有什么要为你装修的地方呢？’

“如果我用的是其他房客的方式要求减低房租的话，我相信，一定会碰到同样的阻碍。使我达到目的的是友善、同情、称赞的方法。”

再举一个例子。这次是一位女士——一位社交界的名人——戴尔夫人，来自长岛的花园城。戴尔夫人说：“最近，我请了几个朋友吃午饭，这种场合对我来说很重要。当然，我希望宾主尽欢。我的总招待艾米，一向是我的得力助手，但这一次却让我失望。午宴很失败，到处看不到艾米，他只派个侍者来招待我们。这位侍者对第一流的服务一点概念也没有。每次上菜，他都是最后才端给我的主客。有一次，他竟在很大的盘子里上了一道极小的芹菜，肉没有炖烂，马铃薯油腻腻的，糟透了。我简直气死了，我尽力从头到尾强颜欢笑，但不断对自己说：等我见到艾米再说吧，我一定要好好给他一点颜色看看。

“这顿午餐是在星期三。第二天晚上，听了为人处世的一课，我才发觉：即使我教训艾米一顿也无济于事。他会变得不高兴，跟我作对，反而会使我失去他的帮助。我试着从他的立场来看这件事：菜不是他买的，也不是他烧的，他的一些手下太笨，他也没有法子。也许我的要求太严厉，火气太大。所以我不但准备不苛责他，反而决定以一种友善的方式做开场白，以夸奖来开导他。这个方法效验如神。第三天，我见到了艾米，他带着防卫的神色，严阵以待准备争吵。我说：‘听我说，艾米，我要你知道，当我宴客的时候，你若能在场，那对我有多重要！你是纽约最好的招待。当然，我很谅解：菜不是你买的，也不是你烧的。星期三发生的事你也没有办法控制。’我说完这些，艾米的神情开始松弛了。艾米微笑地说：‘的确，夫人，问题出在厨房，不是我的错。’我继续说道：‘艾米，我又安排了其他的宴会，我需要你的建议。你是否认为我们再给厨房一次机会呢？’‘呵，当然，夫人，上次的情形不会再发生了！’下一个星期，我再度邀人午宴。艾米和我一起计划菜单，他主动提出把服务费减收一半。当我和宾客到达的时候，餐桌上被两打美国玫瑰装扮得多彩多姿，艾米亲自在场照应。即使我款待玛莉皇后，服务也不能比那次更周到。食物精美滚热，服务完美无缺，饭菜由四位侍者端上来，而不是一位，最后，艾米亲自端上可口的甜美点心作为结束。散席的时候，我的主客问我：‘你对招待施了什么法术？我从来没见过这么周到的服务。’她说对了。我对艾米施行了友善和诚意的法术。”

大约在100年前，林肯就说过这个道理：

“当一个人心中充满怨恨时，你不可能说服他依照你的想法行事。那些喜欢骂人的父母、爱挑剔的老板、喋喋不休的妻子……都该了解这个道理。你不能强迫别人同意你的意见，但却可以用引导的方式，温和而友善地使他屈服。

“曾经有个格言：‘一滴蜜比一加仑的胆汁更能捕到苍蝇。’如果你想说服一个人，首先要让他认为你是他的挚友，然后再逐渐达到说服的目的。”

多年以前，当我赤着脚，穿过树林，走路到密苏里州西北部一个乡下学校上学的时候，有一天我读到一则有关太阳和风的寓言。太阳和风在争论谁更强而有力。风说：“我来证明我更行。看到那儿一个穿大衣的老头了吗？我打赌我能比你更快使他脱掉大衣。”

于是太阳躲到云后，风就开始吹起来，愈吹愈大，大到像一场飓风；但是风吹得愈急，老人愈把大衣紧裹在身上。

终于，风平息下来，放弃了。然后太阳从云后露面，开始以它温暖的微笑照着老人。不久，老人开始擦汗，脱掉大衣。太阳对风说，温和和友善总是要比愤怒和暴力更强而有力。

古老的寓言依旧合乎现代的意义。太阳的温和使人们乐意退去外衣，风的冷峻反而使人们更加裹衣取暖。相同的，亲切、友善、赞美的态度，更能使一个人摈弃成见，抛下私我而面对理性，这是人性的自然流露。

波士顿是美国历史上的教育和文化中心，小时候的我根本不敢梦想能有机会看到它。为这件事做见证的是华尔医师，他在30年后变成了我那讲习班上的同学。以下是他在讲习班上所讲的那个故事。

那年头波士顿的报纸充斥着江湖郎中的广告——堕胎专家和庸医的广告。表面上是给人治病，骨子里却以恐吓的词句，类似“你将失去性能力”等等，欺骗无辜的受害者。他们的治疗方法使受害者满怀恐惧，而事实上却根本不加以治疗。他们害死了许多人，却很少被定罪。他们只要缴点罚款或利用政治关系，就可以逃脱责任。

这种情况太严重了，激起了波士顿很多善良民众的义愤。传教士拍着讲台，痛斥报纸，祈求上帝能终止这种广告。公民团体、商界人士、妇女团体、教会、青年社团等，一致公开指责，大声疾呼——但一切都无济于事。议会掀起争论，要使这种无耻的广告不合法，但是在利益集团和政治的影响力之下，各种努力均告徒然。

华尔医师是波士顿基督联盟的善良民众委员会主席，他的委员会用尽了一切方法，都失败了。这场抵抗医学界败类的斗争，似乎没有什么成功的希望。

接着，有一天晚上，华尔医师试了波士顿显然没有人试过的一个办法。他所用的是仁慈、同情和赞美。他的目的是使报社自动停止那种广告。他写了一封信给《波士顿先锋报》的发行人，表示他多么仰慕该报：新闻真实，社论尤其精彩，是一份完美的家庭报纸，他一向看该报。华尔医师表示，以他的看法，它是新英格兰地区最好的报纸，也是全美国最优秀的报纸之一。“然而，”华尔医师说道，“我的一位朋友有个小女儿。他告诉我，有一天晚上，他的女儿听他高声朗读贵报上有关堕胎专家的广告，并问他那是什么意思。老实说他很尴尬，不知道该怎么回答。贵报深入波士顿上等人家，既然这种场面发生在我的朋友家里，在别的家庭也难免会发生。如果你也有女儿，你愿意她看到这种广告吗？如果她看到了，还要你解释，你该怎么说呢？很遗憾，像贵报这么优秀的报纸——其他方面几乎是十全十美——却有这种广告，使得一些父母不敢让家里的女儿阅读。可能其他成千上万的订户都和我有同感吧！”

两天以后，《波士顿先锋报》的发行人，回了一封信给华尔医师。日期是1904年10月13日。华尔医师保留了这封信有1/3世纪。他参加讲习班后，把它交给了我。我在写这段时，它就放在我的面前：

麻省波士顿华尔医生

亲爱的先生：

11日致本报编辑部来函收纳，至为感激。贵函的正言，促使我实现本人自接掌本职后，一直有心于此但未能痛下决心的一件事。

从下周一起，本人将促使《波士顿先锋报》摒弃一切可能招致非议的广告。暂时不能完全剔除的广告，也将谨慎编撰，不使它们造成任何不快。

贵函惠我良多，再度致谢，并盼继续不吝指正。

太阳能比风更快使你脱下大衣；仁厚、友善的方式比任何暴力更易于改变别人的心意。

愤怒意味着无知。

学会控制你的愤怒

◎ 愤怒是一种极具毁灭力量的情绪，它不仅能够摧毁你的健康，而且还能扰乱你的思考，给你的工作和事业带来不良的影响。

◎ 愤怒时多想想盛怒之下失去理智可能引起的种种不良后果，心中要不断提醒自己“不要发怒”，努力控制自己的情绪表现，这样可以起到控制愤怒的作用。

有的人爱发脾气，容易愤怒，稍不如意，便火冒三丈。发怒时极易丧失理智，轻则出言不逊，影响人际关系；重则伤人毁物，有时还会造成难以挽回的损失，事后让易怒者追悔莫及。

愤怒是一种常见的消极情绪，它是当人对客观现实的某些方面不满，或者个人的意愿一再受到阻碍时产生的一种身心紧张状态。在人的需要得不到满足、遭到失败、遭遇不公、个人自由受限制、言论遭人反对、无端受人侮辱、隐私被人揭穿、上当受骗等多种情形下人都会产生愤怒情绪，愤怒的程度会因诱发原因和个人气质不同而有不满、生气、愤怒、恼怒、大怒、暴怒等不同层次。发怒是一种短暂的情绪紧张状态，往往像暴风骤雨一样来得猛，去得快，但在短时间里会有较强的紧张情绪和行为反应。

易怒者主要与其个性特点有关，大都属于气质类型中的胆汁质。胆汁质的人直率热情，容易冲动，情绪变化快，脾气急躁，容易发怒。易怒还与年龄有关，青年人年轻气盛，情绪冲动而不稳定，自我控制力差，比成年人更易发怒。

愤怒的情绪对人的身心健康是不利的。人在愤怒时，由于交感神经兴奋，心跳加快，血压上升，呼吸急促，所以经常发怒的人易患高血压、冠心病等疾病；愤怒还会使人缺乏食欲，消化不良，导致消化系统疾病；而对一些已有疾病的患者，愤怒会使病情加重，甚至导致死亡。这一点古人早有认识，如中医认为“怒伤肝”、“气大伤神”等。

一般而言，生气时刻可归类为下列几种：

①当你因某种因素感到受挫、受胁迫或被他人轻蔑时；当你朝着既定目标前进，却可能由于某人的行为而受到阻碍时。

②当着实受到严重伤害，但为了掩饰自己的脆弱，于是代之以愤怒，以求自卫时。

③当某种情境或某人的行为勾起昔日某种不堪的回忆时。

④当觉得自己的权利受到剥夺，或遭到某人误解时。

⑤当受到惊吓或处事不当时，自己生自己的气。

我们的确有时免不了会生气，但却鲜有人知道该如何来处理这种情绪。为了了解其中的原因，也为了探究愤怒产生的缘由，现在就让我们概要地来看一看一些可能伴随愤怒而来的情绪。

自以为是

当我们对某件事感到愤怒时，容易坚信自己是站在正义的一方，而别人则是错得离谱。在此种情况下，你不妨先问一问自己，事实真是如此吗？如果我们仍旧深信不疑，继之选择了表示自己的愤怒，如此一来，你表现的，极可能就是一副得理不饶人、气焰高涨的样子。你不妨扪心自问一下，你真的想给对方一点颜色瞧瞧吗？如果你有一丝一毫这种感觉，那么原因可能是你太看重自己了，抑或将他人的所作所为均看成和自己有利害关系，而非仅是他人的因素。举例来说，如果有个朋友答应你，要在星期一之前打电话给你，让你知道她是否能够帮你处理宴会事宜，但现在已经星期三了，而她依然没打电话过来——假使如此让你感到生气且义愤填膺，不要认为她一点都不尊重你，也许她只是临时有其他事耽搁了，所以无法打电话给你。纵使这样并不能让愤怒消失无踪，但起码可以将它导向正轨。

自尊受损

关于这方面的应对之道已多所论及。事实上，如果我们觉得自尊心受损，我们可能就会把事情看得过于个人化，认为他人的行为均是针对你的攻击或侮辱，即使他们并未存心如此。

好下结论

此项与前两项，尤其是“自以为是”，有着相当密切的关系。有人做了我们无法苟同的事，因此“他一定是错的”。如果你是个好下结论的人，你的思考一定倾向于这种方式：“他绝对是个笨蛋之极的人”等等。

倘若我们存有这种想法与感觉，往往就会在我们和相关者谈话时，于不知不觉中显露无遗。毕竟，很少人会真的直接明白地表达出自己的愤怒的原因。

愤怒是一种极具毁灭力量的情绪，它不仅能够摧毁你的健康，而且可以扰乱你的思考，给你的工作和事业带来不良的影响。既然愤怒对我们的生活毫无用处，我们应该怎样来克制自己的愤怒情绪呢？

首先可以通过意志力控制愤怒，使愤怒情绪少产生，或有愤怒不发作。当愤怒时要多想想盛怒之下失去理智可能引起的种种不良后果，心中不断提醒自己“不要发怒”，努力控制自己的情绪表现，这样可以起到控制愤怒的作用。

其次可以主动释放愤怒情绪，将心中的愤懑、不平向人倾诉，从亲朋好友处得到规劝和安慰，可以缓解怒气。还可以在工作、学习中向使自己愤怒的人说明自己的不满，说出自己的意见，使矛盾得以调和，不满得以消除。

另外，易怒的人还可以尽量避免接触使自己发怒的环境，减少愤怒情绪，或者在即将发怒时通过转移注意力而减轻愤怒，尽快离开当时的环境，避免进一步的刺激，使愤怒情绪消退。发怒时可以看电影、逛公园、听音乐、散步，使注意力转向其他与愤怒无关的活动中，新的活动内容激发新的情绪，可使愤怒的程度降低。

具体而言，我们可以采取以下方法来控制自己的愤怒：

正面行动

愤怒提醒了我们，世事并非都如人所愿。不满是一件极富正面意义的事，少了它，人们就只会接受现状，而不会为了迈向自己的目标，采取任何行动。举例来说，如果20世纪初的女性未曾因自己被掠夺公权而感到愤怒，那么她们也就不会为了投票权而抗争了。

舒解压力

表达愤怒可以舒解压力，否则压抑的情绪可能会导致焦虑，甚至疾病，这些症状均可借由愤怒的宣泄得到纾解。然而这并不意味着，我们必须将愤怒直接发泄在生气的对象身上。

更为开诚布公

愤怒可以使得双方关系更开诚布公，进而互相信赖。如果你知道某人愿意和你谈谈最为棘手的核心，而非只是将其含糊带过，假装好像不存在似的，那么一股崇敬之情便会油然而生。

情感疏通

倘若我们在情绪产生时，能够确实触及自己真正的感受（包括愤怒在内），并加以适当处理，那么我们则不太可能将那些未表达或封闭的情绪囤积起来，以避免巨大的内在压力或严重的沟通不良。

实现目标

不容忽略的是，存在愤怒情绪中的能量，同样是一股实现目标的动力。如果运用得当，它将能够帮助我们成为一个有自信、坚定的人，能够适切地表达自己的内在感受，并且得到自己生命中梦寐以求的事物。但请务必谨慎处理。

> 学会控制你的愤怒。

别让悲伤挡住了你的阳光

◎ 让每一天都有一个愉快的开始，则一天里所有的事都会变好。

◎ 困难特别吸引坚强的人。因为他只有在拥抱困难时，才会真正认识自己。

你为什么总是失败？无数次的失败将你推入黑暗的世界，享受不到成功的阳光，你想过没有，是谁挡住了你的阳光？

每一种心态都是每个人对人生的不同看法。在如铁般的现实里，每个人都不可避免地遭受这样或那样的打击和挫折：因为高考落榜而精神萎靡或是因为失恋而痛苦忧伤，因为无法适应快节奏的工作而丧失斗志……这些心理多半是人们意志薄弱、心态不成熟的一种表现。而这些异常的心理和悲观的心态往往导致痛苦的人生，往往影响对环境的正确看法。悲观者实际上是以自己悲观消极的想法看待客观世界，在悲观者心中，现实是或多或少被丑化了的。现在社会上许多人，对未来和生活，常常持有一种悲观的迷茫心理。对自己的过去，不管有无成败，不管有无辉煌，都一概加以否定，心理上充满了自责与痛苦，嘴上有说不完的遗憾；对未来缺乏信心，一片迷茫，以为自己一无是处，什么事都干不好，认知上否定自己的优势与能力，无限放大自己的缺陷。

戴高乐曾经说过："困难，特别吸引坚强的人。因为他只有在拥抱困难时，才会真正认识自己。"这句话一点也没错，有时，我们需要把困难当成机遇。

你自己努力过吗？你愿意发挥你的能力吗？对于你所遭遇的困难，你愿意努力去尝试，而且不止一次地尝试吗？只试一次是绝对不够的，需要多次尝试，那样你会发现自己心中蕴藏着巨大能量。许多人之所以失败，只是因为未能竭尽所能去尝试，而这些努力正是成功的必备条件。仔细查看列出的失败清单，看看过去你是否已竭尽所能。如果答案是否定的话，试试克服困难的第二个重要步骤，这就是学会真正思考，认真积极地思考。我确信积极思维的力量是惊人的，任何失败均能通过积极思维来解决，你能以积极思维来解决任何问题。

有一个14岁的男孩在报上看到应征启事，正好是适合他的工作。第二天早上，当他准时前往应征地点时，发现应征队伍已排了20个男孩。

如果换成另一个意志薄弱、不太聪明的男孩，可能会因为如此而打退堂鼓。但是这个小伙子却完全不一样。他认为自己应动脑筋，他不往消极面思考，而是认真用脑子去想，看看是否有法子解决。于是，一个绝妙方法便产生了！

他拿出一张纸，写了几行字，然后走出行列，并要求后面的男孩为他保留位子。他走到负责招聘的女秘书面前，很有礼貌地说："小姐，请你把这张便条交给老板，这件事很重要。谢谢你！"

这位秘书对他的印象很深刻，因为他看起来神情愉悦，文质彬彬。如果是别人，她可能不会放在心上，但是这个男孩不一样，他有一股强有力的吸引力，令人难以忘记。所以，她将这张纸条交给了老板。

老板打开纸条，看后笑笑交还给秘书；她也把上面的字看了一遍，同样笑了起来，上面是这样写的：

“先生，我是排在第21号的男孩。请不要在见到我之前做出任何决定。”

你想他得到这份工作了吗？你认为呢？像他这样会思考的男孩无论到什么地方一定会有所作为。虽然他年纪很轻，但是他知道认真思考。他已经有能力在短时间内抓住问题核心，然后全力解决它，并尽力做好。实际上，你一生中会遇到很多诸如此类的问题。当你遇到问题时，一旦认真进行思考，便更容易找到解决办法。

要想克服失败的思维方式，学会积极思考非常关键。人必须调整心态，直到否定思维转变成肯定思维为止。

让每天都有一个愉快的开始，则一天里所有的事都会变好。

要时刻保持积极心态，别让悲伤挡住了你的阳光。

学会喜欢自己

◎ 成熟的人会适度地忍耐自己，正如他适度地忍耐别人一样。他不会因自己的一些弱点而感到活得很痛苦。

◎ 不喜欢自己的人，表现在外的症状之一便是过度自我挑剔。

◎ 独处对我们的心灵运动十分有益处，就好像新鲜空气对我们的身体极有帮助一样。

史迈利·布兰敦在一本书中写道：“适当程度的‘自爱’对每一个正常人来说，是很健康的表现。为了从事工作或达到某种目标，适度关心自己是绝对必要的。”

布兰敦医师讲得很对。要想活得健康、成熟，“喜欢你自己”是必要条件之一。但这是表示“充满私欲”的自我满足吗？不是的。这应该是意味着“自我接受”——一种清醒的、实际的自我接受，并伴以自重和人性的尊严。

心理学家马斯洛在其著作《动机与个性》中也曾提到“自我接受”。他如此写道：“新近心理学上的主要概念是：自发性、解除束缚、自然、自我接受、敏感和满足。”

成熟的人不会在晚间躺在床上比较自己和别人不同的地方。他可能有时会批评自己的表现，或觉察到自己的过错，但他知道自己的目标和动机是对的，他仍愿意继续克服自己的弱点，而不是自悔自叹。

成熟的人会适度地忍耐自己，正如他适度地忍耐别人一样。他不会因自己的一些弱点而感到活得很痛苦。

喜欢自己，是否会像喜欢别人一样重要呢？我们可以这么说：憎恨每件事或每个人的人，只是显示出他们的沮丧和自我厌恶。

哥伦比亚大学教育学院的亚瑟·贾西教授，坚信教育应该帮助孩童及成人了解自己，并且培养出健康的自我接受态度。他在其著作《面对自我的教师》中指出：教师的生活和工作充满了辛劳、满足、希望和心痛，因此，“自我接受”对每名教师来说，是同等重要的。

今日，全美国医院里的病床，有半数以上是被情绪或精神出了问题的人所占据。据报道，这些病人都不喜欢自己，都不能与自己和谐地相处下去。

我并不想在此处分析导致这种情况的各种因素。我只是认为，在这个充满竞争的社会，我们往往以物质上的成就来衡量人的价值。再加上名望的追求、枯燥乏味的工作，处处都使我们的灵魂容易生病。我还坚信，普遍缺乏一种有力、持续的宗教信念，更是人们精神迷乱的重要因素。

哈佛大学的教授怀特在《进步：性格自然成长的分析》中谈起了目前社会很流行的一种观念：人应该调整自己去适应环境。怀特反驳说："这种观念认为一个人的理想状态就是能成功地压抑自己以适应狭窄的生活方程式，而不问这样做的结果是使人失去个性、目标和方向，影响了人创造与发展的潜能。"

我非常赞同怀特博士的观点。很少有人有勇气特立独行或直面真实处境。我们在行动之前就被社会文化和经济观念限制住了。从吃饭、穿着到生活方式和观念，我们和邻居如此相似。一旦我们某个不一样的行为与这种环境相异时，我们就会变得精神紧张或神经过敏，甚至于厌恶自己。

我认识的一个女性嫁给了一个野心勃勃、很有进取心、独断专行的政治家，于是，夫妇两人的社交圈——就是所谓的名流圈子，里面横着以社会地位和金钱数量来权衡人的标准。这位女性温柔贤淑，有谦虚的性格。在这种环境中她的优点都被别人认为的缺点所取代。她越来越自卑，直到讨厌自己。

在我看来，这个女人的问题的关键不在于她无法适应环境，而在于她无法适应和接受自己，无法心平气和、快快乐乐地接受自己。她没有彻底明白一个人只能按照自己的性格而不可能按照别人的性格来行事。

她要做的第一件事就是不能用别人的标准来权衡自己。她必须明确自己的价值观，然后自信地生活，并且善于和自己相处，消除厌恶自己的情绪。

夸大自己错误的程度和范围是讨厌自己的人经常做的事情之一，适当的自我批评是好事，有利于一个人的成长。但是演变为一种强迫性的观念时，就会使我们变得瘫痪，不能聚集力量做积极正面的事。

班上有一位女学员，她在班上说："我总是感到胆怯和自卑。别人好像都很沉着、自信。我一想到自己的缺点就感到泄气，于是就无法自如地说话了。"

每个人都有自己的缺点，但问题的关键不在于你的缺点，而在于你有多少优点。

决定一件艺术品和一个人的最终因素不是缺点。莎士比亚的作品中充满了历史和地理的基本常识的错误，狄更斯则尽力在小说中渲染伤感的气氛。但是谁计较呢？缺点并不妨碍他们成为一流的文学大师，因为优点才是最终的决定因素。我们在交朋友的时候也会感到对方缺点的存在，但是我们喜欢和他们交往是因为我们喜欢他们身上的优点。

自我完善的实现依赖于对优点的发挥，取长补短，而不是整天惦记着自己的缺点。

对以前和当前错误的过分计较会导致一个人的罪恶感和自卑感快速滋长，不用很久，我们就不再尊重自己，习惯性地对自己痛打五十大板。所以，我们一定要让以前的事情沉到水底，然后游到水面上来重新呼吸新鲜的空气。

要学会喜欢和接受自己，首先必须挖掘自己的对缺点的包容之心。包容不代表我们要降低对自己的要求，然后躺在床上睡大觉，而是明白人无完人。对别人求全责备是不公平的，要求自己完美则是一种极端的自我本位。

我认识的一个女人是个绝对的完美主义者。她要求自己做什么事情都没有疏漏。但在别人眼里，她是个失败的人。一个简单的报告她需要折腾几个小时，耽误了自己和别人的时间；一篇主题演讲她什么都要涉及和讲解，结果让听众百无聊赖；她绝不接待临时到访的客人，因为她没有任何准备。她绞尽脑汁追求完美，事实上，她的确做到了一种形式意义上的完美，但直接的代价是毁掉了生活中的理解、自然和乐趣。其实，她所追求的完美并非完美本身，她是想超越别人，因为她不想自己在优点方面和别人处在同一水平线上。她想成为人群的焦点。所以，她做事并不是出于发挥自己已有的才能，她并不能享受工作和生活的欢乐，只是为了超过别人，让自己在高高的完美的架子上昂起头。

人没有完美的，强迫性的对完美的追求一旦不成功，这个人就会变得讨厌，甚至憎恨自己。

人不能时时刻刻都处在特别认真的状态中，学着喜欢自己的前提之一，就是能偶尔放慢行进的脚步欣赏自己。

马里兰州的精神病协会董事巴缔梅尔说："过去的人习惯在睡觉之前回想一下当天的活动，做一下反省。现在的人好像已经很少用了，实际上，这仍然是一个有用的办法。"

除非我们能与自己好好相处，否则很难期待别人会喜欢与我们在一起。哈里·佛斯迪克曾经观察那些不能独处的人，形容他们好像"被风吹皱的池水一样，无法反映出美丽的风景来"。

独处能使我们发现内在的休息港口，能有参详的对象，是我们与外界接触的基础。安妮·马萝·林柏在其著作《来自海洋的礼物》中曾说过："我们只有在与自己内心相沟通的时候，才能与他人沟通。对我来说，我的内心就像幽静的泉水，只有在独处时才能发现其美。"

独处能使我们更客观地透视自己的生命。《圣经》的诗篇里有一句忠言："要安静，便可知道我就是神。"这话至今仍是忠言。独处的确对我们的灵魂十分有益处，就好像新鲜空气对我们的身体极有帮助一样。

假如我们要依赖别人才能得到快乐与满足，则无疑为他人增添负担，并影响到彼此之间的关系。要喜欢、尊重、欣赏我们自己，这不但能培养出健康成熟的个性，也能增进与他人相处的能力。

如果你想让自己远离情绪化的泥潭，请记住下面的原则：

了解并喜欢你自己。

用行为控制情感

◎ 事实上，你在驾驭着自己的情感，而且你的情感是由于你对外界事物的看法而产生的。

◎ 成功人士和普通人士的区别在于前者用行为控制情感，后者任情感控制行为。

控制自己的情感是一个人把握自我的最基本要求。在日常生活中，人的情绪发生一定的起伏波动，这确实是一种无法避免的现象。我们每个人可能都曾有过这样的体验：一旦自己情绪特别好的时候，不仅神清气爽，而且工作起劲，对人对事充满了光彩与希望，周围的一切似乎都是那么美好；而有时候，人又情绪特别低落，不但心情沮丧，而且意志消沉，你身边的世界仿佛布满了灰暗与失望。对一般的人来讲，这种极端的欢乐与悲哀的情绪反应不易为个体所控制，因此对个体生活极具影响作用。一旦情绪产生，有些人往往一度沉沦于悲哀、痛苦、抑郁、孤独的心境之中而不能自救自拔。这种认为情绪无法控制，只能听之任之的观点会给人的生活带来极大的负面影响。

从心理学的角度来讲，情绪是个体受到某种刺激所产生的一种身心激动状态。

其实，情感并不仅仅是出现在你身上的情绪，而是你自己对外界事物做出的一种心理反应。如果你主宰着自己的情感，就不会做出自我挫败性的反应。一旦你学会依照自己的选择控制个人的情感，你就踏上了一条通往“智慧”之路。在这条道路上，绝无导致精神崩溃的歧途，因为你将把情绪视为一种可选的因素，而不是生活中的必然因素。这正是人的个性自由的关键所在。下面，我们可以借助于一个简单的三段论，通过逻辑推理，让你摒弃那种认为情感是无法控制的观点，并开始控制自己的思维和情感：

逻辑三段论

大前提：狄克是一个人，

小前提：所有的人脸上都有毛，

结论：狄克脸上有毛。

不合逻辑三段论

大前提：狄克脸上有毛，

小前提：所有的人脸上都有毛，

结论：狄克是一个人。

从逻辑学的角度来讲，大前提必须与小前提一致。在上面第2个三段论中，其结论是错误的，因为狄克可能是人，也可以是猿猴或者其他脸上有毛的动物。下面让我们看看第3个逻辑推理，这一例子将有助于让你彻底摆脱那种认为情感无法自我控制的观点。

逻辑三段论

大前提：我可以控制自己的思想，

小前提：我的各种情感都来源于我的思想，

结论：我可以控制自己的情感。

在上面这个三段论中，大前提是十分明确的，一个正常的人完全可以控制自己的思想和行为，所以你有能力对自己头脑所接收的信息进行思考。例如，如果有人要求你想象一只红色的羚羊，你可以将它想象成绿色，也可以将它想成一只小山羊，或者干脆想象成别的东西。只有你自己才能控制着进入你头脑中的各种想法，只有你才能对大脑的思想库作出选择，并组织成一定的逻辑程序。如果你不相信这一点，那请你试想一下："如果不是你在控制着自己的思想，那是谁在控制？是你爱人、上级，还是你的妈妈？"假如真的是他们在控制着你的思想，那建议你立即送他们去医院治疗，这样你马上就会好起来。

但客观的现实很清楚：是你——而且只有你——控制着自己思维的机器，你的大脑完全属于你自己，你可以完全控制住自己的思想，并完全由你决定是否加以保留、改变、审视或交流。除了你，谁都无法钻进你的大脑，也不能像你那样体验自己的思想和情感。

其次，3中的小前提也是无可非议的，无论是从科学原理，还是根据常识判断都可以证实：一个人如果没有思想，那就没有情感。丧失了大脑功能，"感觉"能力也就不复存在了。人的每一种感情是一种思想的生理反应。只有从思维中心得到某一信息之后，人才会出现哭泣、害羞、心跳加速以及其他各种可能的情绪反应。如果思维中心受到损坏或发生故障，你就不会做出任何感情反应。在大脑受到损伤的情况下，人甚至会感觉不到肉体的痛苦——即使将手放在炉子上烤焦了，也不会感到疼痛。因此，你的小前提是千真万确的。任何一种情感都必然产生于思维之后，因而没有思维，就没有情感。

有这样一个例子：迈克是一位年轻的公司职员，公司老板认为他做事太笨，对他的评价也不很好，为此，迈克常常感到十分痛苦。

我们试想一下：要是迈克并不知道自己的老板认为他很笨，他还会因此而不快吗？当然不会，一个人怎么会为自己不知道的事情痛苦呢？由此看来，造成迈克精神不快的原因并不在于上司对他的看法，而在于他自己的感觉。此外，迈克不快的原因还在于，他确信别人的看法比自己的看法更为重要，如果他认为自己并不太笨，而是极力通过自己的表现向老板来证明这一点，他也就不会因此而痛苦了。

这一推理同样适用于对各种事物及其他人的看法：某个人的死亡并不会使你感到悲伤；在得知其去世前，你是不会悲伤的。使你悲伤的原因并不在于其死亡这一事实，而在于你听到死讯后作出的一种心理反应。阴雨天气本身不会使人抑郁，抑郁是人类特有的一种情绪。如果你怕由于天气下雨或阴天而抑郁，那是因为你自己对天气的反应使你感到抑郁。当然，这并不是说你应该欺骗自己而非得喜欢阴雨天气，而是说你可以想一想："我为什么非要感到抑郁呢？""这样能使我更积极有效地解决问题吗？"

尽管上述逻辑推理证明人总是在支配着自己的情感，但我们从小到大所接受的传统文化一直表明：一个人对他的情感是无能为力的。虽然我们实际上控制着自己的情感，但我们所学到的大量日常用语却往往否认这一点。下面我们简要列举一些此类常用语，分析一下每句话的含义，我们可以发现，这些话都含有一个共同的潜台词，即你对自己的情感是没有任何责任的。只要我们将每一句话重新组织一下，使其更为确切，就能说明一点：你在驾驭着自己的感情，而且你的情感是由于你对外界事物的看法而产生的。

也许你会认为，左栏的每句话不过是一种修辞方式，它并不说明任何问题，或者只是一种习惯用语而已。如果你这样解释，那你不妨试问一下：右栏中的每句话为何没有形成口头语？其答案很简单，因为我们的传统文化和社会环境总是提倡前者而排斥后者。

我们每个人应该对自己的情感负责。你的情感是随着自己的思想而产生的，那么，你只要愿意，便可以改变对任何事物的看法。首先，你应该想一想：精神不快、情绪低沉或悲观痛苦到底能给你带来什么好处？然后，你就可以认真地分析一下导致这些消极情感的各种思想。

成功人士与普通人士的最大区别在于前者用行为控制情感后者用情感控制行为。成功人士在控制情绪时有许多方法和技巧，值得我们学习。

奥格·曼狄诺写的《世界上最伟大的推销员》向我们提供了许多控制情绪的方法，书中虚拟了一个巧妙的故事。少年海菲获得了10卷神秘的《羊皮卷》，他根据《羊皮卷》的原则行事为人，最终成为世界上最伟大的推销员、最伟大的商人，建立了庞大的海菲商业帝国。10卷《羊皮卷》，其实就是10条做人行事的准则。这10条准则是：

①“今天，我开始新生活”。

②爱心。“我要用全身心的爱来迎接今天”。“最主要的，我要爱自己”。

③恒心。坚持不懈，直到成功。

④信心。“我是世界上最伟大的奇迹”。“我能做的比已经完成的更好”。

⑤重视今天。“忘记昨天，也不要痴想明天”。“假如今天是我生命中的最后一天”。

⑥控制情绪。“今天我要学会控制情绪”。“有了这项新本领，我也更能体察别人的情绪变化”。

⑦快乐。“我要笑遍世界”。

⑧自重。“今天我要加倍重视自己的价值”。

⑨行动。“我现在就付诸行动”。

⑩信仰。“万能的主啊，帮助我吧”。

这些就是迈向成功之路的金钥匙。这10把金钥匙里面，有两把金钥匙同情绪有关：第6条“控制情绪”和第7条“快乐”。可见，控制情绪在人生的成功之路上是多么的重要。

下面，我们看一看神秘的《羊皮卷》里面是怎样来告诉人们控制情绪的。

《羊皮卷之六》：

“潮起潮落，冬去春来，夏末秋至，日出日落，月圆月缺，雁来雁往，花开花谢，草长瓜熟，自然界万物都在循环往复的变化中，我也不例外，情绪时好时坏。”

“这是大自然的玩笑，很少有人窥破天机。每天我醒来时，不再有旧日的心情。昨日的快乐变成今日的哀愁，今日的悲伤又转为明日的喜悦。我心中像有一只轮子不停地转着，由乐而悲，由悲而喜，由喜而忧。这就好比花儿的变化，今天绽开的喜悦也会变成凋谢时的绝望。但是我要记住，正如今天枯败的花儿蕴藏着明天新生的种子，今天的悲伤也预示着明天的快乐。”

“我怎样才能控制情绪，让每天充满幸福和欢乐？我要学会这个千古秘诀：弱者任思绪控制行为，强者让行为控制思绪。每天醒来当我被悲伤、自怜、失败的情绪包围时，我就这样与之对抗：

沮丧时，我引吭高歌。

悲伤时，我开怀大笑。

病痛时，我加倍工作。

恐惧时，我勇往直前。

自卑时，我换上新装。

不安时，我提高嗓音。

穷困潦倒时，我想象未来的财富。

力不从心时，我回想过去的成功。

自轻自贱时，我想想自己的目标。”

《羊皮卷之六》里面所阐述的控制情绪的箴言可以说是句句珠玑。只要你真正能够按照上面的原则来思考和行事，那么你一定能在通向成功的路上取得意外的收获。

> 用行为控制情感。

在失败时为自己打气

◎ 一个人最大的敌人是自己，胜利属于那些在失败时不断地为自己打气、对自己说“我能行”的人。

◎ 每天早晨给自己打气并不是一件很傻、很肤浅、很孩子气的事，相反，这从心理学的角度来看是非常重要的。

以下是拳击手杰克·丹普先生远离忧虑的故事：

“在我的拳击生涯中，最强劲的敌人不是那些重量级的选手，而是自己内在的情绪困扰，因为情绪上的忧虑不但会消耗体力，还会影响拳击的进行。所以，我为自己制定了一套原则借以保持充沛的体力与旺盛的精力。这一套原则就是：

“①为了让自己有充分的勇气，每当拳赛开始前我都会自我鼓励一番，反复地对自己说：‘不要怕，没有什么可以伤得了我的，他击不倒我。’这种积极的鼓舞确实产生了不少作用。

“例如，在我和佛波比赛的时候，我不断地对自己说：‘没有人敌得过我，他伤不了我，他的拳头伤不了我，我不会受伤，不管发生什么事，我一定要勇往直前。’像这样为自己打气，使想法趋向积极，对我帮助很大，甚至使我不觉得对方的拳头在攻击。在我的拳击生涯中，我的嘴唇曾被打破，我的眼睛被打伤，肋骨被打断，而佛波的一拳将我打得飞出场外，摔在一位记者的打字机上，把打字机压坏了，但我对佛波的拳头却并无感觉。只有一次，那天晚上李斯特·强森一拳打断了我的三根肋骨，那一拳虽不致让我倒下，但影响到了我的呼吸。我可以坦白地说，除此之外，我在比赛中未对任何一拳有过知觉。

“②我一再地提醒自己，忧虑不但于事无补，反而还会产生相反效果。我的大部分忧虑，都出现在我参加重大比赛之前，也就是接受训练期间。我经常在半夜醒来，一连好几个钟头，心里十分忧虑，辗转反侧，无法成眠。我担心会在第一回合中被对方打断手，或扭了脚踝，或眼睛被严重打伤，如果是这样的话我就不能充分发挥攻势。所以，每次我因为担心第二天的赛程而睡不着觉时，就会下床对着镜子中的自己说：‘你真是个傻瓜，何必为了尚未发生的事或根本不会发生的事而担忧呢？人生如此短暂，应该好好把握、享受生命才是啊，还有什么比健康更重要呢？’这样日复一日、年复一年地提醒自己，久而久之，这些话好像印到我的骨髓里，经常不自觉地就浮现在脑海中，帮助我克服了许多情绪上的困扰。

“③最后一项，也是最重要的一项就是祷告。一天中我有好几次与主交谈的机会，拳击赛中每次回合的铃响前、每餐吃饭前、每晚入睡前，我都会虔诚地祷告，祈求上帝赐给我力量与勇气，让我打好每一场人生战役。我的祈祷获得了回应吗？当然，上帝对我的回报远超过我的付出！”

每天早晨给自己打气，是不是一件很傻、很肤浅、很孩子气的事呢？不是的，这在心理学上是非常重要的。

世界上不是每个人都要面临着十分巨大的困难，但是每个人都存在着若干问题。每个人都能通过暗示或自我暗示让激励标记产生作用。一种最有效的形式就是有意记住一句自我激励语句，以便在需要的时候，这句话能从下意识心理闪现到有意识心理。

阿廉·方索斯是美国密苏里州东南地区某农场的一个病孩子。他在小学遇到了一位优秀老师，这位老师鼓励小阿廉·方索斯去改变自己的世界。老师用挑战的方式鼓励他：“我激励你！”“我激励你成为学校中最健康的孩子！”“我激励你”成了阿廉·方索斯一生自我激励的语句。

他果真变成了学校中最健康的孩子。他在85岁逝世之前，帮助了数以千计的青年获得良好的健康，他还帮助他们立志高远，做事刚勇，服务周到。

“我激励你”激励着他建立了美国最大的公司之一——若尔斯通培里拉公司；“我激励你”激励他从事创造性的思考，把负债转化为资产；“我激励你”激励着他组织美国青年基金会——它的目的是训练青年男女独立生活的能力。

“我激励你”激励着阿廉·方索斯写了一本书，名叫《我激励你》。今天这本书正在激励着男子和妇女们勇敢地把这个世界改造为更好的社会。阿廉·方索斯作了多么好的一个证明啊！一句自我激励语有力地帮助人们发挥积极的心态！

说到此不禁让人想起那些在兴旺的1920年里取得经济成功的人。那时他们是以极好的态度开始他们的事业的。可是当1930年经济萧条袭来的时候，他们便遭到了失败。他们破产了。他们的态度便从积极的变为消极的。他们的法宝被翻到了“消极的心态”那一面。他们停止了努力。他们像那些抱持消极心态的人一样变成了一蹶不振的失败者了。

有些人似乎在所有的时候都能充分使用积极的心态。有些人开始时使用，然后就停止使用了。但是，另一些人——我们中的大多数人——并没真正地开始使用对于我们很有用的巨大力量。消极心态包括以下几个方面：

惰性导致愚昧无知

对于不知事实或缺乏实际知识的人来说，面对一件事的愚昧无知似乎是合乎逻辑的；对于知道事实或具有实际知识的人来说，就可能是不合逻辑的了。当你在作决定的时候，如果你不肯保持开朗的心胸和学习真理，那就是愚昧无知。消极的心态会在愚昧无知的基础上不断地生长。

具有积极心态的人可能不知道事实，也缺乏实际知识。他可以不了解情况，然而他认识基本的前提——真理就是真理。因此，他就力图保持开朗的心胸，努力学习。他必须把他的结论奠基在他所知道的事情上，并且准备在他认识更多些时，就改变这些结论。

现在让我再审视一下我们心理上的蛛网，这些似乎还存留在你的脑中：

①消极的感情、情绪、激情、习惯、信条和偏见。

②只看到别人眼中的“凶煞”。

③由于语义上的误解所产生的争论和误解。

④由于虚假的前提而作出的虚假结论。

⑤把概括一切的限制性的词或词组作为基本或次要的前提。

⑥“需要”有可能迫使人作出不诚实的想法。

⑦不清洁的思想和习惯。

⑧担心应用心理的力量。

这样，你就可看到蛛网有许多种——有些是细小的，有些是巨大的；有些是脆弱的，有些是结实的。然而，如果你把你自己的蛛网再列一张表，然后仔细检查每个蛛网的各条蛛丝，你就会发现它们都是由消极的心态织成的。

你把它们考虑一会儿，然后你会发现由消极的心态所织成的最强有力的蛛网就是惰性蛛网。惰性会使你无所作为；如果你转向错误的方向，它就会使你不去抵抗或不思停止。你就会继续前进，向下滑去。

警惕潜意识的误导

一个人的潜意识通常是难以改变的，它经常会配合你本身的才能或所曾犯过的错误，而把这些不愉快的经历返还给你。换言之，当你在潜意识中制造消极的观念后，潜意识便会将制造过的差错想法，不分时候地任意归还与你，因此在你的思绪过程中，极可能将你误导。

为避免遭受原有潜意识的误导，最好的方法莫过于以积极性的立场灌注于潜意识中，并努力培养积极的想法，如此你无异是在向你的潜意识灌输真理，而不久之后，你的潜意识也将开始把这些真理归还于你。

使潜意识变得积极的最佳方法便是摒除存在于你思想或言谈间的消极想法。例如，每当人们意识到消极想法存在时，便会对自己的说话方式作一番分析，而且结果往往令人感到十分惊异。

因为许多人都存有类似如下的想法：“我担心也许会来不及”，“轮胎是不是磨损了”，“我想，我办不到那件事”，“这个工作我大概无法胜任，因为我会忙不过来”等。此外，遇到事情有不好的发展结果时，他们就会说道：“哦！果然不出我所料。”又如，在抬头望见天空布满乌云时，心情会变得忧虑起来，并说：“我原本就知道会下雨！”

这些都属于“消极心态”。我们千万不可忽略“积少成多”的道理。当你的言谈中充满“消极心态”时，它会不知不觉地渗入你的思想深处，并积存它的影响力量，而这种力量往往会滋长到令人惊异的地步，甚至会在不久之后使你陷入“无能症”的泥沼中。

所以，你要下定决心，要从自己的言谈间根除这种“消极心态”。因为对于这种消极的心态，最好的消除办法是，不论对任何事都要表示积极肯定的主张，如事情将有顺利的结果、能够胜任工作、不会招致失败、必会准时到达等。由于这种把积极想法说出来的做法具有相当于在内心中呼应的积极力量，因此它能使你感到一切都将顺利地进行。

曾经有一幅引擎油的广告，上面写着：“洁净的引擎经常是力量的供应源泉。”这个广告的作者就一定有一个积极心态，这对他的事业必定产生积极影响。换言之，洁净的心会是力量的供应来源。因此，请洗净你的思想，赋予你自身一颗洁净的心吧！

为了克服障碍，你不妨采用“不相信失败”的哲学之道。通常人们处理障碍的结果往往决定于其本身所持的心态，因为人们的障碍大多数是源于心理上的问题。

也许你对此有所怀疑，但是任何人对于障碍的态度却绝对是心理方面的事。试想，当一件事从考虑到决定的过程中，是否即是心理的活动？你对于障碍的想法如何，是否会决定你对它所采取的行动或态度？

事实上，如果你面对障碍之初便在心中断言绝对无法克服它，你便会在自认为“反正做不到”的心理下真正无法克服了。相反的，如果你拥有克服障碍的信心，情况自必不同。

因此，请你牢牢记住：障碍绝对没有你想象中的那般困难，而是可以设法克服的。

无论在培养这种积极想法之初，你的信心是多么微小，只要持续保持这种想法，你必能获得成功。

在失败的时候为自己打气。

保持积极心态

◎ 一个积极者就是一个这样的人：当他的鞋子穿破了的时候，他只是以为他回到了光脚走路的时代。消极者说：“我只有看见了才会相信。”积极者说：“只要我相信，我就会看见。”

◎ 在生活中，成功和失败之间仅仅只有毫厘之差，很多情况下，我们无法改变现实，但是可以改变自己对现实的看法。

乐观态度或悲观态度，是人类典型的也是最基本的两种倾向，它影响着我们的生活方式。美国医生做过这样一个实验：他们让患者服用安慰剂。安慰剂呈粉状，是用水和糖加上某种色素配制的。当患者相信药力，就是说，当他们对安慰剂的效力持乐观态度时，治疗效果就显著。如果医生自己也确信这个处方，疗效就更为显著了。这一点已用实验得到了证实。悲观态度是由精神引起的，而又会影响到组织器官。有一个意外的事故证明了这一点。一位铁路工人意外地被锁在一个冷冻车厢里，他清楚地意识到他是在冷冻车厢里，如果出不去，就会冻死。不到20个小时，冷冻车厢被打开时人已死了，医生证实是冻死的。可是，仔细检查了车厢，冷气开关并没有打开。那位工人确实死了，因为他确信，在冷冻的情况下是不能活命的。所以，在极端的情况下，极度悲观会导致死亡。一位乐观主义者却总是假设自己是成功的，就是说，他在行动之前，已经有了85%的成功把握。而悲观主义者在行动之前，却已经确认自己是无可挽救了。

一个积极者就是一个这样的人：当他的鞋子穿破了的时候，他只是认为他回到了光脚走路的时代。消极者说："我只有看见了才会相信。"积极者说："只要我相信，我就会看见。"积极者采取行动，消极者静止不动。积极者看见半杯水会说它满了一半，消极者看见同样的半杯水会说它有一半是空的。原因很简单，消极者往杯子里倒水，而积极者却从杯子里取水。

在生活中，成功和失败之间仅仅只有毫厘之差。

例如，骏马奈斯华在不到一小时的赛跑中赢得了第一，得到了100万美金。在这仅有一小时的赛跑后面却藏着上千个小时的艰苦训练。显然，奈斯华这匹至少值100万美元的马——定是一匹罕见的好马。你可以用100万美元买100匹值1万美元的赛马，这是一个简单的算术问题。一匹值100万美元的马比一匹值1万美元的马跑得要快100倍，对吗？错了！它能跑得比那匹马快2倍，对吗？还是错了！实际上，它只能比那匹马快25%，或是只有10%或是1%，对吗？还是错了！

那么究竟一匹值100万美元的马比值1万美元的马跑得快多少

呢？几年以前，在阿林顿·福特瑞蒂，第一名和第二名的奖金差额是10万美元。这次比赛的跑程是1.25英里。第一名和第二名的差距仅有1/71280，而我们要重申的是仅仅这点差距就值10万美元。

1974年在肯塔基的德比所举行的赛马比赛中，第1名骑手赢得了②7万美元。不到2秒钟后，另一名骑手也骑着马冲过了终点线，他是第4名，只得到30美元。

生活就像一场比赛，我们无法改变它的规则。我们能够并且必须去做的是掌握这些规则，利用这些规则来发挥我们最大的潜能。

米歇尔曾经是一个不幸的人。

一次意外事故，把他身上65%以上的皮肤都烧坏了，为此他动了16次手术。手术后，他无法拿起叉子，无法拨电话，也无法一个人上厕所，但以前曾是海军陆战队员的米歇尔从不认为他被打败了。他说："我完全可以掌握我自己的人生之船，我可以选择把目前的状况看成倒退或是一个起点。"6个月之后，他又能开飞机了！

米歇尔为自己在科罗拉多州买了一幢维多利亚式的房子，另外也买了房地产、一架飞机及一家酒吧，后来他和两个朋友合资开了一家公司，专门生产以木材为燃料的炉子，这家公司后来变成佛蒙特州第二大私人公司。

在米歇尔开办公司后的第4年，他开飞机在起飞时又摔回跑道，把他的12节脊椎骨压得粉碎，腰部以下永远瘫痪！"我不解的是为何这些事老是发生在我身上，我到底是造了什么孽，要遭到这样的报应？"

米歇尔仍选择不屈不挠，丝毫不放弃，还日夜努力使自己能达到最高限度的独立自主，他被选为科罗拉多州孤峰顶镇的镇长，以保护小镇的美景及环境，使之不因矿产的开采而遭受破坏。米歇尔后来又竞选国会议员，他用一句"不只是另一张小白脸"的口号，将自己难看的脸转化成一项有利的资产。

尽管面貌骇人、行动不便，米歇尔却坠入爱河，且完成终身大事，也拿到了公共行政硕士证书，并坚持他的飞行活动、环保运动及公共演说。

米歇尔说："我瘫痪之前可以做1万件事，现在我只能做9 000件，我可以把注意力放在我无法再做的1 000件事上，或是把目光放在我还能做的9 000件事上。我的人生曾遭受过两次重大的挫折，如果我能选择不把挫折拿来当成放弃努力的借口，那么，或许你们可以用一个新的角度，来看待一些一直让你们裹足不前的经历。你可以退一步，想开一点，然后你就有机会说：'或许那也没什么大不了的！'"

由此可见，积极的人生态度是一个人获得成功的一项重要原则，你可将此原则运用到你所做的任何工作上。如果你不了解如何应用积极的人生态度，就无法从工作中得到最大的效益。

事实上，如果你掌握你的思想，并引导它为你的目标服务，你就能享受：

①为你带来成功环境的成功意识；

②生理和心理的健康；

③独立的经济；

④出于爱心而且能表达自我的工作；

⑤内心的平静；

⑥驱除恐惧的信心；

⑦长久的友谊；

⑧长寿而且各方面都能取得平衡的生活；

⑨免于自我限定；

⑩了解自己和他人的智慧。

而如果你所抱持的是消极的人生态度，你将会尝到苦果：

①生命中的贫穷和凄惨；

②生理和心理疾病；

③使你变得平庸的自我限定；

④恐惧和所有具有破坏性的结果；

⑤找不到支撑自己的方法；

⑥敌人多，朋友少的处境；

⑦人类所知的各种烦恼；

⑧成为所有负面影响的牺牲品；

⑨屈服在他人意志之下；

⑩对人类没有贡献的颓废生活。

通过比较，到底应该树立什么样的人生态度，应该是显而易见的了！

保持积极心态。

焕发热忱的能量

◎ 每一个伟大的时刻，都是热忱凯旋的时候。

◎ 如果两个人各方面条件都相近，那么，更热忱的那一位会更快达到成功。一个能力平庸但是很热忱的人，往往会胜过能力杰出却缺乏热忱的人。

热忱的威力是不容被低估的。爱默生曾经说过："每一个伟大的时刻，都是热忱凯旋的时候。""没有一桩丰功伟业能缺乏热忱。"

许多人失败并不是因为他们缺乏才智、能力、机会或天分，而是因为他们并没有尽力去处理问题。

热忱的重要性绝不亚于卓越的能力与努力地工作。我们都认识一些聪明但一无所成的人，也总认识一些辛勤工作但一事无成的人。青年人应该记住，只有热爱工作、投入工作且满怀热忱的人才能有所成就。

热忱有一种特性，那就是它具有感染力，并且能令人有反应。不论在教室里或其他活动中，都是一样的。就算是冰上曲棍球比赛，也同样需要热忱。如果你自己对一个想法或计划不够热忱，别人更不可能有热忱。如果公司领导人自己不能全心热忱地相信公司的目标与方向，就不要指望员工、顾客或股市会相信它。想使任何人对一个想法——或是一个计划、一个活动——兴奋起劲的最好办法，就是你自己要先兴奋起来。而且要把你的兴奋表现出来。

汤姆·德尔夫最近在加州一家进口公司考尔佛电子销售公司找到了一份业务员的工作。按照公司历来的做法：公司会交给汤姆·德尔夫一份很难缠的潜力客户名单。其中有一家公司以前是汤姆·德尔夫公司的大客户，但是却在多年前停止往来了。

汤姆·德尔夫说："我决定把跟他们做成生意当作是我个人的一项挑战。这表示我得先说服老板我可以把这家公司扳回来。他本来不太肯定，但是他不想浇我的冷水。于是他允许我去拜访那家客户。"

汤姆·德尔夫既已把赢回这家客户当作自己的使命，于是他提供了保证价，缩短交货期，并允诺更好的服务。他向那位采购处长表示考尔佛公司"将会做一切令你们满意的事"。

当汤姆·德尔夫第一次与采购处长面对面谈话时，他的热忱就扮演了重要的角色。他面带微笑地走进会客室，并说道："很高兴能再回来，让我们一起来共同合作。"

汤姆·德尔夫从来没有想过他可能无法成交，他完全忽略他的公司已经丢掉了这个客户的事实。他以最高昂热忱的态度说服他的客户，考尔佛公司已准备好再为他们服务。

"后来，采购处长告诉我们老板，他们考虑我们的惟一理由是因为我的热忱。他们的订单后来一年有50万美元的利润。"

热忱，可以保养灵魂，培养并发挥热忱的特性，我们就可以对我们所做的每件事情，加上了火花和趣味。

我有一次请教一位友人，问他如何挑选管理人员。这位友人的回答听起来可能蛮令人惊奇的：“这些成功者与失败者，他们的能力与聪明才智其实差异不大。”纽约中央铁路公司总裁佛多利·威尔森说：“如果两个人各方面条件都相近，那么，更热忱的那一位一定更快达到成功。一个能力平庸但是很热忱的人，往往会胜过能力杰出却缺乏热忱的人。”

热忱是一把火，它可燃烧起成功的希望。要想获得这个世界上的最大奖赏，你必须像过去最伟大的开拓者那样将梦想转化为全部有价值的献身热情，来发展和销售自己的才能。

有一次，我在加州一家饭店投宿时，点了客房服务，侍者是一位墨西哥人，他说着一口吞吞吐吐不流畅的英语：“早安！早安！早安！”奇怪的是，他重复了三次问安，却不显得啰嗦，反而让人觉得很舒心。

他用那种墨西哥人独有的热情深深地感染了我，他满面春光地告诉我，他有一份好工作，而且身在美国。接着他满怀热情地为我倒咖啡，同时又很友好地同我谈论天气：“对啊！不过下雨也很好，雨水可以让草地青翠，而且花草树木也都需要雨水，不是吗？”

在他离开房间之时，我深深地被他打动了。我对自己说，我知道为什么他有一份工作。

最聪明和最热忱的人能更快地得到工作和做出成绩。要满怀着热忱，将你自己奉献给积极的人生，你将会惊讶人们有多么想要雇用你。

我曾不止一次地在课堂上告诉我的学员们，促使一个人成功的因素很多，而居于首位的就是热忱，一个人、一个团队只要有热忱，其结果必然是积极的行动、成功和幸福。

激情增加一盎司，我们的人生就会大不一样。著名人寿保险推销员弗兰克·贝特格在他的自传中，向我们充分诠释了这一点：

“在我刚转入职业棒球界不久，我就遭到了有生以来最大的打击——我被开除了。理由是我打球无精打采。老板对我说：‘弗兰克，离开这儿后，无论你去哪儿，都要振作起来，工作中要有生气和热情。’这是一个重要的忠告，虽然代价惨重，但还不算太迟。于是，当我进入纽黑文队时，我下定决心在这次联赛中一定要成为最有激情的球员。

“从此以后，我在球场上就像一个充足了电的勇士。掷球是如此之快、如此有力，以至于几乎要震落内场接球同伴的手套。在烈日炎炎下，为了赢得至关重要的一分，我在球场上奔来跑去，完全忘了这样会很容易中暑。第二天早晨的报纸上赫然登着我们的消息，上面是这样写的：‘这个新手充满了激情并感染了我们的小伙子们。他们不但赢得了比赛，而且看来情绪比任何时候都好。’那家报纸还给我起了个绰号叫‘锐气’，称我是队里的‘灵魂’。三个星期以前我还被人骂作‘懒惰的家伙’，可现在我的绰号竟然是‘锐气’。

“于是我的月薪从25美元涨到185美元。这并不是我球技出众或是有很强的能力，在投入热情打球以前，我对棒球所知甚少。除了‘激情’还有什么能使我的月薪在10天内竟上升700%呢？

“退出职业棒球队之后，我去做人寿保险推销工作。在10个月令人沮丧的推销之后，我被卡耐基先生一语惊破。他说：‘贝特格，你毫无生气的言谈怎么能使大家感兴趣呢？’我决定以我加入纽黑文队打球的激情投入到做推销员的工作中来。有一天，我进了一个店铺，鼓起我的全部热情试图说服店铺的主人买保险。他大概从未遇到过如此热情的推销员，只见他挺直了身子，睁大眼睛，一直听我把话说完，最终他没有拒绝我的推销，买了一份保险。从那天开始，我真正地展开推销工作了。在12年的推销生涯中，我目睹了许多的推销员靠激情成倍地增加收入，同样也目睹更多人由于缺少热情而一事无成。”

弗兰克·贝特格在事业上有所成就，与其说是取决于他的才能，不如说是取决于他的激情。凭借激情，他在烈日当空的酷热中超常发挥；凭借激情，他说服了自己的客户，最终创出不凡的成就。

保持热忱。

运动可以驱除忧闷

◎ 我的肉体疲倦了，我的精神也随之得到休息。当你烦恼时，多用肌肉，少用脑筋，其结果将会令你惊讶不已。

我若发现自己有了烦恼，或是精神上像埃及骆驼寻找水源那样地猛绕着圈子转个不停，我就利用激烈的体能练习活动，来帮助我驱逐这些烦恼。

那些活动可能是跑步，或是徒步远足到乡下，或是打半小时的沙袋，或是到体育场打网球。不管是什么，体育活动使我的精神为之一振。每到周末，我都从事多项运动，例如绕高尔夫球场跑一圈，打一场激烈的网球，或到阿第伦达克山滑雪。等到我的肉体疲倦了，我的精神也随之得到休息。因此再度回去工作时，我精神清爽，充满活力。在工作地点纽约，我经常有机会到俱乐部健身院去，待上一个小时。没有人在滑雪或作激烈运动的时候还烦恼，因为他忙得没时间烦恼。烦恼的大山很快就变成微不足道的小丘，激烈的运动很容易就能将它“摆平”。

我发现，烦恼的最佳“解毒剂”就是运动。当你烦恼时，多用肌肉，少用脑筋，其结果将会令你惊讶不已。这种方法对我极为有效——当我开始运动时，烦恼就消失。

有位专门研究快乐如何影响心理的科学家曾整理出了几个快乐的技巧，方法简单而且效果神速，让人能立刻就变得乐观起来，这就是运动和听音乐。

首先，经常运动，抬头挺胸。

楚安尼曾强调说，要矫正头脑之前，请先校正身体。为什么呢？因为生理同心理是息息相关的。相信你也该有过这样的体验，当心情处于低潮的时候，我们往往也是无精打采、垂头丧气；而心情快乐时，自然是抬头挺胸、昂首阔步了。所以，身体的姿势的确会与心理的状态密不可分。

再从另一角度来看，当一个人抬头挺胸的时候，呼吸会比较顺畅，而深呼吸则是释放压力的妙方。所以当抬头挺胸时，我们会觉得比较能够应付压力，当然也就容易产生“这没什么大不了”的乐观态度。

另外，与肌肉状态有关的信息也会通过神经系统传回大脑去。当我们抬头挺胸的时候，大脑会收到这样的信息，四肢自在，呼吸顺畅，看来是处于很轻松的状态，心情应该是不错的。

在大脑也做出心情愉悦的判决后，自己的心情于是乎就更轻松了。

因此，身体的状态和姿势的确会影响心情。运动能推动快乐，要是垂头，就容易感到丧气，而如果挺胸，则容易觉得有生气。

这个简单得令人不可置信的方法，请千万别小看它，下次若头脑中悲观的念头又再冒出来时，赶快调整一下姿势，抬头挺胸地带出乐观心境吧！或者运动几下，要么不妨听听音乐，这是第三种让身体快乐的方法。

心情低潮时要怎么办？曾有个女孩说：“简单，就开始大声唱歌嘛！”接着她就“红豆、大红豆、芋头……”，唱起了铿冰歌。

没料到歌声一停，她旁边的男朋友立即开口：“是啊，每次唱完你的心情是好了，我的心情也跟着挺好的！”看来，歌声还是挺重要的。你也会在心情低落时唱歌自娱吗？

引吭高歌，是否真的对情绪舒解有益？其实早在几百年前，人类就已经懂得利用音乐与情绪之间的密切关系。例如几世纪前，欧洲有些国家就把音乐和歌唱拿来当成治疗忧郁症的一种方法，很有意思吧！

在当时，如果一个人感到郁郁寡欢，情绪低迷不振，他就会被安排在固定的时间听音乐，并且被要求开口大声高歌。这个不用药物、既经济又简单的做法，在当年是一个另类方法，然而后来心理学家们发现，唱歌的确可以唱走郁闷。这是因为在我们发声歌唱时，就好像是把自己的身体当成了乐器来使用，声音在体内上上下下地振动着，因此有着体内按摩的功效。

当你尽情高歌、浑然忘我时，你是否感觉到体内的声音能量，从头到脚是在振动着的？这个感觉令人身体舒畅而心情飞扬的原因，就是因为音振在体内按摩五脏六腑，放松了肌肉紧绷的不适，焦虑感也随之得到舒解。

此外，在你嘶吼的同时，体内因负面情绪而累积的能量也得以向外宣泄，不再压抑，当然感到轻松许多。有些心理医师更进一步说明，唱歌能帮助我们在情感层次上做调整的工作，甚至感受到“美”的感觉，因此是极佳的心情疗法，没事多哼哼歌绝对有益无害。

要是担心别人厌烦你的歌喉，浴室及窗门紧闭的车内都可以是你大展身手的好地方。

自己的心情自己救，快乐是你的权利。

运动可以驱除忧闷。

第五章

合理规划生活，跳出盲目的陷阱

生命中的重要决定

◎ 当你到了18岁时，你可能面临着两个重大的决定：你将如何谋生？你选择一个什么样的人生伴侣？

◎ 一个人只要无限热爱自己的工作，他就可能获得成功。

◎ 选择一个合适的工作，这对你的健康也十分重要。

◎ 让我们为那些找到自己心爱工作的人祝福，他们无须祈求其他幸福了。

如果你已经到了18岁，那么你可能要作出你一生中最重要的两个决定——这两个决定将深深改变你的一生，影响你的幸福、收入和健康，这两个决定可能造就你，也可能毁灭你。那么这两个重大决定是什么？

第一，你将如何谋生？也就是说，你准备干什么？是做一名农夫、邮差、化学家、森林管理员、速记员、兽医、大学教授，还是去摆一个摊子？

第二，你将选择一个什么样的人生伴侣？

对有些人来说，这两个重大决定通常像在赌博一样。哈里·艾默生·佛斯迪克在他的一本书里写道：“每位小男孩在选择如何度过一个假期时，都是赌徒。他必须以他的日子做赌注。”

那么你怎样才能减低选择假期中的赌博性呢?

首先，如果可能的话，应尽量找到一个自己喜欢的工作。有一次，我请教轮胎制造商古里奇公司的董事长大卫·古里奇，我问他成功的第一要件是什么，他回答说：“喜欢你的工作。”他说：“如果你喜欢你所从事的工作，你工作的时间也许很长，但却丝毫不觉得是在工作，反倒像是游戏。”

爱迪生就是一个好例子。这个未曾进过学校的报童，后来却使美国的工业革命完全改观。爱迪生几乎每天在他的实验室里辛苦工作18个小时，在那里吃饭、睡觉，但他丝毫不以为苦。“我一生中从未做过一天工作，”他宣称，“我每天其乐无穷。”

所以他会取得成功!

我曾听见查理·史兹韦伯说过类似的话。他说：“每个从事他所无限热爱的工作的人，都能取得成功。”

也许你会说，刚入社会，我对工作都没有一点概念，怎么能够对工作产生热爱呢?艾得娜·卡尔夫人曾为杜邦公司雇佣过数千名员工，现为美国家庭产品公司的公共关系副总经理，她说：“我认为，世界上最大的悲剧就是，那么多的年轻人从来没有发现他们真正想做些什么。我想，一个人如果只从他的工作中获得薪水，而别无其他，那真是最可怜的了。”卡尔夫人说，有一些大学毕业生跑到她那儿说：“我获得了达茅斯大学的文学学士学位或是康莱尔大学的硕士学位，你公司里有没有适合我的职位?”他们甚至不晓得自己能够做些什么，也不知道希望做些什么。因此，难怪有那么多人在开始时野心勃勃，充满玫瑰般的美梦，但到了40多岁以后，却一事无成，痛苦、沮丧，甚至精神崩溃。事实上，选择正确的工作，对你的健康也十分重要。琼斯霍金斯医院的雷蒙大夫与几家保险公司联合作了一项调查，研究使人长寿的因素，他把“合适的工作”排在第一位。这正好符合了苏格兰哲学家卡莱尔的名言："祝福那些找到他们心爱的工作之人，他们已无须企求其他的幸福了。"

我最近曾和索可尼石油公司的人事经理保罗·波恩顿畅谈了一晚上。他在过去的20年中，至少接见了75万名求职者，并出版过一本名为《求职的六大方法》的书。我问他："今日的年轻人求职时，所犯的最大错误是什么？""他们不知道他们想干些什么，"他说，"这真叫人万分惊骇，一个人花在选购一件穿几年就会破损的衣服上的心思，竟比选择一件关系将来命运的工作要多得多——而他将来的全部幸福和安宁全都建立在这件工作上了。"

面对竞争日益激烈的社会，你该怎么办呢？你应如何解决这一难题？你可以利用一项叫做"职业指导"的新行业。也许他们可以帮助你，也许将会损害你——这全靠你所找的那位指导者的能力和个性了。这个新行业距离完美的境界还十分遥远，甚至连起步也谈不上，但其前程甚为美好。你如何利用这项新科学呢？你可以在住处附近找出这类机构，然后接受职业测验，并获得职业指导。

当然他们只能提供建议，最后作出决定的还是你。记住，这些辅导员并非绝对可靠。他们之间经常无法彼此同意。他们有时也犯下荒谬的错误。例如，一个职业辅导员曾经建议我的一位学生做一位作家，只不过因为她的词汇很广。多荒谬可笑！事情并不那样简单，好作品是将你的思想和感情传达给你的读者——要想达到这个目的，不仅需要丰富的词汇，更需要思想、经验、说服力和热情。建议这位有丰富词汇的女孩子当作家的这位职业辅导员，实际上只完成了一件事：他把一位极佳的速记员改变成一位沮丧的准作家。

我想说明的一点是，职业指导专家——即使是你和我，也并非绝对可靠。你也许该多找几个辅导员，然后凭普通常识判断他们的意见。

你或许会觉得很奇怪，为什么我尽在文章中说一些令人沮丧的话。但假如你了解多数人的忧虑、后悔和失落，都是由于不重视工作的选择而引起的话，你就不会觉得这是什么稀奇事了。你可以询问你的爸爸、邻居，或是你的上司。

约翰·史都家·米勒宣称，工人无法适应和喜欢他们的工作，是社会最大的损失之一。是的，世界上最糟糕的就是憎恨他们日常工作的产业工人。

你可了解在陆军中最先“崩溃”的是哪一类人？他们就是被分派到错误部门的人！我指的并不是在战斗中受到重创的军人，而是那些在普通任务中精神垮掉的人。威廉·孟宁吉博士，是我们当今最伟大的精神病专家之一，他在二战期间负责陆军精神治疗部门的工作，他说：“我们在军中发现挑选和安置人员是非常重要的事情，就是说要使合适的人去从事一项合适的工作，最重要的是，要使人相信他所从事的工作的重要性。当一个人失去兴趣时，他会觉得他是被安排在一个极端错误的职位上，他会觉得他不受上级赏识，他会确信他的才能被埋没了。我们将会发现，在这样的情况下，他就是没有患上精神病，也会埋下精神病的前奏。”

是的，出于相同的理由，一个人也会在工商业中“精神崩溃”，假如他看不起他的工作和事业，他也可能把它搞砸了。

菲尔·强生的情况就是一个很有说服力的例子。菲尔·强生的父亲开了一家洗衣店，他把儿子叫到店中工作，希望他将来能承担起这家洗衣店。但菲尔非常憎恨洗衣店的工作，因此总是敷衍了事，打不起精神，只做些应该做的工作，其他工作则坚决不过问。有时候，他干脆溜走玩去了。

他爸爸非常心痛，认为养了一个不求上进的儿子，使他在他的员工面前丢尽了颜面。

有一天，菲尔告诉他爸爸，他渴望做个专业的机械工，去一家机械厂任职。什么？一切又重新开始？这位老人非常吃惊。不过，菲尔还是坚持他自己的意见。他穿上油腻腻脏兮兮的粗布工作服，从事比洗衣店更为辛苦的工作，而且工作的时间更长。但他竟然兴奋得在工作中吹起口哨来。他选修工程学课程，装置机械，研究引擎。他在1944年时去世，当时是波音公司的总裁，而且制造出当时最先进的轰炸机，帮助盟军赢得了二战。假如他当年迫于父命的威严留在洗衣店不走，他和洗衣店——尤其是在他爸爸离开人世后——究竟会转变成什么样子呢?

我想，整个洗衣店都会垮掉，最后一无所获。

即便会引起家庭的纠纷，但我依然要奉劝各位有自己兴趣的年轻人：不要仅仅因为你家人希望你那样做，你就去勉强从事某一行业，除非你喜欢。尽管如此，你依然要认真考虑父母给你的建议，他们的年纪比你大很多，他们已获得那种惟有从众多经验及过去岁月中才能总结出的智慧。但是，到了最后决定的关头时，你自己必须作最后决定，因为在将来工作中，感到欢乐或悲哀的是你自己，而不是别人。

以上已说了很多，如今我向你提供下述建议，其中有一些劝告，方便在你选择工作时作为参考：

①阅读并研究下列有关选择职业的建议。这些建议是由最权威人士提供的，由美国最成功的一位职业指导专家基森教授所拟定。

①如果有人告诉你，他有一套神奇的制度，可指示出你的“职业倾向”，千万不要找他。这些人包括摸骨家、星相家、个性分析家、笔迹分析家。他们的法子不灵。

②不要听信那些说他们可以给你作一番测验，然后指出你该选择哪一种职业的人。这种人根本违背了职业辅导员的基本原则，职业辅导员必须考虑被辅导人的健康、社会、经济等各种情况，同时他还应该提供就业机会的具体资料。

③找一位拥有丰富的职业资料藏书的职业辅导员，并在辅导期

间妥为利用这些资料和书籍。

④完全的就业辅导服务通常要面谈两次以上。

⑤绝对不要接受函授就业辅导。

②避免选择那些原已拥挤的职业和事业。在美国，谋生的方法共有两万种以上。想想看，两万多！但年轻人可知道这一点？除非他们借用一位占卜师的透视水晶球，否则他们是不知道的。结果呢？在一所学校内，2/3的男孩子选择了五种职业——两万种职业中的五项——而4/5的女孩子也是一样。难怪少数的事业和职业会人满为患，难怪白领阶层会产生不安全感、忧虑和“焦急性的精神病”。特别注意，如果你要进入法律、新闻、广播、电影以及“光荣职业”等这些已经人满为患的圈子内，你必须要费一番大功夫。

③避免选择那些维生机会只有1/10的行业，例如，兜售人寿保险。每年有数以万计的人——经常是失业者——事先未打听清楚，就开始贸然兜售人寿保险。根据费城房地产信托大楼的富兰克林·比特格先生的叙述，以下就是此一行业之真实情形。在过去20年来，比特格先生一直是美国最杰出而成功的人寿保险推销员之一。他指出，90%的首次兜售人寿保险的人会又伤心又沮丧，结果在一年内纷纷放弃。至于留下来的，10人当中的一人可以卖出10人销售总数的90%，另外9个人只能卖出10%的保险。换个方式来说：如果你兜售人寿保险，那你在一年内放弃而退出的机会为90%；留下来的机会只有10%。即使你留下来了，成功的机会也只有1%而已，否则你仅能勉强糊口。

④在你决定投入某一项职业之前，先花几个礼拜的时间，对该项工作做个全盘性的认识。如何才能达到这个目的？你可以和那些已在这一行业中干过10年、20年或30年的人士面谈。

这些会谈对你的将来可能有极深的影响。我从自己的经验中了解了这一点。我在20几岁时，向两位老人家请求职业上的指导。现在回想起来，可以清楚地发现那两次会谈是我生命中的转折点。事实上，如果没有那两次会谈，我的一生将会变成什么样子，实在是难以想象。

你又该怎样获得这些职业指导呢？为了方便说明，姑且先假设你打算做一名建筑师。在你决定完之后，你应当花几个星期去拜访你附近的有一定资历的建筑师。你可以从电话黄页的分类栏里，找出他们的姓名和居住地点。不管有没有预约，你都能够打电话去他们的办公室。假如你希望能见见面，你可以写信给他们，内容大致如下：

能否麻烦您帮个小忙？我今年18岁，正考虑进修做一名建筑师，我希望能接受您的指导，在我作出最终决定之前，很希望向您讨教一些问题。

假如您没有时间，无法在办公室指导我，而愿意留出半个小时在您家中指导我，那我将万分感激。

下面就是我想向您请教的一些问题：

①假如让您的生命再来一遍，您是否愿意还是做一名建筑师？

②在您仔细打量我之后，我想请问您，您是否认为我具备一名成功建筑师的条件和素质？

③建筑师这一行业是否已经挤不下多余的人？

④假如我认真修完四年的建筑学课程后，要找工作是否非常困难？我最好首先接受哪一类的工作？

⑤假如我的水平属于二流，在开始的五年当中，我可以期望自己赚多少钱？

⑥当一名建筑师，坏处和好处各是什么？

假如你很害羞，不敢单独与“大人物”见面，我这儿有两点建议，能够帮助你。

找一个和你同岁的伙伴一起去。你们相互可以增加对方的信心。假如你找不到同龄人，你可以请求你爸爸和你一起去拜访。

记住，你向某人请教，等于是给他荣誉。对于你的请求，他会有一种被敬重的感觉。

记住，成年人一向是很乐意向年轻的男女提出自己的建议和忠告的。你求教的建筑师将会很快乐地接受你的求教。

假如你不愿写信预约时间，那就可直接到那人的办公室去，对他说，假如他能向你提供一些专业的指导，你将不胜感激。

假设你拜访了五位建筑师，而他们都太忙了，无暇接见你（这种情况几乎没有），如果是那样的话，你再去拜访另外五个。他们之中总会有人接见你，向你提出宝贵的意见。这些意见或许可以使你免除很长时间的迷茫和失落。

记住，你是在作你人生中最重要且影响最深远的两项决定中的一个。于是，在你采取行动之前，应该多花点时间探索事情的本来面目。假如你不这样做，你可能在下半辈子中后悔不已，假如经济条件允许，你可以付钱给对方，补偿他半小时的时间和建议。

克服“你只适合一种职业”的超级错误的观念！只要是正常的人，都能够在多种职业上成功。相同的，每个正常的人，也都有可能在多种职业上同时失败。拿我自己为例，假如我自己准备从事下列各项职业，我相信，成功的机会一定比其他职业多，并且对于所从事的工作，也一样深深地感到欢乐，它们包括：农艺、果树栽培、科学农业、医药、销售、广告、报纸编辑、教书、林业。另一方面，我坚信下述的工作，我一定不喜欢，并且也必定会失败：会计、速记、工程、旅馆或工厂的经理、建筑设计师、机械事务，以及其他数百类工作。

> 慎重作出重大决定。

不要为工作和金钱烦恼

◎ 人类70%的烦恼都跟金钱有关，而人们在处理金钱时，却往往意外地盲目。

◎ 令多数人感到烦恼的，并不是他们没有足够的钱，而是不知道如何支配手中已有的钱。

◎ 即使我们拥有整个世界，我们一天也只能吃三餐，一次也只能睡一张床——即使一个挖水沟的人也能做到这一点，也许他们比洛克菲勒吃得更津津有味，睡得更安稳。

如果我懂得如何解决每个人的财务烦恼，我就不会写这本书，而将安坐在白宫内——坐在总统身旁。但我可以在此提供一些小贡献：我可以引述各方面专家权威的看法，并提出一些十分可行的建议，指出你可以从何处获得书籍和小册子，使你得到额外的指导。

根据《妇女家庭月刊》所作的一项调查，我们70%的烦恼都跟金钱有关。盖洛普民意测验协会主席盖洛普·乔治说，从他所作的研究中显示，大部分人都相信只要他们的收入增加10%，就不会再有任何财政的困难。在很多例子中确实如此，但是令人惊讶的是，有更多例子则并不尽然。我在撰写本章时，曾向预算专家爱尔茜·史塔普里顿夫人请教。她曾担任纽约及全培尔两地华纲梅克百货公司的财政顾问多年，她曾以个人指导员身份，帮助那些被金钱烦恼拖累的人。她帮助过各种收入的人，从一年赚不到1 000美元的行李员，至年薪10万美元的公司经理。她如此对我说："对大多数人来说，多赚一点钱并不能解决他们的财政烦恼。"事实上，我经常看到，收入增加之后，并没有什么帮助，只是徒然增加开支——增加头痛。"使多数人感觉烦恼的，"她说，"并不是他们没有足够的钱，而是不知道如何支配手中已有的钱！"——你对最后那句话表示不屑一听，是吗？好吧，在你再度表示轻蔑之前，请记住，史塔普里顿并没有说"所有的人”。她说“大多数人”。她并不是指你而言。她指的是你姊妹和表兄弟，他们的人数可多了。

有许多读者可能会说：“我希望作者这小子来试试看：拿我的周薪，付我的账款，维持我应有的开支。只要他来试一试，我担保他会知道我的困难而不再说大话。”说得不错，我也有过我的财政困难：我曾在密苏里的玉米田和谷仓做过每天10小时的劳力工作。我辛勤地工作，直至腰酸背痛。我当时所做的那些苦工，并不是一小时1块美金的工资，也不是5毛钱，也不是10分钱。我那时所拿的是每小时5分钱，每天工作10小时。

我知道一连20年住在一间没有浴室、没有自来水的房子里是什么滋味。我知道睡在一间零下15度的卧室中是什么滋味。我知道徒步数里远，以节省一毛钱，以及鞋底穿洞、裤底打补丁的滋味。我也尝过在餐厅里尽点最便宜的菜，以及把裤子压在床垫下的滋味——因为我没钱将它们交给洗衣店。

然而，在那段时间里，我仍设法从收入中省下几个铜板，因为如果我不那么做，心里就不安。由于这段经验，我终于明白，如果你我渴望避免负债以及避免金钱烦恼，就必须和一些公司一样：拟定一个花钱的计划，然后根据那项计划来花钱。可惜，我们大多数人都不这样做。例如我的好朋友黎翁·西蒙金，他指出人们在处理金钱事务时，会表现得意外盲目。他告诉我，有位他认识的会计员，在公司工作时，对数字精明得很，但等到他处理个人财务时……就让我们打个比喻吧，如果这个人在星期五中午拿到薪水，他会走到街上去，看到商店橱窗里有件叫他着迷的大衣，就毫不犹豫地将它买下来——从不考虑房租、电费，以及所有各项“杂”费，迟早都要由这个薪水袋里抽出来付掉。然而这个人却又知道，如果他所服务的那家公司以他这种贪图目前享受的方式来经营，则公司势必破产。

有件事你需要考虑：当牵涉到你的金钱时，你就等于是在为自己经营事业。而你如何处理你的金钱，实际上也确实是你“自家”的事，别人无法帮忙。

不过，什么是管理我们金钱的原则呢？我们如何展开预算和计划？以下有10条规则。

把事实记在纸上

亚诺·班尼特五十年前到伦敦，立志做一名小说家，当时他很穷，生活压力大。所以他把每一便士的费用记录下来。他难道想知道他的钱怎么花掉了？不是的。他心里有数。他十分欣赏这个方法，不停地保持这一类记录，甚至在他成为世界闻名的作家、富翁，拥有一艘私人游艇之后，也还保持这个习惯。

约翰·洛克菲勒也保有这种总账。他每天晚上祷告之前，总要把每便士的钱花到哪儿去了弄个一清二楚，然后才上床睡觉。

你我也一样，必须去弄个本子来，开始记录，记录一辈子？不，不需要。预算专家建议我们，至少在最初一个月要把我们所花的每一分钱作准确的记录——如果可能的话，可作三个月的记录。这只是提供我们一个正确的记录，使我们知道钱花到哪儿去了，然后我们就可依此作一预算。

哦，你知道你的钱花到哪儿去了？嗯，也许如此；但就算你真知道，1000人当中，只能找到一个像你这样的人。史塔普里顿夫人告诉我，通常，当人们花费几小时的时间把事实和数字忠实地记录在纸上后，他们会大叫：“我的钱就是这样花掉的？”他们真是不敢相信。你是否也这样？可能。

拟出一个真正适合你的预算

史塔普里顿夫人告诉我，假设有两个家庭比邻而居，住同样的房子，同样的郊区，家里孩子的人数一样，收入也一样——然而，他们的预算需要却会截然不同。为什么？因为人性是各不相同的。她说，预算必须按照各人需要来拟定。

预算的意义，并不是要把所有的乐趣从生活中抹杀。真正的意义在于给我们物质安全感——从很多情况下来说，物质安全感就等于精神安全和免于忧虑。“依据预算来生活的人，”史塔普里顿夫人告诉我，“比较快乐。”

但你怎么进行呢？首先，如同我所说的，你必须把所有的开支列出一张表来，然后要求指导。你可以写信到华盛顿的美国农业部，索取这一类的小册子。在某些大城市——密尔瓦基、克利夫兰、明尼亚波利斯，以及其他大城市——主要的银行都有专家顾问，他们将乐于和你讨论你的财务问题，并帮你拟定一项预算。

讨论此一题目的小册子中，我见过的最好的一本名叫《家庭金钱管理》，由“家庭财务公司”发行。顺便提一下，这家公司出版了一整套的小册子，讨论到许多预算上的基本问题，例如房租、食物、衣服、健康、家庭装饰，和其他各项问题。

学习如何聪明地花钱

意思是说，学习如何使金钱得到最高价值。所有大公司都设有专门的采购人员，他们啥事也不做，只是设法替公司买到最合理的东西。身为你个人产业的男、女主人，你何不也这样做？

不要因你的收入而增加头痛

史密斯夫人告诉我，她最怕的就是被请去为年薪5 000美元的家庭拟定预算。我问她为什么。“因为，”她说，“每年收入5 000美元，似乎是大多数美国家庭的目标。他们可能经过多年的艰苦奋斗才达到这一标准——然后，当他们的收入达到每年5 000美元时，他们认为已经‘成功’了，他们开始大肆扩张。在郊区买栋房子——‘只不过和租房子花一样多的钱而已’，买部车子，许多新家具，以及许多新衣服——等你发觉时，他们已进入赤字阶段了。他们实际上不比以前更快乐——因为他们把增加的收入花得太凶了。”

我们都希望获得更高的生活享受，这是很自然的。但从长远方面来看，到底哪一种方式会带给我们更多的幸福——强迫自己在预算之内生活，或是让催账单塞满你的信箱，以及债主猛敲你的大门？

投保医药、火灾，以及紧急开销的保险

对于各种意外、不幸，及可意料的紧急事件，都有小额的保险可供投保。但并不是建议你从澡盆里滑倒至染上德国麻疹的每件事皆投上保险，但我们郑重建议，你不妨为自己投保一些主要的意外险，否则，万一出事，不但花钱，也很令人烦恼。而这些保险的费用都很便宜。

不要让保险公司以现金将你的人寿保险付给你的受益人

如果你投保人寿是为了在你死后能照顾家人，那么绝不可让保险公司一次将大批现钞付给你的受益人。

“不许多领钞票的新寡妇”将会如何？马利翁·艾伯是纽约市人寿保险研究所妇女组主任。她在全美国各地的妇女俱乐部演讲，指出不让寡妇领取人寿保险金，而改为领取终生收入的好处。她提及一位收到2万人寿保险现金的寡妇，她将钱借给儿子开创汽车零件事业。事业失败了，她现在穷困潦倒，三餐不继。她提到另外一位寡妇，被一位油腔滑调的房地产经纪人所诱，把她的大部分人寿保险金拿来购买一些“保证在一年之内增值一倍”的空地。三年之后，她把土地卖掉，却只拿回最初投资的1/10。她又提到另外一位寡妇，在领取了1.5万美金的人寿保险金的12个月以后，就必须向儿童福利协会申请补助款抚养她的儿子。像这样的悲剧，数以千计，不胜枚举。“2.5万美元在妇女手中，平均不到7年就全部花光。”这是纽约时报经济编辑施维业·彼特在《妇女家庭月刊》上所发表的文章中提出的。

《星期六晚邮》多年以前在其社论中说：“众人皆知，由于妇女多半未受商业训练，又无银行替她拿主意，因此她很可能在第一个狡猾的掮客向她进行游说之后，就贸然把她丈夫的人寿保险金拿去购买不稳定的股票。任何一位律师或银行家都可举出许多这类例子：节俭的丈夫多年省吃俭用的终生存款，只因为他的寡妇或孤儿相信某位靠骗取女人为生的骗子，而将之全部花光。”如果你想在死后保障妻子儿女的生活，何不向J.P.摩根学习？他是当代最伟大的金融专家之一。他把遗产分赠给16位受益人，其中12位都是妇人。他遗赠给这些妇女的是现金吗？不。他留给她们的是有价证券，使这些妇女每月都可得到固定收入。

教育子女重视金钱

我永远都不会忘记我在《你的生活》中所读到的一篇文章。作者史带拉·威斯顿·托特叙述她怎样教导她的小女儿养成对金钱负责任的好习惯。她从银行里取得一本独特储钱本，交给她只有9岁的女儿。每当小女儿拿到每周的零花钱时，就将零花钱“存进”那本储钱本中，妈妈则自任银行的“出纳员”。然后在那几个星期之中，每当她需使用里面的钱的时候，就从本子中“取出”，把余款数目仔细记录下来。小女孩不但从其中得到许多别的孩子无法体会的乐趣，而且也学会了应该对金钱负责任。

这真是非常好的办法。假如你有正在就读高中的儿子或女儿，而你希望他们好好学习怎样负责任地处理金钱，我在此郑重向你推荐一本这方面的必读书。书名为《好好安排你的金钱》，对十几岁的孩子怎样合理地用钱，有很精辟而实际的见解——从上街理发至购买可乐无所不包。同时该书也提及如何计划预算，帮助他们顺利读完大学。确定无疑的是，假如我有一位正在上高中的儿子，我必定要他阅读这本书，然后我再学习一下，利于拟定家庭开销预算。

家庭主妇可在家中赚一点额外收入

假如在你聪明地拟好精密的开支预算之后，你发现仍然无法填补开支，那么你能够选择下面两件事之一：你能够谴责、忧愁、担心、埋怨，你也可以想办法赚一点额外的钱。该怎么做呢？想赚钱的只需找到人们最需要而当前供不应求的东西。家住纽约杰克森山庄的娜丽·史皮尔夫人就是这么想也是这么做的。在1932年，她自己独住在一套有三个房间的公寓楼里，她的丈夫已经离开人世，两个儿子都已成家。有一天，她到一家饭店的柜台买冰淇淋，发现柜台同时也卖水果饼，但那些水果饼看起来实在有点差。她问老板愿不愿向她买一些真正的家制水果饼，最终他订了两块水果饼。“我自己也是个好厨师，”史皮尔夫人对我讲述她的故事时说，“但从前我们住在佐治亚州时，一直雇有女佣人，我亲手烘制饼干的次数大约只有几次而已。在那个老板向我预订了两块水果饼之后，我马上向邻居请教了烘制苹果饼的方法。结果，那家餐厅的顾客对我最初的两块水果饼——苹果饼和柠檬饼——大加称赞。餐厅第二天就预订了五块饼干，紧接着其他餐馆也开始向我订货。在两年之内，我就成了每年烘制5000块饼的家庭主妇。我自己一人在我自己的小厨房内完成所有的烘制工作，我一年的收入已高达10000美元，除了一些制饼的材料成本之外，我一毛钱也没乱花。”

意料之中的是，对史皮尔夫人的烤饼的需求量越来越大，她只能把工作的地点搬出厨房，租下一间店面，雇了两个少女帮忙，制作水果饼、蛋糕、卷饼。在二战期间，人们排队一个多小时等着买她所烘制的食品。

“我一生中从来没有这样欢乐地生活过，”史皮尔夫人说，“我一天在店里工作12～14小时，但我从不觉得疲倦，由于对我来说，那根本不算是工作。那是生活中的奇妙的体验。我只是尽我的能力和技巧使周围的人们更加兴奋，我非常忙，根本没有多余的时间忧虑。我的工作弥补了妈妈和丈夫离开人世后留下的情感空白。”

我请教史皮尔夫人，其他烹调技术比较高超的家庭主妇，是否也能够在空闲的时间以同样的办法，在一个1万人以上的小城市里赚取额外的收入。她回答说：“完全可以，她们可以这样做。”

娜拉·史琳达夫人也有相同的想法。她住在一个3万人居住的小镇——伊利诺依州梅梧市。她就在厨房里以一毛钱成本的原料开创了事业。她的丈夫生病了，她必须赚点额外收入。但怎么办呢？没有经验和技术，没有启动资金，只不过是一名家庭主妇。她从一枚蛋中取出蛋清加上一点糖料，在厨房里做了一些饼干，然后她捧了一盘饼干站在学校附近，将饼干卖给正放学回家的小孩子们，一块饼干卖一分钱。“孩子们，明天多带点钱来，”她说，“我天天都会带着好吃的饼干在这儿等你们。”第一周，她不仅赚了四元一角五分钱，还为生活带来了不一样的兴趣。她为自己和孩子们带来了欢乐，如今没有多余的时间去忧愁了。

这位来自伊利诺依州的冷静沉着的家庭主妇很有野心，她决定向外扩展——找个代理人在人声鼎沸的芝加哥出售她家制作的饼干。她羞怯而紧张地和一位在街头卖花生的意大利生意人接洽。他耸耸肩膀，表示拒绝，说他的顾客要的是花生，不是她的饼干。4年后，她在芝加哥开了第一家饼干店，店面只有8尺来宽。她晚上制作饼干，白天摆出来卖。这位从前非常羞涩和胆怯的家庭主妇，从她厨房的炉子上开始，建立了自己的饼干工厂，如今已拥有19家连锁店——其中18家都设在芝加哥最繁华的鲁普区。

我在此想说明一点，娜丽·史皮尔和娜拉·史琳达不为金钱的烦恼所束缚，反而采取积极的行动。她们以最小的方式，从厨房出发——没有租金，没有广告成本。在这样的情况下，一名妇人要被财务烦恼拖到崩溃，大概是不会发生这样的事情的。

看看你的周围，你将会发现尚未达到饱和的行业实在是太多了。例如，假如你自己是一名非常有水平的厨师，你或许可开设教人烹饪的班级，就在你自己的厨房内教导一些女孩子们，这也是生财之道。说不定很快就门庭若市。

有无数本书籍教导你怎么利用余暇时间赚钱，你可到公立图书馆借来仔细看看。不管男人、女人，都有很多工作机会。但我必须提出一句忠告：除非你天生有推销的才能，否则不要尝试去挨家挨户地卖东西。大多数人都非常憎恨这份工作，都以失败告终。

赌博等于送死

对于那些企图通过赌博、赛马及玩老虎机发笔横财的人，我总是感到非常诧异。我认识一个拥有几架这种“独臂大盗”机器并靠它们营生的人，他对于那些天真地以为能战胜早已设计好的专门用来骗他们钱的机器的傻瓜们，除了藐视之外，没有丝毫的同情。

我也知道一名美国赌马迷。他是我成人教育训练班上的学生。他告诉我，即使他对赛马的所有知识都了如指掌，也无法在赌马中发财。然而他并不是惟一的一个，实际上，每年都有众多的超级傻瓜，在赛马中扔下60亿美金，这个数目刚好是美国在1910年全国财政赤字的6倍。这位赛马迷同时对我说，假如他想干掉他的敌人，再也没有比说服那个人去赌赛马更好的办法了。我问他，假如某人根据赛马的情报内幕来下注，其结果会怎样，他的回答出人意料，他说：“照这种办法来赌赛马，确定无疑的是，能够把美国所有制造钱币的工厂输掉！”

假如我们真的要决定赌博，至少也要学机灵一点。先让我们算一下我们的胜率怎样。如何来找呢？你可以阅读一本《如何计算胜率》的书，作者为奥斯华·贾柯比——桥牌及扑克方面的最高级的专家、权威，也是一家保险公司的统计顾问，该书总共215页，教会你在赌赛马、吃角子老虎、扑克、骰子、桥牌、轮盘、梭哈和股票市场时，计算胜率有几分。这本书同时还告诉你，在其他各种各样的活动中，你得胜的概率有多少，全有数字依据，对你会非常有帮助。它并不是故意教你怎么去赌博。作者没有那种想法，他只是想把在普遍流行的赌博中你可能失败的概率坦白地告诉你。当你看见了这些失败的比例之后，你将会无比同情那些易于受骗的人，他们把辛苦挣来的钱丢在赛马、纸牌、骰子、吃角子老虎之上。

如果我们无法改善我们的经济情况，不妨宽恕自己

如果我们不可能改善我们的经济情况，也许我们可改进心理态度。记住，其他人也有他们的财务烦恼。我们可能因为经济情况比琼斯家差而烦恼；但琼斯家可能因为比不上李兹家而烦恼；而李兹家又因为跟不上范德比家而懊恼。

美国历史上最著名的人物也有他们的财务烦恼。林肯和华盛顿都必须向人借贷，才能启程前往首都就任总统。

要是我们得不到我们所希望的东西，最好不要让忧虑和悔恨来苦恼我们的生活。最好让我们原谅自己，学得豁达一点。根据古希腊哲学家艾皮科蒂塔的说法，哲学的精华就是："一个人生活上的快乐，应该来自尽可能减少对外来事物的依赖。"罗马政治家及哲学家塞尼加也说："如果你一直觉得不满，那么即使你拥有了整个世界，也会觉得伤心。"

要想减少烦恼，请记住下面的原则：

> 不要总是为工作和金钱发愁。

男佐女佑：如何处理家庭职业冲突

◎ 最适合某个人的工作，或能够使他感到快乐的工作，并不一定就会使他富有或过得上好日子。

◎ 疑虑是我们心中的叛逆者，由于害怕去追求，将会使我们失去我们通常能够赢得的东西。

◎ 上帝的确偏爱勇敢和坚强的心灵。

19世纪70年代，我的祖父查理士·劳勃特森在堪萨斯州的农庄长大。他想要移居到印第安·泰里特利去，看看自己能够在这个边界殖民区里做出什么事业。于是他和他的妻子哈丽特就将他们的行装整理好，放进一辆敞篷马车里，带着孩子们往未知的前途出发。他们在锡马龙的河岸定居。这个地方，就是现在的奥克拉荷马州东北。我的祖父建造了一座木屋，用篱笆围起一片自己的土地。不久，他借了一些钱在这个小乡村开了一家小店，那就是现在奥克拉荷马州的杜尔沙市。

我的祖母哈丽特日子过得很艰苦，她要照顾9个小孩，身体不太好，而且生活很不方便。那里没有医生，只有一家一间教室的教会学校供小孩子念书。艰苦的生活、债务、寒冷的冬天和炎热的夏天，这就是他们全部的写照了——但是以边疆的生活标准来说，查理士·劳勃特森成功了。哈丽特活着看到她的丈夫变成一个成功的、受人敬重的居民，她的儿女们也都幸福地结婚了，而印第安·泰里特利也变成联邦政府的一州。

联邦政府这些州的发展，不仅由于有像查理士·劳勃特森这种男人的眼光——他们开拓了新的天地并且扩展疆界——而且也因为有了这些勇敢的妻子，就像哈丽特，她们勇敢地去尝试新机会。这些女人信仰上帝，信仰她们的丈夫，而且信仰她们自己。她们勇敢地面对着危险、困苦、疾病和死亡。当她们朝西部前进的时候，有没有怀念过她们离开的舒适的家？有没有后悔过离开了朋友、双亲、财富以及现在所面对的物质缺乏、害怕和劳苦的生活？如果她们没有后悔过，她们就是没有人性了。

但是就是这样，拓荒的人们跟随着自己的丈夫来到这些荒凉地区，写下了美国历史上光辉的一页。他们留给自己的儿女一笔巨大的遗产，包括一片土地、一座城市，以及一种不屈不挠的勇气和无法动摇的信心。

盼望丈夫成功的妻子，必须发扬我们的拓荒前辈的刻苦精神。

妻子必须心甘情愿地让自己的丈夫去做他最喜爱的任何事情，纵然他的做法是很冒险的。不管遭到了什么挫折，她必须有深信丈夫的勇气，而且毫不畏惧地支持他。能够不顾一切地努力实现进取心和创造心的人，更不会为了其他的原因而退缩了。

例如，我认识的一个男人，在他所不喜欢的职位上工作了一辈子，只因为他的太太宁愿牺牲任何代价，来保住安定的生活。

开始的时候他是个记账员，后来他赚够了钱，可以开自己的汽车修理厂了，这时候他结了婚。而他的太太认为在他们还没有买下房子以前，他最好不要辞去工作。等到他们有了房子以后，他们正要生下第一个孩子，这位男士的妻子使他觉得，开创自己的事业将是一件多么辛苦的傻事——于是日子就这样过去了。他的薪水已经足够家庭开销，还有保险金可以供应孩子的教育费用。有必要开创自己的事业吗？太可笑了！如果失败了怎么办？他可能会失去在公司里的年资、公司的退休金、疾病津贴，以及一份中等而固定的薪水。于是这位男士就失去了创业的机会，因为他的妻子不愿意给他尝试的机会。

现在，他是个对生活感到厌倦的、庸庸碌碌的中年人，他把空闲的时间用来修补自己的汽车。他有张失意的脸孔，患有胃溃疡，此外再也没有什么东西可回想了。生命就这样过去了。他生命绝大部分的时间都用来压抑他对于工作的不满，他对自己的工作没有真正的兴趣，没有热心，没有完成的野心——这都是因为他的太太不愿意给他尝试的机会。

如果他放弃了不喜欢的工作，尝试努力去做自己选择的工作而失败了，事情又会怎样？至少他将会因为已经做过自己想要尝试的工作而感到满足，而且如果他尝够了失败的滋味，他就真的会成功了。

然而，使人感到兴奋的是，这种类型的妻子似乎只是少数而已。在雪佛酿酒公司最近的一项调查里，有6 000名各种年龄的家庭主妇接受了访问。其中有一个问题问到，如果她丈夫想要从一个他不太喜欢的安定工作，转到另外一个较不安定而且薪水较低，但是却能够使丈夫感到高兴的工作上去，太太们是不是会赞成。接受访问的太太们只有25%说，她们不愿意让自己的丈夫改行。

我曾经替一位叫做查尔斯·雷诺兹的人做过事，他是奥克拉荷马州杜尔沙市一家大石油公司的财务助理。他是个活泼、能干又讨人喜欢的年轻人，看来一定可以一帆风顺地往上爬。他有太太、3个小孩以及光辉的远景。

空闲的时候，查尔斯·雷诺兹喜爱绘画。他的许多风景油画，都悬挂在公司办公室的墙上。有时候他也把画卖给公司外面的人。

虽然雷诺兹先生喜欢自己的工作，但是他更渴望有更多的时间来绘画。他一向很喜爱新墨西哥州的陶欧斯城，那儿是艺术家的乐园，他想要放弃自己的工作，永久移居到那边去。当他和他的太太露丝谈到去开一家绘画用品店时，他太太鼓励他说："我们也可以卖画框，我照顾店面，你就可以画画了。我相信我们一定可以成功的。"

由于太太热心的鼓励，查尔斯·雷诺兹就下定决心辞掉工作，专心作画了。他们全家人都有了开创新事业的精神，年轻的小查尔斯放学以后也会帮忙店务。他画得非常好，终于成为西南部最成功的画家之一。他的作品曾经在整个美国展览过；他也曾经在许多画廊举办过个人画展。现在，他是陶欧斯城画家协会的会长；在新墨西哥州陶欧斯城闻名的济特·卡森街上，他还建造了自己的画廊和画室。这都是因为他和他的妻子有勇气去尝试一个机会。

这种冒险的成功并不值得惊讶——胜算的可能性是很高的。如同范狄格里夫特将军经常在战前对他的军队所说的："上帝偏爱那些勇敢和坚强的人。"

最适合于某个人的工作，或能够使他感到快乐的工作，并不一定就会使他富有或是过上好日子。然而除非一个人的工作能够带给他内心的满足，否则就不算是真正的成功了。当妻子的需要有精神上的耐力，才能够让她的丈夫自由自在地做他所喜爱的工作，而放弃他所不满意的、不高兴的、薪水较好的职位。

许多伟大的成就，可能都是因为不自私的妻子愿意尝试一个机会——而且愿意放弃物质享受，因此她们的丈夫才能够从事适合于他们个性的工作。

救世军不只是它伟大的创始者威廉·布斯的活纪念碑，而且也是威廉最具爱心的妻子凯瑟琳·布斯的活纪念碑，因为她曾奉献那么多的精力来推广这个运动。

威廉·布斯把传道当成自己的天职，他在伦敦的贫民窟对穷人、残废人和流浪汉讲道。他、他的妻子和孩子们都忍受着寒冷、饥饿和嘲笑。他努力于帮助穷人，以至于损害了自己的健康。他的妻子也从小就很瘦弱。凯瑟琳·布斯患有脊柱弯曲症，必须使用脊柱支柱。她还受着肺痨的威胁，晚年又受到了癌症的折磨。她临死前说："我从来就不知道有哪一天不是生活于痛苦之中的。"

然而这位孱弱、瘦小而多病的妇人，不只要做饭、洗衣和照顾他们的8个子女，还要帮助她的丈夫，为那些比他们更加穷困的人奉献出他们慈爱的努力。她也传教讲道。到了晚上，在白天的劳累之后，她还要到贫民窟去帮助那些饥饿、生病或是遭遇困难的人。她为那些怀有私生子而未出嫁的姑娘准备饭菜，找寻安身的处所。她和那些小偷、流浪汉与妓女说话。

你一定会想（难道你不这样想吗），凯瑟琳·布斯只要有适当的机会，一定会想离开这个悲惨的地方的。这种机会也曾出现过，有一次牧师会议为布斯的真诚所感动，就在一个比较富裕的地区，留给他一个舒服的讲道工作——这样他就可以放下他在贫民窟的工作了。

他们忽略了威廉的妻子。凯瑟琳·布斯马上站起来叫道："不要！不要！"

多亏她不怕艰难和有坚定的信心，现在才有救世军在各处工作。我真希望凯瑟琳能够活得更久一些，亲眼看到她为丈夫所做的贡献所得到的结果。我真希望她现在已经知道，在威廉·布斯的葬礼之中，当他的灵柩经过的时候，伦敦街头拥挤着⑥5万多人向他表示敬意。伦敦市长也在他葬礼的行列中送行。欧洲的宫廷和美国总统也都送来花圈。在他的灵柩后面，有5 000名年轻的救世军跟随着，并唱着赞美诗歌颂他们伟大的领袖。我宁愿相信凯瑟琳已经都知道了——这位瘦弱的女人完全不顾自己的安全，加入她丈夫献身的伟大工作。

帮助丈夫获得成功，这本身就是一个需要专业精神的工作，除非你相信帮助丈夫是一件非常重要、而必须付出你所有注意力的事，否则你就没有办法帮助你丈夫了。

以下是个迷人女孩子的真实故事，她本来认为自己的职业比较重要——直到后来有件事情改变了她的想法。美丽、碧眼金发的彩泰·威尔斯，是著名的探险家卡维士·威尔斯的太太，当她认识未来的丈夫的时候，自己已经拥有非常着迷的职业。

彩泰是个成功的广播讲演的经纪人，在业务上与许多名人的接触使她得到了乐趣。卡维士·威尔斯也是因业务关系和她认识的，卡维士爱上她并且和她结了婚——依照彩泰的条件，她可以继续从事使她着迷的工作，而且可以自由独立。

婚礼在3月举行。6月，卡维士·威尔斯要动身前往苏俄和土耳其，去爬阿拉拉特山。彩泰本来希望留在家里工作，但是等到时间接近的时候，她竟然没有办法使自己独自留下来。“只这一次和你去就好。”她说。于是他们就出发去探险了，那是一个艰难和挫折的梦魇——虽然这次历险使卡维士写出了那本畅销的书——《卡普特》。

当彩泰回到自己的工作岗位以后，发觉这些工作和这次的探险经验比起来，真是太没有味道了，她曾经和卡维士共享过出生入死的经历啊。于是在一年半以后，她又和卡维士一同前往墨西哥，去爬帕帕卡提白特尔山。这又是一次严苛的体能考验。彩泰大部分的时间都在寒冷、饥饿、疲惫和极度的惊吓之中度过，但是她同时也感到非常兴奋。

那座山峰上冰凉的冷风，吹走了彩泰坚持要独立的最后一丝念头。她了解到，身为卡维士·威尔斯的妻子，是比在自己的工作上，所可能得到的任何程度的成功，都要更有价值的。当他们从墨西哥回来以后，彩泰就关闭了自己的办公室。她现在有时间跟着她的丈夫到地球最远的一端了——而这也正是她所做到的事。马来半岛的丛林、非洲、日本、冰岛、喀什米尔山谷……游历各地的威尔斯夫妇，他们的生活就像是一部游记。

彩泰·威尔斯说："那时候我认为，拥有自己的事业是很重要的，我很奇怪自己那时候怎么会那么孩子气。和我与卡维士共享的这些丰富经历比起来，我自己的生活是多么的无味和狭小啊。我把我的兴趣和他的合并起来，和他共享胜利和成功，而当失望和麻烦来临的时候，我们就一起面对它们。

"我想，我所曾经接受的最大的嘉勉，就是卡维士在他那本《卡普特》书上所写给我的献辞：'献给我最好的朋友——我的妻子，彩泰。'从没有人给我的赞赏像我的丈夫给我的爱之献语这样，使我感到这么大的成功和满足。"

彩泰·威尔斯是在很戏剧化的情况之下改变心意的，但是，许多女人发觉，增进她们所爱的丈夫的幸福与最大的利益，就是使得任何一个妇女感到最有价值的职业生涯了，彩泰就是一个典型的例子。

我并没有忽略许多由于环境的驱使，而离开家里到外头工作的妻子们和母亲们。我要以最深的尊敬，向她们致意。我相信妇女们应该有能力，以她们自己的努力来赚钱维持自己的生活，可能会在什么时候变成负担家计的人，要负责家庭的食物、房租以及衣物。生病、死亡、失业和灾祸可能捣毁原先最好的计划。

但是，因为我们正在讨论妻子帮助丈夫成功的各种方法，我们不可以忘记，帮助丈夫是一个很大的工作，这件工作本身大得需要妻子全心全力去做。一个妻子如果尽责任地把她的努力放在自己的职业上面，她就不会有额外的能力为她的丈夫效力了。当然，每一件事情都有例外，仅是观察和经验使我相信，如果夫妇双方的目标和兴趣是一致的，丈夫与婚姻成功的机会就更大了。

是的，成功的真正意义，是找出你所热爱的工作并努力去做——在奋斗的途中必须不顾自身的安全与幸福，有时候只有这样做，才是获得我们真正想要的东西的惟一方法。

“上帝啊，请赐给我一个年轻人，他必须有足够的胆识去做别人心目中的傻事。”罗勃特·路易斯·史蒂文生说。

莎士比亚则是这样说：“疑虑是我们心中的叛逆者，由于害怕去追求，将会使我们失去我们通常能够赢得的东西。”

上帝的确是偏爱勇敢和坚强的心灵。如果我们希望我们的丈夫，在他们觉得最有成就的工作之中成功，我们就该鼓励他们去尝试每一个机会——而且要有足够的勇气来共同克服危机。

消除工作和金钱烦恼的一个重要原则是：

处理好夫妻间的职业冲突。

不要入不敷出

◎ 没有计划地花钱，就等于让肉贩、服装商、家具店……都来分享你的收入。

◎ 有计划的，或是有预算的花费，可以保证你和家人能够从你的收入里得到公平的分享。

◎ 预算是一张蓝图、一个经过计划的方法，可以帮助你从你的收入中得到更大的好处。

预算是一张有效蓝图、一个经过筹划的办法，用以帮助你从你的收入中获得更大的好处。对于金钱，一种易赚易花、毫不看重的乐观派哲学，曾经在书本上和戏院里带给我们很多非常有趣的笑料。在《你无法把钱带在身边》里，我们都会取笑那位老绅士，他绝不相信个人所得税，而且拒绝缴付其他相关款项。当大卫·科波菲尔德要教他的年轻妻子朵拉按照收入计划预支开销的时候，朵拉就噘起小嘴唇撒娇——她也是个非常可爱动人的角色。我们也喜爱不朽的《与爸爸一起过日子》里所描写的母亲节，在妈妈每个月把家庭预算弄得一团糟而引起的争战里，爸爸在母亲节那天表现了最良好的风度。狄更斯笔下浪费成性的麦考柏先生，也是最使人感到有趣的文字形象之一。

的确，在小说里，迷人和不负责任经常会同时出现在一个特别的人身上。但是，在实际生活中，没有其他事情会比财务问题的失误更让人灰心或是讨厌了。入不敷出的人无法使人开心——他是个不负责任的冒险家。脑筋糊涂、奢侈浪费的妻子，也不会美丽动人，她是缠绕在丈夫脖子上的一个重重的担子。

如今，我们的钱所能兑换的东西，比10年前甚至是5年前都要少得多了。女士们面对着一个不合常理的挑战，必须充分利用手里的那些钱。价格上涨，生活水平提高了，我们的小孩所需要的教育费用越来越复杂、越来越高。

大家都以为，只要我们的收入增多一些，我们所有的忧虑就会烟消云散，这是一个普遍存在的错误观点。据这方面的专家们说，事实并非如此。艾尔西·史泰普来顿曾经担任华纳莫克和吉姆贝尔百货公司职员的财务顾问。他确信，对大部人来说，增加一些收入只是造成更多的花费。我同意他的看法，这种做法不可能处理好一个人的收入。他的话里有一种动人与毫不在乎的意思，使我们想起小说里那些迷人的处理金钱极其随便的人——等到我们静下心里想想他话里的含义，才发觉事实真是不容乐观。

乱花钱就等于让每个人——包括肉贩、面包商和烛台制造商——都来瓜分你的收入。而有计划的花费，就能够保证你和你的家人从收入里得到公平合理的分享。

杰里·吉果斯在他所著的《钱爱》一书中提出的一种观点就是，你可以把借来的钱当作自己的收入。如果你一时还无法接受这种观点，是因为你觉得用自己的钱才能心安理得，才能真正轻松自在，那么你必须达到经济独立，即通过合理的财务预算，使自己不至于出现入不敷出的局面。事实上，要达到真正的经济独立以享受自在的生活，其实并不像人们通常想象的那么难，这并不需以庞大的财力为基础。

要想过悠闲轻松的快乐生活，并不一定要住大厦、开名车、穿金戴银。重要的是，你拥有什么生活态度。如果有了健康正确的心态，你即使靠着借来的钱，也能舒舒服服、痛痛快快地享受人生。

我认为，一个人要避免入不敷出，可以不用增加财产或收入，你所要做的只是改变自己的想法，重新想想什么是入不敷出，什么不是入不敷出。为了明确你对入不敷出的认识，你可以看看下面的几项选择中哪一个是避免入不敷出的重要因素。

①中了百万元的奖券？

②有一大笔公司退休金再加上政府的养老金？

③继承有钱亲戚的巨额遗产？

④和有钱人结婚？

⑤找财务顾问来协助做正确的投资？

我曾做过一项调查，我发现，将要退休的人最关心的事，以重要性依次排列是：财务保障、身体健康和可以共同分享退休生活的配偶或朋友。然而，有趣的是，这些人退休之后不久通常就改变了想法。健康成为他们最关注的头等大事，而经济状况则下降到了第三位。很明显，虽然他们所预期的收入还是不变，但他们对经济的看法却已经改变了。

调查结果显示，人们退休之后实际生活所需比他们原先想象的少得多，钱对高品质的生活没有那么大的影响和作用，同时，这个结果也证明了上述的几项因素没有一个是避免入不敷出的必要条件。

多明奎兹，1940年生于美国科罗拉多州一个富豪之家，从小过着优裕的生活。然而随着年龄的渐渐增长，他不愿再依赖家里。18岁的时候，多明奎兹靠着一份极其微薄的薪水实现了经济独立。在其他人尤其他家里人的眼中，这样的收入比贫民还不如。但多明奎兹觉得，只要自己愿意，不管收入多少，都可以达到经济独立。不要以为百万富翁才具有经济独立的能力，一个月500美元或者低于500美元就可以达到经济独立。如何能够？他说："真正的经济独立无非是量入而出，如果你每个月只挣500元，但能够把开支控制到499元，你就是经济独立了。"多明奎兹多年来每个月就靠500美元生活，并拒绝家里人的援助。到1969年他29岁的时候，就经济独立地退休了。退休之前，他是华尔街的股票经纪人，看到许多人虽然社会地位颇高，收入丰厚，但却活得艰辛劳苦，一点也不快乐，这使他感到这种生活一点也没有意思。多明奎兹决定脱离这种工作环境，于是他设计了个人的财务计划，过一种简化的生活方式。他的生活舒适轻松，而且从来没有什么负担和压力，但一年却只需要6 000美元，这等于他把积蓄投资在国库债券的利息。由于多明奎兹的生活中没有过多的物质需求，他把从1980年以来主持公开研讨会"扭转你和钱的关系并达到真正经济独立"的额外收入，以及在《新生活杂志》上发表指导人们正确运用金钱的文章的稿费，全数捐给了慈善机构。

生活中，我们其实不需要那么多物质和财富，对于金钱，只要使我们能吃饱肚子、有水喝、有衣服取暖，再加一个可以遮风避雨的地方足矣。现代人大都过着奢侈的生活却不自觉。两套以上的替换衣服可以算是奢侈，拥有一幢房子也是奢侈，一台电视机是奢侈品，一辆车也是奢侈品。很多人会大声疾呼这些都是必需品，但它们并不是必需品，如果它们是，在还没有这些东西出现的古代，人们是不是无法生活了，至少也是无法快乐。显而易见，事实并不是这样。

当然，这并不是要每个人的思想都必须有180度的大转弯，只维持最起码的需求，更不是要人们都去当清教徒、苦行僧。我自己在过去几年来也时常收入低微，生活里还是保持着某些奢侈享受，而且不愿放弃。重点是在于，一般人至少可以减少一些花费。许多奢侈品其实没有任何意义，只能带给人们虚伪的自我膨胀。招摇阔绰地展示奢华和富有是一种浅薄的手段，想要借着炫人的财富——大房子、移动电话、豪华轿车以及最先进的音响——在别人面前，尤其是比较没有钱的人面前，证明自己高人一等，这种行为显示出缺乏自尊和内在素质。

人们那种追求金钱、炫耀金钱的虚荣心态实在该改一改了，疯狂地攫取金钱，买一些只能说是垃圾的东西，目的就是展现给别人看，以此来显示自己的价值，而实际上却失去了生命中更为宝贵的东西：本质、自尊以及真实的生活。

住在阿巴达锁镇阿巴达街的莫瑞德夫妇，有两个小女儿，他们是一个真正经济独立但并不富裕的家庭。他们靠着一份差不多只有一般家庭一半的收入，就能过着很好的生活。莫瑞德夫妇都是只受过专业训练的学校老师，如果他们想，一年加起来可以挣10多万美元，可是只有丈夫布兰特在工作，而且是一份半职的工作，他们一家四口，一年只用不到 3 万美元就过得很舒服，因为他们学会了聪明地花钱，所以能够达到经济独立。莫瑞德一家过去10年来都过着简单的生活，他们说这种生活一点都不难过，他们觉得自己很好，因为他们对环保尽了一分力量。事实上，他们的哲学已经变成了“少就是多”。他们的收入虽然比一般人低，但却买到了一个珍贵的东西，很多收入比他们高上10倍的人却还买不起这个东西。这个珍贵的东西就是大量的休闲时间，他们可以用来做自己想做的事情。

一项统计表明，只要稍微谨慎一点用钱，大多数人都能减少可观的花费，人们如果能充分运用创造力和机智，不花什么钱，都可以过上逍遥快活的生活。

可喜的是，现在已有一部分人逐渐认识到了他们内在的真正价值，开始寻求平稳的生活步调和较少的物质享受。

要实现经济上的独立，不再为捉襟见肘的经济困境而犯愁，我们就应该做好财政上的预算，量入而出。

预算并不是一件束缚行动的紧身衣，也不是毫无目的地把花用掉的每一分钱都做个记录。预算是一张蓝图、一个经过计划的方法，用以帮助你从你的收入中得到更大的好处。正确的预算方式，将会告诉你如何达成目标——自己的家、你家小孩子们的大学教育费用、你老年的保险金、你梦想中的假期。

预算开销将会告诉你，可以删减哪些比较不重要的项目，去填补你想要做的大花费。

如果你从没有做过预算，就应该马上开始学习如何处理家庭财务。帮助丈夫成功的一个最重要方法，就是要知道如何使他的收入发挥最大的效用。如果他会赚钱但是不会节省，你就可以帮助他管紧钱包。如果他本来就节省，你可以在用钱方面与他一致，并为他增加信心。

如何才能使你自己成为家庭财务的专家？这里有个好消息：你家附近的银行可能有一种预算或咨询服务，他们将会告诉你如何做好预算计划，以适应你特殊的需要和收入。

《妇女时代》杂志对于家庭的经济知识，是一个很好的来源。它将会告诉你如何缝补旧衣服，如何烹调有营养而价格低廉的餐点，甚至还告诉你如何制造自己的家具。

不可以依赖你无意中发现的、任何一种已经印好的预算计划表。为了要显得更有价值，一个预算计划必须是专门为你定做的，不适合于其他任何人。没有其他的家庭会和你们家庭完全相同，你的经济问题就像你的脸孔和身材那样，是完全不同的，是独具特色的。

以下有些想法，可以帮助你完成你自己的家庭预算计划：

记录每一笔开销，使你对于支出情形有个清楚的了解

除非我们知道错在哪里，否则我们就无法改进任何情况。如果我们不知道在何处删减，为什么要删减，以及删减什么，节约就是毫无意义的事。所以，我们应该在一段示范期间，记录下所有的家庭开销——例如，记录3个月看看。

亚尔诺德·白尼特和约翰·D.洛克菲勒都是精明的记账专家。我也是这样。虽然我都以开支票的方式付款，我仍然喜欢按月把我的花费记录成一张整齐的单子。每年一次，我把这些每月花费加起来。结果呢？我能够很精确地告诉你，于某某年我们在食物方面花了多少钱——如燃料费、水电费、娱乐费，等等。我还可以使用这些记录，查出我家的生活费增加的情况。一旦你知道你的钱花到哪里去以后，就不必再做这种记录了。但是，我很喜欢手边有这种资料。例如，如果我怀疑我花太多钱买衣服了，我只要瞥一眼我的记录就知道真相了。

我认识的一对夫妻，当他们开始记录花费情形以后，很惊讶地发现他们每个月花掉大约70美元去买酒！然而，他们并不是酒鬼，只不过是一对热情的夫妇，很欢迎自己的朋友在兴致好的时候就“到家里来喝一杯”——这种事情时常会发生。他们做了一个明智的决定，认为他们不能再开免费酒吧了，于是，那70美元就用于更好的项目开支。

根据家庭的特殊需要，设计出自己的预算

首先，把你这一年里固定的开销列出来——房租、食物预算、利息、水电费、保险金。然后计划你其他的必要开销——衣服、医药费、教育费、交通费、交际费，等等。

每个人都知道，这是件不容易的事情。拟定计划需要决心、家庭合作，有时候还需要严谨的自制力。我们不能买下每一件东西，但是我们可以决定什么东西对我们最重要，而牺牲掉最不重要的东西。你愿意拥有一个舒适的家而放弃买昂贵的衣服吗？你宁愿自己做衣服，将节省下来的钱买一台电视机吗？显然，这些决定必须由你和你的家人自己来做。

至少要把每年收入的10%储蓄起来

规定你自己——也就是你的家庭——一个固定开销；至少要把1/10的收入储蓄起来，或拿去投资。也许你还可以想办法建立一笔额外资金，拿来做特殊用途，譬如买房子或汽车。

财务专家说过，如果你能节省你丈夫收入的1/10，虽然物价高昂，不到几年你也就可以获得经济上的舒适。

我认识一个女人，她嫁给了一个顽固、保守的新英格兰人。她的丈夫宁愿在中央车站广场脱光了衣服，也不愿放弃节省1/10薪水的计划。这位太太告诉我，在经济不景气的那几年，她们可真吃足了苦头，她先生的薪水被删减得太多了。她买日用品的时候，必须想尽办法节省每一毛钱，而她丈夫每天要步行20多条街，以省下公共汽车费。但是，节省1/10薪水的老习惯，仍然照样进行。

“有时候，”这位女士承认，“当我们非常需要钱用的时候，我十分后悔还要把钱搁在一边。但是，我现在很高兴我们维持了储蓄计划。节约的结果，使我们到中年的时候拥有了自己的家和一些享受。”

准备一笔意外或紧急用途的资金

大部分的预算专家都劝告每一个年轻家庭，至少要存下1～2个月的收入，用于紧急事件。

但是，这些专家警告说，想要存太多钱的人，会发觉很难办到，结果根本就存不了钱。与其要断断续续地隔几周才一次存5元，倒不如每周固定地存下2.5元，效果会更好。

使预算计划成为全家人的事

预算顾问相信，预算计划必须得到全家人的合作。经常举行家庭预算讨论会，往往可以减除情绪上的不和——因为我们大家对于金钱的态度，都会受到自己的经验、气质与教育程度的影响。

要考虑人寿保险的问题

玛莉昂·史蒂芬斯·艾巴利，是人寿保险协会妇女部的主任。对全国的女士来说，她所说的话就是人寿保险专家的看法，具有独特的权威性。当我访问艾巴利女士的时候，她建议当妻子的应该自问以下这些问题：

你可知道，经过人寿保险，你的家庭能够得到什么基本需要？你可知道，一次付款和分期付款有何不同——而各有各的好处？你可知道，关于付款的方法有许多不同的选择？你可知道，现代人寿保险具有双重目的——如果一个男人过早去世了，人寿保险就可以保护这个人的家庭；如果他活着要享受余年，人寿保险就可以供给他独立的基金？

这些问题，以及其他许多相似的问题，对于你的家庭非常重要。只让你的丈夫知道所有的答案，这还不够，你也应该知道这些答案。有一天也许你会变成寡妇——有关人寿保险的知识，可以解除你的困难和忧虑。

贾得生和玛丽·南狄斯，在他们合写的《建立成功的婚姻》一书中告诉我们，家庭收入的花费，往往是婚姻生活里必须调节、适应的主要地方。

金钱并非万能，这句话可真不错。但是，如果知道如何聪明地处理我们的金钱，就可以带给我们的丈夫和家庭更多心境的安宁、幸福与利益。

所以，我们不可幻想着自己的丈夫能够像我们本来能嫁、但是后来没嫁的那个男人那样，带回来一大袋薪水，这只会浪费我们的时间，损毁我们的青春。我们的工作就是使自己变成财务能手，好好处置他赚回来的钱——如果我们想要激励他赚更多的话。怎么做呢？只要依照以下的规则去做：

①记录每一件开销，使你了解花费的情形。

②以一年为单位，设计出一个预算计划。

③储蓄家庭收入的1/10。

④准备一笔意外事件资金。

⑤使预算计划成为全家人的事。

⑥要考虑人寿保险的问题。

因此，消除工作和金钱烦恼的一个重要原则就是：

合理开支，不要入不敷出。

克制自己，驾驭金钱

◎ 金钱能买到一条不错的狗，但是买不到它摇尾巴。挥霍无度的恶习恰恰显示出一个人没有抱负，没有理想，甚至就是向失败自投罗网。

◎ 如果一个年轻人养成了花钱入账的好习惯，能把每次的花费都清楚地记在账本上，能够仔细地核对计算，细心筹划，这对他未来的事业发展和家庭生活，一定有不可估量的帮助。

一个人要是想获得财富，首先要善于克制自己的花钱欲望，自我克制的力量必不可少。在我们开创的事业中，资本往往有赖于自己往日的储蓄和积累。

托马斯·利普顿爵士曾经说："有许多人向我请教成功的秘诀，我告诉他们，对一个人来说，最重要的就是养成节俭的习惯。成功者大都有储蓄和积累的好习惯。任何好朋友对他的帮助和雪中送炭，都比不上一张薄薄的小存折。只有储蓄才是一个人成功的基础，才具有使人站稳脚跟的力量。储蓄能够使一个青年人挺立在事业和生活的风雨中，能使他鼓起巨大的勇气，振作精神去战胜困难，拿出力量成就人生。"

有很多年轻人由于挥霍无度的恶习，竟然把自己的前途都抵押出去了。他们全身的服饰都要装成贵族绅士的模样，而且要紧跟服装的时尚。他们整天考虑的事情就是怎样去花钱，随后，他们就有了这样的念头：怎样用非法手段去尽快地弄些钱来。结果，他们不但债台高筑，而且常常会丢掉好的职位。因此，他们原本更有意义的生活——似锦的前程、快乐的享受和高尚的理想，一切都像明日黄花一样，悄悄逝去。那些不愿意量入为出的年轻人经常还要掩掩饰饰，自欺欺人。他们不了解，这样的习惯会使他们成功的基础毁灭殆尽，而且将来也决计无法挽回。你不考虑眼前的问题，难道将来可以从头做起吗？你认为今年将田地荒废不顾，明年仍然可以重新耕种吗？你认为过了今天还有明天吗？时间老人是毫不留情的，你一旦造成了错误，他决不会再给你一个从头开始的机会。未来的收获都得看你年轻时播的种子怎样；假如你播的是杂草，将来也休想收获丰硕的果实。

当然，节俭不等同于吝啬。但是，即便是一个生性吝啬的人，他的前途也仍然大有希望；但假如是一个挥金如土、毫不珍惜金钱的人，他们的一生可能将因此而断送。不少人尽管以前也曾经刻苦努力地做过很多事情，但至今依然是一穷二白，主要原因就在于他们没有储蓄的好习惯。

如果每个年轻人都有储蓄和积累的习惯，世界上就不知要少多少个伤天害理、坑蒙拐骗的人。晚年的约翰·阿斯特先生说，如今他赚10万元比以前赚1000元还容易，但是，如果没有当初的1000元，他也许早已饿死在贫民窟里了。

很多人只因为用钱一点也不算计，没有计划性，所以就在不知不觉中花完了身上所有的钱。如果一个青年养成了花钱入账的好习惯，能把每次的花费都清楚地记在账本上，能够仔细核对计算、细心筹划，这对于他未来的事业发展和家庭生活，一定有不可估量的帮助。这样不但能使他学会记账，还可以使他熟悉金钱往来的各种手续和流动的规律，从而获得宝贵的生活个人经验。

这种账本最好能够随身携带，以便你能随时随地地把自己的每一笔花费记在本子上。这样坚持下去，对改正挥霍无度的坏习惯一定有很大的帮助。账本能够明确无误地告诉你，过去的钱都花在哪些地方，什么地方是完全可以节省的，什么地方是非要用不可的。

一般来讲，农村的孩子比城市里的孩子要懂得节俭得多。最重要的原因是城里充斥着各种各样专门引诱小孩去消费的商品、质量低劣的玩具和缺乏卫生保证的糖果食品。但乡下的孩子就不同了，他们更看重金钱，也没有受到这么多东西的诱惑，他们往往不会像城里的小孩那样花起钱来毫不考虑。他们会非常珍惜自己口袋里不多的几个钱，不时地从口袋里拿出来数弄着，决不舍得花钱去买那些流行的玩意，以博得自己一时的欢喜。等到他们积累到100块时，就非常兴奋，甚至欢呼叫喊。这些乡下小孩的父母们时常地细心地教导他们，使他们明白储蓄和积累的好处，还鼓励他们把钱到银行里存起来，不要放在身上。而城里的孩子们往往不大把钱当作一回事，他们一有了钱就要把它们立刻花掉，否则很不舒服。

就像很多城里的孩子宁愿把钱放在口袋里，方便使用，也不愿存在银行里一样，有很多青年人也习惯把所有的钱都带在身上，这样往往就使他们养成了随随便便花钱，胡乱挥霍、毫无节制的坏习惯。虽然把钱存到银行里以后，用起来就没有在身上的口袋里那样方便，但是后者太不清醒了，因为习惯把钱放在身上的人基本上都会失去节制，动不动就翻口袋买东西。

所以，节俭的最重要的有效果的办法就是把所有的钱全部放到银行里，而且最好存到一家离你住的地方远一点的银行。这样一来，等你心急火燎要用钱时就必须到那家很远的银行去取，这时你就会考虑要花的钱是否值得？能否省下来？

富兰克林说："致富的惟一方法就是支出低于收入。"他还说："如果你不想因有人讨债而心虚气短，想避免饥饿和寒冷的痛楚，那样你最好和'忠'、'信'、'勤'、'苦'四个字交朋友。并且，不要让你辛苦赚来的任何一分钱从你的指缝间轻易地溜走。"

以前有一个小伙了到印刷厂里去学习基本的技术。其实，他的家庭经济状况挺不错的，他爸爸却要求他每晚必须在家里睡，不许乱跑，但是他每月要付给家里一笔住宿费。一开始，那个年轻人觉得父亲这样太苛刻了，因为他每月的收入，基本就能够支付这笔住宿费，他没有任何其他的零花钱了。但是，几年以后当这个年轻人想创办一个印刷厂的时候，他的爸爸把他叫到面前说："好孩子，现在你可以把你这几年付给家里的住宿费拿回去了。我之所以这样做，是为了能够让你把这笔钱保存起来，并非真的向你索要住宿费。好啊，现在你可以拿这笔钱去发展你的事业了。"那年轻人至此才明白爸爸的良苦用心，对爸爸的智慧感激不已。如今，那青年人已经当上了美国的著名印刷厂的总裁，而他当年的小伙伴却因毫无节制地花钱，如今仍然挣扎在贫困线上。

以上所述是一个富有教育意义的真实故事。它给你的启示是：惟有养成储蓄和积累的习惯，将来才有希望享受到成功与财富。

很多年轻人往往把他们本来应该用于发展他们事业的必备资本，用到雪茄烟、香槟酒、舞厅、戏院等等无聊的方面。假如他们能把这些不必要的花费节省下来，时间一久一定大为可观，能够为将来发展事业奠定一个资金上的基础。

不少青年一踏入社会就花钱如流水一般，胡乱挥霍，这些人似乎从不明白金钱对于他们将来事业的价值。他们胡乱花钱的目的仿佛是想让别人说他一声“阔气”，或是让别人感到他们很有钱。

当他与女友约会时，即便是在隆冬季节，他也非得买些价格很贵的鲜花，或各种糖果、小玩意儿不可。他却从来不曾想到，要这样费心机、花费钱财追来的老婆，将来决不会帮他积蓄钱财，而一定是花钱如流水、挥金如土。

如此的年轻人一旦用钱把场面撑起来后，一切烦恼苦闷的事情就会接踵而至。为了顾全面子，他们就再也不能过节俭日子了。他们也不会认识到自己已经沦落到怎样的地步了。有些人入不敷出以后，就开始动歪脑筋，挪用公款来弥补自己的财政缺口。久而久之，耗费越大，亏空也就越多，渐渐地就陷入了罪恶的深渊，难以自拔。到了这时，他才想到自己不该胡乱花费，不该为此干那违背天理良心的事情，不该挪用公款，可是为时已晚！为了满足这种喜欢花架子、空排场的恶习，不知有多少人到头来要挨饿，甚至有许多人因此丢了性命，更有无数人因此而丧失了职位！

正如一句谚语中所讲到的，金钱能买到一条不错的狗，但是买不到它摇尾巴。挥霍无度的恶习恰恰显示出一个人没有抱负，没有理想，甚至就是向失败自投罗网。如果你想在工作和生活中摆脱金钱的困扰，请记住下面一句话：

克制自己，驾驭金钱。

第六章

笑对讥评，从别人的镜子中打量自己

这是我的错

◎ 假如我们知道自己势必要遭到责备时，我们首先应自己责备自己，这样岂不比别人责备好得多么？

◎ 任何愚蠢的人都会尽力为自己的错误进行辩解——而且多数愚蠢的人都会这样去做。但承认自己的错误，感觉有别于他人，会有一种尊贵怡然的感觉。

◎ 用争夺的方法，你永远得不到满足，但用让步的办法，你可能得到比你所期望的更多。

我住的地方，几乎是在大纽约的地理中心点上，但是从我家步行一分钟，就可到达一片森林。春天，黑草莓丛的野花白茫茫一片，松鼠在林间筑巢育子，野草长到高过马头。这块没有被破坏的林地，叫做森林公司——它的确是一片森林，也许与哥伦布发现美洲那天下午所看到的没有什么不同。我常常带雷斯到公园散步，它是我的小波士顿斗牛犬。它是一只友善而不伤人的小猎狗，因为我们在公园里很少碰到人，我常常不给雷斯系狗链或戴口罩。

有一天，我们在公园遇见一位骑马的警察，他好像迫不及待地要表现出他的权威。

“你为什么让你的狗跑来跑去，却不给它系上链子或戴上口罩？”他申斥我道，“难道你不晓得这是违法的吗？”

“是的，我晓得，”我轻柔地回答，“不过我认为它不至于在这儿咬人。”

“你认为！你认为！法律是不管你怎么认为的。它可能在这里咬死松鼠或咬伤小孩。这次我不追究，但假如下回让我看到这只狗没有系上链子或套上口罩在公园里的话，你就必须去跟法官解释啦。”

我客客气气地答应照办。

我的确照办了，而且是好几回。可是雷斯不喜欢戴口罩，我也不喜欢那样，因此我们决定碰碰运气。事情很顺利，但接着我们撞上了暗礁。一天下午，雷斯和我在一座小山坡上赛跑，突然间——很不幸地——我看到那位执法大人，跨在一匹红棕色的马上。雷斯跑在前头，径直向那位警察冲去。

我这下栽定了。明白这点，我决定不等警察开口就先发制人。我说：“警官先生，这下您逮了我一个正着，我有罪，我无话可说。你上星期警告过我，若是再带小狗出来而不替它戴口罩就要罚我。”

“好说，好说，”警察回答的声调很柔和，“我知道在没有人的时候，谁都忍不住要带这么一条小狗出来溜达。”

“你这样的小狗大概不会咬伤别人吧？”警察反而为我开脱。

“不，它可能会咬死松鼠。”我说。

“哦，你大概把事情看得太严重了，”他告诉我，“我们这样办吧。你只要让它跑过小山，到我看不到的地方，事情就算了。”

那位警察也是一个人，他要的是一种重要人物的感觉。因此当我责怪自己的时候，惟一能增强他自尊心的方法，就是以宽容的态度表现慈悲。

但如果我有意为自己辩护的话，嗯，你是否跟警察争辩过呢？

我没有和他正面交锋，我承认他绝对没错，我绝对错了，我爽快地、坦白地、热诚地承认这点。因为我站在他那边说话，他反而为我说话，整个事情就在和谐的气氛下结束了。

如果我们知道免不了会遭受责备，何不抢先一步，自己先认错呢？听自己谴责自己不比挨人家的批评好受得多吗？

你要是知道有人想要或准备责备你，就自己先把对方要责备你的话说出来，那他就拿你没有办法了。十之八九他会以宽大、谅解的态度对待你，忽视你的错误，正如那位警察对待我和雷斯那样。

费丁南·华伦是一个卖艺术品的商人，曾使用这个办法，和一位暴躁的顾客化干戈为玉帛。

“精确而严谨的态度，在制作商业广告和出版品中是最重要的。”华伦先生事后说，“一些艺术编辑要求别人立刻实现他们设想，这样难免会发生一些偏差。我服务的某位艺术编辑就很挑剔，我从他的办公室出来时，心里总是很不舒服，倒不是因为他批评我，而是因为他对待我的方式。最近，我交了一件急件给他，他打电话说要我立刻到他办公室去，稿件有误。我到他办公室后，果然，他很高兴有了挑剔我的机会，而且满怀敌意。正在他滔滔不绝地数落我时，我运用了自我批评的方法。我说：‘某某先生，你说的对，我的错误确实不可原谅，我为你工作了这么多年，还不知道怎么做，我真是不好意思。’

“于是他开始为我说话了：‘你说得对，不过还没有那么严重。只是——’我马上插嘴道：‘任何错误，都可能导致严重的后果，我怎么没看到呢？’我绝不让他为我开脱。这是我第一次因为批评自己而感到高兴。

“我说：‘我应该更加细心，你给了我这么多的活，我却不能令你满意，我一定要重新做。’于是，他说不用那样麻烦，并夸奖起我的作品来，还说他再改一改就可以了，这点小错也不会让他的公司费几个钱。总之，小事一桩，不值一提。

“我的这种自我批评，不但使他没了脾气，而且他还请我吃了午饭，他又给我一张支票，让我再干别的活。”

当你坦然面对自己的错误时，会感到某种意义上的满足。因为这消除了自己的罪恶感，也在某种紧张的气氛下保护了自己，更有利于迅速准确地解决错误。

新墨西哥州阿布库克市某公司的一位负责人布鲁士·哈威，有一次批准给一位请病假的员工支付了整月的工资。随后，他发现了这个错误，要在这位员工下次的工资中减去多发的金额。那位员工不同意，因为这样会给自己造成严重的财务问题，他请求分期扣回他多领的钱。哈威必须先征求上级的同意才能决定。“如果直接去向老板请求的话，”哈威说，“一定会使他很不高兴。要更好地解决这个问题，应找到合适的方法。我意识到一切混乱都是我造成的，必须在老板面前自我检讨。

“进了他的办公室，我告诉他我办了件错事，然后说了事情经过。他开始发火，先说这应该由人事部门来负责，又大声指责会计部门的疏忽，我一再地坚持这是我的错误，应该由我来负责。可他又开始批评办公室的另外两个同事，我还在解释这是我的错误。终于他看了看我说：‘好吧，是你的错。交给你解决吧。’错误被改过来了，也没有造成其他的麻烦。我觉得很高兴，因为我有勇气不去找借口，妥当地处理了一件棘手的事情。而且，我的老板对我更加器重了。”

即使傻瓜也会为自己的错误辩护，但能承认自己错误的人，却会凌驾于其他人，而有一种高贵怡然的感觉。比方说，历史上对南北战争时的李将军有一笔极美好的记载，就是他把毕克德进攻盖茨堡的失败完全归咎在自己身上。

毕克德那次的进攻，无疑是西方世界最显赫、最辉煌的一场战斗。毕克德本身就很辉煌；他长发披肩，而且跟拿破仑在意大利战役中一样，他几乎每天都在战场上写情书。在那悲剧性的七月的一个午后，当他的军帽斜戴在右耳上方，轻盈地放马冲刺北军时，他那群效忠的部队不禁为他喝彩起来。他们喝彩着，跟随他向前冲刺。队伍密集，军旗翻飞，军刀闪耀，阵容威武、骁勇、壮大，北军也不禁为之赞赏。

毕克德的队伍轻松地向前冲锋，穿过果园和玉米田，踏过花草，翻过小山。同时，北军大炮一直没有停止向他们轰击。但他们继续挺进，毫不退缩。

突然，北军步兵从隐伏的基地山脊后面窜出，对着毕克德那毫无预防的军队，一阵又一阵地开枪。山间硝烟四起，惨烈有如屠场，又像火山爆发。几分钟之内，毕克德所有的旅长，除了一个之外，全部阵亡，5 000士兵折损4/5。阿米士德统率其余部队拼死冲刺，奔上石墙，把军帽顶在指挥刀上挥动，高喊："弟兄们，宰了他们！"

他们做到了。他们跳过石墙，用枪把、刺刀拼死肉搏，终于把南军军旗竖立在基地山脊的北方阵地上。

军旗只在那儿飘扬了一会儿。虽然那只是短暂的一会儿，但却是南军战功的辉煌纪录。

毕克德的冲刺——勇猛、光荣，然而却是结束的开始。李将军失败了。他没办法突破北方战线，而他也知道这点。

南方的命运决定了。

李将军大感懊丧，震惊不已，他将辞呈呈送南方的戴维斯总统，请求改派"一个更年轻有为之士"。如果李将军要把毕克德的进攻所造成的惨败归咎于任何人的话，他可以找出数十个借口。有些师长失职啦，骑兵到得太晚不能接应步兵啦。这也不对，那也错了。

但是李将军太高明，不愿意责备别人。当残兵从前线退回南方战线时，李将军亲自出迎，自我谴责起来。"这是我的过失，"他承认说，“我，我一个人，败了这场战斗。”

历史上很少有将军有这种勇气和情操，承认自己独负战争失败的责任。

在香港卡耐基课程任教的麦克·庄告诉我们，某些时候应用某一项原则，可能比遵守一项古老的传统更为有益。他班上有一位中年同学，多年来他的儿子都不理他。这位做父亲的以前是个鸦片鬼，但是现在已经戒除了烟瘾。根据中国传统，年长的人不能够先承认错误。他认为他们父子要和好，必须由他的儿子采取主动。在这个课程刚开始的时候，他和班上同学谈到他从来没有见过的孙子孙女，以及他是如何地渴望和他的儿子团聚。他的同学都是中国人，了解他的欲望和古老传统之间的冲突。这位父亲觉得年轻人应该尊敬长者，并且认为他不让步是对的，而要等他的儿子来找他。

等到这个课程快结束的时候，这位做父亲的却改变了看法。“我仔细考虑了这个问题。”他说，“戴尔·卡耐基说，‘如果你错了，你就应该马上并且明白地承认你的错误。’我现在要很快地承认错误已经太晚了，但是我还可以明白地承认我的错误。我错怪了我的儿子。他不来看我，以及把我赶出他的生活之外，是完全正确的。我去请求年幼的人原谅我，固然使我很没面子，但是犯错误的是我，我有责任承认错误。”全班都为他鼓掌，并且完全支持他。在下一堂课中，他讲述他怎样到他儿子家里，请求并且得到了原谅，并且开始和他的儿子、媳妇，以及终于见到面的孙子孙女建立起新的关系。

艾柏·赫巴是会闹得满城风雨的最具独特风格的作家之一，他那尖酸的笔触经常惹起对手强烈的不满。但是赫巴那少见的做人处世技巧，常常将他的敌人变成朋友。

例如，当一些愤怒的读者写信给他，表示对他的某些文章不以为然，结尾又痛骂他一顿时，赫巴就如此回复：

"回想起来，我也不完全同意自己。我昨天所写的东西，今天不见得全部满意。我很高兴知道你对这件事的看法。下回你在附近时，欢迎驾临，我们可以交换意见。遥致诚意。

赫巴谨上"

面对一个这样对待你的人，你还能说什么呢。

当我们对的时候，我们就要试着温和地、技巧性地使对方同意我们的看法。而当我们错了——若是对自己诚实，这种情形十分普遍——就要迅速而热诚地承认。这种技巧不但能产生惊人的效果，而且，信不信由你，任何情形下，都要比为自己争辩还有用得多。

别忘了这句古语："用争斗的方法，你绝不会得到满意的结果。但用让步的方法，收获会比预期的高出许多。"

如果你错了，就迅速而诚恳地承认。

争论之中没有赢家

◎ 天下只有一种方法能得到辩论的最大利益——那就是避免辩论。

◎ 如果你辩论、争强、反对，你或许有时获得胜利；但这种胜利是空洞的，因为你永远得不到对方的好感了。

◎ 凡决意成功的人，不能费时于个人的成见，更不能费时去承受结果，包括他无法控制自己的脾气，丧失自制。

第二次世界大战结束后不久的一个晚上，我在伦敦得到了一个无价的教训。我当时是史密斯爵士的私人助理。在战争期间，他曾在巴勒斯坦做奥国的航空领袖，而在宣布和平不久之后，他因在30天内环绕地球半周而轰动了世界，因为向来未曾有人有过这样惊人的举动。这件事轰动一时，奥国政府奖给他5万先令，英国国王封他为爵士，此时，他成了在英国国旗下被谈论得最多的一个人。有一个晚上，我参加一个欢迎罗斯爵士的宴会，在席间，坐在我旁边的一个人讲了一个幽默的故事，这故事与这一句话有些关联："无论我们如何粗俗，有一位神，就是我们的目的。"

这位讲述故事的人提到这句话系出自《圣经》。他错了，我知道的，我确实知道，绝对肯定。所以，为了得到自重感并显示我的优越，我委任自己为一个未经请求、不受欢迎的人去矫正他。他坚持他的阵地：什么？出自莎士比亚？不可能！不近情理！那句话出自《圣经》！

这位讲故事的人坐在我右边，我的一位老朋友加蒙坐在我左边。加蒙先生曾用多年的功夫专心研究莎士比亚，所以我们同意由加蒙先生来解答这一问题。加蒙先生静听着，在桌下用脚碰碰我，然后说道："戴尔，你错了，这位先生是对的，是出自《圣经》。"

当晚回家的时候，我对加蒙先生说："老实说，你知道那句话是来自莎士比亚的。"

"是的，当然，"他回答说，"是在《哈姆莱特》第五幕第二场。但我是一个盛会的客人，为什么要证明一个人是错的？那能使他喜欢你吗？为什么不让他保住面子？他并没有征求你的意见，他也不要你的意见。那你为什么同他争辩？要永远避免正面的冲突。"

"永远避免正面的冲突。"说这句话的人现在已死了，但他所给我的教训却一直留在我的记忆中，而且这一教训极其重要，因为我向来是一个执拗的辩论者。在我少年的时候，我曾同我兄弟辩论天下一切的事。当到大学的时候，我研究逻辑及辩论术，并加入辩论比赛。后来我在纽约教授辩论术。我羞于承认，我有一次曾计划写一本关于辩论的书，从那时以后，我曾静听、批评，从事数千次的辩论，并注意它们的影响。从这些结果中，我得出了一个结论：

天下只有一种方法能得到辩论的最大利益——那就是避免辩论。

10次中有9次辩论结束之后，每个争论的人都比以前更坚信他是绝对正确的，你不能辩论得胜。你不能，因为如果你辩论失败，那你当然失败了；如果你得胜了，你还是失败的。为什么？假定你胜过对方，将他的理由击得漏洞百出，并证明他是神经错乱，那又怎样？你觉得很好，但他怎样？你使他觉得脆弱无援，你伤了他的自尊，他要反对你的胜利。

有这样一个例子。几年前，我的学员中，有一个叫欧·亨利的爱尔兰人。他受的教育不多，却总是喜欢争论。他给别人开过车，又做过汽车推销，但做得不好，于是来我这儿求教。经过简短的交谈，我知道他总是习惯于和顾客争论，如果对方说他的汽车哪儿不好，他立即会急躁地和顾客吵起来。他在这样的争论中取得了不少的胜利，但是，他的汽车却没卖出去几部。后来，他对我说："在离开他们的办公室时，我总是说：'我这次毕竟把那个驴给治了。'他的确被我治了一次，可他也没买我的东西。"

于是我明白，首要的不是让欧·亨利学怎样说话，而是教他学会克制，不和别人吵架。

现在，欧·亨利已成为纽约怀特汽车公司的推销明星。

他是如何走向成功的呢？听听他的话："假如我现在去向客户推销，但他说：'什么？怀特的汽车？不好！不要钱我都不要，何西公司的汽车才是我想要的。'我会说：'何西的东西确实好，买他们的货是不会错的，何西的车都是著名厂家生产的，而且业务员也很棒。'于是，在这点上他就没什么可说的了，因为我认同了他的看法，也就不用再谈论什么何西了。于是，我就开始说明怀特公司的好处。

"但是，要是当年我听到他这种话，我早就生气了。我就会开始说何西公司的毛病，结果是，我越挑何西的毛病，他就越说它好。越是争论，他就越喜欢我的竞争对手的东西。

“一想起那时候，真不知道我当初的推销是怎么做的。过去我用了那么多的时间在抬杠上，现在我懂得了自制，收到了效果。”

充满智慧的老富兰克林常说：如果你辩论、争强、反对，你或许有时获得胜利；但这种胜利是空洞的，因为你永远得不到对方的好感了。

所以你自己打算打算。你宁愿要什么？是一种暂时的、口头的、表演式的胜利，还是一个人的长期好感？你很少能二者兼得。

在你进行辩论的时候，你也许是对的，绝对是对的。但在改变对方的思想方面，你大概毫无所得，一如你错了一样。

我认为，我们绝不可能对任何人——无论其智力的高低——用口头的争斗改变他的思想。

有一位所得税顾问巴森士与一位政府税收稽查员因为一项9 000元的账单发生的问题争辩了一个小时之久。巴森士先生声称这9 000元确实是一笔死账，永远收不回来，当然不应纳税。“死账，胡说！”稽查员反对说，“那也必须纳税。”

“这位稽查员冷淡、傲慢、固执，”巴森士先生在班里讲述事情的经过时说，“理由对他是毫无用处的，事实也没有用——我们辩论得越久，他越固执。所以我决定避免辩论，改变题目，给他赞赏。

“我说：‘我想这事与你必须作出的决定相比，应该算是一件很小的事情。我也曾研究过税收问题，但我只是从书本中得到知识，而你是从经验中获得知识，我有时愿意从事像你这样的工作，这种工作可以教我许多。’我每句话都是出于真意。

“于是，那稽查员在椅上挺起身来，向后一倚，讲了许多关于他工作的话，告诉我所发现的巧妙舞弊的方法。他的声调渐渐地变为友善，片刻后他又讲起他的孩子来。当他走的时候，他告诉我他要再考虑我的问题，在几天之内，给我答复。

"三天之后，他到我的办公室告诉我，他已经决定按照所填报的税目办理。"

这位稽查员表现的正是一种最普通的人性特点，他需要一种自重感。巴森士先生越是与他辩论，他越想扩大自己的权力，得到他的自重感。但一旦承认他的重要，辩论便立即停止，因为他的自尊心得到了满足，他立即变成了一个同情和友善的人。

林肯有一次责罚一个青年军官，因为他与同僚激烈争执。"凡决意成功的人，"林肯说，"不能费时于个人的成见，更不能费时去承受结果，包括他损坏自己的脾气，丧失自制。你不能过分显示你自己，而要放弃。与其为争路权而被狗咬，不如给狗让路。即使将狗杀死，也不能治好受伤的伤口。"

《点滴》一书中的一篇文章，建议持不同意见者这样避免争论：

欢迎异见

有这样一句话："人们不需要意见总是相同的伙伴。"如果有人提出了你没想到的东西，你就应该衷心感谢。不同的意见可以使你避免犯重大错误。

控制情绪

记住，根据一个人在什么情况下会发脾气，可以判定这个人的气度以及作为。

首先倾听

给予不同意见者表达的机会。不要打断他，让他把他的意思完整地表达出来。用心地倾听，增加沟通和了解。

寻找相同点

在你听完了持不同意见者的话以后，首先去寻找你和他意见相同或相近的地方。

诚实为本

发现自己的错误，就要勇于向对方承认，并为此而道歉。这有助于沟通和减轻对方的敌对心理。

答应认真考虑不同的意见

要真心地承认，他的不同意见可能是对的。因此，答应考虑他们的意见是比较聪明的做法。不要等对方对你说“我早就对你说了，但是你却不听”，而让你感到难堪。

感谢持不同意见者的关心

因为关心同一件事情，所以才产生不同的意见。把他们看作能给你带来帮助的人，也许他们会成为你的朋友。

真·皮尔斯是歌剧男高音，他结婚快50年了。他说过：“我和我太太很长时间以来有一个默契，那就是：当一个人大声吼叫时，另一个会平静地听。因为如果我们一块儿对着叫，那只有噪音和激动，根本就不可能沟通。”

> 赢得争论的惟一方法就是避免争论。

没有人会踢一只死狗

◎ 如果你被人批评，那是因为批评你能给他一种满足感。这也说明你是有成就的，而且引人注意。

◎ 小人常为伟人的缺点或过失而得意。

◎ 不合理的批评往往是一种掩饰了的赞美。

1929年，美国发生了一件震动全国教育界的大事，美国各地的学者都赶到芝加哥去看热闹。在几年之前，有个名叫罗勃·郝金斯的年轻人，半工半读地从耶鲁大学毕业，做过作家、伐木工人、家庭教师和卖成衣的售货员。现在，只经过了8年，他就被任命为美国第四有钱的大学——芝加哥大学的校长。他有多大？30岁！真叫人难以相信。老一辈的教育人士都大摇其头。人们对他的批评就像山崩落石一样一齐打在这位“神童”的头上，说他这样，说他那样——太年轻了，经验不够——说他的教育观念很不成熟，甚至各大报纸也参加了攻击。

在罗勃·郝金斯就任的那一天，有一个朋友对他的父亲说：“今天早上我看见报上的社论攻击你的儿子，真把我吓坏了。”

“不错，”郝金斯的父亲回答说，“话说得很凶。可是请记住，从来没有人会踢一只死了的狗。”

不错，这只狗愈重要，踢它的人愈能够感到满足。后来成为英王爱德华八世的温莎王子（即温莎公爵），他的屁股也被人狠狠地踢过。当时他在帝文夏的达特莫斯学院读书——这个学校相当于美国安那波里市的海军军官学校。温莎王子那时候才14岁，有一天，一位海军军官发现他在哭，就问他有什么事情。他起先不肯说，可是终于说了真话：他被军官学校的学生踢了。指挥官把所有的学生召集起来，向他们解释王子并没有告状，可是他想晓得为什么这些人要这样虐待温莎王子。

大家推诿拖延又支吾了半天之后，这些学生终于承认说：等他们自己将来成了皇家海军的指挥官或舰长的时候，他们希望能够告诉人家，他们曾经踢过国王的屁股。

大概很少有人会认为耶鲁大学的校长是一个庸俗的人，可是有一位担任过耶鲁大学校长的摩太·道特，却竟然能够责骂一个竞选上了总统的人。“我们就会看见我们的妻子和女儿，成为合法卖淫的牺牲者。我们会大受羞辱，受到严重的损害。我们的自尊和德行都会消失殆尽，使人神共愤。”

这听起来很像对希特勒的痛责，是吗？其实不然，这是对托马斯·杰斐逊的公开抨击，也许你会问，是哪一个杰斐逊？难道是那个《独立宣言》的起草者，民主政体的守护圣徒托马斯·杰斐逊？

不错，那人攻击的正是这位杰斐逊。

你知道哪一个美国人被骂为“伪善者”、“骗子”或“比杀人凶手稍微好一点的人”？有份报纸的漫画描述这个人站在断头台前，台上的大刀正预备砍下他的头。当他被载往刑场行刑的时候，群众对着他叫骂。这个人是谁？是乔治·华盛顿。

但这都是很久以前的事了，也许现在人性已改进不少。让我们看看下面的皮尔利将军的例子。

皮尔利是个探险家，1899年4月6日，他用狗拉着雪车到达北极，举世震惊。几个世纪以来，北极探险一直是各路英雄的目标，却无人写下纪录，反而因受伤、饥饿而丧生的人不少。皮尔利本人也差点死于严寒和断粮，他有8个脚趾因冻坏而不得不被锯掉，另有好几次因无法克服气候上的骤变而几乎精神崩溃。由于皮尔利声名大噪，广受群众欢迎，导致在华盛顿的几个海军高级长官对他不满而排挤他。他们指控皮尔利为科学研究募集捐款是“招摇撞骗、一事无成”的勾当。这些人可能相信皮尔利真如他们所指控的，人一旦想相信某事，就很难再让他们不信。他们极力诽谤皮尔利，阻止他的研究工作。最后还是麦肯利总统直接过问，才使皮尔利的工作得以继续下去。

假如皮尔利当时只在华盛顿的海军部办公，他会遭到如此无情的攻击吗？当然不会，因为他的重要性还不足以引起旁人的妒意。

格兰特将军（后成为美国第十八任总统）的遭遇更坏。1862年南北战争时，格兰特的军队在北方赢得第一次大胜利——那一次大胜利使格兰特一夕之间成为全美崇拜的偶像；那一次大胜利使远方的欧洲都震惊不已；而且使得缅因州到密西西比河岸边的教堂钟声和庆祝营火不断。可是，6个星期还不到，这位北方英雄格兰特将军就成了阶下囚，军队也解散了，他只有带着羞辱和绝望，空自悲叹。

为什么格兰特将军会在胜利的高潮时期被逮捕？大概因为他的

胜利引起了某些长官的妒意吧！

因此，当你受到他人充满恶意的批评与攻击时，请记住平安快乐的第一大原则：

> 不用理它，因为没有人会踢一只死狗。

给对方一个台阶下

◎ 伽利略说："你不可能教会一个人任何事情，你只能帮助他自己学会这件事情。"

◎ 苏格拉底在雅典一再告诫门徒："我只知道一件事，就是我一无所知。"

◎ 你如果先承认自己也许弄错了，别人才可能和你一样宽容大度，认为他有错。

西奥多·罗斯福承认说，当他入主白宫时，如果他的决策能有75%的正确率，就达到他预期的最高标准了。像罗斯福这么一位本世纪的杰出人物，最高希望也只有如此。

如果你肯定别人弄错了，而率直地告诉他，可知结果会如何？沙斯先生是一位年轻的纽约律师，最近在最高法庭内参加一个重要案子的辩论。案子牵涉了一大笔钱和一项重要的法律问题。

在辩论中，一位最高法院的法官对沙斯先生说："海事法追诉期限是6年，对吗？"

"庭内顿时静默下来，"沙斯先生后来在讲述他的经验时说，"似乎气温一下就降到冰点。我是对的，法官是错的。我也据实地告诉了他。但那样就使他变得友善了吗？没有。我仍然相信法律站在我这一边，我也知道我讲得比过去都精彩。但我并没有使用外交辞令。

我铸成大错，当众指出一位声望卓著、学识丰富的人错了。”

没有几个人具有逻辑性的思考。我们多数人都犯有武断、偏见的毛病。我们多数人都具有固执、嫉妒、猜忌、恐惧和傲慢的缺点。因此，如果你很想指出别人犯的错误时，请在每天早餐前坐下来读一读下面的这段文字。这是摘自詹姆士·哈维·罗宾森教授那本很有启示性的《下决心的过程》中的一段话：

“我们有时会在毫无抗拒或热情淹没的情形下改变自己的想法，但是如果有人说我们错了，反而会使我们迁怒对方，更固执己见。我们会毫无根据地形成自己的想法，但如果有人不同意我们的想法时，反而会全心全意维护我们的想法。显然不是那些想法对我们珍贵，而是我们的自尊心受到了威胁……‘我的’这个简单的词，是做人处世的关系中最重要的，妥善运用这两个字才是智慧之源。不论说‘我的’晚餐、‘我的’狗、‘我的’房子、‘我的’父亲、‘我的’国家或‘我的’上帝，都具备相同的力量。我们不但不喜欢说我的表不准，或我的车太破旧，也讨厌别人纠正我们对火车的知识、水杨素的药效或亚述王沙冈一世生卒年月的错误……我们愿意继续相信以往惯于相信的事，而如果我们所相信的事遭到了怀疑，我们就会找尽借口为自己的信念辩护。结果呢，多数我们所谓的推理，变成了找借口来继续相信我们早已相信的事物。”

有时候，一句或两句体谅的话，对他人态度作宽大的谅解，这些都可以减少对别人的伤害，保住他的面子。

几年以前，通用电气公司面临一项需要慎重处理的工作：免除查尔斯·史坦因梅兹担任某一部门的主管。史坦因梅兹在电器方面是第一等的天才，但担任计算部门主管却彻底地失败。然而公司却不敢冒犯他。公司绝对奈何不了他——而他又十分敏感。于是他们给了他一个新头衔。他们让他担任“通用电气公司顾问工程师”——工作还是和以前一样，只是换了一项新头衔——并让其他人担任部门主管。

史坦因梅兹十分高兴。

通用公司的高级人员也很高兴。他们已温和地调动了这位最暴躁的大牌明星职员，而且他们这样并没有引起一场大风暴——因为他们让他保住了面子。

让他有面子！这是多么重要，多么极端重要呀，而我们却很少有人想到这一点！我们残酷地抹杀了他人的感觉，又自以为是，我们在其他人面前批评一位小孩或员工，找差错，发出威胁，甚至不去考虑是否伤害到别人的自尊。然而，一两分钟的思考，一句或两句体谅的话，对他人态度作宽大的谅解，都可以减少对别人的伤害。

下一次，我们在辞退一个佣人或员工时，应该记住这一点。

以下，我引用会计师马歇尔·格兰格写给我的一封信的内容：

“开除员工并不是很有趣，被开除更是没趣。我们的工作是有季节性的，因此，在3月份，我们必须让许多人离开。

“没有人乐于动斧头，这已成了我们这一行业的格言。因此，我们演变成一种习俗，尽可能快点把这件事处理掉，通常是依照下列方式进行：‘请坐，史密斯先生，这一季已经过去了，我们似乎再也没有更多的工作交给你处理。当然，毕竟你也明白，你只是受佣在最忙的季节里帮忙而已。’等等。

“这些话为他们带来失望，以及‘受遗弃’的感觉。他们之中大多数一生皆从事会计工作，对于这么快就抛弃他们的公司，当然不会怀有特别的爱心。

“我最近决定以稍微圆滑和体谅的方式，来遣散我们公司的多余人员，因此，我在仔细考虑他们每人在冬天里的工作表现之后，一一把他们叫进来，而我就说出下列的话：‘史密斯先生，你的工作表现很好（如果他真是如此）。那次我们派你到纽约华克去，真是一项很艰苦的任务。你遭遇了一些困难，但处理得很妥当，我们希望你知道，公司很以你为荣。你对这一行业懂得很多——不管你到哪里工作，都会有很光明远大的前途。公司对你有信心，支持你，我们希望你不要忘记！'

"结果呢？他们走后，对于自己被解雇的感觉好多了。他们不会觉得'受遗弃'。他们知道，如果有工作的话，我们会把他们留下来。而当我们再度需要他们时，他们将带着深厚的私人感情，再来投效我们。"

在我们课程内有一个学期，两位学员讨论挑剔错误的负面效果和让人保留面子的正面效果。宾夕法尼亚州哈里斯堡的弗瑞·克拉克提供了一件发生在他公司里的事："在我们的一次生产会议中，一位副董事以一个非常尖锐的问题，质问一位生产监督，这位监督是管理生产过程的。他的语调充满攻击的味道，而且明显的就是要指责那位监督的处置不当。为了不在他的攻击者面前被羞辱，这位监督的回答含混不清。这一来使得副董事发起火来，严斥这位监督，并说他说谎。

"这次遭遇之前所有的工作成绩，都毁于这一刻。这位监督，本来是位很好的雇员，从那一刻起，对我们的公司来说已经没有用了。几个月后，他离开了我们公司，为另一家竞争对手的公司工作。据我所知，他在那儿还非常称职。"

另一位学员，安娜·马佐尼提供了在她工作上非常相似的一件事，所不同的是处理方式和结果。马佐尼小姐，是一位食品包装业的市场行销专家，她的第一份工作是一项新产品的市场测试。她告诉班上说："当结果出来时，我可真惨了。我在计划中犯了一个极大的错误。整个测试都必须重来一遍。更糟的是，在下次开会我要提出这次计划的报告之前，我没有时间去跟我的老板讨论。

"轮到我报告时，我真是怕得发抖。我尽了全力不使自己崩溃，我知道我决不能哭，以免让那些人以为女人太情绪化而无法担任行政业务。我的报告很简短，只说是因为发生了一个错误，我在下次会议，会重新再研究。我坐下后，心想老板定会批评我一顿。

“但是，他只谢谢我的工作，并强调在一个新计划中犯错并不是很稀奇的事。而且他相信，第二次的普查会更确实，对公司更有意义。

“散会之后，我的思想纷乱，我下定决心，我决不会再让我的老板失望。”

假如我们是对的，别人绝对是错的，我们也不应让别人丢脸而毁了他的自我。传奇性的法国飞行先锋和作家安托安娜·德·圣苏荷依写过：“我没有权利去做或说任何事以贬抑一个人的自尊。重要的并不是我觉得他怎么样，而是他觉得他自己如何，伤害人的自尊是一种罪行。”

已故的德怀特·摩洛，拥有让双方好战分子和解的神奇能力。他怎么办得到呢？他小心翼翼地找出两方面对的地方——他对这点加以赞扬，加以强调，小心地把它表现出来——不管他做何种处理，他从未指出任何人做错了。

每一个公证人都知道这一点——让人们留住面子。

世界上任何一位真正伟大的人，绝不浪费时间满足于他个人的胜利。我举一个例子来说明：

1922年，土耳其在经过几世纪的敌对之后，终于决定把希腊人逐出土耳其领土。

穆斯塔法·凯墨尔，对他的士兵发表了一篇拿破仑式的演说，他说：“你们的目的地是地中海。”于是近代史上最惨烈的一场战争终于展开了，最后土耳其获胜。而当希腊两位将领——的黎科皮斯和迪欧尼斯前往凯墨尔总部投降时，土耳其人对他们击败的敌人加以辱骂。

但凯墨尔丝毫没有显出胜利的骄气。

“请坐，两位先生，”他说，握住他们的手，“你们一定走累了。”然后，在讨论了投降的细节之后，他安慰他们失败的痛苦。他以军人对军人口气说：“战争这种东西，最佳的人有时也会打败仗。”

即使是像罗斯福总统这样伟大的人物也难免会犯错误，所以，对待别人错误的讥评，我们应当怀着一颗宽容平静的心态来看待，即使对方错了，也要尊重他们，让他们保住面子。

即使对方错了，也要让他保全面子。

用幽默化解危机

◎ 并非所有人都具有很强的攻击性，而有的人只是为了想要让别人发笑，以得到赞美，另外，他们会采用嘲弄的策略来引人注意。

◎ 如果你不喜欢被嘲弄，而且容易受到狙击的伤害，那么其实你非常容易成为狙击手的目标。

心理学研究表明，并非所有人都具有很强的攻击性，而有的人只不过是想要获得别人的注意。有时候只是因为了想要让别人发笑，来得到赞美，另外，他们会采用嘲弄的策略来引人注意。

有时候这种“奚落的幽默”反而能增加彼此的友谊。在今天电视媒介处处存在的情况下，这被人称之为情景喜剧。这种喜剧中每个人都无情地嘲弄别人，观众于是大笑不已。但是对真实的嘲弄一笑了之，却不是每一个都能够做得到的。有时候开玩笑的狙击，可能会造成致命的伤害。

让我们先来看下面一个实例。

达伦和杰伊同是工程师，而且又都在一家高科技公司任职。达伦的年纪比杰伊长5岁，而在公司的工龄也比杰伊多3年，众人都认为达伦升迁的可能性大。但是杰伊为人随和，工作努力，做事主动，并且有丰富的创造力。后来，他的努力终于获得上级的赏识而且得到回报了：他被提升为地区业务经理。

上任之后的第一个星期，有一回杰伊在停了车走进办公大楼，朝新办公室走的时候，看到整班的人都围着达伦站在走道上，他们似乎对达伦所说的每句话都很在意，而且笑得很开心。但是当杰伊走近这群人的时候，他们的笑声却戛然而止，不过杰伊却可以清楚地听到达伦对他恶毒的狙击。达伦注意到他的听众不再笑了，于是把头转向众人目光的方向，结果看到杰伊狼狈的表情，“噢，原来是来了个大人物！”

“我怎么会遭到这样的待遇？”杰伊自问，又想着对这位“狙击手”的攻击该怎样回应。

狙击行为背后的动机各有不同。有些人对事情的发展感到愤怒，有些人则会对阻碍计划的人怀恨在心并采取狙击行为。有些人会利用狙击来打击任何可能阻碍他们计划的人。有些人狙击的目的只不过是想获得别人的注意。

想要做完事情的人，如果遇到事情没有照计划进行，或是遇到受到他人阻挠的情形，可能会通过狙击的手段来消除异己。为了避免遭人报复，狙击手常常会采取在暗中行动。暗暗地使用一些无礼的批评、讽刺的幽默、尖酸刻薄的口气和眼神等。狙击手也会说一些“张冠李戴”、风马牛不相及的话，使人摸不着头脑而出尽洋相，也就是说，他会把令人困惑当成是一种武器。

以达伦和杰伊的例子来说，达伦生气的原因就是因为自己没有获得升迁，而且把这件事怪到杰伊身上。

如果你不喜欢被嘲弄，而且容易受到狙击的伤害，那么其实你非常容易成为狙击手的目标。一旦这种个性被传出去，就会有人利用你的个性去狙击你了。如果你是那种无法忍受狙击的人，对方会利用你的弱点而变得毫无禁忌。受到这样的捉弄之后，你可能想要盲目地反击或是逃跑。如果你选择上两种中的任一种，也许你可以改变局面，不过要小心，如果你还没有学会以幽默的方式来对难缠人物说些令人不快的事，你多半会失败，因此你最好勇敢地面对狙击。要停止狙击，最好先学会与他们和平共处。因为如果你没有反应，狙击便变得毫无意义了。对付狙击手要先培养出好奇的态度，采取旁观者的姿态来看这样的行为。如果狙击手攻击你，不要把它当成是针对自己而发的，希望你有足够的好奇心。把注意力放在狙击手身上，而不是自己的身上。因为狙击行为的出现可能是缺乏安全感，你大可把头痛人物的行为看成是缺乏安全感的小学生行为。也许你还记得对讽刺最好的反应是："我知道你是这样，而我呢？"其次是"我们两个半斤八两，那么骂我和骂你是一样的"。这样做会很有帮助，虽然难以置信，不过确实有惊人的力量，说出来也是具有同样的力量。

幽默是一个人应对危机的最佳态度。苏格拉底有一次在和自己的学生讨论哲学问题的时候，他的太太突然破门而入，当着众人的面，指着苏格拉底劈头盖脸地一顿臭骂，事后还不解气，将屋角的一盆凉水对着苏格拉底的头顶便浇了下去，众人都惊呆了。没有想到苏格拉底静静地擦了擦身上的水，微笑地说道："没什么，我知道打雷后通常都会下雨。"众人都被苏格拉底的幽默和睿智逗得大笑起来，一场尴尬一转眼便消解得无影无踪。

同样，生活中我们也难免会受到一些言语的攻击和伤害，如果我们能够以微笑应对，用幽默清洗不快，我们就会成为一个不被言语所伤的智者。

用幽默化解危机。

第七章

逆风飞扬，舞出生命精彩

有悲伤的地方才会有圣地

◎ 伟人，就是像神那样无畏的普通人。

◎ 为自己的错而悲伤的人有福，因为他们必定会得到安慰。

◎ 坐在幸福的椅垫上，人会睡着；在被奴役、被鞭打而受苦的时候，人才会得到学习一些事物和道理的机会。

要成功并不容易。想要获得成功的人得像风筝，与强风对抗，方能升向高空。立基于成功的信念，以便坚定向前，无惧于沿途所遭逢的困难。

确定你的信念能支持你在迈向成功的旅程中，忍受一切艰难险阻。当你确知自己在做什么，当你有个明确的目标和实施计划，那么，你或许得与周遭的狂风搏斗，却不至于有被吹垮的顾虑。风势愈强，你会飞得愈高。

超越自然的奇迹，总是在对厄运的征服中出现。塞涅卡曾说："伟人就是像神那样无畏的普通人。"这是一句诗一样美的妙语。古代诗人在他们的神话中曾描写过：当赫克里斯去解救普罗米修斯的时候，他是坐在一个瓦盆里漂洋过海的。这个故事其实正是对于人生的象征：因为每一个人也正是驾着血肉之躯的轻舟，横渡波涛翻滚的生活之海的。幸运中需要的美德是节制，而厄运所需要的美德是坚忍，后者比前者更为难能。《圣经》的《旧约》启示人以幸福，而《新约》则启示人通过苦难去争取幸福。一切幸运都并非没有烦恼，而一切厄运也绝非没有希望。最美的刺绣，是以明丽的花朵映衬于暗淡的背景，而绝不是以暗淡的花朵映衬于明丽的背景。从这种图像中去汲取启示吧。人的美德犹如名贵的香料，在烈火焚烧中散发出最浓郁的芳香。正如恶劣的品质可以在幸运中暴露一样，最美好的品质也正是在厄运中被显示的。

“你如果是贫穷的，你是幸福的，因为神是属于你们的。”“为自己的错而悲伤的人有福了，因为他们必定会得到安慰。”这是《圣经》里的话。前句的意思，当然不用细说，只有贫穷的人，才了解神是照顾他们的。只有经过悲伤的人，才会成长。

19世纪，英国诗人奥斯卡·怀路曾在监狱服刑期间写过这样的话：

“有悲伤的地方，才有圣地，相信社会中的每一个人早晚都会了解到这一点！还未了解这一点之前，可以说那是他还不了解人生！”

也就是说，突破眼前的悲伤或痛苦之后，才能到达豁然的境界。

著有《睡着成功》这本书的美国牧师马非先生，也曾说过：“一切的灾祸中，一定匿藏着幸运的胚芽。”下面就是他写的一段文字：

“坐在幸福的椅垫上，人会睡着；在被奴役、被鞭打而受苦的时候，人才会得到学习一些事物和道理的机会。”

换句话说，先得到幸福的，后面就紧跟着不幸。伟大的哲学家老子，也曾说过“祸兮，福所倚；福兮，祸所伏”的至理名言。年轻的朋友们，先看一看这个人的经历吧，他一定会给你许多的启发。

1832年，他失业了；同一年里，他决心要做政治家，当上一名州议员，但不幸的是他的竞选又失败了。

于是，他又自己开办了一家店铺，可上帝总爱和他开玩笑。一年不到，店铺又倒闭了。他不得不在长达17年的时间里，为偿还债务而到处奔波，吃尽了苦头。

他又一次决定参加竞选州议员，这一次他成功了！但不幸并没有离他远去，第二年，在离他结婚仅有几个月的时候，他的未婚妻却不幸因病去世了，他也悲伤得卧床不起。次年，他因此而得了神经衰弱症。

两年之后，他又参加州议会的选举，可他又失败了。5年后，他又参加美国国会议员的选举，仍然是失败。

第二年，也就是1846年，他最终当上了国会议员，可在争取连任时，他却又一次落选了。

世上的失败事情几乎让他全撞上了：店铺倒闭，情人去世，竞选败北。他会怎么样呢？会不会放弃奋争呢？

现实中的他却没有服输。1854年，他竞选参议员，失败；1858年，再一次竞选参议员，仍然是失败！

他尝试了11次，可只成功了两次，但他一直没有放弃自己的追求，一直在做自己生活的主宰。1860年，他终于获得了成功，当选为美国总统。这个人就是林肯——美国历史上最伟大的总统之一。

要是生命中每一项我们所求的事物，都只要花极少的努力就可以得到预期的结果，我们将什么也学不到，而生命也将索然无味。做什么事都成功，人将会变得多么傲慢自大！失败才能使人谦虚。当自己面对失败，要理性地劝慰自己：这是绝佳的学习机会，诚然不易，但这的确是难得的经验。

在克里米亚的一次战争中，有一枚炮弹击中一个城堡后，毁灭了一座美丽的花园。可在那个炮弹落下的深穴里，竟不住地流出泉水来，后来这里竟然成了一个永久不息的著名喷泉。同样，不幸与苦难，也会将我们的心灵炸破，而在那炸开的缝隙里，也会时刻流出奋斗前进的泉水来。

对于一个人来说，假使你年轻时便知道怎样对付打击，那么以后再碰到打击的时候，便能处置得更为适当些。

苦难失败往往会激发人的潜力，唤醒沉睡的雄狮，引人走上成功的道路。有勇气的人，会把逆境变为顺境，如同河蚌能将恼它的沙泥化成珍珠一样。

一个真正勇敢的人，愈为环境所迫，反而愈加奋勇，不战栗不逡巡，昂首挺胸，意志坚定；他敢于对付任何困难，轻视任何厄运，嘲笑任何障碍，因为贫穷困苦不足以伤他毫发，反而增强了他的意志、品格、力量与决心，这使他成为一个卓越的人。对于这样的人，命运绝无法阻挡他们的前程。

所以，年轻的朋友们，一定要记住奥斯卡给我们留下的诗句："有悲伤的地方，才有圣地。"

正视逆境，有悲伤的地方才会有圣地。

学会赢在失败

◎ 已经得到第一名的人，不会遇到比得第一名更荣耀的事了，对他而言，顶多只能继续保持第一名而已，而且还可能有降到第二名或第三名的不幸事件。相反的，得到最后一名的人，对他来说，最坏的结果也只是最后一名而已，但有进步到倒数第二、第三，甚至为第一名的可能。

◎ 那些能成功的人，只不过比别人多坚持了5分钟。

纵观人类历史上的伟人和杰出人物，他们中的相当一部分人曾经有过艰辛的童年生活，甚至还备受命运的虐待，但强者总是善于找到生命的支点。他们及时调整了自己的心态，坚韧地承受着生活的艰辛，在一贫如洗的岁月里安然走过，并用恒久的努力打破了重重的围困，在脱离了贫穷困苦的同时也脱离了平凡，造就了卓越与伟大。

有的苦难是如此的严重，一旦向它屈服，就等于输掉整场比赛。李奇威将军担任指挥官时，发现兵力推进太过，而受到敌军的猛烈攻击。但他坚持守住阵地而使美军免于被逼入海中，而且很快地进行反攻。挫折发生时，你也许没有时间来考虑修正错误以避免更进一步的失误。但千万别裹足不前，此刻最重要的是确定自己的目标，并采取能保存你所有的资源及希望的行动。要是你就此认输，你将失去自信且难以再恢复。所以你必须坚守原则，最后你将知道，你保住了自身所拥有的最重要的东西。

要是你曾仔细地反省自己，并研究那些你所钦慕的成功者的一生，你就会发现所有最好的机会，都发生在处于逆境的时候。因为只有在面对失败的可能时，才会想要做一根本的改变，从险中求胜。当你经历一些暂时的挫折，你也知道这只是暂时的，你就可以抓住逆境带来的机会。

有一天，两个强盗偶然路过一座吊死犯人的绞架，其中一个便叫起来：“如果没有这该死的吊死人的绞架，我们的职业是多么好呀！”另一个强盗接着说：“呸！你这笨蛋，好在有这架子，如果没有的话，人人都要做强盗了，哪轮得到你我？”

其实，世界上的各种职业、技艺与事业，莫不如此，都是因为困难吓退了一些庸碌的竞争者。斯潘琴说：“许多人的生命之所以伟大，都来自他们所承受的苦难。”最好的才干往往是从烈火中冶炼的，都是从坚石上磨炼出来的。

世界上有许多人因为没有经历苦难的磨炼，激发不出他们体内潜伏着的力量来，因此他们的才能竟然得不到淋漓尽致的发挥。而只有努力奋进才能帮助人们达到成功的境地，只有尽力奋斗的人才会获得自己心中期望的东西。

苦难与障碍并不是我们的仇人，而是我们的恩人。因为我们人人都有一种逆反的心理，这种逆反的心理在人体里发展了反对的力量。正是苦难与障碍的出现，使得我们体内克服障碍、抵制苦难的力量，得以发展。这就好像森林里的橡树，经过千百次暴风雨的摧残，非但不会折断，反而愈见挺拔。正像暴风雨吹打橡树一般，人们所承受的种种痛苦、折磨和悲伤，也在启发人们的才能，都在锻炼他们。

芝加哥北密契根大道的一个地区现称为“富丽里”。1939年，那里的办公楼群可说是日暮途穷了。一座座大楼只有空荡荡的地板。一座楼出租出去一半就算是幸运的，这正是商业不景气的一年。消极的心态像乌云一般笼罩在芝加哥不动产商的心头。那时，你常可以听到这样一些论调：“登广告毫无意义，根本就没有钱。”“我们没有必要工作了。”然而就在这时，一位抱着积极心态的经理进入了这个景象荫翳的地区。他有一个想法，他立即行动起来了！

这个人受雇于西北互助人寿保险公司，前来管理该公司在北密契根大道上的一座大楼。公司是以取消抵押品的赎取权而获得这座大楼的。他开始担任这项工作时，这座大楼只出租了10%。但不到一年，他就使它全部租出去了，而且还有长长的待租人名单送到他的面前。这其中有什么秘密呢？新经理把无人租用办公室作为一个挑战，而不是作为一个不幸。我们访问他时，他介绍了他所做的事情：

“我清楚地知道我要干什么，我要使这些房间100%地租出去，在当时的情况下，要做到这一点是很难的。因此我必须把工作做到万无一失，必须做到下列5点：

“①要选择称心的房客。

“②要激发吸引力，给房客提供芝加哥市最漂亮的办公室。

“③租金要不高于他们现在所付的房租。

“④如果房客按为期一年的租约付给我们同样的月租，我就对他现在的租约负责。

“⑤除此以外，我要免费为房客装饰房间。我要雇用富有创造性的建筑师和内装工，改造我们大楼的办公室，以适合每个新房客的个人爱好。

“我通过推理，可以得到下列结果：

“①如果一个办公室在以后几年中不能出租，我们就不能从那个办公室得到收入。但如果照我的方法做，我们到年底可能得不到什么收益，但这种情况总不会比我们没有采取任何行动时的情况更糟。而我们的境况应该好，因为我们满足房客的需要，他们在未来的年份中会准时如数地交付房租。

“②出租办公室仅以一年为基数，这是已经形成了的习惯。在大多数情况下，房间仅仅只空几个月就可接纳新的房客。因此，得到租金的希望就不至于太落空。

“③在一所设备良好的大楼里，如果一个房客一定要在他租约满期的那一年的末期退租，也比较易于再租。免费装饰办公室也不会得不偿失，因为这会增加全楼的股票价值，结果极好。每一个新近装饰过的办公室似乎都比以前更为富丽堂皇。房客都很热心，许多房客花费了额外的费用。有一个房客在改建工作中就花费了22 000美元。

“这座大楼开始时只租出10%，到年底便100%地租出了。没有一个房客在他的租约满期后想走的。他们很高兴住上了超摩登的新办公室。第一年的租约期满后，我们也没有提高租金；这样，我们就赢得了房客的信任和友情。”

现在让我们回顾一下这个故事的始末。有一个人面临着一个严重的问题。他手上有一座巨大的办公大楼，可是这座大楼十分之九的办公室都是空闲未租。然而，在一年内这座大楼便100%地出租了。现在，就在它的隔壁左右，仍有几十座大楼是空荡荡的。

这两种情况之间的差别当然就是每座大楼的经理对这个问题所持的不同的心理态度。一种人说：“我有一个问题，那是很可怕的。”另一种人说：“我有一个问题，那是很好的！”

如果一个人能够抓住他的问题尚未显露出真相的好机会，洞察它并寻求解决，那么他就是懂得积极心态之要义的人。如果一个人能形成一种行之有效的想法，并紧接着付诸实行，他就能把失败转变为成功。

简单地说，已经得到第一名的人，不会有比得到第一名更荣耀的事了，对他而言，顶多只能继续保持第一名而已，而且还有可能会降到第二名或第三名的不幸事件。相反的，得到最后一名的人，对他来说，最坏的结果也只是最后一名而已，但有进步为倒数第二、第三名的可能。困境对我们来说反而是一种刺激，而且可以激励我们的成长与进步。

这里所指的贫穷或富裕，当然不单独指经济上的因素，也可以说是失败和成功、堕落和成长，也就是一般人常说的“顺境与逆境”。日本著名的作家谷口雅春先生，在他的著作《你是无限能力者》一书中曾说过“坠落才是机会”，其意义也是相同的。这些话，都是我们应该好好体会的。的确，如果一粒麦子不落地死亡，怎能再结出许多麦子呢？经历了越激烈的痛苦，在精神上、人格上，也会越早成熟、越早进步。

因此，一旦当我们面临困境时，不要畏惧退缩，心中只要牢牢记住一件事：不要被逆境所吞噬。纵使你面临着前所未有的激烈痛苦，也不要因此而被淹没。要知道如果太过于沉溺于自怜自艾之中，将会因为这一次的堕落而失去一切，永不得翻身。我们应该庆幸逆境来临，因为这正是我们考验自己的最佳良机，坚强地渡过危险之后，一条坦荡的康庄大道将展现在我们面前。“能够成功的人，只不过比别人多支持了5分钟。”你我均应牢记这句话。

不要被困境吞噬。

化劣势为优势

◎ 威廉·詹姆斯说过：“我们的缺陷对我们有意外的帮助。”

◎ 如果你的弦断了，就在其他三根弦上把曲子演奏完。

尼采对超人的定义是：“不仅是在必要情况之下忍受一切，而且还要喜爱这种情况。”

愈研究那些有成就者的事业，人们就愈加深刻地感觉到，他们之中有非常多的人之所以成功，是因为开始的时候有一些会阻碍他们的缺陷，促使他们加倍地努力而得到更多的报偿。正如威廉·詹姆斯所说的：“我们的缺陷对我们有意外的帮助。”

不错，很可能密尔顿就是因为瞎了眼，才能写出更好的诗篇来，而贝多芬是因为聋了，才能作出更好的曲子。

海伦·凯勒之所以能有光辉的成就，也就是因为她的瞎和聋。

如果柴可夫斯基不是那么的痛苦——他那个悲剧性的婚姻几乎使他濒临自杀的边缘——如果他自己的生活不是那么悲惨，他也许永远不能写出他那首不朽的《悲怆交响曲》。

“如果我不是有这样的残疾，”那个在地球上创造生命科学的基本概念的人写道："我也许不会做到我所完成的这么多工作。"达尔文坦白承认他的残疾对他有意想不到的帮助。

达尔文在英国出生的那一天，另外一个孩子生在肯塔基州森林里的一个小木屋里，他的缺陷也对他有帮助。他的名字就是林肯——亚伯拉罕·林肯。如果他出生在一个贵族家庭，在哈佛大学法学院得到学位，而又有幸福美满的婚姻生活的话，他也许绝不可能在心底深处找出那些在盖茨堡所发表的不朽演说。他不会说出他第二次政治演说中所说的那句如诗般的名言——这是美国的统治者所说的最美也最高贵的话——"不要对任何人怀有恶意，而要对每一个人怀有爱……"

有一位大学毕业生曾经给一位报社编辑写了一封信。在信中，他写道：

我是一名大学毕业生，参加工作已5年。5年来我工作顺利，深得领导赏识，按理该没有什么忧虑。但是，自古男大当婚，女大当嫁，我已到了恋爱结婚的年龄，就是这件事，弄得我好忧虑，好伤心。我的身高只有1.64米，这是爹妈给的，并非我的过错。可人家帮我介绍过3个女朋友，最后都以"拜拜"告吹。她们说，学历、文凭和工作单位没说的，只是个子太矮了，没有风度，没气派。有位姑娘还很惋惜地说："可惜，只要再高6公分，有1.70米就好了。"这6公分之差，使我非常痛苦。现在我有点心灰意冷，恨爹妈为什么不让我长高些。因此工作也无精打采，我不愿这样消沉下去，可我该怎么办呢？

其时，有些人之所以烦恼、忧虑，正是由于自卑。

其实身材矮小何必自惭形秽？一位国际舞台上的名矮子对此自有一番高论。他名叫罗慕洛，长期担任菲律宾的外交部长，他身高也只有①63米。面对高大的对方，他一点不自卑，却以此自豪。他写了一篇在世界上出名的文章，叫《愿生生世世为矮人》。现在附在下面，读了以后，你就会知道矮子确有矮子的好处。

有一次，在巴黎举行的联合国会议上，我和苏联代表团团长维辛斯基激辩。我讥刺他提出的建议是“开玩笑”。突然之间，维辛斯基把他所有轻蔑别人的天赋都向我发挥出来。他说：“你不过是个小国家的人罢了。”

在他看来，这就是辩论了。我的国家和他的相比，不过是地图上的一点而已。而且我自己穿了鞋子，身高只有1.63米。

即使在我家中，我也是矮子。我的四个儿子全比我高七八厘米。我的太太穿高跟鞋的时候，要比我高寸把。我们婚后，有一次她接受访问，曾谦虚地说：“我情愿躲在我丈夫的影子里，沾他的光。”一个熟悉的朋友就打趣地说：“这样的话，就没有多少地方好躲了。”

我身材矮小，和鼎鼎大名的人物在一起时，常常特别惹人注意。第二次世界大战期间，我是麦克阿瑟将军的副官，他比我高20厘米。那次登陆雷伊泰岛，我们一同上岸，新闻报道说：“麦克阿瑟将军从深及腰部的水中走上了岸，罗慕洛将军和他在一起。”一位专栏作家立即拍电报调查真相。他认为如果水深到麦克阿瑟将军的腰部，我就要淹死了。

我一生当中，常常想到高矮的问题。我但愿生生世世都做矮子。

这句话可能会使你诧异，许多矮子都因为身材而自惭形秽。我得承认，年轻的时候也穿过高底鞋，但用这个法子把身材加高实在不舒服，并不是身体上的，而是精神上的不舒服。

这种鞋子使我感到，我在自欺欺人，于是我再也不穿了。

其实这种鞋子剥夺了我天赋的一大便宜。因为：矮小的人起初总被人轻视，后来，他有了表现，别人就觉得出乎意料，不由得佩服起来，在他们心目中，他的成就格外出色。

有一年我在哥伦比亚大学参加辩论小组，初次明白了这个道理。我因为矮小，所以样子不像大学生，就像小学生。一开始，听众就为我鼓掌助威，在他们看来，我已经居于下风，而大多数人都喜欢看居下风的人得胜。

我一生的境遇都是如此。平平常常的事经我一做，往往就似乎成了惊天动地之举，因为大家对我毫不寄以希望。

1945年，联合国创立会议在旧金山举行，我以无足轻重的菲律宾代表团团长身份，应邀发表演说。讲台差不多和我一样高，等到大家静下来，我庄严地说出这一句话："我们就把这个会场当作最后的战场吧。"全场登时寂然，接着爆发出一阵热烈的掌声。我放弃了预先准备好的演讲稿，畅所欲言，思如泉涌。后来，我在报上看到当时我说了这样一段话："维护尊严、言辞和思想比枪炮更有力量……惟一牢不可破的防线是互助互谅的防线！"

这些话如果是大个子说的，听众可能客客气气地鼓一下掌。但菲律宾那时离独立还有一年，我又是矮子，由我说出来，就有意想不到的效果。从那天起，小小的菲律宾在联合国大会中就被各国当作资格十足的国家了。

矮子还占一种便宜：通常都特别会交朋友。人家总想维护我们，容易对我们推心置腹。大多数的矮子早年就都懂得：友谊和筋骨健硕、力量强大一样重要。

早在1935年，大多数的美国人还不知道我这个人，那时我应邀到圣母大学接受荣誉学位，并且发表演说，那天罗斯福总统也是演讲人。事后他笑吟吟地怪我"抢了美国总统的风头"。

我相信，身材矮小的人往往比高大的人富有"人情味"而平易近人。他们从小就知道自视绝不可太高，身材魁梧的人态度冷峻，别人会说他有"威仪"。但是矮小的人摆出这种架子来，大家就要说他"自大"了。

矮子如果稍有自知之明，很早就会明白脾气是不好随便乱发的。大个子发脾气，可能气势汹汹，矮子就只像在乱吵乱闹了。

一个人有没有用，和个子大小无关。身材矮小可能真有好处。历史上许多伟大的人物都是矮子。贝多芬和纳尔逊都只有1.63米高，但是他们和只有1.52米高的英国诗人济慈及哲学大师康德相比，已经算高大的了。

当然还有一位最著名的矮子是拿破仑。好些心理学家说，历史上之所以有拿破仑时代，完全是拿破仑的身材作祟。人们说，他因为矮小，所以要世人承认他真正是非常伟大的人物，失之东隅，收之桑榆。

木文一开始，我就提到苏联代表维辛斯基因为我胆敢批评他的国家而出言相讥的事，我不喜欢别人以为我任凭他侮辱矮子，而不加反驳。他一说完，我就跳起身来，告诉联合国大会的代表说，维辛斯基对我的形容是正确的，但是我又说："此时此地，把真理之石向狂妄的巨人眉心掷去——使他们行为有些检点，是矮子的责任！"（《圣经》里的典故）维辛斯基凶狠地瞪着眼，但是没有再说什么。

"我愿生生世世做矮人！"这就是罗慕洛流传于世的名言。他不仅正视生活中的自我，极力消除传统文化的偏见，而且因自己与别人的身体的不同而感到快乐和自足。

哈瑞·艾默生·福斯狄克在他那本《洞视一切》的书中说："斯堪的那维亚半岛人有一句俗话，我们都可以拿来鼓励自己：北风造就维京人。我们为什么会觉得，有一个很安全而且很舒服的生活，没有任何困难，舒适与轻闲，这些就能够使人变成好人或者很快乐呢？正相反，那些可怜自己的人会继续地可怜他们自己，即使舒舒服服躺在一个大垫子上的时候也不例外。可是在历史上，一个人的性格和他的幸福，却来自各种不同的环境，好的、坏的，只要他们肩负起他们个人的责任。所以我们再说一遍：北风造就维京人。”

假设我们颓丧到极点，觉得根本不可能把我们的柠檬做成柠檬水。那么，下面是我们为什么应该试一试的两点理由——这两点理由告诉我们，为什么我们只赚而不会赔。

理由第一条，我们可能成功。

理由第二条，即使我们没有成功，只是怀着要化负为正的企图，也就会使我们向前看而不会向后看。所以，用肯定的思想来替代否定的思想，能激发你的创造力，能刺激我们根本没有时间也没有兴趣去忧虑那些已经过去和已经完成的事情。

有一次，世界最有名的小提琴家欧利·布尔举行一次音乐会，他小提琴的A弦突然断了，可是欧利·布尔就用另外的那三根弦演奏完了那支曲子。“这就是生活，”哈瑞·艾默生·福斯狄克说，“如果你的A弦断了，就在其他三根弦上把曲子演奏完。”

这不仅是生活，这比生活更可贵——这是一次生命上的胜利。

要学会化劣势为优势。

不要认为自己一无所有

◎ 对于那些生来一无所有的年轻人，我想向他们表示祝贺，因为他们出生在一个令人荣耀的境地，这种环境注定了他们必须孜孜以求。不懈努力才能够改变自己的处境，才能出人头地。

◎ 如果我能够选择的话，我宁愿给一个年轻人留下一些磨难让他们去承受，去磨砺，而不是留给他万能的金钱，让金钱成为他们的负担和重压。

美国钢铁大王安德鲁·卡内基在一次讲话中这么说过，对于那些生来一无所有的年轻人，我想向他们表示祝贺。因为他们出生在一个令人荣耀的境地，这种环境注定了他们必须孜孜以求、不懈努力，才能够改变自己的处境，才能出人头地。对于一个年轻人而言，他要挎的最重的篮子莫过于一个盛满了各种证券的篮子。他通常会让这个篮子压得摇摇晃晃、站立不稳。在我们的这个城市里有无数的青年，他们依靠自己的力量努力拼搏，站在了最优秀的人群的前列，成为对社会有用的公民。他们无愧于授予他们的所有荣誉。而大部分富豪的子孙们却难以抵制住先辈们留给他们的一大笔财富的诱惑，沦落为对社会没有任何价值的寄生虫。如果我能够选择的话，我宁愿给一个年轻人留下一些磨难让他去承受、去磨砺，而不是留给他万能的金钱，让金钱成为他的负担和重压。值得你们害怕的竞争对手不是来自这个富有的阶层，不是你的那些富有的合作伙伴的后代子孙们，你要时刻警惕的竞争对手是那些来自贫穷家庭的青年们，那些比你还要贫穷的青年人，他们的父母甚至没有能力负担他们在这个学院里上一门课的费用，而你们却拥有这个，能够让你们在自己的同类中有了立于前排的决定性优势。你们要重视这些看来不可能在你这一个职位上向你挑战或是超越你的年轻人。不要轻视那些从普通的学校里走出来，一头扎进工作中的年轻人，也不要轻视那些在办公室里干诸如端茶扫地一类最低等活的年轻人，他很可能就是一匹黑马，你最好还是密切注意他，终有一天他会向你挑战的。

1913年1月5日，凯蒙斯·威尔逊诞生于美国南方孟菲斯市西北的奥西奥拉小城镇。他的父亲查尔斯·凯蒙斯·威尔逊曾在海军服役，当一名司炉工和办事员，后来离开了海军，在国民人寿和意外事故保险公司工作，推销保险。由于工作出色，于1912年接受公司的委派，前往奥西奥拉，在那里开设一个办事处。他的母亲多尔·威尔逊出生在孟菲斯市一个十分贫困的家庭，她10多岁时就去当卖杂货的营业员。他们的小男孩出生了，这时对于这位年纪轻轻又有雄心壮志的保险代理人及其新娘来说，前途看来一片灿烂光明。他们给儿子取名为小查尔斯·凯蒙斯·威尔逊。

可是，仅仅9个月后，悲剧突然袭来。29岁的老凯蒙斯患了重病，是得了一种叫做肌肉萎缩性侧索硬化症的不治之症，支配肌肉运动的神经细胞出现病变衰退，非常痛苦。1913年10月4日，他还来不及看到自己的儿子过3周岁生日便去世了，并留下多尔——年方18岁就成了寡妇和单身母亲。

老凯蒙斯有预见，生前买了一份保价为2 000美元的保险单，死后赔款付给多尔。这笔钱在1913年时是一笔可观的金额。可是，一名没有道德的丧葬用品销售商在同多尔打交道时，利用了年轻寡妇的悲痛心情，劝说她给亡夫大办丧事，从而把根据保险单得到的全部款项耗用殆尽。老凯蒙斯的墓葬颇有气魄，但丧事过后，多尔几乎分文不剩。

正是在那个年代、那个地方，一个年方18岁的寡妇几乎身无分文，却下定主意：任何艰难困苦都阻挡不住自己抚养儿子，并把他培养成将来在世界上有所建树、留下印记的人。

多尔带了她的婴儿回到了孟菲斯市，迁往沃特金斯北街336号自己的母亲处居住。在取得政府补助之前的那段日子里，多尔别无选择，只有走出家门去工作，以养活自己和年幼的儿子。威尔逊后来回忆说："我的母亲找到了一份工作，给一位牙医当助手，每周工资11美元。后来，她当上了一名簿记员。可是，她一个月的收入从来没有超过125美元。此情此景，你能想象得出吗？回首当年，那是何等艰难的岁月，真是度日如年啊！"

在这种困窘的生活环境下，凯蒙斯·威尔逊在年幼时就开始干活挣钱了。经过艰辛的创业历程，威尔逊经营过爆玉米花和弹球机，经营过电影院，幼年艰苦的生活使他成为孟菲斯市最坚定不移、蒸蒸日上的青年企业家之一，而立之年未过，便已创下庞大的事业。

纵观那些世界知名企业家的成功历程，我们会发现他们无一例外都是从一无所有的困境中白手起家，依靠自己坚韧的品质和不懈的努力，创下了引以为傲的世界，由命运的弃儿变成众人称羡的天之骄子。因此，如果你觉得命运对自己太不公平，请记住下面一句话：

> 苦难是金，不要认为自己一无所有。

当太阳升起时再度充满精神

◎ 要树立对自己的信心，对于每一次的挫折与失败，都要微笑地面对，不要害怕，不要退后，因为毕竟你才是自己的主宰。

◎ 成功者之所以成功，正是在于他们不惧怕失败，能在失败之后重新鼓起奋斗的勇气。

一个身处逆境却依旧能含着笑的人，要比一个陷入困境就立即崩溃的人获益更多。处逆境而乐观的人，才具有获得成功的潜质，并且要比一般人更强；而有好多人往往一处逆境，便立刻会感到沮丧，因此达不到他们的目的。

我们生活于一个竞争激烈的世界，人们以成功者及失败者来衡量成就，并且强调每一个胜利都会产生对等的失败。要是一个人赢了，理论上必定有人输了。但事实上，你自己与自己的竞争才是真正重要的。

在通往成功的道路上，能不能经得住失败的考验，决定了能否达到成功的目标。有的人因为失败而徘徊不前，悲观失望，他们往往会由于害怕失败而遭受到更多的失败，最终落于人后；有的人却是微笑地面对失败，从哪里跌倒再从哪里爬起来，用信心和勇气来战胜失败，他们往往都是踏上了成功巅峰的出类拔萃的人。

在我们的社会上，绝没有郁郁不乐者、忧愁不堪者或陷于绝望者的地位。如果一个人在他人面前总是表现出郁郁不乐，就没有人愿意同他在一起，人们都要避而远之。

人类的天性是喜欢与和谐快乐的人相处。一个人不应该做情绪的奴隶，让一切行动皆受制于自己的情绪，人应该反过来控制自己的情绪。无论你周围的境况怎样的不利，你也应当努力去支配你的环境，把自己从黑暗中拯救出来。当一个人有勇气从黑暗中抬起头来，面向光明大道走去后，后面便不会有阴影了。

许多人在疲累或沮丧的时候，会面对自己日常的工作而感到困惑："究竟我做的这一切有什么用处？"

在这里，我把自己一生所获得的最切实的感受告诉大家：

"要树立自己的信心，对于每一次的挫折与失败，都要微笑地面对，不要害怕，不要后退，因为毕竟你才是自己的主宰。"

心态会带给你成功。当你在和失败战斗时，就是你最需要积极心态的时候。当你处于逆境时，你必须花数倍的心力，去建立和维持自己的积极心态。同时也应动用你对自己的信心以及你的明确目标，将积极心态化为具体行动。

在经过对无数成功者成功秘诀的深入探讨之后，我们更有理由相信这一点："成功者之所以成功，正是在于他们不惧怕失败，能在失败之后重新鼓起奋斗的勇气。"

只有在现实生活中拥有百折不挠的勇气的人，才能深刻地领会"失败是成功之母"这句话的真正含义。

1510年，帕里斯出生在法国南部，他一直从事玻璃制造业，直到有一天看到一只精美绝伦的意大利彩陶茶杯。这一下，改变了他一生的命运。

“我也要造出这样美丽的彩陶。”这是他当时惟一的信念。

他建起烤炉，买来陶罐，打成碎片，开始摸索着进行烧制。

几年下来，碎陶片堆得像小山一样，可他心目中的彩陶却仍不见踪影，他甚至无米下锅了。他只得回去重操旧业，挣钱来生活。

他赚了一笔钱后，又烧了三年，碎陶片又在砖炉旁堆成了山，可仍然没有结果。

以后连续几年，他挣钱买燃料和其他材料，不断地试验，都没有成功。

长期的失败使人们对他产生了看法，都说他愚蠢，是个大傻瓜，连家里人也开始埋怨他。他也只是默默地承受。

试验又开始了，他十多天都没有脱衣服，日夜守在炉旁。

燃料不够了。他拆了院子里的木栅栏，怎么也不能让火停下来呀！

又不够了！他搬出了家具，劈开，扔进炉子里。

还是不够，他又开始拆屋子里的木板。劈劈啪啪的爆裂声和妻子儿女们的哭声，让人听了鼻子都是酸酸的。

马上就可以出炉了，多年的心血就要有回报了，可就在这时，只听炉内“嘭”的一声，不知是什么爆裂了。所有的产品都沾染上了黑点，全成了次品。

眼看到手的成功，又失败了！

帕里斯也感受到了巨大的打击，他独自一人到田野里漫无目的地走着。不知走了多长时间，优美的大自然终于使他恢复了心里的平静，他平静地又开始了下一次试验。

经过16年无数次的艰辛历程，他终于成功了，而这一刻，他却一片平静。

他的作品成了稀世珍宝，价值连城，艺术家们争相收藏。他烧制的彩陶瓦，至今仍在法国的罗浮宫上闪耀着光芒。

帕里斯的成功之路是艰辛而漫长的。他的成功来得何等不易。在一次又一次的失败中一次又一次地重新站起，这正是帕里斯的成功所在。

影响人类成功最坏的敌人，便是思想的不健康，便是以沮丧的心情来怀疑自己的生命。其实，一切事情，全靠我们的勇气，和我们对自己有信仰，全靠我们对自己有一个乐观的态度。惟有如此，方能成功。然而一般人处于逆境的时候，或是碰到沮丧的事情，处于充满凶险的境地时，他们往往会让恐惧、怀疑、失望的思想来捣乱，于是丧失了自己的意志，以致使自己多年以来的计划毁于一旦。有很多人如同从井底向上爬的青蛙，辛辛苦苦向上爬，但是一旦失足，就前功尽弃。

突破困境，首先在于要肃清胸中快乐和成功的仇敌，其次在于要集中思想，坚定意志。只有运用正确的思想，并抱着坚定的精神，才能战胜一切逆境。

一个在思想心智上训练有素的人，能够做到在几分钟内从忧愁的思想中解脱出来。但是大多数人却不能排除忧愁去接受快乐，不能消除悲观去接受乐观。他们把心灵的大门紧紧地封闭起来，虽然费力在那里挣扎，却没什么成效。

人在忧郁沮丧的时候，要尽量改换自己的环境。但是，对于使自己痛苦的问题，不要过多去思考，不要让它再占据你的心灵，而要尽力想着最快乐的事情。对待他人，也要表现出最仁慈、最亲热的态度，说出最和善、最快乐的话，要努力以快乐的情绪去感染你周围的人。这样做以后，思想上黑暗的影子，必将离你而去，而那快乐的阳光将映照你的一生。

诗人马伦在一篇名为《机会》的诗中写出了积极心态的力量：

我哭不是因为失去了宝贵的机会；

我流泪不是因为精华岁月已成云烟；

每天晚上我都烧毁当天的记录；

当太阳升起又再度充满了精神。

像个小孩子似的嘲笑已顺利完成的光彩，

对消失的欢乐不闻不问；

我的思考力不再让逝去的岁月重回眼前；

但却尽情地迎向未来。

恐惧、自我设限以及接受失败，最后只会像莎士比亚所说的使你“困在沙洲和痛苦之中”，但是你可借着信心、积极心态和明确目标来克服这些消极心态。

如果你能在失败之后，重新鼓起奋争的勇气，你就会离成功越来越近。而做到这一点，则取决于你积极的心态。面对失败时，要记住让自己的灵魂“在太阳升起时再度充满精神”。

当太阳升起时再度充满精神。

第八章

迈向活力的巅峰

你为什么会疲劳

◎ 我们所感到的疲劳绝大部分是由于心理的影响。事实上，纯粹由生理引起的疲劳是很少的。

◎ 一个坐着工作的人，如果健康情形良好的话，他的疲劳100%是受心理因素，也就是情感因素的影响。

◎ 困难的工作本身很少造成好好休息之后不能消除的疲劳……忧虑、紧张和情绪不安，才是产生疲劳的三大原因。

◎ 你在任何时候都能放松，任何地方也能放松，只是不要花费力气去让自己放松。

有一个很令人吃惊而且非常重要的事实：单单用脑不会使你疲倦。这句话听起来非常荒谬，可是几年之前，科学家曾试图了解，人类的脑子能够工作多久而不致使“工作效率降低”，也就是科学上对疲劳的定义。令这些科学家们非常吃惊的是，他们发现通过活动中的脑细胞的血液，毫无疲劳的迹象；但如果你由一个正在做工的人的血管里抽出血液，就会发现血液里充满了“疲劳毒素”和各种废物。但是如果你从爱因斯坦的脑部抽出血来，即使是在一天的终了，也不会有任何疲劳毒素在内。

如果只用脑的话，那么，“在8个甚至12个小时之后，工作能量还像开始时一样地迅速和有效率”，脑部是完全不会疲倦的……那么是什么使你疲倦呢?

心理治疗专家大都认为，我们所感到的疲劳，多半是由精神和情感因素所引起的。英国最有名的心理分析家J.A.哈德菲尔德在他那本《权力心理学》里说：“我们所感到的疲劳绝大部分是由于心理的影响。事实上，纯粹由生理引起的疲劳是很少的。”

一位美国著名的心理分析家A.A.布里尔博士说得更详细。他说：“一个坐着工作的人，如果健康情形良好的话，他的疲劳100%是受心理因素，也就是情感因素的影响。”

什么心理因素会影响到坐着不动的工作者，而使他们疲劳呢?是快乐?是满足吗?不是的，绝不是这样！而是烦闷、懊恨，一种不受欣赏的感觉，一种无用的感觉，过于匆忙、焦急、忧虑……这些都是使那些坐着工作的人精疲力竭的心理因素。它们使他容易感冒，减少他的工作成绩，而且会让他回家的时候带着神经性的头痛。不错，我们之所以感到疲劳，是因为我们的情绪使我们的身体紧张。

大都会人寿保险公司，在一本讨论疲劳的小册子上特别指出了这一点。“困难的工作本身，”这本小册子上说，“很少造成好好休息之后不能消除的疲劳……忧虑、紧张和情绪不安，才是产生疲劳的三大原因。通常我们以为是由劳心劳力所产生的疲劳，实际上都应该怪在这三个原因之上……请记住！紧张的肌肉，就是正在工作的肌肉，应该要放松，把你的体力储备起来，以应付更重要的责任。”

为什么我们在劳心的时候，也会产生这些不必要的紧张呢?丹尼尔·乔斯林说：“我发现主要的原因……是几乎所有的人都相信，越是困难的工作，越要有一种用力的感觉，否则做出来的成绩就不够好。”所以我们一集中精神就皱起了眉头，耸起了肩膀，要所有的肌肉都来“用力”。事实上这对我们的思考，根本没有丝毫帮助。

碰到这种精神上的疲劳，应该怎么办呢？要放松！放松！再放松！要学会在工作时放轻松一点。

这很容易吗？那才不，你恐怕得把你养成了一辈子的习惯都改过来。可是花这种力气是值得的，因为这样可以使你的生活起革命性的变化。威廉·詹姆斯，在他那篇题名《论放松情绪》的文章里说：“过度紧张、坐立不安、着急以及紧张痛苦的表情……这是一种坏习惯，不折不扣的坏习惯。”紧张是一种习惯，放松也是一种习惯，而坏习惯应该祛除，好习惯应该养成。

你怎样才能放松呢？是该先从思想开始，还是该从你的神经开始呢？二者都不是。你应该先放松你的肌肉。

让我告诉你应该怎么做。我们先从你的眼睛开始，先把这一段读完，当你读完之后，把头向后靠，闭起你的眼睛来。然后默不出声地对你的眼睛说：“放松，放松；不要紧张，不要皱眉头；放松，放松。”如此慢慢地重复、再重复念一分钟……

你是否注意到，经过几秒钟之后，你眼睛的肌肉就开始服从你的命令了？你是否觉得，有一只无形的手把这些紧张的情绪都驱走了。噢，虽然看起来令人难以置信，可是在这一分钟里，你却已经试过了放松情绪艺术的全部关键和秘诀。你可以用同样的办法放松你的脸部肌肉、头部、肩膀、整个身体。但是你全身最重要的器官，还是眼睛。芝加哥大学的爱德蒙德·雅各布森博士曾说，如果你能完全放松眼部肌肉，你就可以忘记你所有的烦恼了。在消除神经紧张时，眼睛之所以这样重要，是因为它们消耗了全身散发出来能量的1/4。这也就是为什么很多眼力很好的人，却感到“眼部紧张”，因为他们自己使眼部感到紧张。

以写长篇小说著名的女作家维基·鲍姆曾说，她小时候遇见一位老人，教了她一生所学过的最重要的一课。她摔了一跤，跌破了膝盖，还扭伤了手腕。那个以前在马戏团当小丑的老人把她扶了起来，在帮她把身上灰尘拂干净的时候，老人说："你之所以会碰伤，是因为你不知道怎样放松你自己。你应该假装你自己软得像一只袜子，像一只穿旧了的袜子。来，我来教你怎么做。"

那个老头子就教她和其他的孩子们怎么样跑，怎么样跳，怎么样翻筋斗，还一直教他们说："要把你自己想象成一只旧袜子，那你就能放松了。"

任何时候都能够放松，任何地方你也能够放松，只是不肯花费力气去让自己放松。所谓放松，就是消除所有的紧张和力气，只想到舒适和放松。开始的时候先想怎样放松你眼部的肌肉和脸上的肌肉，不停地说着："放松……放松……"放松，再放松。要感觉到你的体力，由你的脸部肌肉，一直到你身体的中心。要使你自己像孩子一样完全没有紧张的感觉。

这也是著名的女高音盖莉·库尔奇所用的办法。海伦·吉卜森告诉过我，他常常看见盖莉·库尔奇在表演之前坐在一张椅子上，放松全身的肌肉，而且下颚松得像脱臼似的。这种做法非常不错——可以使她在登台的时候，不至于感到太紧张，也可以防止疲劳。

下面是帮你学会怎样放松的五项建议：

①请看关于这方面的一些好书——大卫·哈罗·芬克博士所写的《消除神经紧张》。我也建议你看一看这本书——由丹尼尔·乔斯林所写的《为什么会疲倦》。

②随时放松自己，使你的身体软得像一只旧袜子。我工作的时候，常在书桌上放一只红褐色的旧袜子，提醒我应该放松到什么程度。如果你找不到一只旧袜子的话，一只猫也可以。你有没有抱过在太阳底下睡觉的猫呢？当你抱起它来的时候，它的头就像打湿了的报纸一样垮下去。印度的瑜伽术也教你，如果你想放松，应该多去学学

猫。要是你能像猫一样地放松自己，大概就能避免这些问题了。

③工作时采取舒服的姿势。要记住，身体的紧张会产生肩膀的疼痛和精神上的疲劳。

④每天自我检讨5次，问问你自己："我有没有使我的工作变得比实际上更重？我有没有用一些和我的工作毫无关系的肌肉？"这些都有助于你养成放松的好习惯。就像大卫·哈罗·芬克博士所说的："那些对心理学最了解的人们，都知道疲倦有2/3是习惯性的。"

⑤每天晚上再检讨一次，问问你自己："我有多疲倦？如果我感觉疲倦，这不是我过分劳心的缘故，而是因为我做事的方法不对。""我算算自己的成绩，"丹尼尔·乔斯林说，"不是看我在一天完了之后有多疲倦，而是看我有多不疲倦。"他说："当那一天过完而我感到特别疲倦时，或者是我感觉我的精神特别疲乏的时候，我会毫无问题地知道，这一天不论在工作的质和量上都做得不够。如果每一位生意人都能学会这一点，因为神经紧张而引起疾病致死的比率，就会马上降低了，而且在我们的精神疗养院里，也不会再有那些因为疲劳和忧虑，导致精神崩溃的人。"

努力放松自己。

每日多清醒一小时

◎ 防止疲劳和忧虑的第一条规则是，经常休息，在你感到疲倦以前就休息。

◎ 爱迪生认为他无穷的精力和耐力，都来自他能随时想睡就睡的习惯。

◎ 休息并不是绝对什么事都不做，休息就是"修补"。

◎ 在你感到疲劳之前先休息，这样你每天清醒的时间，就可以多增加一小时。

在这本谈论如何防止忧虑的书里，我为什么要写进防止疲劳的问题呢？很简单，因为疲劳容易使人产生忧虑，或者至少会使你较容易忧虑。任何一个还在学校里学医的学生都会告诉你，疲劳会减低身体对一般感冒和疾病的抵抗力；而任何一位心理治疗家也会告诉你，疲劳同样会减低你对忧虑和恐惧等等感觉的抵抗力，所以防止疲劳也就可以防止忧虑。

我是否说“可以防止不快乐”呢？这话说得太温和了些。艾德蒙·雅各布森医生说得更清楚。雅各布森医生是芝加哥大学实验心理学实验室的主任，他写过两本关于如何放松紧张情绪的书——《消除紧张》和《你必须放松紧张情绪》。他花过好多年的时间，主持研究放松紧张情绪的方法在医疗上的用途。他认为任何一种精神和情绪上的紧张状态，“在完全放松之后就不可能再存在了”。这也就是说，如果你能放松紧张情绪，就不可能再继续忧虑下去。

所以要防止疲劳和忧虑，规则第一条就是：经常休息，在你感到疲倦以前就休息。

这一点为什么重要呢？因为疲劳增加的速度快得出奇。美国陆军曾经进行过好几次实验，证明即使是年轻人——经过多年军事训练而很坚强的年轻人——如果不带背包，每一小时休息10分钟，他们行军的速度就会加快，也更持久，所以陆军强迫他们这样做。你的心脏也正和美国陆军一样的聪明。你的心脏每天压出来流过你全身的血液，足够装满一节火车上装油的车厢；每24小时所供应出来的能力，也足够用铲子把20吨的煤铲上一个3尺高的平台所需的能量。你的心脏能完成这么多令人难以相信的工作量，而且持续50、70，甚至可能90年之久。你的心脏怎么能够承受得了呢？哈佛医院的沃尔特·加农博士解释说：“绝大多数人都认为，人的心脏整天不停地在跳动着。事实上，在每一次收缩之后，它有完全静止的一段时间。当心脏按正常速度每分钟跳动70次的时候，一天24小时里实际的工作时间只有9小时，也就是说，心脏每天休息了整整15个小时。”

在第二次世界大战期间，丘吉尔已经六七十岁了，却能够每天工作16小时，一年一年地指挥大英帝国作战，实在是一件很了不起的事情。他的秘诀在哪里？他每天早晨在床上工作到11点，看报告、口述命令、打电话，甚至在床上举行很重要的会议。吃过午饭以后，再上床去睡一个小时。到了晚上，在8点钟吃晚饭以前，他要再上床去睡两个小时。他并不是要消除疲劳，因为他根本不必去消除，他事先就防止了。因为他经常休息，所以可以很有精神地一直工作到半夜之后。

约翰·洛克菲勒也创造了两项惊人的纪录：他赚到了当时全世界为数最多的财富，也活到98岁。他如何做到这两点呢？最主要的原因当然是，他家里的人都很长寿；另外一个原因是，他每天中午在办公室里睡半个小时午觉。他会躺在办公室的大沙发上——而在睡午觉的时候，哪怕是美国总统打来的电话，他都不接。

在那本名叫《为什么要疲倦》的书里，丹尼尔说：“休息并不是什么事都不做，休息就是修补。”在短短的休息时间里，就能有很强的修补能力；即使只打5分钟的瞌睡，也有助于防止疲劳。棒球名将康尼·麦克告诉我，每次出赛之前如果他不睡午觉的话，到第五局就会觉得筋疲力尽了。可是如果他睡午觉，哪怕只睡5分钟，也能够赛完全场，并且一点也不感到疲劳。

我曾问过埃莉诺·罗斯福夫人，当她在白宫当第一夫人的12年里，如何应付那么紧凑的节目。她对我说，每次接见一大群人或者是要发表一次演说之前，她通常都坐在一张椅子或是沙发上，闭起眼睛休息20分钟。

我最近到麦迪逊广场花园，去拜访吉恩·奥特里这位参加世界骑术大赛的骑术名将。我注意到他的休息室里放了一张行军床。“每天下午我都要在那里躺一躺，”吉恩·奥特里说，“在两场表演之间睡一个小时。当我在好莱坞拍电影的时候，”他继续说道，“我常常靠坐在一张很大的软椅子里，每天睡两次午觉，每次10分钟，这样可以使我精力充沛。”

爱迪生认为他无穷的精力和耐力，都来自他能随时想睡就睡的习惯。

在亨利·福特过80岁大寿之前，我去访问过他。我实在猜不透他为什么看起来那样有精神，那样健康。我问他秘诀是什么，他说：“能坐下的时候我决不站着，能躺下的时候我决不坐着。”

被称为“现代教育之父”的霍勒斯·曼在他年事稍长之后也是这样。当他担任安蒂奥克大学校长的时候，常常躺在一张长沙发上和学生谈话。

我曾建议好莱坞的一位电影导演试试这一类的方法，他后来告诉我说，这种办法可以产生奇迹。我说的是杰克·切尔托克，他是好莱坞最有名的大导演之一。几年前他来看我的时候，他是M—G—M公司短片部的经理，他说他常常感到劳累和筋疲力尽。他什么办法都试过，喝矿泉水、吃维他命和别的补药，但对他一点帮助也没有。我建议他每天去“度假”。怎么做呢？就是当他在办公室里和手下开会的时候，躺下来放松自己。

两年之后，我再见到他的时候，他说：“出现了奇迹，这是我医生说的。以前每次和我手下的人谈短片的时候，我总是坐在椅子里，非常紧张。现在每次开会的时候，我躺在办公室的长沙发上。我现在觉得比我20年来都好过多了，每天能多工作两个小时，同时很少感到疲劳。”

你是如何使用这些方法的呢？如果你是一名打字员，你就不能像爱迪生或是山姆·戈尔德温那样，每天在办公室里睡午觉；而如果你是一个会计员，你也不可能躺在长沙发上跟你的老板讨论账目的问题。可是如果你住在一个小城市里，每天中午回去吃中饭的话，饭后你就可以睡10分钟的午觉。这是马歇尔将军常做的事。在第二次世界大战期间，他觉得指挥美军部队非常忙碌，所以中午必须休息。如果你已经过了50岁，而觉得你还忙得连这一点都做不到的话，那么赶快买人寿保险吧——最近葬礼的费用涨得相当高，而且这种事都来得非常突然，而那位小女人也许想拿你的保险金，去嫁一个比你年轻的男人呢！

如果你没有办法在中午睡个午觉，至少要在吃晚饭之前躺下休息一个小时，这比喝一杯饭前酒要便宜得多了。而且算起总账来，比喝一杯酒还要有效5467倍。如果你能在下午5点、6点或者7点钟左右睡一个小时，你就可以在你生活中每天增加一小时的清醒时间。为什么呢？因为晚饭前睡的那一个小时，加上夜里所睡的6个小时——一共是7小时——对你的好处比连续睡8个小时更多。

从事体力劳动的人，如果休息时间多的话，每天就可以做更多的工作。弗雷德里克·泰勒，在贝德汉钢铁公司担任科学管理工程师的时候，就曾以事实证明了这件事情。他曾观察过：工人每人每天可以往货车上装大约12.5吨的生铁，而通常他们中午时就已经精疲力竭了。他对所有产生疲劳的因素做了一次科学性的研究，认为这些工人不应该每天只送12.5吨的生铁，而应该每天装运47吨。照他的计算，他们应该可以做到目前成绩的4倍，而且不会疲劳，只是必须要加以证明。

泰勒选了一位施密特先生，让他按照马表的规定时间来工作。有一个人站在一边拿着一只马表来指挥施密特："现在拿起一块生铁，走……现在坐下来休息……现在走……现在休息。"

结果怎样呢？别的人每天只能装运12.5吨的生铁，而施密特每天却能装运到4⑦5吨生铁。而当弗雷德里克·泰勒在贝德汉姆钢铁公司工作的那3年里，施密特的工作能力从来没有减低过，他之所以能够做到，是因为他在疲劳之前就有时间休息：每个小时他大约工作26分钟，而休息34分钟。他休息的时间要比他工作的时间多——可是他的工作成绩却差不多是其他人的4倍！

让我再重复一遍：照美国陆军的办法去做——常常休息；照你自己心脏做事的办法去做——在你感到疲劳之前先休息，这样你每天清醒的时间，就可以多增加一小时。

每日多清醒一小时。

一张抗疲劳的良方

◎ 如果你在一天之中没有笑，那你这一天就算白活了。

◎ 英国哲学家斯宾赛说："生命的潮汐因快乐而升，因痛苦而降。"

◎ "一笑解千愁"，"乐而忘忧"，笑能使人驱散忧虑和压抑的消极情绪，使人变得快乐。

笑口常开，青春常在。经常笑的人，会比心情郁闷、整天绷着脸的人拥有更多青春活力，同时，也更健康。

中国著名科普作家高士其曾高度评价笑的作用，他指出："笑，是治病的偏方，是健康的使者。"

传说神医华佗有一天路过一个村庄，看见一对小姐妹眼睛红肿如桃。华佗询问得知姐妹因失去双亲，日思夜哭，眼患重疾。华佗告诉他们："你们只要每日在足心抓49下，过半个月，病就会好的。不过，要当心，抓多了不灵，抓少了不行。"妹妹一有空就抓起来，手指一触足心就发痒，忍不住就笑，果然，不到半个月，眼疼就获痊愈，可谓“笑到病除”。可姐姐不相信，未按华佗医嘱去抓，两眼仍然红肿。

笑能使人精神愉悦，同时还对心脏大有好处；相反，心情沮丧则不利于身体健康，甚至会增加早死的危险。马里兰大学的迈克尔·米勒博士表示，笑给心血管带来的好处就像锻炼可以给心血管带来好处一样，因为笑可以促使血液流通。而北卡罗莱纳大学的另一项研究则表明，心情沮丧或缺少笑容常常与诸如抽烟、吸毒等不健康的生活习惯联系在一起，同时还能将死亡的危险增加44%。

在调查过程中，米勒选择了20部让人发笑的喜剧片或是会使人紧张不安的悲剧片，并让20名平均年龄为33岁的，不吸烟、身体健康的志愿者观看这些影片。当志愿者观看影片时，研究人员检测他们血管内发生的变化。研究显示，观看悲剧片时，20名志愿者中有14人胳膊上的动脉血流量减少；相反，在观看喜剧影片时，20人中有19人的血流量增加。研究人员得到的结论是，在笑的时候，血流量会平均增加22%；而当人们有了精神压力时，血流量则会减少35%。

由此，米勒博士得出这样的结论，笑和做有氧运动时差不多，但笑可以使我们远离由运动带来的伤痛和肌肉紧张等不良影响。但是，他也同时表示，笑也不可能取代体育锻炼，两者应该有规律地同时进行。他说：“我们建议人们一周进行3次体育锻炼，每次30分钟；另外，每天要笑15分钟，这样会对人们保持活力和身体健康有好处。”

现在，世界各国的人们逐步认识到乐观幽默在生活和事业中的重要作用，于是都纷纷做出努力，千方百计地创造条件，让大家生活得快乐些。这些年，几乎在全世界都掀起了一股漫画热。尤其是在日本，漫画达到了风靡的程度，以至于形成了一种所谓漫画文化，使漫画成了与空气一样不可缺少的东西。现在日本最畅销的报刊就是漫画报刊。

据统计，漫画杂志一年可销售1⑥8亿册，平均每个日本人一年购买15册。人们认为，日本漫画热的形成首先是因为日本社会的高度紧张，人们都很疲劳，为了松弛一下，便纷纷逃到漫画世界里去。而现在，日本的一些漫画家甚至把一些难读难解的书籍如经济、历史等方面的著作也编成漫画。人们在轻松地阅读中领略到笑意，在笑意中理解书的内容，可真是寓教于乐。

我们在前文说过，笑是一种有益的健身锻炼，笑有利于消化、循环和新陈代谢，重要的是笑有助于乐观地对待现实。生活中如果没有了笑声，人就会生病，并使病情日趋严重，而幽默则能激起内分泌系统的积极活动进而有效地解除病痛。

乐观、愉快、喜悦、幽默和笑，都能使大脑皮层处于中等兴奋状态。这是一种最佳情绪和最佳心理状态。在这种最佳情绪和最佳心理状态下，大脑皮层对身体内外的刺激都产生最佳反应，并发出最佳指令，从而使身体各部分得到最佳调节，使生命活力和抵抗力得到最佳表现，从而最有利于身心，并能战胜各种疾病的侵袭；同时，它能使人的才能、智力、体力和创造力得到最佳发挥，所以又最有利于获得事业的成功和取得最佳的成就。

由此，我们认为，乐观的情绪是保健延年的最佳药方，是成就事业的最佳方法。健康的大笑是消除疲劳的最好方法，也是一种很愉快的发泄不良情绪的好方式。而看看喜剧或是听听笑话，从而引发内心的喜悦，让你由心底发出笑意也是一个松弛神经的好方法。

生理学家对笑的生理学原理进行了认真的研究，得出的结论是：笑具有很好的医疗效果。其中包括笑对血压的冲击力、对神经内分泌的反应、对呼吸的良好影响作用。

莎士比亚曾说过一句话："如果你在一天之中没有笑，那你这一天就算是白活了。”医学证明人在幽默欢乐的过程中，会引起荷尔蒙的改变，与长寿有着积极联系。

现在一些保健专家也建议：医生不要犹豫为病人开出“笑”的处方，给他们指出适当的笑的频率，教给病人一些发笑方法，这对健康和长寿是有益无害的。

归纳起来，笑有6大好处：

①增强肺的呼吸功能，清洁呼吸道；

②抒发健康的情感；

③消除神经紧张现象，使肌腱放松；

④散发多余的精力，驱除愁闷；

⑤减轻社会束缚感；

⑥克服羞怯心理，乐观地面对现实。

我相信，本书的很多读者会像奥尔嘉·加维一样，具有那种意志力和内在力量。她住在爱达和州，在最悲惨的情况之下，发现自己还能停止忧虑。我非常坚定地相信你和我也都能那样做，只要我们应用这本书里所讨论的一些很古老的道理。下面就是奥尔嘉·加维所写的故事：

“八年半以前，医生宣告我将不久于人世，会很慢、很痛苦地死去。国内最有名的医生——梅奥兄弟也证实了这个诊断。我走投无路，死亡就要扑向我。我还很年轻，我不想死，绝望之余，我打电话找到了我的医生，告诉他我内心的绝望。他有点不耐烦地拦住我说：‘怎么回事，奥尔嘉？难道你一点斗志也没有吗？你要是一直这样哭下去的话，毫无疑问，你一定会死。不错，你碰上了最坏的情况。要面对现实，不要忧虑，然后想点办法。’就在那一刹那，我发了一个誓，我是如此坚决以至于连指甲都深深地掐进肉里，而且背上一阵发冷：‘我不会再忧虑，我不会再哭泣，如果还有什么需要我常常想的，那就是我一定要赢！我一定要继续活下去！’

“在不能用镭照射的情况之下，每天只能用X光照射10分半钟，连续照30天。但他们每天为我照了14分半钟的X光，照了49天。虽然我的骨头在我瘦削的身体里撑出来，像是荒凉山边的岩石，虽然我的两脚重得像铅块，我却不忧虑，也没哭过一次。我面带微笑，不错，我的的确确在勉强自己微笑。

“我不会傻到以为只要微笑就能治疗癌症。可是我的确相信，愉快的精神状态有助于抵抗身体的疾病。总之，我经历了一次治愈癌症的奇迹。在过去这些年里，我再也没有像现在这么健康过，这都多亏了这句富于挑战性和战斗性的话：‘面对现实，不要忧虑，然后想点办法。’”

在这一节结束的时候，我要再重复一次亚历西斯·卡瑞尔博士的这句话：“不知道怎样抗拒忧虑的人都会短命而死。”

笑可以让你恢复健康与活力。

四个工作的好习惯

◎ 清除你桌上所有的纸张，只留下与你正要处理的问题有关的东西。

◎ 根据事情的重要程度来做事。

◎ 当你碰到问题时，如果必须做决定，就当场决定，不要迟疑不决。

◎ 学会如何组织、分层管理和监督。

良好的工作习惯可以让一个人保持充沛的精力和持续高效地工作。下面我们为你推荐四种良好的工作习惯，可以让你高效工作，摆脱疲劳的困境。

良好的工作习惯之一：清除你桌上所有的纸张，只留下与你正要处理的问题有关的东西。

芝加哥与西北铁路公司的总裁罗兰德·威廉姆斯说："一个桌上堆满很多种文件的人，若能把他的桌子清理开来，留下手边待处理的一些，就会发现他的工作更容易，也更实在。我称之为家务料理，这是提高效率的第一步。"

如果你走进位于华盛顿特区的国会图书馆，你就可以看到天花板上悬挂着几个字，这是著名诗人波普曾写过的一句话："秩序，是天国的第一条法则。"

秩序也应该是商界的第一条法则。但是否如此呢？一般生意人的桌上，都堆满了可能几个礼拜都不会看一眼的文件。一家新奥尔良的报纸发行人有一次告诉我，他的秘书帮他清理了一张桌子，结果发现了一部两年来一直找不着的打字机。

光是看见桌上堆满了还没有回的信、报告和备忘录等等，就足以让人产生混乱、紧张和忧虑的情绪。更坏的事情是，经常让你想到"有一百万件事情待做，可自己就是没有时间去做它们"，这样不但会使你忧虑得感到紧张和疲倦，也会使你忧虑得患高血压、心脏病和胃溃疡。

宾夕法尼亚大学医学院的教授约翰·斯托克博士，曾在美国医药学会全国大会上宣读过一篇论文——题目叫做"生理疾病所引起的心理并发症"。在这篇论文里，斯托克博士在一项"病人心理状况研究"的题目下，共列出了11种情况，下面就是其中的第一种：

"总是有一种必须去做或是不得不做的感觉，总是感到有做不完的事情，而且必须去做。"

像清理桌子，作出各种决定等等，这些简单的事情怎么能帮你避免那些很重的压力——那种"不得不做"，以及那种"必须做而且永远也做不完"的感觉呢？著名的心理治疗家威廉·萨德勒博士，就让一个病人用这种简单的办法避免了精神崩溃。这个病人是芝加哥一家大公司的高级主管，当他初到萨德勒博士诊所去的时候，非常紧张不安，而且很忧虑。他知道他可能精神崩溃了，可是他没有办法辞去工作。他需要有人帮助他。

“当这个人正把他的问题告诉我的时候，”萨德勒博士说，“我的电话铃响了起来，是医院打来的电话。我没有过多讨论这些问题，当场就下了决定。我总是尽可能当场解决问题。我刚把电话挂上，铃声又响了。这次又是一件很紧急的事情，我花了一点时间讨论。第三次来打扰的是我的一个同事，为了他一个病得很重的病人来问我的意见。当我和他讨论完了以后，我转过身来准备向我的病人道歉，因为我一直让他在旁边等着。可是他脸上的表情完全不一样，非常的开心。”“不必道歉了，大夫，”这个人对萨德勒说，“在刚才的那10分钟里，我想我已经知道我的问题在哪里了。我现在要动身回到我自己的办公室里，改一改我的工作习惯……可是在我走之前，你能不能让我看看你的书桌呢？”

萨德勒博士打开他书桌的几个抽屉，里面都是空的，一只放了一些文具。“请你告诉我，”那位病人说，“你没有办完的公事都放在哪里？”

“都做完了。”萨德勒说。

“那么你还没有回的信放在哪里呢？”

“都回了，”萨德勒告诉他说，“我的规则是，信决不放下来。我都是马上口述回信，让我的秘书打字。”

六个礼拜之后，那位高级主管把萨德勒博士请到自己的办公室去。他整个地改变了，他的办公桌也不一样了。他打开办公桌的抽屉，抽屉里不再有还没做完的公事。“六个礼拜以前，”这位高级主管说，“我在两个办公室里有三张写字台，我整个人都埋在工作里，事情永远也做不完。当我和你谈过以后，我回到办公室里，清出一大车报表和旧文件。现在我的工作只需要一张写字台，事情一到马上就办完。这样就不再会有堆积如山的没有做完的公事威胁我，让我紧张和忧虑。可是，最让我想不到的是，我完全恢复了健康，现在一点病也没有了。”

以前担任过美国最高法院大法官的查尔斯·伊文斯·休斯说：“人不会死于工作过度，而会死于浪费和忧虑。”不错，死于浪费精力——而他们之所以忧虑，是因为他们的工作似乎永远做不完。

良好的工作习惯之二：按照事情的重要程度来做事。

查尔斯·卢克曼，从一个默默无闻的人，在12年之内，变成了派索登特公司的董事长，每年有10万美元的年薪，另外还能赚100万美元——他说这都是归功于他能够根据事情的轻重缓急行事的能力。

查尔斯·卢克曼说：“就我记忆所及，我每天早上都在5点钟起床，因为那时候我的思想要比其他时间更清楚——那时候我可以考虑周到，计划一天的工作。计划去按事情的重要程度来决定做事的先后次序。”

弗兰克·贝特吉是美国最成功的保险推销员之一，他不会等到早上5点钟才计划他当天的工作。他在头一天晚上就已经计划好了。他替自己订下一个目标，订下一个一天要卖掉多少保险的目标。要是他没有做到，差额就加到第二天——依此类推。

我由长久以来的经验知道：一个人不可能总按事情的重要程度，来决定做事的先后次序。可是我也知道，按计划做事，绝对要比随兴之所至而去做事好得多。

如果萧伯纳没有坚持该先做的事情就先做的这个原则，他也许就不可能成为一个作家，而一辈子做一个银行出纳员了。他拟定计划，每天一定要写5页。这个计划使他每天5页地写了9年。虽然在这9年里他一共只得了30几块美元——大约每天只得到一毛钱。就连漂流在荒岛上的鲁滨逊，也订出每天每一个钟点应该做些什么事的计划。

良好的工作习惯之三：当你碰到问题时，如果必须做决定，就当场决定，不要迟疑不决。

我以前的一个学生——已故的H.P.豪威尔告诉我，当他在美国钢铁公司任董事的时候，开起董事会总要花很长的时间——在会议里讨论很多很多的问题，达成的决议却很少。其结果是，董事会的每一位董事都得带着一大包的报表回家去看。

最后，豪威尔先生说服了董事会，每次开会只讨论一个问题，然后作出结论，不耽搁、不拖延。这样所得到的决议也许需要更多的资料加以研究，也许有所作为，也许没有，可是无论如何，在讨论下一个问题之前，这个问题一定能够达成某种决议。豪威尔先生告诉我，结果非常惊人，也非常有效。所有的陈年旧账都清理了，日历上干干净净的，董事也不必再带着一大堆报表回家，大家也不会再为没有解决的问题而忧虑。

这是个很好的办法，不仅适用于美国钢铁公司的董事会，也适用于你和我。

良好的工作习惯之四：学会如何组织、分层管理和监督。

很多生意人替自己挖下了个坟墓，因为他不懂得怎样把责任分摊给其他人，而坚持事必躬亲。其结果是，很多枝枝节节的小事使他非常混乱。他总觉得很匆促、忧虑、焦急和紧张。要学会分层负责，是很不容易的。我知道，我以前就觉得这个很难，非常的困难。可是分层负责虽然很困难，一个做上级主管的，如果想要避免忧虑、紧张和疲劳，却非要这样做不可。

养成良好的工作习惯。

远离亚健康

◎ 疲劳，是一种信号，它提醒你，你的机体已经超过正常负荷，出现疲劳感就应该进行调整和休息。如果长期处于疲劳状态，不仅降低工作效率，还会诱发疾病。

◎ 不会休息的人就不会工作，什么叫会休息呢？现代科学赋予的含义就是主动休息。这是一种积极的休息方式，比起累了才休息的被动休息法有着质的进步。

在竞争十分激烈的当代社会，人们的疲劳感正在蔓延，最流行的问候语由10年前的“吃了吗”变成了如今的“吃力吗”。在我们的周围，不乏这样的“工作狂”，他们早上班，迟下班，整日整夜地工作，连星期天、节假日也不休息。很多人年纪轻轻健康就已经严重损毁，甚至发生“过劳死”。

“过劳死”就是在慢性疲劳综合征基础上发展、恶化的结果。而慢性疲劳综合征，是以持续或反复发作至少半年以上的虚弱性疲劳为主要特征的症候群，特点是从生物学上（指临床体检、化验等）查不出明显的器质性病变，但自我感觉很累，工作时无精神，生活中缺少乐趣，而且常伴有抑郁、焦虑等情绪反应，也就是处于一种似病非病的第三状态，即亚健康状态。

刚过而立之年的美术师汤姆森先生，虽说工作、生活都还算过得去，但地位、收入都较平平。他不甘心，四处活动，做了好几个兼职，集艺术学校美术教师、广告公司创意总监、美展中心顾问于一身，一个星期几头跑，名声大了，腰包鼓了。正当他春风得意之际，身体向他抗议了，他用一个字来概括：累！每晚回到家里，觉得骨头都要散架了，一上床那些莫名其妙的梦便来烦他。

安东尼已近40岁，典型的上班族，最怕夜晚来临。因为不知从什么时候开始，她成了没有睡眠的人，几乎用尽了除药物以外的所有土法洋方，也未能解决失眠问题。不仅如此，食欲下降、神经衰弱、性欲减退等症状也相继赶来凑热闹，去医院又查不出什么问题。

疲劳，是一种信号，它提醒你，你的机体已经超过正常负荷，出现疲劳感就应该进行调整和休息，做到劳逸结合，张弛有度。如果长期处于疲劳状态，不仅降低工作效率，还会诱发疾病。

人体就像“弹簧”，劳累就是“外力”。当劳累超过极限或持续时间过长时，身体这个弹簧就会产生永久形变，导致老化、衰竭、死亡，所以每个人都要小心地保持它的弹性，不要超过它的弹性限度。因此，适当的休息和减压是保持“弹力”的良方。“过劳死”只能预防，“累”病没有特效药，病程越长越难治，病程要是超过三四年的话，治疗会相当困难。劳逸交替才能保持弹性，增加承受力，保持旺盛的生命力。人都要学会调节生活，短途旅游、游览名胜、爬山远眺、开阔视野、呼吸新鲜空气、增加精神活力、忙里偷闲听听音乐、跳舞唱歌、观赏花鸟鱼虫都是解除疲劳，让紧张的神经得到松弛的有效方法，也是防止疲劳症的精神良药。

日本“过劳死”预防协会列出“过劳死”八大信号：

①“将军肚”早现。30~50岁的人，大腹便便，是成熟的标志，也是高血脂、脂肪肝、高血压、冠心病的潜在危险信号。

②脱发、斑秃、早秃。每次洗桑拿都有一大堆头发脱落，这是工作压力大，精神紧张所致。

③频频去洗手间。如果你的年龄在30~40岁之间，排泄次数超过正常人，说明消化系统和泌尿系统开始衰退。

④性能力下降。中年人过早地出现腰酸腿痛，性欲减退或男子阳痿、女子过早闭经，都是身体整体衰退的第一信号。

⑤记忆力减退，开始忘记熟人的名字。

⑥心算能力越来越差。

⑦做事经常后悔，易怒、烦躁、悲观，难以控制自己的情绪。

⑧注意力不集中，集中精力的能力越来越差。

日本“过劳死”预防协会还公布了自查方法：

具有上述两项或两项以下者，则为“黄灯”警告期，目前尚无须担心。具有上述3～5项者，则为一级“红灯”预报期，说明已经具备“过劳死”的征兆。6项以上者，为二级“红灯”危险期，可列为“综合疲劳症”——“过劳死”的预备军。

三种人易“过劳死”：

①有钱（有势）的人，特别是其中只知消费不知保养的人。

②有事业心的人，特别是称得上“工作狂”的人。

③有遗传早亡血统又自以为身体健康的人。

人类为何会与“过劳伤害”或“过劳死”结缘呢？科学家归咎于以下诸方面因素：

一是信息技术革命带来的负面影响；

二是社会竞争的加剧；

三是人们错误地认为不加班或休假是工作态度不积极的表现，进而影响到工资待遇与晋升，因而不得不以健康为代价拼命工作。

我们常说，不会休息的人就不会工作。这句话精辟地概括了休息与工作之间的辩证关系，也是现代人防止“过劳伤害”的“灵丹妙药”。

什么叫“会休息”呢？现代科学赋予的含义是主动休息。近年来，科学家提出了一种全新的休息方式——主动休息。即在身体尚未感到疲乏和心境达到临界状态时就休息，包括主动休身和主动休心。这是一种积极的休息方式，比起累了才休息的被动休息法有着质的进步。

积极休息，远离亚健康。

掌握生活平衡

◎ 生活的原则是和谐，因此，你要在工作和休息之间，事业和家庭之间取得平衡。

安妮花了 5 年时间思考，今年终于决定改变工作，重新安顿身与心，她领悟到，工作中的快不快乐，可能只是⑤1：④9的微差而已，中间有个阶梯，你可能爬到中间的梯子拥有恰好的平衡，也可能只走了一阶。即使如此，你也在进步，平衡尺上的浮标又往前游移一格。

安妮有个生命平衡法则，用来制衡工作与生活。她将生命切成健康、时间、自由与快乐等四块，视个人状况分配比重以及排序。如果每个元素都不缺，反映到工作中的态度与情绪，就比较平和，因而获得适当的平衡。长期处在平衡中，就能正向积极思考。许多专家呼吁，积极思考可以调适工作压力，清除不必要的情绪，上班族多亲近正向思考的人，能减少倦怠感。

具体做法是，如果将事情弄得很糟时，只允许情绪低落一下子。她很快会换个想法，太棒了，我们又学到一招，下次又有机会尝试其他处理方法，我们不因此认为自己很差劲。

学会工作也要学会休息。

在职场上学习让自己喘口气，是一门学问。郑淑敏，一个中型电脑公司的总经理，她一年至少休一次长达两星期的假，半年内会有几次短短两天的假，不一定出国，有时只是到山里或海边走走。

如果感觉莫名的倦怠迫在眉睫，休假又遥遥无期，试着忙里偷闲吧。一位女作家透露她平时如何排解倦怠：“我偶尔请个半天假，溜去街上晃晃、逛书局或找个清幽的咖啡店想事情。在忙碌中留点空间给自己，因为塞得太满容易窒息。”

美国石油大王洛克菲勒在平衡工作与生活关系方面可谓是一个

专家。谈起工作和生活，他说，这么多年以来，我执行的原则就是好好工作，好好享受，花一点时间来当父亲。但是回头看去，很显然我所选择的平衡对于我家里和办公室的其他人都有不利的影响。例如，我的孩子们主要是由他们的母亲独自带大的。

尽管工作与生活的平衡问题一直是很多中年人所关心的问题，但似乎直到我退休之后，它才真正热门起来。在我过去的工作中，我听到了许多这方面的问题。最常见的是："你怎么会有那么多的时间去打球，还能继续干好总裁的工作？"

在个人应该如何排列生活中各部分的优先次序的问题上，我显然不是专家。何况我一直以为这些选择应取决于个人。

洛克菲勒认为要平衡好工作与生活的关系，首先应该处理好管理的优先秩序问题。他是这样说的，我们首先要谈谈所谓的"工作与生活的平衡"究竟指的是什么。它涵盖了我们所有人应该如何管理生活、支配时间的问题——关于优先次序和价值观的问题。基本上，这个平衡是关于"我们应该把多少精力消耗在工作上"的讨论。

工作与生活的平衡是一个交易——你和自己之间就所得和所失进行的交易。平衡意味着选择和取舍，并承担相应的后果。让我们站到你的老板的视角上，换个位置对工作与生活的平衡问题做些思考。

①你的老板最关心的事情是竞争力。当然他也希望你能快乐，但那只是因为你的快乐能够帮助他的公司赢利。实际上，如果他的工作做得好，他就可以让你的工作变得很有吸引力，使你的个人生活显得不那么拖后腿。

老板给你付工资的原因，是因为他们希望你贡献所有的一切——包括你的头脑、体力、活力和献身精神。

②绝大多数老板都非常愿意协调员工的工作与生活的矛盾，如果你能给他出色的业绩。这里的关键词是"如果"。

实际上，我倒愿意通过一个老式的积分系统来处理工作与生活的平衡问题。那些有突出业绩的人可以获得“积分”，用以交换自己工作的弹性。

③老板们很清楚，公司手册上面关于工作、生活平衡的政策主要是为了招聘的需要，而真正的平衡是由一对一的谈判决定的，其背景是一个相互支持性的企业文化，而不要总是强调“但是公司说过……”

公司手册是件华丽的宣传品，有醒目的照片、多项终身福利的介绍，也包括倒班或工作弹性等。然而许多聪明人很快就明白，手册上所列举的“工作与生活的平衡规划”主要是面向新人的招聘工具。

真实的平衡安排是在老板与员工之间就具体问题进行单独谈判得到的，使用的方法正好是我们刚介绍过的业绩与弹性交换的制度。

④即使最宽宏大量的老板也会认为，工作和生活的平衡是需要你自己去解决的问题。实际上，绝大多数人也知道，的确有一些策略能帮助你处理好这个问题，他们也希望你能采用。

毫无疑问，谈判、协调这种平衡关系要给经理人的工作再增加一层复杂性。但是你的经理人应该欢迎这种挑战，因为那会给他提供另外一套办法，来激励和挽留优秀的员工。这套新办法与高薪、红利、晋升或其他所有形式的认可一样有效。

不过，在此期间，你也可以并且应该学会帮助自己。有关工作与生活的话题已经讨论了相当长的时间了，也有不少好的经验被总结出来。那些非常老练的老板们都知道这些技巧，很多人自己已经开始采纳，他们也希望你能借鉴。

通过上面的一段话，我们知道有的平衡工作和生活是一个人取得事业上成功的关键因素，也是很多企业在招聘员工时的重要参照标准。一个能够出色处理工作与生活平衡的人既不会像工作狂那样拼命地忠于工作，不顾生活，也不会像一个碌碌无为、毫无事业心整日混日子的小职员那样打发时光。他应是一个高效工作、精力充沛、富于生活情趣的人。

掌握生活平衡。

再见，郁闷

◎ 郁闷不是疾病，但比真正的疾病更可怕，它不仅可以摧毁你的健康，而且还会成为你成功路上的一大障碍。

◎ 郁闷情绪的产生来自于个人认知上的误区。改变对郁闷的看法，你就可以彻底地摆脱郁闷。

在《人性奥秘》一书中，有一篇标题为“无名病”的文章，作者弗雷德曼论到现今世界愈来愈多妇女所面临的苦境，她们对生活厌烦不满，她们压根儿就没有快乐。

一位25岁的母亲如此自述：

“我身体健康，孩子们都活泼可爱，家庭舒适，经济上也算宽裕。我的丈夫是一个电子工程师，前途无量，但不知为何我总觉得不满足，我常问自己为什么会这样。我的丈夫认为我可能需要度假休息一阵子，但我需要的并不是休息，因为我根本就不能独自坐下来看书。孩子们午睡时，我就会在房间里走来走去，等着去叫醒他们。有时早晨醒来，我会觉得一点盼头也没有。”

一个名叫史密斯的医生，在《读者文摘》上写道：

“现今世界的文明和优越的物质生活乃前所未有的，然而现今一代的人却愈来愈厌倦生活。我们寻求娱乐却常常觉得索然无味；甚至在剧院上演一幕精彩的戏剧时，也常常出现幕还没拉上就走了好几批观众的现象。我们坐在电视机前，看着一出又一出的电视剧、电影，但脑子里却不知道看了些什么。我们看报章、杂志的时候也是心不在焉，大多数人在说“我累了”的时候，实际上是指他们对自己所做的事情厌倦了，对自己的生活感到索然无味。”

弗雷德曼所讲的“无名病”就是厌烦病。各个行业、各个阶层的人都会患这种病；无论你有什么，抑或你没有什么，都不能保证你不会患上厌烦病。无论是富人还是穷人，聪明的还是愚拙的，知识分子还是文盲，都同样会患上此病。

厌烦病不仅是妇女特有的病症，男人也同样会有。有一个商人去医院看病，却说不清自己有什么不妥。于是医生给他做了彻底的检查，结果找不到这个商人有任何毛病。经过一段轻松的谈话后，医生就对他说：“我有一个好消息要告诉你的，你的体格检验完全正常，我不用在你的病历卡上写任何东西。”

商人听了并不显得高兴，他说：“医生，我从早晨起床到晚上睡觉，没有一刻不觉得疲倦。”这时，医生才意识到他的病人患的是“厌烦病”，而不是一般的身体不适。于是医生就开始指出这个商人所拥有的一切：兴隆的生意、舒适的家庭、漂亮的妻子、可爱的孩子和其他能用金钱买到的许多东西。但这个商人听了以后却说：“让别人把这些东西都拿去吧，我对这些简直厌透了。”

为什么会出现这种现象？难道患这种病的人大多不是生活一帆风顺的人吗？难道他们不是处于别人不能奢望的“顺境”之中吗？

这还是和我们的心理习惯有关。这个世界上，可以说除了圣人之外，没有人能随时感到快乐。一位哲人曾说道：“如果我们感到可怜，很可能会一直感到可怜。”对于日常生活中使我们不快乐的那些众多琐事与环境，我们可以由思考使我们感到快乐，这就是：大部分时间想着光明的目标与未来。而对小烦恼、小挫折，我们也很可能习惯性地反映出暴躁、不满、懊悔与不安，这样的反应我们已经“练习”了很久，所以成了一种习惯。这种不快乐反应的产生，大部分是由于我们把它解释为“对自尊的打击”等这类原因。

司机没有必要冲着我们按喇叭；我们讲话时某位人士没注意听甚至插嘴打断我们；认为某人愿意帮助我们而事实却不然；甚至某个人对于事情的解释，结果也会伤了我们的自尊；我们要搭的公共汽车竟然迟开；我们计划要郊游，结果下起雨来；我们急着赶搭飞机，结果交通阻塞……这样我们的反应是生气、懊悔、自怜，或换句话说——闷闷不乐。

抑郁就好像透过一层黑色玻璃看一切事物。无论是考虑你自己，还是考虑世界或未来，任何事物看来都处于同样的阴郁而暗淡的光线之下，诸如“没有一件事做对了”；“我彻底完蛋了”；“我无能为力，因此也不值一试”；“朋友们给我来电话仅仅是出于一种责任感”。当你工作中出了一点毛病，或思想开了小差，你就认为“我已经失去了干好工作的能力”，好像你的能力已经一去不回了。回想过去，你的记忆中充满着一连串的失败、痛苦和亏损，而那些你曾经认为是成就或成功的事情，以及你的爱情和友谊，现在看来都一文不值了。你的回忆已经染上了抑郁的色彩。一旦戴上这副黑色的滤光镜，你就再也不能在其他的光线下观察任何事物。消极的思想与抑郁相伴，情绪低落导致消极的思想和回忆；反之，消极的思想和回忆又导致情绪低落。如此反复下去，形成一个持久而日益严重的抑郁恶性循环。

在某种程度上，你对你的抑郁是有责任的。你可以采取许多办法来控制它，甚至还能控制它的某些起因。你肯定能改变它，如果你真的想要克服郁闷的习惯，你就必须改变自己对待郁闷的态度。然而人们对于抑郁症的感受程度是各不相同的。我们每个人的情绪都会有所波动，有所摇摆，看来这部分是由于我们大脑中的生物化学精密结构之差异所致，而这种生物化学结构是不能随意控制的。因此，把你的抑郁症看成是超出你控制能力的事，就像你患感冒一样，不要看得过于严重，有时候也许对你是有帮助的。用这种体贴的态度对待自己，反而能帮助你解脱抑郁，不至于被它所控制。

不要让一时的抑郁长时间地主宰你的情绪，如果你想让自己永葆活力的话，请记住下面的原则：

> 换一个角度看问题，你就能够轻松地摆脱郁闷。

自然轻松入眠

◎ 为失眠症而忧虑，对你伤害的程度，远远超过失眠症本身。

◎ 治疗失眠症的最好办法，就是使你自己的体力劳动到疲倦的程度。

疲劳容易使人产生忧愁，而且会减轻身体对一般感冒和疾病的抵抗力，疲劳也同样会减轻你对忧虑的恐惧等的抵抗力。同时，任何一种精神和情绪上的紧张状态，在完全放松之后，它就消失了。防止疲劳，就是要好好休息，在你疲劳产生之前好好地休息。因为，如果你常常没有办法入睡，那是因为“忧”得让你自己得了失眠症。

为失眠症而忧虑，对你伤害的程度，远超过失眠症本身。

如果你经常睡不好觉的话，你会不会忧虑呢？你也许愿意知道塞缪尔·昂特迈耶——国际知名的大律师——这一辈子从来没好好睡过一天。

塞缪尔·昂特迈耶上大学的时候，很担心两件事情——气喘病和失眠症，这两种病似乎都没有办法治好。于是他决定退一步去想，他要充分利用清醒的时间。他不在床上翻来覆去，不让自己忧虑到精神崩溃的程度，他下床来读书。结果呢？他在班上每一门功课都名列前茅，成为纽约市立大学的奇才。

甚至在他开始执行律师业务以后，他的失眠症还是没有治好。可是昂特迈耶一点也不忧虑，他说：“大自然会照顾我的。”事实果然如此。他虽然每天睡得很少，健康情形却一直很好，而且也能像纽约法律界所有的年轻律师一样努力工作，甚至超过其他人，因为别人睡觉的时候，他还是清醒的。

昂特迈耶大律师21岁的时候，每年的收入已经高达⑦5万美元，因此很多其他年轻的律师都到法庭去研究他的方法。1931年，他在一个诉讼案子上所得到的酬劳，可能是有史以来律师界所得酬劳最高的一次——整整100万美元，而且都是现金。

可是他还是有失眠症。晚上他有一半的时间都在看书，然后清早5点钟就起床，开始口述信件。当大多数人刚刚开始工作的时候，他一天的工作差不多就已经做完一半了。他一直活到81岁，一辈子里却难得有一天晚上睡得很熟。可是如果他一直为失眠症担心忧虑的话，恐怕他这一辈子早就毁了。

我们的生活中，有1/3用于睡眠，可是没有一个人知道睡眠究竟是怎么一回事。我们知道这是一种习惯，也是一种休息状态。可是我们不知道每一个人需要几小时的睡眠，我们甚至不知道我们是否非睡觉不可。

很难想象，在第一次世界大战期间，一个名叫鲍劳·柯恩的匈牙利士兵，脑前叶被枪弹打穿。他的伤养好了，可是奇怪的是，他从此没有办法再睡着。不管医生用什么样的办法——他们使用过各种镇静剂和麻醉药，甚至使用了催眠术——鲍勃·柯恩就是没有办法睡着，甚至不会觉得困倦。

所有的医生都说他活不久了，可是他令所有人吃惊了。他找到一份工作，非常健康地活了好多年。他有时候会躺下来闭上眼睛休息，可是永远也没有办法睡着。他的病例还是医学史上一个未解的谜，也推翻了我们对睡眠的很多想法。

有些人的睡眠时间必须比其他人长。著名指挥家托斯卡尼尼每晚只需要睡5个小时，可是柯立芝总统却需要两倍的时间。每24个小时，柯立芝要睡11个小时。换一句话说，托斯卡尼尼一生大概只花了1/5的时间在睡眠上，而柯立芝却几乎睡掉了他生命的一半时间。

为失眠症而忧虑，对你伤害的程度，远超过失眠症本身。举个例子来说，我的一个学生——伊勒·桑德拉，就几乎因为严重的失眠症而自杀。下面是他所讲述的故事：

"我真的以为我会精神失常，问题是，最初我是个睡得很熟的人，就连闹钟响了也不会醒来，结果每天早上上班都迟到。我因为这件事情而非常忧虑——事实上，我的老板也警告我说，我一定得准时上班。我知道我如果再这样睡过头的话，我就会丢了工作。

"我把这件事情告诉我的朋友，有一个人建议我，应该在睡觉以前集中我的精神去注意闹钟，就这样造成了我的失眠症。那个该死的闹钟的滴答滴嗒声缠着我不放，让我睡不着，整夜翻来覆去。到了早晨，我几乎病得不能动，又疲劳又忧虑。这样继续了有8个礼拜之久，我所受到的折磨简直无法用语言来形容。我深信自己一定会精神失常的。有时候我会走来走去转上好几个钟点，甚至想从窗口跳出去一了百了。

"最后，我去见一个我认得的医生。他说：'伊勒，我没有办法帮你的忙；没有一个人能够帮你，因为这种事情是你自己找的。每天晚上上床后，要是你睡不着的话，就不要去理它，对你自己说：我才不在乎我睡得着睡不着哩，就算醒着躺在那里一直到天亮，也没有关系。闭上你的眼睛说：反正我只要躺在这里不动，不去为这件事担忧，就能得到休息。'

"我照他的话去做，不到两个礼拜我就能安稳地睡着了。不到一个月，我就能每天睡8个小时，而我的精神也恢复了正常。"

伊勒·桑德拉受到折磨的不是失眠症，而是失眠症所引起的忧虑。

在芝加哥大学担任教授的纳撒尼尔·克莱特曼博士，曾对睡眠问题做过很多的研究，他是全世界有关睡眠问题的专家。他说过，从来没有听说哪一个人是因失眠症而死的。实际上，可能有人为失眠而忧虑以致体力减低受到细菌的侵袭，可是这种损害是由忧虑所造成的，而不是由于失眠症。

克莱特曼博士也曾说过，那些为失眠症担忧的人，通常所得到的睡眠比他们所想象的要多很多。那些指天誓日地说“我昨天晚上连眼睛都没有闭一下”的人，实际上可能睡了好几个钟点，只是自己不知道而已。举个例子来说，19世纪最有名的思想家赫伯特·斯宾塞，老年的时候还是独身，寄住在一间宿舍里，整天都在谈他的失眠问题，弄得每个人都烦得要命。他甚至在耳朵里带上“耳塞”来避免外面的吵闹声，镇定他的神经，有时候还吃鸦片来催眠。有一天晚上，他和牛津大学的塞斯教授同住在一个旅馆房间里，第二天早上斯宾塞说他昨天晚上整夜没有睡着，实际上却是塞斯教授根本没有睡着，因为斯宾塞的鼾声吵了他一夜。

要想安稳地睡一夜的第一个必要条件，就是要有安全感。我们必须感觉到有一种比我们大得多的力量，一直照顾我们到天明。托马斯·希斯洛普博士在英国医药协会的一次演讲中就特别强调这一点。他说：“根据我多年行医的经验发现，使你入睡的最好办法之一就是祈祷。这样说，纯粹是以一个医生的身体来说的。对有祈祷习惯的人来说，祈祷一定是镇定思想和神经最适当也最常用的方法。”

“把自己托付给上帝——然后放松你自己。”

著名的歌唱家兼电影明星珍妮·麦当娜告诉我说，每当她感觉精神颓丧而忧虑得难以入睡的时候，她就重读诗篇第23篇来让她自己得到“一种安全感”。

如果你没有信仰，不能轻松地解决失眠问题的话，我们可以从放松肌肉开始。芬克博士推介的方法——而且在实际上也很有效用——就是把枕头放在我们膝盖下，来减轻两脚的紧张。然后把几个小枕头垫在手臂底下。然后叫自己的下颚、眼睛、两个手臂和两腿放松，我们就会在还不知道是怎么回事之前入睡了。我自己曾经试过，所以我知道有效。如果你有失眠症，想办法去买一本芬克博士的书《消除神经紧张》，这本书我前面也曾经提到过，这是我所知道惟一具有可读性、又能治好失眠症的一本书。

另外一种治疗失眠症的最好办法，就是使你自己的身体劳动到疲倦的程度。你可以去种花、游泳、打网球、打高尔夫球、滑雪，或者只是做很多体力劳动的工作。这是名作家西奥多·德莱塞的做法。在他还是一个为生活挣扎的年轻作家时，也曾经为失眠症而忧虑过。于是他到纽约中央铁路去找了一份铁路工人的工作，在做了一天打钉和铲石子的工作之后，就疲倦得甚至于没有办法坐在那里把晚饭吃完。

如果我们够疲倦的话，即使我们是在走路，大自然也会逼迫我们入睡。我可以举一件事情来说明：

我13岁那年，父亲要运一车猪到密苏里州的圣乔城去，因为他有两张免费的火车票，所以他带着我一起去。在那以前，我从来没有去过任何4000人口以上的小城。当我到了圣乔城——一个人口有6万人的大城市——我兴奋得无以复加。我看见6层高的楼，还有——再好也不过的是——我看到了一辆电车。我现在闭上眼睛，好像还能看到、还能听到那辆电车。在经过我一生最兴奋的一天之后，父亲带我坐火车回家。到达的时候已经是半夜两点钟了，我们得走4里路回到农庄上。我当时已经疲倦到一面走一面就睡着了，还做着梦。我也常常骑在马背上就睡着了，这都是我亲身经历过的事。

当一个人完全筋疲力尽之时，即使在打雷或战争的恐怖与危险之下，也能够安睡。神经科医生佛斯特·肯尼迪博士告诉我说，在

1918年，英国第5军撤退的时候，他就看过精疲力竭的士兵随地倒下，睡得就像昏过去一样。虽然他用手撑开他们的眼皮，他们仍不会醒过来。他说，他注意到，所有人的眼球都在眼眶里向上翻起。“在那以后，”肯尼迪医生说，“每次我睡不着的时候，我就把我的眼珠翻成那个位置。我发现，不到几秒钟，我就会开始打呵欠，感到瞌睡，这是一种我没有办法控制的自动反应。”

从来没有一个人会用不睡觉来自杀。不论他有多强的意志力，大自然都会强迫一个人入睡。大自然会让我们可以长久不吃东西、不喝水，却不会让我们长久不睡觉。

谈到自杀，就使我想起亨利·林克博士在他那本《人的再发现》一书里所谈到的一个例子。林克博士是心理问题公司的副总裁，他曾经和很多忧虑而颓丧的人谈过。在《消除恐惧与忧虑》那一章里，他谈到一个想要自杀的病人。林克博士知道，跟这个人争论，只会使情况更坏，所以他对这个人说：“如果你反正都要自杀的话，至少要做得英雄一点。绕着这条街跑到你累死为止吧。”

他果然去试了，不只是一次，而且试了好几次。每一次都让他觉得好过一点，不过那是在心理上而不是生理上的。到了第三晚，林克博士终于达到他最先想要达到的目的——这个病人由于肉体疲劳，使他能睡得很沉。后来他参加了一个体育俱乐部，参加各种运动项目，不久就感觉到开心而想要永远活下去了。

如果你睡不着，就起来工作或看书，直到你想睡为止。

第二篇

人性的弱点全集

《人性的弱点全集》自出版以来，在世界各地至少已译成 58 种文字，全球总销量已达 9000 余万册，拥有 4 亿读者，除《圣经》之外，无出其右者，稳居成功励志类图书榜首。此书之所以畅销不衰，就在于卡耐基先生对人性的深刻认识，以及他为根除人性的弱点所开出的有效药方。

第一章

把握人际交往的关键

了解鱼的需求

◎ 成功的人际关系在于你能捕捉对方观点的能力；还有，看一件事须兼顾你和对方的不同角度。

◎ 天底下只有一种方法可以影响他人，那就是提出他们的需要，并让他们知道怎样去获得。

◎ 能设身处地为他人着想，了解别人心里想些什么的人，永远不用担心未来。

每年夏天，我都会去梅恩钓鱼。我喜欢吃杨梅和奶油，然而基于某些特殊原因，我发现水里的鱼爱吃水虫。

所以在钓鱼的时候，我就不做其他想法，而专心一致地想着鱼儿们所需要的。

我也可以用杨梅或奶油作钓饵，和一条小虫或一只蚱蜢同时放入水里，然后征询鱼儿的意见——“嘿，你要吃哪一种呢？”

为什么我们不用同样的方法来“钓”一个人呢？

有人问到路易特·乔琪，何以那些战时的领袖们，退休后都不问政事，惟独他还身居要职呢？

他告诉人们说：“如果说我手掌大权有要诀的话，那得归功于我的心里明白，当我钓鱼的时候，必须放对鱼饵。”

我们怎么会扯到这上面来，那是无知的、不近情理的？世上惟一能够影响别人的方法，就是谈论人们所要的，同时告诉他，该如何才能获得。

明天你希望别人为你做些什么，你就得把这件事记住，我们可以这样比喻：如果你不让你的孩子吸烟，你无须训斥他，只要告诉孩子，吸烟不能参加棒球队，或者不能在百码竞赛中夺标。不管你要应付小孩，或是一头小牛、一只猿猴，这都是值得你注意的一件事。

有一次，爱默生和他儿子想使一头小牛进入牛棚，他们就犯了一般人常有的错误，只想到自己所需要的，却没有顾虑到那头小牛的立场……爱默生推，他儿子拉。而那头小牛也跟他们一样，只坚持自己的想法，于是就挺起它的腿，强硬地拒绝离开那块草地。

这时，旁边的爱尔兰女佣人看到了这种情形，她虽然不会写文章，可是她颇知道牛马牲畜的感受和习性，她马上想到这头小牛所要的是什么。

女佣人把她的拇指放进小牛的嘴里，让小牛吸吮着她的拇指，然后再温和地引它进入牛棚。

从我们来到这个世界上的第一天开始，我们的每一个举动，每一个出发点，都是为了自己，都是为我们的需要而做。

哈雷·欧佛斯托教授，在他一部颇具影响力的书中谈道：“行动是由人类的基本欲望中产生的……对于想要说服别人的人，最好的建议是无论是在商业上、家庭里、学校中、政治上，在别人心念中，激起某种迫切的需要，如果能把这点做成功，那么整个世界都是属于他的，再也不会碰钉子，走上穷途末路了。”

明天当你要向某人劝说，让他去做某件事时，未开口前你不妨先自问：“我怎样使他要做这件事？”

这样可以阻止我们，不要在匆忙之下去面对别人，最后导致多说无益，徒劳而无功。

在纽约银行工作的芭芭拉·安德森，为了儿子身体的缘故，想要迁居到亚利桑那州的凤凰城去。于是，她写信给凤凰城的12家银行。她的信是这么写的：

敬启者：

我在银行界的10多年经验，也许会使你们快速增长中的银行对我感兴趣。

本人曾在纽约的“金融业者信托公司”，担任过许多不同的业务处理工作，现在则是一家分行的经理。我对许多银行工作，诸如：与存款客户的关系、借贷问题或行政管理等，皆能胜任愉快。

今年5月，我将迁居至凤凰城，故极愿意能为你们的银行贡献一己之长。我将在4月3日的那个礼拜到凤凰城去，如能有机会做进一步深谈，看能否对你们银行的目标有所助益，则不胜感谢。

芭芭拉·安德森谨上

你认为安德森太太会得到任何回音吗？11家银行表示愿意面谈。所以，她还可以从中选择待遇较好的一家呢！为什么会这样呢？安德森太太并没有陈述自己需要什么，只是说明她可以对银行有什么帮助。她把焦点集中在银行的需要，而非自己。

但是仍然有许多销售人员，终其一生不知由顾客的角度去看事情。曾有过这样一个故事：几年前，我住在纽约一处名叫“森林山庄”的小社区内。一天，我匆匆忙忙跑到车站，碰巧遇见一位房地产经纪人。他经营附近一带的房地产生意已有多年，对“森林山庄”也很熟悉。我问他知不知道我那栋灰泥墙的房子是钢筋还是空心砖，他答说不知道，然后给了张名片要我打电话给他。第二天，我接到这位房地产经纪人的来信。他在信中回答我的问题了吗？这问题只要一分钟便可以在电话里解决，可是他却没有。他仍然在信中要我打电话给他，并且说明他愿意帮我处理房屋保险事项。

他并不想帮我的忙，他心里想的是帮他自己的忙。

亚拉巴马州伯明翰市的霍华德·卢卡斯告诉我，有两位同在一家公司工作的推销员，如何处理同样一件事务：

“好几年前，我和几个朋友共同经营了一家小公司。就在我们公司附近，有家大保险公司的服务处。这家保险公司的经纪人都分配好辖区，负责我们这一区的有两个人，姑且称他们做卡尔和约翰吧！

“有天早上，卡尔路经我的公司，提到他们一项专为公司主管人员新设立的人寿保险。他想我或许会感兴趣，所以先告诉我一声，等他收集更多资料后再过来详细说明。

“同一天，在休息时间用完咖啡后，约翰看见我们走在人行道上，便叫道：‘嗨，卢克，有件大消息要告诉你们。’他跑过来，很兴奋地谈到公司新创了一项专为主管人员设立的人寿保险（正是卡尔提到的那种），他给了一些重要资料，并且说：‘这项保险是最新的，我要请总公司明天派人来详细说明。请你们先在申请单上签名我送上去，好让他们赶紧办理。’他的热心引起我们的兴趣，虽然都对这个新办法的详细情形还不甚明了，却都不觉上了钩，而且因为木已成舟，更相信约翰必定对这项保险有最基本的了解。约翰不仅把保险卖给我们，卖的项目还多了两倍。

“这生意本是卡尔的，但他表现得还不足以引起我们的关注，以致被约翰捷足先登了。”

这是个充满掠夺、自私自利的世界，所以，少数表现得不自私、愿意帮助别人的人，便能得到极大益处，因为很少人会在这方面跟他竞争。欧文·杨是个著名律师，也是美国有名的商业领袖。他说过：“能设身处地为他人着想，了解别人心里想些什么的人，永远不用担心未来。”

许多推销人员，每天踏破铁鞋，疲累沮丧，所获却并不多。为什么呢？因为他们心里想的都是自己的需要。他们不知道你我并不想买什么东西，如果想的话，也一定会自己出门。顾客总喜欢主动采买——而非被动购买。

“注意别人的观点，引起别人的渴望”，这并不能解释为“操纵别人，使他去做对你有益，而对他却有害”的事。而应该是说“双方都能因为此事而获利”。在安德森太太发给凤凰城12家银行的信里，在约翰向卢卡斯推销人寿保险的交易行为当中，双方都因处理事务的方式得当而彼此获利。

我曾为一些大学毕业生开讲《有效谈话》的课程。这些毕业生刚进入“开利公司”工作，其中一名学生想利用休息时间打打篮球，于是他便这样去说服其他人：“我要你们出来打篮球。我喜欢打篮球。但是，前几回我到体育馆的时候，人数总是不够。我们当中的两三人，一直把球传来传去——我还被球打得鼻青眼肿。希望你们明天晚上都过来打，我喜欢打篮球。”

这名学生谈到别人的需要了吗？我想，假如别人都不愿去体育馆的话，你也不一定会去的。你不会在意那名学生想要什么，你也不想被打得鼻青眼肿。

这名学生有没有办法让你们觉得，假如你们到体育馆去，可以得到许多东西，像更有活力、会更有胃口、脑筋更清醒、得到许多乐趣等等。

我们再重复一遍欧佛斯托教授充满智慧的忠言：“要首先引起别人的渴望，凡能这么做的人，世人必与他在一起。这种人永不寂寞。”

训练班有名学生，一直为自己的小儿子操心不已。他的小男孩体重过轻，而且不肯好好吃东西。这对父母用的是大家最常用的方法——责备和唠叨。“妈妈要你吃这个和那个。”“爸爸要你以后长得高大强壮。”这个小男孩听得进多少这类的要求？这就好像把一撮沙子丢到海滨沙地一样。

只要你对动物还有一点认识，你就不会要求一名3岁小孩，对他30多岁父亲的看法会有什么反应，更不要说完全依照父亲所期待的去做，那是荒谬无理的。这名学员后来也发现错误，便告诉自己："我的儿子想要什么？我如何能把自己的需要和他的需要联结起来？"

只要你对动物还有一点认识，你就不会要求一名3岁小孩，对他30多岁父亲的看法会有什么反应，更不要说完全依照父亲所期待的去做，那是荒谬无理的。这名学员后来也发现错误，便告诉自己："我的儿子想要什么？我如何能把自己的需要和他的需要联结起来？"只要这位父亲一开始想，问题就变得容易多了。小男孩有一部三轮车，他最喜欢在自家门口附近骑着到处跑。但是街的另一头住了一个喜欢欺负弱小的大男孩，常常把小男孩从车上拉下来，然后把车子骑走。自然，小男孩会哭叫着跑回家去，然后妈妈便会跑出来，先把大男孩从三轮车上赶开，再让小男孩骑着车子回家。这事几乎每天发生。所以小男孩想要什么，这并不需要侦探福尔摩斯来回答。小男孩的自尊、愤怒和渴望具有重要性——所有他性格中最强烈的情绪——都促使他要采取报复行动，最好能一拳把那大男孩的鼻子打扁。这时，这位父亲就趁机向小男孩解释，假如他能把妈妈所给的食物吃下去，终有一天能足够强壮得把大男孩痛揍一顿。此法果然奏效，小男孩从此不再有饮食方面的问题。他肯吃菠菜、泡菜、腌鲭鱼——凡是可以让他快快长大的食物都吃。因为他实在太渴望早日把那个大男孩狠揍一顿，好一解长久以来所受的怨气。

解决了这个问题之后，这对父母又得处理另一个问题：原来小男孩一直有尿床的坏习惯。小男孩与祖母同睡，每天早上，祖母醒过来发现被单是湿的，便会说："强尼，看，你昨晚又尿床了！"

小男孩就会回答："不是我，是你自己尿床。"

责备、处罚、取笑或一再警告，所有能用的方法都用遍了，就是无法让他改掉这个坏习惯。那么，如何才能让孩子自己想要不尿床？

小男孩调皮地回答，他想要一套像爸爸一样的睡衣，而不是现在所穿的睡袍，那看起来像祖母穿的。老祖母早已受够小男孩尿床的坏习惯，所以很乐意买一套那样的睡衣送给他。他还想要一张自己的床，祖母也不反对。

小男孩的母亲带他到家具店去。她先对店里的女店员眨眼示意，然后说道："这位小男士想要买些东西。"

"年轻人，我可以帮什么忙吗？你想要什么东西？"

这话使小男孩深觉自己的重要。他尽量站得使自己看起来高些，然后回答："我要给自己买张床。"

女店员便带小男孩看了好几张床。等男孩的母亲示意哪一张比较合适，女店员便说服小男孩把它买下来。

第二天，床送来了。当天晚上，父亲回家的时候，小男孩就赶紧拉着爸爸到楼上看他的床。

父亲看了那张新床，然后真诚而慷慨地发出赞美之言："你不会把这张床尿湿吧，会吗？"

"哦，不会的，不会的，我不会再把床尿湿了。"小男孩果然遵守诺言，因为这里面有他的尊严，而且，这是他自己买的床。他现在穿着和父亲一样的睡衣，完全像个小大人了，所以他也要举止行为像个小大人一样。

另一个电话工程师，他无法叫3岁大的女儿吃早餐，无论怎么责备、哄骗或要求，都无济于事。这个小女孩喜欢模仿母亲，喜欢觉得自己已长大成人。所以，有天早上，这对父母就把小女孩放在椅子上，让她自己准备早餐。果然小女孩弄得十分起劲，一看见父亲进到厨房便叫道："爸爸，看，今天早上我自己调麦片！"她吃了两份麦片，完全不用哄骗，因为这不但使她兴趣盎然，更使她觉得"深具重要性"。她完全在调制麦片的过程当中，找到了自我表现的途径。

自我表现是人类天性中最主要的需求。我们也可以把这项心理需求适用在商业交易上。当我们想出一个好主意的时候，别让其他人以为那是我们的专利。不妨让他们自己去调制那些观念，他们会认为那是自己的主意，也会因特别喜爱而多摄取了好些的分量。

我们应记住：要首先引起别人的渴望。凡能这么做的人，世人必与他在一起。这种人永不寂寞。

> 了解别人心里想什么，你才能得到自己想要的。

我要喜欢你

◎ 外交的秘诀仅在5个字：我要喜欢你。

◎ 只是我们把次序弄错了——我们是希望别人先来喜欢我们，却不曾想到如何才能让人喜欢。

当然，为了要得到友谊和情爱，我们必须先认清"施比受更有福"，然后把这种认知用实际行为表现出来。我们不能只是把金矿藏在内心，黄金必须使用才能显示其价值，像《圣经》所说的："由所结的果子，便可认出他们来。"

我常听到许多人埋怨："我性情过于羞怯，很难引起别人注意"，"没有人会对我感兴趣"，或是"别人并不想认识我"等。

不错，别人为什么要喜欢你呢？这世界并没有义务非要喜欢你或我，或任何一个人。有什么特别理由别人会特别选中你（无论是工作或社交的理由）？除非我们具有他们所要的特质，否则，他们没有必要特别注意到你。

玛丽安·安德逊曾经很生动地描述她早期的生活——她那时事业失败，整个人很不得志，几乎就要放弃歌唱生涯。后来，凭借祷告和心灵的追求，她才逐渐恢复勇气和信心，准备继续为自己的事业奋斗下去。有一天她兴致勃勃地向母亲说道：“我要再唱下去！我要每个人都喜欢我！我要继续追求完美！”

母亲回答道：“很好啊！这是很好的志向——但是，要知道，我们的主耶稣以完美的形象到这世界上来，却还是有人不喜欢他。人在成就伟大的事业之前，必须先学会谦卑。”玛丽安听了深受感动，因此决心在音乐造诣上“力求”完美，而不是“想要”完美。“谦卑先于伟大”，这是母亲给她的最好赠言。

名作家荷马·克洛维是我的好朋友，十分懂得交友之道。凡是碰到他的人，无论是清道夫、百万富翁、妇孺老幼——都会在与他相处15分钟之内对他产生好感。为什么呢？他既不年轻，又不英俊，更不是百万富翁，他有什么魅力可以吸引人呢？很简单，因为他一点也不矫揉造作，并且能让别人感觉到他真的喜欢、关心他们。

小孩会爬到他的膝上，朋友家的仆人会特别用心为他准备餐点，而且，假如有人宣布：“今晚荷马·克洛维会到这里来！”则当天的宴会一定没有人缺席。除朋友间深厚的感情之外，荷马·克洛维的家人也都十分敬爱他。他的妻子、女儿，还有好几个孙儿女，全都对他称赞不已。

究竟这位作家是如何赢得这种幸福的？说来也很简单——就是待人诚恳、热爱人类而已。对他来说，对方是什么人，或做什么事，他都不会在意。只要是身为一个人，对他便意义重大，值得付出关爱。每次他遇见陌生人，很快就能像老朋友一样交谈起来——

并不是专谈自己的事，而是尽量谈对方的事。他借由问问题，可以知道对方是从哪里来、做什么事、有没有什么家人等等。他也不会唠叨个不停，只是向对方表示自己的兴趣和关心，借以建立起友谊。

这种方法，连最爱嘲笑人生的人，都会像阳光下的花朵一样吐露芬芳。正像约瑟夫·格鲁大使所说的："外交的秘诀仅在5个字：我要喜欢你。"

得到友谊的最佳方法，是必须注重施予，而不是获得——但应该是亲自赢取得来的，而不是靠一时的吸引或哄骗。所谓赢取友谊的能力，并不是指勾肩搭背、与人攀谈、动作滑稽或讲些逗趣的笑话等。那应该指的是一种心境、一种处世的态度或是一种愿意把自己的爱、兴趣、注意力及服务精神献给他人的愿望。

一个有经验的推销员懂得对自己能否成功推销产品的担心会给心理造成障碍，这样会影响他适当地介绍他的产品。通用制造公司的董事长哈瑞·布利斯在大学期间靠推销缝纫机为生，他总结说："要想在推销员这个岗位上取得成功，就要忽略自己渴望销售出去的数量，而应该集中心思向客户介绍自己能提供什么样的服务。"

如果一个人将精力用在为他人服好务上，就会变得充满难以抗拒的力量。你怎么会拒绝一个企图帮你解决问题的人呢？

"我对推销员们说，"布利斯先生说，"如果他们一天到晚想的都是'我今天要尽力多帮助一些人'而不是'我今天要尽力多卖出一些产品'的话，就会发现接近买主不是那么困难了，然后销售业绩会出奇地好。能够帮助同胞获取快乐、轻松生活的人，是最高级的推销员。"

打高尔夫球时，会有人叮嘱我们不要让眼睛离开球；向成年人传授说话技巧时，我们告诫学生要集中心思在他想要传达的信息上。紧张、害怕都是担心结果的表现，这是不可取的。

我自己就是从吃过的苦头中学到这一点的。我曾经是一个害羞的人，天生不善于公开讲话，要我面对一群听众就好比要一个普通人面对国会调查委员会一样费力。

好几年前，我准备发表演讲，当时的听众据说相当难缠。我事前与一位好朋友共餐，免不了流露出紧张的情绪。“假如听众不同意我讲的话，要怎么办？”我神经兮兮地问那位朋友，“假如他们不喜欢我，该怎么办？”

“不错，”朋友回答道，“他们为什么要喜欢你呢？你能给他们干什么？你认为自己要讲的话很重要吗？”

我承认那些东西对我来说，的确意义十分重大。

“很好，”她继续说道，“我倒不觉得听众喜不喜欢你有什么重要。重要的是你有没有把想讲的信息传达出去。至于他们喜欢或讨厌你，又有什么关系呢？至少，你已完成了任务。”

朋友的这番话，改变了我对演讲的整个看法。现在，每当我准备发表演讲的时候，都会在事前先静心祷告：“神啊，求你帮助我传达出对这些听众有益的信息来，让他们有所收获，满心欢喜地回家。”这样的祷告对我十分有用，而我也的确希望能对听众有帮助。这样的祷告使我谦卑地体会到自己只不过是个传达某些信息的演讲员，而不是要显露自己的学问或风采。我的目的是要带给听众一些鼓舞性的思想，以期对他们的生活有助益。

好莱坞的J.艾伦·布恩是著名的喜剧片《狗明星“强心”》的主演，他在观察“强心”表演的过程中学到了不少东西，因而他又为此写了一本名叫《给“强心”的信》的畅销书。据布恩先生介绍，这是一只很了不起的狗，总是欣然地执行他的命令，在电影中表演为剧情所需的各种动作。难得的是它这么做，从来不是为了得到报酬，而是出于爱和享受把事情做好而带来的快乐。有好几次，“强心”都曾纯粹是为了自身的乐趣而表演。这也许正是它能成为电影明星的原因。

布恩先生还曾谈到有一次他面对一个跳舞的年轻女孩。她第一次试跳的时候，紧张得像新娘出嫁，怕自己会失败！于是他安慰她："不要在乎结果，只当是纯粹为了享受跳舞的乐趣而跳，为了上帝而跳吧。"

很快地，她的心态来了个彻底的转变。

同理，获得友谊的全部秘诀也在于不要担心结果，不要在意别人是否会喜欢我们，现在就着手去做所有能激发爱和友情的事。在这方面，威廉·奥斯勒爵士的话很值得我们思索，他说："我们应该做的不是张望缥缈的未来，而是脚踏实地做好眼前的事。"

现实的情形是：

当我们还是处在做梦年龄的时候，常常梦想有朝一日要写出最伟大的小说来。想象别人是如何欣赏那本书，如何听到掌声，如何得到那永远的荣耀。

想象自己要穿什么样的衣服，所到之处，别人是如何赞美、追求、不断引用自己讲过的话。我们想了许许多多，就是从来不曾想过可能会遭到的困难，或是那些沉闷辛苦的工作，那些在创作过程中所要流出的泪和汗。我们想的都是有关荣耀的报偿，而不是如何努力去赢得这份荣耀。

像这种幼年时期的稚气行为，可说是典型的"一颗寂寞的心灵想要得到友谊"，或是"想要与他人建立良好关系"的心理表现。只是，我们把次序弄错了——我们是希望别人先来喜欢我们，却不曾想到要如何才能让人喜欢。

> 要得到友谊和情爱，我们必须先认清"施比受更有福"。

如要采蜜，不可弄翻蜂巢

◎ 人就是这样，做错事的时候只会怨天尤人，就是不去责怪自己。

◎ 善解人意和宽恕他人，需要有修养自制的功夫。

美国鼎鼎有名的黑社会头子，后来在芝加哥被处决的阿尔·卡庞说：“我把一生当中最好的岁月用来为别人带来快乐，让大家有个好时光。可是我得到的却只是辱骂，这就是我变成亡命之徒的原因。”卡庞不曾自责过，事实上他自认为造福人民——只是社会误解他，不接受他而已。达奇·舒兹的情形也是一样，他是恶名昭彰的“纽约之鼠”，后来因江湖恩怨被歹徒杀死。他生前接受报社记者访问时，也自认为造福群众。

我曾和在纽约新新监狱担任过好几年典狱长的路易·罗斯就关于罪犯不曾自责的问题通过几次信，他表示：牢里的犯人很少自认为是坏蛋。他们和你一样，都是人，都会为自己辩解。他们告诉你，为什么要打破保险箱，为什么要开枪杀人。大多数人都能为自己的动机提出理由，不管有理无理，总要为自己破坏社会的行为辩解一番。因此，他们的结论是：他们根本不应该被关进牢里。

假如阿尔·卡庞这帮歹徒，以及许多关在监狱里的亡命男女，他们从不为自己的行为自责过，我们又如何强求日常所见的一般人?

心理学家史金诺经通过动物实验证明：因好行为受到奖赏的动物，其学习速度快，持续力也更久；因坏行为而受处罚的动物，则不论速度或持续力都比较差。研究显示，这个原则用在人身上也有同样的结果。批评不但不会改变事实，反而只有招致愤恨。

另一位心理学家汉斯·希尔也说：“更多的证据显示，我们都害怕受人指责。”

因批评而引起的羞愧，常常使雇员、亲人和朋友的情绪大为低落，并且对应该矫正的事实状况，一点也没有好处。

西奥多·罗斯福和塔夫脱总统之间有段广为人知的争论——他们的不和睦导致共和党的分裂，而将伍德洛·威尔逊送进了白宫。让我们简单地回忆一下这段历史：1908年，罗斯福搬出白宫，共和党的塔夫脱当选为总统，然后，罗斯福到非洲去猎狮子。当他回到美国后，看到塔夫脱的保守作风，很是震怒。罗斯福除了公然抨击塔夫脱，还准备再度出来竞选总统，并打算另组“进步党”，这几乎导致老共和党的瓦解。果然，紧接而来的那次选举，塔夫脱和共和党只赢得了两个区的选票——佛蒙特州和犹他州，这是共和党有史以来遭受的最大失败。

罗斯福谴责塔夫脱，但是塔夫脱承认自己有错吗？他曾含着眼泪说道：“我不知道所做的一切有什么不对。”

俄克拉荷马州的乔治·约翰逊是一家营建公司的安全检查员，检查工地上的工人有没有戴上安全帽是约翰逊的职责之一。据他报告，每当发现工人在工作时不戴安全帽，他便用职位上的权威要求工人改正，其结果是：受指正的工人常显得不悦，而且等他一离开，便又常常把帽子拿掉。

后来约翰逊决定改变方式。第二回他看见有工人不戴安全帽时，便问是否帽子戴起来不舒服，或是帽子尺寸不合适，并且用愉快的声调提醒工人戴安全帽的重要性，然后要求他们在工作时最好戴上。这样的效果果然比以前好得多，也没有工人显得不高兴了。

人就是这样，做错事的时候只会怨天尤人，就是不去责怪自己。明天你若是想责怪某人，请记住阿尔·卡庞等人的例子。让我们认清：批评就像家鸽，最后总会飞回家里。也让我们认清：我们想指责或纠正的对象，他们会为自己辩解，甚至反过来攻击我们，或是像塔夫脱所说：“我不知道所做的一切有什么不对。”

当林肯咽下最后一口气时，陆军部长史丹顿说道：“这里躺着的是人类有史以来最完美的统治者。”

为什么这么说呢？因为林肯找到了与人相处的秘诀——不为任何事指责任何人。而且，这个秘诀是林肯在差点丢了性命后获得的。

年轻时的林肯特别喜欢批评他人。林肯喜欢批评人吗？不错。他住在印第安纳州湾谷的时候，年纪尚轻，不仅喜欢评论是非，还写信写诗讽刺别人。他常把写好的信丢在乡间路上，使当事人很容易发现。

1842年秋天，林肯写文章讽刺一位自视甚高的政客詹姆士·席尔斯，并在《春田日报》上发表了一封匿名信嘲弄席尔斯，全镇哄然引为笑料。自负而敏感的席尔斯当然愤怒不已，终于查出写信的人，他跃马追踪林肯，下战书要求决斗，林肯本不喜欢决斗，但迫于情势和为了维持荣誉，只好接受挑战。他有选择武器的权利，由于手臂长，他选择了骑兵的腰刀，并且向一位西点军校毕业生学习了剑术。到了约定日期，林肯和席尔斯在密西西比河岸碰面，准备一决生死。幸好在最后一刻有人阻止他们，才终止了决斗。

这是林肯终生最惊心动魄的一桩事，也让他懂得了如何与人相处的艺术。从此以后，他不再写信骂人，也不再任意嘲弄人了。也正是从那时起，他不再为任何事指责任何人。

1863年7月1日到3日，“盖茨堡战役”展开，到了7月4日晚上，李将军开始向南方撤退。当时乌云密布，随即暴雨倾盆而至。李将军带着败兵逃到波多马克河边，只见前方是高涨的河水，后方是乘胜追击的政府军，李将军进退无据，真是陷入了绝境。林肯见了，知道是天降的大好良机，只要打败李将军的军队，战争很快就可以结束。于是，他满怀希望地下了一道命令给米地将军，要米地立刻出击李将军，不用通知“紧急军事会议”。林肯不但用电报下令，并且另派专差传讯，要米地马上行动。

米地将军有没有马上行动呢？正好相反。他完全违背林肯的命令，先行通知“紧急军事会议”。他迟疑不决，故意拖延时间，用尽了各种借口，拒绝攻打李将军。最后，水退了，李将军和军队越过波多马克河，顺利南逃。

林肯勃然大怒。“这是怎么一回事？”林肯对着儿子罗伯特咆哮，“老天，这究竟是怎么回事？他们就在触手可及的地方，只要我们伸出手，他们必定跑不掉的。难道我说的话不能让军队移动半步？像这种情况，什么人都可以打败李将军，就是我也可以让李将军俯首就擒。”

极端失望之余，林肯坐下来给米地写了一封信。记住，这时的林肯，言论措辞都比前以保守自制。所以，这封写于1863年的信，已相当表达了林肯内心的极端不满。

亲爱的将军：

我不相信你对李将军逃走一事会深感不幸。他就在我们伸手可及之处，而且，只要他一就擒，加上我们最近获得的胜利，战争即可结束。现在，战争势必延续下去，如果上星期一你不能顺利擒得李将军，如今他逃到波多马克河之南，你又如何能保证成功呢？期盼你会成功是不智的，而我也并不期盼你现在会做得更好。良机一去不再，我实在深感遗憾。

你以为米地将军读了这封信之后，会有什么表示？

米地将军从没有见过这封信，因为林肯并没有把这封信寄出去。这是他死去后，别人在一堆文件中发现的。

我们的猜测是，林肯在写完这封信之后，望着窗外，左思右想，把信搁到一边。惨痛的经验告诉他：尖锐的批评和攻击，所得到的效果都是零。

泰德·罗斯福说，在他当总统的时候，凡是遭遇到难解的问题，就会望着挂在墙上的林肯像自问：“如果林肯处于我的现况，会如何解决这个问题？”

我年轻时，总喜欢让别人留下深刻的印象，所以写了一封可笑的信给理查·哈定·戴维斯。他当时刚出现在美国文坛，颇引人注意。那时，我正好帮一家杂志社撰文介绍作家，便写信给戴维斯，请他谈谈他的工作方式。在这之前，我收到某人寄来的信，信后附注："此信乃口授，并未过目。"这话留给我极深印象，显示此人忙碌又具重要性。于是，我在给戴维斯的信后也加了这么一个附注："此信乃口授，并未过目。"虽然，我当时一点也不忙，只是想给戴维斯留下较深刻的印象。

他根本不劳心费力写信给我，只把我寄给他的信退回来，并在信后潦草地写了一行字："你恶劣的风格，只有更增添原本就恶劣的风格。"的确，我是弄巧成拙了，受这样的指责并没有错。但是，身为一个人，我觉得很恼羞成怒，甚至10年后我获悉戴维斯去世的消息时，第一个念头仍然是——"我实在羞于承认——我受到的伤害。"

假如你想引起一场令人至死难忘的怨恨，只要发表一点刻薄的批评即可。

让我们记住：我们所相处的对象，并不是绝对理性的动物，而是充满了情绪变化、成见、自负和虚荣的人。

本杰明·富兰克林年轻的时候并不圆滑，但后来却变得富有外交手腕，善与人应对，因而成了美国驻法大使。他的成功秘诀是："我不说别人的坏话，只说大家的好处。"

只有不够聪明的人才批评、指责和抱怨别人——的确，很多愚蠢的人都这么做。

但是，善解人意和宽恕他人，需要修养和自制的工夫。

卡来尔说过："伟人是从对待小人物的行为中，显示其伟大。"

鲍伯·胡佛是个有名的试飞驾驶员，时常表演空中特技。有一次，他从圣地亚哥表演完后，准备飞回洛杉矶。根据《飞行作业杂志》所描述，胡佛在300英尺高的地方时，刚好有两个引擎同时出故障。幸亏他反应灵敏，控制得当，飞机才得以降落。虽然无人伤亡，飞机却已面目全非。

胡佛在紧急降落之后，第一个工作是检查飞机用油。正如所料，那架第二次世界大战的螺旋桨飞机，装的是喷射机用油。

回到机场，胡佛要见那位负责保养的机械工。年轻的机械工早为自己犯下的错误痛苦不堪，一见到胡佛，眼泪便沿着面颊流下。他不但毁了一架昂贵的飞机，甚至差点造成3人死亡。

你可以想象出胡佛的愤怒。这位自负、严格的飞行员，显然要对不慎的维护工大发雷霆，痛责一番。但是，胡佛并没有责备那个机械工人，只是伸出手臂，围住工人的肩膀说道："为了证明你不会再犯错，我要你明天帮我的F-51飞机做修护工作。"

记住："如要采蜜，不可弄翻蜂巢。"让我们尽量去了解别人，而不要用责骂的方式吧！让我们尽量设身处地去想——他们为什么要这样做。这比起批评责怪还要有益、有趣得多，而且让人心生同情、忍耐和仁慈。

约翰博士也说过："上帝本身也不愿论断人，直到末日审判的来临。"

了解就是宽恕，尽可能地去了解别人，比批评责怪更有益、有趣。

抓住每一个机会

◎ 只要他愿意探取，凡他结交的每一个人，都能告诉他若干的秘密，若干闻所未闻却足以辅助他的前程、加强他的生命的东西。没有人能孤独地发现他自己，别人总是他的发现者！

◎ 错过与一个胜过我们自己的人相交往的机会，实在是一个很大的不幸，因为我们常能从这个人身上得到许多益处。

一个人从别人那里所吸收的能量愈大、质量愈好、种类愈多，则其个人的力量愈大。假使他在社交上、精神上、道德上同他的同辈有多方面的接触，那么他一定是个有力量的人。反之，假使他在人我之间断绝关系，那么他一定会成为弱者。

人类需要各种精神食粮，而这各种精神食粮，只有在同各种各样的人们相处相交中得来。这就像枝头上葡萄累累，其汁液的甜蜜，其色香的醇美，都是从葡萄藤的主藤上来的一样。树枝本身不能生存，把树枝从树干上砍掉，树枝定会萎黄枯死。个人的力量也是从“人类树干”中得来的。

在同一个人格坚强伟大的人相面对、相接触的时候，常常能觉得自己的力量会突然增加几倍，自己的智慧会突然提高几倍，自己的各部分机能会突然锐利了几分，仿佛自己以前所梦想不到的隐藏在生命中的力量，都被他解放了出来，以至自己可以说出、做出在一人独处时、在没有同他接触时，所决不能说出、不能做出的事情。

演说家的演讲词可以唤起听众的同情，因而发出伟大的力量。但是假使他在“没有人”或者和个别人的情况下讲话，则决不能生出这种大力量来；正像化学家决不能使分贮在各只瓶中的药品发生化学作用一样。新的力量、新的影响、新的创造，只有在“接触”和“联系”中才能得来。

常能同他人相处相交的人，仿佛永远在他的“发现航程”中能发现自己生命中的新的“力量岛屿”，而若是他不常同别人接触，这种“力量岛屿”是会永远埋没无闻的。

只要他愿意探取，凡他结交的每一个人，都能告诉他若干的秘密，若干闻所未闻却足以辅助他的前程、加强他的生命的东西。没有人能孤独地发现他自己，别人总是他的发现者！

我们大部分的成就总是蒙受他人之赐。他人常在无形之中把希望、鼓励、辅助投入我们的生命中，在精神上振奋我们，使我们的各种能力趋于锐利。

我们生命的生长，都依靠我们的心灵从四处吸收营养，而这种营养，我们的感觉是不能觉察、测量的。从表面上看，我们是从耳目中吸收进“力量”的，但在事实上，这种力量的吸收绝不是取道于官能的视觉、听觉神经的。

一幅名画中最伟大的东西，不在于画布上的色彩、影子或格式上，而是在这一切背后的画家的人格中——那黏着在他的生命中，那为他所传袭、所经历的一切的总和所构成的一种伟大力量！

大学教育的大部分价值，都是从师生同学间感情的交流、人格的陶冶中所得来的。他们的心相摩擦，刺激起各人的志向，提高各人的理想，启示新的希望、新的光明，并将各人的各种机能琢磨成器。书本上的知识是有价的，然而从心灵的沟通中所得来的知识是无价的。

假使你不能同别人的生活发生密切的关系，不能培养起你的丰富的同情心，不能在别人的事上发生兴趣，不能辅助别人，不能分担别人的痛苦、共享别人的快乐，则不管你学问怎样好、成就怎样大，你的生命仍是冷酷的、无友的、孤独的、不受欢迎的。

试着常同比你优越的人交往。这并不是说，你应当和比你更有钱的人交往，而是说你应当同人格、品行、学问、道德都胜过你的人交往，因为这样你就能尽量吸收到种种对你的生命有益的东西，就可以提高你自己的理想，可以鼓励你趋向高尚的事情，可以使你对事业激起更大的努力来。

脑海与脑海之间，心灵与心灵之间，有着一种伟大的“感应”力量。这种“感应”力量，虽无法测量，然而它的刺激力、它的破坏及建设力是十分巨大的。假使你常同比你低下的人混在一起，则他们一定会把你拖陷下去，一定会降低你的志愿和理想。

错过与一个胜过我们自己的人相交往的机会，实在是一个很大的不幸，因为我们常能从这个人身上得到许多益处。只有在“交往”中，生命中粗糙的部分才可以擦去，我们才可以琢磨成器。同一个能够启发我们生命中的最美善的部分的人相交的机会，其价值远过于发财获利的机会，它能使我们的力量增加百倍。

多与人交往，吸收对自己有益的东西。

扩大交际范围

◎ 善于交际的人，总是在不停地扩大自己的交际范围。

◎ 定期举办的各种活动可为其成员提供充分的交往机会，所以，不要放弃你感兴趣的任何团体。

善于交际的人，总是在不停地扩大自己的交际范围，认识一个新的朋友，等于进入他的社交圈，从而又认识一批人，不断地产生倍数效应。我经常鼓励我的学员这样做，并给了他们相应的一些建议：

广泛参加各种团体活动

对于参加联谊会、集训、研讨会或志趣相同者的夏令营、冬令营等活动，都是许多人在一起的集体活动，即便你兴趣不浓也还是积极参加为好。

因为，此类活动所创造的交际机会是非常多的。比如，有些不喝酒的人，稍微喝了一点，就把心里话全都倒了出来，从此与这些人结成了好朋友。如果你总是说“乱哄哄的有什么意思”之类的拒绝之辞，那么以后就不会有人再邀请你了。

各类社团组织、学术团体聚集着各种人才，大家志趣、爱好相投，有共同语言，可以相互切磋技艺，研究学问。定期举办的各种活动可为其成员提供充分的交往机会，所以，不要放弃你感兴趣的任何团体。

好好利用与人合作的机遇

与人合作的过程也是交友的过程，为扩大交际范围提供了良好的机遇，因为共同的事业是寻觅知心朋友的前提条件。

不可错过与人合作的项目，而且还要积极寻找共同完成的事业，才可广交朋友。

培养自己的好奇心

爱好、兴趣广泛的人，易于同各种人交朋友。一个人如果会打桥牌、跳舞、游泳、滑冰、打球、下棋等，爱好一多，与大家“凑趣”的机会就多，结交朋友的机会也就多了。

即使自己并不擅长某一方面，但若表现出浓厚的兴趣，博得对方的欢心，肯定了他的特点，也能引发共鸣。

抱有好奇心，集体活动时，不管谁邀请都一起活动。自己感兴趣的要去，不感兴趣的也要去，不管男性和女性都要兴致勃勃地活动。只有这样才能让人感受你的魅力，并让人感受快乐的气氛。当大家聚到一起时，不要忘了这一点。

此外，要关心各种问题。常关心大家所关心的事，特别是关心你结交的人们所感兴趣的事情。

不要让性格差异成为障碍

常言说，物以类聚，人以群分。志趣相投的人容易接近，反之，则容易疏远。但要记住，社交与选择朋友不完全是一回事。社交圈中，更多的不是朋友，或者只是普普通通的朋友。因此，在社交过程中，不要用选择朋友甚至是知心朋友的条件来作标准，凡是志趣不符、性格不合的人一概拒之门外。

在社交圈中认识的新朋友应是与你有较大差别的人才好。朋友之间在知识结构、兴趣爱好、生活经历、气质性格等方面存在差别，有助于双方广泛地了解形形色色的社会生活层面。新朋友的见解即使与你大相径庭、迥然不同，也是一大幸事，这可以补充、丰富你的思想。

积极参加集体活动

有些人不喜欢参加集体活动，这些人老埋怨自己没有朋友，实际就是缺少热情。无论大家做什么，需要多少时间，就知道做自己喜欢的事情，绝不与大家一起干。什么都是自己决定，自己能领会的才想做，像这样的个性很强的人是很难交到朋友的。

从各个方面、各个角度不断扩大自己的交际范围。

让对方有备受重视的感觉

◎ 人类行为有个极重要的法则，如果我们遵从这个法则，大概不会惹来什么麻烦；事实上，如果我们遵守这个原则，便可以得到许多友谊和永恒的欢乐。但是如果我们破坏了这个法则，就难免后患无穷。这个法则就是：时时让别人感到重要。

◎ 约翰·杜威说过："人类本质里最深远的驱动力是——希望具有重要性。"

现实生活中有些人之所以会出现交际的障碍，就是因为他们不懂得或者忘记了一个重要原则——让他人感到自己重要。他们喜欢自我表现，夸大吹嘘自己。一旦事情成功，他们首先表现出的就是自己有多大的功劳，做出了多大贡献。这样其实就相当于向他人表明：你们确实不太重要。无形之中，他们伤害了别人。

有一天，我在纽约第32街和第8道交口处的邮局里排队等候寄一封挂号信。那位柜台后面的营业员显然对工作感到不耐烦——称重、拿邮票、找零钱、写收据，一年复一年都是同样单调的工作。所以我对自己说：“我要让那位办事员喜欢我。而要让他喜欢，我显然必须说些好话——不是关于我自己，而是有关他的。”我又自问：“他又有什么值得让我称赞一番的呢？”有时，这实在是个难题，尤其是对方是一个陌生人时。但是，称赞眼前的这位职员似乎并不让我感到困难，我马上找出可以称赞的地方了。

当他为我的信件称重时，我热切地对他说：“我真希望能有你这样的头发。”

他抬起头，半惊讶地看着我，脸上泛出微笑：“啊，它已经不像以前那么好啦！”他谦虚地应答。我告诉他，虽然它可能已没有原来的美观，但仍然状况极佳。他十分高兴，和我谈了一会儿，最后说道：“许多人都称赞我的头发。”

我敢打赌这位先生出去吃午饭的时候，一定步履生风，晚上回家的时候，一定会将此事告诉太太，也一定会照着镜子对自己说：“这头发是多么漂亮！”

有次我演讲的时候提起这件事，事后有人问我：“你想从那人身上得到什么？”

我想从那人身上得到什么？我想从那人身上得到什么！

如果我们真是这么自私，一旦没有从他人身上得到好处，就不对他人表示一点赞赏或表达一点真诚的感谢——如果我们的灵魂比野生的酸苹果大不了多少，我们的心灵会变得多么贫乏。

不错，我是希望从那位先生身上得到一点东西。但那东西是无价的，而且我已经得到了。我得到了助人的快乐，这种感觉会在事过境迁之后，永存在我的记忆里。

人类行为有个极重要的法则，如果我们遵从这个法则，大概不会惹来什么麻烦；事实上，如果我们遵守这个原则，便可以得到许多友谊和永恒的快乐。但是，如果我们破坏了这个法则，就难免后患无穷。这个法则就是：时时让别人感到重要。我们前面提过约翰·杜威所说的："人类本质里最深远的驱动力就是：希望具有重要性。"还有威廉·詹姆士说的："人类本质中最殷切的需求是：渴望被肯定。"我也曾指出，就是这种需求，使人类有别于其他动物；也就是这种需求，使人类产生了文化。

几千年来，许多哲学家都曾就这个问题深刻思量过。而他们产生的结论只有一个，这法则并不新颖，可以说和历史一样陈旧了。2500年前，所罗亚斯德在波斯用这个原则教导门徒；2400年前，中国的孔子也这么谆谆劝导过；2500年前，道教的始祖老子，在函谷关也这么说过；基督降生的前500年，佛陀已在神圣的恒河边教诲众生；甚至印度教的经典也这么记载着；1900多年前，耶稣基督在犹太山上，以此训诲门徒，并且用一句话做总结——这大概是世上最重要的法则："你要别人怎么待你，就得先怎么待别人。"

你需要朋友的认同，需要别人知道你的价值；你希望在自己的小世界里，有种深具重要性的感觉。你不喜欢廉价、言不由衷的恭维，而热望出自真诚的赞美。你喜欢友人正像查理·夏布所说的"真诚、慷慨地赞美"。我们都喜欢那样。

所以，让我们衷心服膺这永恒的金律：我们希望别人怎么待我们，我们就怎么待别人。

怎么做？什么时候？什么地方？答案是：随时，随地。

住在威斯康星州的大卫·史密斯，也告诉我们他如何处理一个尴尬场面。故事发生在一个慈善音乐会的点心摊上。

"音乐会那天晚上，我到达公园的时候，发现有两位上了年纪的女士，站在点心摊旁边，都显得不怎么高兴的样子。很显然的，她们两人都认为自己才是那个点心摊的负责人。我站在那里，正思索着该如何是好，有名赞助委员会的成员走过来，交给我一个募款箱，并感谢我的帮忙。她也介绍那两位上了年纪的女士——萝丝和珍——与我认识，然后便匆匆离开了。

“紧接而来的，是段令人尴尬的静默。我知道那个募款箱可算是一种‘权威的标记’，便把它交给萝丝，向她说明自己恐怕不能管理好，希望她能帮忙料理。我又建议珍负责照顾另两名少年助手，并教他们如何操纵汽水贩卖机。

“于是，整个晚上，萝丝都很高兴地清点募款，珍也很尽责地照料两名助手。我则很轻松地坐在椅子上，欣赏整个音乐晚会。”

你不用等到当上了驻法大使，或是宿舍里的“聚餐委员会”主席以后，才来运用这个法则，你几乎每天都可以使用这奇妙无比的魔力。

举例来说，如果你在餐馆里点了一份炸薯条，而女侍者却在端给你马铃薯的时候，让我们说：“对不起，麻烦你了，但我比较喜欢炸薯条。”女侍者可能会这么回答：“不，一点也不麻烦。”而且她还会高高兴兴地把马铃薯换走，因为我们已经对她示以了敬意。

另外，我们还可以使用许多日常用语来解除每天生活的单调与忙碌，如“对不起、麻烦你……”，“可否请你……”，“请问你愿不愿意……”，“你介不介意……”，“谢谢”等。

下面让我们再看一个例子。

罗纳尔德·罗兰是我们在加州开课时的讲师，也教美工课。他曾提起初级手工艺班里的学生克里斯的故事。

“克里斯是个安静、害羞、缺乏自信心的男孩，平常在课堂上很少引人注意。一天，我见他正在伏案用功，便走过去与他搭话。他的内心深处似乎有一股看不到的火焰，当我问他喜不喜欢所上的课时，这个年仅14岁的害羞的男孩脸上的表情起了极大变化。我可以看出他的情绪波动很大，想极力忍住泪水。

“‘你是说，我表现得不够好吗，罗兰先生？’

“‘啊，不！克里斯，你表现得很好。’

“那天，上完课走出教室的时候，克里斯用那对明亮的蓝眼睛看着我，并且肯定、有力地说：‘谢谢你，罗兰先生！’

“克里斯教了我永远难忘的一课——我们内心深处的自尊。为了使自己不致忘记，我在教室前方挂了一个标语：‘你是重要的。’这样不但每个学生可以看到，也随时提醒我：每一个我所面对的学生，都同等重要。”

这是一个未加任何渲染的事实：差不多你所遇见的每一个人都自以为在某些地方比你优秀。所以，要打动他们内心的最好方法，就是巧妙地表现出你衷心地认为他们很重要。

唐纳德·麦克马亨是纽约一家园艺设计与保养公司的管理人。他向我讲述了这样一件事情：

“有一次，我替一位著名的鉴赏家做庭园设计，这位屋主走出来作了一些交待，告诉我他想在哪里种一片石南和杜鹃花。

“我说道：‘先生，我知道你有个癖好，就是养了许多漂亮的好狗。听说每年在麦迪逊广场花园的展览里，你都能拿到好几个蓝带奖。’

“这一小小的称赞所引起的效果却不小。

“鉴赏家回答我：‘是的，我从养狗中得到了很多乐趣。你想不想看看它们？’

“他花了差不多一个钟头的时间，带我参观各类的狗和所得的奖品，甚至向我说明血统如何影响狗的外貌和智慧。

“后来，他转身问我：‘你有没有小孩？’

“‘有的。’我回答，‘我有个儿子。’

“‘啊，他想不想要只小狗呢？’他问道。

“‘当然哪，他一定会很高兴的。’

"'那么，我要送一只给他。'鉴赏家宣称。

"他告诉我怎么养小狗，讲了一半却又停下来。'你大概不容易记下来，我写一份说明给你。'于是他走进屋里，打了一份血统谱系和饲养说明给我。他不但送我一只价值好几百元的小狗，还在百忙中拨给我1小时又15分钟的时间。这完全是因为我衷心赞美他的嗜好和成就的缘故。"

柯达公司的乔治·伊斯曼，因发明了透明胶片而大发其财，成为举世闻名的富豪。像他这么有成就的人，渴望被肯定的心理却是和你我没有两样。

事情是这样的：伊斯曼在兴建"伊斯曼音乐学校"和"基尔本厅"的时候，纽约一家专做椅子的公司经理詹姆斯·亚当森，很想包下剧院座椅的生意，便打电话给建筑设计师，希望能通过他安排时间，到罗契斯特去会见伊斯曼先生。

到了见面那天，建筑设计师对亚当森说道："我知道你很想做成这笔生意。但我先告诉你，伊斯曼是个纪律严格的人，十分忙碌，所以你最好长话短说，把来意在5分钟内解说完毕。"

亚当森也正准备那么做。

进了办公室，亚当森见到伊斯曼先生正埋头在一堆文件之中。伊斯曼先生抬起头，取下眼镜，然后走过来向亚当森和建筑设计师招呼道："早安，两位先生，请问有何指教？"

建筑设计师为两人介绍过后，亚当森便说道："这是间很好的办公室。虽然我是从事室内木工艺品的生意，却从没见过这么漂亮的办公室。"

乔治·伊斯曼回答道："你使我回想起某些往事。是的，这是间很漂亮的办公室。刚建好的时候，我真喜欢极了。可是后来事情一忙，也就不再有那份感觉，有时甚至好几个星期也不曾来一趟。"

亚当森移动脚步，用手指抚过窗格的镶板。"这是英国橡木，是吗？这跟意大利橡木稍有不同。”

“不错。”伊斯曼答道，“这是从英国进口的橡木，是我一位木料专家的朋友特别为我选来的。”

伊斯曼便逐一介绍室内的一些建材，不时对结构的比例、材料的色泽和制作的手工等提出批评，并说明当初他如何参与计划和施工。

后来他们停在一扇窗户前面，伊斯曼以他特有的缓和声调，指出他未来的好几项计划：罗契斯特大学、综合医院、友谊之家、儿童医院等。亚当森对他的人道精神又大大赞赏一番。接着，伊斯曼打开一个玻璃箱，取出一个照相机来——那是他的第一部照相机，由一个英国人手中买来的。

亚当森又询问他从事生意以来的种种奋斗情形。伊斯曼提到自己童年的贫困和寡母的辛劳，由于对贫穷的恐惧，他因此特别努力工作。亚当森凝神细听，并不时发出一些问题，如干性感光盘的实验等，伊斯曼也都很详细地回答。

亚当森被引进办公室的时候，是10点15分。建筑设计师曾警告他，面谈最好不超过5分钟。但现在1个小时过去了。接着两个小时，他们还是谈个不停。

最后，伊斯曼对亚当森说道：“上次我在日本买回几张椅子，放在阳台上，结果油漆都被阳光晒剥落了。前几天，我到市区买来一些颜料，自己动手油漆一遍。你想过来看我漆得如何吗？要不你等一下可以到我家来用点午餐，我可以让你看看那些椅子。”

用完午餐之后，伊斯曼带亚当森去看那张椅子。那不过是普通的日本座椅，只因经由大富豪亲手油漆过，便备受珍惜。

剧院座椅的订单高达9万元，你猜谁会做成这笔生意呢？

让他人感到自己重要——而且要真诚而为。

第二章

做好一生的规划

目标是人生的灯塔

◎ 心中拥有目标，便会使自己不会太留意与之不相关的烦恼，不会与一般的不相关的小麻烦计较，这会使你变得豁达、开朗。

◎ 一个人之所以伟大，首先在于他有一个伟大的目标。

每一个奋斗成才的人，无疑都会有一个选择、确定目标的问题。正如空气、阳光之于生命那样，人生须臾不能离开目标的引导。

有了目标，人们才会下定决心攻占事业高地；有了目标，深藏在内心的力量才会找到“用武之地”。若没有目标，绝不会采取真正的实际行动，自然与成功无缘。

首先，心中拥有目标，给人生存的勇气，在困苦艰难之际赋予我们坚忍不拔的毅力。有了具体目标的人少有挫折感。因为比起伟大的目标来说，人生途中的波折就是微不足道的了。因此，拥有科学的目标可以优化人生进程。

其次，由于目标事物存在脑海某处，所以即使我们从事别的工作，潜意识里依然暗自思量图谋对策，遂在不觉之间接近目标，终于梦想成真。拥有目标的人成大功立大业的概率，无疑要比缺乏志向的人高。目标激励人心，产生活动能源。

再者，实现目标好像攀登阶梯一般，循序渐进为宜，尽管前途险阻重重，也要自我勉励，不断做出更大的挑战。当时认为不可能做到的事情，往往几年之后，出乎意料地简单达成了。

卡耐基说不甘做平庸之辈的人，必须要有一个明确的追求目标，才能调动起自己的智慧和精力。

心中拥有目标，便会使自己不会太留意与之不相关的烦恼，不会与一般的不相关的小麻烦斤斤计较，这会使你变得豁达、开朗。因为人的注意力是很有限的，一旦他（她）全身心地为自己的目标而努力，去冥思苦想时，其他的事情是很难在其脑子里停留的，这个道理极其明显。

心中有了目标，人就会专门去找一些相关的麻烦来解决，以便自己为实现目标而进行一些必要的锻炼，这样，使人在不知不觉中培养起了积极的人生态度和勇于迎接困难的优良品质。

在现实生活中，确有许多“平庸之辈”有不甘平庸之心，这是一个积极入世的人不容回避的问题。作为一个平凡的人，尽管不可能都轰轰烈烈，但是能使平凡的人生较常人稍许不平凡一些，尽可能比别人强一些，是肯定能办到的。

我们需要提升生存的智慧，思考成功，追求卓越，对人生的意义、人生的价值、人生的幸福等问题交出较完美的答卷。不甘平庸，崇尚奋斗，正是人生之歌的主旋律。

没有明确的目标，没有目标的努力，显然如竹篮打水，终将一无所有。

目标是获得成功的基石，是成功路上的里程碑。目标能给你一个看得见的靶子，你一步一个脚印去实现这些目标，你就会有成就感，就会更加信心百倍，向高峰挺进。

成功，是每一个追求者的热烈企盼和向往，是每一个奋斗者为之倾心的夙愿。在目标的推动下，人就能够被激励、鞭策，处于一种昂扬、激奋的状态下，去积极进取、创造，向着美好的未来挺进。

目标是一种持久的热望，是一种深藏于心底的潜意识。它能长时间调动你的创造激情，调动你的心力。你一旦想到这种强烈的愿望，就会产生一种原子能般的动力，就会有一种钢铸般的精神支柱。一想到它，你就会为之奋力拼搏，就会尽力完善自我，在艰难险阻面前，决然不会轻易说“不”字。为了目标的实现，去勇敢地超越自我，跨越障碍，踏出一条坦途。

目标是信念、志向的具体化，奋斗者一定要有梦想，并敢于做“大梦”，梦想正是步入成功殿堂的动力源。许多精英俊杰都是出色的梦想者，他们无一不是笃信大梦能成真的。他们梦想的目标一旦确立，就会万难不屈、坚毅果敢，充分发掘自己的潜能，将自己的才华优势发挥到极致，以百倍的努力冲刺、攀登。

正如美国成功学家拿破仑·希尔所言：“你过去或现在的情况并不重要，你将来想获得什么成就才最重要。除非你对未来有理想，否则做不出什么大事来。一有了目标，内心的力量才会找到方向。”

可以说，一个人之所以伟大，首先在于他有一个伟大的目标。

在人的成长过程中，必经历胎儿期、继承期、创造期和发展期几个阶段，在第二、三阶段中，有一个目标选择期。即从学校毕业到就业前后，是确定奋斗目标的阶段。

一个人能否成功，确定目标是首要的战略问题。目标能够指引人生，规范人生，是人成功的第一要义。目标之于事业，具有举足轻重的作用。忽视目标定位的人，或是始终确定不了目标的人，他的努力就会事倍功半，很难达到理想的彼岸。确立目标，是人生设计的第一乐章。

树立一个明确的目标。

确立人生的起跑点

◎ 不少人青年时代就功成名就，不能不说与他的人生起跑点选择的准确有关。

人生的全流程，虽是一个连续不断的时空整体的客观存在，但它明显地划分为几个阶段。把人生流程中生理年龄、人的成熟和发展过程以及主要内容的更替综合起来看，分为四个大阶段较为科学，每个大阶段内又分几个小段。自降生至18岁，我们称之为人生流程的补建期。如果说任何人对自己所获得的遗传因素、母体条件都无法选择，那么我们就可以降生为界。降生以前主要是获得先天的生理预应力，出生后社会环境便开始施加影响以造就其社会适应力，以使他提高对社会的适应能力。第二个阶段是成熟期，即18～25岁左右，是充满理想、浪漫色彩和激情的青年期。这个时期，努力总结在补建期所得到的一切知识和社会经验、实践体会，中心任务是使自己初步成熟起来。这一时期有两个明显标志：一是初步形成世界观，即获得社会观、人生价值观，认识方法协调统一化，形成对客观世界的整体性认识；二是基本选定了一生所从事的事业的目标。在这个阶段上，人生的中心任务就是要全力促进成熟，早成熟早立志，就可以早进入创造期，早出成果，为社会多做贡献。第三个阶段是创造期，即25～55岁左右这个年龄段。这是人生全程中的黄金时代，无论从事什么工作的人，这个阶段都是进行创造性工作的最佳时期。不仅因为这个年龄段上的人年富力强，而且因为他们积累了丰富的经验，历经了磨炼，使他们有稳定的情绪和持久的耐力。第四个阶段是总结期，即55岁以后。这个时期，因年龄增长所发生的心理变化，以及体力精力的减退，迫使人不得不离开第一线，做一些总结切身经验的工作。

如果把人生比做是运动场上的竞赛，那么，补建期就好像运动员竞赛前的预备活动期，而成熟期就是运动员在选择自己的起跑点，创造期就是正式竞赛中的角逐。不同点在于，运动上的竞赛是练兵千日于瞬间决一雌雄，而人生的竞争则是集千万个瞬间的科学灵感和运动场上的冲刺比高低。要说哪一个容易哪一个难，不好分辨。但有一点可以肯定：人生漫长的征途上更需要持久的耐力。

人生起跑点的选择，对于一生有重要作用。如果一开始起跑点就选得准确，总比几经周折年近迟暮还在徘徊之中要好得多，不少人青年时代就功成名就，不能不说与他的人生起跑点选择的准确有关。

有的人说“选择目标，实际上是自己设计自己的过程”，“自己设计自己，首先要考虑社会的需要，时代的需要，还要考虑自己的所长和爱好”。持这种主张的人认为，选择人生目标就是自己设计自己。我们并不完全同意这种主张，因为选择人生目标仅仅是人生设计的一项内容，而不是人生设计的全部内容，人生设计除目标设定外，还包括阶段规划、环境分析、反馈和核心内容的研究等。而目标的选择，仅是确定人生起跑点的前提之一。

该如何确定自己的人生起跑点呢？用我们的话来说，就是在对自身条件优劣和环境利弊的自觉认识的基础上，根据扬长避短的原则，按照社会需要所指示的方向，在环境的最大容许度上确立自己的人生起跑点较为妥当。

身处顺境，依自己对于宏观和微观的自觉认识的水平，对自己的长处短处的自觉认识，确立一生所从事的事业（范围或更具体到特定项目）的目标，这就是人生起跑点。

身处逆境，同样也应依照对环境和自身的自觉认识水平，确立一生所从事的事业的目标，不过有两种情况：一种是在微观环境容许度以内确立，叫做安全性人生起跑点；另一种是在微观环境容许度之外，依自己对宏观需要的自觉认识确立所从事的目标，叫做风险性人生目标。

上述关于人生起跑点的思想在确立过程中所涉及的因素和判断过程是一致的，不同仅在于担风险还是找安全。

从一开始就选准起跑点。

描绘生命的蓝图

◎ 成功人士与平庸之辈的差别，就在于前者为生命计划，决定一生的方向。

◎ 只有你知道需要什么，这样你才能更肯定地实现目标。

生命比盖房更需要蓝图，然而很多人从来没有计划过生命，每天只是醉生梦死地度过。

成功人士和平庸之辈的差别，就在于前者为生命计划，决定一生的方向。我们可以为生命做出计划，如拟订十年、五年、三年计划；或拟订最接近此刻的长期一年的计划；最后是短期计划，如一月、一周、一天。

①订出一生大纲：你这一辈子要做什么？当然，有很多事只能订出个大概，但你可以好好选择自己所喜欢做的事。

你退休后要做什么？你的第二阶段要怎么过？也许你要终日徜徉于山水之间。如果现在你还不到30岁，以后也不想退休，那就不必为这些烦恼。

2.20年大计：有了大概的人生方向，就可以拟订细节。第一步是20年。订下这20年内你要成为什么样子，有哪些目标完成。然后想想从现在起，10年后你要成为什么样的人。

③10年目标：20年大计一定要20年才能完成吗？不一定。你越

富裕，就越快达到目标。

④5年计划：只需要一台计算机和几秒钟时间，你就知道5年内要赚多少钱。

⑤3年计划：3年是重要的一环，一生大计通常只是简单的方向，而3年计划是最重要的决定点。

⑥下年计划：这是你每周至少要检视一次的预算表和工作计划。每年都要有计划，尽量简单扼要，以数字为主。像赚得的金额、认识的人数等。12个月的计划不是论文，而是行动大纲。

⑦下月计划：认真地执行下个月的计划。以每月15号开始算起，是最适合的日子。

⑧下周计划：这对大多数人而言，这是时间计划的关键所在。

⑨明日计划：这是最具体的生命计划。

别被20年大计吓倒了，好好写下来，修改是难免的。订计划是件愉快的事，而非一项任务，如果你的计划是一串上升的数字，你很快会对它发生兴趣。

如果短期计划超过了90天，你会对它丧失兴趣，把它分散成单项，然后逐一在90天内完成。

只有你知道自己需要什么，这样你才能更肯定地实现目标。

为生命做出一个整体计划。

拥有自己的计划

◎ 谁没有用以检查其行为标准的计划，那他的行为就会为眼前的影响所支配；他认为今天所寻求到的自信说不定明天就又会失去。

◎ 有了计划，就意味着有了保障。

一位著名的外交官曾说过，“日常事情一件一件地向我们涌来。如果我们没有一个可以将之加以检查的计划，那么我们就会遇到许多困难。”

他所陈述的这种道理在外交、政治以及我们每个人的工作和生活中统统适用。应该按照自己的标准，去检查每天发生在我们身边的事情，谁若不懂得这一点，谁就将陷入不稳定的漩涡之中。他自己的个人意愿将难以实现，所定目标也将停滞不前。

所以，影响我们生活的有两件事情。其一就是日常之事，这是我们社会不断强加给我们的对立；其二就是拥有一份计划，我们按照这份计划来评判日常之事对我们自己是否有利，我们是否有能力处理好这些事情。

谁没有用以检查其行为标准的计划，那他的行为就会为眼前的影响所支配；他认为今天所寻求到的自信说不定明天就又会失去。

谁拥有一份长期计划，谁就会凭借它创造有利的前提，正确看待眼前的一切诱惑。

在此，还应进一步说明一下，拥有一份检视我们行为的计划到底有哪些好处：

拥有一份计划并贯彻它，意味着可以事先知道应该怎样度过这繁忙的一天。

拥有一份长期计划，就如同建立了一个安全网，当我们在日常生活中遇到困难时，它会及时地给予我们保障，就如空中飞人表演遇险而由安全网接住一样。

也意味着，可以及时界定我们的能力和可能性的范围，以期更接近我们所期望的目标。这样，我们就不会受外界影响和诱惑。

谁没计划，谁就会陷入危险之中。

在过去的几年里我遇到过一些人，他们给我留下的印象是：他们生活得比别人好，这时我总会向他们讨教几招。其中一个人给我举了一个印象颇深的例子。这个例子说明，计划如何帮助人们去克服生活中大大小小的问题。

我有一个朋友，他是在乡下一个贫苦的家庭中长大的，他父亲早逝。之后他上了大学，毕业后当了一名法官，再之后又当了外交官和部长。

当我在他的办公室拜访他时，我问他："您曾经说过，您是个心满意足的人。您是怎样做到这一点的呢？"

他思考了一会，然后以他那独特的、从容不迫的方式回答道：

"严格地说，我几乎可以称得上是个心满意足、十分幸福的人。这当然有多方面的原因。但其中有两点是肯定的：人必须自信。同时也必须能够独立做事，而且不要过分依赖于外部事物。"

对某些人来说，读了这几句话后，会感觉它们只是空洞的说教或者只是抽象的愿望、幻想。但对以它为原则而生活的我的朋友来说，这是他获得几乎可以称得上是心满意足、十分幸福的生活的关键因素。从这个伟大的生活计划中，他推导出解决日常问题的许许多多小计划。

举一个他向我讲述过的例子，是关于他怎样控制体重的。当别人都在大量地吞服药片或偶尔接受减肥疗法并向别人推荐时，他却用自己的方式来解决问题：

"每周日洗完澡后，我就称体重。如果称的是80公斤，那么在接下来的一周内，我接着吃与上周同量的东西；如果称得的体重大于80公斤，那么一周内我只吃一半的东西。在这段时间内，我的体重又可以减到适合于我的体型的最理想的80公斤。"

您或许会问："这样一件无关紧要的小事和他幸福的计划有什么内在的联系？"

非常之简单：举一反三。他说："人必须自信并且不要过多地依赖于外部事物。"

他不问："谁帮我解决我的体重问题呢？哪些药片能帮我，哪些疗法能有效呢？"而是更多地去寻求一种不依赖于任何人的解决之道。

他控制自己每天吃多少东西，不受偶然因素或所提供的食物的影响，而是严格按照计划行事。他这样做使他充满自信。

这是考察内在联系的一个方面。

在前面，我列举了大量事例，阐述了如何制定一个最适合自己的计划，同时也阐述了坚定不移地贯彻计划的优点。但您要认识到，计划并不是一副灵丹妙药，光靠它还不能解决问题，它只是为解决问题而创造尽可能最好的前提条件。

有了计划，就意味着有了保障。由此而得出的最重要的结论是：

我不再相信，当自己碰到问题时，总能想出解决问题的办法或者总会有贵人相助；或者认为"还没这么糟糕！"或者"到目前为止，一切都挺好！"而是为解决问题做好充分准备。不靠碰运气，不只顾眼前，不依赖别人，而是自己为此担负起责任。

拥有一份计划就意味着：

今天就考虑好明天和后天会出现什么样的情况及应对策略。就像一个优秀的战略家，在真正采取行动之前，先练习沙盘作业，直至他认为已能圆满完成任务为止。或者像一名消防队员，平时坚持不懈地练习，以使自己在紧急情况下能应付自如。

一旦真的发生紧急情况，他早已做好了充分准备。他很清楚自己应做什么，并投入全部精力尽量做好，而不是惊慌失措，急于为自己的失败找替罪羊或为自己寻找托词。

这就是有计划的优点之一。另一个优点是，知道自己想做什么。在这种情况下，我可能这样做，而另一种情况下也许会采取完全相反的做法。不管怎样，我每次只做有利于更接近我所设定的目标的事情。

在这儿，我就不一一列举其他优点了，为的是您能自己勾画自己的生活，而不是让别人牵着鼻子走。

所有该说的，我想，我都已经说过了。

现在就看您的了。读到这儿，如果您只说一句："是的，是的，这样活着，就不错了！"这是远远不够的。之后，您会很快就翻过这一页，而不是尝试着去实际做点什么。您也许会说："听起来都很美，但是……"还会成百上千次地说"如果"和"但是"，您应该知道，说这些都没用，坐着说，不如起来行动。

如果您已确定了一个目标，制定了一份最适合您的计划并下定决心：从今天开始，没有任何事情可以阻止我去执行我的计划，那么您就已经向成功又迈进了一大步了。

如果您制定了这项计划，您就将它写在一张纸上，放在书桌上。这样您就可以每天早上和晚上都能看到它了。早上您会说："我要这样去做。"晚上，您会问："我是这样做的吗？"

> 趁早拥有一份计划并贯彻它。

第三章

与金钱和睦相处

金钱的本来意义

◎ 很少人能聪明地运用金钱，人们对金钱有许多自以为是的错误看法，其中有些甚至荒谬极了。

◎ 钱能够对提高我们的生活品质起到多少作用，要看我们能多聪明地运用手上的钱，而不是看我们到底有多少钱。

虽然很少有人真正知道自己想从生活中获取什么，但大部分的人却坚定地宣称，有了很多钱就可以使他们得到想要的一切。他们不仅错失了生活的本质，也曲解了金钱的本来意义。钱常被误用、滥用，很少人能聪明地运用金钱，人们对金钱有许多自以为是的错误看法，其中有些甚至荒谬极了。

长久以来，人们一直受物质主义的主宰和操纵，不断地以追求财富、积累金钱作为奋斗的目标，认为拥有了巨大的财富就拥有了快乐。诚然，金钱对人们的生活的确有作用，但是并不像大多数人想的那么重要。

人们对金钱最为普遍的一种错误认识是，钱可以使他们快乐。实际上，金钱聚积过多，不仅不会带来快乐，反而成为仇恨、相争等烦恼的根源。

皮德鲁幸运地中了500万美元的彩券，当他发横财的时候其他人正在失业。在一般人的眼里，皮德鲁真是走了大运，有了这么多钱，他一定快乐得不得了。然而事实是，皮德鲁不仅没有得到快乐，反而陷入了不幸。自从皮德鲁中了彩券后，他就再也没见过自己的女儿，而且好多亲朋好友也都离他而去，原因是他没有把这一大笔天降横财分给他们。皮德鲁说："我现在要什么东西就可以买什么东西，但除此以外，我比其他任何人还要痛苦……我买不到感情和人心。有了这一大笔钱，我反而成了忌妒和仇恨的对象，人们不愿和我接近，我也时刻在担心有人接近我只是为了钱，我累极了……有朋友就是有朋友，没有就是没有，爱是买不到的，爱一定要建立。"

现实生活中，许多人通过努力工作、继承遗产、运气或是不合法的手段得到了大笔钱，然而，或者是因为不满足，或者是因钱而导致朋友的纷争、感情的背离，或是因为钱已够多而失去了目标，总之，他们都没有得到快乐。许多有钱人拥有一切物质上的享受，却过着自暴自弃的生活。

不管人们处于何种地位，钱都是生存的必需品，钱也是增进休闲方式、提高生活品质的一种途径。然而，不幸的是，人们都被贪婪蒙住了眼睛，把钱视为生活的目的，而不是改善生活的手段。把金钱本身当成了目的，人们就会陷入失望和不满，并且永远无法达到提升生活品质的目标。

对钱的另外一种误解是，人们把钱看作生活的保障和建立安全感的基础，就会制约我们去相信应该一心一意地积蓄物质财富，作为我们退休或遭到意外时的保障。如果你开始把钱看成完全的保障，你对钱就会有问题，就像不能买爱、朋友和家人，你也买不到真正的保障。

人所能拥有的真正的保障应该是内在的保障。这种内在的保障来源于天赋、创造力、才能、健康的体魄等内在因素，使你相信你能够运用自身的条件，去应付或克服作为一个独立的人所要面对的一切问题和情况。你如果一旦拥有了这种内在的实际的保障，你就不会有那么多的惶恐和害怕，也不会将时间和精力专注于给自己建立外在的财务上的保障。最好的财务保障就是内在的创造能力，这种保障任何人都夺不去，你永远都能想办法谋生。你的本质建立于你本身是什么人，拥有怎样的精神状态，而不是你所拥有的外在的物质。你即使失去了所拥有的，你也还是自己生活的中心，这使你能保持健康明朗的生活过程。

将个人的安全感建立在金钱上，不外乎修建空中楼阁。那些努力于为自己建立保障的人是最没有保障的人。情感上缺乏保障的人积累大量的金钱来抵御人格上所受的打击，填补空洞脆弱的内心，宣泄不愉快的感觉。追求保障的人本质上极为缺乏安全感，因此试图通过外部的事物，比如金钱、配偶、房屋、车子和名声，来求得心理上的安稳和平衡，他们一旦失去了自己所拥有的金钱财富，就失去了自己，因为他们的安全感、对自己的认同感，完全是以金钱为根本。

以物质和金钱追求为基础保障有很多褊狭之处，就算你是超级富翁，也可能遇车祸身亡，有钱人的健康状况和没钱的人一样会逐渐衰败，战争爆发影响穷人，也影响富人。以钱为保障的人还时刻担心金融崩溃时他们会失去所有的钱财。他们不仅没得到什么确实的保障，反而还增加了许多让他们恐慌的事。

那么，钱和快乐到底有什么关系？我们承认钱是生存的一项重要因素，但这并不能告诉我们，要多少钱才能够快乐。为这个社会主流所认同的那些成功人士，总是时时刻刻在宣扬，百万富翁才是生活的胜利者，也就是说，我们其他人就是失败者。很多事实证明，大部分财力平平的人比我们在报纸上读到的百万富翁更有资格当胜利者。

钱是生活中的权宜办法，钱能够对提高我们的生活品质起到多少作用，要看我们能多聪明地运用手上的钱，而不是看我们到底有多少钱。

在我们的社会中，很多人都认为钱代表权力、地位和安全，但其实钱在本质上没有一点能使我们快乐。要看清钱的本质，请做如下练习：现在把你身上或放在附近的钱拿出来，摸一摸，感觉它的温度。注意，它是冷冰冰的，晚上不能使你温暖。你和你的钱说话，它不会有任何反应，它的面目永远是那么僵硬，一成不变。不管你有多么爱它，它也不会给你一点回报。

麦克·菲力普曾是一位银行副总裁，他认为大多人把自己的身份牢牢地和钱结合在一起，在他的书《金钱7定律》中，他讨论了几种有趣的金钱观：

①如果你做了事情，钱自然会到你的手中。

②金钱是个梦——像传说中的花衣服吹笛手一样吸引人。

③金钱是梦魇。

④你永远都不能把钱当作礼物送走。

⑤有的世界里没有钱这个东西。

当然钱的确有很多用途，没有人会否认钱在社会上和商场上所扮演的重要角色，但是人人都可以推翻错误的观点——认为钱越多就会越快乐。每个人所要做的就是留心。

我通过对以下问题的观察，提出了几点重要的意见：如果钱使人快乐，那么……

①为什么年薪7万元以上的人当中，对自己薪水不满意的比率，比那些年薪7万元以下的人高？

②阿尔伯伊斯基通过华尔街地线交易非法聚敛了1000万美元，为什么他累积到200万元或者是500万元的时候还不愿停止这种非法

行为，却继续累积，直到被捕？

③为什么我所认识的一家人（他们的财产总值列居北美家庭的前100名）告诉我，他们如果中了彩票赢了大奖会有多么快乐？

④为什么纽约的一群中了彩票的人要组成一个自助团体来处理中奖后的各种痛苦和忧郁的症状，他们在赢得大笔奖金之前从来没有经历过这种严重的痛苦和忧郁？

⑤为什么这么多高薪的棒球、足球、曲棍球球员有毒品和酒精的问题？

⑥医生是最有钱的行业之一，为什么他们的离婚、自杀和酗酒比例高于其他行业？

⑦为什么穷人捐给慈善事业的钱比富人捐得多？

⑧为什么有这么多有钱人犯法？

⑨为什么这么多有钱人去看精神科医生和心理治疗师？

以上只是一些警讯，提醒我们钱并不能保证快乐。

当我们满足了基本的生活需要后，钱不会使我们快乐，也不会使我们不快乐。如果我们每年挣到25 000美元就能够快乐，并且能够妥善地处理各种问题，当我们比现在更有钱时，还是会快乐，还是能妥善地处理问题。如果我们一年只挣25 000美元就使自己不快乐、神经过敏、而且不能很好地处理问题，那么即使年薪100万元也是如此，还是神经过敏，不快，也不能好好地处理问题，差别只在于，我们是在豪华的住宅、丰富的物质享受里神经过敏，不快乐。

正确了解金钱的本来意义，才能使我们快乐起来。

提升财商

◎ 财商可以通过后天的专门训练和学习得以改变，改变你的财商可以连动地改变你的财务状况。

◎ 财商是一个人最需要的能力，也是最被人们忽略的能力。

许多终日为钱辛苦、为钱忙碌的上班族，都曾有过一些共同的体验，眼看着成功人士穿着名牌服装，住在豪华别墅，开着名贵轿车，羡慕不已。然而在羡慕之余，他们可能也曾经想过："是什么使得他们能够拥有财富，而我却没有？"

一次调查结果表明，有47%以上的受访者认为"炒作股票或房地产"是贫富差距拉大的主因；其次是"个人工作能力与努力"（34%）；第三是"家庭原因"（19%）。根据调查结果可以发现，大部分的受访者认为，造成贫富差距越来越大的主因并非个人努力的成果，而是运气、机会等不公平游戏的结果。

的确，造成贫富差距扩大的直接原因是"股票与房地产"、"个人工作能力与努力"、"家庭原因"，但是这些都是表面现象。人们习惯将贫穷的原因归咎于外在的因素，如制度、运气、机会等，或者用负面的说词，为自己无所作为作解脱。他们认为有钱人大多是因为投资房地产或股票而致富，而造成财富增加主要是因为"拥有适当的投资"。

那么我们更深入一步提问，为什么他们拥有资金来投资房地产和股票，他们又是如何操作使他们能够不断赚钱的呢？到底那些富人拥有什么特殊技能，是那些天天省吃俭用、日日勤奋工作的上班族所欠缺的呢？他们何以能在一生中累积如此巨大的财富呢？

所有这些问题都不是用家世、创业、职业、学历、智商与努力程度等因素能解释得了的。

专家们经过观察、归纳与研究，终于发现了一个被众人所忽略但却极为重要的原因，那就是是否具有较高的财商。

每个人都有一个成功的梦想，一个创富的梦想。在市场经济社会里，金钱从某种意义上讲是成功的一种体现，财富也自然成为衡量成功的一个标尺。

不同的人有不同的追逐财富的方式，那么如何衡量一个人的理财能力呢？以往人们更多的是根据财富的多少来评价一个人的能力，但往往只能看到结果，而不能预先做出相对准确的评估。

财商则提供了一个新的维度，来衡量一个人的理财能力和创造财富的智慧。那么，什么是财商呢？

财商是指一个人在财务方面的智力，是理财的智慧。财商可以通过后天的专门训练和学习得以改变，改变你的财商，可以连动地改变你的财务状况。财商是一个人最需要的能力，也是最被人们忽略的能力。可以想象，一个漠视财商的人，一定是现实感很差的人。

财商包括两方面的能力：一是正确认识金钱及金钱规律的能力；二是正确使用金钱及金钱规律的能力。财商并不仅是人们现实的惟一能健康发展的智能，而且是人为观念和智能中的一种，当然也是非常重要的一种。财商常常被人们急需，也被忽略。财商不是孤立的，而是与人的其他智慧和能力密切相关的。事实上，财商与智商、情商一样，都是一种指导人们行为的无形力量。而财商也是可以通过学习来获得的。

财商不仅是一个理财的概念，更是一种全新的金钱思想。富人之所以成为富人、穷人之所以成为穷人的根本原因就在于这种不同的金钱观。穷人是遵循“工作为挣钱”的思路，而富人则是主张“钱要为我工作”。富人是因为学习和掌握了财务知识，了解金钱的运动规律并为己所用，大大提高了自己的财商；而穷人则是缺少财务知识，不懂得金钱的运动规律，没有开发自己的财商。尽管有的人很聪明能干，接受了良好的学校教育，具有很高的专业知识和工作能力，但由于缺少财商，还是成不了富人。

金钱是一种思想，有关金钱的教育和智慧是开启财富大门的金钥匙。财富是一个观念，但观念可以变成财富。

当我决定去做一项房地产投资时，我参加了一个385美金的课程，去学房地产，更新自己关于房地产投资的知识。我花16个月的时间去看所有能购买的房地产。我的朋友到海边去玩冲浪，或者是打高尔夫球，或者是喝酒，而我是去看房地产。6个月之后，我终于获得一个交易。我第一个房地产是花①8万元买的，我只付了1/10的预付款，那也是我跟人家借来的，所以事实上我一分钱都没放进去，这个事情好得不得了，所以我又借了两次①8万元的美金，这样，以后我就有了三个这样的投资了。有一年，我就把这三个投资每个都卖了④8万美金，加起来赚了9万美金。用这些利润，我又买了许多其他的房地产。

这件事情对于我来说，并不是说挣了多少钱，而是说赚钱首先应当改变自己的观点，并通过实践和行动，学到更多的东西。

思维和观念对现实有支配作用，金钱是一种思想，如果你想要更多的钱，只需改变你的思想。善于利用金钱的力量，是聪明人的重要财富。

在数以万计的前来向我咨询的人中，非常多的人是花了一生的时间来寻找大生意，或者试图筹集一大笔钱来做大生意，但是这是愚不可及的一种想法。我见到过太多的不老练的投资者将自己大量的资本投入一项交易，然后很快损失掉其中的大部分，他们可能是好的职员却不是好的投资者。

在我看来，有关金钱的教育和智慧是非常重要的。早点动手，买一本好书，参加一些有用的研讨班，然后付诸实践、从小笔金额做起，逐渐做大。我将5000美元现金变成100万美元资产，并每月产生5000美元现金流量，花了不到6年时间，但是我依然像孩子一样学习。我鼓励你学习，因为这并不困难，事实上，只要你走上正轨，一切都会十分容易。

我们每个人都有两样伟大的东西：思想和时间。当钞票流入你的手中，只有你才有权决定你自己的前途。愚蠢地用掉它，你就选择了贫困；把钱用在负债项目上，你就会进入中产阶层；投资于你的头脑，学习如何获取资产，财富将成为你的目标和你的未来。选择是你做出的，每一天面对每一元钱，你都在做出自己是成为一名富人、穷人还是中产阶级的抉择。

高薪不等于富裕，改变固有的思维方式才能让你真正获得财务自由。人类最大的资产其实就是自己的脑子。但你最大的负债也是你的脑子。事实上，不是你做什么，而是你想的是什么。一个房子可能是一个资产，也可能是负债。如果一个人住在价值500万美金的房子里，但是这房子仍旧是一项负债。每个月要花费两万美金来维护、支持这套房子。你可以看到，每个月钱都从他的兜里跑掉了。其实，资产可以是任何东西，只要它能给你带来现金收入。

人有好多种，一种是穷人的心态，一种是中产阶级的心态，一种是富人的心态。一个人应该尽早决定他到底是处于穷人的心态，还是处于中产阶级的心态，还是变成一种富人的心态。这是迈向成功的第一步。

通过学习，提升财商。

节俭的别名不叫吝啬

◎ 仅有少数人懂得节俭的真正意义。真正的节俭并非吝啬，而是经常地、有效率地节省用度，并非一毛不拔，而是用度适当。

◎ 所谓节俭，从宽泛的角度讲，包含了深谋远虑和权衡利弊的因素。

我们崇尚节俭，同样我们也反对不恰当的节俭。

所罗门说过："普种广收"，"没有投资就没有回报"，"小处节省，大处浪费"，省一分油钱，毁一艘轮船"。还有许多家喻户晓的谚语都反映了错误的节约不仅无益反而有害的常识。

美国作家约瑟·比林斯说："有几种节俭是不合适的，比如忍着痛苦求节俭就是一个例子。"

我认识一个富人，他就成了一个节俭的奴隶。比如，他老是为了节省10个美分而牺牲大好光阴，他常把半页未曾写过字的信纸撕下来，并裁下信的背面，作为稿纸。他这种浪费宝贵的时间去节省细小东西的做法，确实是得不偿失。他甚至在经营商业的时候，也有此种过度节省的吝啬精神。他对雇员们说，包扎时不论如何都要节约一些绳索，并把这一条作为公司的规定。即使由于这一条规定而浪费的时间要远远超过一绳一索的价值，但那位富人仍然在所不惜。像这一类的节省，其实是极度愚蠢的做法。

仅有少数人懂得节俭的真正意义。真正的节俭并非吝啬，而是经济的、有效率的节省用度，并非一毛不拔，而是用度适当。

善于节俭的人与不善节俭的人，其实有很大的不同。那不善节俭的人常常为了节省一分钱的东西，却费去价值一角钱的光阴。我从来没有见过斤斤计较的人成就了大事业。吝啬的节俭确实是最不合算的。而企图做大事业的人，一定要有度，切不可斤斤计较于一分一厘。只有靠理智的头脑、合理的处事，才能成功。

所谓节俭，从宽泛的角度讲，包含了深谋远虑和权衡利弊的因素。最聪明的节省，有时却常需要过分的消费，比如做大生意使用交际费并不是一种浪费，乃是一种大度的用法，是一种恰当的投资。

慷慨大度经常有助于人的雄心的实现，能够使人们获得多方面的收获，帮助我们在社会的阶梯中上升，这远比把金钱存入银行更有价值。因此，欲成大业者，应该做到深谋远虑，切勿因吝啬而妨碍自己希望的实现，使很好的机会丧失。

节省的习惯，假如行之过度，反而得不到良好结果，非但不能成为进身之阶，反而常常成为绊脚的石头。商人吝啬得不肯多花资金来经营，农夫吝啬得不肯在地里多播种，是同样不正确的节省。俗话说："种得少，收成也少。"

有一个人为了建造新房子，就把旧房子拆掉了，但他把旧地基留下来，因为他认为这样可以节省几百块钱。新房子要比旧房子高好几层，仅仅几个星期的时间就完工了，但是房子由于地基不牢，看上去摇摇欲坠，人还没住进去，房子就已经倒塌了。这样的人不止他一个，到处都有为了节省地基费用而铸成大错的人。

过去有些年轻人吝啬个人的教育投资，认为花那么多钱就是为了找个好职业真是不值得，因为他认为即使读了许多书，自己也不会成为什么了不起的人。有些年轻人在校期间就只选容易的题目做，跳过难题，只要求自己达到一个基本的底线就行了，而且还经常因为自己逃学、考试作弊等等洋洋得意。还有的年轻人买东西不想给钱，不愿意为了提高自己的素养而牺牲暂时的娱乐。他们对工作敷衍了事，由于无知和缺乏必要的能力准备，他们在职业竞争中总是处于劣势，事业上难有发展。许多失败的人就是由于基础打得不牢，致使后来所作的努力都化为了泡影，整个人形销骨立。

在我们的社会中，居然还有那么多的父母为了增加家庭收入，剥夺了孩子上大学的权利，竟然让他们半路出去工作，妄图让他们抓住只有接受高等教育才有可能抓住的机会！

在我们的社会中，居然还有那么多人为了在交友上省钱而忽略了朋友，为了在社交上省钱而借口没时间拜访别人，也没时间接待客人！我们省去了假期，直到工作太累而被迫休长假，而当我们那组织严密却脆弱无比的身体筋疲力尽时，任何关键部位出毛病都是很危险的。许多人总是恐惧“可怕的未来”而不敢享受现在，他们克制自己的种种欲望，声称掏不起那个钱。他们放弃了真正的生活，他们在今天活着，却渴望在明天来真正地生活和享受。如果他们出去休几天假，或者旅行一次，就好像有莫大的损失一样。他们连花一分钱都感到害怕，但实际上那是他们必须支出的费用和最起码的生活底线。

有一个商人，他曾在一战前出国游览过很多名胜古迹，但是他太吝啬了，连去历史建筑物里面看一看的门票钱都舍不得花。例如，他去过很多名人故居所在的地方。在那些国家，那些名人故居被认为是但凡去过该国的人都要朝拜的圣地。但是他却从来没有进去过，因为他舍不得买门票。他说在建筑物外面看看就足够了。所以，此人虽然去过相当多的地方，但他却不能颇有见地地谈论他所到过的任何一个地方。

慷慨大方对于年龄不大的人来说可能是奢侈，但它有时却是一种最佳的节约。友好的帮助和激励，以及与有教养的人交际都是用钱买不来的。

一个人是否能拿得出10到15元钱参加一次宴会，这本身并不是什么问题。他可能为此花掉了15元钱，但他也许通过与成就卓著的客人结交，获得了相当于100元钱的鼓舞和灵感。那样的场合常常对一个人的雄心壮志有巨大的刺激作用，因为他可以结交到各种博学多闻、经验丰富的人。在自己力所能及的情况下，对任何有助于增进知识、开阔视野的事情进行投资都是明智的消费。

当然，我不鼓励任何人都将其知识商业化，或者以见不得人的方式出售其脑力，但我确实想建议奋发向上的年轻人结交那些能鼓励和帮助他的人。与厉行节俭、精力充沛、事业有成的人建立亲密关系，对一个人的高远志向有着巨大的激励作用，我们由此可能做得更好，充分挖掘出自己的潜力。因此，与这样的人相识相知是年轻人最有利的投资。如果一个人要追求最大的成功、最完美的气质和最圆满的人生，那么他就会把这种消费当作一种最恰当的投资，他就不会为错误的节约观所困惑，也不会为错误的“奢侈观念”所束缚。

我认识一个年轻的商人，他总是在小的方面过度吝啬，结果竟然使他的生意失败。他的一套衣服和一条领带，非到破旧不堪才肯抛弃。他从没想到过，邀请一个有密切业务往来的客户吃一顿饭，在旅行时即便与熟悉客户偶然相遇，也从不替客户付一次旅费。于是，他落得个吝啬的名声，结果大家都不愿与他做交易。而他竟然还不知道，使他蒙受极大的损失的就是他那过度节省的习惯。

很多人为要节省些小钱，竟损坏了他们自己的健康。要想在职业上获得成功，必须防止不正确的节省。不论怎样贫穷，你可以在别的地方讲节省但却不可在食物上节省，由于食物是健康的基础，也是成功的基础。

过度的、不当的节省，常常会消耗人的体力和精力。许多人身体患着疾病，但为了节省金钱竟不去求医，不但受着痛苦，并且由于身体的病弱，在自己的职业上也做不出出色的业绩来。

凡是足以阻碍我们生命前进的，不论是疾病还是其他障碍物，我们应当不惜一切代价来设法诊治和补救，这是我们生命中最重要的事情。

应当将增进我们的体力和智力作为目标，因此，凡可增加体力和智力的事情，不管要耗费多少代价，都要去做。那些可以促进我们成功、有利于我们事业的，我们在金钱方面一定不可吝啬。

英国著名文学家罗斯金说：“通常人们认为，节俭这两个字的含义应该是‘省钱的方法’；其实不对，节俭应该解释为‘用钱的方法’。也就是说，我们应该怎样去购置必要的家具；怎样把钱花在最恰当的用途上；怎样安排在衣、食、住、行，以及生育和娱乐等等方面的花费。总而言之，我们应该把钱用得最为恰当、最为有效，这才是真正的节俭。”

在金钱方面要节俭，但不可吝啬。

为你的明天而储蓄

◎ 我们必须学习以所存的钱，而非所花的钱，来衡量成功。

◎ 由于没有多少现款，我们失去了生活中的许多好机会，而这仅仅是因为我们在一帆风顺的时候总是把钱花得精光。

你孩提时是否拥有过储蓄罐呢？它是在金属盖上开一个小缝，有杯子作装饰的铁罐，还是底部有紫色墨水写着“Hechoen Mexico”，油彩斑斓的猪型石膏储蓄罐？那时候我们是储蓄的一代，每个家庭起码都会存一点钱。而在每个领薪水的日子，父亲都会到银行存款，就是在最艰难的时候，每个家庭也总要在每个月存上一点。

现在时代改变了，美国比其他国家的储蓄率低，只不过隔了一代，我们的平均存款便较以往下跌了6%。相对于日本人平均每月储蓄薪水的1⑨2%，瑞士每月储蓄薪水的22.5%，美国人只存②9%。

你每月储蓄多少薪金呢？你的银行存款有多少足以用来度过危机？记住基本的储蓄原则：你起码需要有一个月的薪金存款，以保障你在危难时可以应用。根据这个标准，你超过了或仍然未及？

《我们在哪儿》（Where We Stand）的编辑总结道：“长期来说，不断下降的存款，非但危害家庭安全，也严重削弱了国家未来的投资资金。”

存钱对某些人来说是困难的，特别是在负债时和日常必须要有充裕资金来周转的情况下。但是长远来看，假如你每天存下一小部分钱，你会惊讶地发现，就是在最恶劣时期，你仍有可观的金钱可供使用。

记得伽纳——那做冰箱维修生意的人吗？1929年股市崩溃时，他还是一个年轻小伙子，他把宝贵的经验传授给女儿。

“家父教我对金钱要有责任感，”她告诉我们，“他这样说道：‘假如你还有钱可花，就该为明天而把这钱存起来！’”

在个人和国家财政赤字日益升高之际，大家不妨记住这句法国的古老格言：“远离债务就是远离危险！”前美式足球员布莱恩·布络辛曾如此说：“我这一生中，一直带着破口的钱袋，直到有一天，我才警觉自己要赶紧把它缝起来。”

我们花了一生追逐金钱，时常想象金钱用之不尽，如今钱没了，这岂不是一个大好时机，可以问一下自己：我真需要它吗？还是我可以等？我们是否每次都有必要从皮夹掏出信用卡，或拿着存款簿提钱呢？我今年今月今日，存了多少钱？我们必须学习以所存的钱，而非所花的钱，来衡量成功。我认识一个非常有才气的年轻人，他挣了很多钱，对未来很有信心，所以他总是把钱花得精光。突然有一天，他年轻的妻子得了重病，为了保住妻子的生命，他不得已请了一位著名的外科医生为妻子做一个性命攸关的手术，但是，医生要等他交足费用以后才能动手术。年轻人只好去借钱，这可是一笔巨款啊！妻子的命终于保住了，但是妻子随之而来的疗养和孩子们接二连三的生病，加上饱受焦虑的折磨，终于使他积劳成疾，赚的钱一年比一年少。最后，这个人职业受挫，全家穷困潦倒，没有钱渡过难关。在妻子害病之前，他本可以在一年之中就轻而易举地存上千把元钱，但他当时认为没这个必要，相信以后挣钱也这么容易。

美国节俭协会主席向全国教育协会所作的名为“伟大的节俭”的演讲中说：“法庭的记录显示，在去世的男人中，只有3%的人留下了10000美元以上的遗产，另有15%的人留下了2000美元到10000美元的遗产，而82%的男人根本就没有任何遗产。因此，这就造成了只有18%的寡妇良好舒适的生活条件，而有47%的寡妇被迫出去工作，35%的寡妇则一无所有。”

罗斯福上校说：“我鄙视那些不养家糊口的男人，每个男人都有责任拿出一定的收入来养家糊口。这不是一个生意上的投资问题，这是每个男人的责任！要他的亲人跟着他自己去冒险是很不公平的。就他个人的能力来说，让他自己独自去冒这个险还差不多。而且，想到自己去世，或发生变故，或由于经营不善造成生意失败以后，亲人们可以得到安顿，这种感觉对任何男人来说，都是一种极大的满足。”

我不知道还有什么东西能在需要的时候代替存款，存款是我们为生活中的不幸购买的保险，否则，没有人能承受不幸的打击。

一次，葛列格·邓肯问我：“假如你受聘为幕僚，你要选择每个月收入1万元，抑或第一个月1分钱，第二个月2分钱，第三个月4分钱，第四个月8分钱，如此类推为期30个月？”我还没有明白过来，葛列格便建议我采用第二种法子，他证明若这样能增加每月所得，那第30个月你便会有1072741⑧24元。

存下每个月赚来的辛苦钱，先撇开暂时的物质诱惑，为你的长远目标努力。开始时你可能毫无收获，一段时间后必能满载而归。

有许多年轻人经常向别人夸耀说，他们每月可以赚很多的钱，但拿到之后总是花个精光，他们从来不愿存一分钱。这种年轻人将来到了晚年，一定不会剩下几个钱，他们晚年的景象可能会很凄凉。

许多年轻人往往把他们本来应该用于发展他们事业的必备资本，用到雪茄烟、香槟酒、舞厅、戏院等无聊的地方。如果他们能把这些不必要的花费节省下来，时间一久一定大为可观，可以为将来发展事业奠定一个经济基础。

不少青年一踏入社会就花钱如流水一般，胡乱挥霍，这些人似乎从不知道金钱对于他们将来事业的价值。他们胡乱花钱的目的好像是想让别人夸他一声"阔气"，或是让别人感到他们很有钱。

关于这个问题，有位作家的一段话说得特别好。他说，在我们的社会中，"浪费"两个字不知使人们失去了多少快乐和幸福。浪费的原因不外乎三种：一、对于任何物品都想讲究时髦，比如服饰、日用品、饮食都要最好的、最流行的。总之，生活的一切方面都愈阔气愈好。二、不善于自我克制，不管有用没用，想到什么就去买什么。三、有了各种各样的嗜好，又缺乏戒除这些嗜好的意志。总结起来就是一个问题，他们从来没有考虑过要修养自己的性格，克制自己的欲望。造成这种追求浮华虚荣的最大原因就是人们习惯于随心所欲、任性为之的做法。

当然，节俭不等同于吝啬。然而，即便是一个生性吝啬的人，他的前途也仍然大有希望；但如果是一个挥金如土、毫不珍惜金钱的人，他的一生可能将因此而断送。不少人尽管以前也曾经刻苦努力地做过许多事情，但至今仍然是一穷二白，主要原因就在于他们没有储蓄的好习惯。

有的年轻人从来不存钱，到中年以后仍然是不名一文。一旦失去了职业，又没有朋友去帮助他，那么他就只好徘徊街头，没有着落。他要是偶然遇到一个朋友，就不断地诉苦，说自己的命运如何不济，希望那个朋友能借钱给他。这样的人一旦失业稍久，就容易落到饥肠辘辘、衣不遮体的地步，甚至到了寒冬沦落到可能会挨冻而死的地步。他所以落到这种地步，要吃这样的苦头，就是因为不肯在年轻力壮时储蓄一点钱。他似乎从来没有想到过，储蓄对他会有怎样的帮助，也从来不懂得许多人的幸福都是建立在“储蓄”这两个字之上的。

为什么有那么多人如今都过着勉强糊口的生活呢？因为这些人不懂得，以前少享些安乐、多过些清苦的日子。他们从来不知道去向那些白手起家的伟大人物学一学；他们从来不懂得什么叫自我克制，无论口袋里有多少钱都要把它花得分文不剩；他们有时为了面子，即便债台高筑也在所不惜。

我从来没有见过挥金如土的青年人最后竟能成就大业。挥霍无度的恶习恰恰显示出一个人没有大的抱负、没有希望，甚至就是在自投失败的罗网。这样的人平时对于钱的出入收支从来漫不经心，从来不曾想到要积蓄金钱。如果要成功，任何青年人都要牢记一点：对于钱的出入收支要养成一种有节制、有计划的良好习惯。

存款是我们为生活中的不幸购买的保险，否则，没有人能承受不幸的打击。如果你不节约金钱、爱惜时间，那么你就不会成功地主宰自己。当然，也有许多在某个方面具有才能的人完全没有金钱价值的概念，他们一有钱就挥霍无度。但是，只要他们不为未来储蓄，他们就会章法大乱，无异于野蛮的原始人。

那些因为自己不够富有而烦躁的人，那些不能克制自我的人，那些被自己的冲动所支配，不愿为未来积蓄而放弃及时行乐的人，都将处于不利的境遇。

由于没有多少现款，我们失去了生活中的许多好机会，而这仅仅是因为我们在一帆风顺的时候总是把钱花得精光！预留一些现钱，在银行存些钱，花点钱买保险，或者做一些固定投资，这样可以预防不测。

每个年轻人都应当有储蓄的远见和机智。这能使他在患病、面对死亡或紧急情况下镇定自若，而且万一遭受重大损失，也可以东山再起。没有储蓄，他可能许多年都不得翻身，尤其是在还有一大家子指望他供养的情况下。

在恐慌或危急情况下，少量的现金就可能带来许多的幸运。多数人通常都会碰到几次急需现金的情况，或许一千块钱就决定着人们是成功还是失败。但要是没有这一千块钱，他们也许就失败了，从此陷入绝望之中。

几年前，报纸上曾报道过这样一位富人，他和别人一样，通过自己的努力挣了很多钱，但是很愚蠢地花掉了。一篇报告登出了如下从印第安纳波利斯拍来的电报：

“在英格兰大酒店里，匹兹堡的弗兰克·福克斯先生用一张50美元的钞票擦完脸后，就把钞票扔到地板上。然后他从兜里的一摞5元和10元的钞票中抽出一叠扔到吧台上，说道：‘伙计，给我一杯酒，快点！要不我就买下整个酒店，然后炒你的鱿鱼！’”

我们很容易就能猜出这个人最后的命运。除了知道他是靠自己敛聚财富外，我们对他的过去一无所知。他如果要拥有巨额财富，也必须和别人一样相当节俭。但是，他从来不知道节俭为何物，而节俭能教会人们如何花钱和储蓄。有许多人积累了很多钱，却不知如何明智地花钱。

有些消费行为看起来似乎是浪费，但其实往往是最节约的。有许多家庭，特别是小城镇和农村的家庭拥有私人汽车，但是家里却没有浴缸，而他们又在考虑支付其他的昂贵开支。

消费最重要的就是做到物有所值。有些人表面上穿的是绫罗绸缎，戴的是金银珠宝，坐的是豪华轿车，肚子里却是一包稻草，骨子里更是龌龊不堪，这是很为人所不齿的。要穿舒适的衣服，但同时也要给自己以自尊的品格、好学而健康的头脑和美好的性情。把金钱和时间花在更具有持久影响力的事情上，进行自我投资来提升自己，把钱花在追求更高的目标方面，不仅个人会获得极大的满足，而且更高的素质也有利于进一步的创富。

选择在最有价值的事情上进行投资，这是一种有益的消费和积极的生活方式，它将会使你活得诚实、简朴而有价值，最终得到你梦想的财富。

有些人收入不高，但花起钱来可真是愚蠢之极。他们会为了买只有富人才买得起的小古玩和衣服，把所有的钱都花光，但等到想做点事情时却身无分文。

有一个原本相当出色但如今却穷困潦倒的女人，她从小到大就不知道怎样衡量物品的价值。她要去市场上买许多食物，但她心里很清楚，自己没有可以穿得出去的衣服来遮蔽难堪。但她只知道哀叹餐桌上没有丰富多样、美味可口的食物。和许多奢侈浪费、不计后果的人一样，这位家庭主妇如今从家庭的开支分配中得到了教训。

很多人没有考虑过这个问题：我们无时无刻不在花钱。许多不切实际的需要都让我们把钱往外掏，如果我们没有坚定的自制力，粗心大意，没有良好的判断能力，那么我们就会浪费金钱。

今天，在原本事业受挫的人中，在贫穷的家庭中，在接受慈善组织救济的群体中，有许多人已经相当独立了，他们懂得了明智消费的艺术。我们说“不恰当地花一分钱，就是浪费了一分钱”，那么，为什么不记住这句格言，从中获益呢？

假如你还有钱可花就该为明天而把这钱存起来。

第四章

学会“享受”工作

工作是生活的第一要义

◎ 生活的准则可以用一个词表达：工作。工作是生活的第一要义；不工作，生命就会变得空虚，就会变得毫无意义，也不会有乐趣。

◎ 无论世事如何变化，也要坚持这一信念。它就是，在充分考虑到自己的能力和外部条件的前提下，进行各种尝试，找到最适合自己做的工作，然后集中精力、全力以赴地做下去。

在古希腊，有一个人看到蜜蜂从一朵花飞到另一朵花，四处采集花粉，辛苦异常，顿生怜悯之心。他把各种花堆积在家中，把蜜蜂的翅膀剪掉，放在花上。结果，蜜蜂酿不出一点蜂蜜。飞上很远的距离，从远处收集花粉，然后酿出甘甜的蜜，这是自然的法则。

生活是什么？菲利浦斯·布鲁克斯这样回答：“当一个人知道他要做什么，他就可以大声地说：‘这就是生活！’”这并不是说，一个人必须工作到筋疲力尽，在工作中尝尽了酸甜苦辣，才叹息道：“这只是为了生活。”

即使是最卑微的职业，人们也能从自己的工作中体验到快乐与满足。在每个人的心灵里，都会不时受到悲伤、悔恨、迷惑、自卑、绝望等不良情绪的侵扰，如果此时能集中精力于工作上，这些让自己无法正常生活的负面影响就会被抛在一边。它们就像弹簧一样，当你用力挤压时，它们自然会弱下去。此时，人也真正成了坚强、自尊的人。在劳动中，幸福的荣光会从心底迸发，像火一样温暖着自己和周围的人。

“生活中有一条颠扑不破的真理，”英国哲学家约翰·密尔说，“不管是最伟大的道德家，还是最普通的老百姓，都要遵循这一准则，无论世事如何变化，也要坚持这一信念。它就是，在充分考虑到自己的能力和外部条件的前提下，进行各种尝试，找到最适合自己做的工作，然后集中精力、全力以赴地做下去。”

“重要的是参与，而不是赢得赛后的奖励。”古希腊取得奥林匹克比赛胜利的运动员，会得到一个象征着荣耀的花环。其价值不在于花环本身，而是一种象征，让人的精神得到极大的满足。工作对于我们的价值也是如此。不管工作多么体面，或从中得到多少报酬，与从工作中得到的快乐相比，简直是微不足道的。积极参与到比赛中能够与戴上胜利的桂冠一样伟大。

爱默生说：“只要你勤奋工作，就必有回报。”

“人们认为日常生活中应尽的职责是枯燥乏味的，”诗人朗费罗则说，“但是它们非常重要，就像时钟的发条一样，可以让钟摆匀速地摆动，让指针指示正确的时间。当发条失去动力时，钟摆就会停止，指针也不再前进，时钟静静地躺在那里，也不会有任何价值的。”

英国政治家布鲁厄姆勋爵说过，当他在晚上反思一天的工作时，如果一事无成，就觉得非常难受，是在虚度时光。他认为，认真履行职责、努力工作是一个人的护身法宝，不但可以保持健康的心灵，而且可以强身健体。

许多医师常常散播这样的观念——认为过度工作会伤害人的

身体，而休息则有益人体的健康。但是，也有不少医师持不同的看法。英国伯明翰大学医学院的阿诺德教授便认为过多的休息其实对人体有害。他指出："至今尚没有什么证据可以证明工作会影响人体组织……辛劳的工作，只要不具有危险性，不影响睡眠或营养等都不会伤害人体健康。相反地，却是对人大有帮助。"

是的，辛苦的工作不会是致命的，但是忧虑和高血压却会。跟传统看法相反，那些猝然倒地而亡、罹患各种溃疡症、行色匆匆、肩负重任的工商业主管，并不是因过度工作所致。他们每天的工作对精力的消耗并算不了什么。但是伴随着工作一起到来的紧张的气氛和压力、痛苦的失眠、畏惧竞争的失败、无休止的焦虑，却形成恶性循环，疯狂地吞噬着他的生命力。这样，他只好借助酒精、安眠药、苯丙胺和去高尔夫球场或手球场上疯狂地运动来逃避，但是身体和神经系统最后只能以死亡或精神崩溃来结束这种折磨。

现在，美国所有医院的病床有一半以上都被精神方面的病人所占据——远高于小儿麻痹症、癌症、心脏病和其他所有疾病病人相加的总和——这个可怕的事实表明，一定是哪儿出了问题，而出问题的原因绝不在于工作的辛苦与否。

美国是世界上生活水平最高的国家。科学上的进步使我们摆脱了我们的祖辈们视为生活中必要的一部分的辛苦工作，即使技术含量很低的职业，其工作环境也有了改善，工薪阶层的工作时间缩短，机器取代了过去由人力或畜力完成的工作。我们的休闲时间比以前更多了。所以，我们不能说是工作的辛苦导致我们身处痛苦的境地。

日常工作对一个人影响最大。可以使他肌肉发达，身体强壮，血液循环加快，思维敏捷，判断准确；也可以在工作中唤醒他那沉睡已久的创造力，激发他的雄心，把更多的聪明才智发挥到工作中去。正是工作，使他觉得自己是一个人，必须从事工作，承担责任，这才能显示出人的尊严与伟大。

你可以让儿子继承万贯家财，但是你真正给了他什么呢？你不能把自己的意志、阅历、力量传给他；你不能把取得成就时的兴奋、成长的快乐和获取知识的骄傲感传给他；也不可能把经过苦心训练才得来的严谨作风、思维方法、诚实守信、决断能力、优雅风度等传给他。那些隐含在财富之中的技巧、洞察力和深思熟虑，他是感受不到的。那些优良品质对于你十分重要，但是对于你的继承人来说，没有一点用处。为了挣得巨额财富，保住自己高高在上的地位，你培养出了坚强的毅力和苦干的精神，这都是从实际生活中逐步锻炼和塑造出来的。对于你来说，财富就是阅历、快乐、成长、纪律和意志。而对于你的继承人来说，财富则意味着诱惑，可能会让他更焦虑、更卑微。财富可以帮助你取得更大的成功，但对于他来说，则是个大包袱；财富可以使你得到更大的力量，更积极进取，但却会使他松懈怠惰，好逸恶劳，萎靡不振，变得更加软弱、无知。总之，你把最宝贵的也是他最需要的上进心，从他那儿拿走了。而正是这种力量激励着人类取得了巨大的成绩，将来也还是如此。

迪恩·法拉说："工作是人类与生俱来的权利，至今仍保存完好，它是最有效的心灵滋补剂，是医治精神疾病的良药。这从自然界就可以得到体现。一潭死水会逐渐变臭，奔流的小溪会更加清澈。如果没有狂风暴雨，没有飓风海啸，地球上全部是陆地，空气静止不动，这样的世界就毫无生趣。在气候宜人、四季温暖如春的地方，人们十分惬意地享受着生活，自然容易无精打采，甚至对生活产生厌倦。但是，如果他每天要为自己的生计奔波，与大自然作殊死的搏斗，他就会精神抖擞，经受各种锻炼，发展出最强的力量。"

"每天早晨起床后，"金斯利说，"不管你喜不喜欢，你都得有事做，强迫自己工作并尽最大努力做好，可以培养自控能力、勤奋、意志力等各种美德。在懒惰的人那里，是没有这些优点可言的。”

千百年来，除了勤奋工作，还有什么能够给我们带来繁荣充实？它为贫穷的人开创了新的生活，它使千百万人免于夭折，特别是拯救了那些精神上有问题、甚至企图自杀的人。

古希腊著名的医生加龙说：“劳动是天然的保健医生。”

美国小说家马修斯说：“勤奋工作是我们心灵的修复剂，可以让生理和心理得到补偿。可惜的是，人们常常只对受人关注的行业和要职感兴趣，而不再愿意经受艰辛劳作的磨炼。但是，它却是对付愤懑、忧郁症、情绪低落、懒散的最好武器。有谁见过一个精力旺盛、生活充实的人会苦恼不堪、可怜巴巴呢？英勇无敌、对胜利充满渴望的士兵是不会在乎一个小伤的。出色的演说家不会因为身有小恙就口齿木讷，词不达意的。这是为什么呢？当你的精神专注于一点，心中只有自己的事业时，其他不良情绪就不会侵入进来。而空虚的人，其心灵是空荡荡的，四门大开，不满、忧伤、厌倦等各种负面情绪，就会乘虚而入，侵占整个心灵，挥之不去。”

俾斯麦把勤奋工作看成是一个人拥有真正生活的保护神。在他去世前几年，当被问及用一句简单的话概括生活的准则时，他说：“这条准则可以用一个词表达：工作。工作是生活的第一要义。不工作，生命就会变得空虚，就会变得毫无意义，也不会有乐趣。没有人游手好闲却能感受到真正的快乐。对于刚刚跨入生活门槛的年轻人来说，我的建议只是三个词：工作，工作，工作！”

“劳动永远是光荣与神圣的。”卡莱尔说，“劳动是一切完美的源泉。没有艰辛的劳动，没有谁能有所成就，或者能成为一个伟人。懒散、无聊、无事可做，就像传染病一样，会迅速蔓延，使人类的灵魂失去依托。”

有的人声称现代工业文明的突飞猛进已扼杀了工作本身的创造性，无非就是机械化的动作，不断地重复一个动作而不必了解整个过程的工作有什么好得意的呢？他们说，当一个人痛苦不堪地在生产装配线上忙碌时，他足以自傲的成就感又从何而来？

以我自己的亲身经验，我可有几句话要说。好几年前，我在一家大公司担任打字员，主要的工作便是打字——一大堆的财务报告，日复一日，月复一月，好像永远也做不完。这项工作首要是正确性，其次是速度。由于这做起来并不容易，而且单调无聊，因此我并不喜欢这份工作。

但是，老实说，当我把这份工作做得近乎完美的时候，还是颇能引以为荣。因为这项工作虽然呆板，仍然需要精练的技术，因此在达到所要求的标准之后，实在有一种满足感。虽然在整个公司的运作过程里，我所担任的工作显然十分渺小，但它对我个性的成长十分有益，使我在处理每件小事的时候，都能力求正确、完美。

契斯特顿有句十分动人的隽语："要想不再当秘书的最好办法，便是尽量把现任的秘书职务做好。"

有许多家庭主妇把每天的家务事当成是不可忍受的苦差事，如洗碗碟等。但是，有一名妇女却将此看作是有趣的遭遇。她的名字叫波西德·达尔。达尔女士是个职业作家，曾写过一本自传和许多其他著作，并且为杂志撰写文章。她曾失明多年，等到视力稍微恢复之后，根据她的说法，她把每日的家务杂事当成是有趣的奇迹来看，并为此衷心感谢上苍。她说："从我厨房的小窗户，我可以看见一小片蓝天，而透过洗碗槽上飞舞的肥皂泡沫，那五颜六色彩虹般的美丽景观，更使我百看不厌。经过多年不见天日的黑暗生活，能在做家务的时候再重新体会这世界美丽的色彩，真使我衷心感激不尽。"

不幸的是，我们大部分人虽然都拥有健康的眼睛，却对周遭的环境视而不见。我们不但没 写银 克 哂械某墒煜胂鳟Γ 膊荒苡扇粘9ぷ髦胁蹲降蕉晕颐亲钣幸庖宓募壑怠 住在德州的丽达·强森女士，以她亲身的经历向我们说明：如何因勤奋工作而解除了精神上的危机。

1941年，强森先生和太太带着两个小孩，搬到新墨西哥一处约有360英亩大的农庄里。根据强森太太记载：“没想到，那个农庄其实是个大蛇坑，住了许多可怕的响尾蛇，我们实在吓坏了。”

“那时，我们的农舍还没有水电和瓦斯，但这些不便倒不令我担心，我日夜所忧虑的，是那些可怕的响尾蛇。万一有一天家人被蛇咬了，该怎么办呢？我夜里经常梦见孩子遭到不幸，白天也一直担心在田里工作的丈夫。只要有片刻不见家人的踪影，我就紧张不已。

“这种持续的恐惧，使我的精神近乎崩溃。若不是我开始勤奋工作，相信早就支撑不住了。我把玉米粒刮下来播种，直到双手起茧为止；我为小孩缝制衣服，把多出来的食物装罐收藏好——我不停地工作，直到疲累地倒在床上为止。如此我便没有精力担忧其他的事了。

“一年之后，我们搬离那个农庄，全家大小都安然无恙，没有人被蛇咬过。虽然自此以后我不再那么辛劳工作，但我一直为那段时间的境遇感谢上帝。那一年，辛劳的工作确实拯救了我的理智。”

正如强森太太的亲身经历一样，我们若能自困境中体会出辛勤工作所能产生的力量，往后若再遭遇危机，便有坚利的武器可以自我防卫了。工作通常可以支持我们渡过难关、危机、个人不幸，或失去所爱的人等。

爱德蒙·伯克说过：“永远不要陷入绝望。但是如果你产生绝望情绪时，就去工作。”爱德蒙·伯克的话可不是空谈——他是有过亲身经历的。他曾经痛失爱子，他经过悉心研究之后，开始痛苦地深信文明快要堕落了。工作对他而言，就像对其他很多人一样，成为这个疯狂的世界上惟一清醒的标志。因此他不断地工作，即使在他绝望之时。

是的，工作是生活第一要义。不管我们出于什么原因离开工作，都会受苦。

从工作中才能体验到快乐与满足。

树立正确的工作态度

◎ 一个人的态度直接决定了他的行为，决定了他对待工作是尽心尽力还是敷衍了事，是安于现状还是积极进取。

◎ 态度就是你区别于其他人，使自己变得重要的一种能力。

每个人都有不同的职业轨迹，有的人成为公司里的核心员工，受到老板的器重；有的人一直碌碌无为，不被人知晓；有些人牢骚满腹，总认为自己与众不同，而到头来仍一无是处……众所周知，除了少数天才，大多数人的禀赋相差无几。那么，是什么在造就我们、改变我们？是“态度”！态度是内心的一种潜在意志，是个人的能力、意愿、想法、价值观等在工作中所体现出来的外在表现。

要看一个人做事的好坏，只要看他工作时的精神和态度。某人做事的时候，感到受了束缚，感到所做的工作劳碌辛苦没有任何趣味可言，那么他决不会作出伟大的成就。

在企业之中，我们可以看到形形色色的人。每个人都持有自己的工作态度。有的勤勉进取；有的悠闲自在；有的得过且过。工作态度决定工作成绩。我们不能保证你具有了某种态度就一定能成功，但是成功的人们都有着一些相同的态度。

企业中普遍存在着三种人。

第一种人：得过且过。

玛丽的口头禅是："那么拼命干什么？大家不是拿着同样的薪水吗？"

玛丽从来都是按时上下班，按部就班，职责之外的事情一概不理，分外之事更不会主动去做。不求有功，但求无过。

一遇挫折，她最擅长的就是自我安慰："反正晋升是少数人的事，大多数人还不是像我一样原地踏步，这样有什么不好？"

第二种人：牢骚满腹。

史密斯永远悲观失望，他似乎总是在抱怨他人与环境，认为自己所有的不如意，都是由环境造成的。

他常常自我设限，使自己的无限潜能无法发挥。他其实也是一个有着优秀潜质的人，然而，却整天生活在负面情绪当中，完全享受不到工作的乐趣。

他总是牢骚满腹，这种消极情绪会不知不觉地传染给其他人。

第三种人：积极进取。

在企业里，人们经常可以看到桑迪忙碌的身影，他热情地和同事们打着招呼，精神抖擞，积极乐观，永争第一。

桑迪总是积极地寻求解决问题的办法，即使是在项目受到挫折的情况下也是如此。因此，他总能让希望之火重新点燃。

同事们都喜欢和他接触，他虽然整天忙忙碌碌，但却始终保持乐观的态度，时刻享受工作的乐趣。

一年后，玛丽仍然做着她的秘书工作，上司对她的评价始终不好不坏。一年一度的大学生应聘热潮又开始了，上司开始关注起相关的简历来，也许新鲜的血液很快就会补充进来，玛丽的处境似乎有些不妙。

人们已经很久没有见到史密斯，去年经济不景气，公司裁员，部门经理首先就想到了他。经济环境不好，公司更需要增加业绩、团结一致，史密斯却除了发牢骚，还是发牢骚。第一轮裁员刚刚开始，史密斯就接到了解聘信……

而桑迪还是那么积极进取，忙碌的身影依然随处可见，他已经从销售员的办公区搬走，这一年，他被提升为销售经理，新的挑战才刚刚开始。

在公司里，员工与员工之间在竞争智慧与能力的同时，也在竞争态度。一个人的态度直接决定了他的行为，决定了对待工作他是尽心尽力还是敷衍了事，是安于现状还是积极进取。态度越积极，决心越大，对工作投入的心血也越多，从工作中所获得的回报也就相应地更为理想。

玛丽、史密斯、桑迪三人，一个面临失业的危险，一个已经被解聘，一个得到晋升。这并不是说得到晋升的桑迪比史密斯、玛丽在智力上更突出，而是不同的工作态度导致的。尤其是在一些技术含量不高的职位上，大多数人都可以胜任，能为自己的工作表现增加砝码的也就只有态度了。这时，态度就是你区别于其他人，使自己变得重要的一种能力。

如果一个人轻视他自己的工作，而且做得很粗陋，那么他绝不会尊敬自己。如果一个人认为他的工作辛苦、烦闷，那么他的工作绝不会做好，这一工作也无法发挥他内在的特长。在社会上，有许多人不尊重自己的工作，不把自己的工作看成创造事业的要素，发展人格的工具，而视为衣食住行的供给者，认为工作是生活的代价、是不可避免的劳碌，这是多么错误的观念啊！

人往往就是在克服困难过程中，产生了勇气、坚毅和高尚的品格。常常抱怨工作的人，终其一生，绝不会有真正的成功。抱怨和推诿，其实是懦弱的自白。

在任何情形之下，都不要允许你对自己的工作表示厌恶，厌恶自己的工作，这是最坏的事情。如果你为环境所迫，而做着一些乏味的工作，你也应当设法从这乏味的工作中找出乐趣来。要懂得，凡是应当做而又必须做的事情，总要找出事情的乐趣来，这是我们对于工作应抱的态度。有了这种态度，无论做什么工作，都能有很好的成效。

各行各业都有发展才能、增进地位的机会。在整个社会中，实在没有哪一个工作是可以藐视的。一个人的终身职业，就是他亲手制成的雕像，是美丽还是丑恶，可爱还是可憎，都是由他一手造成的。而人的一举一动，无论是写一封信，出售一件货物，或是一句谈话，一个思想，都在说明雕像的或美或丑，可爱或可憎。

不论做何事，务须竭尽全力，这种精神的有无可以决定一个人日后事业上的成功或失败。如果一个人领悟了通过全力工作来免除工作中的辛劳的秘诀，那么他也就掌握了达到成功的原理。倘若能处处以主动、努力的精神来工作，那么即便在最平庸的职业中，也能增加他的权威和财富。

当一个人喜爱他的工作时，你可以一眼看出来。他非常投入，他表现出来的自发性、创造性、专注和谨慎，十分明显。而这在那些视工作为应付差事、乏味无聊的人那里，是根本看不见的。

即使是补鞋这么个低微的工作，也有人把它当作艺术来做，全身心地投入进去。不管是一个补丁还是换一个鞋底，他们都会一针一线地精心缝补。这样的补鞋匠你会觉得他就像一个真正的艺术家。但是，另外一些人则截然相反。随便打一个补丁，根本不管它的外观，好像自己只是在谋生，根本没有热情来关心自己活儿的质量。前一种人好像热爱这项工作，不总想着会从修鞋中赚多少钱，而是希望自己手艺更精，成为当地最好的补鞋匠。

我知道100多年前有一位家住罗德岛的人，他殚精竭虑，砌了一堵石墙，就像一位大师要创作一幅杰作一样，其专注程度甚至有过之而无不及。他翻来覆去地审视着每一块石头，研究这块石头的特点，思考如何把它放在最佳的位置。砌好以后，站在附近，从不同的角度，细细打量，像一位伟大的雕刻家，欣赏着粗糙的大理石变成的精美塑像，其满足程度可想而知。他把自己的品格和热情都倾注到了每一块石头上。每年，到他的农庄参观的人络绎不绝，他也很乐意解说每一块石头的特点，以及自己是如何把它们的个性充分展现出来的。

你会问砌一堵石墙有什么意义呢？这堵围墙已经存在了一个多世纪，这就是最好的回答。

要看一个人做事的好坏，只要看他工作时的精神和态度。

没有工作的热忱，就没有生活的出路

◎ 对工作热忱，是一切希望成功的人，必须具备的条件。

◎ 对任何事都热忱的人，做任何事都会成功。

◎ 有史以来，没有任何一件伟大的事业不是因为热忱而成功的。

已故的佛里德利·威尔森曾是纽约中央铁路公司的总裁，有一次他在广播访问中，被问到如何才能使事业成功，他回答：“我深切地认为，一个人的经验愈多，对事业就愈认真，这是一般人容易忽略的成功秘诀。成功者和失败者的聪明才智，相差并不大。如果两者实力半斤八两的话，对工作较富热忱的人，一定比较容易成功。一个不具实力而富热忱，和一个虽具实力但不热忱的人相比，前者的成功也多半会胜过后者。

“一个热忱的人，不论是在挖土，或者经营大公司，都会认为自己的工作是一项神圣的天职，并怀着深切的兴趣。对自己的工作热忱的人，不论工作有多么困难，或需要多么艰苦的训练，始终会用不急不躁的态度去进行。只要抱着这种态度，任何人都会成功，一定会达到目标。爱默生说过：‘有史以来，没有任何一件伟大的事业不是因为热忱而成功的。’事实上，这不是一段单纯而美丽的话语，而是迈向成功之路的指标。”

因此，对工作热忱，是一切希望成功的人——像创造杰作的艺术家、卖肥皂的人、图书馆的管理员，以及追求家庭幸福的人——必须具备的条件。

热忱这个字眼，源自希腊语，意思是“受了神的启示”。

对工作热忱的人，具有无限的力量。威廉·费尔波是耶鲁最著名而且最受欢迎的教授之一。他在那本极富启示性的《工作的兴奋》中如此写道：“对我来说，教书凌驾于一切技术或职业之上。如果有热忱这回事，这就是热忱了。我爱好教书，正如画家爱好绘画，歌手爱好歌唱，诗人爱好写诗一样。每天起床之前，我就兴奋地想着有关学生的事……人在一生中所以能够成功，最重要的因素就是对自己每天的工作抱着热忱的态度。”

任何一项事业的老板，都知道雇用热忱者的重要，也知道这种人难以物色。亨利·福特说过：“我喜欢具有热忱的人。他热忱，就会使顾客热忱起来，于是生意就做成了。”

“十分钱连锁商店”的创办人查尔斯·华尔渥兹也说过：“只有对工作毫无热忱的人才会到处碰壁。”查尔斯·史考伯则说：“对任何事都热忱的人，做任何事都会成功。”

如果没有热忱，那就几乎不可能保持你成为不可阻挡的人所需要的巨大能量和意志。实际上，没有了热忱，一个人就会将生活简化为仅仅是存在、平庸和漠不关心。

怎样选择全在于你自己。你可以选择保持你的生命力，方法是想好你的目标，并努力从事点燃你热忱的活动。或者你也可以选择像我们生活中大多数人一样，用忍受的心态在生活中艰难跋涉，错过了他们经历的大多数事情。这种人观察生活但却没有体会到生活的乐趣。如果生活是一部交响乐，那么，他们只是听到了其中的音符，却感受不到整个乐曲的内涵；如果生活像一块稀世宝石，那么，他们只是看到了它的颜色，却无法看到那复杂的构造；如果生活像一部小说，那么，他们只理解其中的情节，却忽略了微妙的形象和寓意。

怀有热忱的人们极少用“工作”这个词来说明他们从事的事业。这种人是在追求他们最喜欢做的事和对个人受益匪浅的事，每个人的时间都是有限的。我们生活的每时每刻，不论是在工作、玩耍，还是在抱怨、感谢时，我们都已花费了时间。在我们的人生中，没有什么东西比剩余的时间更宝贵了。当我们在热忱鼓励下从事某项事业时，我们不仅仅是为了达到某个目标而努力，因为追求目标的过程和目标的实现同样使人受益。这样，当我们走到生命的尽头时，我们就能说一句“我热爱过我的生命”——这就是我们成功的最高概括。

热忱是一种意识状态，能够鼓舞及激励一个人对手中的工作采取行动。而且不仅如此，它还是有感染性，不只对其他热心人士产生重大影响，所有和它有过接触的人也将受到影响。

当然，这是不能一概而论的。譬如，一个对音乐毫无才气的人，不论如何热忱和努力，都不可能变成一位音乐界的名人。话说回来，凡是具有必需的才气，有着可能实现的目标，并且具有极大热忱的人，做任何事都会有所收获，不论物质上或精神上都是一样。

即使需要高度技术的专业工作，也需要这种热忱。爱德华·亚皮尔顿是一位伟大的物理学家，曾协助发明了雷达和无线电报，也获得了诺贝尔奖。《时代》杂志引用他的一句具有启发性的话：“我认为，一个人想在科学研究上有所成就的话，热忱的态度远比专门知识来得重要。”

这句话如果出自普通人之口，可能会被认为是外行话，但出自亚皮尔顿这种权威性的人物，意义就很深长了。如果在科学的研究上热忱都这么重要，那么对普通的职员来说，岂不是占着更重要的地位吗？

关于这点，我们可以引用著名的人寿保险推销员法兰克·派特的一些话加以说明。他那本《我如何在推销上获得成功》，在销路上，打破以往任何一本有关如何推销的书籍。

以下是派特在他的著作中所列出的一些经验之谈：

“当时是1907年，我刚转入职业棒球界不久，遭到有生以来最大的打击，因为我被开除了。我的动作不起劲，因此球队的经理有意要我走路。他对我说：‘你这样慢吞吞的，好像是在球场混了20年。老实跟你说，法兰克，离开这里之后，无论你到哪里做任何事，若不提起精神来的话，你将永远不会有出路。’

“本来我的月薪是175美元，走路之后，我参加了亚特兰斯克球队，月薪减为25美元。薪水这么少，我做事当然没有热忱，但我决心努力试一试。待了大约10天之后，一位名叫丁尼·密亨的老队员把我介绍到新凡去。在新凡的第一天，我的一生有了一个重要的转变。

“因为在那个地方没有人知道我过去的情形，我就决心变成新英格兰最具热忱的球员。为了实现这点，当然必须采取行动才行。

“我一上场，就好像全身带电。我强力地投出高速度的球，使接球的人双手都麻木了。记得有一次，我以猛烈的气势冲入三垒，那位三垒手吓呆了，球漏接，我就盗垒成功了。当天气温高达华氏100度，我在球场奔来跑去，极可能中暑而倒下去。

“这种热忱所带来的结果，真令人吃惊，产生了下面的三个作用：

“①我心中所有的恐惧都消失了，而发挥出意想不到的技能。

“②由于我的热忱，其他的队员也跟着热忱起来。

“③我没有中暑。我在比赛和比赛后，感到从没有如此健康过。

“第二天早晨，我读报的时候，兴奋得无以复加。报上说：‘那位新加进来的派特，无异是一个霹雳球，全队的人受到他的影响，都充满了活力。他那一队不但赢了，而且是本季最精彩的一场比赛。’

“由于我热忱的态度，我的月薪由25美元提高为185美元，多了7倍。

“在往后的两年里，我一直担任三垒手。薪水增加了30倍。为什么呢？就是因为热忱，没有别的原因。”

但后来，派特的手臂受了伤，不得不放弃打棒球。接着他到菲特列人寿保险公司当拉保险的人，整整一年多都没有什么成绩，因此他很苦闷。但后来他又变得热忱起来，就像当年打棒球那样。

目前，他是人寿保险界的大红人，不但有人请他撰稿，还有人请他演讲自己的经验。他说：“我从事推销，已经30年了。我见到许多人，由于对工作抱着热忱的态度，使他们的收入成倍地增加起来。我也见到另一些人，由于缺乏热忱而走投无路。我深信惟有热忱的态度，才是成功推销的最重要的因素。”

多年来，我的写作大都在晚上进行。有一天晚上，当我正专注地敲打打字机时，偶尔从书房窗户望出去——我的住处正好在纽约市大都会高塔广场的对面——看到了似乎是最怪异的月亮倒影，反射在大都会高塔上。那是一种银灰色的影子，是我从来没见过的。再仔细观察一遍，发现那是清晨太阳的倒影，而不是月亮的影子。原来已经天亮了。我工作了一整夜，但太专心于自己的工作，使得一夜仿佛只是一个小时，一眨眼就过去了。我又继续工作了一天一夜，除了其间停下来吃点清淡食物以外，未曾停下来休息。

如果不是对手中工作充满热忱，而使身体获得了充分的精力，我不可能连续工作一天两夜，而丝毫不觉得疲倦。热忱并不是一个空洞的名词，它是一种重要的力量，你可以予以利用，使自己获得好处。没有了它，你就像一个已经没有电的电池。

热忱是股伟大的力量，你可以利用它来补充你身体的精力，并发展出一种坚强的个性（有些人很幸运地天生即拥有热忱，其他人却必须通过努力才能获得）。发展热忱的过程十分简单。首先，从事你最喜欢的工作，或提供你最喜欢的服务。如果你因情况特殊，目前无法从事你最喜欢的工作，那么，你也可以选择另一项十分有效的方法，那就是把将来从事你最喜欢的这项工作当作是你明确的目标。

缺乏资金以及其他许多种你无法当即予以克服的环境因素，可能迫使你从事你所不喜欢的工作，但没有人能够阻止你在脑海中决定你一生中明确的目标，也没有任何人能够阻止你将这个目标变成事实，更没有任何人能够阻止你把热忱注入你的计划之中。

所以，任何人，只要具备这个“热忱”条件，都能获得成功，他的事业必会飞黄腾达。

乐队指挥鲍勃·克劳斯贝的儿子，曾被问到他父亲和他的叔叔平·克劳斯贝每天的生活情形。他回答：“他们永远都在愉快地工作。”

“那你长大之后希望怎样呢？”好奇的人又问他。

“也是愉快地工作。”年轻的克劳斯贝毫不迟疑地回答。

> 对工作具有热忱的人，都是愉快地工作着。

别让激情之火熄灭

◎ 如果你只把工作当作一件差事，或者只把目光停留在工作本身，那么即使是从事你最喜欢的工作，你依然无法持久地保持对工作的激情。但如果你把工作当作一项事业来看待，情况就会完全不同。

◎ 保持长久激情的秘诀，就是给自己不断树立新的目标，挖掘新鲜感。

让我们先来看看美国前教育部部长、著名教育家威廉·贝内特的一段叙述：

一个明朗的下午，我走在第五大街上，忽然想起要买双短袜。于是，我走进了一家袜店，一个年纪不到17岁的少年店员向我迎来。

“您要什么，先生？”

“我想买双短袜。”

“您是否知道您来到的是世上最好的袜店？”他的眼睛闪着光芒，话语里含着激情，并迅速地从一个个货架上取出一只只盒子，把里面的袜子逐一展现在我的面前，让我赏鉴。

“等等，小伙子，我只买一双！”

“这我知道，”他说，“不过，我想让您看看这些袜子有多美，多漂亮，真是好看极了！”他脸上洋溢着庄严和神圣的喜悦，像是在向我启示他所信奉的宗教。

我对他的兴趣远远超过了对袜子的兴趣。我诧异地望着他。“我的朋友，”我说，“如果你能一直保持这种热情，如果这热情不只是因为你感到新奇，或因为得到了一个新的工作。如果你能天天如此，把这种激情保持下去，我敢保证不到10年，你会成为全美国的短袜大王。”

只是，很多时候我们会遇到这样的情形：在商店，顾客需要静候店员的招呼。当某位店员终于屈尊注意到你，他那种模样会使你感到是在打扰他。他不是沉浸在沉思中，恼恨别人打断他的思考，就是在同一个女店员嬉笑聊天，叫你感到不该打断如此亲昵的谈话，反而需要你向他道歉似的。无论对你，或是对他领了工资专门来出售的货物，他都毫无兴趣。

然而就是这个冷漠无情的店员，可能当初也是怀着希望和热情开始他的职业的。刚刚进入公司的员工，自觉工作经验缺乏，为了弥补不足，常常早来晚走，斗志昂扬，就算是忙得没时间吃午饭，也依然开心，因为工作有挑战性，感受当然是全新的。

这种在工作时激情四射的状态，几乎每个人在初入职场时都经历过。可是，这份激情来自对工作的新鲜感，以及对工作中不可预见问题的征服感，一旦新鲜感消失，工作驾轻就熟，激情也往往随之湮灭。一切开始平平淡淡，昔日充满创意的想法消失了，每天的工作只是应付完了即可。既厌倦又无奈，不知道自己的方向在哪里，也不清楚究竟怎样才能找回曾经让自己心跳的激情。他们在老板眼中也由前途无量的员工变成了比较称职的员工。

有时，压力也是人们失去工作激情的原因之一。职场人士承担着巨大的有形或者无形的压力，同事之间的竞争、工作方面的要求，以及一些日常生活的琐事，无时无刻不在禁锢着我们的心灵。于是在种种压力的禁锢之下，无精打采、垂头丧气和漠不关心扼杀了我们对事业的激情。从热爱工作到应付工作再到逃避工作，我们的职业生涯遭到了毁灭性的打击。

但是，如果你在周一早上和周五早上一样精神振奋；如果你和同事、朋友之间相处融洽；如果你对个人收入比较满意；如果你敬佩上司和理解公司的企业文化；如果你对公司的产品和服务引以为豪；如果你觉得工作比较稳定；只要对以上任何一个问题，你的回答中有一个“是”字，我就要告诉你：“你‘可以’恢复工作激情。”

美国著名激励大师博西·崔恩针对如何恢复工作激情，提过五点建议：

①对自己所做的事感兴趣。“告诉自己：对自己所从事的事

喜欢的是什么，尽快越过你不喜欢的部分，转到你喜欢的部分。然后做得很兴奋，告诉旁人这件事，让他们了解为什么你会如此感兴趣。只要你做出对工作感兴趣的样子，你就会真的开始对它感兴趣。这样做的另一项好处是可以减少疲劳、压力与忧虑。”

千万不能失去热忱。我们每个人都应当有一些引以为荣的东西，对那些真正高贵的事物要保持一种景仰之情，对那些可以使我们的生活变得充实美丽的东西，永远不要失去热忱。

②把工作当作一项事业。如果你只把工作当作一件差事，或者只把目光停留在工作本身，那么即使是从事你最喜欢的工作，你仍然无法持久地保持对工作的激情。但如果你把工作当作一项事业来看待，情况就会完全不同了。

③树立新的目标。任何工作在本质上都是同样的，都存在着周而复始的重复。如果是因为这永无休止的重复，而对眼前的工作失去信心的话，那么我要告诉你的是，如果你的态度不转变，不主动给自己树立新目标，即使那是一份让你称心的工作，即使那是一个令所有人艳羡的工作环境，它一样会因为一成不变而变得枯燥乏味，你也不会从中获得快乐。

保持长久激情的秘诀，就是给自己不断树立新的目标，挖掘新鲜感。把曾经的梦想捡起来，找机会实现它，审视自己的工作，看看有哪些事情一直拖着没有处理，然后把它做完……在你解决了一个又一个问题之后，自然就产生了一些小小的成就感，这种新鲜的感觉就是让激情每天都陪伴自己的最佳良药。

④学会释放压力。工作不是野餐会，一个人无论多么喜欢自己的工作，工作多多少少都会给他带来压力。面对压力，有些人一味忍受，有些人只顾宣泄，忍受会导致死气沉沉，宣泄则会带来无尽的唠叨。应该学会管理压力并科学地释放压力，减轻对工作的恐惧感，心情轻松才容易重燃激情。

⑤切勿自满。在工作中，最需要注意的是自满情绪。自满的人不会想方设法前进，对工作就会丧失激情。如果你满足于已经取得的工作成绩，忽略了开创未来的重要性，那么现在这个阶段的工作自然会丧失其吸引力。当你把过去的成绩当作激励自己更上一层楼的动力，试图超越以往的表现，激情就会重新燃烧起来。

时刻提醒自己保持工作的激情。

比薪水更宝贵的

◎ 一个人如果总是为自己到底能拿多少薪水而大伤脑筋的话，他又怎么能看到薪水背后的成长机会呢？

◎ 通过工作中的耳濡目染获得大量的知识和经验，这将是工作给予你的最有价值的报酬。

也许是目睹或者耳闻父辈、他人被老板无情解雇的事实，现在的年轻人往往将社会看得比上一代更冷酷、更严峻，因而也就更加现实。在他们看来，我为公司干活，公司付我一份报酬，等价交换，仅此而已。他们看不到薪水以外的价值，在校园中曾经编织的美丽梦想也逐渐破灭了。没有了信心，没有了热情，工作时总是采取一种应付的态度，宁愿少说一句话，少写一页报告，少走一段路，少干一个小时的活……他们只想对得起自己目前的薪水，从未想过是否对得起自己将来的薪水，甚至是将来的前途。

某公司有一位员工，在公司已经工作了10年，薪水却不见涨。有一天，他终于忍不住内心的不平，当面向雇主诉苦。雇主说："你虽然在公司待了10年，但你的工作经验却不到1年，能力也只是新手的水平。"

这名可怜的员工在他最宝贵的10年青春中，除了得到10年的新员工工资外，其他一无所获。

也许，这个雇主对这名员工的判断有失准确和公正，但我相信，在当今这个日益开放的年代，这名员工能够忍受10年的低薪和持续的内心郁闷而没有跳槽到其他公司，足以说明他的能力的确没有得到更多公司的认可，或者换句话说，他的现任雇主对他的评价基本上是客观的。

这就是只为薪水而工作的结果！

大多数人因为不满足于自己目前的薪水，而将比薪水更重要的东西也丢弃了，到头来连本应得到的薪水都没有得到。这就是只为薪水而工作的可悲之处。

如果要让我对于刚跨入社会的青年所遇到的切身问题发表意见，那么我希望每个青年都切切牢记："在你们开始工作的时候，不必太顾虑薪水的多少。而一定要注意工作本身所给予你们的报酬，比如发展你们的技能，增加你们的经验，使你们的人格为人所尊敬等等。"

雇主所交付给年轻人的工作可以发展我们的才能，所以，工作本身就是我们人格品性的有效训练工具，而企业就是我们生活中的学校。有益的工作能够使人丰富思想，增进智慧。

如果一个人只是为着薪水而工作，而没有更高尚的目的，那么这实在不是一种好的选择。在这个过程中，受害最深的倒不是别人，而是他自己。他就是在日常的工作中欺骗了自己，而这种因欺骗蒙受的损失，即便他日后奋起直追，振作努力，也不能赶上。

雇主只支付给你微薄的薪水，你固然可以敷衍塞责来加以报复。可是你应当明白，雇主支付给你工作的报酬固然是金钱，但你在工作中给予自己的报酬，乃是珍贵的经验、优良的训练、才能的表现和品格的建立，这些东西的价值与金钱相比，要高出千万倍。

许多年轻人认为他们目前所得的薪水太微薄了，所以竟然连比薪水更重要的东西也宁愿放弃了，他们故意躲避工作，在工作过程中敷衍了事，以报复他们的雇主。

这样，他们就埋没了自己的才能，消灭了自己的创造力和发明才能，也就使自己可能成为领袖的一切特性都无法获得发展。为了表示对微薄薪水的不满，固然可以敷衍了事地工作，但长期地这样做，无异于使自己的生命枯萎，使自己的希望断送，终其一生，只能做一个庸庸碌碌、心胸狭隘的懦夫。

每个人对于自己的职位都应该这样想：我投身于企业界是为了自己，我也是为了自己而工作。固然，薪水要尽力地多挣些，但那只是个小问题，最重要的是由此获得踏进社会的机会，也获得了在社会阶梯上不断晋升的机会。通过工作中的耳濡目染获得大量的知识和经验，使自己的能力得以提升，这将是工作给予你的最有价值的报酬。

能力比金钱重要万倍，因为它不会遗失也不会被偷。许多成功人士的一生跌宕起伏，有攀上顶峰的兴奋，也有坠落谷底的失意，但最终能重返事业的巅峰，俯瞰人生。原因何在？是因为有一种东西永远伴随着他们，那就是能力。他们所拥有的能力，无论是创造能力、决策能力还是敏锐的洞察力，绝非一开始就拥有，也不是一蹴而就，而是在长期工作中积累和学习得到的。

你的雇主可以控制你的工资，可是他却无法遮住你的眼睛，捂上你的耳朵，阻止你去思考、去学习。换句话说，他无法阻止你为将来所做的努力，也无法剥夺你因此而得到的回报。

许多员工总是在为自己的懒惰和无知寻找理由。有的说雇主对他们的能力和成果视而不见，有的会说雇主太吝啬，付出再多也得不到相应的回报……

一个人如果总是为自己到底能拿多少工资而大伤脑筋的话，他又怎么能看到工资背后的成长机会呢？他又怎么能理会到从工作中获得的技能和经验，对自己的未来将会产生多么大的影响呢？这样的人只会逐渐将自己困在装着薪水的信封里，永远也不会懂得自己真正需要什么。

总之，不论你的雇主有多吝啬、多苛刻，你都不能以此为由放弃努力。因为，我们不仅是为了目前的薪水而工作，我们还要为将来的薪水而工作，为自己的未来而工作。一句话，薪水是什么？薪水仅仅是我们工作回报的一部分。

世界上大多数人都在为薪水而工作，如果你能为自己的成长而工作，你就超越了芸芸众生，也就迈出了成功的第一步。

从前在宾夕法尼亚的一个山村里，住着一位卑微的马夫，后来这位马夫竟然成了美国最著名企业家之一，他靠着惊人的魄力和独到的思想撑起了事业的大厦，他一生的成就为世人所景仰。他就是查尔斯·齐瓦勃先生。

年轻的朋友们很关心齐瓦勃先生的成功，那么为什么他会获得成功呢？齐瓦勃先生的成功秘诀是：每谋得一个职位，他从不把薪水的多少视为重要的因素，他最关心的是新的位置和过去的职位相比较，是否前途和希望更为远大。

他最初在一家工厂里做工，当时他就自言自语地说："终有一天我要做到本厂的经理。我一定要努力做出成绩来给老板看，使老板主动来提拔我。我不会计较薪水的高低，我只要记住：要拼命工作，要使自己工作所产生的价值，远超过我所得的薪水。"他下定决心后，便以十分乐观的态度，心情愉快地努力工作。在当时，恐怕谁也不会想到齐瓦勃先生会有今日巨大的成就。

齐瓦勃的童年时代家境异常艰苦，家中一贫如洗，所以，他只受过很短时间的学校教育。齐瓦勃从15岁开始，就在宾夕法尼亚的一个山村里做马夫。两年之后，他又获得了另外一个工作机会，周薪为

2.5美元。但他仍然无时无刻不在留心其他的工作机会，果然他又遇到一个新的机会，他应某位工程师之邀，去钢铁公司的一个建筑工场工作，工资由原来的周薪2.5美元变为日薪1美元。做了一段时间后，他就又升任技师，接着一步一步升到了总工程师的职位上。到了齐瓦勃25岁时，他晋升到房屋建筑公司的经理了。5年之后，齐瓦勃开始出任钢铁公司总经理。到39岁时，齐瓦勃接过了全美钢铁公司的权柄，出任总经理。如今，他是贝兹里罕钢铁公司的总经理。

齐瓦勃只要获得一个位置，就决心要做所有同事中最优秀的人。他决不会像某些人那样脱离现实胡思乱想。有些人经常会不守公司的纪律，常常抱怨公司的待遇，甚至于宁愿在街头流浪，静待所谓的良机，也不愿刻苦努力。齐瓦勃深知，只要一个人有决心，肯努力，不畏难，必定可以成为成功者。在今天的年轻人看来，齐瓦勃先生一生的奋斗与成功故事，简直是一个情节曲折的传奇，但更是一个对人教益最大的典范。从他一生的成功史中，我们可以看到努力劳动所具有的非凡价值。干任何事情，他都能做到非常乐观而愉快，同时在业务上求得尽善尽美、精益求精。所以，在他与同事们一起工作时，那些有难度、要求高的事情，都得请他来处理。齐瓦勃先生做事的态度是一步一个脚印，他从不妄想一步登天、一鸣惊人，所以，他地位的上升也是势所必至、天意使然。

> 看到薪水背后的成长机会。

从工作中获得快乐

◎ 只有在工作时专心投入而且能够从工作中获得快乐的人，才能在游乐时感到喜悦。

◎ 最理想的状况当然是从工作及休闲二者中获取快乐。也只有二者兼得，我们才能达到快乐的最高潮。

许多著名的科学家、小说家、电影明星及其他有名的人物都曾描述工作时所得到的极大快乐与满足，只因为这项工作是他们真心想做的。这可能是促成他们成功的原因之一。

有一些终生不得志的人则把大部分时间用于玩乐之上。致使二者的成就差异如此之大，可见调整和分配工作与休闲时间的重要性。

马士洛曾经定义“自我实现”的人就是喜欢并去做必须做的事。也就是想办法将工作变成游戏般轻松与自由，但是对一般人而言这是一件非常不容易做到的事。

许多人都有一些限制他时间、行动与想法的工作，这工作也就是不快乐的根源。事实上，最近密歇根及哈佛两所大学的研究者发现大部分的美国人都有换工作的念头，而美国政府则在近些年花费4千万元去发展不使工作厌烦的技巧。

对许多人来说，快乐绝大部分出现于不在工作的时候，例如晚间、周末及假期当中。

你该如何去除因工作而产生的不快乐呢？你又如何找到更多的快乐时光呢？

有一个很好的方式就是培养自己足够的知识、勇气及内力去做适合你的工作。当最著名的压力研究专家亚莉耶博士在一次接受“美利坚新闻及寰宇报道”的访问时被问道：“人们如何应付压力呢？”他回答，“诀窍不在于如何避免压力，而在于‘做你自己的事’，这就是我一直所强调的：做你喜欢做的事，但也别忘了做那些你该做的事。”

另外他还提到：“药物治疗也能发挥效用，例如现在已有一些能有效治疗高血压的药。但是我想对大多数人而言，最重要的莫过于学习如何生活，在各种不同的场合中如何表现适当举止以及如何作最明智的决定。‘我到底是想要接管父亲的事业还是成为音乐家？’如果你真的向往音乐家，那就朝这方面去做。”

许多人选择职业时只怀着赚钱、争取高职位或升迁的目的，结果往往无法从事真正有兴趣的工作。例如有位社会工作人员，过去经常到各地区与民众会谈，教他们学习面对及解决问题的技巧，如今却因为其他原因而停止这项工作。现在虽然跃升为一个著名社会辅导站的主管，但同时他放弃了他喜爱的兴趣——终日待在办公室里。又如一位艺术大师被聘为世界上最著名、最有权威的博物馆之一的馆长之后，他必须将绝大部分时间用于烦琐的行政工作上，而不得不放弃钻研艺术的雅趣。

如果你问一些人在不考虑金钱因素及其他顾虑的情况下，他们真正想从事的工作是什么？往往你都会得到非常意想不到的答案。有一家广告公司的企划部主任曾说到他愿成为一家自然博物馆的制标本的技术人员。有一家出版社的董事长说他想成为餐厅的领班。另有位公共关系部门的主管回忆起她一生中从事的最愉快职位就是接待员，因为她每天必须与许多不同的人接触，这使她获得很多乐趣，而且这种工作也不会耗用她太多的私人时间及精力，毕竟拥有自己的时间是很重要的。此外，一位银行的副总裁将公余的时间大部分花费于研究制造各种锁，他还打趣地说，如果他不介意

娱乐是一件非常重要的事。如何寻找到适合自己的娱乐，则是一件非常快乐的事。但是，切莫去随便模仿别人。你最好能够先自问，什么是真正能使自己感到快乐的事情。在我们周围经常会发现，许多人什么事都要掺和掺和，还整天忙忙碌碌，这样的人是享受不到任何快乐的。只有在工作时专心投入，而且能够从工作中获得快乐的人，才能在游乐时感到喜悦。

如果以此作为衡量的标准的话，在我心目中，古代雅典的将军阿尔基比亚地斯应该可以算是最合格的了。尽管他在言行举止上都可以称得上是一个放荡的人，但是在思想上和工作上，他却极其投

人，并取得了令世人羡慕的成就。

恺撒大帝也是一位能够将心思均等地分配在工作和游戏上的人。在罗马人的心目中，恺撒原本是一位行为不轨的人，但是他事实上是一位非常优秀的学者，他具有一流的辩才，而且拥有统驭他人的实力。

只懂得如何游乐的人生不仅毫不令人感动，而且一点儿也不有趣。一个每天认真工作的人，他在娱乐时才会由衷地感到快乐。整天好吃懒做的人、沉迷于酒色之中的人，一定无法从工作中获得真正的快乐，这样的人每天只是在过着行尸走肉的日子。

精神生活层次低的人，大多只追求低级的享乐，他们也只能热衷于那些毫无品位的娱乐；与这类人相对的是，那些精神生活层次高的人，则善于结交一些品性和道德良好的朋友，他们所追求的娱乐也是适当的，它们既没有危险性，又不失品味。具有良知的人都十分明了，娱乐是不可以被当作目的的，它只不过是一种让人放松心情、给人安慰的方法而已。

为了使你步入高尚人的行列，你不妨实践一下我称之为“早上比夜晚聪明”的体验。

在工作和游戏的时间安排上，最好能够有一个明确的划分。读书、工作，或者是要同有知识的人及名流之士促膝交谈，这些事情最好排在早上比较恰当。一旦吃过晚饭之后，就应该尽量让自己放松心情，除非是发生了什么紧急的情况，否则不要占用它，最好利用这段时间让自己轻松地做自己所喜欢的事情，例如，和几个志同道合的朋友打打牌，或者和几个有节制的朋友玩玩愉快的游戏，即使有失误，也不会因此而吵架。也可以去看演出，或去看一场比赛，或者找几位好朋友一起吃饭、聊聊天，尽你所能地度过一个能够令你满足的夜晚。

如果你的工作让你做起来没意思或不快乐，当然按照常理，最好是换个工作。但事实上，并不是每个人都能随心所欲地换工作，有些人甚至于换工作后变得更不快乐。就像有一位想换工作却一直碰壁的人——因为年龄已50岁，别家公司不雇用他——或是一位离了婚的妇女无法搬离本地另找新工作，因为她必须住得离母亲家近些，以便每天下班后到母亲家看孩子——或是一位在居住地拥有本区惟一一间建筑公司的人必须留在当地，因为那儿是他发迹的地方，同时他也不愿离开朋友和亲戚搬到陌生的地方。

就算你非常不喜欢目前从事的工作，但也不要轻言放弃。有些技巧可以使工作愉快些，你不妨想想由于从事此项工作所赚得的钱使你能享受购物的乐趣，你可以开始培养新的嗜好，这个嗜好使你除了工作外另有新的目标，你应该尝试在工作之中建立起具体的目标，目标是使工作愉快的万灵丹。

有许多拿高薪的权威之士有时会感觉沮丧，就是因为他们没有目标，甚至有些人还不知道是为何而沮丧。

哈佛大学科技、工作及心理计划部的主任马柯毕谈及某些公司里的高级主管时，称他们为“游戏型人物”。他解释所谓“游戏型人物”就是以在工作或娱乐冒险活动上击败对手为最大享受，但是这类人没有长程目标。他描述此“游戏型的人物”：漫无方向地跑完了人生旅程，到头仍是茫然。他叹息道：“我倒宁愿做些真正能使我高兴的事。”

所谓最有意义的目标就是能带给我们最大快乐的目标。如果工作的目的只是赚钱或击败对手，则成功所带来的快感将不会持续很长时间。就如同马柯毕提到的“游戏型人物”，他说：“一位又老又疲倦的‘游戏型人物’，在输去几场比赛，失去信心之后，他们所剩下的只是一张痛苦扭曲的脸孔而已。一旦他失去了青春、精力，甚至荣耀，他变得绝望、茫然，不禁自问活着的意义为何？”马柯毕主张“游戏型人物”如要避免被老化与颓废打败就必须：除了一心一意获取胜利之外，该想想生命中是否有其他值得追求的目标？

最理想的状况当然是能从工作及休闲二者中获取快乐。也惟有二者兼得，我们才能达到快乐的最高潮。

人们经常梦想将工作放在一边，好好地放纵一下，但一旦他们这样做了，反而得到失望的结果。

例如，有许多人退休时都因为不习惯而非常的不快乐，所以不管他们找工作困难重重，他们仍急于找到一份工作以打发寂寞。有些佛罗里达酒店每年出售超过200万元的酒给退休后因无聊而以酒解愁的老人。

有一个人退休之后搬到佛罗里达，但他觉得在那儿很无聊、不快乐。最后他搬回纽约，每天中午吃饭时间他就回到过去工作的工厂找老同事聊天。他也经常在上下班时间到工厂看看老朋友。

有一位狂热的业余水手辞掉了工作，成为职业的水手，但他却失望了：他所梦想的日子是夏日的周末，但他很快地发觉每天航海并无乐趣可言，不像以前只能利用周末上船那般有意思。当他只能在周末航海时，航海的新奇感从未停止，一旦它成了连续性的动作就不再那么刺激、有趣了。所以每个人都必须学习从工作进入娱乐，再从娱乐返回工作，因为工作和娱乐二种不同感受的对照，能使你清新并协调享受二者。

学会从工作及休闲二者中获取快乐。

第五章

营造幸福家庭

对婚姻的忠告

◎ 要互相坦诚，保持平和的心态，在热恋的时候就应该把缺点和不足暴露给对方。

◎ 从某种程度上讲，年轻人应该从实用的角度看待婚姻。

西奥多·帕克先生结婚时，夫妇两人进行了结婚旅行。在新婚期间，帕克先生列出了一些有用的建议来解决婚姻中可能出现的问题和矛盾：

①除非有特殊的理由，决不要违背妻子的意愿。

②按照妻子的意愿，相互履行义务。

③从来不要责备妻子。

④从来不要轻视妻子。

⑤从来不因为妻子的要求而抱怨。

⑥鼓励妻子柔顺的品质。

⑦分担妻子的压力和负担。

⑧宽恕妻子的缺点。

⑨永远珍爱妻子，保护妻子。

⑩记住，永远为妻子祈福，这样上帝就会为我们赐福。

帕克为自己列出的这些建议就像犹太教的十诫一样，都可以理解为一个字——爱。爱在犹太人的教义里无处不在，而爱也贯穿于整个婚姻过程中。

萨克雷对他的儿子说："在所有的事情中，最为重要的就是找一个快乐的妻子，我亲爱的孩子。"

要想有一个幸福快乐的家，夫妻两个必须志趣相投，有共同的追求。如果丈夫是一个粗俗不堪的男人，而妻子是一个很有教养的女人，他们在一起就不会有多少欢乐可言。

"一个在男友追求她时就不断挑剔缺点的女孩，婚后会变本加厉地责怪他；而一个婚前就努力讨人欢喜的女孩，婚后会更加努力地做到这一点。"

约翰逊博士说："在男女恋爱期间，双方竭力掩盖自己的弱点，常常会成为他们相互了解的障碍，他们通过刻意的顺从和有意的伪装，掩饰他们本来的样子和真实的欲望。从他们开始恋爱起，他们就常常在对方面前戴着面具，但后来一旦有些东西被揭穿，每个人便都会觉得有理由怀疑对方是否发生了变化，如果发生一次严重的争吵或者冲突，就容易导致两人劳燕分飞，各奔东西。"

对未来的新郎和新娘，我想说："要互相坦诚，保持平和的心态，在热恋的时候就应该把缺点和不足暴露给对方。如果在婚前隐瞒的话，婚后一旦发现对方的性格或条件存在某些缺陷，就会对婚姻生活产生很大的负面影响。坦诚一些总比隐瞒要好得多，因为缺点和不足与优点一样，终归会在婚姻生活中显现出来。自然一些，一开始就表现出你的本色！"

从某种程度上讲，年轻人应该从实用的角度看待婚姻。一个好的妻子是一大笔财富。她以一种优雅的方式使你拥有比以前多得多的东西。为了使你更加精力充沛、迅捷高效地工作，她会表现出你所需要的品格。譬如，她会在你发达的智力中注入一些情感因素，而这些情感因素是使智力更好地发挥作用所不可或缺的。为了获得真理，需要心和脑的协同联合。我们不能断言，男人是天生冷酷的无情无义之人；我们同样也不认为，可以把女人想象成没有任何头脑的感情用事者。心灵和大脑、情感与理智在各自发挥作用的方面同样地宝贵。

一个女人，只要不被想成为一个强人的那种雄心壮志所感染，她就能够成为由夫妻双方组成的婚姻股份公司中的一员，并通过其特有的在情感方面的投资为公司的资本积累作出贡献。一些女人可能会讨厌这种说法，但是我要警告年轻的男士们，不要把美好的婚姻方案寄托在那些可能讨厌婚姻本身的女人身上。如果你想要的是一个妻子，而不仅仅是一个家庭主妇的话，你必须睁大你的眼睛，仔细寻找那种温柔体贴、甜美可人的女性特质。正如冬日里壁炉的熊熊火焰可以为你驱走身上的寒气一样，这种女性特质也会在你精神上施加无穷无尽的有益影响——就像一股温暖宜人的清风抚慰着你的灵魂，驱逐你思想中的僵硬、情感中的冷酷，并使得你的生活井然有序、融洽和谐。

将爱贯穿于整个婚姻过程中。

解读问题婚姻

◎ 如果你的婚姻陷入危机的话，你是激动地放纵情绪，还是冷静下来找一找出现问题的原因呢？

1933年6月，艾麦特·克鲁西发表了一篇叫做《为什么婚姻会出现问题》的文章。下面是从这篇文章里摘录的一些问题，它们都很有回答的价值。如果你对每个问题的回答是肯定的话，你能得到10

分的满分。

针对丈夫的问题：

①你还在“追求”你的妻子吗？比如送花，给她过生日，过结婚纪念日，或者给她意外的惊喜和殷勤等。

②在别人面前，你会注意不批评她吗？

③你会给她随意用的零用钱吗？

④在她遇到女性特有的问题的时期时，你会拿出时间和精力帮她度过吗？

⑤你的一半的娱乐时间，是和妻子一块儿过的吗？

⑥在赞扬她的长处之外，你会聪明地避免把你妻子的做饭本领及管理家庭的能力和你母亲或别人的妻子相比较吗？

⑦对你妻子的精神生活，如她参加的社团活动，她看的书，她对当地政府、政策的看法等等，你会有兴趣吗？

⑧当她和其他男人跳舞，或接受他们的照顾时，你能保证不说吃醋的话吗？

⑨你会经常在合适的时机，对她表示你的赞赏吗？

⑩当她为你做一些缝缝补补、洗洗涮涮之类的琐碎的事情时，你会对她表示感谢吗？

针对太太的问题：

①你会让丈夫在处理他自己的工作方面有完全的自由吗？比如尽量不去议论和他交往的人，他选的秘书，给他一定的自由时间等。

②你是否使家庭更有情趣？

③你是否在做饭时，经常注意调节搭配？

④你是否对你丈夫的事业有一定的了解，能和他做良性的探讨？

⑤你是否能勇敢地、愉快地面对家庭财政出现的危机，而且不会抓住他的错误不放，或用不满的态度把他和成功的人做比较？

⑥你是否尽力地和他的母亲或其他亲戚很好地相处？

⑦你在买衣服时，是否考虑他对颜色和样式喜不喜欢？

⑧你是否会为了家庭和睦，而不那么固执己见？

⑨你是否培养对丈夫的爱好的兴趣，能和他一起玩得很高兴？

⑩你是否注意社会上新的信息、以便能和丈夫有趣地交流？

多留意身边的一些事情。

甜言蜜语永不嫌多

◎ 已婚夫妇也需要交谈，虽然说情感的交流是多渠道的，但语言交流是到什么时候也淘汰不了的。

◎ 对许多妇女来说恋爱与感受到爱远比性交更重要。

人们常说，情人的话是最不值钱的，又是最值钱的。不论是一见钟情的少男少女，还是同舟共济几十年的老夫老妻，绵绵情话总是说了又说，讲了又讲。每每听到爱人说“我爱你”，总是能激起万般柔情，千种蜜意。恋爱总离不开交谈，这似乎是经验之谈，对初次相见的男女来说尤其如此。

我认为已婚夫妇也需要交谈，虽然说情感的交流是多渠道的，但语言交流是到什么时候也淘汰不了的。

艾莉结婚刚进入第3个年头，就和丈夫分居了。她对律师说：“他一定是有问题。每天回家很少和我说话，吃完饭就一下躺到沙发上看电视，再也不想起来，一直到深夜。看完最后一个电视节目，就爬上床，也不问我是否劳累，是否有兴趣，就要求做爱，一句多情的话也没有，仿佛情话都在结婚以前说完了，实在让人难以忍受。”

艾莉需要的并非什么奢侈品，只是丈夫那柔情蜜意的私语。

亲密的私语是恋爱中的男女所不可缺少的。尤其是在进餐或是放松时的亲密交谈，可以称得上是爱情的一种“情感增效剂”。

美国加州医学院精神与心理临床研究专家巴巴克说：“对许多妇女来说，恋爱与感受到爱远比性交更重要。尤其对那些忙于家务、整天带孩子的妇女来说，更是如此。那种巧妙的、带刺激性的私语往往使她们获得真正的快慰。”

42岁的卡克与达娜已结婚8年，他记得曾一度羞怯于向妻子倾吐自己满腔的爱。“有一天晚上，我深吸了一口气后，滔滔不绝地向她倾诉了对她的柔情，对她的爱恋。我告诉她：对我而言，你是世界上最不平常的女子。我这番热情洋溢的话使她万分激动，连我自己也感动不已。现在，我一有机会便向她表露衷肠，而我每次都觉得感情比以前更为炽烈。”

可是，应该说什么呢？怎样说才能使说的人不至于做作，听的人不觉得肉麻呢？卡耐基建议：“当你感到一股穿堂风吹过或觉得闷热时，你说些什么呢？你会脱口而出：‘真凉快！’或‘真热！’无须多想，也用不着长篇大论，爱的语言就是这样。如果你正和爱人待在一间屋里，你觉得能和她在一起真高兴，那你就对她说：‘和你在一起我真高兴。’”

大家所熟悉的大文豪马克·吐温常常把写有“我爱你”、“我非常喜欢你”的小纸条压在花瓶下，给妻子一份意外的惊喜。这种习惯伴随他们的一生。可见，甜言蜜语绝非多此一举，而是恋人及夫妻们增进感情的一个良好途径。

说出你的甜言蜜语。

将批评赶出家门

◎ 许多罗曼蒂克的梦想破灭了！50%以上的婚姻不幸福。原因之一是：毫无用处，却令人心碎的批评。

狄斯累利在公职生活中最难缠的对手，就是那伟大的格莱斯顿（英国政治家，1868–1894年间，四度担任首相）。这两位仁兄，对于在帝国之下的每一件可以争辩的事物，都相互冲突，但他们却有一个相同的地方：他们的私生活，都充满幸福和欢乐。

威廉和凯瑟琳·格莱斯顿在一起生活了59年，差一点就是60年了，他们一直彼此热爱。我喜欢想象像这位英国最威严的首相格莱斯顿，轻握着他夫人的玉手，和她在火炉边的地毯上跳着舞，唱着这首歌：

夫衣褴褛，妻衣亦俗；人生浮沉，同甘与共。

在公开场合中，格莱斯顿是一位可畏的敌人，但在家中，则永远不批评。当他到楼下要吃早饭的时候，所能看到的，却是全家的人还在睡觉，他就以委婉的方式来表达他的不满。他提高了声音，唱着不知其名的圣歌，声音充满整个屋子，以告诉其他家里的人，全英国最忙的人已经独自一个在楼下等着吃早饭了。他保持着外交家的风度，体谅人的心意，并强烈地控制自己，不对家事有所批评。

俄国女皇加德琳二世也常常这样。加德琳统治了古今中外最大的帝国对千百万臣民操有生杀大权。在政治上而言，她是一个残酷的暴君，发动毫无意义的战争，判许多的敌人死刑。但是如果她的厨子把肉烧焦了，她却什么话也不说，反而笑着吃掉。这种容忍的工夫，一般做丈夫的，都应该好好学习。

关于婚姻不幸福的原因，权威人士桃乐丝·狄克斯宣称说，50%以上的婚姻是不幸福的；许多罗曼蒂克梦想之所以破灭在雷诺（美国离婚城）的岩石上，原因之一是批评——毫无用处，却令人心碎的批评。

因此，如果你要维持家庭生活的幸福快乐，请记住：“不要批评。”

如果你气得要去批评你的小孩……你以为我会对你说不要批评。但我不会那样说。我只是要对你说，在你批评他们之前，先看一看美国报纸上一篇典型的文章《不体贴的父亲》。

《不体贴的父亲》，是一篇发自真诚，又能触动许多读者心弦的小文章，因此被人一再转载。自从15年以前第一次登出来以后，《不体贴的父亲》就一而再、再而三地被转载，原作者李文斯登·劳奈德写道：“转载这篇文章的，遍及全国好几百家杂志和有关家庭的刊物，以及报纸。在国外，以不同文字转载出来的，也几乎同样的多。有好几千人希望把这篇文章在课堂里、教堂里，以及演讲台上宣读，我都同意了。电视和广播，也在不同的时间和节目中把它读出来。更奇妙的是，大学刊物也采用它，高中杂志也不例外。有时候，一篇小文章竟能神奇地感动人心。”

不体贴的父亲

听着，我儿：在你睡着的时候我要说一些话。你躺在床上，小手掌枕在你面颊之下，金黄色的卷发湿湿地粘在你微汗的前额。我刚刚悄悄地一个人走进你的房间。几分钟之前我在书房里看报纸的时候，一阵懊悔的浪潮淹没了我，使我喘不过气来。带着愧疚的心，我来到你的床边。

我想到了太多的事情，我的孩子，我对你太凶了。在你穿衣服上学的时候我责骂你，因为你只用毛巾在脸上抹了一下；你没有擦干净你的鞋我又对你大发脾气；你把你的东西丢在地板上我又对你大声怒吼。

在吃早饭的时候，我又找到了你的错处。你把东西泼在桌上，你吃东西狼吞虎咽，你把胳膊肘放在桌子上，你在面包上涂的牛油太厚。在你出去玩而我去赶火车的时候，你转过身来向我挥手，大声地说："再见，爸爸。"而我则蹙起眉头对你说："挺起胸来！"晚上，一切又重新开始。我在路上就看到你跪在地上玩弹珠。你的长袜子上破了好几个洞，我在你朋友面前押着你回家，使你受到羞辱。袜子要花钱买的——如果你自己花钱买你就会多注意一点了！啊，我的孩子，做父亲的居然说这种话！

你还记得吗？过了一会儿，我在书房里看报，你怯怯地走了进来，眼睛里带着委屈的样子。我从报纸上面看到了你，对你的打扰顿感心烦，你在房门口犹豫着。"你要干什么？"我凶凶地-说。你没有说话，但是突然跑过来，抱住我的脖子亲吻我，并且带着上帝为之感动，而我的忽视也不能使之萎缩的爱，用你的小手臂又紧抱了我一下。然后你走开了，脚步快速地轻踏楼梯上楼去了。

我的孩子，你离开了以后不久，报纸从我手中滑到了地板上，一阵使我难过的强烈的恐惧涌上了我的心头。习惯真是害我不浅，吹毛求疵和申斥的习惯——这是我对你作为一名小男孩的报偿。这不是我不爱你，而是对年轻人期望太高了。我以我自己年龄的尺度来衡量你。

而你的本性中却有着那么多真、善、美。你小小的心犹如照亮群山的晨曦——你跑进来并亲吻我祝我晚安的自发性冲动显示了这一切。今天晚上其他一切都显得不重要了，我儿，我在黑暗中来到你的床边，跪在这儿，心里充满着愧疚。

这只是个没有太大效用的赎罪。我知道如果在你醒着的时候告诉你这一切，你也不会明白。但是从明天起，我要做一名真正的父亲。我要做你的好朋友，你受苦难的时候我也受苦难，你欢笑的时候我也欢笑，我会把不耐烦的话忍住，我会像在一个典礼中一样不停地庄严地说："他只是一个男孩——一个小男孩！"我想我以前是把你当作一名大人来看。但是我儿，我现在看你，蜷缩着疲倦地睡在小床上，我看到你仍然是一名婴孩。你在你母亲怀里，头靠在肩膀上，还只是昨天的事。我以前要求得太多了，太多了。

我们不要责怪别人，我们要试着了解他们。我们要试着明白他们为什么会那样做。这比批评更有益处，也更有意义得多；而这也孕育了同情、容忍，以及仁慈。

正如詹森博士所说的："先生，不到世界末日上帝都不会审判世人。"

要维持家庭生活的幸福快乐，请记住："不要批评。"

停止致命的唠叨

◎ 许多做妻子的，不断地一点一点地挖掘，造成她们自己婚姻的坟墓。

◎ 在所有一切烈火中，地狱魔鬼所发明的狞恶的毁灭爱情的计划，喋喋不休是最致命的，它像毒蛇的毒汁一样，永远侵蚀着人们的生命。

法国拿破仑三世，也就是拿破仑的侄子，曾爱上了全世界最美丽的女人特巴女伯爵玛利亚·尤琴，并且和她结婚。他的顾问指出，她的父亲只是西班牙一位地位并不显赫的伯爵，但拿破仑三世反驳说："那又怎样？"她高雅，妩媚，年轻，貌美，使他内心产生一种强烈的向往之情。在一篇皇家文告中，他激烈地表示他要不顾全国的意见："我已经选上了一位我所敬爱的女人，"他宣称说，"她是我心目中第一个漂亮的女人！"

拿破仑三世和他的新婚妻子，拥有财富，健康，权力，名声，美丽，爱情，尊敬——一切都符合一个十全十美的浪漫史。而他爱情的火炬从未像今天燃烧得这么旺盛、狂热。

但，这圣火很快就变得摇曳不定，热度也冷却了——只剩下了余烬。拿破仑三世可以使尤琴成为一位皇后，但，不论是他爱的力量也好，他帝王的权力也好，都无法阻止这位法西兰女人的唠叨。

由于她中了嫉妒的蛊惑变得疑心，竟然藐视他的命令，甚至不给他一点私人的时间。当他处理国家大事的时候，她竟然冲入他的办公室里；当他讨论最重要的事务时，她却干扰不休；她不让他单独一个人坐在办公室里，总是担心他会跟其他的女人亲热。

她常常跑到她姐姐那里，数落她丈夫的不好，又说又哭，又唠叨，又威胁。她会不顾一切地冲进他的书房，不停地大声辱骂他。拿破仑三世虽然身为法国皇帝，拥有十几处华丽的皇宫，却找不到一个安静的地方。

尤琴这么做，能够得到些什么？

莱哈特的巨著《拿破仑三世与尤琴：一个帝国的悲喜剧》中这样写道："于是拿破仑三世常常在夜间，从一处小侧门溜出去，头上的软帽盖着眼睛，在他的一位亲信陪同之下，真的去找一位等待着他的美丽女人，再不然就出去看看巴黎这个古城，溜达溜达神仙故事中的皇帝所不常看到的街道，放松一下自己经常受压抑的心情。"

这就是尤琴唠叨所得到的后果。不错，她是坐在法国皇后的宝座上；不错，她是世界上最美丽的女人。但在唠叨的毒害之下，她的尊贵和美丽，并不能保持住她那甜蜜的爱情。尤琴可以提高她的声音，哭叫着说："我所最怕的事情，终于降临在我的身上。"降临在她的身上？其实是她自找的，这位可怜的女人，都是由她的唠叨所导致的结果。

在地狱中，魔鬼为了破坏爱情而发明的一定会成功而恶毒的办法中，唠叨就是最厉害的了。它永远不会失败，就像眼镜蛇咬人一样，总具有强大的毒害性，常常使甜蜜的爱情破裂，更有甚者致人于死命。

托尔斯泰伯爵的夫人也发现了这点，可是太晚了，在她逝世之前，她向几个女儿们承认道："是我害死了你们的父亲。"她的女儿们没有回答，但却抱头大哭。她们知道母亲的错误和过失。她们知道她是以不断的埋怨、永远没完没了的批评，和永远没完没了的唠叨，把他害死的。

但是从各方面来说，托尔斯泰伯爵和他的夫人都应该是幸福的一对才是。他是最著名的不朽小说家之一。他的两本巨作《战争与和平》和《安娜·卡列尼娜》，在世界文学史上具有辉煌的成就。

然而，托尔斯泰的一生又确确实实是一场悲剧，而之所以成为悲剧，原因在于他的婚姻。他的夫人喜爱华丽，但他却看不起；她热爱名声和社会的赞誉，但这虚浮的事情，他觉得没有分文价值；她渴望金钱财富，但他认为财富和私人财产是罪恶的事。

多年以来，由于他坚持把著作的版权一毛钱也不要地送给别人，她就一直唠叨着，责骂着和哭闹着；她要那些书本所赚到的钱。

当他不理会她的时候，她就歇斯底里地叫起来，在地上打滚，手上拿着一瓶鸦片，发誓要自杀，来威胁托尔斯泰。

他们一生中的一次相谈，卡耐基认为是历史上最令人怜悯的一个场面。当他们刚结婚的时候，他们非常的快乐，但过了48年以后，他对自己太太的行为非常反感。有一天晚上，这位年华已逝而心已碎的妇人，由于渴望得到热情，走来跪在他的面前，乞求他为她大声读出他在50年前为她所写的一段充满浓情蜜意的日记。当他读了那早已永远逝去的美丽的快乐时光后，两个人都流下了眼泪。现实的生活与他们早先拥有的罗曼蒂克之梦多么不同！而且多么明显地不同！

最后，当托尔斯泰82岁时，他再也不愿见到自己唠唠叨叨的太太。于是在1910年10月一个下着大雪的夜里，逃离了他的夫人——

逃进寒冷的黑暗里，不晓得到哪里去了。

11天以后，他因肺炎死在一处火车站里。他临死的要求是，不让他的夫人到他的身边。

这就是托尔斯泰伯爵夫人唠叨、抱怨和歇斯底里所得到的结果。

或许你会觉得，她是有许多事情要唠叨的，而且是应该的。问题是她唠叨得到些什么好处呢？唠叨是否能把事情办好呢？

“我真的认为我是神经病。”这就是托尔斯泰伯爵夫人对这段经过的看法——但是已经太晚了。

我认为，林肯一生的大悲剧，也是他的婚姻，而不是他的被刺杀。随着一声枪响过后，林肯便失去了知觉，永远不知道他被杀了，但是几乎23年来的每一天，他所得到的是什么呢？根据他律师事务所合伙人荷恩所描述的，是“婚姻不幸的苦果”。“婚姻不幸”？说得还真婉转呢！几乎有1/4世纪，林肯夫人唠叨着他，骚扰着他，使他心里不能有半点安静。

她老是抱怨这，抱怨那，对林肯大加指责，他的一切，从来就没有对的。他老伛偻着肩膀，走路的样子也很怪。他提起脚步，直上直下的，像一个印第安人。她抱怨他走路没有弹性，姿态不雅观；她模仿他走路的样子以取笑他，并唠叨着他，要他走路时脚尖先着地，就像她从勒星顿孟德尔夫人寄宿学校所学来的那样。

他的两只大耳朵，成直角地长在他的头上的样子，她非常讨厌。她甚至还告诉他，说他鼻子不直，嘴唇太突出，看起来像痨病鬼，手和脚太大，而头又太小。

亚伯拉罕·林肯和玛利·陶德，在各方面都是相反的，教育、背景、脾气、爱好，以及想法，都是相反的。他们之间根本没有共同语言。

“林肯夫人高而尖锐的声音，”参议员亚尔伯特·贝维瑞治写着，“在对街都可以听到，她盛怒时不停地责骂声，常常会使酣睡的邻居惊醒。她发泄怒气的方式，常常言语过激。她暴躁的行为真是太多了，真是说也说不完。”

贝丝·韩博格在纽约市家务关系法庭任职11年，曾经审判了好几千件遗弃的案子，她说男人离开家庭主要原因之一是——因为太太唠叨不停。或者如《泰晤士邮报》所说的：“许多太太们不停地在慢慢挖，自掘婚姻的坟墓。”

要想使自己的爱情更加甜蜜，请切忌不要唠叨。

让爱成熟

◎ 我们大多数人往往对爱具有狭窄、单向的概念，而且完全从家庭或性关系的角度来理解它，同时将它和占有、自负、姑息、依赖等混杂在一起。

◎ 成熟之爱的观念，是耶稣所说“爱邻如爱己”时心中所保持的那种观念。

爱是世界上谈论最多，却也是最不易弄清楚的一个课题。它激发了艺术家的灵感，是婚姻和家庭的基础——失去或缺乏爱，会使人格破碎或阻碍人格的正常发展。

我们大多数人往往对爱具有狭窄、单向的概念，而且完全从家庭或性关系的角度来理解它，同时将它和占有、自负、姑息、依赖等混淆在一起。

直到最近，爱才被认为是一个严肃的科学课题。许多心理学家、医生和科学家给予爱更多的思考和研究，将它视为人类的基本需要，以及还未加以探索的人类事务中一大影响和力量的源泉。基于这些发现，我们可能要将对于爱的一些传统观念加以修正和扩充。

爱和成熟有什么关系呢？罗洛·梅伊博士回答了这个问题。在他最近出版的《人的自我追寻》一书中写道：“能够付出和接受成熟的爱，是一个符合我们为完全人格所定的标准的人。”

梅伊博士同时断定大多数人都不知道如何付出和接受爱，一般人对爱的观念既矫情又幼稚。例如，一个将一生完全奉献给自己的丈夫和子女，以致与世界其他一切完全隔绝的妈妈，她的占有欲就胜过于她的爱。真正的爱不是局限，而是扩展。一个崇拜女人到无法找到任何可以与之相比的境地的男人，不该被看作是“有爱心的”男性的模范——他是感情发展受到局限，仍然停留在婴儿时期依赖心态的一个案例。依恋和爱是两回事儿。

也许先弄清楚什么不是爱，再来肯定那种使得人格增强、成熟的爱比较容易些。

首先，爱与我们经常在电影中看到的那种男女相会、玫瑰与香槟式的罗曼史，或小说家偏爱的那种性剥削的激情少有相关之处。爱不限于年轻美貌的人。

泌尿科专家和美国婚姻顾问协会主席亚伯拉罕·史东博士告诉我们，当我们说“我爱”时，其真正的意思大多是“我要”、“我想要拥有”、“我从……得到满足”、“我利用”或甚至“我感到罪恶”。这是科学家所谓的“假爱”。

许多父母用“爱”作为放纵子女的借口。实际上，他们是在以溺爱来推卸自己的责任，并不是在帮助子女成长。纽约杜布斯波克的儿童村，是一个致力于重新训练需要指导的问题儿童的机构。理事史泰龙说：“每一天我们都在解除将爱与姑息混淆的父母所造成的伤害。”

成熟之爱的观念是耶稣所说“爱邻如爱己”时心中所抱持的那种观念；是柏拉图在“对话录”中所分析的那种爱——从个人的关系开始，扩展到全人类和宇宙。爱的要素都是相同的，不管是夫妻之间的爱、父母与子女之间的爱或个人与全人类之间的爱。

人类之间的真爱不会阻碍人的成长，它肯定人的其他方面的人格，促进其成长发展。

我认识好多父母常常对女儿的婚姻愤愤不已，只因为女儿企图嫁到某个遥远的地方。记得有一个母亲曾悲叹说："为什么简就不能找一个本地男孩结婚？我们也好经常见到她了。我们为她奋斗了一辈子，而她却这么报答我们，去嫁给一个把她带到千里之外的地方去的人！"

如果你说她这样做并不是爱自己的女儿时，她一定会很吃惊。她是将占有和满足自我跟爱弄混淆了。

爱的真谛不是紧紧守住自己所爱的人，而是放手任他（她）走。成熟的人不会占有任何人的感情，他让所爱的人自由，就如同让自己自由一样。这就像其他的创造性力量一样，爱存在于自由之中。

作家普瑞西拉·罗伯逊在《竖琴家》杂志上为爱下过这样的定义："爱，就是给你爱的人他所需要的东西，为了他而不是为了你自己。想想别人把你所需要的东西送给你时的感受。爱包含给予孩子他们所需要的独立，而不是那种所谓的'家长主义'的剥削和专制。爱包含各种性关系，但不是对自负或青春的狂乱追求的那种性格的利用。我的定义还包括你给予那些曾经让你明白自己是哪种人、你会成为哪种人的少数几个人——老师和朋友。它也包含善良——对全人类的关怀，它不是给一个需要面包的人投以石头，也不是在他需要理解时给他面包。

"我们认识好多总是自作聪明的'善心'人，他们把我们不想要的硬塞给我们，而愚蠢地留住我们需要的东西。我认为这些人不应归入有爱心的人的行列，而且我想心理学家们也会得出他们无用的爱心不经意地制造了敌意的结论。"

没有什么比"爱是盲目的"这句老话更能误导一个人了。只有擦亮爱的眼睛，我们才能看清身边的人们。我们体内有一个随意或冷漠的自我，一个我们怕招致伤害或误解而宁愿隐藏起来的敏感、封闭的自我。我们采用各种姿态或伪装保护它——沉默、害羞、进取、坚强等等，内心却又一直希望有人会帮助我们发掘内在的真正自我。爱可以透视人心，具有特殊的洞察力，它能为“她爱他什么”这个永恒的问题提供答案。

关怀我们所爱的人的成长和发展，肯定和鼓励他们个性化的存在，尊重他们的本来姿态，创造自由和温情的气氛，这些都是想要学会爱所应持的态度。爱为他人提供了可以在爱中成长的土壤、环境和营养。

嫉妒是一种经常与爱混为一谈的感情。事实上，它是我们对自己激发情爱的能力缺乏自信的结果，以及一种占有、俘虏他人的欲望。用付出来取代这种占有的欲望就可以克服嫉妒。在此举一个克服嫉妒学会爱人的女人的例子。她说：“我曾陷入嫉妒中无法自拔。我活在怕失去丈夫的恐惧之中。并不是他给了我嫉妒的任何理由，如果是这样，我反而会少受一点痛苦，因为这样一来，就可以避免那些恐惧和因神经质而自我想象出来的羞辱感。我偏执得像卡通电影里那可笑的妻子一样搜丈夫的口袋，查看汽车烟灰缸里的东西。我常常哭着入睡，白天却生出一些新的疑心。

“有一天，我照镜子。我看见一个不可爱的人——我自己。头发散乱、没有化妆、面容憔悴——而我穿的衣服看起来就像套在扫帚柄上的一个大袋子一样！‘海伦，’我对自己说，‘你怕失去丈夫。如果你真的失去了他，你能怪他吗？你想怎么办？’我决心实行一个计划。我开始减少擦地板和家具的时间而多留心自己的仪表。我每天下午都休息，增加了一些非常需要的体重。而且找到一份卖化妆品的工作，学习使用它。当我开始显得比较好看，感觉上也比较舒服时，我发现自己的态度慢慢地改变了。丈夫也感觉到我的变化，他的反应扫除了我心中的疑云。我利用原来浪费在嫉妒上的精力，使自己成为我丈夫理想中的妻子。”

这个女人一旦了解到爱不是命令而是肯定时，她便获得了爱的能力。

当我们发现占有、嫉妒和支配这些异质的因子进入我们心中时，对他人真实的爱便逐渐消失。如果让野草肆意蔓生而不加以清除的话，世界上最美的花园都会荒芜。

家庭关系的悲剧之一，是因为我们经常不知不觉地以爱的名义给他人造成伤害。过分严厉的父母告诉自己说之所以那样做是“为了小孩好”；溺爱纵容的父母说他们是为了子女的“幸福”着想。俄亥俄州哥伦布的S.P.艾伦太太讲述了有关这方面难题的一个动人故事。几年前，艾伦太太在和她丈夫离婚之后，发现自己面临着照顾自己和两个小孩的重任，她被母兼父职的责任压得喘不过气来。她感到为了培养好他们必须要严厉地管教。

“我订下法规，”艾伦太太说，“不接受任何借口。我不和小孩商量或者费心地去听他们的意见——而且还严格告诉他们什么时候必须做什么事。他们没有独立思考的机会，只有一套必须遵守的规则。

“我们家起了微妙的变化。刚开始，小孩们一见到我就躲开。他们躲避我任何示爱的企图。最后我了解到他们怕我，怕他们的妈妈！

“我反省了一下自己，得出结论，我的所作所为的出发点根本不是为孩子着想，不过是我把因离婚产生出来的压抑情绪发泄在他们身上。我在让孩子无形中承担我个人过错造成的苦难。难怪他们做出明显的反应，虽然他们还不了解。

“我开始破除这种压在他们身上的无形的压力。我向上帝求援，试着从新的角度发现孩子，首先把他们作为人，而不是作为负担或责任看待。我放下一些家务，抽时间多跟孩子在一起，陪他们玩游戏或到一些有趣的地方去。我学会了指导他们而不是只会下命令。

“当我的心情放松下来时，欢笑和歌声又重新回到了我们中间。爱、温情与快乐在我和孩子们的身上互相反映，我们的关系得到恢复进而增强。有了这样的气氛，所有问题都变得简单而容易解决了。”

艾伦太太学到的是爱，而且学会了用爱去治疗家庭生活的创伤。

爱的能力，不仅决定着我们与家人的亲密程度，而且也决定了我们与他人的关系。我们对朋友、工作、住地以及世界的态度，大多由我们对家庭所付出和接受的那种爱来决定。

心理学家米尔顿·格林布拉特说：“如果一个孩子能接受爱的教育，那么他懂得了自爱和爱他的家人，直至以利他主义者的胸怀真诚地爱所有的人。”

亚希莱·孟德斯博士在他的《人类发展的方向》一书中指出，几乎所有的宗教都认为，生活和爱其实是同一个概念。他总结道：“现在看来很明显，人类能够依赖指引他们未来发展方向的主要原则只能是爱。”

只把爱留给家人和亲近朋友的观念是错误的。我们越是爱别人，就越容易获得爱的能力。爱充满在整个人格之中，爱是散布光辉在一切活动上的重大能源。有爱心的人总是对工作、同胞和生命充满热情。他们健康而长寿。

拥有成熟的爱的观念对我们每一个人来说都是非常重要的事。在美国，每一年都有40万对夫妻离婚，而且还有成千上万的婚姻岌岌可危。就世界来讲，世上一直存在着国家分裂、种族对抗、国与国的对立和战争的现象。人类如果想继续存在下去，就必须学会和谐相处。

给予爱更多的思考和研究。

第六章

踏上轻松快乐之旅

顺应生命的节奏

◎ 当我们处于休息和平静的状态时，我们的行为和感觉就不会杂乱无章地发生，而呈现一种和谐的流动。

◎ 你必须学习了解你生命中的波涛和节奏，并顺着生命的节奏表现你的爱，以期能和大自然和谐共处。

当我们紧张时，身体上和情绪上通常有耗尽的感觉：嘴巴会觉得干，身体会觉得衰弱，而且神经如我们所说的是绷紧的。只有当我们放松和表达情绪之后，才能得到一个比较平顺的状态。有时候我们甚至会被眼泪淹没，或溶于欲望当中，这些代表流动状态的隐喻并不是绝对的，它们和我们的身心状态（和水）有密切的关系。当我们处于休息和平静的状态时，我们的行为和感觉就不会杂乱无章地发生，而呈现一种和谐的流动。无止息的水舞（生命的普遍象征）可以被视为是健康快乐的状态。

古代瑜伽文献建议人们可以在靠近瀑布、河流和湖边做静心冥想。荣格有许多对湖的描述："那湖向远方一直延伸出去，那广博的水面给我一种令人难以置信的愉悦，令人无法抗拒的光彩。在这一刻我在心中有了一个想法，我一定要住在湖边。我想如果没有水没有人可以活下去。”我们从洗澡、游泳、海洋景观所得到的快乐证明了我们和水之间深厚的关系，或许这呼唤起我们在母亲子宫羊水的状态，或者也和潜意识自己有如海洋般深不可测的意象有关吧。

这样的想法指出水在放松中的特殊价值，经由感官，或以下提供的练习可以更直接地体验到。我们也应该考虑其他的因素，像空气虽有较多限制，但是也可以被想象成和飞行及云联系在一起；风或微风可以被用来作为感官练习的基础。

在一个安静的房间里舒适地躺下来。举起你的手臂，甩甩手，然后让手臂自然地在身体两侧垂下来。闭上眼睛，想象你正躺在海边一个空旷的沙滩上。

潮水正涌过来，小小浪花轻拍你的脚和脚踝，慢慢地移动你的身体让它浸在浅水里。当海水继续上升时，让自己感觉漂浮起来，并被有节奏的海潮带入海里。

感觉缓缓起伏的海浪在你下面汹涌，你随着海潮的起伏而滑动。

让你的身体正面朝上，想象你正在一个浪头上，当浪潮下降，你在明亮的海水隧道中翻滚着。

现在你被浪冲回岸边，躺在舒服温暖的沙滩上。不要动，此刻享受一下在自由和兴奋交替之后的宁静吧。

当你看到海洋的波涛、季节的变换和月亮的盈亏时，便看到了自然的节奏。人的生命也同样有一定的节奏：从出生，经过儿童期、青少年期到完全成熟、年老，最后又有新的一代诞生。光、能源和任何事物都有一定的波动起伏，这种起伏使它们偏离节奏，或者像中子一样永远围绕着原子核运动。

生命中的任何事物绝对不会静止，运动是持续不断而且有一定节奏的。这就是为什么我们喜欢音乐的原因之一，因为音乐反映出我们的生命节奏。你必须学习随着生命的节奏摇摆，而不是站在那里以不动的姿态和它对抗。沙岸随着波涛运动和变化而能够永远不灭，但防护堤很快就会被冲垮。

注意观察你的生命，它有一定的节奏吗？你在工作之后会娱乐吗？在劳心之后会从事劳力活动吗？饮食之后会禁食吗？严肃之后会表现幽默吗？性交之后会把性交转变成具有创造性的努力吗？当你的意识处于休息状态时，就是你的潜意识发挥最大作用的时候，当你的潜意识承担任务，而且你的意识被其他事物（亦即放轻松）占据的时候，就是出现真正鼓舞作用的时候。

当阿基米德在努力寻求解决两个物体相对重量的复杂问题时，始终得不到解答，但当他决定放松自己并泡一下澡时，他的潜意识便被浴盆中的热水激发出来。他立刻从浴盆中跳出来，并且大声叫着现在一个很有名的欢呼词：我找到了！同时也找到了问题的答案。你曾经给你的思想休息的机会吗？

干扰正常节奏模式会造成许多问题，如果你在工作之后不给你思想休息的机会，你的身体就会一直处于一种被刺激的状态，这种情况可能会使你因为紧张而失调。

你不必希望永远快乐，因为果真如此的话，那种快乐一定会变得枯燥乏味。婚姻顾问的一项重要责任就是要使夫妻了解二人之间的爱不可能没有高低潮。你必须学习了解你生命中的波涛和节奏，并顺着生命的节奏表现你的爱，以期能和大自然和谐共处。

大自然传达宁静的感觉。凝视自然地形、色彩变化、地质构造、自然的香味和声音，我们可以获得和大自然融合为一的感觉。让眼睛看向远方的地平线，我们就能放松生活压力的焦点。下次当你凝视天际时，想象你眼睛的肌肉已释放所有的紧张，想想如此一来对你有多好。如同风景画中的人物，我们得以用更宽广的角度看自己，并调整我们看事情的角度。在古典浪漫时期，面对大自然的渺小感几乎是令人害怕的，今天我们对于戏剧性的瀑布或高耸的悬崖峭壁依然感到敬畏。即使在一个温和平静的风景中，我们看自己的方式不同了，我们的问题似乎也变得比较简单，或觉得昨天的事不过是幻象罢了。奇妙之事继续发生：我们花越多时间在大自然美景中，就有越多的焦虑消失掉。

自然宁静的效果部分是和绿荫有关，心理作用上和休息联想在一起。如果你有一个小小的庭院，试着在院中种满不同叶形、不同颜色的植物。当然，花匠可以提供很好的服务，但是你可能宁愿自己修剪树叶，或自己动手采集果实和种子，做做园艺什么的。你可能放着花园某个角落不整理，作为鸟儿和昆虫的天堂。认识你种植的植物或花的名称，去认识它们个别的个性。同时学习它们的学名和俗名，并大声念出那些奇怪的音节，想象它们像种子一样躺在你心灵中的花园。

从你的庭院或附近的公园树木收集不同种类的树叶。

舒适地坐下来并认真地研究它们——树叶的形状、颜色和纹理。压在手掌心里感觉它们的凉爽，用手指循着每片叶子的叶脉移动，然后闭眼冥想你所看到的叶子形态。

闭上眼睛，感觉并闻一闻手中的叶子，借由触摸和气味来分辨每一片的不同。

让自己完全专注在树叶上，让所有的担心、焦虑和负面思想都从意识中消退。

不要打破正常的节奏模式。

放掉包袱

◎ 在我们之中有许多人不只是急着找出谁让我们感到备受压力与痛苦，而且还将这些资讯储存分类，以便日后运用。

◎ 我们之中有许多人将精力耗费在记恨上，仿佛需要维持那些使我们感到不好的事情。

在我们之中有许多人不只是急着找出是谁让我们感到备受压力与痛苦，而且还将这些资讯储存分类，以便日后运用，我们将之称为“包袱处理”。因为不久后我们会累积许多痛苦，需要将之封入行李箱中，倘若我们有一整批这样的包袱，甚至需要雇人携带着它们。

林达还是再一次为我讲述了她祖母的往事：

“我的祖母法兰西卡对回忆过去非常在行（大部分是负面的），足够担任稀有矿物博物馆馆长了。当我还小时，总会问她为何如此不快乐，我所得到的答案一直都是‘因为我受苦’。然后就不再多说了。但当她需要时总会对着神朗诵她的愿望，这时脸色会更加的悲伤，双手会举向空中。

“祖母的痛苦总有些神秘的气氛围绕着，只能意会、不能言传。

“每次她都会嘲讽地补充说：‘我的母亲遗弃了我！’这话在意大利人间普遍流传着，添增了许多戏剧色彩。假使她用意大利语说：‘我的胸罩害死了我！’听来也像个噩耗。

“我持续追问我母亲关于祖母的事情，但她轻描淡写地说：‘那是有缘由的，你不会懂的。’几年后，一个叔叔告知我整个内幕，精彩得足以搬上电视荧幕。事情大概是这样：法兰西卡的父亲在她11岁时便去世了，一年后，她的母亲嫁给一个小她20岁的男人。在当时的意大利，这是前所未有的事情，因为两人年龄差距过大，而且那时祖母也即将成年。

“法兰西卡的阿姨、婶婶们都认为，倘若法兰西卡的母亲和小她20岁的男人生活在一起将有辱家门，而且这个小伙子也可能会对法兰西卡心怀不轨。因此法兰西卡被送到隔壁的阿姨家住。法兰西卡的母亲甘希塔总是与她温文儒雅、常取悦法兰西卡的丈夫古希波陪在法兰西卡的身边。但即使法兰西卡结了婚，并带着甘希塔和古希波一起移民美国后，她依旧把甘希塔当作瘟疫般对待。法兰西卡被遗弃的争议变成她一切苦恼的中心，从未释放、改善它。当然，这也因为那些和法兰西卡住在一起的女人而搞得更糟。她们令我想起《麦克白》里的巫婆，‘再来、再来更多的烦恼与忧愁’。即使祖母确实有其悲伤的理由，但也无需在她的余生里添加更多的惨白。”

我们之中有许多人将精力耗费在记恨上，仿佛需要维持那些使我们感到不好的事情。在我的公司中，有一项练习是使名人们了解自己包袱处理的癖性，很多人都被结果给吓着了。我要大家各自找一个搭档，并描述多年来累积的负面事情，聆听的那一方必须回说：“那真可怕，再多说一些。”五分钟后，则接着叙述发生过的美好事情。当我要他们停止叙述负面事情时，她们都表示自己还可以说得更多、更多，然而在停止分享正面的事情前，很多人早就讲不出来了。她们承认要分享美好的事物比较困难。若只单单回想自己上周的心绪，我猜大家马上可以记起那些令自己烦心的事，然而若是要我们回想美好的部分，我们可能说不出话来。

很重要的是区分什么需要在意，什么需要放弃？

一只倒霉的狐狸被猎人用套套住了一只爪子，它毫不迟疑地咬断了那只小腿，然后逃命。放弃一只腿而保全一条生命，这是孤独的哲学。人生亦应如此，当生活强迫我们必须付出惨痛的代价以前，主动放弃局部利益而保全整体利益是最明智的选择。智者曰：“两弊相衡取其轻，两利相权取其重。”趋利避害，这也正是放弃的实质。

人之一生，需要我们放弃的东西很多，古人云，鱼和熊掌不可兼得。如果不是我们应该拥有的，我们就要学会放弃。几十年的人生旅途，会有山山水水，风风雨雨，有所得也必然有所失，只有我们学会了放弃，我们才拥有一份成熟，才会活得更加充实、坦然和轻松。

比如大学毕业分手的那一刻，当同窗数载的朋友紧握双手、互相轻声说保重的时候，每个人都止不住泪流满面……放弃一段友谊固然会于心不忍，但是每个人毕竟都有各自的旅程，我们又怎能长相厮守呢？固守着一位朋友，只会挡住我们人生旅程的视线，让我们错过一些更为美好的人生山水。学会放弃，我们就有可能拥有更为广阔的友情天空。

放弃一段恋情也是困难的，尤其是放弃一场刻骨铭心的恋情。

譬如说，你爱上了一个人，而她却不爱你，你的世界就微缩在对她的感情上了，她的一举手、一投足，衣裙细碎的声响，都足以吸引你的注意力，都能成为你快乐和痛苦的源泉。有时候，你明明知道那不是你的，却想去强求，或可能出于盲目自信，或过于相信“精诚所至，金石为开”，结果不断的努力，却遭来不断的挫折，弄得自己苦不堪言。世界上有很多事，不是我们努力就能实现的，有的靠缘分，有的靠机遇，有的我们能以看山看水的心情来欣赏，不是自己的不强求，无法得到的就放弃。

懂得放弃才有快乐，背着包袱走路总是很辛苦。

我们在生活中，时刻都在取与舍中选择，我们又总是渴望取，渴望着占有，常常忽略了舍，忽略了占有的反面：放弃。懂得了放弃的真意，也就理解了“失之东隅，收之桑榆”的妙谛。多一点中和的思想，静观万物，体会与世界一样博大的诗意，我们自然会懂得适时地有所放弃，这正是我们获得内心平衡，获得快乐的好方法。

一个人老是背着沉重的包袱，许多状况不过是徒耗精力罢了。我常要人们写下他们的压力来源，一定有人会说当他们的同事延长午餐时间，就会扰乱他们，有个女人一再地表示这有多么恐怖。我问她这状况持续多久了，她说已20年了，20年来她一直为此生气，并就此点警告周围的同事。

接着我问她如何解决这个难题，她说没有一种有效，没人能使得上力。现在我们有了一个混合的例子——带着包袱的烈士。我们的行为就如轮回般重复不停，总让我惊讶不已。

当然，这会让他人有机会掌控我们的心情。我们不是常说些“你让我感到……”（不快乐、生气、伤心、烦心），或是“你让我发狂，我无法忍受你的行为”。

我母亲就是最好的例子。每当我们争执时，她就会提及生我时的往事，她说：“当初生你是个痛苦，直到现在还是一样。”50年后，她还是这句老话！

当我们有许多包袱时，要逃离它们总是困难重重。愤怒教我们的生活变得迟缓、无心工作、无心和孩子们说话，或是计划度假。倘若我们一心一意地徘徊在昨夜与老婆的争吵中，那么，是放掉这些包袱的时候了。

一旦我们察觉到他人的行为影响到我们时，我们有许多选择。我们可以心平气和地议论它或改变自己的态度，甚至是释放它（任由它去、不管它）。自从我们喜欢凡事追根究底后，释放可能是人性中最难以做到的行径之一。

下述有些点子，能试着把包袱处理这个想当然的感觉变为毫无意义：

①有时想一想那些结果证明是如意的事情。这样的思考方式能够创造幸福的感觉和乐观的心情。我时常回想祖父母为我做的一切，祖父将我从小马车抱出来，赏我冰淇淋的景象时常出现在我的脑海里，令我感到被爱，感受到自己充满祝福。

②每当我们无法超越过去的罪愆时，把它们想象成栖息在自己背后的一只怪兽，并大声地喊出：“滚开！”

③倘若生活中遗留给我们悲伤与不满，也许趁现在找个代理人，再次创造出令自己满足的生活也是个不错的方法。许多人自愿被收养，在这样给予爱的家庭里，充满着爱我们的父母、祖父母、叔叔阿姨等，专门关爱那些来到这里的访客，这些人可能一生都未

曾得到关爱与呵护。这样的社会服务机构有待被发掘。

④为自己和家人创造一套价值体系。这样的体系能够帮助我们活出更一致的生命。别再用过往的包袱责备自己。避免说："我不要再像老爸一样白痴了！"而是"我珍重内在的宁静与和谐，所以我会保持镇静。"别对孩子们说："把自己背后清理清理，否则你会像你叔叔一样地邋遢。"而是教导他们负责的价值观。

⑤写下自己的悼念文和墓志铭。我们最能使上力的事情之一是什么，认真地思考，我们希望人们记得自己什么，这会给予我们方向与目标。让我们期待人们在哀痛我们辞世的同时，还能发现我们留下这一页充满爱、欢笑以及活力的回忆。

当我们有许多包袱时，该放掉的就尽快放掉。

内心的平静

◎ 如果你无法获得平静，生活将没有意义。所以你必须使你的灵魂获得安宁，并且平静生活。

◎ 你愈能够接受自己，就愈容易容忍自己的弱点，也愈能够接受心灵上的平静。

你在早晨醒来之后，可能打开大门，弯身拿起牛奶和报纸。

你可能把牛奶放进冰箱，然后坐在椅子上开始看报。粗黑的大标题赫然出现在眼前——核子武器、外交威胁、违法犯罪、政府滥权等等。

"瞧，"你可能会这么说，"这就是最好的证明，你根本无法在这个世界里静静休息。全世界动乱不堪，已经无法控制了。"

你错了。你可以轻松下来，也可以获得心灵的平静——即使别人都在焦虑不安。

你可以学习容忍这些压力，甚至在生活的奋斗中获得胜利。如果你无法获得平静，生活将没有意义。所以，你必须使你的灵魂获得安宁，并且平静生活。

古希腊哲学家柏拉图说："人间万事，没有任何一件值得过度焦虑。"

首先你一定要相信，"内心的平静"是可以达到的一个目标。这也许不像表面上那般容易，如果你已经习惯于骚扰、打击及指责你四周的人，那你可能认为心情的平静是无法获得的。

一些重要的杂志与报纸，经常报道今日青少年内心的焦虑不安，以及他们紧张情绪的爆炸性。

一些最受尊敬的社会学家也告诉我们，现代生活充满许多不正常的焦虑。

哲学家、精神学家以及宗教领袖皆同意今天的生活缺乏精神上的平静，充满冲突，并受到怨恨的骚扰。

数以百万计的人以焦虑来折磨自己。他们优柔寡断，充满恐惧，甚至无法接受自己的感觉或缺点。他们对任何事情都不敢作决定，对于所谓的生活中的"失败"感到愧疚。他们的行为太矛盾——否则就是害怕得不敢采取任何行动。焦虑已经成为他们的生活方式。恐惧和精神上的毛病充满他们脑中，取代了他们应有的成功与信心的感觉。我就知道有些人，竟然已经好几年不曾享受过真正平静的一星期。

这是不是证明生活中的宁静无法达到？不是。我提到上面这些令人沮丧的例子，是要向你再度说明，如果你感到焦虑不安，也不必泄气，因为跟你同样的人太多了。在今天这个世界中，确实有些情况会产生焦虑与不安，因此若想获得心灵上的平静，首先就要接受你的焦虑与不安，不要因为它们而责备自己。你愈能够接受自己，就愈容易容忍自己的弱点，也愈能够接近心灵上的平静。

你可以获得平静的，请相信我。我将提出很多建议帮你达到这个目标。

首先，从事一些能够令你满足的活动，大部分是属于个人的活动。某些嗜好或仪式可以成为某些人的“心灵镇静剂”，却可能令其他人感到烦闷无比。

有个老太太——她是我们家的老朋友，已在几年前去世——告诉我说，每当她感到焦虑不安时，她就去阅读《圣经》，因为这样可以减轻她的紧张。她只要坐在摇椅上前后摇动，一面读着《圣经》，就能使自己心情平静。

我有一位医生朋友，每天下班后，仍然可以感受到工作上的压力，因而觉得精神十分紧张，但他只要弹弹钢琴，就能平静下来。他所弹的大部分是肖邦的作品，我有时也到他的公寓里坐坐，点上一根雪茄，看着他弹钢琴，在优美的琴声中，不知不觉和他一起轻松起来。

“我不知道这是怎么回事，”他有一次对我说，“只要我弹起钢琴来，我就觉得十分轻松，忘掉了生活压力。我能够自得其乐，不再担心那些痛苦的病人，也忘了那些身患绝症的人，我这样也许不对。”

“不，”我说，“你必须轻松下来，甚至忘掉最可怜的病人，否则你不但不会成为好医生，也会降低你帮助病人的能力。钢琴给了你心灵上的平静——接受这份礼物吧。”

人人都有这种振奋精神的潜力。把它找出来——然后看看它为你带来什么好处，并充分利用及发展。

> 要相信，内心的平静是可以达到的。

拿自己开开玩笑

◎ 愤世，强化了命运的可怕，嫉俗，弱化了自我的信心。自我解嘲，以另一种坦然的心境向着光明走，黑暗，永远只会留在我们的脚后。

◎ 成功的人士从不试图掩饰自己的弱点，相反，有时他们会拿自己的弱点开开玩笑。

人生的横逆与挫折，除了来去无踪以外，最为高深莫测的是它毫无迹象地“了无缘由”；世事的无常、人情的冷暖，除了现实与无情以外，更为无奈的是它无法与人分担的“点滴心头知”。

与其愤世嫉俗地自怨自艾，何不谈笑风生地自我解嘲，坚强振作地迎向挑战、面对挑战。

愤世，强化了命运的可怕；嫉俗，弱化了自我的信心。自我解嘲，以另一种坦然的心境向着光明走，黑暗，永远只会留在我们的脚后。

这是我妻子陶乐丝给我讲的一个真实的故事：

“那时，我在镇上的中学上八年级。在当年，各级的学生都必须选修工艺课。八年级的工艺课程上的是金工。我们每个学生都得在学期结束以前，完成由一块生铁和一只木柄做的螺丝起子。

“工艺老师年约五十开外，挂在嘴角的烟斗终日不停地冒出浓烈的黑烟，使得身上总是带着一股令人不甚愉快的强烈气味；他外表严肃，从来没有笑容，训起话来又总是尖酸中带着几分刻薄。他在学校一向以‘当人’为乐事，更使得我们每个学生上起课来个个如临深渊，如履薄冰。

“一开学，工艺老师就开宗明义地宣布，金工是我们日后日常生活中经常使用的必需技巧，绝对不可等闲视之。学期结束的时候，每个人都得做一个螺丝起子。他会一一公开地讲评给分，并择定最优和最劣的成果，分别加以适当的鼓励与惩罚；不及格的学生，别看只是一门小小的工艺课，还是得老老实实地花上一年的时间重新补修过。

“我一向手拙，对于像美术、劳作、工艺之类必须心灵手巧的课程，有着心有余而力不足的无奈，视之为畏途。在结业课上，尽管费了九牛二虎之力，累得满头大汗，我精心创造的杰作，依旧不折不扣地只是个‘略似螺丝起子形状的大型铁钉’。

“期末讲评的最后宣判终于到了。

“我们端正地坐在桌前，工整地将我们的作品放在桌上，静待老师的检查。

“老师依旧以严肃的面容，不急不徐地端着手中的烟斗，一一来回穿梭于我们的座位之间。他仔细观察每一个人的成果，不时弯下身来慎重地打量一些造型突出、颇具创意的杰作，举止之间流露出了悠然自得的满意表情。

“终于，他背着双手走回到了讲台，清清喉咙，开始讲评：‘大家的作品都各有千秋，颇具创意，只是，这么些年来，我从来没有看过像陶乐丝同学这么造型独特的成果了……’全班同学的目光，顿时不约而同地飘向了我，使我羞愧地简直无地自容。

“‘陶乐丝，请你上来。’老师颔首致意叫我前去，更使我慌乱地手足无措。

“他举起我偌大的‘螺丝起子’，兀自上下不断地打量着，并且不时以诡异的表情展示给同学们观赏；全体同学爆笑如雷地看着我，以万分期待的心情等待着我上台接受老师的‘表扬’。

“我不得不承认我的‘螺丝起子’确实有几分畸形，它扭曲的金属头即使在热胀冷缩之后，依旧显得硕大无比；它活生生地插在不相衬的狭小木柄上，更是十足地毫不协调。

“‘经过我仔细地评审，我决定将这学期的最高荣耀颁给陶乐丝同学，她得到了我们的金锉奖，因为她做的根本就不是起子，而是木工每日必备的锉子……’我羞赧地站在台上，望着笑得东倒西歪的全班同学，暗自愤恨着老师无情的奚落，我更以无比悲愤的心情埋怨自己的无能，怒视着全场幸灾乐祸的同学。

“‘陶乐丝同学的作品确实别具创意，我们请她解释解释她的创意，并请她发表一下她的得奖感言。’

“我一片空白的脑海，在这慌乱的一刻，突然灵机一动地体会到了我人生最为宝贵的第一个教训——‘自我解嘲’。我何不利用这个难得的机会，自我解嘲地化解所有的危机与困窘，与其自怨自艾地静待失败的挑战，何不英勇果敢地迎向挑战、面对挑战？

“我正经严肃地四顾环视了全场，模仿着电视上转播‘奥斯卡金像奖’的情景，傲然自信地伸出了我的双手向当时愕然的老师握手致意，并且面对着突然沉静的全体同学，以极其感性的口吻说：‘谢谢、谢谢。首先，我得感谢我伟大的父亲，是他给了我如此的聪明才智，能够十足荣幸地来到这里上最好的工艺课；我更得感谢我可爱的母亲，是她给了我如此粗枝大叶的个性，使我随手就产生了这样美好的创意。当然，我更得感谢谆谆教诲我们的工艺老师，没有他老人家伯乐的眼光，又哪会识出我这匹千里马的无限潜力……’

“全场同学在短暂错愕之后，完全笑翻了。

“‘最后，我不得不说明，我其实一心只想做个锉子，但是由于老师英明的指导和全体同学协助的鼓励，我十分高兴它仍旧幸运地保留了起子的基本形象。然而，这是公平的金锉奖，确实是完完全全地名副其实，而我的得奖更是实至名归。’我在欢声雷动的掌声中，深深地鞠了一躬，然后自信满满地回到了我的座位。”

“自我解嘲”的心态，化解了我妻子生涯中最为尴尬的一刻。

正如人们喜欢谈论一些关于别人的笑话一样，在适当的时候，也要像陶乐丝那样拿自己开开玩笑，要善于自嘲。

美国著名的律师乔特是最善于讲自己笑话的人。有一次，哥伦比亚大学的校长蒲特勒在请他做演讲时，曾极力称赞他，说他是“我们的第一国民”。

这实在是一个卖弄自己的绝好机会，他可以自傲地站起来，一副得意洋洋的神气，仿佛是要对听众说：“你们看，第一国民要对你们演讲了。”

但是聪明的乔特并没有如此。他似乎对这种称赞充耳不闻，却转而调侃自己的“无知”。这种自嘲很快博得了听众的热情与好感。

他说：“你们的校长刚才偶然说了一个词，我有点听不太懂。他说什么‘第一国民’，我想他一定是指莎士比亚戏剧里的什么国民。我想，你们的校长一定是个莎士比亚专家，研究莎士比亚很有心得，当时他一定是想到莎士比亚了。诸位都知道，在莎氏的许多戏剧中，‘国民’不过是舞台的装饰品，如第一国民、第二国民、第三国民等等。每个国民都很少说话，就是说那一点点话，也说得不太好。他们彼此都差不多，就是把各个国民的号数彼此调换，别人也根本看不出有什么分别的。”

这是一种非常聪明的方法，它使自己与听众居于同等的地位，拉近了自己与听众的距离。他不想停留在蒲特勒所抬举的那种高高在上的地位上。如果他换一种说法，用庄重一点的言辞，比如，“你们校长称我为第一国民，他的意思不过是说我是舞台上的一个无用的装饰品而已。”虽然表达的意思是一样的，但是绝对不能把那种礼节性的赞词变为一种轻松的笑话，也绝对不会取得那样的效果。

无论是在一帮很好的朋友中，还是在一大群听众中，能够想出一些关于自己的笑话，能够适当地自嘲，是赢得别人尊敬与理解的重要方法，远远要比开别人的一个玩笑重要得多。拿自己开开玩笑，可以使我们对世事抱有一种健康的态度，因为如果我们能与别人平等地相待，就可以为我们赢得不少的朋友。相反，如果我们为显示自己是怎样的聪明，而拿别人开玩笑，以牺牲别人来抬高自己，那我们一生一世也难以交到一个朋友，更不用说距离成功有多遥远了。

在美国的二十世纪三四十年代，有个政界要人叫凯升。他首次在众议院里发表演说，却打扮得土里土气，因为他刚从西部乡间赶来。

一位善于挖苦讽刺的议员，在他演讲时插嘴说：

“这个伊利诺伊州来的人，口袋里一定装满了麦子呢。”这句话引起哄堂大笑。凯升并没有因此怯场，他很坦然地开了自己一个玩笑：

“是的，我不仅口袋里装满了麦子，而且头发里还藏着许多菜籽呢！我们住在西部的人，多数是土里土气的，不过我们虽然藏的是麦子和菜籽，但却能够长出很好的苗子来！”

凯升不以自己的土气为耻，而以自己来自艰难创业的西部为荣，因而拿自己开玩笑，不否认口袋里装满麦子，进而还说连头发里也藏着菜籽。他的自嘲非但没有招来其他议员的嘲笑，相反却赢得了他们的尊敬，其大名也传遍全国，人们亲切地送给他一个外号：伊利诺伊州的菜籽议员。

成功的人士从不试图掩饰自己的弱点，相反，有时他们会拿自己的弱点开开玩笑。而现实生活中，我们却经常可以遇到一些专喜欢遮掩自己弱点的人，他们也许脸上有些缺陷，也许所受教育太少，也许举止粗鲁，他们总要想出方法来掩饰，不让别人知道。但这样做以后，他们却于无形中背弃了诚恳的态度，毫无疑问，与之交往的朋友会对他们形成一种不诚恳的印象，使人们不敢再与他交往。

世界上最不幸的就是那些既缺乏机智又不诚恳的人。很多人常常自以为很幽默，经常喜欢拿别人开玩笑，处处表现出小聪明，结果弄得与他交往的人不敢再信任他，以前的朋友也会敬而远之，纷纷躲避。

适当地拿自己开开玩笑吧，这不仅是一种机智，更是驱散忧虑、走向成功的法宝。

与其愤世嫉俗地自怨自艾，何不谈笑风生地自我解嘲。

拿开捂住眼睛的双手

◎ 过去的所有不愉快绝不会因为自欺欺人地捂上自己的眼睛，就可以“我看不见你，你就看不见我了”。

◎ 谎言的结果会驾驭我们的生命，而我们终究会发现吐露真相是明智的方法。

心境恰似容器，无法面对现实就容不得对未来的美好期望；满满的水杯如何还能承受重新注入的甘美果汁。放下身段，方才得以率真地正视自我；抛弃世俗虚伪名利、面子的顾忌，坦然的胸怀，正是我们迈向美好未来的终南捷径。

过去的所有不愉快绝不会因为自欺欺人地捂上自己的眼睛就可以“我看不见你，你就看不见我了”；坦率方见真情、纯真始得真义，只有不计过去曾经的坦率、不计世俗眼光的纯真，我们才得以以最大的勇气面对现实。

我的女儿乔伊三四岁刚学会走路的时候，在家里最爱跟我们玩“捉迷藏”的游戏。

当时她是家里惟一的孩子，我们当然成了她惟一的玩伴。乔伊老是喜欢叫我们“做鬼”，由她四处躲起来，让我们找她。

我每次总是故意慢慢地数着一、二、三、四……同时从指缝中偷偷地看她那只胖嘟嘟的小腿慌慌张张地在家中的房间到处乱窜；

她一会儿想藏到窗帘里面，一会儿想躲到壁橱后头，她总是觉得不大放心地再三改变她的主意，她总是觉得不大满意地屡次更改她隐藏的地方。即使确实是找到了绝佳的隐秘地方，她又总是在我问她“躲好了没”、奶气十足地回答说“好了”的时候，充分暴露了她的行踪。

我故作谨慎仔细地搜寻，使我都能听到她紧张的呼吸声；我夸张地缓步前行慢慢接近她藏身的地方，连她扑通扑通的心跳悸动都可以明显地感觉出来。而当我每次找到她，拉开了窗帘，或是翻开了壁橱的时候，她十分天真可爱地以小小的双手立即捂住了她的眼睛，以为“她看不见我，我就看不见她”，兀自烂漫无邪地静静站立在我的眼前。直到我以双手拉开了她肥嘟嘟的小手以后，她这才死心塌地地发现我已经找到了她，而不断吱吱咯咯、手舞足蹈地开怀大笑。

乔伊这种愚蠢可爱的举动，经常是当时我们一些亲朋好友来家做客时，作弄逗笑的最好题材；直到如今，乔伊虽然已经出落得亭亭玉立，颇有大家闺秀的气质，我们仍不时以这些童年的往事取笑她。乔伊说，她依稀还能记得当时情景的一二；她说，她一直将这种“我看不见你，你就看不见我”的捉迷藏哲学奉为圭臬，直到进了幼儿园，才在接触了其他的小朋友、面对了真实严肃的“游戏规则”，知道不再有人像父母一般的宽让以后，才知道过去奉行的哲学有多荒谬与错误。

我常想，这真是一个最好的人生启示。其实，我们许多人，直到成年以后，不还一直在生活中继续犯着这个“我看不见你，你就看不见我”不敢面对现实的严重错误吗？

漫漫人生，充满了喜乐、充满了快慰，喜乐时我们高歌，快慰时我们欢笑。然而，漫漫人生也充满了悲伤、充满了挑战，而我们却经常在悲伤来临的时候只知痛苦、在挑战来临的时候只会愚蠢地以“我看不见你，你就看不见我”的自我欺骗心态，一意回避，而不知如何拿开捂住眼睛的双手，面对现实、迎接挑战。

人们不是因为他们不诚实而撒谎，他们不诚实是因为他们害怕真相。这是恐惧发生在谎言之前的原因。我们选择撒谎，因为我们相信真相可能开启我们害怕而希望逃避的反应。内疚随之而来，因为我们的内在认知立即明白我们主动逃避一次学习爱的机会，而且我们正在造成内在的另一个障碍。

谎言的结果会驾驭我们的生命，而我们终究会发现吐露真相是明智的方法。

在悲伤和挑战来临时，不要回避，面对现实。

因为你快乐，所以我快乐

◎ 快乐是有传染性的，只有使别人快乐才能让我们自己快乐。

◎ 必须要有自我牺牲或者约束，才能达到自我了解与快乐。

快乐是有传染性的，只有使别人快乐，才能让我们自己快乐。

不管你的处境多么平凡，你每天都会碰到一些人，他们每个人都有自己的烦恼、梦想和个人的野心，他们也渴望有机会跟其他的人来共享，可是你有没有给他们这种机会呢？你有没有对他们的生活流露出一份兴趣呢？你不一定要做南丁格尔，或是一个社会改革者，才能帮着改善这个世界。你可以从明天早上开始，从你所碰到的那些人做起。

这对你有什么好处？这会带给你更大的快乐、更多的满足，以及你自己心中的满意。“为别人做好事不是一种责任，而是一种快乐，因为这能增加你自己的健康和快乐。”纽约心理治疗中心的负责人亨利·林克说。

“现代心理学上最重要的发现就是以科学证明：必须要有自我牺牲或者是约束，才能达到自我了解与快乐。”

多为别人着想，不仅能使你不再为自己忧虑，也能帮助你结交多的朋友，并得到多的乐趣。怎样才能做到这一点呢？

如果你想消除忧虑，培养平安与幸福，请记住这条规则：

“要对别人感兴趣而忘掉你自己，每一天都做一件能给别人脸上带来快乐微笑的好事”。洛克菲勒早在23岁的时候就开始全心全意追求他的目标。据他的朋友说：“除了生意上的好消息以外，没有任何事情能令他展颜欢笑。当他做成一笔生意，赚到一大笔钱时，他会高兴地把帽子摔到地上，痛痛快快地跳起舞来。但如果失败了，那他会随之病倒。”

就在他的事业达到顶峰之时，他的私人世界却崩溃了。许多书籍和文章公开谴责他不择手段致富的财阀行为。

在宾夕法尼亚州，当地人们最痛恨的就是洛克菲勒。被他打败的竞争者，将他的人像吊在树上泄恨。充满火药味的信件如雪花般涌进他的办公室，威胁要取他的性命。他雇用了许多保镖，防止遭敌人杀害，并试图忽视这些仇视怒潮，有一次他曾以讽刺的口吻说：“你尽管踢我、骂我，但我还是按照我自己的方式行事。”

但他最后还是发现自己毕竟也是凡人，无法忍受人们对他的仇视，也受不了忧虑的侵蚀。他的身体开始不行了，疾病从内部向他发动攻击，令他措手不及，疑惑不安。

起初，“他试图对自己偶尔的不适保持秘密”。但是，失眠、消化不良、掉头发——全身烦恼和精神崩溃的肉体病症——却是无法隐瞒的。

在那段痛苦及失眠的夜晚里，洛克菲勒终于有时间自我反省。他开始为他人着想，他曾经一度停止去想他能赚多少钱，而开始思索那笔钱能换取多少人类的幸福。

简而言之，洛克菲勒现在开始考虑把数百万的金钱捐出去。有时候，做件事可真不容易。当他向一座教堂捐款时，全国各地的传教士齐声发出反对的怒吼："腐败的金钱！"

但他继续捐献，在获知密西根湖湖岸的一家学院因为抵押权而被迫关闭时，立刻展开援助行动，捐出数百万美元去捐助那家学院，将它建设成为目前举世闻名的芝加哥大学。他也尽力帮助黑人。像塔斯基吉黑人大学，需要基金完成黑人教育家华盛顿·卡文的志愿，他毫不迟疑地捐出巨款。然后，他又采取更进一步的行动，成立了一个庞大的国际性基金会——洛克菲勒基金会——致力于消灭全世界各地的疾病、文盲及无知。

像洛克菲勒基金会这种壮举，在历史上前所未见。洛克菲勒深知全世界各地有许多有识之士，进行着许多有意义的活动。但是这些高超的工作，却经常因缺乏基金而宣告结束。他决定帮助这些人道的开拓者——并不是"将他们接收过来"，而是给他们一些钱来帮助他们完成工作。洛克菲勒把钱捐出去之后，是否获得心灵的平安？他最后终于感觉满足了。洛克菲勒十分快乐。他已完全改变，完全不再烦恼。

让自己快乐的前提是先让别人快乐起来。

第七章

成就完美与和谐

最高形式的美

◎ 对最高形式的美来说，温柔的、高贵的性情无疑是最不可缺的，它可以令最平凡的面孔焕发光彩。

◎ 如果你的脑海中时时拥有美好的思想和善良的愿望，那么无论你到任何一个角落，你都会给人留下优美和谐的印象，没有人会注意到你的长相是多么的普通或是你的身体有什么缺陷。

如果我们希望自己的外表更美的话，我们必须首先美化自己的心灵，因为我们内心的每一个思想、每一个动机都会清晰而微妙地反映在我们的脸上，决定着它的丑陋或美丽。内心的不和谐将歪曲世上最美的容颜，使其黯然失色。

莎士比亚说过：“上帝给了你一张面孔，而你自己却另造了一张。”我们的心灵可以随意地制造美丽或丑陋。

对最高形式的美来说，温柔的、高贵的性情无疑是最不可缺的，它可以令最平凡的面孔焕发光彩。相反地，暴戾的性情、恶劣的脾气和嫉妒的心理，会毁坏世界上最美丽的容颜，使得它丑陋无比。毕竟，没有什么东西能够与优雅可爱的个性产生的美相媲美。无论是化妆、按摩，还是药品，都无法改变和遮掩由错误的思维习惯所导致的偏见、自私、嫉妒、焦虑以及精神上的摇摆不定反映在脸上的痕迹。

美产生于内在的心灵。如果所有的人都能够培养一种优雅宽宏的精神状态，那么不仅他所表达的思想观点具备一种艺术美，他的体魄同样是健美的。因为内在的美会使外在的美愈加耀眼生辉，光彩逼人。在他身上，的确会焕发出迷人的优雅和魅力，这种精神上的美甚至要胜过单纯的形体美。

精神上的美胜过单纯的形体美。

我们都曾经看到，即便是容貌极其平平的女士，由于其迷人的个性魅力，照样给我们留下了非同凡响的美丽印象。通过外表展示的美好的心灵反过来又影响着我们对形体的看法，在我们的眼里，它仿佛也变得婀娜多姿了。

安托尼·贝利尔说得非常对："在这世界上没有丑陋的女人，只有不知道怎样使自己显得美丽的女人。"

正是那种热诚慷慨的随时准备帮助他人的心态，以及在任何地方撒播阳光和欢乐的美好心愿，构成了所有真正的个性美的基础，并使得我们永远神采焕发、美丽动人。渴望使自己变得更加美丽并付出相应的努力，生活就会变得多姿多彩。而且，既然外表只是内在的一种反映，是思维的习惯和通常的心态在身体上的展现，那么我们的面孔、我们待人接物的态度、我们的一举一动就必须和我们的精神世界相吻合，并变得更加温柔和富于魅力。如果你的脑海中时时拥有美好的思想和善良的愿望，那么无论你到任何一个角落，你都会给人留下优美和谐的印象，没有人会注意到你的长相是多么的普通或是你的身体有什么缺陷。

我们都仰慕绝代风华的面庞和绰约丰盈的身姿，但是，我们更热爱在崇高的心灵映衬之下的面容。我们之所爱它，是因为它预示着我们有可能成为完美的人，它代表着造物主所追求的最高理想。

激起我们的爱和仰慕的并不是最亲密的朋友的外表，而是他在我们的心灵深处唤起的对友情的追忆和向往。最崇高的美并不是一种实际的存在，它是一种理想，一种隐约可见的追求，一种体现在某个具体人物或具体事物上的美好品性，它给我们带来了欢乐和喜悦。

每个人都应该尽可能地使自己变得更加美丽，更加动人，更加成为完整意义上的人。

学会调适自己

◎ 一个处于永恒和谐之中的心灵平静的人是不可能有任何灾难的，他也不可能恐惧灾难，因为他知道自己处于上帝那双充满爱意的大手的庇护下，因此，什么也不可能伤害到他。

◎ 这种人如果在早上上班之前舍得花一点儿时间好好地调整自己，那他们就会事半功倍，他们回家时就会依然精神焕发。

和谐是一切效率、美好和幸福的秘密所在，并且，和谐能使我们自己和上帝保持一致。和谐意味着一切心理功能的绝对健康。沉着、安定、和蔼与好的脾气，往往能使我们的整个神经系统、我们所有的身体器官与新陈代谢过程保持协调，这种和谐往往因摩擦冲突而受到破坏。

一个处于永恒和谐之中的心灵平静的人是不可能有任何灾难的，他也不可能恐惧灾难，因为他知道自己处于上帝那双充满爱意的大手的庇护下，因此，什么也不可能伤害到他。因为他是按照永恒的真理立身、行事、处世的。这样一个极其平静的心灵宛如深海之中岿然不动的一座巨大冰山。它嘲笑洋面上击打它身侧的汹涌波涛和狂风暴雨。这些汹涌的怒涛和狂风暴雨甚至连使它产生恐惧也不能，因为它处于深海之中的巨大冰块是平衡的，这种平衡能使它平静地、不受阻碍地稳稳漂流。

很奇怪，许多在其他一些事情上非常精明的人，在保持自身和谐这一重大精神事务上却往往非常短视、无知和愚蠢。许多白天历经疲倦和失调的上班族到了晚上发现自己简直完全累垮了。这种人如果在早上上班之前舍得花一点儿时间好好地调整自己，那他们就会事半功倍，他们回家时就会依然精神焕发。

如果一个早上去上班的人感到与每一个人都不一致、都不协调，如果他对生活，特别是对那些他必须应付的人和事存在一种抵触心态的话，他是不可能收到事半功倍的效果的。因为他的大部分精力都白白浪费掉了。

从没有试着去调整自己的人不可能意识到，早晨上班之前好好地调整自己会带来巨大的好处。一个纽约的生意人最近告诉我说，每天早晨在使自己的精神、思想和世界保持极好的协调之前，他是不会允许自己去上班的。如果他感到自己有点儿嫉妒他人或是内心不安，如果他感到自己有些自私和不公正，如果他不能正确对待他的合作伙伴或雇员，他就绝不去上班，直到他保持协调，直到他的思想清除了任何形式的混乱。他说，如果在早晨去上班时自己对待每一个人都有一种正确心态，那他的整个一天都会过得很轻松、很惬意。他还说，过去凡是心态混乱的情形时去上班，他都不可能有像心态和谐时那样好的效果，他容易使周围的人不快，更不要说使他自己疲惫不堪了。

许多人之所以过着一种忧郁、贫乏的生活，其原因之一便是他们不能从那些使自己精神失调、恼怒、痛苦和担忧的事情中超越出来，因而他们无法使自己的精神获得和谐。

花点时间好好调整自己，使自己处于永恒的和谐之中。

善于比较

◎ 生活中的许多烦恼都源于我们盲目和别人攀比，而忘了享受自己的生活。

◎ 全才是没有的，人各有所长，各有所短。我们既不能专门以己之长，比人之短；也不应以己之短，比人之长。

◎ 所谓“境由心造”。如果你善于发掘自己的长处，善于比较，你就会常常生活在一种愉快惬意之中。

我们总是觉得，别人比我们快活，这其实是一种错觉。即使那些处于权力巅峰者，也都有各自的苦恼。在一般人看来，国王、总统、首相似乎是权力和财富的化身，他们可以尽情享乐，为所欲为。像沙皇彼得一世那样，可任意到叶卡捷琳娜美女云集的宫院开怀取乐；像阿拔斯国王哈伦·拉希德那样，高兴时可用黄金制造碟子，用宝石饰缀帷帐。

事实上，炫目的权力，豪华与奢侈，不过是高居权力巅峰者生活的表面，首先爬上“宝座”，从默默无闻到众星拱月，本身就是一个充满坎坷的复杂过程。当人们谈到这些登峰造极的人物时，大概不会想到，恩克鲁玛担任加纳元首前曾经在一家公司轮船上洗瓶罐的情形；不会想到希特勒25岁时“忧愁和贫困是我的女友，无尽的饥馑是我的同伴”的哀怨。

另一方面，位高者有位高者的苦恼。悠悠万事，多是苦乐相济、幸福与烦恼并存的，站在权力的金字塔上也并非处处如意。

英国女王伊丽莎白一世受制于宫廷礼仪，连恋爱自由都没有，落得终身未嫁，哑巴吃黄连。

美国总统杜鲁门上任短短几个月光景，便发现：“一个人当了总统就好像骑上了老虎背，他必须一直骑下去，不然就会被老虎吃掉。”

阿登纳70岁坐上联邦德国总理这把交椅时，深感局促不安，他在第一次公开发表讲话时，心情紧张得像揣着活兔。

印度尼西亚总统苏加诺的传记作者莱格道出了苏加诺的苦衷。他说：苏加诺所真正希望得到的、倘若他能如愿以偿的话，就是这样一个职位，既可发挥领导作用而又不陷于日常政府事务。可苏加诺始终未能如愿。

英迪拉·甘地在寓所里尽管每天可以接见官员和其他求见者，但她时常怅叹："搞政治这一行寂寞孤独。"

在君主制国家里，巴列维国王难得有点"平易近人"，他抱怨："伊朗古老悠久的帝制传统易使国王产生孤独感。虽然人们可以较多地与我接近，我也不像父王那样严厉，可是王位本身自然而然使我与人们间隔着一条鸿沟……我喜欢像别的元首那样独自做出决定，这样孤寂感就会更加强烈。"

美国总统林登·约翰逊政绩不算太差，但可恶的新闻界老跟他过不去，故意把他描绘成"一个乡巴佬"。这使他备感羞辱和委屈，对新闻界他又怕又恨，以至澳大利亚总理罗伯特·孟席斯不得不哄小孩似的安慰他："不必对新闻界耿耿于怀，人民没选他们干事，人民选的是你，他们说话代表他们自己，而你说话代表人民。"

俄皇伊丽莎白就位后一直担惊受怕，恐遭人暗算。她每天都要更换房间睡觉，最后干脆找来一个能彻夜不眠的人坐在自己身边，才能安心入睡。

列举了这么多例子，无非是想说明：每个人都有每个人的苦恼，平凡人拥有的那份宁静也许恰恰是帝王将相所求之不得的。所以只要你真心觉得自己比国王还快活，那么你就的确会如此。

生活中的许多烦恼都源于我们盲目和别人攀比，而忘了享受自己的生活。

有这样一则法国笑话：维克多兴冲冲地从文化宫走出来，一位朋友问他："为什么这么高兴？""因为我今天玩得很好，"维克多回答，"我打了网球，下了象棋。既赢了象棋冠军，又赢了网球冠军。""你打网球、下象棋都很在行吗？""我和网球冠军一起下象棋，赢了他，后来，我又和象棋冠军一起打网球，我也赢了。"

维克多的言行自然引人发笑，但在大笑之余，我们是否也能从中得到这样的启示：全才是没有的，人各有所长，各有所短。我们既不能专门以己之长，比人之短；也不应以己之短，比人之长。

所谓"境由心造"。如果你善于发掘自己的长处，善于比较，你就会常常生活在一种愉快惬意之中。

善于发掘自己的长处，善于比较，才能生活在愉快惬意之中。

将逆境变成一种祝福

◎ 当你遇到挫折时，切勿浪费时间去算你遭受了多少损失；相反，你应该算算看你从挫折当中，可以得到多少收获和资产。

◎ 时间对于保存这颗隐藏在挫折当中的等值利益种子是非常冷酷无情的，找寻隐藏在新挫折中的那颗种子的最佳时机，就是现在。

约翰在威斯康星州经营一座农场，当他因为中风而瘫痪时，就是靠着这座农场维持生活的。

由于他的亲戚们都确信他已经是没有希望了，所以他们就把他搬到床上，并让他一直躺在那里。虽然约翰的身体不能动，但是他还是不时地动脑筋。忽然间，有一个念头闪过他的脑海，而这个念头注定了要补偿他的不幸的缺憾。

他把他的亲戚全都召集过来，并要他们在他的农场里种植谷物。这些谷物将用作一群猪的饲料，而这群猪将会被屠宰，并且用来制作香肠。

数年间，约翰的香肠就被陈列在全国各商店出售，结果约翰和他的亲戚们都成了拥有巨额财富的富翁。

出现这样美好结果的原因，就在于约翰的不幸迫使他运用从来没有真正运用过的一项资源：思想。他定下了一个明确目标，并且制定了达到此一目标的计划，他和他的亲戚们组成智囊团，并且以应有的信心，共同实现了这个计划。别忘了，这个计划是因为约翰中风之后才出现的。

当你遇到挫折时，切勿浪费时间去算你遭受了多少损失；相反，你应该算算看你从挫折当中，可以得到多少收获和资产。你将会发现你所得到的，会比你所失去的要多得多。

你也许认为约翰在发现思想力量之前，就必然会被病魔打倒，有些人更会说他所得到的补偿只是财富，而这和他所失去的行动能力并不等值。但约翰从他的思想力量和他亲戚的支持力量中，也得到了精神层面的补偿。虽然他的成功并不能使他恢复对身体的控制能力，但却使他得以掌控自己的命运，而这就是个人成就的最高象征。他可以躺在床上度过余生，每天只为自己和他的亲人难过，但是他没有这样做，反而带给他的亲人们想都没有想过的安全。

长期的疾病通常会使我们不再看，也不再听。我们应该学习去了解发自内心深处的轻声细语，并分析出导致我们遭到挫折甚至失败的原因。

爱默生对此事的看法是：

“发烧、肢体残障、冷酷无情的失望、失去财富、失去朋友都像是一种无法弥补的损失。但是平静的岁月，却展现出潜藏在所有事实之下的治疗力量。朋友、配偶、兄弟、爱人的死亡，所带来的似乎是痛苦，但这些痛苦将扮演着导引者的角色，因为它会操纵着你生活方式的重大改变，终结幼稚和不成熟，打破一成不变的工作、家族或生活形态，并允许建立对人格成长有所助益的新事物。

它允许或强迫形成新的认识，并接受对未来几年非常重要的新影响因素；在墙崩塌之前，原本应该在阳光下种种花朵——种植那些缺乏伸展空间而头上又有太多阳光的花朵——的男男女女，却种植了一片孟加拉椿树林，它的树荫和果实，使四周的邻人们因而受惠。”

时间对于保存这颗隐藏在挫折当中的等值利益种子，是非常冷酷无情的，找寻隐藏在新挫折中的那颗种子的最佳时机，就是现在。你也可以再检查一下过去的挫折，并找寻其中的种子。有的时候，我们会因为挫折感太过强烈，而无法马上着手去找这颗种子。但是，现在你已有了更高的智慧和更多的经验，足以使你轻易地从任何挫折中，学习它能教给你的东西。

遇到挫折时，不要去算你遭受的损失，而要算你能得到多少收获。

不要重复老路

◎ 如果我们不是常常追求进步，保持如年轻人般敏锐的头脑，那么不仅我们自己的工作会受到阻碍，我们整个人都会变得平庸。

◎ 不断地超越自我，没有什么比这更能够催人进步。

在人类历史的早期，当时楠塔基特岛上的路很少，且道路状况很差。在那些布满沙子的平原上，到处贴着告示，警示过客们“不要重复老路”。最近，一个作家解释说：“这句话的意思很明显，就是奉劝过路人不要每一次都去重复地走前人的老路。最好自己开辟一条新路。这样，自己会有一些收获，也为大家做了好事。”

我们都知道思想僵化的害处。有一句成语叫“熟视无睹”，一个意思就是说，如果一个人总处在同样的环境中，对环境的熟悉就会使我们对于它的缺点视而不见。如果思想缺乏交流，那么思想就失去了灵活性和对新事物的敏感性。如果我们不是常常追求进步，保持如年轻人般敏锐的头脑，那么不仅我们自己的工作会受到阻碍，我们整个人都会变得平庸。大脑像肌肉一样，只有在使用中才能得到磨炼。如果一个人在工作中停止了思考，那么日渐一日，他的大脑变得迟钝，他工作毫无进步，直到最后他失去了进取心，不能公正地评价自己的工作。这个时候，他就不再进步了，而开始大步地倒退了。

不断地超越自我，没有什么比这更能够催人进步。不管一个人的职业是什么，如果他每年都能够彻底地反省一次，找出自己的缺点和阻碍自己进步的地方，那么他将会取得十倍于现在的成就。

涉世之初，我们或许会许诺，永远不会降低我们的理想，我们会永远追求进步，与时代最先进的思想潮流相同步。但言之易，行之难。很多人没有告诫自己，要始终保持自己的理想，这样的人很快就没有希望了。

保持快乐的惟一方式就是抓住生活中的每一次机会，享受生活。并非只有等到你有了金钱和地位时才可以享受生活。一次轻松的旅行，购买一件艺术品，建一座舒适住宅，或者其他的一些抱负，并不是只有你有钱有地位之后才可以实现的。一天天、一年年地推迟自己的梦想，不仅使自己失去了现在的乐趣，还阻碍了我们追求未来幸福的脚步。

总是把快乐寄托在明天本身就是一个巨大的错误。许多年轻的夫妇，整年像奴隶般地工作，放弃了每一个放松和追求快乐的机会。他们不让自己有任何的奢侈行为，不会去看一场戏剧或听一场音乐会，也不会去做一次郊游，不会去买一本自己渴望已久的书，没有阅读兴趣和文化生活。他们想，等自己有了足够的金钱时，就会有更多的享受了。每一年他们都渴望着来年自己会过上幸福的生活，或许可以做一次奢侈的旅行。但是当第二年到来的时候，他们会发现自己必须再忍耐一些，节约一些。于是，一年年地这样推迟，直到自己变得麻木。

最终，当他们觉得他们可以去追求一点快乐的时候，他们可以去国外旅行，可以去听音乐会，可以去购买一件艺术品，可以通过阅读开阔自己的眼界时，已经太晚了。他们习惯了单调的生活。生活失去了色彩，热情消逝了，雄心磨灭了。长年的压抑破坏了自己享受生活的能力，他们牺牲了自己的健康和快乐得来的东西却变得一钱不值了。

难道生活就仅仅是吃喝拉撒睡吗？除了美元、土地、房屋和银行账户外，生活难道不应该有其他的一些乐趣吗？既然上帝赋予了我们神奇的力量，为什么要让它磨灭呢？如果人只像野兽那样过得毫无生活乐趣，人就不称其为人了。

生活的本质就是不要重复老路，而要积极进取。

播种美丽，收获幸福

◎“请在你旅途所经之处撒播鲜花的种子，因为你可能永远都不会在同样的路上再次旅行。”

◎ 你是否曾经感受到了大自然所蕴含的美的神奇力量？如果没有的话，那你就丧失了生活中最深沉的一种幸福。

一位年长的旅行者曾经讲述了这样一次经历：有一次在去美国西部的旅行途中，他恰好坐在一位年迈的妇人旁边，这位老妇人时不时地从敞开的窗户中探出身去，从一个瓶子中把一些粗大的“盐粒”撒在路上——至少在他看来是如此。当她洒完了一个瓶子之后，又从手提包里把瓶子灌满，接着继续洒。

听他讲述这一经历的一个朋友认识这位老妇人，并告诉他，这位老妇人极其喜欢鲜花，并且一贯遵循一个信念："请在你旅途所经之处撒播鲜花的种子，因为你可能永远都不会在同样的路上再次旅行。"通过在自己的旅途中撒播鲜花的种子，这位老妇人大大地增添了原野的美丽。正是由于她热爱美、传播美，使得许多道路两侧鲜花缤纷，生机盎然，令寂寞的旅人耳目一新。

如果我们在漫长的人生旅程中都能够像这位老妇人一样热爱美并传播美的种子，那么这个世界将会变成多么令人心旷神怡的天堂啊！

的确，到乡间的一次旅行是多么难得的机会啊，它可以把美带进我们的生活，可以提高我们的审美能力，这种能力在大多数人身上完全未被开发，处于混沌的睡眠状态。对那些懂得并欣赏美的人来说，融入大自然的怀抱就像是走进了一座巨大而精美的、弥漫着优雅和魅力的宫殿。横展在我们面前的大自然，是这样庄严、美丽、可爱，在这里有轻风在驰骋，有泉流在激溅，有鸟儿在鸣啼，风的微吟、雨的低唱、虫的轻叫、水的轻诉，显得是那么抑扬顿挫、长短疾徐，再加上夕阳的霞光，花儿的芬芳，高山的宏伟，彩虹的艳丽，空气的清爽，构成了足以让天使陶醉的画面，而置身于其中的我们，又怎能不像喝了醇酒一般呢？但是，这种美丽和恬静是无法靠金钱来换取的，只有那些与大自然的脉搏一起跳动，与充满了温情和爱的大自然相吻合的人们，才能真正地发现它们，欣赏它们，并拥有它们。

你是否曾经感受到了大自然所蕴含的美的神奇力量？如果没有的话，那你就是丧失了生活中最深沉的一种幸福。我曾经有过一次横穿大峡谷的经历，坐在一辆公共马车上，在崎岖的山路上颠簸了一百英里，我是如此筋疲力尽、腰酸背痛，以至我都觉得无法再支撑着熬过离目的地还有十英里的路程。但是，当我偶然从山顶往下注视时，我看到了著名的大峡谷瀑布和周围绝佳的风景，而此时，太阳正破云而出，金色的光芒照耀大地，呈现在我面前的是一幅空前绝后、摄人心魄的画面，我身上的每一点疲劳、困顿和酸痛，都立刻被驱散得无影无踪。我的全部身心都沉浸在大自然的浩瀚恢宏和空旷豁朗之中。这种美是我以前从未经历过的，也是我永生难忘的。我感到自己的灵魂得到了升华，心中是那么平和宁静，而喜悦的泪水则在不知不觉中溢满了眼眶。

当我们的心灵驰骋于绿色无垠的原野，徜徉于翠竹掩映的溪畔时，我们肯定不会怀疑造物主是在按照他自己的形象和爱好来制造人类的，想必造物主是希望人类跟大自然一样美丽。

与大自然的脉搏一起跳动，感受生活中最深沉的幸福。

走向平静的未来

◎ 当我们向世界寻求恢复内心平静，投入世界为了重拾失去的希望，或为了得知如何生活，我们都将永远找不着所寻求的真理，因为真理就深埋在我们的心中。

◎ 我们无法决定明天或后天或几年内将发生的事，但是我们可以设定最后将会回到我们身上的正面能量。

有一个东方的神话说众神聚会决定该把“宇宙的真理”藏在什么地方。第一个神建议把它藏在海里面，但是其他神嘘声四起，说人类会建造潜水艇下到海里去找到；第二个神建议把它藏在天上，距离地球很远的一个星球上，但是其他神认为人类会建造太空船到达这遥远的星球；最后，第三个神建议把真理挂在每一个人类的脖子上，其他神同意他的说法，认为人类不会从这么明显的地方去寻找真理，所以他们就照第三个神的建议去做了。

强化内在的自我。

当我们向世界寻求恢复内心平静，投入世界为了重拾失去的希望，或为了得知如何生活，我们都将永远找不到所寻求的真理，因为真理就深埋在我们的心中。然而这也是我们投射给别人的自我面相，我们就是我们给予外界的样子。“所有的解答都藏在我们心中”，这个想法是智慧、深奥难解的，但并不意味着有两个自我，外在自我和内在自我，只要内在自我是强壮的、大胆的、善辩的，或忠诚的、敏感的，则外在自我就可以做它纯粹功能性的机制，像是赚钱、洗车、洗衣服等。事实是真正的放松不会在内在孤立你，而会到外在世界发光，改变外在自我，让你更大众化，同时改变其他人。

我们无法决定明天或后天或几年内将发生的事，但是我们可以设定最后将会回到我们身上的正面能量。当有人在一泓池水中央丢下一颗石子，产生的涟漪会一圈一圈地向外扩张直到池边，然后涟漪会以复杂的交叉水流开始回流向池中央。同样的道理，我们给予世界的祝福也将回到我们身上，如同要怎么收获就怎么栽种，乃是因果的原则。当我们投射强烈的和有信心的善行给陌生人，就像一个祷告飞向神那里，而祷告者也会即时获得启示的报偿。

我们必须面对自己，知道自己是谁，发现自身的价值，根据这价值而行动。如果我们跟随这自我认识的道路走向满足，而不是只想逃开，朝向放逐式的放松，我们的正面能量会将它自身的能量传送到未来。每次当我们到达未来时，我们将发现它在沿路等我们——依我们过去所想、所说、所做的一切来迎接我们。

> 强化内在的自我。

第八章

逐步迈向成功

跌倒不算失败

◎ 跌倒不算失败，跌倒了站不起来，才是失败。

◎ 世界上有无数人，已经丧失了他们所拥有的一切东西，然而还不能把他们叫做失败者，因为他们仍然有着不可屈服的意志，有着坚忍不拔的精神。

要检验一个人的品格，最好是看他失败以后如何行动。失败以后，能否激发他的更多的策略与新的智慧？能否激发他潜在的力量？是增强了他的决断力，还是使他心灰意冷呢？

爱默生说："伟大高贵人物最明显的标志，就是他坚强的意志，不管环境变化到何种境地，他的初衷与希望，仍然不会有丝毫的更改，而终至克服障碍，以达到所企望的目的。"

"跌倒了再爬起来，从失败中求胜利。"这是历代伟人的成功秘诀。

有人问一个孩子，他是怎么学会溜冰的？那孩子回答道："哦，跌倒了爬起来，爬起来再跌倒，就学会了。"之所以个人成功，之所以军队胜利，实际上就是这样的一种精神。跌倒不算失败，跌倒了站不起来，才是失败。

可能过去的一切，对一些人来说是一部非常痛苦、非常失望的伤心史。所以，有的人在回忆从前时，会觉得自己处处失败、碌碌无为，他们竟然在非常希望成功的事情上失败了；或是他们所至亲至爱的亲属朋友，竟然离他而去；或是他们已经失掉了职位，或是经营失败；或是因为各种原因而不能使自己的家庭得以维系。在这些人看来，自己的前景似乎是十分的渺茫。然而即便有上述的种种不幸，只要你永不甘屈服，那么胜利就在前方，就在向你招手。

失败是对一个人人格的考验，在一个人除了自己的生命以外，一切都已失去的情况下，潜在的力量到底还有多少？没有勇气继续奋争的人，自认失败的人，那么他所有的能力，就会全部消失。而只有毫无畏惧、勇往直前、永不放弃人生责任的人，才会在自己的生命里有伟大的进展。

有人也许要说，早已失败多次了，所以再试也是徒劳无功，这种想法真是太自暴自弃了！

对意志永不屈服的人，根本就没有所谓失败。无论成功是多么遥远，失败的次数是多少，最后的胜利仍然在他的希望里。狄更斯在他小说里讲到一个守财奴斯克鲁奇，最初是个爱财如命、一毛不拔、残酷无情的家伙，他甚至把全副的精神都钻在钱眼里。可是到了晚年，他竟然变成一个慷慨的慈善家、一个宽宏大量的人、一个真诚爱人的人。狄更斯的这部小说并非完全虚构，世界上也真有这样的事实。人的根性都可以由卑鄙变为善良，人的事业又何尝不能由失败变为成功呢？现实生活中这样的例子并不少，许多人失败了再起来，沮丧而又不认输，抱着不屈不挠的无畏精神，向前奋进，最终竟然获得了成功。

世界上有无数人已经丧失了他们所拥有的一切东西，然而还不能把他们叫做失败者，因为他们仍然有着不可屈服的意志，有着坚忍不拔的精神。

世间真正伟大的人对于世间所说的种种成败并不介意，所谓“不以物喜，不以己悲”。这类人无论面对多么大的失望，绝不失去镇静，这样的人终能获得最后的胜利。在狂风暴雨的袭击中，那些心灵脆弱的人们惟有束手待毙，但这些人的自信精神、镇定气概、却仍然存在，而这种精神使得他们能够克服外在的一切境遇，去获得成功。

温特·菲力说：“失败，是走上更高地位的开始。”许多人所获得最后的胜利，只是来自于他们的屡败屡战。对于没有遇见过失败的人，有时反而让他不知道什么是大胜利。一般来说，失败会给勇敢者以果断和决心。

跌倒不要紧，最重要的是能爬起来。

从做愚人开始

◎ 艾尔特伯◎ 哈伯特说过：“每个人一天起码有5分钟不够聪明，智慧似乎也有无力感。”

◎ 我们经常把自己的错误怪罪到别人身上，随着年龄的增长，我们将会发现最应该怪罪的是我们自己。

我要告诉你关于一位深谙自我管理艺术的人物的故事，他的名字是豪威尔。1944年7月31日，他在纽约大使酒店突然身亡的消息震惊了全美。华尔街更是骚动，因为他是美国财经界的领袖，曾担任美国商业信托银行董事长，兼任几家大公司的董事。他受的正式教育很有限，在一个乡下小店当过店员，后来当过美国钢铁公司信用部经理，并一直朝更大的权力地位迈进。

我曾请教豪威尔先生成功的秘诀，他告诉我说：“几年来我一直有个记事本，登记一天中有哪些约会。家人从不指望我周末晚上会在家，因为他们知道，我常把周末晚上留作自我省察，评估我在这一周中的工作表现。晚餐后，我独自一人打开记事本，回顾一周来所有的面谈、讨论及会议过程。我自问：'我当时做错了什么？''有什么是正确的？我还能干什么来改进自己的工作表现？''我能从这次经验中吸取什么教训？'这种每周检讨有时弄得我很不开心。有时我几乎不敢相信自己的莽撞。当然，年事渐长这种情况倒是越来越少，我一直保持这种自我分析的习惯，它对我的帮助非常重大。"

豪威尔的这种做法可能是向富兰克林学来的。不过富兰克林并不等到周末，他每晚都自我反省。他发现过十三项严重的错误。其中三项是：浪费时间、关心琐事及与人争论。睿智的富兰克林知道，不改正这些缺点，是成不了大业的。所以，他一周订一个要改进的缺点作目标，并每天记录赢的是哪一边。下一周，他再努力改进另一个坏习惯，他一直与自己的缺点奋战，整整持续了两年。

如果有人骂你愚蠢不堪，你会生气吗？愤愤不平吗？我们来看看林肯如何处理。林肯的军务部长爱德华·史丹顿就曾经这样骂过总统。史丹顿是因为林肯的干扰而生气。为了取悦一些自私自利的政客，林肯签署了一次调动兵团的命令。史丹顿不但拒绝执行林肯的命令，而且还指责林肯签署这项命令是愚不可及。有人告诉林肯这件事，林肯平静地回答："史丹顿如果骂我愚蠢，我多半是真的笨，因为他几乎总是对的。我会亲自去跟他谈一谈。"

林肯真的去看史丹顿。史丹顿指出他这项命令是错误的，林肯就此收回成命。林肯很有接受批评的雅量，只要他相信对方是真诚的，有意帮忙的。

我的档案中有一个私人档案夹，标示着"我所做过的蠢事"。夹中插着一些我做过的傻事的文字记录。我有时口述给我的秘书做记录，但有时这些事是非常私人的，而且愚蠢到我没有脸请我的秘书做记录，因此只好自己写下来。

每次我拿出那个“愚事录”的档案，重看一遍我对自己的批评，可以帮助我处理最难处理的问题——管理我自己。

一般人常因为受到批评而愤怒，而有智慧的人却想办法从中学习。《草叶集》的作者惠特曼曾说：“你以为只能向喜欢你、仰慕你、赞同你的人学习吗？从反对你、批评你的人那儿，不是可以得到更多的教训吗？”

我们经常把自己的错误怪罪到别人身上，随着年龄的增长，我们将会发现，最应该怪罪的是我们自己。连伟大的拿破仑被放逐到圣海伦岛时，也曾经说过：“我的失败完全是自己的责任，不能怪罪任何人。我最大的敌人其实是我自己，也是造成我悲惨命运的原因。”

每个人都不是完美的，都有各种各样的缺点。与其等待敌人来攻击我们或我们的工作，倒不如自己动手，我们可以是自己最严苛的批评家。在别人抓到我们的弱点之前，我们应该自己认清并处理这些弱点。达尔文就是这样做的。当达尔文完成其不朽的著作——《物种起源》时，他已意识到这一革命性的学说一定会震撼整个宗教界及学术界。因此，他主动开始自我评论，并耗时15年，不断查证资料，向自己的理论挑战，批评自己所下的结论。

同样，来自他人的批评，也可以记入我们的“愚事录”，这同样对我们管理自我有很大的作用。

一位成功的推销员，甚至主动要求人家给他批评。当他开始推销香皂时，订单接得很少。他担心会失业，他确信产品或价格都没有问题，所以问题一定是出在他自己身上。每当他推销失败，他会在街上走一走想想什么地方做得不对，是表达得不够有说服力？还是热忱不足？有时他会折回去，问那位商家：“我不是回来卖给你香皂的，我希望能得到你的意见与指正。请你告诉我，我刚才什么地方做错了？你的经验比我丰富，事业又成功。请给我一点指正，直言无妨，请不必保留。”他这样做的结果，是他获得了巨大的成功。

法国作家拉劳士福古曾说：“敌人对我们的看法比我们自己的观点可能更接近事实。”

我了解这句话常常是正确的，可是被人批评的时候，如果不提醒自己我还是会不假思索地采取防卫姿态。每次我都对自己极为不满。不管正确与否，人总是讨厌被批评，喜欢被赞赏的。我们并非逻辑的动物，而是情绪的动物。我们的理性就像在狂风暴雨的情绪汪洋中的一叶扁舟。

听到别人谈论我们的缺点时，想办法不要急于辩护。因为每个没头脑的人都是这样的。让我们放聪明点也更谦虚一点，我们可以气度不凡地说：“如果让他知道我其他的缺点，只怕他还要批评得更厉害呢！”

我曾讨论到如何应对恶意的攻讦。现在提出的是另一个想法：当你因恶意的攻击而怒火中烧时，何不先告诉自己：“等一下……我本来就不完美。连爱因斯坦都承认自己99%都是错误的，也许我起码也有80%的时候是不正确的。这个批评可能来得正是时候，如果真是这样，我应该感谢它，并想法子从中获得益处。”

美国一家大公司的总裁查尔斯·卢克曼曾经用100万美元请鲍伯·霍伯上广播节目。鲍伯从不看赞赏他的信，因为他知道不可能从中学到一点东西。

福特汽车公司为了了解管理与作业上有何缺失，特地邀请员工对公司提出批评。

给自己建立一个“愚事录”档案。

不行动，只会让事情更糟

◎ 成熟就是在需要行动的时候，立即采取行动。要能下决断，并付诸实行，这才是成人应有的表现。当然，我们对问题本身要研究清楚，要由各个角度去看问题，然后，便是采取行动去解决。

◎ 做出决定进而采取行动的能力是做好自我保护的要素之一。

许多人害怕负起做决断的责任——决定不下要采取什么样的行动。因为他们担心，事情若是做不成功，他们便要成为承担者的对象。因此，他们尽可能避免负责，如有必要，他们会陷入忧愁、疑惧，或不知所措。这种焦虑和紧张，往往使身体和精神趋于崩溃。1942年，有位住在加拿大尼加拉瓜瀑布地区的年轻小伙子，名叫柯思迪罗。他退伍之后，立刻在"安大略水力发电代办处"找到一份修理机械的工作。18个月以来，他一直表现良好，而且工作得很愉快。一天，上司告诉他一个好消息——他被升任为领工，负责管理厂内重机油的设备。

"从那时起，我便开始忧愁了。"柯思迪罗描述道，"我曾是个快乐的机械工，但调升为领工之后，日子便不再快乐了。我所负的责任带给我许多压力，不论是清醒时或在睡梦里，不论在厂内或家里，焦虑常是我最亲密的伴侣。

"然后，事情发生了——我一直埋怨的紧急变故终于发生了。我当时正走向一个碎石坑，那里应有四部牵引机在工作。但坑里那时是一片宁静，我急忙跑过去看，原来四部牵引机都发生故障。

"我从没碰到这样的大事故，因此脑子空空不知如何是好。我跑去找监督，告诉他这个天大的不幸消息，然后静等着他向我大发雷霆。

"但屋顶并没有掉下来，相反，这位监督转过身来，若无其事地向我微微一笑，然后说了几个字眼——假如我有幸活到一千岁的话，也永远不会忘记这些字眼。他对我说：

"'把它修好啊！'

"就从那一刻开始，我所有的忧愁、恐惧和焦虑，完全一扫而空，整个世界又恢复了正常。我急忙拿了工具出去，马上开始修理那四部牵引机。这几个神妙的字眼可说是我一生的转折点，并且改变了我的工作态度。感谢那位监督，我不但再度对工作燃起了热忱，也下定决心——遇事不要惊慌，不要忧烦，只要赶紧'把它修理好'，就可以啦！"

住在印第安纳州的泰德·斯坦坎普先生便是位幸运人士。他的父亲不仅了解积极行动的价值，并且知道如何把这个观念和习惯传授给儿子。事情的经过是这样的：

泰德·斯坦坎普12岁时曾被邻居一个孩子欺负，所以，他决心不再出门，这样比较保险。过了几天，作为他帮忙割草的奖励，泰德的父亲给了他一些钱要他去看电影和买冰淇淋。泰德把钱放进口袋，但没有去看电影——虽然他是那么渴望去看电影——怕会遇见那个邻居的孩子。

"我父亲以为我是生病了，"泰德·斯坦坎普说，"我含糊地回答他的问话。第二天傍晚我到巷子里去玩弹子。这时候我发现了我的敌人——他此时像《圣经》里被大卫王杀死的菲利斯丁巨人那样可怕——向我冲来。我吓得调过头拼命跑回我家的车库，谁知我爸爸正站在我面前。他问我究竟是怎么了，我谎称我们在捉迷藏。这时候一个声音传进来：'出来，胆小鬼。'

"我爸爸手中多了一根两英尺长的厚厚的汽车皮带，语气平静地对我说，如果我不敢面对那个大块头，就必须等着挨皮带。我稍一犹豫，皮带就打在我的屁股上，那种疼痛比打架时挨过的拳头厉害多了。

"我像炮弹被发射般窜出车库，出其不意地冲向那个家伙。第一拳打得他没有心理准备，接二连三地又是几下，他只有狼狈逃窜。

“后来的几天成为我童年最快乐的记忆，勇气带给我的报偿是一种享受，我重获自尊，而且我得出一个有用的结论——不要逃避现实，要勇敢地面对它。一条汽车皮带和一个睿智的父亲叫我明白了一个真理。”

做出决定进而采取行动的能力是做好自我保护的要素之一。虽然多数人在大半生的时间里都循着常规生活，但没有人能预知紧急情况的发生，所以时刻准备行动，权衡利弊。选择最有利的办法付诸实施的习性的养成，可能会成为未来某天掌握我们自己以及以我们为支柱的人的生死关键。

住在俄亥俄州春田市的艾尔·比夏先生便曾遇到这样的危机。比夏先生和妻子及3岁大的女儿一同开车到科罗拉多欢度圣诞佳节。那一天，风雪交加，高速公路上的车子都减速慢行。忽然，开在他们前面的几部车子都停住了，比夏也急忙煞车停下来，并试着倒转车子往回开。但风雪实在太大了，他们一不小心便陷入车道的积雪当中，动弹不得。

“我们停在那里几乎有1个钟头，内心实在焦虑不已。”比夏先生回忆当时的情况时说道，“在那1个钟头里，我们担忧的程度超过了所有以往的经历。夜色降临了，气温愈来愈低，风雪也变得更厉害了。路上的积雪愈来愈厚，我们的车子是绝对无法再开动了。我望着太太和女儿，心里知道必须赶紧采取行动，以求取生存。

“我记得方才开车的时候，曾路过一栋农舍，距离我们停留的地方约四分之一哩远。假如我们能走到那里，生存或许有望。于是，我把女儿抱在怀里，便和太太一同向农舍出发。这真是一趟艰苦的路程！积雪高到我们的臂部，得费极大的力气才能向前走一小步。那真是痛苦的经历，但我们终于走到了农舍！

“接着的24小时，我们都留在那栋有四间房的农舍里，还有另外33个人也因风雪而困在那里。但我们都觉得十分温暖、安全，简直就像到了天堂一样。事过境迁之后我们回想，假如那时我们没有毅然决然采取行动，而只呆坐在车里等候，相信我们早就冻死在风雪中了。”

是的，紧急的情况往往逼使我们要当机立断，立刻采取行动，不能有犹豫、考虑的时间，否则情况将难以补救。

当需要付诸行动的时候，不能犹豫。

对不公正的批评——报之一笑

◎ 我可以决定是否要让我自己受到那些不公正批评的干扰。

◎ 让批评的雨水从身上流过而不是滴在脖子里。

有一次我去访问史密德里·柏特勒少将——就是绰号叫做老“锥子眼”、老“地狱恶魔”的柏特勒将军。还记得他吗？他是所有统帅过美国海军陆战队的人里最多彩多姿、最会摆派头的将军。

他告诉我，他年轻的时候拼命想成为最受欢迎的人物，想使每一个人都对他有好印象。在那段日子里，一点点的小批评都会让他觉得非常难过。可是他承认，在海军陆战队里的30年使他变得坚强很多。“我被人家责骂和羞辱过”，他说，“骂我是黄狗，是毒蛇，是臭鼬。我被那些骂人专家骂过，在英文里所有能够想得出来的而印不出来的脏字眼都曾经用来骂过我。这会不会让我觉得难过呢？哈！我现在要是听到有人在我后面讲什么的话，甚至于不会调转头去看是什么人在说这句话。”

也许是老“锥子眼”柏特勒对羞辱太不在乎，可是有一件事情是肯定的：我们大多数人对这种不值一提的小事情都看得过分认真。我还记得在很多年以前，有一个从纽约《太阳报》来的记者，参加了我办的成人教育班的示范教学会，在会上攻击我和我的工作。我当时真是气坏了，认为这是他对我个人的一种侮辱。我打电话给《太阳报》执行委员会的主席季尔·何吉斯，特别要求他刊登一篇文章，说明事实的真相，而不能这样嘲弄我。我当时下定决心要让犯罪的人受到适当的处罚。

现在我却对我当时的做法感到非常惭愧。我现在才了解，买那份报的人大概有一半不会看到那篇文章，看到的人里面又有一半会把它只当作一件小事情来看，而真正注意到这篇文章的人里面，又有一半在几个礼拜之后就把这件事情整个忘记。

我现在才了解，一般人根本就不会想到你我，或是关心别人批评我们的什么话，他们只会想到他们自己——在早饭前，早饭后，一直到半夜12点过10分。他们对自己的小问题的关心程度，要比能置你或我于死地的大消息更关心一千倍。

即使你和我被人家说了无聊的闲话，被人当作笑柄，被人骗了，被人从后面刺了一刀，或者被某一个我们最亲密的朋友给出卖了——也千万不要纵容自己只知道自怜，应该要提醒我们自己，想想耶稣基督所碰到的那些事情。他12个最亲密的友人里，有一个背叛了他，而他所贪图的赏金，如果折合我们现在的钱来算的话，只不过19块美金；他最亲密的友人里另外还有一个，在他惹上麻烦的时候公开背弃了他，还三次表白他根本不认得耶稣——一面说还一面发誓。出卖他的人占了1/6，这就是耶稣所碰到的，为什么你跟我希望我们能够比他更好呢？

我在很多年前就已经发现，虽然我不能阻止别人对我做任何不公正的批评，我却可以做一件更重要的事：我可以决定是否要让我自己受到那些不公正批评的干扰。

让我把这一点说得更明白些，我并不赞成完全不理会所有的批评，正相反，我所说的只是不理会那些不公正的批评。有一次，我问依莲娜·罗斯福，她怎么处理那些不公正的批评——老天爷知道，她所受到的可真不少。她有过的热心的朋友和凶猛的敌人，大概比任何一个在白宫住过的女人的都要多得多。

她告诉我她小时候特别腼腆，很怕别人说她什么。她对批评，害怕得使她去向她的姑妈，也就是老罗斯福的姐姐求助，她说："费姑妈，我想做一件这样的事，但是我怕会受到批评。"

老罗斯福的姐姐正视着她说："无论别人怎么说，只要你自己心里知道你是对的就行。"

依莲娜·罗斯福告诉我，当她在多年后住到白宫之后，这一点点忠告，还一直是她行事的指路明灯。她告诉我避免所有批评的惟一方法，就是"只要做你心里认为是对的事——由于你反正是会受到批评的。'做也该死，不做也该死。'"这就是她对我的忠告。

逝去的马修·布拉许，当年还在华尔街40号美国国际公司任总裁的时候，我问过他是否对别人的批评很敏感？他回答说："是的，我早年对这种事情特别敏感。我当时急于要使公司里的每一个人都认为我特别完美。要是他们不这样想的话，就会使我忧虑。只要哪一个人对我有一些怨言，我就会想法子去取悦他。可是我所做的讨好他的事情，总会使另外一些人生气。然后等我想要补足这个人的时候，又会惹恼了其他的一两个人；最后我发觉，我越想去讨好别人，以避免别人对我的批评，就越会使我的敌人增加。因此最后我对自己说：'只要你超群出众，你就肯定会受到批评，所以还是趁早适应这种情况的好。'这一点对我帮助很大。从那以后，我就决定只尽我最大能力去做，而把我那把破伞收起来。让批评我的雨水从我身上流下去，而不是滴在我的脖子里。"

狄姆士·泰勒更进一步，他让批评的雨水流下他的脖子，而为这件事情大笑一番——而且当众如此。有一段时间，他在每个礼拜天下午到纽约爱乐交响乐团举行的空中音乐会休息时间发表音乐方面的评论。有一个女人写信给他，说他是“骗子、叛徒、毒蛇和白痴”。泰勒先生在他那本叫做《人与音乐》的书里说：“我猜她只喜欢听音乐，不喜欢听讲话。”在第二个礼拜的广播节目里，泰勒先生把这封信宣读给好几百万的听众听。几天后，他又接到这位太太写来的另外一封信，“表达她丝毫没有改变她的意见，”泰勒先生说，“她仍然认为，我是一个骗子、叛徒、毒蛇和白痴。”我们实在不能不佩服用这种态度来接受批评的人。我们佩服他的沉着，他毫不动摇的态度和他的幽默感。

查尔斯·舒伟伯对普林斯顿大学学生发表演讲的时候表示，他所学到的最重要的一课，是一个在他钢铁厂里做事的老德国人教给他的。那个老德国人跟其他的一些工人为战事问题发生了争执，被那些人丢到了河里。“当他走到我的办公室时，”舒伟伯先生说，“满身都是泥和水。我问他对那些把他丢进河里的人怎么说？他回答说：‘我只是笑一笑。’”

舒伟伯先生说，后来他就把这个老德国人的话当作他的座右铭：“只笑一笑。”

当你成为不公正批评的受害者时，这个座右铭尤其管用。别人骂你的时候，你可以回骂他，可是对那些“只笑一笑”的人，你能说什么呢？

林肯要不是学会了对那些骂他的话置之不理，恐怕他早就受不住内战的压力而崩溃了。他写下的如何处理对他批评的方法，已经成为一篇文学上的经典之作。在二次大战期间，麦克阿瑟将军曾经把这个抄下来，挂在他总部的写字台后面的墙上。而丘吉尔也把这段话镶了框子，挂在他书房的墙上。全段话是这样的：“如果我只是试着要去读——更不用说去回答所有对我的攻击，这片店不如关了门，去做别的生意。我尽我所知的最好办法去做——也尽我所能去做，而我打算一直这样把事情做完。如果结果证明我是对的，那么即使花十倍的力气来说我是错的，也没有什么用。”

避免受不公正批评的影响。

走出失败者的阴影

◎ 失败者失败的一个原因在于他们在潜意识里把自己当作是一个永远的失败者。

◎ 只有具有积极心态的人才能抓住机会，甚至从厄运中获得利益。

事业失败者失败的一个原因在于他们在潜意识里把自己当作是一个永远的失败者，不能走出这个阴影。他们根本就无法正视自己并且为改善付出努力。

一个叫南茜的女学生，原来最大的愿望是成为一名女演员。在她的房间里塞满了戏剧方面的书籍，墙上贴满好莱坞伟大传奇人物的海报，那些登载有明星秘闻的期刊南茜更是多不胜数。然而她的愿望却没有实现。她说：“我痛恨办公室的工作，可是我没有别的选择。我知道我是个失败者，可是我已无力挽回什么，我感到到处都是失败的气味！”

我们来看看南茜的父母和朋友的态度，他们也只把她的梦想视为是不可理喻的、根本不可能实现的幻想。于是南茜现在的文书工作，成为她倾泻生活中各种不满的容器。她自己认为，也许她乐于做个失败者，并且在一事无成中找寻自怨自艾的满足。

这个女学生的遭遇中有意义的是：南茜自认在事业上“一败涂地”，而她自己却没有做到这几点：

①找出自己真正想要的是什么。

②认清自己真正的长处与短处。

③没有有计划地发展自己的优势。

④没有有计划地改正错误，改善短处。

⑤没有努力为理想寻找机会。

⑥没有全心全力追求成功。

⑦没有建立自己的信心。

⑧没有协调希望与现实。

南茜对理想的态度是消极的，她只是一个命运的接受者而不是一个挑战者。

美国南方的一个州，一直用烧木柴的壁炉作为冬天取暖的主要工具。在那里住着一个樵夫，他给某一人家供应木柴已经两年多了。这位樵夫知道木柴的直径不能大于18厘米，否则就不适合那家人的壁炉。可是，一次这位樵夫给这家人送去的木柴直径却大部分都超过了18厘米。当主顾发现后，打电话要求调换或重新把那些不合标准的木柴拿回去加工，但樵夫却没有答应主顾的要求。

这个主顾只好亲自来做劈柴的工作。他卷起袖子，开始劳动。大概在这项工作进行了一半的时候，他发现了一根非常特别的木头。这根木头有一个很大的节疤，节疤明显地被凿开又塞住了。这是什么人干的呢？他掂量了一下这根木头，觉得它很轻，仿佛是空的。他就用斧头把它劈开了。一个发黑的白铁卷掉了出来。他蹲下去，拾起这个白铁卷，把它打开。他吃惊地发现里面包有一些50美元和100美元的钞票。他数了数恰好有2250美元。

很明显，这些钞票藏在这个树节里面已有许多年了。这个人惟一的想法是使这些钱回到它真正的主人那里。他拿起电话找那位樵夫，问他从哪里砍了这些木头。这位樵夫的消极心态让他采取一种排斥态度。他回答道：“那是我自己的事，没有人会出卖自己的秘密。”然后他不问个究竟就把电话挂断了。那位主顾无法知道钱的来历只好无可奈何地接受这份“礼物”了。

这个故事并不是为了讽刺，而是让人们认识到机会在每个人生活中都存在的，然而以消极的心态对待生活却会阻止佳运造福于他。只有具有积极心态的人才能抓住机会，甚至从厄运中获得利益。

从许多事例中我们可以得出这样一个结论：“凡是把自己的事业列为成绩平平或不成功的人，都是早就把成功的理由，置于他们控制力之外的人。他们觉得自己是永远的失败者，而这种逆来顺受的心态是不成功的主要原因。”

不少家庭为了谦虚，当别人夸奖自己孩子聪明时，经常反驳：“哪里，哪里，这孩子笨得很。”这些谦虚的父母不知道这种美德也许会使自己孩子的自我观向畸形方向发展，最终真的如父母“所愿”变得毫无斗志。

人们给自己下定义的方式可以称之为自我观，自我观对于从个人角度去解释“成”与“败”非常重要。而人给自己下定义当然是极富于主观性的。有的人认为自己富于智慧与能力，有的人则认为自己智力平平无所作为，而这种自我感觉即使与事实不符，却大多数与结果相符。曾经有一位大学教授做过这样的试验，他教的两个班中学生的智力水平基本上一样，但是他在甲班上课时，不断称赞甲班学生聪明。而在乙班时则不时讽刺、嘲笑乙班学生。结果受到鼓励、自信心大增的甲班在成绩上大大超过了自信心受到打击的乙班。这事实上也是一种自我感觉的影响作用。

走出永远是失败者的自我观，迈出改变自己生命的第一步，你会发现原来成为成功者并不是那么遥不可及的事。

成功并非总是用“赢”来代表

◎ 成功的意义并不总在一个“赢”字。

◎ 人生有许多时刻，你表面上输了，但其实是真正的赢家。

在追求增大我们能力的过程当中，并不需要踩着别人的头顶往上爬，也不需要赚个几百万，或是做到公司的总裁。成功的意义并不总在一个“赢”字。

有一个智能不足的年轻女孩，曾将成功的真谛表达得淋漓尽致。下面是关于这个女孩的故事。

在一个大城市的精神病患者举行的运动会选拔赛中，与赛者如同正常人一样，竞争得非常激烈。在中距离赛跑项目中，有两个女孩竞争得格外厉害。最后决赛时，这两个女孩更是备足了力量较劲。

最后有四名选手进入决赛，要决定谁获得该城的冠军。比赛开始，女孩子们在跑道上前进。这两名实力最强的选手很快便将另外两人抛在后面。

在剩下最后100米的时候，两名赛跑者几乎是比肩齐步，都极力要跑赢对方。就在这个时候，稍微落后的那个女孩脚步不稳，绊倒了。按照一般的情况来说，这等于宣布了谁是赢家。但这一回可不是这样。

领先的跑者停下来，折回去扶起她的敌手，为她拂去膝盖和衣服上的泥土，此时，另外两个女孩子已冲过终点线。

赢得比赛是当天竞赛的目标，但谁才是这次比赛中真正的赢家，应该是毋庸置疑的。那个小女孩已将她最重要的能力发挥到极致——她爱的能力，而爱的能力使她比一般人赢得更多。

即使我性好竞争，仍然忍不住要想，有朝一日我也能得到同那女孩一样的成功。但我得先了解，爱的喜悦远胜过胜利的滋味。若你能两者兼顾，依我之见，你是个超人。

人生中有许多时刻，你表面上输了，但其实是真正的赢家。比方说，某个周日下午，你正和邻人在起居间共享午茶。糟糕！她的茶杯翻倒了，茶水溅在你价值不菲的地毯上。

你会说："别担心！这地毯不容易弄脏的，只要一会儿便可以把它处理掉。请千万别放在心上。"

同一天下午，你的小孩由于不小心把一杯牛奶打翻在同一张地毯中。

你大吼大叫："你这笨手笨脚的白痴！这块永远洗不掉了啦！你是要把这房子里每一样东西毁掉才甘心是吗？你能不能做点好事？"

这就是你的待"客"之道？孩子们其实是在我们家中短暂停留的客人——他们很快便会搬出去自立门户。他们是不是应该多少得到一些我们对待邻居的尊重和友谊？

这样的成功并没有立即可见的利益，正如同或许你已费尽心力却并不能得到什么金钱的回报。你所赢得的是，知道你最珍视的"客人"在你的家中得到爱、温柔和尊严——他们极可能会以同样的方式对待他们的下一代。

另一个"家庭剧场"的脚本："你没有一次准时过！每一次都要我等你！你不会是要穿'那'个玩意去参加晚上的派对吧？你到底有没有品味啊？"

我们结婚时在对方身上看到的优点都到哪儿去了？似乎只要经过几年的婚姻生活，配偶中便会有一方或双方只能在对方身上看到缺点。对方的美德似乎已如尘土般消逝。

赞美对方良好的行为而心怀宽恕——虽然真正地宽恕另外一个成年人绝非易事；即使你做到了，也不会有胜利感。但因此培养的美满良缘，却绝对是项胜利。

通常，我们将大部分的精力投注于世俗的目标上，却不了解人生真正应该追求的目标是默默给予别人帮助，学习得到内心的平静，以感恩和谦逊去迎接命运所注定的好事，并以勇气接受并不那么美好的事。

不要将“成就”简化为“赢”。

剪掉多余的

◎ 对大部分人来说，如果一入社会就善于利用自己的精力，不让它消耗在一些毫无意义的事情上，那么就有成功的希望。

◎ 如果把心中的那些杂念——剪掉，使生命力中的所有养料都集中到一个方面，那么他们将来一定会惊讶——自己的事业上竟然能够结出那么美丽丰硕的果实。

“剪掉”不适合自己干的事情，剩下的就是适合自己发展的园地。

对大部分人来说，如果一入社会就善于利用自己的精力，不让它消耗在一些毫无意义的事情上，那么就有成功的希望。但是，很多人却偏偏喜欢东学一点、西学一下，尽管忙碌了一生却往往没有什么专长，到头来什么事情也没做成，更谈不上有什么强项。

在这方面，蚂蚁是人们最好的榜样。它们驮着一大颗食物，齐心协力地推着、拖着它前进，一路上不知道要遇到多少困难，要翻多少跟头，千辛万苦才把一颗食物弄到家门口。蚂蚁给我们最好的教益是：只要不断努力，持之以恒，就必定能得到好的结果。

明智的人最懂得把全部的精力集中在一件事上，惟有如此方能实现目标；明智的人也善于依靠不屈不挠的意志、百折不回的决心以及持之以恒的忍耐力，努力在人们的生存竞争中去获得胜利。

那些富有经验的园丁往往习惯把树木上许多能开花结果的枝条剪去，一般人往往觉得很可惜。但是，园丁们知道，为了使树木能更快地茁壮成长，为了让以后的果实结得更饱满，就必须忍痛将这些旁枝剪去。否则，若要保留这些枝条，那么将来的总收成肯定要减少无数倍。

那些有经验的花匠也习惯把许多快要绽开的花蕾剪去，这是为什么呢？这些花蕾不是同样可以开出美丽的花朵吗？花匠们知道，剪去其中的大部分花蕾后，可以使所有的养分都集中在其余的少数花蕾上。等到这少数花蕾绽开时，一定可以成为那种罕见、珍贵、硕大无比的奇葩。

做人就像培植花木一样，与其把所有的精力消耗在许多毫无意义的事情上，还不如看准一项适合自己的重要事业，集中所有精力，埋头苦干，全力以赴，肯定可以取得杰出的成绩。

如果你想成为一个众人叹服的领袖，成为一个才识过人、无人可及的人物，就一定要排除大脑中许多杂乱无绪的念头。如果你想在一个重要的方面取得伟大的成就，那么就要大胆地举起剪刀，把所有微不足道的、平凡无奇的、毫无把握的愿望完全“剪去”，在一件重要的事情面前，即便是那些已有眉目的事情，也必须忍痛“剪掉”。

世界上无数的人之所以失败，并不是因为他们才能不够，而是因为他们不能集中精力，不能全力以赴地去做适当的工作，他们使自己的精力在许多并无助益的事情上徒耗了，而他们自己竟然还从未觉悟到这一点。如果把心中的那些杂念一一剪掉，使生命力中的所有养料都集中到一个方面，那么他们将来一定会惊讶——自己的事业上竟然能够结出那么美丽丰硕的果实。

拥有一种专门的技能要比有十种心思来得有价值。有专门技能的人随时随地都在这方面下苦功求进步，时时刻刻都在设法弥补自己的缺陷和弱点，总是想到把事情做得尽善尽美。而有十种心思的人就和他不一样，他可能会忙不过来，要顾及这一点又要顾及那一个，由于精心和心思分散，事事只能做到“尚可”为止，结果当然是一事无成。

现代社会的竞争日趋激烈，所以，你必须专心一致，对自己认定的某一件事某一个目标全力以赴，这样才能做到得心应手，有出色的业绩。

不要把精力耗费在许多并无益处的事情上。

磨刀不误砍柴工

·我们都知道——“磨刀不误砍柴工”，可是生活中的你是否也注意经常磨快自己的“锯子”，以加快成功的步伐呢?

假如你在树林中碰到一个正在兴奋地锯树的人。

“你在干什么？”你问。

“你看不见吗？”来了一个不耐烦的回答，“我要锯倒这棵树。”

“你看来已筋疲力尽了！”你大声说道，“你干了多久了？”

“5个多小时了，”他回答说，“我是筋疲力尽了！这是件重活。”

“嗨，你为什么不停几分钟，把锯磨快？”你问，“我可以肯定这样做会使你锯得更快些。”

“我没有时间磨锯，”此人断然地说，“我忙得哪有时间磨锯？”

此时，你一定会笑锯树人的愚蠢，因为我们都知道——“磨刀不误砍柴工”，可是生活中的你是否也注意经常磨快自己的“锯子”，以加快成功的步伐呢?

自从高桥太郎开车以来，已经有20多个年头了。刚开始学开车的时候，有一位长辈教导高桥太郎一件事，使他终身都感激。那位长辈教导他，如果发现车子有故障，你一定要原封不动地绕车走一圈。

例如，当一个前车轮陷入水沟里时，很多人都会惊慌失措地向后退缩，其实，这样反而很容易使车子发生另一个故障。倘若在采取措施之前，先绕车一周的话，你就能了解整体的状况，清楚车子到底为什么会成这个样子。尤其，最重要的是能把因为偶发事件而带来那种手足无措的心情，先行稳定下来。

由此可见，如果面临很糟糕的状况时，会因瞬间的注意而转移张皇失措的心情，把自己引导到有利的方向去。一位围棋大师在自己的著述中说，为了迅速恢复冷静，面临暗想糟糕的一瞬间，脑海里马上要浮起若干跟围棋无关的事，高尔夫球也好，麻雀也好，也不妨想些温室里的花朵或庭院的草木等物。

当你在凝思的时候，情绪就会逐渐趋于稳定，并且变得心平气和起来。在某种情况下，如果做错了什么事，不妨立即离开座位，到洗手间去用冷水洗脸，或者望着窗外，幻想赛马获胜的情景。

当一个人暗想糟糕时，神经一定非常紧张，而且会陷入狭窄的视野里。如果不能消除精神的紧张，即使平常看得见的各种情况，也会变得模糊起来，分析、解决问题的能力也随之减弱。这时候，如能在脑海里浮现若干别的事物，即可解除这种紧张感。

很多时候需要转换一下思维。

成熟只寓于追求的过程中

◎ 如果你以为经过努力，在某一天中就会得到梦寐以求的“成熟之果”，此后就可高枕无忧，慢慢地品尝和享用它，那实在是一种误会，成熟者的那些特征只存在于成熟者的不断追求中。

◎ 真正的成熟并不是以凝固的特征来表示，而是以过程来叙述。

冬天来临的时候，雪花飘舞，北风劲吹，青年诅咒道：“这鬼天气，冷死了！”青年因此心情糟糕。

夏天来临的时候，烈日炎炎，热浪阵阵，青年诅咒道：“这热死人的天，为什么不是冬天呢？”青年因此心情糟糕。

一位老人见了，问青年：“你为何一年四季总是愁眉不展？”

“因为我没有遇到一件快乐的事。”青年苦恼地说。

“其实，痛苦与快乐从来不曾分别过。你怎么可能一年四季只见痛苦，不见快乐呢？冬天有美丽的雪花，夏天有清纯的荷花，这些，你怎么都看不见呢？”老人说。

青年思索着老人的话。

老人道：“年轻的朋友啊，不要以为痛苦只是痛苦，快乐只是快乐，其实它们如同一对孪生兄弟。如果你在品尝痛苦的滋味时，也能体味快乐的一面，那人生是多么有趣啊！”

青年人满面诚恳地问：“人生怎么才能达到这种境界呢？”

“使自己变得成熟！”老人以不容置疑的口气说。

每个人都要接受生活的考验和筛选，成功者和失败者在成熟的过程中，往往会出现两种同化现象：一种向成功的同化，一种向失败的同化。前者以自己某方面的成绩受到赞赏为发端和契机，促使走向成熟的主观努力越来越大，速度愈来愈快；后者由于不能正确地对待失败和挫折，逐步形成了无视现实和心安理得的习惯，最后放弃走向成熟的努力，表现出粗劣的品格和各种怪癖。

正确的人生总是在不停地追求成熟。但如果你以为经过努力，在某一天中就会得到那个梦寐以求的“成熟之果”，此后就可高枕无忧，慢慢地品尝和享用它，那实在是一种误会，成熟者的那些特征只存在于成熟者的不断追求中。

20世纪，世界画坛上出了个“创新魔”——大画家毕加索。他具有画家的天才，到16岁那年，就因举办了个人画展而一举成名。直到他91岁离世前的那天清晨，在他漫长的人生旅途中，他劳作不已，共创作了4 500多件艺术珍品。这些珍品记录了他经历写实主义时期、蓝色时期、玫瑰色时期……以及各种画风杂交时期的创作风格。他的画风不停地变，不仅观众应接不暇而骂他是“邪恶的天才”，就连评论家也惊斥他是“艺术的变色龙”，但是，最后举世公认，他是一位“20世纪艺术的领路人”，是“一个点石成金的稀有之才”。尤其重要的是发现了他的成功之秘——他的作品全像是各种没有完全盛开的鲜花，或像是各种将熟未熟的鲜果。

可见，你平日发誓要追求的“成熟”，并不是一个放在距离你数米、数十米的目标点，而是一个过程，一个从无序——有序——新的序的不断循环过程。

毕加索每每创立一种新画风时，都要经历这个过程，创造出“没有完全盛开的鲜花”和“将熟未熟的鲜果”时，他在追求成熟，而当他趋向成熟时，果子却又马上腐烂了。于是，又必须在这一刻之前，及时、果断、痛苦地超越这个“成熟”。对于他来说，就是另辟蹊径，扔掉已获得巨大声誉的画风，去追求充满失败风险的新的“不成熟”画风。

做人也一样，成熟只寓于追求的过程中。正如一位名家所言：“完善也和无极一样，不是为我们而存在的。”成熟只存在于不断与幼稚的抗争中，因为环境是不断变化的，人的心理也犹如大洋中的一条小舟飘荡不定。当然，人应该热衷于成熟与完善的追求，只有这样，才能接近美的境界。真正的成熟并不是以凝固的特征来表示，而是以过程来叙述。

你的脖子挂的是一条不断趋向成熟和不断追求新的成熟的创造链。这就是成熟的要义所在。

在不断追求中，接近成熟。

第三篇

语言的突破

全集

本书是卡耐基最早的作品之一。它出版后，在人类出版史上创造了一个奇迹，10 年之内就发行了 2 000 多万册，远远超过同期《圣经》的发行量，而且被译成了几十种文字，成为世界上最受推崇的“语言教科书”。

第一章

突破语言的五大规则

明确并记住自己的目标

◎ 将你的目标明确下来，把它写在显眼的地方——最好是把它“写”在心里，每天早上提醒自己。

◎ 时刻牢记实现目标将给你带来的益处。

◎ 回想以前当你说话时的害羞和局促，及因此带来的困窘和其他后果。

前文中提到的顾立区先生说，是卡耐基训练班使他说话不再感到恐惧，使他能够在3 000人面前侃侃而谈，使他成了“这个世界上最快乐的人”——让说话成为一种快乐，这正是卡耐基训练班的目的。而我认为，这个目的远较其他目的更为重要。顾立区先生之所以参加卡耐基训练班，之所以能够努力地做卡耐基训练班分派的功课，正是因为他已经预见到了说话的成功会给他带来乐趣。顾立区先生将自己投入未来的理想中，然后努力使自己梦想成真。如我们所看到的那样，最后他成功了。

有一个卡耐基训练班的毕业生说：“开始说话的时候，我宁愿挨鞭子也不愿开口；但是临结束时，我却宁愿挨枪子儿也不愿停下来了。”几乎每一个人都渴望获得进行成功交谈的能力，想要体验这种“不愿停下来”的美妙感觉。

钢铁大王卡内基死后，人们在他的遗物中发现了他32岁时所拟的计划。他当时准备退休后到牛津大学接受完全的教育，并“特别注意于公开演说的学习”。

那么，人们为什么要致力于提高自己的说话能力呢？也就是说，究竟说话的成功对人们有什么重要的意义呢？我们不妨想象一下：面对多得难以计数的听众，自信满满地走上讲台，听听开场后全场的鸦雀无声，感觉一下听众被你的深入浅出、幽默诙谐的演说所深深吸引时的那种全神贯注，体会一下听众对你报以经久不息的雷鸣般的掌声时的成就感，然后你带着微笑接受大家对你的赞赏……

当然，提高自己的说话能力的好处，并不只是可以在正式场合发表成功的演说。继续想象一下：依靠你的口才，通过与对方机智地谈判，你赢得了一笔数额巨大的业务；依靠幽默和富有气质的口才魅力，你赢得了心爱的女孩的欢心，并且与她共同迈进了婚姻的殿堂；依靠极具说服力的口才，你使一个国家停止了对另一个国家使用武力，使亿万人民避免了战争的灾难，你受到了人们的尊敬……还有什么比这更加吸引人的呢？

许多来上口才训练班的学员，大都是因为在社交中感到胆怯和拘束，其中有政界要员、明星，也有普通人。他们以前多半是这样一种情形：当站起来说话的时候，他们会感到手足无措；需要在数量很多的人——即使是熟识的人——面前说话时，他们会连一句完整的话都说不出来。在这样的情形下，他们感觉自己好像不再是自己了，因为他们完全控制不了自己。

可是在完成训练班的课程之后，他们的改变令他们自己都刮目相看。他们发现，让自己说话再也不那么为难了。他们都觉得自己以前的害羞和拘束其实很幼稚、很可笑。当然，他们在训练过程中培养出来的那种自然洒脱的气度，也让他们的朋友、家人或顾客另眼相看。他们开始在建立自己的信心的同时，游刃有余地处理和他人的关系，从而影响到他们的整个人生。

另外，这种训练也会不同程度地影响到人的性格，即使不一定很快地显现出来。大卫·奥门博士是大西洋城的一位外科医生兼美国医药学会的会长，我曾问他："就心理健康而言，接受当众演讲训练有什么好处？"他回答说："回答这个问题，最好是开一个处方；这个处方必须每个人自己给自己配药。如果他认为自己不行，那他就错了。"以下便是奥门博士给我们开的处方：

"努力培养一种能力，让别人能够走进你的脑海和心灵。试着面对单独的人，或在大众面前清晰地表达你的思想和理念。当你通过这种努力不断地获得进步时，你便会发现：你——你的真正自我——正在真正塑造一个崭新的形象，使你身边的人产生一种前所未有的惊讶。

"当你试着和别人说话时，你的自信心会随之增强，你的性格也会跟着变得越来越温和美好，而这就表示你的情绪已经渐入佳境；随之，你的情绪会使你的身体好起来。这个世界的男女老少都需要讲话。即使我并不清楚在工商业社会中，讲话会带来别的什么利益，我也依然相信它有无穷的好处。不过，我的确了解它对于健康的益处。只要你一有机会，就对几个人或许多人说话——而你将越说越好；我自己就是这样。同时，你还会感到神清气爽，觉得自己完美无缺，这都是你以前所感受不到的。

"这是一种舒畅而美妙的感觉，没有任何药物能给你这种感觉。"

想象你自己正在成功地做着你目前所害怕做的事情，想象你已经能够在各种工作和社交场合侃侃而谈，你的观点被大家所接受，并给你带来了许多好处。这对实现你的目标大有好处。因此，时刻铭记自己的目标是十分重要的。

哈佛大学最杰出的心理学教授威廉·詹姆斯的话正好能解释这一点，他说："几乎不论哪种课程，只要你对它充满了热情，你就能够顺利完成；如果你对结果足够关心的话，你就能够实现它；如果你希望做好一件事，你就能够做好；如果你期望致富，你就能够致富；如果你想博学，你就会博学。只有那样，你才会真正地期盼这些事情，心无旁骛地一心期盼，而不会白费心思、胡思乱想许多不相干的杂事。"

"不要抱着投机的心态来学习，"沃特斯告诫我们说，"这种态度只会使我们一无所获。你应该首先给自己订立一个计划、确定一个目标，然后踏踏实实地为这个目标奋斗。当你把自己的精力和才能都用在这上面时，那么你离成功就不会很远了。而我所说的投机的学习态度，是指那种认为自己所学的东西在将来某个时候可能会带来好处而毫无方向的学习。"

集中你的全部精力、时刻不忘记自信和侃侃而谈的说话能力，对你而言是十分重要的。只要想想由此结交的朋友在社交方面对你的重要性，想想自己为大众、为社会服务的能力将大大增强，想想它对你的人生和事业将产生的深远的影响……总而言之，想想它将为你在将来实现自己的价值铺平道路，你就能实现你的目标。

记住实现口才训练目标将对你的人生、事业目标有极大的促进作用。

树立成功的信念

◎ 记住说话高手的事迹，知道他们一开始也并不出色，甚至比你还差劲。

◎ 在你说话的时候，告诉自己必定能够成功。告诉自己：成功并不是那么困难。

◎ 永远不要抱怨你遭遇了多大的困难，因为你的困难已经被很多人克服过了。

我想再次引用威廉·詹姆斯的话来进入我的话题。我们已经知道，他说过："如果你对结果足够关心的话，你就能够实现它。"在这里，你可以把它理解为一种必胜的信念。因为当你的目标对你的吸引力足够大时，你就会树立起一种必定要成功的信念。

在任何时候，告诉自己：我一定要，而且能够成功。这样，你就能够成功。

当恺撒率领他的军队从高卢渡海而来，登陆现在的英格兰的时候，他是怎样取得胜利的呢？他把军队带到了多佛海峡的白岩石悬崖上，让士兵们望着位于自己脚底200英尺的海面上燃烧的船只。士兵们知道，他们与大陆的最后联系已经断绝，退却的工具已经被焚毁，惟一可做的事情就是前进、征服、胜利。恺撒和他的军队就这样成功了。

恺撒成功的秘诀在于他使他的士兵们知道，他们必须取得成功，没有退路。当你想战胜面对听众所产生的恐惧，以及克服提高自己的说话能力必然要面对的困难时，为何不让自己拥有这种精神呢？把消极的思想全部扔到火里焚烧，并把身后通往犹豫退缩的大门紧紧关上，你就必将取得成功。

耶鲁大学的乔治·戴维森教授就是依靠这种强大的信念取得成功的。年轻时候的乔治有一个梦想，他希望能够改变世界、服务全人类。为了达到这个理想，他需要接受最好的教育，而美国是他最理想的去处。

当时的乔治身无分文，要到1万千米外的美国去，简直就是天方夜谭。不过，他还是出发了。他徒步从他的家乡尼亚萨兰的村庄出发，穿过东非荒原到达开罗，在那儿他可以乘船抵达美国。他一心想的是到达那个可以帮助他改变自己命运的国家，其他的一切他都可以置之度外。

他一开始就遇到了极大的困难。在崎岖的非洲大陆上，他用了5天才艰难地跋涉了25英里（约40千米）。他的食物已经吃完，水也已经喝完，而且，他身无分文。他还需要继续前进几千英里。

回头吗？还是拿自己的生命赌一把？乔治知道，回头就是放弃，就是回到贫穷和无知。而他不想这样。他相信自己能够克服这些困难，达到自己的目的地。于是，他对自己说："继续前进，除非我死了。"

他继续孤独地前行。他常常席地而睡，以野果和其他植物维持自己的生命。旅途使他变得瘦弱不堪。由于极度的疲惫和近乎绝望的灰心，几次他都想放弃。但是每当这时，他就自己给自己鼓气。终于，他战胜了自己的怯懦，充满信心地继续前进。

经过种种磨难和痛苦，1950年10月，乔治终于用两年的时间来到了美国，骄傲地跨进了斯卡济特峡谷学院的大门。

凭着对目标的专注和近乎神圣的成功的信念，乔治战胜了常人难以战胜的困难。还有什么比这件事情更加难以办到的呢？

在一次广播节目中，主持人要我用3句话来说明我学到的最重要的一课。我当时是这么说的："我所学到的最重要的一课，是我们的思想对我们非常重要。如果我能了解一个人的思想，我就能了解他这个人，因为正是思想造就了我们。而如果我们能够改变自己的思想，也就能改变自己的一生。"

为了达到目标，你需要建立足够强大的自信和目标必将实现的信念，你必须对自己说话能力训练的努力成果保持轻松而乐观的态度。从现在开始，你就要积极地设想自己的努力最终会使你成功。你应该想到，你努力的结果必然是，当需要在众人面前站起来说话时，你能够从容不迫地侃侃而谈、清晰明白地表达你的观点。你一定要把你的决心和信念烙在每个词句、每项行动上，并且竭力培养这种能力。

在卡耐基训练班里有一个叫乔·哈弗斯第的学员。有一天，他站起来信心十足地对大家说，他不满足于做一名房屋建造商，他希望自己成为“全国房屋建筑协会”的发言人；他最想做的事是在全国各地奔走，把他在房屋建筑业中遇到的问题和获得的成就告诉人们。

难能可贵的是，他不但对理想有一种狂热的追求，而且真的说到做到。他想讲的，不仅仅包括地方性的问题，还包括全国性的问题。对于这样的想法，他并没有三心二意，而是用心地准备自己的演讲，并且用心地进行练习。在上课期间，他从没有耽误一次课；即使再忙，他也仍然一丝不苟地按照训练班的要求去做。结果他的进步十分迅速，令大家都十分惊讶。两个月之后，他成了班上的佼佼者，被选为班长。

大约一年以后，乔·哈弗斯第的老师这样写道：“我几乎已经忘记了来自俄亥俄州的乔·哈弗斯第了。一天早上，我正在吃早餐。当我不经意间打开《弗吉尼亚向导》的时候，书中醒目的位置上赫然有一幅乔的照片和一篇称赞他的报道。报道中说：前天晚上，他在一次地区建筑商的盛大聚会中发表了精彩无比的演讲。这时的乔已经不是‘全国房屋建筑协会’的发言人了，简直就像是会长了。”

乔·哈弗斯第为什么能够成功呢？因为他有强烈的欲望，保持了高度的热忱，具备了克服困难的坚强毅力；更加重要的是，他相信自己一定能够成功。

一个成功者不一定具有不同于一般人的本领和才智，但他坚信自己一定能够成功，并且，他会把全部精力用于追逐成功的行动当中。这样，成功的概率就会大大提高。

因为，人——无论是谁——本身都有无穷的潜在能力，但能否开发出来，往往取决于每个人自己的态度。如果你相信自己能够成功，那么你就必定能够成功。

使你的信心烙在每一个字词、每一项行动中去。

积极的心理暗示

◎ 不必过于胆怯和拘谨。

◎ 要相信，有时候行动能够改变你的感觉。

◎ 即使有一点紧张也不要紧，关键是要正确地进行处理。

一个人上楼梯，分别以6层和12层为目标，其疲劳状态出现的早晚是不一样的。我发现，如果把目标定在12层，疲劳状态会出现得晚一些。因为当你爬到6层的时候，你的潜意识便会暗示自己：还有一半呢，现在可不能累啊！于是你就会继续鼓气往上爬。

也就是说，目标高低带来的自我暗示直接决定了我们行为能力的大小。进而我们可以得出这样的结论：意识不但会影响到你的心理状态，而且会直接影响到你的生理状态。这就是心理暗示的重要性。

自我暗示真的管用吗？是的。现代实验心理学家都同意这样一种观点：由自我暗示而产生的动机，即使是假装的，也会成为人们快速学习的最有力的诱因之一。因此，请对自己进行积极的自我暗示。

威廉·詹姆斯曾说过这样的话："人们通常认为行动总是跟随在感觉之后，但实际上，这两者是并存的关系。行动为人们的意志所制约。借着制约行动，意志可以间接地制约感觉，而感觉并不受意志的直接控制。

"因此，当我们不再感到快乐时，惟一的改变办法就是：愉快地睡觉、吃饭、谈话，尽量从行动上表现出你很快乐。如果这样都不能改善你的心情的话，那么就再没有别的办法了。

“让自己勇敢起来，即使只是从行动上表现出来，因为人们总是习惯于自我催眠。行动可以间接影响你的感觉，然后调动你所有的意志来达到这个目的。这样，勇气也就会取代恐惧了。”

这就是一种心理暗示。如果你怀疑这种理论，你可以和曾看过这本书并且照着这个方法去做的人，或者上过我的训练班的学员去谈谈，你将会相信这一点的。

接下来我将举一个例子以证明这种心理暗示理论的正确性。这个人被视为勇气的象征。他也有过胆怯的时候，但他决心只依靠自己。于是，在不懈的努力之后，他终于成了受人敬仰的勇士。他就是反对托拉斯、以言论左右听众、手里挥舞着总统权杖的西奥多·罗斯福。

在他的自传里，他这样写道：“我曾是一个体弱多病而且笨拙的孩子。年轻的时候，我常常处于一种紧张的状态中，对自己也没有信心，因此不得不艰苦地训练自己。这种训练并不只是身体上的，也包括灵魂和精神上的。”

一个这样的孩子，是怎么变成勇士的呢？他在自传里解释了让他得以转变的原因：“我在马里埃的书中看到过一段话，印象极为深刻，并把它时时记在心里。这是一个小型英国军舰的舰长向主角解释如何才能顶天立地、无所畏惧地生活的一段话。他说，最初要行动的时候，每个人都会紧张、不安，重要的是，不应让这种恐惧感延续下去。你应该采取的方法是：控制自己，表面上装作若无其事的样子。这样持之以恒，假装的就会变为现实。他只不过是想练习坚强的意志，但这种练习让他变成了真正的勇者。

“这就是我训练自己的方法。一开始，从大灰熊到野马、猎枪，我什么都怕，可我尽量装出不怕的样子来；慢慢地，我不再恐惧。人们要是愿意，也可以像我一样。”

在第二次世界大战期间，有一个犹太人想要活着走出纳粹集中营。人们都说这是不可能的——丧心病狂的纳粹分子随时可能把他们成批地拉出去枪毙；另外，恶劣的生存环境让人们生病、相互传染以至相继死亡。总之，人们都已经失去了生存的信心。但是，这位犹太人暗暗地告诉自己说："某月某日，联军一定会来拯救我们的。在此之前，我一定要好好地活下去。"结果，在他预定的那个日子来临之前，他的同伴一个个死去，但是他却坚强地活了下来；然而，当他预定的那个日子来到以后，他却像他的同伴一样，急速地衰弱并且死亡了。

从上述事例我们可以看出，心理暗示确实能够给我们带来勇气。积极的心理暗示可以使我们克服恐惧、战胜困难，对我们做任何事情都十分有利。那些敢于接受这项挑战的人将发现自己正脱胎换骨，享受更丰富、更美好的人生。

说话当然也是如此。卡耐基训练班的一个学员——他是一位店员——告诉我："最初，我很害怕和顾客说话，每次都是心惊胆战的。后来我告诉自己，其实顾客是很好说话的。几次之后，我不再害怕了，觉得自己有信心了，和顾客说话也一点不紧张了。现在，我甚至开始理直气壮地说出自己的不同意见。上训练班后的第一个月，我的销售业绩提高了将近一半。"

另一位家庭主妇学员也告诉我："原来我不敢邀请邻居到我家里来做客，我怕自己不能跟他们融洽地谈话。上了卡耐基训练班之后，我觉得自己不再那么害怕了。最近我开了一次家庭宴会，举办得非常成功，我往来于客人之间，尽情地与他们交谈。"

他们都成功地运用了心理暗示，从而克服了自己的恐惧。另外，我们在致力于提高自己的说话水平的时候，必然会遇到各种困难，这种心理暗示也同样可以帮助我们战胜这些困难。所以，当你开口说话或者需要拿出勇气来战胜困难的时候，不妨摆出一副信心满满的样子来。如果你已经准备妥当，就勇敢地把你想要说的话表达出来吧！

如果你在说话的时候有失误，你可以把它当成是你的幽默或别的什么东西。总之，要给自己适当的、积极的心理暗示。告诉自己，一切都很好。

培养自信心

◎ 找出让你感到不自信的根源，想办法解决它们。

◎ 你的自信会引领你走向成功，所以，你需要自信满满地站起来说话，什么都不用想。

◎ 如果你能发现，自己仅仅只是怯场——那不一定是由于不自信造成的——这样问题就好办多了，因为你可以夸张地相信，几乎人人都害怕当众讲话。

几年前，我和我的朋友来到了阿尔卑斯山的维尔德·凯塞山面前，想要征服这座据说很危险的山。《贝德克旅行指南》上说，业余登山员应该有一个向导带路，因为攀登这座山峰很困难。我们俩都不是专业登山员，但是我们并没有请向导。后来，我们取得了成功。

在我们登山之前，一位朋友问我们是不是能够成功，我口气坚定地告诉他：“一定能！”

“为什么这么肯定呢？”那位朋友继续问道。

我说：“也有人像我们一样没有向导而取得了成功。而且，我做任何事情都不会想到失败的。”

在我的班上，有很多学员在学习完了之后坐在一起谈自己的心得。有相当多的人都认为他们所学到的最重要的东西是对自己的信心，也就是说，对自己成功多了一分信心。在某种程度上，没有什么比自信更加能够将一个人引向成功。

要自信，这是你做任何一件事情都必须要有的正确心态。不论是攀登珠穆朗玛峰，还是和别人说话，自信都是你成功的基本前提。

所以，在你开始说话之前，首先树立你的自信心。

针对不足进行训练

如果的确存在一些不足，你可以进行针对性的训练，克服这些困难和不足，从而树立自信。名列古希腊“十大演讲家”之首的德摩悉尼从小就有口吃的毛病，而且他在说话的时候总是一个肩膀高一个肩膀低，还不停地抖动。在那样一个崇尚口才的时代，这样的人理所当然地会受到歧视。他十分苦恼，并且有很深的自卑感。不过，他并没有被自卑打倒，而是以超常的毅力和吃苦精神进行刻苦的训练。每天清晨他都站在海边，口里含着石子进行练习；针对爱抖动的毛病，他对着镜子练习，并且在两个肩膀上挂两把剑，这样就不会抖动了。经过刻苦的训练，正如我们所知道的那样，他最终成了一个十分出色的、受人尊敬的演讲家。

充分准备，树立信心

一个人说话成功的程度，跟说话之前所做的准备有很大关系。林肯说：“即使是再有实力的人，如果没有精心的准备，也无法说出有系统、高水平的话来。”所以，你需要在说话之前广泛地收集素材，并对你的主题进行深入细致的思考。当你确认自己准备充分之后，不妨设想自己正在以完全的控制力对他人说话。这是你很容易就能做到的。只有相信自己能够成功，并且坚定不移地相信自己，你才会成功。

进行积极的自我暗示

真正的困难不在上面所提到的两点。我们绝大多数人都不像德摩悉尼那么不幸，并没有口吃的毛病，也没有其他的先天不足。

从心理学上说，自卑或者羞怯感总是会不同程度地在我们身上存在着。美国的一个调查表明：在宴会上与陌生人接触时，大约有3/4的人会感到局促不安；同样，由于羞怯或者自卑感造成的演讲或其他说话失败的例子更是屡见不鲜。可以看出，一个人没有自信，并不是因为他自己真的天生不如人，而是他自以为如此。因此，只有完全克服这种感觉，你才能正常甚至超常发挥。

你所有的准备，都是为了说话的那几分钟。不管你准备得如何，在一般情况下，说话的时候都可能会有不自信的感觉袭来。产生它的原因，可能是你担心自己还没有完全准备好——实际上你已经准备得相当充分了，但是你认为自己可能疏漏了什么；也有可能是因为你担心听众比你的水平高，而你所讲的东西对他们来说过于简单；或者你担心可能会出现什么突发事件，比如在你的说话过程中有人打断你等等。这些想法最致命的危害就是给你消极的自我暗示。你必须想办法把它们从你的心里赶出去。

有位英国青年律师要和一群知名的律师在法庭上辩论。他做了充分的准备，但是仍然感到不放心，担心自己会把辩论搞砸。于是，他去请教法拉第先生。他问法拉第："我的对手比我知道的多得多，我必败无疑吗？"

法拉第先生简单明白地告诉他说："如果你想成功，告诉自己，他们一无所知！"

当你说话的时候，看着对方的眼睛，然后信心十足地说话，就好像他欠了你的钱，而他听你说话，只是为了请求你宽限还债的期限一样。这种心理暗示作用，对你树立自信也有很大的帮助。

自信并不是盲目的。如果你连你所要说的主题都没有进行充分的思考、连素材都没有准备好的话，你必须承认这一点。否则，如果因为没有充分准备而失败，你以后就会更加不自信。

拥有坚强的意志力

◎ 当你失败的次数够多，而你又没有被击倒，你就一定会成功。

◎ 一个人的成功，在很大程度上取决于他的信念程度。成功者只是多了一份坚持。

◎ 如果你用顽强的意志克服了一种不良习惯，那么你就能获取面对另一次挑战并且赢得胜利的信心。即使面对的新任务更加艰难，但既然以前能成功，这一次也一定会成功。

◎ 在遇到困难时，想象自己克服它之后拥有的快乐。

这一节里，我专门来讲关于意志力的问题。坚强的意志力要求我们在努力的过程中专心致志，拥有不达目的不罢休的韧劲以及克服困难的顽强精神。

如果我们想要成功，那么我们在做任何事情的时候都需要有坚强的意志力。英国政治活动家、小说家爱德华·立顿是一个成功者。他一生中走访了很多地方，所见甚广，也积极参与政界活动和各种社会事务；另外，他还出版了60本著作，而这些课题都是需要深入研究的。人们很奇怪整日忙碌的他竟然还有时间来做学问，于是问他：

“你在百忙之中居然还完成了那么多著述，难道你有可以同时完成这么多工作的分身术吗？”

爱德华当然没有分身术，他拥有的是坚强的意志力。他通常每天只花3个小时甚至更少的时间来研究、阅读和写作，但是他却充分地利用了这3个小时。在这些时间里，他全神贯注地投入到他的学习和研究中，用心极为专一。正是这种坚强的意志力，使他只用了少量的时间就取得了巨大的成就。

在致力于提高自己口才的过程中，我们也需要像爱德华·立顿一样心无旁骛地进行训练。因为只有充分利用了自己有限的时间，专心致志地致力于提高自己的口才，才能最终取得成功。

在进行初始训练的时候，你不可避免地会遇到挫折、困难。这些困难会给你带来不同程度的创伤，会使你的信心动摇。在你遇到困难的时候，不用去想为什么会有这些问题，因为本来就有这些问题。要知道，世上没有任何东西可以代替毅力和决心。许多人有才能但却失败了，就是因为缺少毅力和决心。我们要相信，最困难的时候，就是离成功不远的时候。成功的秘诀其实很简单，那就是无论何时，我们都不能允许自己有一点点的灰心。

我在前面举了乔·哈弗斯第成功的例子。乔·哈弗斯第成功的原因一方面在于他坚信自己能够成功，另一方面在于他有着坚强的意志力，在通往成功的道路上，他就是靠这个优秀的品质把困难赶跑的。

我将说一个故事来证明这一点，这个故事的主人公叫做克劳伦斯·B.蓝道尔，他现在已经登上了企业的最高层，成了商界的传奇人物。

蓝道尔先生在大学里第一次站起来说话时，像很多人一样，因为不善言辞而失败了。当时，老师规定每个人有5分钟的说话时间，但是他却讲了不到一半就脸色发白，不得不十分困窘地走下讲台。

可是，他虽然有这样的经历，却并不甘心失败。他下定决心要成为一个说话高手，并且一直坚持不懈地努力，最后终于成为政府的经济顾问，受到了世人的仰慕。他写过许多富有启迪的书。在其中一本叫做《自由的信念》的书里，他提到了他当众演讲的情形：

“我的演讲安排得十分紧凑，因为我要参加各种聚会，其中包括厂商协会、商务部、扶轮社基金筹募会、校友会以及其他团体举办的聚会。我曾经在密歇根州得艾斯肯那巴发表爱国演讲，慷慨激昂地投身于第一次世界大战；我还和米基·龙尼下乡进行慈善演讲，与哈佛大学校长詹姆斯·布朗特·柯南、芝加哥大学校长罗伯·M.胡钦斯下乡进行教育宣传；我的法语很糟糕，但是我却用法语发表过一次餐后演讲。

“我认为我了解听众们想要听什么以及他们希望这些内容如何被讲出来。对于演讲的人来说，这里面的窍门就是：只要你愿意学，没有什么是学不会的。”

蓝道尔先生的故事告诉我们：成功的决心和信念，是决定你能不能成为一个说话高手的关键因素。如果我知道你的心思、知道你的意志的强度以及你是否有乐观的态度，那么我就可以准确地预测出你在改进当众说话技巧方面会有多快的进步。

任何人，只要他希望迎接语言的挑战，希望自己能够简单明白地表达自己的观点并让别人了解自己的才华，就一定要具备坚毅的决心。

在那些成功地获得了说话技巧的人当中，只有极少数人是真正的天才，大部分人都是跟你我一样的普通人。但是，由于他们肯坚持，他们也同样获得了成功。至于较特殊的人，则有时会气馁，没有坚持下来，结果反倒庸庸碌碌。只要有胆量、有目标，走到路的尽头时，往往也就爬到了顶端。

这是合乎人性与自然的。在商业领域以及其他行业中，相似的事情随时都在发生。著名的石油大王洛克菲勒曾说：耐心与相信收获终将到来是商业成功的第一要诀。它也是说话能够成功的重要条件之一。坚定地相信自己会成功，你就会去做走向成功所必须做的一切，因而也必定能成功。

如果你因为看不到实际好处而对口才训练三心二意的话，光有愿望是无法使你心甘情愿地坚持下去的。试着权衡利弊——想想如果不成功的话将会有什么结果，而成功的话你又有什么收获，这样你就会主动地坚持下去。

第二章

打动人心的交际语言

让对方多说话

◎ 在你已经说了一些话的时候，停下来，休息一下，给别人说话的机会。这不仅是在让你自己的嘴巴休息，也在某种程度上使你的大脑得到了休息——不要让它们连续工作得太久。

◎ 即使是我们的朋友，他们也不愿我们多夸耀自己的过去，而宁愿谈论他们的成就。

◎ 也许你的听众装作很认真地在听你的谈话，但是也许他没有真的认真在听。因此，最好让他也说说话。

费利普阿穆曾经说：“我宁愿成为一个说话高手而不愿成为一个大资本家。”我们不妨相信他所说的话——他的话并不代表他不想拥有更多的钱，而是他认为：成为一个说话高手将使他成为资本家变得更加容易，或者成为资本家比不上拥有高超的说话技巧让他更加快乐。

的确，成为说话高手几乎是每个人梦寐以求的事情。所有的获取快乐的手段，都比不上能够随心所欲地表达自己的想法。我相信，如果让林肯在成为一个不会说话的天才和拥有卓越口才的普通人之间进行选择的话，他会更加愿意选择后者。不过，幸运的是，他同时拥有这两者。

但是，毕竟像林肯这样的人不多，即使只是作为一个伟大的演说家的林肯——而不管他其他杰出的才能——也屈指可数，更多的是那些每天都为说话而苦恼的人。大多数人都不是说话高手——如果情况相反的话，我相信这个世界会变得更加迷人——他们有的由于无法与妻子沟通导致家庭破裂，有的在谈判桌上败下阵来，有的无法向朋友清楚地表达自己的感受，更多的则是兼而有之。

"如何让自己成为一个说话高手而不仅仅是会说话而已？"那些卡耐基口才训练班的学员在一开始经常问我这样一个问题。

"这并不难，"我说，"只要你们掌握了一些训练方法。"

很多人急于让对方（为了写作的方便，除非特别提及，否则本书中"对方"一词指的是包括两人谈话中的"对方"、演讲中的"听众"等在内的所有场合的说话对象，即泛指的对象）明白自己的意见，话说得太多了。要知道，有时候话说得太多跟不说话的效果差不多。

尽量让对方多说话吧！他们对自己的事情和问题一定比对你了解得要多。所以，在必要的时候，向他们提一些问题，让他们告诉你一些事情。这样做将会使你们的交流更加有效果。

如果你并不同意对方的观点，你可能想去反驳他。可是你千万不要这么做，因为这将是非常危险的。当一个人急于把自己的观点表达出来的时候，他绝对不会注意别人的观点。在这个时候，你要做的事情就是听听他有什么观点，鼓励对方充分地发表自己的意见。

首先，让我们来看看这种策略的运用在商业上的价值。

若干年前，美国最大的汽车制造公司之一正在和三家重要的厂商洽谈订购下一年度的汽车坐垫布。这三家厂商都已经做好了坐垫布的样品，并且已经得到汽车制造公司的检验。汽车制造公司告诉他们，他们可以以同等条件参加竞争，以便公司作出最后的决定。

其中一个厂商的业务代表R先生——他后来成了卡耐基口才训练班的学员——在班上叙述他的经历时说："不幸的是，我在抵达的时候，正患有严重的喉炎。当我参加高级职员会议时，我已经几乎说不出话来了。他们领我到一个房间，该公司的纺织工程师、采购经理、推销经理以及总经理跟我晤面。我站起来，想尽力说话，但是却只能发出沙哑的声音。最后，我只能在纸上写道：各位，对不起，我的嗓子哑了，不能说话。

"'那么，就让我替你说吧！'该公司的总经理看到后说。他帮我展示了我的样品，并且对着大家称赞了它的优点。在他的提议下，大家围绕着样品的优点展开了热烈的讨论。由于那位总经理在替我说话，因此在这场讨论中，我只是微笑、点头以及做了几个简单的手势。

"这个特殊的会议讨论的结果是我赢得了这份订单，和该公司签订了50万码的坐垫布。这是我获得的最大的订单——它的总价值为160万美元。我很幸运。我知道，假如我的嗓子没有哑，那么，我可能得不到这个订单，因为我对整个情况的看法是错误的。这个经历让我发现，让别人说话是多么的有益。"

交易成功的关键在于，如果你希望别人买你的商品，最好的办法莫过于让他们自己说服自己。在很多情况下，你不能直接向顾客推销你的商品，而要让他们在心底里觉得你的商品确实很有优势，从而主动来买你的商品。

让对方说话，并不只是在商业领域起到了它的作用，也有助于别的方面。比如，它可以帮助你处理家庭中的一些矛盾。

芭芭拉·威尔逊是卡耐基训练班的学员，她和她的女儿罗瑞的关系近段时间迅速恶化。罗瑞以前是个十分乖巧和听话的孩子，但是当她十几岁的时候，却与母亲产生了许多矛盾，拒绝与母亲合作。威尔逊夫人曾试图用各种方法威吓、教训她，但是都无济于事。

“她根本不听我的话，我几乎放弃了所有的努力。有一天，她家务活还没做完，就去找她的朋友玩。当她回来的时候，我照旧骂了她。我已经没有耐心了，我伤心地对她说：‘罗瑞，你为什么会这样呢？’

“罗瑞似乎看出了我的痛苦。她问我：‘你真想知道吗？’我点头。于是她开始告诉我以前从未跟我说过的事情：我总是命令她做这做那，从来没有想过要听她的意见；当她想跟我谈心的时候，我却总是打断她。我认识到，罗瑞其实很需要我，但她希望我不是一个爱发命令、武断的母亲，而是一个亲密的朋友，这样她才能倾诉烦恼。而以前，我从未注意到这些。从那以后，我开始让她畅所欲言，而我总是认真地听。现在，我们的关系大大改善，我们成了好朋友。”

同样地，让别人说话，可能对你求职也有很大的用处。

最近，纽约《先锋导报》刊登了一则招聘广告，他们需要聘请一位有特殊能力和经验的人。查尔斯·克伯利斯看到广告后，把他的资料寄了出去。几天之后，他收到了约他面谈的回信。

“如果能在你们这家有着如此不凡经历的公司做事，我将会十分自豪。听说在28年前，当你开始创建这家公司的时候，除了一张桌子、一间办公室、一个速记员之外什么都没有，简直难以置信。这是真的吗？”在面谈的时候，克伯利斯对与他面谈的老板这样说。实际上，每个成功的人都喜欢回忆自己早年的创业经历，并且十分高兴别人能听他讲下去。这个老板也不例外。他跟克伯利斯谈了很久，谈了他如何依靠450美元现金开始创业，每天工作12到16个小时，在星期日及节假日照常工作，以及他最后终于战胜了所有的困难。最后，这位老板简单地问了克伯利斯的经历，然后对他的副经理说：“我想他就是我们正在寻找的人。”

克伯利斯成功的原因可能没有这么简单，但是有一点十分重要：他聪明地提出了一个对方十分感兴趣的问题，并且鼓励对方多说话，因此给了老板很好的印象。

法国哲学家罗司法考说过："如果你想结仇，你就要比你的朋友表现得更加出色；但如果你想要得到朋友，那就要让你的朋友表现得更出色。"他的意思是，当你的朋友胜过你时，他们就会产生一种自重感；但是如果相反，他们就会产生一种自卑感，并且开始对你猜疑和忌妒。

亨丽塔女士是纽约市中区人事局里与别人关系最融洽的工作介绍顾问。但是一开始有好几个月，亨丽塔在同事中连一个朋友也没有。

"我的工作干得确实很不错，我一直很骄傲，"亨丽塔在我的班上说，"奇怪的是，同事们不但不愿意跟我分享我的成绩，而且似乎很不高兴。而我渴望和他们做朋友。在上了这种辅导课之后，我开始按照它去做了，我开始少谈自己，多听同事们说话。我发现，其实他们也有许多值得夸耀的事。对他们而言，把他们的事情告诉我，比听我的自吹更能让他们高兴。现在，每次我们在一起聊天的时候，我都会让他们告诉我他们的故事，共同分享他们的故事。只有当他们问及，我才略微地谈论一下我自己。"

有时候，弱化我们自己的成就会使人喜欢你。德国人有句俗语，大意是：最大的快乐，便是从我们所羡慕的强者那里发现弱点，从而让我们得到满足。是的，你要相信，也许你的一些朋友会从你的挫折或弱点中得到更大的满足。

有一次，一位律师在证人席上对埃文·考伯说："考伯先生，我听说你是美国最著名的作家，是这样吗？"考伯回答说："我不过是徒有虚名罢了。"

考伯的回答方法是正确的。你或许不知道是什么使我们不至于成为白痴，那并不是什么了不起的东西，只是你甲状腺中值5美分镍币的碘而已，而如果没有那点东西，我们就会成为白痴。我们都没有什么了不起的。人终有一死，百年之后，我们中的绝大多数都会被人忘记。生命如此短暂，我们不应该对自己小小的成就念念不忘，这样会使人厌烦的。因此，如果你希望别人的看法跟你一致，使你们的谈话进入佳境，就要鼓励别人多说话——这是你必须要做的事情。

我们可以在别人的谈话中找到你打算继续的话题。

不要和别人争论

◎ 在你打算开口辩论之前，想想对方说的确实也很有道理。

◎ 在辩论时，也许你的意见和立场是对的，但是如果你想改变你对手的意志，辩论是最糟糕的方法。

◎ 真理有时候并非越辩越明。

◎ 不要直接指出他人的错误，因为这可能会给你带来一场无聊的争论。

第二次世界大战后不久，我在伦敦得到了一个极为重要的教训。那时，我是澳大利亚飞行家詹姆斯的经理人。在大战期间和结束后不久，詹姆斯成了世界瞩目的人物。一天晚上，我参加了欢迎詹姆斯的宴会。那时，坐在我右边的一位来宾给我们讲了一段诙谐的故事，并在讲话中引用了一句话。

他指出这句话出自《圣经》，而我恰好知道这句话出自莎士比亚的作品。那时候，为了显得自己有多么突出，我毫无顾忌地纠正了他的错误。然而那人却说："什么？那句话出自莎士比亚？不可能，绝对不可能。"他坚持认为自己是对的。

当时，坐在我左边的是我的老朋友加蒙，他是一个研究莎士比亚的专家。我们让加蒙来决定我们谁是正确的。加蒙在桌子底下踢了我一脚，然后说："卡耐基，你是错的，这句话的确出自《圣经》。"

宴会之后我们一起回家。我责怪加蒙说："你明明知道那句话是出自莎士比亚之口，为什么还要说我不对呢？"

"是的，一点都不错。"加蒙说，"那是莎士比亚的《哈姆雷特》第五幕第二场中的台词。可是卡耐基，我们都是这个宴会上的客人，为什么我们一定要找出一个证据，去指责别人的错误呢？你这样做会让别人对你产生好感吗？你为什么不能给他留一点点面子呢？他并不想征求你的意见，也不想知道你有什么看法，你又何必去跟他争辩呢？记住这一点，卡耐基：永远不要跟他人发生正面冲突。这是一个真理。"

"永远不要和他人发生正面冲突。"说这句话的人现在已经不在这个世界上了，可是我会永远记住这句话。

这个教训给了我极大的震动。我原来是一个固执己见的人，从小就喜欢跟人辩论。读大学的时候，我对逻辑和辩论十分感兴趣，经常参加各种辩论比赛。后来，我在纽约教授辩论课，甚至还计划着手写一本关于辩论的书。现在，我一想起这些事，就会感到十分羞愧。

那天之后，我又聆听了数千次辩论，并且十分注意每次辩论会之后产生的影响。我得出一个结论，它也是一个真理：天下只有一种方法能得到辩论的最大胜利，那就是像避开毒蛇和地震一样，尽量去避免辩论。

我还发现，在辩论之后，十有八九，各人还是会坚持自己的观点，相信自己是绝对正确的。

辩论产生的结果只能是失败，永远无法获胜。即使表面上你取得了胜利，实际上却与失败没有什么区别。因为就算你在辩论会上胜了对方，把对方驳得体无完肤，甚至指责对方神经错乱，可是结果又会怎么样呢？你自然逞了一时之快，自然很高兴，但是对方却会感到自卑。你伤了他的自尊，他会对你心怀不满。

你应该知道，当人们被迫放弃自己的意见而同意他人的观点的时候，就算他看起来是被说服了，实际上他反而会更加固执地坚持自己的意见。

巴恩互助人寿保险公司为他们的职员定下了这么一条规定：不要争辩。他们认为，一个好的推销员是不会跟顾客争辩的，即使是与最平常的意见不合，也应该尽量避免。因为人的思想是不容易改变的。

老富兰克林的话正好可以说明这一点："如果你辩论、反驳，或许你会得到胜利，可是那胜利是短暂、空虚的，而你将永远也得不到对方对你的好感。"空虚的胜利和人们对你的好感，你希望得到哪一样呢？

在威尔逊总统任职期间担任财政部长的玛度，以他多年的从政经验告诉人们一个教训："我们绝不可能用争论使一个无知的人心服口服。"而如果要我说的话，我认为：你别想用辩论改变任何人的意见，而不只是无知的人。

下面我将再举一个例子。所得税顾问派逊先生，曾经为了一笔9000美元的账目问题和一位政府税收稽查员争论了一个小时。派逊的意见是：不应该征收人家的所得税，因为这是一笔永远无法收回的呆账。而那位稽查员却认为必须要缴税。

派逊在讲习班上讲了后来的情形：

"他冷漠、傲慢、固执，跟这种人讲理，就如同在讲废话。越跟他争辩，他越是固执己见。后来我决定不再继续跟他争论下去，于是就换了个话题，还赞赏了他几句。

"'由于你处理过许多类似的问题，'我这样对他说，'所以这个问题对你来说肯定是小菜一碟。而我虽然也研究过税务，但不过是纸上谈兵。你当然知道，这些是需要实践经验的。说实在话，我非常羡慕你有这样的一个职务，这段时间让我受益匪浅。’

“当然，我跟他讲的，也都是实在话。那位稽查员挺了挺腰，就开始谈他的工作，讲了许多他所处理的舞弊案件。他的语气渐渐平和下来，接着又说到自己的家庭和孩子。临走的时候，他对我说他打算回去再把这个问题考虑一下。

“三天后，他来见我，说那笔税按照税目条款办理，不再多征收。”

这位稽查员的身上，显露出了人性的一个常见的弱点，即希望得到别人的认同。当派逊跟他争辩的时候，他显得十分有权威，希望以此来建立自尊，而当派逊认同他的时候，他就随即变成了一个和善的、有同情心的人，从而自然而然地停止了争论。

释迦牟尼说过：“恨永远无法止恨，只有爱才可以止恨。”因此，误会不能用争论来解决，而必须运用一定的外交手腕和给予别人的认同来解决。

林肯曾经这样斥责一位与同事争吵的军官：“一个成大事的人，不应处处与人计较，也不应花大量的时间去和他人争论。无谓的争论不仅会有损你的教养，而且会让你失去自控力。尽可能对别人谦让一些。与其挡着一只狗，不如让它先走一步。因为如果被狗咬了一口，就算你把这只狗打死，也不能治好你的伤口。”我认为，林肯的话也应该成为你的行动准则。

在推销中也是如此。真正的推销术不是争论，即使是不露声色的争论。

永远不要指责他人的错误

◎ 尊重他人的意见，不要随便地给出你的判断。

◎ 在你指出他人的过错之前，想一想这样做是否有好处。

◎ 判断别人的对错，不一定要根据自己的原则，可以试着用他人的原则，可以设身处地地想一想。

◎ 争辩得胜只能使你得不偿失，逞一时之快不会给你带来更多的好处。

在我研究青年时代的林肯的时候，我惊奇地发现：胸襟博大的林肯一开始竟然是一个以指出别人的错误为乐的人。在他年轻的时候，他非常喜欢对别人进行评论，并且经常写信讽刺那些他认为很差劲的人。他常常把信直接丢在乡间路上，使别人散步的时候能够很容易看到。即使在他当上了伊里诺州春田镇的见习律师以后，他还是经常在报纸上抨击那些反对者。

1842年的秋天，林肯经历了一件令他刻骨铭心的事情。当时他写了一封匿名信发表在《春田日报》上，嘲弄了一位自视甚高的政客詹姆斯·希尔斯。这封信使希尔斯受到了全镇人的讥笑。希尔斯愤怒不已，全力追查写信人，最后查到是林肯写的那封信。他要求和林肯决斗，以维护自己的名誉。本来林肯并不喜欢决斗，但是却无可奈何，只能答应。他选择了骑士的腰刀作为他的武器，并且请了一位西点军校毕业生来指导他的剑术。

在接下来的日子里，林肯一直处在一种十分愧疚和自责的状态下，因为这一切都是他指责对方的错误而导致的。他在这样的心态下等待着那惊心动魄的时刻的到来。幸好——非常意外地——在决斗开始的前一刻，有人出面阻止了这场决斗。

由于指责别人的错误而被迫与别人一决生死，这是多么愚蠢的一件事。林肯终于决定以后再不做这样的事情了。他不再写信骂人，也不再为任何事指责任何人。

内战期间，林肯好几次调换了波多马克军的将领，但是这些将领却屡次犯错。人们无情地指责林肯，说他用人不当。林肯并没有因此而对这些将领进行指责，而是保持了沉默。他说：“如果你指责和评论别人，别人也会这样对你。”他还说：“不要责怪他们，换作是我们，大概也会这样的。”

1863年7月3日开始的葛底斯堡战役是内战期间最重要的一次战役。7月4日，李将军率领他的军队开始向南方撤离。他带着败兵逃到了波多马克河边，他的前面是波涛汹涌的大河，身后是乘胜追击的政府军。对北方军队而言，这简直是天赐良机，完全可以一举歼灭李将军的部队，从而很快地结束内战。林肯命令米地将军果断出击，告诉他不用召开紧急军事会议。为了确保命令的下达，他不仅用了电报下令，另外还派了专门人员传达口信给米地将军。

结果呢？米地将军并没有遵照林肯的命令行事，而是召开了紧急军事会议。他借故拖延时间，甚至拒绝攻打李将军。最后，李将军和他的军队顺利地渡过了波多马克河，保存了实力。

当听到这个消息后，林肯勃然大怒——他从来没有这么愤怒过。失望之余，他写了一封信给米地将军。信的内容是这样的：

“亲爱的米地将军：

我不相信，你也会对李将军逃走一事感到不幸。那时候，他就在我们眼前，胜利也就在我们眼前。而现在，战争势必继续进行。既然在那时候你不能擒住李将军，如今，他已经到了波多马克河的南边，你怎么取得胜利？我已经不期待你会成功，而且也不期待你会做得多好。机不可失，时不再来，我对此深感遗憾。”

你可以猜测一下米地将军读到这封信的时候会有什么表情。但是，你可能会感到意外的是，他根本没有收到过这封信，因为这封信林肯并没有寄出去——人们是在一堆文件里发现它的。

林肯忘记把这封信寄出去了吗？这是不可想象的。众所周知，这是一封十分重要的信件。有人回忆了当时的情景：

“这仅仅是我的猜测……”林肯在写完这封信时，心里想道，“当然，也许是我性急了。坐在白宫，我当然能够看得更加清楚，也更加能够指挥若定。但是，如果我在葛底斯堡的话，我成天看见的是因为伤痛而号哭的士兵，或者成千上万的尸骨，也许那样，我就不会急着去攻打李将军了吧！我一定也会像米地将军一样畏缩的。现在，既然事情已经发生了，惟一能做的就是承认它。至于这封信，如果我把它寄出去的话，我想除了让自己感到愉快之外，将不会有任何其他的好处。相反，它会使米地将军跟我反目，迫使他离开军队，或者断送他的前途。这是大家都不愿意看到的。”

于是，林肯把那封已经装好的信搁在了一边。因为他相信，批评和指责所得的效果等于零。

林肯总统从以前总爱指出别人的错误到后来如此宽容的巨大转变，给我们树立了一个榜样。他以自己的切身经验告诉我们：永远不要指责他人的错误。

当年，西奥多·罗斯福入主白宫的时候说，如果他在执政期间能有75%的时候不犯错，那就达到了他的预期目的了。这位20世纪最杰出的人物尚且如此，那么作为普通人的你我呢？假如你确定自己能够做到55%的正确率，你就可以去华尔街，在那里你可以日进100万美元，丝毫没有问题。如果你没有这样的把握，那么你也不要去说别人哪里对哪里错了。

我现在已经不再像以前那样轻易地确定任何事了。20年以前，我几乎只相信乘法表；现在，我开始对爱因斯坦的书里所说的感到怀疑；而20年后，我或许也不再相信这本书里所说的话了。苏格拉底的那句话说得实在很精彩：“我只知道一件事，那就是我什么也不知道。”我不敢跟苏格拉底相比，因此我也尽量不告诉别人说他们错了。

事实上，大多数人都不会进行逻辑性的思考，他们都犯有主观的、偏见的错误。多数人都有成见、忌妒、猜疑、恐惧以及傲慢的心理，而这些缺点将给他们的判断带来影响。如果你习惯于指出别人的错误的话，请你认真阅读下面的这段文字。它摘自于著名心理学家卡尔·罗吉斯的《怎样做人》一书。

“当我尝试了解他人的时候，我发现这实在很有意义。对此，你可能会感到奇怪，你可能会想：我们真的有必要这样去做吗？我认为，这是绝对必要的。我们在听到他人说话的时候，第一反应往往是进行判断或进行评价，而不是尽力去理解这些话。当别人说出某种意见、态度或想法的时候，我们总是会说‘不错’、‘太可笑了’、‘正常吗’、‘这太离谱了’等等评论性的话。而我们却很少去了解这些话对说话别人有什么意义。”

另外，詹姆斯·哈维·鲁宾逊教授在《决策的过程》中写了下面一段话，对我们也很有启迪意义。

“……我们会在无意识中改变自己的观念。这种改变完全是潜移默化而不被我们自己注意的。但是，一旦有人来指正这种观念，我们一般会极力地维护它。很明显，这并不是因为观念本身的可贵，而是因为我们的自尊心受到了伤害……在为人处世时，‘我的’这个词既简单又重要。妥善地处理好这个词，是我们的智慧之源。无论是‘我的’饭、‘我的’狗、‘我的’屋子、‘我的’父亲，还是‘我的’国家、‘我的’上帝，都拥有同样巨大的力量。我们不仅不喜欢别人说‘我的’手表不准或‘我的’汽车太旧，也不喜欢别人纠正我们对于火星上水道的模糊概念、对于E·Pictetus一词的读音，以及对于水杨素药效的认识，或对于亚述王沙冈一世生卒年月的错误……我们总是愿意相信我们所习惯的东西。当我们所相信的事物被怀疑时，我们就会产生反感，并努力寻找各种理由为之辩护。结果怎样呢？我们所谓的理智、所谓的推理等等，就变成了维系我们所习惯的事物的借口了。

在这样的情况下，我们得出的判断可靠吗？当然不可靠。既然自己都不能确信自己就是对的，我们还有资格对别人指手画脚吗？

当然，如果一个人说了一句你认为肯定错误的话，而且指出来对你们的交流会有好处的话，你当然可以指出来。但是，你应该这么说："噢，原来是这样的。不过我还有另外一种想法，当然，我可能不对——我总是出错。如果我错了，请你务必毫不客气地指出来。让我们看看问题所在。"

用这类话，比如"我也许不对"、"我有另外的想法"等等，确实会收到神奇的效果。无论何时，无论何地，不会有人反对你说"我也许不对，让我们看看问题所在"。

柏拉图曾经告诉人们这样一个方法："当你在教导他人时，不要使他发现自己在被教导；指出人们所不知的事情时，要使他感到那只是提醒他一时忽略了的事情。你不可能教会他所有的东西，而只能告诉他怎么处理这种事情。"英国19世纪的著名政治家查斯特费尔德对他的儿子这样说："如果可能，你应该比别人聪明；但绝不能对别人说你更加聪明。"

永远不要这么说："我要给你证明这样……"这对事情无益，因为你等于在说："我比你聪明，我要告诉你这样去做才是对的。"你以为他会同意你吗？绝对不会，因为你直接打击了他的智慧、他的判断力以及他的自尊。这永远不会改变他的看法，他甚至有可能起来反对你。即使你用严谨如柏拉图或康德的逻辑来和他辩论，你也不能改变他的看法。因为，你已经伤害了他的感情。

如果你确定某人错了，就直截了当地告诉了他，那么结果会怎么样呢？让我们来看看具体的事例，因为事例可能更有说服力。

F先生是纽约的一位青年律师，最近参加了一个重要案件的辩论。这个案件由美国最高法院审理。在辩论中，一位法官问F先生："《海事法》的追诉期限是6年，是吗？"

F先生有些吃惊，他看了法官一会儿，然后直率地说："审判长，《海事法》里没有关于追诉期限的条文。"

人们顿时安静了下来，法庭中的温度似乎降到了零度。F先生是对的，法官是错的，F先生如实地告诉了法官。但是结果如何呢？尽管法律可以作为F先生的后盾，而且他的辩论也很精彩，可是他并没有说服法官。

F先生犯了一个大错，他当众指出了一位学识渊博、极有声望的人的错误，所以他失败了。他这样做有益于事情的解决吗？事实证明，一点也没有。

即使在温和的情况下，也不容易改变一个人的主意，更何况在其他情况下呢？当你想要证明什么时，你大可不必大声声张。你需要讲究一些策略，使对方在不知不觉中接受你的观点。

如果你想要在这方面找一个范例的话，我建议你读一读本杰明·富兰克林的自传。在这本书里，富兰克林讲述了他是如何改变争强好胜、尖酸刻薄的个性的。

富兰克林年轻的时候总是冒冒失失。有一天，教友会的一位老教友教训了他一顿："你可真的是无可救药。你总是喜欢嘲笑、攻击每一个跟你意见不同的人，而你自己的意见又太不切实际了，没人接受得了。你的朋友一致认为，如果没有你，他们会更加自在。你知道的东西太多了，没有什么人能够再教你什么，而且也没有人愿意去做这种事情，因为那是吃力不讨好的。可是呢，你现在所知又十分有限，却已经学不到什么东西了。"

富兰克林决定接受这尖刻的责备，实际上他那时候已经很成熟和明智了，但是他知道这是事实，而且对他的前途有害无益。富兰克林回忆说：

“我订下了一条规矩：不许武断、不允许伤害别人的感情，甚至不说‘绝对’之类的肯定的话。我甚至不容许自己在自己的语言文字中使用过于肯定的字眼，比如‘当然’、‘无疑’等等，而代之以‘我想’、‘我猜测’、‘我想象’或者‘似乎’。当我肯定别人说了一些我明明知道是错误的话，我也不再冒冒失失地反驳他，不再立即指出他的错误来。回答时，我会说‘在某种情况下，你的意见确实不错；但是现在，我认为事情也许会……’等等。很快地，我就发现了我的改变所带来的效果。每次我参与谈话，气氛都变得融洽和愉快得多。我谦逊地表达自己的意见，不但让别人能够容易接受，而且还会减少一些冲突。而当我犯了错误的时候，我也不再难堪；当我正确的时候，更加容易使对方改变自己的看法而赞同我。

“一开始，采取这种方法的确跟我的本性相冲突，但是时间一长，也就越来越习惯了。在过去的50年里，我没有再说过一句过于武断的话。当我提议建立新法案或修改旧法律条文能得到民众的重视，当我成为议员后能具有相当大的影响力，都要归功于这一习惯。虽然我并不善辞令，没有什么口才，谈吐也比较迟缓，甚至有时还会说错话，但一般而言，我的意见还是会得到广泛的支持。”

在这一小节中，我并没有讲什么新的观念。你要知道，在将近2 000年前，耶稣就已经说过：“尽快跟你的敌人握手言和吧！”而在耶稣诞生之前的2 000多年前，古埃及国王阿克图告诫他的儿子说：“谦虚而有策略，你将无往不胜。”我们似乎也可以这么理解：不要同你的顾客或你的丈夫争论，不要指责他错了，不要刺激他，你需要讲究一些策略，这样你才会成功。这就是我要讲的。

你可以不同意他人的意见，同时你也要想一想，他人也可以不同意你的意见。

勇敢地承认自己的错误

◎ 记住这句古话：“争斗永远无法使你得到满足，而让步将使你得到的比你期望的更多。”

◎ 有错就勇敢地承认，这正是所有伟大的人物所具有的高尚品格。

◎ 不要害怕别人会笑话你主动承认错误，事实上，如果你不承认的话，他们不但会给你指出来，而且更容易讥笑你的怯懦和虚伪。

乔治·华盛顿总统在很小的时候就显示出了许多优秀的品格。他家的种植园中种有许多果树。有一次，乔治的父亲华盛顿先生从太洋对岸买了一棵品种上佳的樱桃树。华盛顿先生非常喜爱这棵樱桃树，他把树种在果园边上，并告诉农场上的所有人要对它严加看护，不能让任何人碰它。

一天，华盛顿先生交给乔治一把锋利的小斧子，让他去清理杂树，然后自己就出去了。乔治十分高兴自己拥有一把锋利的小斧子，拿着它在种植园中乱砍杂树。可能是因为太高兴了，他一不小心就砍倒了那棵樱桃树。

那天傍晚，华盛顿先生忙完农事，把马牵回马棚，然后来果园看他的樱桃树。没想到，自己心爱的树居然被砍倒在地。他问了所有人，但谁都说不知道。就在这时，乔治恰巧从旁边经过。

“乔治，”父亲用生气的口吻高声喊道，“你知道是谁把我的樱桃树砍死了吗？”

乔治看到父亲如此愤怒，他意识到是自己的一时冲动闯了祸。他哼哼叽叽了一会儿，但很快恢复了神志。“我不能说谎，”他说，“爸爸，是我用斧子砍的。”

华盛顿先生这时候已经冷静了下来，他问乔治：

“告诉我，乔治，你为什么要砍死那棵树？”

“当时我正在玩，没想到……”乔治回答道。

华盛顿先生把手放在孩子肩上。“看着我，”他说道，“失去了一棵树，我当然很难过，但我同时也很高兴，因为你鼓足勇气向我说了实话。我宁愿要一个勇敢诚实的孩子，也不愿拥有一个种满枝叶繁茂的樱桃树的果园。一定要记住这一点，儿子。”

乔治·华盛顿从未忘记这一点。他一直像小时候那样勇敢、受人尊敬，直至生命结束。

我们中的大多数人都像乔治·华盛顿一样，从小就被教育要诚实，但很遗憾的是，我们中的大多数人已经做不到这一点了。当然，我们可以找出各种理由来为自己辩解，来使自己能够既撒谎又心安理得。在多数情况下，我们为了维护自己的尊严，或者出于自我保护而拒绝承认自己的错误，即使承认错误不会给我们带来任何惩罚——拒绝承认错误好像成了一种下意识的行为，就算我们并不清楚是为什么。

这是一种可怕的行为。如果你确认自己犯了错误，惟一能做的就是承认它。这并不会给你带来多么严重的后果。愚蠢的人，总会想办法为自己的错误辩解或者掩饰，而聪明的人却恰恰相反，他们通常会毫不掩饰地承认自己的错误，因为这会给他带来更多的东西。

在纽约的一家汽车维修店里，曾经发生过一件勇敢地承认自己错误的事情。

布鲁士新进这家维修店不久，就因为热情的工作态度得到了老板和同事们的一致好评。

但是有一天，布鲁士由于一时大意，把一台价值5 000美元的汽车发动机以2 500美元的价格卖给了一位顾客。同事们给他出主意，让他立即追回那位顾客；如果追不回，还可以私下里垫上这2 500美元。可是布鲁士觉得这些方法都不好，他决定向老板承认错误。那些同事阻止他，认为他这么做简直太蠢了，因为这会导致他失去这份工作。但是布鲁士却坚持自己的意见。

布鲁士拿着一个装了钱的信封来到了老板的办公室。“对不起，布朗先生，”布鲁士说道，“今天，由于个人的原因，我犯了一个很大的错误，使维修店损失了2 500美元。我为我犯了这样的错误而感到羞耻，并打算辞去这份工作。在走之前，我打算把这笔损失补上。这是我的2 500美元赔款，请您收下。”

老板听后，沉默了一会儿，然后对布鲁士说：“你真的打算这么做吗？”

“是的，布朗先生，”布鲁士回答道，“我把发动机的价格搞错了，确实是我犯下了这个错误，因此只有我自己来承担这个责任。我本来可以去找那位顾客，但是这样会损害维修店的声誉。而我，对这件事情负有全部的责任。因此，我只能这么做。”

布鲁士这种勇敢承认自己错误的行为打动了老板。他知道，任何人都会犯错误，关键是要有承认和改正自己的错误的勇气。所以，老板并没有批准布鲁士辞职，而是给了他更大的发展空间，也更加器重他，而布鲁士则因为勇敢地承认自己的错误而获得了比2 500美元多得多的东西。

史狄芬是一家裁缝店的老板，由于他经营有道，裁缝店的生意很好。一天，一位叫哈里斯的贵妇人来到店里，要求赶做一套晚礼服。史狄芬做完礼服之后，却发现礼服的袖子比要求的长了半寸。不幸的是，他已经没有时间再进行修改了，因为哈里斯太太规定的时间已经到了。

当哈里斯太太来到店里取她的晚礼服的时候，她并没有发现有什么问题。她试穿上晚礼服，发现它为自己平添了许多气质，于是连连称赞史狄芬的高超手艺。不料，等她试完之后打算按照原定的价格付钱时，史狄芬却拒绝接受。于是，哈里斯太太问他为什么。

“太太，”史狄芬说，“我之所以不能收你的钱，是因为我犯了一个很大的错误——我把你的晚礼服的袖子做长了半寸。我很抱歉，我希望你能够原谅我。如果你能够给我一点时间的话，我将免费为你把它做成你需要的尺寸。”

哈里斯太太听完话后，一再强调她对这件礼服很满意，而且并不在乎袖子长那么半寸。但是，她却无法说服史狄芬接受这套礼服的钱，最后，她只得让步。

哈里斯太太回去对她的丈夫说：“史狄芬以后一定会出名的，他认真地工作、精湛的技术、诚恳的态度使我坚信这一点。”

事实果然如此，史狄芬后来成为了世界有名的服装设计师。

我可以举出上千个这样的例子来，但是我没有必要这么做。这个道理人人都懂，只是实行起来有一些困难罢了。我想要强调的是，如果你确实想要成功，就一定要勇敢地承认自己的错误。

承认错误时一定要诚恳。让人们相信，你真正认识到了这一点，并且将会尽力去改正。

使对方一开始就说“是”

◎ 站在对方的立场上看问题，以对方的原则来说服他自己。

◎ 从最基本的问题——一个能轻易地得到“是，是”回答的问题——问起，不要吝于做这样的简单的事情。

◎ 如果你问到了一个对方可能回答“不”的问题，不妨巧妙地换一个问题。

◎ 你需要抓住事情的关键，把你最基本的问题巧妙地引导到关键问题上去。

伟大的苏格拉底是历史上赫赫有名的思想家。他所做的事情没有几个人能够做到。他彻底改变了人类的思想进程，同时也是最影响这个世界的劝导者之一。

他的方法是告诉别人他们是错误的吗？当然不是。他的方法被称为“苏格拉底辩论法”，就是以对方肯定的答复作为这种方法的辩论基础。他提出的每一个问题，都会得到别人的赞同；然后，他连续不断地获得肯定的答复；最后，反对者会在不知不觉中承认苏格拉底的观点而放弃自己的观点。

这是不是很神奇呢？是的，但是如果你愿意的话，你也可以做到。方法很简单，那就是记住一开始的时候，要不断地让对方说“是，是”，千万不要让他说“不”。

在跟人交谈的时候，不要一开始就谈论一些你们可能有分歧的事，你应该先强调你们都同意的事，并且需要不断地强调。然后，强调你们双方都在追求同一目标，试着让对方知道，即使你们有分歧，那也只是方法上的分歧，而不是目标上的。

先让我们来看一个例子。

纽约格林尼治储蓄所的出纳员詹姆斯·艾伯森是卡耐基训练班的学员，他曾经对这个策略深有感触。

“那天，”詹姆斯·艾伯森回忆说，“一个人走进来要开户，我让他先填写一些表格，其中有些问题他愿意回答，另外一些他根本不想回答。如果在以前，遇到这种情况，我会告诉这位顾客，如果他不向我们提供这些资料，我们就会拒绝为他开户。那样的‘警告’使我很愉快，因为这好像在说只有我说话才算数。但是，显而易见，这样的态度将使我们的顾客有不被重视的感觉。

“因为上了训练班的有关课程，我决定不跟他谈银行的规定，而是谈顾客的需要。所以，我同意了他的做法。我告诉他说，那些他拒绝填写的内容并不是绝对必要的。

“‘但是，’我引导他说，‘假如你去世，你不希望把存在我们银行的钱转移给你的亲属吗？

"'当然。'他说。

"'难道你认为，'我继续说，'将你最亲近的亲属的一些资料告诉我们，使我们能够在你万一去世的时候准确无误地实现你的愿望，不是一个很好的办法吗？'

"'是的。'他又说。

"就这样，最后他终于相信我们要这些资料的目的是为了他，他的态度就转变了。他不仅把他自己的全部资料告诉了我，还根据我的建议，开了一个信托账户，指定他的母亲为受益人，并爽快地填写了关于他母亲的详细资料。"

詹姆斯·艾伯森发现，一旦让那个顾客开始就说"是，是"，顾客便忘了他们之间的争执，并且愿意做詹姆斯所建议的事。

如果让人一开始说"不"，会有什么后果呢？我们来看看阿弗斯特教授在他的《影响人类的行为》一书中所说的一段话：

"一个'不'的反应，是最难克服的障碍。人只要一说出'不'，他的自尊心就会促使他固执已见。当然，也许以后他会觉得'不'是不恰当的，然而一旦他考虑到宝贵的自尊，他就会坚持到底。所以，一开始就让人对你采取肯定的态度极为重要。"

他接着说，人的这种心理模式显而易见。当一个人说了"不"以后，如果他的内心也加以否定，他全身的各个组织都会协调起来，一起进入一种抗拒状态；反过来，如果他说了"是"，情况就会恰好相反——他的身体就会随之处于前进、接受和开放的状态，这将有利于改变他的看法或意志，使谈话朝积极的方向发展。

如果一开始的时候就使一位学生、顾客或你的孩子、妻子说"不"，那么，即使你有神仙般的智慧和耐心，也无法使那种否定的态度变为肯定。

其实，想得到对方的肯定其实并不难，只是人们忽略了如何去做。人们总是希望一开始对方就同意自己的看法，如果别人不同意的话，就急切地想驳倒对方，以获得对方的认同。他们或许认为这样做能够显示出自己的高明和突出。然而不幸的是，这种态度往往会适得其反。所以，最好的办法就是，一开始就让对方说“是，是”。

西屋公司的推销员雷蒙负责推销的区域内有一位富翁。雷蒙的前任和他花了13年的时间对这位富翁进行推销，但是直到最近，才使这位富翁答应购买了几部发动机。而当雷蒙再次去拜访他的时候，他却声称以后不会再订购西屋公司的发动机了，原因是他认为这些产品太热，不能把手放在上面。

雷蒙知道如果与他争辩的话，无疑会是徒劳。于是雷蒙打算找出让对方说“是”的方法来。

雷蒙对那位富翁说：“史密斯先生，我完全同意你的看法。如果我公司的发动机确实过热的话，你不应该再买。你花了钱，当然不希望买到热量超过标准的发动机，是不是？”

“是的。”史密斯说。

“你知道，”雷蒙接着说，“电工行会的规定是，一架标准的发动机的温度不能比室内温度高72华氏度，是这样吗？”

“是的。可是你的发动机却高出了这一温度。”史密斯说。

“你工厂的温度是多少？”雷蒙问他。

“75华氏度。”史密斯想了一会儿然后说。

“这就对了，”雷蒙笑着说，“75华氏度加上72华氏度等于147华氏度。如果你将手放在147华氏度的水里，你会不会被烫伤呢？”

史密斯不得不说：“会的。”

“那么，”雷蒙继续说，“我建议你最好不要把手放在147华氏度的发动机上面。”

“我想你是对的。”史密斯说。接着他们又谈了一会儿，最后，史密斯答应在下个月订购西屋公司35 000美元的产品。

雷蒙总结说：“我最后才知道，争辩不是聪明的办法。我们要站在对方的立场上去看问题，要设法让对方说‘是，是’，这才是真正的迈向成功的方法。”

你必须戒除“诡辩”的种种可能，要让对方心悦诚服，而不是感觉自己钻进了你的陷阱。

必须了解对方最关心的、认为最重要的问题，让对方在这样的问题上回答“是，是”。

牢记他人的名字

◎ 首先，要明白记住别人的名字是一件十分重要的事情，这样你才会注意做这件事。

◎ 叫出别人的名字，比你费九牛二虎之力去做其他事情更加有效，它是一件事半功倍的事情。

◎ 要在你的谈话中直接称呼对方的名字，这样不但会使你对这个名字更加有印象，而且能够拉近你们的距离。

有钱人常常出钱资助那些穷困的作家、艺术家和音乐家。他们希望这些文艺家能够把作品献给他们，使他们的名字随着这些作品得以流传。在我们的图书馆和博物馆里，最有价值的艺术品往往由那些希望人们记住他们名字的有钱人捐赠。比如，纽约图书馆里有埃斯德家族与里洛克家族的藏书，大都会博物馆则保存着本杰明·埃特曼与J.P.摩根德的签名书信，而几乎每一个教堂里都镶嵌上了彩色玻璃，用来纪念那些捐赠者。

这说明人们总是非常重视自己的名字，并希望别人能够记住。如果想要给人好感，最简单、最明显而又最重要的方式，莫过于能够随口喊出对方的名字。因为这样，你就给了别人受重视的感觉——而据我所知，每个人都希望拥有这种感觉。这种方法可以说是屡试不爽。

在记住别人的名字方面，富兰克林·罗斯福总统是一个典范。众所周知，罗斯福总统是这个世界上最忙的人之一。但是他知道记住别人名字的重要性，所以舍得花时间去记住那些人。

一次，克莱斯勒公司特意为罗斯福总统制造了一辆汽车，总经理张伯伦和一位机械师将这辆汽车开到了白宫。在张伯伦的信里，他记述了当时的情形：

“我教罗斯福总统如何驾驶一辆配置了许多特殊部件的汽车，而罗斯福总统也教给了我许多为人处世的道理。

“总统非常高兴我被召入白宫，他立刻就叫出了我的名字，这使我非常高兴。令我印象尤为深刻的是，他确实很注意我为他所作的说明。这辆汽车进行了特殊设计，非常完美，可以完全用手进行操作。

“总统说：‘这辆汽车真是太完美了。只要按下这个按钮就可以开动它，而且可以毫不费力地进行驾驶。我不知道它是怎么工作的。我希望自己能有时间对它进行研究，看看它是如何工作的。’

“当总统的许多朋友和同事都围在四周称赞这辆汽车时，他又当着大家的面对我说：‘张伯伦先生，你设计这辆车花了大量的时间和精力，非常感谢你。这辆车简直太棒了！’

“然后，他又对车内的散热器、特制反光镜、时钟、特制的照明灯、椅垫的款式、驾驶座位、刻有他姓名缩写字母的特制衣箱等加以赞赏——他注意到了每个细节，对于我所付出的心血给予了极大的褒奖。他还特意让罗斯福夫人、秘书波金女士、劳工部长等人注意这些部件。他甚至嘱咐他的黑人司机，对他说：‘乔治，你可要好好照顾这些衣箱。’

“上完驾驶课程之后，总统对我说：‘好了，张伯伦先生，我已经让联邦储备委员会的委员们等我30分钟了。我想我应该回去工

作了。’

“我当时带了一位机械师。这位机械师是一个很害羞的人，在我们说话的时候，他总是站在后面。尽管他自始至终没有和总统说过一句话，而且总统也只听我介绍过一次他的名字，但出乎意料的是，当我们离开的时候，总统特意找到这位机械师，并与他握手，还叫出了他的名字，对他来到华盛顿表示感谢。我能感觉出来，他的感谢一点都不做作，而是真心诚意的。

“几天之后，我收到了一张罗斯福总统亲笔签名的照片，照片后面还附有简短的对我的帮助表示感谢的言辞。作为一位国家元首，罗斯福总统怎么会有时间来做这样的事情呢？这真的让我难以置信。”

罗斯福总统何以给张伯伦先生如此深刻而美好的印象呢？当然不是因为他是国家元首，而是因为他给了人一种被重视的感觉。为什么他能给人这种感觉？原因很简单：他非常尊重他们，并且记住了他们的名字。

作为一个政治家，记住选民的名字，往往是他的第一堂课，而如果忘记了他们的名字，你将会很失败。在每个人的事业和商业交往中，记住别人的名字也很重要。

得克萨斯州商业股份有限公司董事长班顿拉夫有这样的感触：公司越大，人们之间的关系就会越冷漠。他认为，记住别人的名字，是惟一能使公司氛围变得融洽的办法。

洛克帕罗是加利福尼亚州一家航空公司的服务员，她经常训练自己记住旅客的名字，并注意在服务时叫他们的名字。这使得旅客感到很亲切。有的旅客会当面表扬她，而有的则会写信到公司表扬她。有一封表扬信这样写道：“我很久没有坐你们公司的飞机了。但是从现在开始，我决定以后只坐你们公司的飞机。你们亲切的服务让我觉得你们公司似乎是属于我个人的，这一点十分重要。”

大多数人常常不记得别人的名字，原因多数是他们没有注意到这件事情的重要性。现在，你既然已经知道记住别人的名字有多么重要，为什么还不花点时间和精力去做这件事情呢？

拿破仑的侄子——拿破仑三世曾经说："虽然我很忙，但是我不会忘记所听过的每个人的姓名。"

这不是因为他的记忆力很强，而是因为他的方法非常好。其实，他的方法十分简单。如果他没有听清楚对方的名字，他就会请求对方再说一遍；如果这个名字不常见的话，他会请求对方把这个名字拼写出来。而在谈话的过程中，他会将对方的名字反复记忆，并把它跟其长相、外表和其他特征结合起来。会见完的时候，他通常会把那个名字写下来，然后盯着它看很久，直到确认自己已经牢牢地记住了它才肯罢休。这样一来，当然记得很牢了。

这样看来，记住别人的名字的确需要花一些工夫，但是这显然是值得的。爱默生说过："礼貌，是由小小的牺牲换来的。"如果你打算融入这个社会，成为交际场上成功的人，这点牺牲又算得了什么呢？

你可以做一些"姓名簿"之类的小本子，以便你记住每个和你接触过的人的名字。

如果你忘记了对方的名字，在下次见面之前，先通过一些途径打听到他的名字，并且把它记住。

第三章

影响命运的职场语言

讲话的方式很重要

◎ 在职场中的任何一个人都应该受到尊重——这是最基本的前提。

◎ 不要直接批评或指责别人，即使你拥有权威。

◎ 不要指使或命令别人怎么做，换一种方式达到这个目的。

一个人如果想要实现某个目标，只有一条路可以走，那就是：让自己的才能在工作中充分发挥出来，并且设身处地地为别人着想。让人颇感振奋的是，虽然工作总是让人很头疼，但是它的确既能够使人们实现自己的理想，又能推动社会的进步，进而实现自我的价值。正是工作使自我和社会完美地结合在了一起。

也许正因为工作如此重要，所以大部分人——几乎所有人——都希望自己能够在职场中获得成功，希望自己能够有更高的工资、更高的职位以及更多的来自他人的尊重。是的，人人都希望成功。但是关键在于，究竟怎样才能取胜？

在我的卡耐基口才训练班中，有90%的学员来自职场。他们中有全国有名的公司的高层领导，也有小公司的底层职员；有从事案头工作的文员，也有从事推销工作的推销员；有工作多年、经验丰富的人，也有很多刚刚迈进职场的新人。为什么他们一致地想到来我的卡耐基口才训练班呢？

“我希望能够处理好和同事、领导之间的关系，”洛杉矶的一家化妆品公司的策划经理娜色说，“因为正是这种关系决定了我未来的前途。我希望自己能够取得成功。”

“那么，你认为口才能够帮助你做到这一点？”我问她。

“是的。”她非常肯定地说。

虽然娜色说得有些绝对——导致一个人成功的原因是非常复杂的——但是她的确说出了口才对于那些在职场中的人们的重要性。如果说一个人在职场中成功的20%的因素是他的其他个人才能的话，那么还有80%来自于他口才的贡献。

一般人往往忽视了这一点，尤其是那些职场新人。他们认为，只要能够在工作中发挥出色，就能够使自己在职场中取胜。只有经过一段时间以后，他们才会发现，仅凭自己的知识和技能，而忽视与别人的沟通和合作，是无法完成所有工作的。更加重要的是，在多数情况下，你展现自己的知识和技能的时候，如果对方不能理解你，那么你也不会成功，更不用说在职场中取胜了。

要想在职场中取胜，需要注意下面一些问题。

曾经有来自各行各业的很多学员向我抱怨，说他们拥有相当高的才能，却没有办法取得成功。我知道他们的问题之所在。实际上，大部分职场中的人都有一个误解，很大的误解。他们认为，在职场中要成功，要得到更高的薪水和职位，只有一个办法，那就是让自己的工作出色。

事实并非如此。“一切都是人跟人之间的问题。”有一天，史考伯先生很有感慨地对我说道。他的这句话十分有道理，在职场中也是如此。

那些职场中的人们有时候会非常惊讶地发现，讲话的方式有时候甚至比讲话的内容更加重要。如果想要领导同意自己的某个计划，不仅需要这个计划很出色，更加重要的是要让他相信这一点；让下属努力工作的方法不是命令他们这么做，而应该是鼓励和建议他们这么做；同事不会因为出色的工作而尊重你，除非你也尊重他们。

威尔逊是美国某连锁店的老板，每周他都会举行一次经理会议。某一年夏天，由于市场疲软，几家店的业绩连续几个星期都在下滑。威尔逊打算批评这些经理，但是，他并不打算直接对他们进行批评，因为这样对公司没有任何好处。所以，在会议一开始的时候，威尔逊极力赞扬了这些经理，肯定了他们为公司作出的很大的贡献——在市场这么疲软的状态下，都只是稍微减少了公司的利润。

本来打算为自己辩护的经理们对威尔逊的赞扬十分认同，他们感到自己受到了重视，心情自然就开始好起来，一个个都精神焕发。威尔逊的话音刚落，马上就有一位经理站起来发言。他对自己经营的店面的业绩下滑展开了自我批评，认为自己完全可以做得更好。他向威尔逊表示，他打算在下一阶段推行一些新的政策，力争使业绩能够回升。其他的连锁店经理也纷纷表明了自己的意见和决心。这种热烈的场面是以前从来没有过的。

威尔逊作为连锁店的老板，具有绝对的权威。但是他明白用强迫的方式不一定能够达到自己的目的，因此就用了另外一种说话的方式。事实证明，采用这种方式的确取得了成功。

如果说领导对下属说话应该注意说话的方式，那么下属对领导说话就更加应该注意。下面是一个十分有代表性的例子：

德国一家著名的电器公司在某一年推出了一个新产品。他们准备设计一个出色的商标，并重点把这个新产品推向日本市场。

这家公司的总经理设计了一个商标，并自鸣得意。在一次会议上，他提议大家对他设计的商标进行讨论。会上，这位总经理说：

“我想，这个商标绝对是非常合适的。它的主题图像是太阳，这使它看起来像日本的国徽。日本人一定会喜欢它的。”

看得出来，这是次没有多少实际意义的会议，因为大家似乎都只有一种选择，那就是同意总经理的意见。所以，绝大多数人都极力赞扬这个商标设计得非常出色。

但是，一个年轻人——广告部的经理，站了起来说：“这个商标并不非常合适。”

这时候所有人的惊奇的目光都集中在了他的脸上，总经理也露出了惊讶的表情。大家都等着他继续往下说。

“它设计得太完美了，”这位年轻的经理不慌不忙地继续说道，“毫无疑问，日本人一定会喜欢这样的商标。但是问题在于，我们的商品并不全部销往日本，也销往其他亚洲国家。他们都会喜欢吗？”

这样，他不但给总经理留了面子，而且也巧妙地暗示了这个商标的错误。总经理在会后说，这位经理的话简直是“再高明不过的语言”了。

一般人如果认为自己的意见比领导的好，就会直接向领导提出来。他们满以为领导会接受他们的意见，但是事实往往与他们想象的相反——领导拒绝了他们的意见。于是他们就开始抱怨这个领导过于独断、自私和蛮横。

实际上，每个人都有这些性格特征，只是有没有表现出来而已。当自己的意见被下属否定时，领导一定会产生一种不满意感，觉得很没有面子，从而失去客观的立场。这样一来，他拒绝下属的意见也是顺理成章的了。

这位年轻的经理成功地使领导接受了他的意见。为什么他能够成功？因为他采用了正确的表达方式。

而就同事之间而言，说话的方式也很重要。相对于领导和下属之间的关系而言，同事之间有的只是平等的合作。这样，如果你打算请求同事配合你的工作，你没有权力要求别人这么做，所以就应该特别注意说话的方式了。

总之，在职场中注意说话的方式，会使你游刃有余地活跃在这个大舞台上。

用委婉的方式求得别人的合作和共识。

与下属沟通要讲艺术

◎ 态度一定要诚恳。不要以那种高高在上的态度和下属说话，否则你必将收不到很好的沟通效果。当然，你的诚恳的态度不是一种妥协和退让，你仍然需要在必要的时候保持领导的权威。记住：过犹不及。

◎ 尊重你的下属，这是对方尊重你的前提。当然，对方可能会因为你的权威而被迫尊重你，但是这不是好的办法。

如果你是一个领导，那么你就不得不与你的下属——那些职位低于你的人——进行有效的沟通。可以说，沟通艺术是领导艺术中非常重要的一种。一个领导只有掌握了沟通艺术，才能成为一个好的领导。遗憾的是，很多领导与下属之间出现了沟通上的问题，这不仅对个人产生了很不利的影响，而且也阻碍了工作的顺利进行。

该如何有效地和下属进行沟通？我认为应该做到下面这几点：

清晰、明确地下达指令

很多领导喜欢长篇大论，这往往导致在说完某件事情后，下属们完全不明白他想要表达的意思究竟是什么。这是因为领导者在下属的心目中已经建立起了某种权威，他们说的每一个字、每一句话都会作为重要信息传达到下属的大脑里。正因为接受的信息过多，下属忽略了领导想要表达的重要信息。我并不想说这完全是领导者的责任，但是至少他应该承担大部分的责任。

清晰、明确地下达指令，这是对领导者的基本要求。用简洁、有力的话表达你的意思，让它们有效地传达到下属的脑海中去。尽量让你的指令没有歧义，也符合下属能够理解的水平。你考虑的不应该光是你想要表达什么，还应该包括听的人接受了什么。不要让自己的话漫无边际，只有等下属完全明白了你的意思，你才可以这么做——而且你的确不应该长篇大论，因为下属有他们自己的工作要做，他们不是来听你的高谈阔论的。

不要朝令夕改，要让你的指令都是你成熟的想法。许多领导者有许多新奇的想法，他们是高效率的“点子”生产机。他们经常会否定一个小时前的指令，而用新的指令去代替它。这让下属十分头疼，不知道该怎么去做，因为他们往往同时得到几个相互矛盾的指令。

对下属进行有效批评

当下属做错了一件事情，或者没有完成某件事情的时候，领导当然应该对其进行批评和训导。关键在于，你的出发点是想解决问题。

保持平静的态度。不要给下属一种正在被审判的感觉，你需要营造一种平和、认真的沟通气氛。只有在这样的气氛当中，你们才能有效地解决问题。

对事不对人。在你进行批评和训导的时候，应该让他觉得你并不是针对他本人，而是针对具体的事情进行批评的。你应该平静地指出问题之所在，并且以各种方式暗示对方，你的目的只是为了使工作做得更好，而不是图一时之快。

公正地指出下属所犯的错误和应该负的责任。任何一个错误都不会只由某一个人造成，并且，你的下属当然也不希望犯这样的错误。

不要给他一种罪不可恕的感觉，你应该指出他只是造成这个错误的一分子，并且应依照相关的规章制度客观地指出他应该承担的责任。

对其进行鼓励。不要忘记鼓励犯了错误的人，他们可能已经在某种程度上对自己失去了信心，急需别人给予肯定。当然，也不要忘记指导他们对错误进行改正。

随时和下属进行谈心

及时了解下属的想法和意见，是防患于未然的一个重要方法。谈心是一种最直接和最有效的沟通方式。要做到成功地与下属谈心，应该注意以下几点：

确定目标。确立你谈话的具体目标，明确谈话的主题，列出你可能和对方交换、传达的信息，然后安排好谈话的时间和地点——我认为不应该固定时间和地点。

了解下属。彻底了解你谈话的对象。要从下属的角度出发考虑谈话中可能会出现的问题，以及谈话会对他产生的影响。

引导谈话。将谈话引导到你的预定方向上去。当然，你可能也会得到很多意想不到的收获。

让下属服从命令

让下属服从自己的每一个指令，这是领导极希望看到的事情。“拿着大棒轻轻地走路”，这个外交政策在让下属服从你的时候正好适用。在你“轻轻走路”的时候，如果你能够找出别人需要什么，然后告诉对方你能够满足对方，那么你就成功地控制了你的下属。

在这一阶段你可以采取以下3种方式满足对方的需求：

称赞对方。称赞这一古老的方法依旧有效。告诉对方他干得十分出色，你实在很需要他，这样他就会听从你的命令。

让对方明白这一工作对他很有用。了解他的需求，告诉他这项命令正是能够满足他的需求的，这样他就会很自然地为你效命。

给他实际好处。告诉他如果他能够干得出色，就将得到很多实际的好处。这一方法很有用，但是你需要付出点儿东西，而上面两种方式不需要你付出什么。

如果你在第一阶段遭到了失败，不要灰心。不要忘记你是领导，把你的大棒在他面前挥一挥，这样他很可能就会听命于你。不过，你最好尽量少地使用这种方法。

巧妙地拒绝下属

当下属向你提出某个你不能满足的要求，或者提出某个你不同意的计划的时候，不要直接地拒绝，你应该学会拒绝的技巧。

对事不对人。让他明白这是公司的制度或者他的计划的确不行，对任何人你都会拒绝的。不过，你最好尽量少地以公司的制度来作为借口——如果他的确是那种可以通融的人才，不妨放他一马；如果正好相反，则告诉他你拒绝的理由。

换一种方案。为了使他容易接受，建议他换一种方案。比如，如果他想调整工作时间，但是现在公司却处在紧张的状态下，告诉他如果有同事愿意跟他调换的话，你可以同意他的要求。

拖延时间。这是一种不得已的办法，它可以帮助你暂渡难关。但是一段时间以后，对方还是会旧事重提的。不过，那时候也许你会有更加巧妙的借口。

设法驾驭你的下属，使他们积极地工作，这是你的最终目的。其他的问题对你来说都可以算是细枝末节。

指正别人错误的方法

◎ 在指正别人错误的时候，以不损害对方的自尊心为前提，否则对方会不自觉地对你产生抗拒。这样，你可能收不到任何效果。

◎ 指正错误的目的是让他接受并改正错误，从而对工作产生积极的态度。因此，所有的做法都应该以此为目标。

我在前面已经说过，不要指责别人的错误。因为这样做的话，别人不但不会承认错误，反而会对你产生反感。当别人做错了事情或者说错了话的时候，你应该怎么做？你应该采用委婉的方式指出来。

在职场中，你仍然需要——而且更加应该——这么做。如果说亲人、朋友犯了错误，你直截了当地指了出来，他可能因为了解你或跟你比较亲密而接受你的意见。

但是在职场中，情况就变得十分复杂。你和对方仅仅是工作上的关系，如果你直截了当地指出了对方的错误，可能会引起你们之间的误会。

我将把在职场中指正别人错误的方法的重点放在领导和下属之间的处理方法上，因为领导和下属之间的关系更加特殊。至于同事之间如何指正错误，则可以参考我前面讲过的内容。

不论你是否承认，领导在职场中都享有权威的地位，更加应该得到别人的尊重。基于这样一个前提，在你指出你的领导或者下属的错误的时候，可以采用下列一些方法：

暗示法

暗示法即用一种行为或语言向对方暗示其错误。我在前面也已经说过了暗示在一般人际关系中的运用。这是一种十分常见的方法。

美国一家百货公司的总经理约翰·艾德伦经常喜欢到自己的商场去巡视。一次，他看到一位顾客站在柜台前面看电视机，但是却没有一个服务员过来招呼她。那些服务员很忙吗？不是的，她们正在不远处有说有笑地闲聊，根本没有注意到这位顾客。艾德伦对这种情况十分不满，想要纠正这种不负责任的工作态度，但是他为了保全服务员的面子，所以运用了暗示的技巧。他自己走到那位顾客面前，为她介绍各种电视机的特点。最后，那位顾客买下了一台电视机。艾德伦让服务员把它包好交给顾客，然后一言不发地走了。

艾德伦自始至终都没有批评服务员。但是，这些服务员看到了这些情况，认识到了自己不负责的态度是错误的，所以以后也认真负责起来了。

先说出自己的错误

“我的错误是……”以这样的话开始，对方可能会对你所说的话表示出很大的兴趣。人们似乎更愿意看别人犯了什么错误，而对自己所犯的错误并不关心。

在指正别人的错误之前，先说出自己的错误，这样更加容易掌握谈话的主动权。在心理学上，这实际上是一种平衡心理在起作用。一般的人可能对自己一个人犯错误感到不可接受，如果你提醒他自己也有错误的话，会使他更加容易接受。

提醒法

用一种轻描淡写的方式提醒对方犯了错误。在一般的交流之中——由于不是很多——领导说的每一句话，下属都会仔细地聆听；而那些注重下属的领导也会如此。

在说话的过程中，尽量用一种轻描淡写的方式提醒对方犯了错误，这样就给了对方一个反思的空间。

“我听人说你最近心情不是很好，因此在工作上出了一些问题。”一位领导在下班后走出公司的时候，对他的下属说。这位下属说：“是的，不过我本不应该把我的情绪带到工作上来的。”如果这位领导非常正式地把下属叫到办公室，对他说同样的话，效果一定会大为不同。

那些聪明的人是不需要对方强调自己的错误的，他们都会从提醒中得到一些重要的信息，而那些并不怎么聪明的人，即使对他们进行了严厉的批评，效果也不会很好。当然，如果对方犯的错误的确很严重，已经或者将要给工作带来很大的麻烦，则应该用严肃和认真的语气提出来。

先赞扬后指正错误

先肯定后否定。虽然这种方法非常老套，但是却十分管用。这实际上也是一种平衡心理的方式。用赞扬拉近你和对方的心理距离，从而创造一个十分和谐和融洽的谈话氛围，这样对方就不容易因为你指正他的错误而对你产生抗拒了。

“你一直干得很出色……”以这样的方式开头，让对方知道自己的错误是一时不慎造成的，而并不是他一直以来都如此。另外，这种方式实际上是告诉了对方你对这件事情的态度：并没有因为这件事情而否定他。

如果是你的领导犯了错误，这种方法仍然管用。我们举过的那个经理否定总经理设计的商标的例子中，那位聪明的经理对总经理说：“这个设计太完美了。”谁不喜欢听这样的话呢?

那么接下来，领导自然会顺理成章地接受——只要你解释得合理。

指出正确的做法

这种方法十分高明。在整个谈话的过程中——你甚至可以在许多人参加的会议上这么去做——你并不需要提到对方犯了错误，而只需要直接告诉对方正确的做法是什么，从而让对方拿自己的去和正确的做法比较。这样做，对指正他的错误的效果也许会更大。

“我十分欣赏杰克。他上班从不迟到，对工作也相当认真。”你这么说，对方肯定会知道自己在某些方面没有杰克出色，并且知道了应该怎么做。最好的方法莫过于让对方自己意识到自己犯的错误，并且想方设法地进行改正。

上述列举的方法并不全面，你可以找到适合自己的方法。

如何批评不会引起怨恨

◎ 克制自己的情绪。冲动不能解决问题，只会带来更加不利的影响。

◎ 保持客观的评判标准。不要把全部的责任都推到对方身上，客观地分析错误产生的原因、经过和影响。

◎ 用事实说话。不要加入自己的主观评论，事实是最有说服力的。不要因为一个错误否定一个人。

对一个领导者来说，如果没有掌握一定的技巧，即使你对工作十分认真负责，也仍然不是一个称职的领导。

好心做坏事是让很多领导都十分尴尬的事情，在批评下属的时候尤其可能如此。我们都不怀疑他们的出发点是好的：希望指出下属的错误，帮助下属改正错误，使其以一种更加积极的状态投入到工作当中……但是，他们也的确常常让批评发挥了截然不同的作用，那就是不利于工作。对个人而言，领导者则常常因为批评而为自己招来了怨恨。

如何批评而不引起下属的怨恨？经常有人问起这个问题。答案就是，要掌握批评的艺术。具体说来，大体应该注意以下几点：

不要轻易批评别人

不要让在下属面前拿出你的气势成为你的习惯。他们都知道你的身份，你没有必要去证明这一点。不要动不动就以训话和批评别人为乐，这样只会损害你的权威。

可能他犯的是一个小小的错误，甚至只是你认为他犯了错一实际上，他完全有可能并没有错，只是意见有所不同罢了。因此，在批评下属之前，最好审慎地判断他是否真的做错了。另外，如果你把注意力集中在小错上，那么势必分散你在大的错误、大的事情上的注意力。

即使下属犯了比较严重的错误，在对他进行批评的时候，也需要用一种更加有技巧的方式。你必须考虑你的批评可能导致的结果，不要让批评产生负面效应，不然的话就会得不偿失了。

控制自己的情绪

许多领导过于意气用事，使用责骂、侮辱、拍桌子的方式对犯错误的下属进行批评，这正是让批评产生不良后果的罪魁祸首。这样做只会使批评成为领导者自己情绪的宣泄途径，而不利于问题的解决，甚至会产生更坏的影响。

当你的下属做了一件十分愚蠢的事情的时候，不要过于激动，不要冲着他大喊大叫。过于激动只会使你失去理智，做出自己意想不到的事情来。你的本意是想冲他发一顿脾气，还是想用这种方式来给他压力，使他对自己所犯下的错误印象深刻？

你应该保持领导应有的涵养和风度，和对方冷静地谈一谈。既然错误已经发生了，必须有承认它的勇气。现在最重要的事情是进行挽救，并且使新的错误不再发生。如果你认为对方已经无可救药，你应该告诉他应该承担的责任，然后把他开除或者扣他的工资。

做到实事求是

批评要以理服人，而不是用权威或者用声音来压倒别人。客观地看待下属犯下的错误，是解决问题的第一步。不要夸大或缩小对方犯下的错误，这不利于事情的解决。

很少有人因为对方气势高过自己而被对方说服。他可能点头表示你说得很有道理，不跟你争辩，但是这并不代表你已经说服了他。

实事求是地看待下属所犯的错误及其所造成的后果。要让事实说话，而不要加入自己主观的评论。帮助他客观地分析问题产生的原因和解决的办法。要知道，你们的最终目的是使工作顺利有效地开展。

给对方说话的机会

每个人的立场、经验和价值观都不相同，所以会产生许多截然不同的看法。听听对方的解释，也许他会给你一种新的解释，而这种解释会更加合理，他还有可能给你带来不同的信息。因此，不要剥夺对方说话的权利。

对事不对人

不要因为一个错误就轻易地否定你的下属，这只是一个错误而已，而且很多错误并不只是人的能力较低所造成的。千万不要说“你总是……”这样的话，更加不要说他无能，这样会造成你在针对他的感觉，从而使他无法客观地面对自己所犯的错误。而且，他会产生一种抗拒的心理，想方设法为自己的错误找借口，而不是承认自己的错误。

很多公司的职员并不在乎自己的工作。如果他们认为自己的能力很强，而你针对的又是他们的话，他们可能会提出辞职。这样，损失的是公司的利益。

把批评和赞美结合起来

一些成功的企业家提倡一种“三明治”的批评方法，也就是在对别人提出批评的时候，先找出对方的长处进行赞美，然后力图使谈话在一种平和的氛围中进行，最后以赞美对方某一个优点结束。事实证明，这种批评方法十分有效。

最近亨利·哈特手下有一个工人的工作成绩大不如前，哈利并没有拿出自己的老板架子来，告诉他应该更加努力些，或者干脆把他辞掉。哈利当然可以这么做，但是这样会浪费一个人才。哈特究竟是怎么做的呢?

哈特把这位工人请到了办公室，但是并没有责骂他，而是非常真诚地对他说：

“比尔，你是一名很优秀的技工。实际上，在我们公司，像你这么优秀的职员已经不多了。你在这条生产线上已经工作了好几年了，你所修的车辆得到了很多顾客的称赞。当然，最近你可能因为工作太忙了，或者别的什么原因，因此做同一件事情，你需要的工作时间比以前长了一些。我知道，这只是暂时的，你一定会想办法解决这个问题的，是吗？”

比尔告诉哈特说，他最近家里发生了一点小事故，使他不能专心致志地工作，但是他保证会尽快处理好这些事情。果然，第二天，比尔的工作效率又和以前一样高了。

受到赞美后，我们会更容易接受批评。这是人们的通性。因此，在你对犯错误的下属进行批评之前，应该适当地对他的优点进行赞美。

另外，人们在犯错误后，容易变得不自信，比如怀疑自己的工作能力，从而降低工作的积极性。

从这个意义上说，犯错误的人更加需要别人的肯定。因此，只有赞美他们，才能帮助他们战胜错误给他们带来的不利影响。

给对方说话的机会。不容分说地批评容易招致反感，甚至是怨恨。

没有人喜欢受指使

◎ 没有人喜欢受人指使，你的下属也是如此。因此，不要用命令的语气指使他去做某件事情。

◎ 指使他人的结果是，他不会很好地完成你的指令，因为他是被迫做这件事情的。

我在前面已经说过：没有人喜欢受人指使。在职场中当然也是如此。不用说同事之间，即使是在上司和下属之间，也没有下属喜欢听上司的命令。

有一个例子很好地证明了这一点。卡耐基口才训练班有一个女学员道娜，她是一家公司的经理助理。一天，公司来了一位客人，由新上任的经理接待。道娜像往常一样，正打算去给那位客人倒水，但是经理突然对她说："你去倒杯水。"道娜却随口接道："我想去一下洗手间。"

这或许也说明了其他的一些问题，但是关键在于，道娜像大多数人一样不喜欢受人指使。当然，一般的人在她遇到的那种情况下，或许不会下意识地找借口去推辞这种指使，但是即使接受了，他们也会很不乐意地去做这件事情。不错，经理确实有权力指使她去做某一件事情，但是却不能使她乐意去做。我们知道，只有当人们主动去做某一件事情的时候，才能把它做好。

遗憾的是，很多领导都很喜欢指使下属做这做那，他们似乎想要用这种方式去体现自己作为领导的权威。我曾经做过一个调查，发现有一半以上的领导者都这么做，而且没有意识到这么做有什么不对。

这可以称作"办公室的暴力事件"。毫不夸张地说，这种暴力事件天天都在发生——不在这里就在那里，不在你身上就在他身上。

暴力事件的后果如何？当然，下属们迫于压力会去做那些事情，但是却不会把它们做好。那些聪明的领导者都知道如何避免这种暴力事件的发生，从而调动下属的积极性，

为了完成本书的写作，我曾经很幸运地邀请到了美国著名的传记作家伊塔·泰贝尔女士共进午餐，希望她能给我一些帮助。当我对她说完本书的写作计划时，她的确给了我许多有用的指导。其中，她告诉了我她在写作杨·欧文传记的时候的一些事情。她曾经采访了和欧文先生同在一个办公室达3年之久的一位同事。这位同事说，在这些年里，他从没有听到欧文先生向别人直接下过命令。

欧文先生非常注意措辞，他的所有语气听起来都像是在给别人提建议。比如，他从不说“你应该这么去做”、“你立即去做这件事情”，而是说“你认为如何”、“最好是现在去做”或者“你有别的什么办法吗”之类。

当他向助手口述完一封信之后，他通常会问：“你觉得如何？”而当助手写完信之后，他会说：“我觉得这样也许更好一些。”他总是给别人空间，让他们自己去做事，而不是告诉他们该怎么做。因为他认为，这样他们更能够吸取教训——如果他们失败了的话。

伊文·麦克唐纳经营着一家生产一种非常精密的机器零件的小工厂。一次，他们接到了一个订单，但是由于订单要求的数量巨大，他们在短期内无法生产出来，况且其他工作已经进行了规划。所以他的心里一点儿把握也没有。但是，他又不希望失去这个订单。一般的做法是，他可以告诉员工，因为有紧急的任务，所以必须拼命地加班。但是麦克唐纳不是这么做的。他召集了全厂的员工，向大家介绍了订单的情况，并且说明了完成这个任务的重要意义。说完这些话之后，麦克唐纳对大家说：“各位有没有信心去完成这个订单？”

工人们一致地认为，应该接受这个订单。大家踊跃地发表意见、提出建议，有的工人甚至提出愿意昼夜加班来完成这个任务。结果是，他们接下了订单，并且按时完成了任务。

麦克唐纳的高明之处在于，他能够把这个命令变成一个问题，从而使工人们感觉受到了尊重，并且认识到这个订单的重要性，而让他们自己拿主意，则彻底地发挥了他们的积极性。

我们可以想象一下，如果麦克唐纳换了一种方式，即用命令去要求他的工人们这么做，会取得什么效果？也许那些工人会同意加班，但是却一定是不乐意这么去做的，这样势必影响他们工作的积极性。这样一来，他们的任务也一定是完不成的。

没有人喜欢受人指使——认识到这一点，对一个领导者来说极为重要。当你需要下属去做一件事的时候，你可以像欧文和麦克唐纳一样，运用一定的技巧。实际上，我在前面已经谈及这样的问题，现在我针对职场的特殊性，给你们一些建议：

用建议代替指使。以一种建议的方式提出来，就像欧文那样。比如“我认为这样做是最好的”，“我希望能够在下次开会之前拿到这份稿件”。

用请求代替指使。用一种请求的口吻代替命令。告诉他们你只有得到他们的帮助，才能完成此事。这会让他们认为自己很重要，从而非常高兴地执行你的命令。

用商量代替指使。把你的命令作为问题提出来。比如，你希望有人去购买一批商品，你可以说“我们需要有人去市场购买一批化妆品样品”，相信有人会主动请缨的。

用赞美代替指使。对你的下属进行赞美，给他一个美名，他会为了维护这个美名而努力的。

使用各种有效的技巧去代替指使，重要的是要使你的下属得到你的尊重。

如何激励别人走向成功

◎ 针对别人的优点进行赞美，这是最直接、最有效的方法。

◎ 激起别人的竞争意识，这会调动起他的积极性和热情。

我曾经看到过许多濒临破产的企业，他们的员工都是懒洋洋的，没有一点儿工作热情。我并不想讨论企业的濒临破产是不是他们这么消极导致的，但是我敢说，如果能够激发他们的热情的话，这些企业中90%都可以起死回生。

我并没有高估这种威力，有很多人也是这么认为的。近来，越来越多的企业家热衷于领导艺术的研究了。他们开始致力于研究这样一种方法，即如何使员工发挥出自己的潜能，从而走向事业的成功。他们发现，只有激发员工的这种工作热情，企业才能走向成功。

我发现，激励别人走向成功的方法大致如下：

赞美

赞美是激起员工积极性的一个非常直接、有效的方法。安德鲁·卡内基非常善于运用这个方法去激励他的下属。他的下属之一、造船厂的总经理修韦伯曾经这么描述过他："公司里的重要人物、那些能干的人，基本上都是因为他的称赞而成功的。在我见过的大人物（其中包括不少优秀的企业家）中，他是最擅长于使用称赞而使人获得进步的。这种方法的确很有效，正是它成就了很多人的事业。它也是卡内基先生获得成功的一个重要原因。"

修韦伯本人也是自己描述的人之一，他从卡耐基那里学到了赞美的方法。作为一个造船厂经理，他的职员的工作热情几乎都非常惊人。在卡莫狄的工厂中，一项工作纪录才刚刚产生，马上就被另一项纪录打破了。

比如，在建造塔卡特号轮船的时候，他们只用了27天就完成了任务，这又是一项新的纪录。修韦伯和所有员工举行了一次庆祝大会。他作了一番赞美他们的演讲，并且送给每一个职工一枚银质奖章和一份威尔逊总统贺信的复印件，他还送给船厂每一位质量管理员一块金表。

挑起竞争意识

挑起员工的竞争意识，这是激起他们积极性的又一个绝好的办法。

一天，查尔斯·史考伯在下班时，被一位分厂厂长拦住了。他对史考伯说：

“我不知道这是怎么回事。我用了各种办法去激励我们厂的员工，但是他们却总是不能完成生产任务。”

“我很奇怪，”史考伯说，“你是一个能干的领导者，竟然也不能使他们热情地工作？”

“确实，”那位厂长哭丧着脸说，“我已经用了能想到的所有办法。我苦口婆心地引导他们、激励他们，甚至威胁和责骂他们，可是他们却无动于衷。”

于是，史考伯跟那位厂长一起去了工厂，当时正是他们厂白班和夜班的交替时间。史考伯拦住一位正准备下班的员工，问他说：“你们今天生产了多少台机器？”

“6台。”那位员工回答说。

史考伯点了点头，向厂长要了一支粉笔，然后在地板上写了一个大大的“6”字，什么也没说，就一声不响地离开了。

那些上夜班的工人看到地板上的字很奇怪，于是就问那些上白班的人是怎么回事。

“刚才，史考伯先生来过了，”上白班的人回答道，“他问我们生产了多少台机器，然后就在地板上写下了这个字。”

当第二天史考伯再次到来的时候，地板上的字已经被上夜班的人擦掉，改成了一个大大的“7”字。史考伯满意地笑了，然后又一声不响地离开了。那些上白班的人来的时候，看到这个“7”字，感到这好像是在说上夜班的人比他们强。他们当然不甘示弱，于是他们加紧工作。到下班的时候，他们得意地在地板上写了一个“10”字。而结果是，到了月底，他们超额完成了生产任务。

我们看到，史考伯先生在整个过程中，从没有对那些员工说过要努力工作，但是他究竟使用了什么样的魔法，使他们积极主动地工作呢？很简单，他激起了员工的一个十分重要的竞争意识，就是那种相互超越的欲望。事实证明，这种欲望的力量是强大的。

给别人一个美名

每个人都有一个理想化的自己，而这个理想化的自己拥有几乎所有的美德。莎士比亚曾经说过："如果你希望拥有一种美德，不妨先假定你已经拥有了它。"看来，如果你给了对方一个美名，那么他会竭尽全力去做到这一点。

我的朋友钦特夫人最近雇用了一个女佣，并告诉她星期一上班。然后，钦特夫人打电话询问这位女佣以前的情况，她以前的雇主说她的表现不是那么让人满意。

但是要换人已经是不可能的了，因为钦特夫人已经雇了她。于是钦特夫人想了一个办法，即通过给她一个美名来使这个女佣得以改变。

星期一的时候，女佣准时到达。钦特夫人对她说："我昨天打了电话给你以前的雇主。她告诉我，你是一个诚实、勤劳的女孩；你的菜做得很好，而且很会照顾孩子。她说你惟一的缺点就是做事有点随便，屋子收拾得不是很干净。不过，我并不相信她说的话。因为你穿得十分干净和整洁，怎么可能不爱干净呢？"

这段话改变了这个女佣。她和钦特夫人相处得很好。这个本来不爱干净的女佣，为了维护自己的美名，每天勤快地打扫，不惜多花费几个小时。

给别人某个你希望他拥有的美德或性格的美名，他将竭尽全力去达到这个目标。

第四章

赢得异性的两性语言

如何赢得异性的喜爱

◎ 尊重性别差异，这是异性交往的前提。在同异性的交往中，要时刻记住这一点。

◎ 找到合适的话题进行交谈。要尽量找对方感兴趣的话题，而不是你喜欢谈论的话题。

◎ 保持一定的神秘感，不要像对同性那样把自己的想法和特点全部表露出来，这会更加便了你赢得对方的好感。

亲朋好友是我们的情感世界的重要组成部分，正是他们给了我们幸福。他们在我们困难的时候鼓励我们，快乐的时候和我们一起分享，悲伤的时候和我们一起分担。因此，每个人都希望自己的情感世界很和谐，因为这的确很让自己感到幸福。

不幸的是，即使这种愿望很强烈，现实也并不总能如愿。我们经常看到的是，朋友间产生误解，以致变成了敌人；无数的婚姻破裂，惨淡收场；家庭生活也不像自己希望的那样美满。人们都在问：为什么会这样？

问题出在你们自己身上。或许不是你一个人的责任，但是失败的、不和谐的情感世界的形成的确有你的“贡献”。而像其他人与人之间产生的问题一样，根本的原因可能在于，你们没有实现有效沟通。

在我们这个时代，人们眼中的有才华的人，往往首先是一个善于表达的人。如果你只是在同性面前善于表达，从而赢得了同性的喜爱，那还只是成功了一半，因此，你必须想办法赢得异性的喜爱。

但是，如果你是一位男士，你可能经常遇到这样的情形：当你在和男士谈话的时候，你可以轻易地做到口若悬河、滔滔不绝；当对面坐着一位漂亮、可爱的女士的时候，你可能就会呆若木鸡，连一句完整的话也说不上来。

异性交往有着无穷的乐趣。在异性面前，每个人都希望自己能够像平时一样伶牙俐齿、妙语连珠。但是也许正因为这种表现的欲望过于强烈，每个人在与异性交谈时都或多或少地存在紧张感。其实，只要掌握一些基本的原则，要做到成功地与异性交谈、赢得异性的喜爱，就可以变得十分轻松。

礼貌有节

任何社交场合都需要一定的礼仪，异性交往尤其如此。众所周知，男性和女性的性格是各不相同的，男性偏向于坦诚、直率，而女性则委婉、含蓄。在此基础上，礼貌主要表现在尊重各自的差异方面，而这也构成了异性交往的前提。

俄罗斯有一句谚语：男人靠眼睛来爱，女人靠耳朵来爱。这句话对我们的启示是，男人往往更加重视视觉效果，而女性则对动听的语言更加注意。在与男性的交谈中，任何一个不雅的举动都可能会被他收入眼底，而在与女性的交谈中，我们的任何一句令人不悦的词句都会被她装进耳朵。

另外，性别对于接受是有影响的。同样的一句话，对不同性别的人讲，可能意味着不同的意思。一般来说，男性能承受比较直率、干脆、粗放的话语，而女性则更加喜欢委婉、轻柔、细腻的话语。

因此，考虑到性别差异，你就不能把一些同男性说的话同样地诉说于女性，这样会冒犯对方的。

比如，对于陌生的或者不太熟悉的女性，不应该问及她的年龄，也不应该贸然地问她的家庭情况，因为这都会被认为很冒失、没有礼貌。而同样的问题如果问及男性，这样的不佳效果就不会产生。对男性说的话可以粗放、豪爽一些，甚至带一点骂辞也无关紧要——当然要在非正式场合。但是对女性却不能说同样的话。特别是开玩笑时更应该注意程度和对象。

话语投机

如果注意观察，我们可以发现这样一种情况：男性交谈的话题往往是较公开性的，比如社会、时事、政治等等；女性交谈的话题往往是较私人性的，比如服装、孩子、家庭等。注意到这个区别，对我们寻找合适的话题有很大的帮助。

有这样一对情人：男孩先是喋喋不休地谈论公司的事，然后又兴致勃勃地谈论起国家大事；而女孩却在旁边心不在焉，只是因为不忍心打断男孩的谈话，所以不得不一直装作对他所谈论的东西很感兴趣。这样，本来是关系十分亲密的情人，却因为话不投机而出现了冷冰冰的局面。

这就是由于异性的话题差异而导致的结果。男孩并不知道女性对什么东西感兴趣，所以找了这个话题来讲，并且认为既然女孩并没有表现出不耐烦，就代表她也对这个话题感兴趣。其实只要他稍加注意，就可以发现问题的所在。

男性和女性的谈话是有十分明显的差别的。一般而言，在男性面前，大多数女性并不会主动引导话题、滔滔不绝，她会更加愿意做一个倾听者和跟从者，表现在谈话中，她的话会显得比较含蓄。这时候，谈话的主动权一般都掌握在男性手中。而一场谈话的成功与否，主要是由男性控制的。

赞美对方

任何人都喜欢被称赞。由于人们都希望赢得异性的好感，所以异性的称赞对他们来说就更加重要了。可以说，赞美，是赢得异性好感的最好的方法。

如果一个男人采取了某种行动，进而得到了对方的赞同，他就得到了自己希望得到的最高的赞赏。比如，如果女性对他欣赏的电影评论说："这真是一部十分有趣的电影。"这等于在说："你真是一个有趣的人。"这种肯定的引申意义，确实是不可思议的。

相对而言，女人则更加喜欢得到直接的赞美。当一个女人被称赞"你今天真漂亮"的时候，这会让她——如果她开始心情不那么好的话——变得高兴起来。需要注意的是，如果说男人喜欢听到"今天晚上你很愉快"，那么女人则更加喜欢听到"你今天晚上真迷人"之类的话。

保持神秘

在心理学上，保持神秘感是一个人拥有持久魅力的不二法门。很多人抱怨他们结婚之后爱情就走向了灭亡，这在一定程度上就是因为丧失了神秘感。这种抱怨不能不说有一定的道理。

与此相反的观点是，人与人交往应该真诚、直率，说话应该直截了当。但是我们可以说，异性在交往的时候却并非如此。

我们的确需要向对方敞开心扉，但是这却是在一定程度上的"敞开"。可以这么形容这种程度，即能够让对方发现你有一定的吸引力，但是却并不完全坦白。

实际上，正是因为男女之间具有很多的不同，才让异性交往显得神秘，并且具有十分强大的吸引力的。而如果你一开始就展示了你的全部，那么也就在一定程度上丧失了这种吸引力。

社会交往中忽视性别差异

如果你同对方的交谈是一种以社会交往为目的的异性交谈，

那么，你最好在一定程度上忽视对方的性别特征，这样才能做到自然、和谐，才能消除紧张心理，也只有这样，才能够在客观上帮助你赢得异性的好感。这一点很好理解：正因为这种差异的存在，你才会想到在交谈的过程中应该取悦对方，才会郑重其事。当然，忽视性别差异并不意味着你可以不拘小节，因为所有谈话都是需要注意礼仪的。

当一个人出现在许多异性中的时候，这时候你们的话题可以是那些适合大多数人的。

如果他们大多是男性，自然不能寻找那些家庭或者孩子等较私人的话题，以勾起少数女性的兴趣。作为一个女性，如果你处在这样的环境之中，最好倾听他们的谈话；如果可能的话，还要表现出极大的兴趣。这样，你才能够取得社交的成功。

最极端的心理暗示：忽视对方的性别特征。这并不是指需要你忘记这一点，而是为了在心理上帮助你克服紧张感而做的暗示。在实际言行中，你还是必须注意它。

婚姻生活切忌唠叨不休

◎ 让你的丈夫或者家人监督你，请他们发现你有这样的表现时，立即提醒你。

◎ 尽量只把话讲一遍——如果确实很重要的话，不要超过3遍——然后忘了它。因为如果对方不愿意听你的话，即使你讲了100遍，他也会无动于衷。

◎ 用更加聪明的办法达到你的目的。条条大路通罗马，不可能只有一种方法能使对方听从你。唠叨不应当是你的首选。

大文豪列夫·托尔斯泰是世界上最伟大的作家之一，他的《战争与和平》、《安娜·卡列尼娜》是世界文学史上不朽的名著，他因此而拥有了耀眼的名望、财富和社会地位。但是，这些对人们来说最宝贵的东西却丝毫没有使他的婚姻变得幸福；相反，可以说，他的婚姻是他这一辈子最大的悲剧。

托尔斯泰认为金钱是一种罪恶的东西，因此他想要放弃他的作品的出版权，不再对他的作品征收版税。但是他的妻子是个过惯了奢侈生活的人，她这一辈子最重要的工作之一，就是为这个问题对托尔斯泰不断地进行责骂和唠叨。在地上撒泼打滚是她经常使用的伎俩，她甚至要挟托尔斯泰：如果他再阻止她得到这些钱，她将会服毒自杀。

由于再也不能忍受家庭和婚姻对他的折磨，托尔斯泰在他82岁那年10月的一天——那天正下着大雪——离家出走了。他宁愿在寒冷的黑夜里漫无目的地行走、忍饥挨饿，也不愿再见到那个可怕的女人。11天后，人们发现他死在一个火车站的候车厅里，那时候一个亲人都不在他身边。而他的遗言，却是不许他的妻子出现在他身边。

当托尔斯泰去世的时候，妻子终于意识到了她给这位伟大的人物所带来的痛苦，只是一切都已经太晚了。她临终的时候对她的儿女说："你们父亲的去世，是我的过错。"听到这样的话，他们的儿女能够说些什么呢？他们都知道这是事实——正是她的喋喋不休和没完没了的唠叨把托尔斯泰给害死了。

破坏爱情和婚姻的最狠毒的手段，就是唠叨不休。它像眼镜蛇吐出的可怕的毒液一样，总是具有巨大的破坏性，能够轻而易举地让一个美好的家庭走向破裂。当然，偶尔的吵嘴没有这么大的破坏性，它是不可避免要发生的事情。一般的人都知道怎么去弥合吵嘴所带来的微小的创伤，而不至于使它过大。唠叨不休的人却并不这样，他总是这么做，其结果就是造成的伤害无法弥合。

林肯最大的悲剧也不是他被暗杀——当然这也很不幸——而是

他的婚姻。我们不知道当他被枪击之后，他是否感到了痛苦，但是我们的确知道，在此之前的23年里，每个黑夜和白天，他都不得不遭受婚姻的折磨。在他去世后，当他的儿子小泰德被告知自己的父亲已经进入了天堂时，小泰德动情地说："我的父亲在人间的日子一点都不快乐，值得庆幸的是，他现在已经得到了解脱。"

林肯当年的同事贺恩律师曾经说："林肯的不幸，是婚姻造成的。"的确如此，林肯夫人生性刻薄，对林肯尤其如此。她在婚姻生活的大部分时间里都在寻找和指责这位伟大人物的缺点。她总是以指出林肯的长相丑陋为乐，说他的大耳朵垂直地长在脑袋上、鼻子太短而嘴唇又太突出、四肢太大头却太小。不仅如此，她还指责林肯走路时总是佝偻着身子，肩膀一上一下地十分滑稽；她一边抱怨林肯走路没有弹性，一边还模仿他走路的样子。

比佛瑞兹是研究林肯的专家，他在自己的回忆录中写道："林肯夫人的嗓音十分尖，叫起来连街对面都能听到，她斥骂的声音，能够让邻居听得一清二楚。不仅如此，她发怒时并不仅仅限于语言，还包括行动等其他方式。"换作其他任何一个人，与这样的夫人生活在一起，其婚姻生活都是不会幸福的。

我们可以随便举一个例子。在林肯夫妇结婚后不久，他们租赁了欧伦夫人的房屋。一天早上，大家正坐在一起吃早餐。因为一句无关紧要的话，林肯激怒了他的夫人。她立即跳起来，当着许多人的面，把一杯热咖啡泼到了林肯的脸上。

林肯尴尬地坐在椅子上，一声不吭地忍受着。后来，欧伦夫人拿来了毛巾给他擦脸和衣服，而林肯夫人却依旧在唠叨。

当这种婚姻像恶魔一样折磨着那位伟大的总统的时候，他发现这样的唠叨和谩骂简直比政敌的毁谤更加让人难以忍受。当林肯作为律师经常到外地办理案件的时候，每到星期六，其他律师都回家和家人共度周末，林肯却从不回去。他像一个没有家庭的流浪汉一样，宁愿忍受乡下旅馆恶劣的条件，也不愿意回到地狱般的家里。

日本人针对婚姻生活不美满的原因进行了调查，结果发现丈夫对妻子不满的因素中，位居前三位的依次是：唠叨不休（27%）、性格不好（23%）、不懂得持家（14%）。也就是说，导致人们婚姻不美满的很大一部分原因是女士的唠叨不休。我认识一位女士，她不但性格温柔、善于持家，而且对丈夫也十分关心。但是就在不久前，她的丈夫却愤然离家出走了，其原因就是他忍受不了妻子事无巨细的唠叨。这一事例正好也说明了日本的调查的正确性。

这并不只是社会学家的发现，一些法律也把忍受唠叨当成了一个可以减轻犯罪人刑罚的条件。比如，瑞典法律就明文规定：如果受害人是一个爱唠叨的人，那么杀害受害人的被告可以被判为过失杀人罪。而乔治亚州的最高法院所判的案件表明，丈夫如果是为了躲避妻子的唠叨而把自己反锁在房子里，则是无罪的。他们认为，即便是住在阁楼的某个角落里，也比住在大厅里却要忍受女人唠叨要来得舒服。

有不少的事例都说明了唠叨不休对婚姻的破坏作用。《电信世界》中曾经有一篇文章报道了这样一件看起来很离奇的事情：一个已经50岁的维修员一连雇用了3名杀手，最后终于杀死了他的妻子，其原因竟然是他忍受不了妻子的唠叨。据这位丈夫说，他的妻子总是能够围绕一件不起眼的小事说上3天3夜，这都快要把他逼疯了——事实上，从他做出的这件事情来看，他已经疯了。

一名32岁的坦桑尼亚男子曾经用一瓶驱虫剂过早地结束了自己的生命。人们在他的尸体旁发现了一个药瓶和一封信，他在那封信里写道：我决定立即结束我的生命，因为我的妻子总是喋喋不休。

我无意把婚姻生活不美满的原因全部归结到女人们的唠叨上——实际上，在所有这样的事情当中，另一个人同样也可能犯很严重的错误——我想说明的只是，如果你确实意识到自己喜欢唠叨不休，并且这种唠叨正在破坏你的婚姻生活，那么，你应该毫不迟疑地结束它。

不要把举足轻重的大事和无关紧要的小事同等看待。因为一件浴衣就对丈夫大动干戈，这样是十分愚蠢的。不要让小事影响了你们的爱情。

用理智来控制你的情绪，不要随意爆发你的感情。每个人都受不了这样的处理方式。

男人别用沉默折磨女人

◎ 婚姻并不是坟墓，如果你愿意的话，你可以使婚姻变成天堂——关键在于你怎么去做。

◎ 把男人在婚前追求妻子的激情拿出来，不要对婚后的生活感到厌倦。

◎ 感谢、赞美你的妻子——当然，这还不够——会让她觉得为你所做的一切都是值得的。

蒙哥马利是英国历史上著名的军事家。他在38岁的时候，仍旧是一个光棍。直到1926年，他的生活才因为遇到了卡菲尔夫人而发生了改变。

当时，没有人想到这个声名显赫的将军会爱上一个军人的遗孀。蒙哥马利当然不在乎这一点，他在乎的只是他对卡菲尔夫人的爱情。一年后，他们在齐奇克教区的一个教堂里举行了婚礼，正式开始了他们幸福的婚姻生活。

蒙哥马利并不像一般的军人那样脾气暴躁，在整个婚姻生活中，他几乎没有什么粗鲁和没有教养的言行；相反，他对自己的妻子从来都是礼貌有加，而且似乎有说不尽的甜言蜜语。当贝蒂·卡菲尔做了一件家务的时候，他总是会对妻子说一声“谢谢”；他总是赞美他的妻子很漂亮；在平常的日子里，他也总是对妻子说一些话来逗她开心。他千方百计地使他的妻子感到幸福和满意，自己也因此得到满足。

1937年的春天——这时候，他们的婚姻已经持续了10年——当贝蒂在海边散步的时候，她不幸被一只毒虫咬了，并因为毒性发作被送往当地的乡村医院。蒙哥马利赶到医院，守护着贝蒂。最后，贝蒂在蒙哥马利的怀里安然逝去。在她临死前的几分钟，蒙哥马利还在为她朗诵《圣经》和赞美诗，但是却已经不能再唤醒妻子。

应该说，贝蒂是幸福的——我指的不仅是蒙哥马利在她死后没有再娶，她是他这辈子惟一的恋人——我想说的是，这个世界上的大多数女人好像都不如她那么好运，她们的婚姻生活似乎并没有这么幸福、浪漫。如果她们自己没有主动去行动的话，她们回家后看到的将毫无例外是一个一直冷冰冰的家庭。在结婚之前，丈夫是一个能说会道、口若悬河的人，但是结婚之后他却好像变了一个人一样，对家里的一切——包括自己——似乎都失去了兴趣。丈夫像蒙哥马利那样对自己说着不尽的甜言蜜语，这对这些可怜的妇女来说简直就是痴心妄想。

不要认为我们的切身感受是不可靠的。社会学家也告诉我们这样一个事实：结婚以后的男人是沉默的动物。女人们常常对人抱怨说：“他什么都不肯说。”他不愿意说出自己为什么一回来就要躺在床上，为什么总是忘记结婚纪念日，为什么不肯打妻子为他买的那条领带。他们这么做了，但是却认为自己不需要对此解释些什么。

问题在于，正如前面我们提到的谚语所形容的那样，女人确实是用耳朵来“观察”世界的。她当然不希望吵架和怒骂，但是也绝对不想听不到任何声音。大部分的女人相信，她们是需要被关心、需要经常听到些甜言蜜语的。她们经常抱怨自己的丈夫不像以前一样赞美自己、关心自己，这似乎表示她已经对他失去了吸引力。她不想自己面对的是一个沉默的丈夫，她不想男人用沉默来折磨自己。她们希望能够像新婚时那样听到丈夫对自己多说几句赞美的话，从而让自己高兴起来。

一个农妇表达了自己对这种沉默的愤怒，虽然有一些夸张，但是的确很能说明问题。她和大多数有工作的女人一样，每天除了自己的工作之外，还必须给家里人做饭。有一天，晚餐的时间到了，她却把一大堆草放在饭桌上。丈夫对这样的行为感到十分不解，问她是不是发疯了。这位农妇回答说："我还以为你不知道自己吃的是什么呢！我做了20年的饭，你一次也没有告诉我你吃的不是草而是饭。"

沙皇俄国时代的那些上层人物，都很明白这个道理。每当他们品尝了美味的食物之后，他们一定不会忘记对做出这些美味的厨师表示感谢和赞赏。遗憾的是，那些每餐都吃着妻子做的可口饭菜的男人们，却并不像这些上层人物那样有礼貌。他们似乎都认为自己应该得到这些东西，所以并没有在品尝食物的时候，告诉妻子他吃的不是草！

是他们懒得说，还是他们不愿说？无论是因为什么，事实是他们都保持了沉默。从这一点来说，女人的唠叨不休可能并不是因为她们天性如此，而是因为男人的沉默。她们是在用这种方式抱怨男人的沉默。

众所周知，苏格拉底，这个古希腊最善辩的哲学家在婚姻方面是个不折不扣的失败者。他在40岁秃顶之后，依靠自己的口才成功地博得了年轻漂亮的19岁的赞佩茜的芳心，使她嫁给了自己。但是，他们的婚姻生活并不幸福。他的那位娇妻在婚后变得十分蛮横无理，而苏格拉底也经常称她为"泼妇"。

也许一般的人会由此得出一个结论：婚姻是爱情的坟墓。但是这么想过于简单了。那些熟悉苏格拉底的人告诉我们，正是苏格拉底一手造成了自己不幸的婚姻。他在得到赞佩茜之后，开始用沉默对待这位妻子。他要求赞佩茜做一个听话的、传统的、保守的妻子，并且经常对没有达到这个要求的赞佩茜大加责骂。年轻的赞佩茜自然无法转变得如此之快，因此忍不住会用发脾气来发泄心中的愤怒。而当她在被苏格拉底说成是“恶妻”之后，她的脾气变得越来越暴躁，最后终于变成了一个真正的“泼妇”。

因此，有专家指出，如果在婚后苏格拉底对赞佩茜还像婚前那样热情的话，那么赞佩茜是不会变成那个向苏格拉底泼污水的“泼妇”的。

事实上，另一项研究表明，因为某种无法解释的原因，男人比女人更加喜欢争辩。但是奇怪的是，男人却很少在自己的妻子面前争辩。当他吃到自己并不喜欢的晚餐的时候，他可能会放下饭碗去看电视，却不跟妻子解释他为什么这么做；当他觉得妻子的妆化得过浓的时候，他也会不置一词。他们好像以为只有这样才会相安无事。

但是事实并非如此，我的一个成功的作家朋友就是这样的。他有一天找到我，向我说起他家中的烦恼。他像苏格拉底一样把他的妻子说成是一个难得一见的泼妇，并且说她似乎喜怒无常、太难伺候。

“她的工作并不十分辛苦，”我的这位朋友说，“但是一回到家她却经常唉声叹气。她最喜欢无理取闹，常常莫名其妙地就大吵大闹起来。我并没有跟她争吵，但是家中却永无宁日。”

的确，这位作家生性安静，而且喜欢沉默寡言，他更擅长的是写作，而不是说话。

我建议他说：“你试着多陪她说说话，也许她所做的一切都只是想要你多说几句话而已。”

一个星期以后，这个朋友又来见我了，他高兴地对我说：“的确如此。我现在经常赞美她，对她嘘寒问暖。她的脾气原来还是很好的。”

在很多情况下，男人所忽视的东西往往是女人重视的东西，如一句问候、一句关心，或者一句表达爱意的话——这本来是无关紧要的东西，但是却往往能够使女人高兴起来。既然如此，为什么还要用沉默来折磨女人呢？

多说些“花言巧语”，这样做不会有坏处。如果你真心喜爱你的妻子，就要把“花言巧语”说出来，而不是埋在心里。

永远不要用强迫的语言

◎ 尊重对方，这是你能够做到不使用强迫性语言的重要前提之一。要知道，在丈夫和妻子之间，没有人是处于领导地位的。

◎ 换一种方式表达你的意见，让对方听起来更加容易接受。

◎ 不要认为你们的冲突是绝对的，实际上，既然你们是夫妻，就没有绝对的冲突。关键是解决冲突的方法要恰当。

虽然我们在传统的基督教婚礼仪式上可以听到这样的话：“从此以后，不论更好或更坏、贫穷或富有、疾病或健康，你们都会彼此相爱，一直到死亡的那一天。”但是这种誓言听上去并不可信。我们更加相信自己的眼睛和耳朵，它们让我们知道：即使在我写下这些文字的这一刻，也有无数的家庭正在争吵，有无数的男女正在伤心。如果我们把视野放得更加宽广的话，可以把我们的观察结果变成一句话：有人的地方就有矛盾和冲突——家庭自然也不会例外。

虽然这个结果可能听起来让人有些沮丧，但是却大可不必如此。能够和和气气、相亲相爱当然好，但是即便有一些冲突，也会使我们的婚姻生活变得更加有意思。冲突是由不同的意见、不同的观察角度甚至不同的解决办法所引起的，而拥有亲密关系的夫妻也自然会存在这方面的问题。

比如，你觉得你的妻子不化妆的话看上去可能会更加舒服，你想让她接受你的观点，但不幸的是，她坚持认为自己化妆后更加动人，甚至认为不化妆就会感觉不自信——结果两个人争论不休。当这样的家庭冲突产生的时候，我们会想办法去处理；同时，我们总是希望两个人都对这个处理结果满意——从这一点来看，关于化妆这个问题，上面一开始的解决办法是不恰当的。

我的意思是，你不能用强迫的语言去说服对方或者命令对方做任何事情——就像我前面所提到的那样，因为这样做的结果只会对你们不利。

有这样一个古老的故事：风因为想证明自己比太阳强大，于是对太阳说："我比你强大多了，这一点我可以轻易地证明给你看——我能很快地脱去那个人的衣服。"风让太阳躲起来，自己开始施展威力。但是，风刮得越大，那人把自己的衣服裹得越紧。

最后，风不得不放弃了它的努力。这时，太阳从乌云后面出来，晒得人身上暖洋洋的。那人开始出汗了，于是把外套脱了下来。

太阳对风说："友善的力量，永远都比强迫的力量更加强大。"

确实，强迫经常不能达到目的。有一句古话说：你无法用一把枪去套住一个男人。当然，这样说可能有些片面，因为你也无法用一把枪套住一个女人。它的意思是，你不能强迫你的妻子或丈夫去做什么事情。如果你不在乎什么影响，比如给你们的家庭带来裂痕，那么我无话可说。

不久前，我跟一位大企业的总裁单独进行了一次交谈。他是一位年轻的成功人士，因为工作十分出色，他的相片经常出现在美国各大报纸显要的版面上。一开始交谈的时候，他一直非常兴奋，但是当我们谈到他那位美丽的妻子的时候，他却开始愁眉苦脸、唉声叹气。

“唉！”这位总裁先生说道，“我的妻子总是不理解我。我给了她需要的一切东西，希望她能够变得更加有教养和有素质，但是她非但不感激我，还好像对我的行为十分不满。”

“你是怎么做的呢？”我问他。

“哦，”总裁回答道，“我想送她去纽约大学念书——我认为这是她急需做的事情。我打算送她去那里读一年书，然后跟我一起管理公司。”

据我了解，他本人受教育程度很高，精通企业管理的知识，更加重要的是，他对这项工作十分感兴趣。但是我并不知道他是否确定他的妻子也跟他一样对企业管理有很浓的兴趣。我向他问起了这个问题。

“毫无疑问，”这位先生非常肯定地说，“她既然跟我结了婚，并且和我一起生活了将近5年，她怎么会对这些不感兴趣呢？”

我虽然并不能肯定他的判断是错的，但是我知道，他的妻子之所以对他的决定不满意，一定会有兴趣方面的原因。和大多数人一样，这位先生也犯了一个十分容易犯的错误，那就是他仅仅依据对方是他的妻子这个事实，就判定他们有着相同的兴趣和爱好。

因此，他是在强迫他的妻子接受他的建议—这时候似乎变成了一种命令。如果用我以前提到过的道理来分析的话，即使他的妻子原来想听从他，但是当她发现自己是在被命令之后，她也会无意识地产生一种反抗的心理。

这样的道理不一定只有心理学家或婚姻专家才知道。那些过着幸福生活的人们，都懂得这样的道理，他们从不对自己的妻子或丈夫使用强迫性的语言。他们从不说“你应该怎么做”或者“你不应该这么想”，而是用更加巧妙的方式表达自己的观点。

强迫性的语言似乎无时无刻不在上演。大多数人都对他的顾客小心翼翼，生怕说错一个字，但是面对妻子的时候却大吼大叫，像一个暴君一样。他们总是习惯于指使自己亲密的爱人怎么去做事、怎么去说话。无怪乎迪克斯说："说伤人的话最多的，就是我们的家人，这的确让人吃惊。"奥利弗·哈姆斯在他的《早餐的独裁者》一书中描述的就是这样一种情境。但是哈姆斯本人却并不这样，他从不让妻子看自己的脸色，即便心情不好，他也不迁怒于人。

桃乐斯·迪克斯曾经评论说，有半数以上的婚姻都是失败的。依她看来，婚姻失败的很大一部分原因都与强迫性的语言有关。她提出疑问说：

"让太太们感到疑惑不解的是，既然他们完全可以采用温和的手段取代强迫，为什么他们不能够更加温婉地对待太太们呢？

"男人明明知道，奉承可以使太太不顾一切地去做任何事情：他知道，只要称赞太太管家有方，她就会把自己的最后一分钱都贴补家用；他知道，只要赞美太太穿上去年买的过时的衣服非常漂亮，她就不会去想巴黎的高级时装；他知道，他的亲吻能够让太太宁愿自己的眼睛变瞎、喉咙变哑。这一切方法，太太已经毫无保留地告诉他了，可是他为什么却好像一点儿都不知道呢？"

身为男人，我可以肯定地告诉妻子们，这些方法同样适应于她们。因此，为了家庭的幸福，所有人都应该放弃使用强迫性的语言。

不要为无谓的小事而大发脾气，不一定非要在小事上争出胜负，那样的蠢事会——至少是细微地——影响你们的感情。

用鼓励代替指责和批评

◎ 批评和指责只会使你的妻子或丈夫生气，而不会使他（她）听从你的意见。

◎ 不要用傲慢的语气指挥他应该怎么做，最好的办法是让他自己愿意这么去做，而鼓励就是这样的一种好办法。

在美国，有一位著名的女士，被别人戏称为“打岔专家”。在一次宴会上，她的丈夫十分兴奋地跟朋友们谈起了某位将军的事迹。他正说得兴起，没想到这位女士进来插话说：“先生，不要再说了，如果你能有他一半的才能，我也就心满意足了。”她就是这样在大庭广众之下给她的丈夫泼冷水，批评她的丈夫的。这当然让人受不了。最后，她的丈夫不得不跟她离了婚。

另外，也有与此相反的例子。俄国女皇凯瑟琳统治着世界上最大的帝国，毫无疑问，她有着至高无上的权力。事实上，她是一个残忍的女人，曾经发动过许多次毫无意义的战争，杀害过许多仇敌。但是她的婚姻生活却很幸福，因为她在家里一直都是十分温和的，她从不疾言厉色地对她的家人进行批评和指责。即便她的家人犯了什么错误，她也会什么都不说，而是微笑着好像什么也没有发生一样。

当珍妮·维茜嫁给杰姆斯·克力尔的时候，许多人嘲笑这是一桩极不协调的婚姻，甚至有人说，这简直就是“鲜花插在牛粪上”。维茜是一个非常漂亮并且拥有大量财产的女孩，而她的丈夫却是一个不名一文的家伙，并且看不出有什么前途——所有人都知道他粗鲁、愚蠢而且没有教养。

维茜却不顾一切地爱上了克力尔，认为她的丈夫是当代少见的天才诗人。她几乎放弃了自己以前的全部生活，陪她的丈夫住到了乡下，一心一意地在生活上照顾丈夫。她成了一个完全称职的家庭主妇，缝衣做饭、悉心照顾有胃病的丈夫、驱散他心中的抑郁。她坚信自己的丈夫能够成功，而且总是鼓励他去做自己想做的事情。

“我从不去指责和批评他什么，”维茜在她的一封信中说，“包括他的粗鲁和没教养。正好相反，我认为这都是他的个性，而我爱的是他的全部。为什么一定要把每个人都变成同样的模型呢？我总是在帮助他，这一点他一直很感激我。”

结果如何呢？克力尔最后成了爱丁堡大学的校长，他的《法国大革命》、《克莱沃尔的一生》成为名著，而他们夫妻在顿查尔的住所成了有名的文化聚会的场所。

我的一位朋友的妻子——上帝保佑，我幸亏没有这样的一位妻子——总是嘲笑他的每一份工作。一开始，他找了一份推销的工作，由于是新手，他的业绩不是很好。每次当他到家的时候，他的妻子总是对他说：“我的天才推销家，今天是不是又成交了好多笔买卖？但是，我怎么没有看到你带回家的佣金呢？看你的脸，不会是又被经理臭骂了一顿吧？”

这种愚蠢的嘲笑持续了很多年。不过，我的这位朋友一直没有放弃当初的那份工作。如今，他已经是那家全国有名的公司的经理了。他和他原来的妻子离婚了，现在的妻子很年轻，经常鼓励他、给他支持。而他的前任妻子却好像很无辜，她对别人说：“他怎么能这么对待我呢？他穷苦的时候是我陪伴他的，但是他现在却离开了我，找了一个更加漂亮和年轻的女人。”

有什么不可以理解的呢？

你为什么不能容忍你的丈夫有一些缺点，而经常对其进行指责和批评呢？当他犯了一个错误的时候——不管他是有意的还是无意的——你为什么都要批评他呢？你应该做的是慷慨地原谅他。当你告诉你的丈夫，说他在某件事情上的做法真是愚蠢透顶，在这方面一点儿天分也没有的时候，那么就已经扼杀了他改变的动力和希望。批评和指责解决不了问题，它们只会使事情变得更加糟糕。社会学家一再告诫我们：批评和指责只会使家庭不和谐，使婚姻破裂。

如果我们换一种方式，即对他进行鼓励，那么情况就变得好多了。作为家人，你应该相信他有能力做好这件事情，这样他才会调动全部的积极性，投入到这件事情中去。

我上文提到的桃乐斯，她的丈夫罗伯·杜培雷一直想做一个保险行业的推销员，但当他在1947年开始真正从事这一行业的时候，却一次也没有成功过。一天，他决定放弃这份工作了。

“我完全失败了，”他对他的妻子说，“也许我本来就不适合这份工作。我一开始的选择就是错误的。”

也许一般的人会用批评来使罗伯改变主意，但是桃乐斯知道这是一种愚蠢的做法。她坚定地告诉罗伯，这只是暂时的失败而已。她鼓励他说：“不用担心，罗伯，我相信你一定会取得成功的。”接着，桃乐斯指出了罗伯的一些连他自己都不知道的才华，说正是这些才华能够确保他取得成功。

后来，罗伯找到了另外一份推销的工作，可是他仍旧一次一次地失败。如果不是桃乐斯的鼓励和支持，他早就放弃了再试一次的想法了。桃乐斯不断鼓励他说：“再试一次，也许你就成功了。你要知道，你有这个能力。”

“我觉得我不能辜负她的信任，”罗伯在一封信里说道，“她成功地在我身上建立了她的自信，而我正是依靠这种自信建立起自己的信心的。这就是我前进的动力。”

我们相信罗伯终有一天会取得成功的，因为对于目标而言，只要自己想要达到，最终就会达到。像这种家人面对失败而灰心丧气的例子不胜枚举，这时候只有鼓励才对他有作用，而批评和指责，只会导致非常糟糕的结果。

法国著名的科幻小说家儒勒·凡尔纳在未成名的时候，像处于这个阶段的大多数人一样，投出的稿子无一例外地被退回了。他气得打算把所有的稿件都一把火烧光，所幸稿件被他的妻子夺了过去。妻子对他说：“亲爱的，你写得棒极了！我相信你一定会成功的，再试一次吧！”他又试了一次，结果果然被采纳了，并且正是这部书稿的出版使他一举成名。

如果你想改变你的丈夫或者妻子的某个缺点，你也应该用鼓励的办法。我们很多可爱的女士都会花时间打扮自己，让人看起来非常喜欢，但是约翰的妻子却是一个例外。她似乎没有打扮的习惯，只是有时候心血来潮了才打扮一下自己。我并不是说不打扮就一定不好，但是对约翰的妻子而言却正是这样。她不打扮，只是因为她有一个很漂亮的姐姐。每当别人劝她打扮的时候，她经常回敬道："不用你管，我再怎么打扮也不如我姐姐。"

她根本就认为自己不适合打扮，所以她并非不爱打扮，而是自卑的心理在作怪。约翰深知这一点，但是他并不像其他人那样，直接指出她不爱打扮的毛病，而是当妻子不打扮的时候，他就一声不吭；当她偶尔打扮了一次，他就用真诚的赞美去打动她："你真漂亮！"慢慢地，妻子对自己的容貌产生了自信，也经常打扮起来了。

不要批评和指责你的丈夫或妻子，改用鼓励的方法，也许对方会更加乐意改变自己。

当你的爱人失败的时候，他（她）需要的不是你的指责和批评，而是你的鼓励和你给予的信心。

男人可以适当地表现出脆弱

◎ "男人当家作主"从来就不是天赋的——不要认为这是女权主义者的宣言。家庭中的每个人都是平等的。

◎ 如果你从来表现的都是大男子主义，除非你确认你的妻子喜欢——这种概率是很低的——否则，必须加以改变。

洛杉矶的家庭关系研究专家保罗·鲍贝洛曾经得出这样一个令人信服的结论：相对于知识丰富、有能力的女性来说，大多数年轻男人在选择自己的对象的时候，更加愿意选择一位对他有诱惑力、能满足他的虚荣心并且能够使他产生优越感的女子。

这个结论跟我们平常的印象几乎没有差异，它是男人们的共同特性。现在，已经没有男人对他的妻子说："没有你我怎么活？"——我指的是真心话。在我们的文化背景中，男人们被要求"像一个男人"，这意味着他们必须有权威、说话算话，必须总是很坚强。事实上，这正合他们的意愿，他们无一例外地想要树立自己坚强的甚至是至高无上的形象。在家庭中，他们认为自己应该理所当然地取得领导权，家庭的大小命令都应该由他们发出，他们才是真正的一家之长。他们不想表露出自己的脆弱。

埃迪·康德曾经无数次在公开场合表示了他的妻子在他的生命中的重要性："我从我的妻子那里得到的东西胜于任何人：她帮助我在事业上不断进步；正是她的节俭，使我有足够的资金用于投资；她为我带来了家庭生活的全部幸福。假如说我有一些成就的话，那么全是她的功劳。"

我相信，埃迪的这些话都是发自内心的。现在，像埃迪这样的男人已经不多了。现在的男人只要取得了一点成功，就会毫不犹豫地把功劳全部揽到自己身上。即使他要感谢他的妻子和家人，那也多半只是出于礼貌。

我有一次参加招待会，那个男主人是个有名的人物。他对所有的来宾都表现出了极大的热情，并且都十分有礼貌。可以说，他的绅士风度和完美形象几乎无可挑剔——但是却只是"几乎"而已，原因是他对自己的妻子很明显不是那么重视。人们只要注意观察，就可以很明显地看到，无论是言行举止还是神情、目光，他都好像对待一个陌生人一样对待妻子——不，在当时而言，比不上对待一个陌生的客人。他的太太在人群中显得很尴尬，我猜想她很想回到自己的房间。

这种截然不同的态度一度使我感到非常奇怪，但是后来我却找到了原因：那是男人的自尊心在作怪。他一定认为，在这样的公共场合，没有必要关注自己已经非常熟悉的妻子；他一定认为，如果表现出他柔情的一面的话，会给客人们留下不好的印象。老实说，我们知道他急于把客人都招待好，但是他没有注意到这样会给他的婚姻生活带来——实际上已经带来了——不利的影响。而如果他把自己的注意力稍微分一点儿给他的妻子的话，那么客人一定不会大惊小怪，说不定还会增加他的魅力。后来，我听说他们的婚姻并不美满，甚至于在闹离婚。这是我们意料之中的事情。

柴斯德菲尔德说过："要养成一种好的风格，必须作出一些小小的牺牲。"——只是一些小小的牺牲而已。对男人而言，这意味着要多表示对妻子的关心，多献一点儿殷勤。这很难吗？当然不，但关键是男人们认为这样做会损害他们的那一点儿可怜的自尊。他们绝不会表现出自己很顺从的样子，而是打算随时拿出权力的棒子来。他们不想对穿着、烹饪、料理家务这些女人的事情有任何兴趣，即使他们实际上非常关心。洞悉人情的安德烈·毛罗斯劝告男人们可以适当地表现出对这些东西的关心。

似乎有一种约定俗成的观点：男人不应该寻求帮助，特别是在感情方面不应该依赖别人。他们被告知：作为男人，应该把自己的痛苦藏起来，不让人知道。

如果他们没有脆弱的一面，那么女人们也许无话可说，关键是人人都会有脆弱的时候。但是男人们即使在工作上遇到了许多困难，也从不在别人面前表现出来。他们的出发点似乎是好的：希望家庭不要受到影响。他们保持一贯的坚强的形象，不希望在妻子面前表现出自己脆弱的一面。这让我想起了法国著名小说家巴尔扎克这么评论男人的一句话："有许多丈夫，让我想起了拉小提琴的大猩猩。"

当然，还有一些不是“大猩猩”的男人，看起来，这些男人不是很想出人头地。卡耐基口才训练班的一位学员在给我的信里写道：

“男人总是感到自己的生活就是比赛，如果他接受了别人的帮助，那么就会给他的成绩抹黑，甚至使他的成绩无效。我有时候觉得自己就像一个80岁的老头，一个劲地在心里嘀咕：‘千万不要生病，千万不要去看心理医生。’实际上，我知道如果没有别人的帮助，就好像想登上珠穆朗玛峰却没有带氧气瓶一样，是不可能的事情。非常幸运的是，我现在已经摆脱了这种观点的影响。”

我的一位朋友的父亲佩利和母亲罗斯在一起幸福美满地生活了60个年头，连一次争吵都没有过。让我们来看看他们是怎么做到的。

在家里，一般是罗斯占主导地位，她决定钱该怎么花、午餐吃什么、买什么房子以及其他几乎所有事情；佩利一般是高兴地赞同她的意见。当老两口到女儿家里去做客的时候，女儿问起佩利想要吃什么，佩利总是这么回答：“问你妈我想吃什么。”罗斯经常骄傲地对她的儿女们说，他们的爸爸是被她宠坏的，而一旦她不继续宠他，他就会不知所措。佩利表示完全同意这个看法，并且毫不费力地把它坚持了下来。的确，当罗斯在佩利之前离开人世的时候，佩利失声痛哭了好一阵子，有很长一段时间生活无序甚至不能自理。

不要认为他们天性如此。事实上，熟悉他们的人都知道：佩利是一个拥有聪明的头脑、具有领导天分和高超的说话技巧的人，而罗斯则天性温柔，并不习惯发号施令。但很奇怪的是，在他们组成的家庭里却产生了与之相反的“权力分配”。

以上的事例至少说明了这样的一个事实：在家庭中，男人也可以表现得很脆弱。当然我的意思并不是说每个男人都应该向佩利学习，我的意思是，我们为什么不顺从我们自己的天性呢？更何况，男人适当地表现出自己脆弱的一面，会使我们的婚姻生活更加幸福。

一个卡耐基口才训练班的学员跟我谈论起他的婚姻。他说在他们结婚的10年里，他没有看到过他的妻子的一次笑脸——当然这是夸张的说法，他的意思是说，她好像一直都很不开心。

一年以前，他的妻子到医院做常规检查，回来后告诉他：她患上了不治之症。这个消息就像晴天霹雳一样，让他感到惊慌失措。他爱他的妻子，老实说，他宁愿失去自己的生命也不愿意失去她。当他想到妻子在他们结婚的这10年里一直很不开心，而现在她居然就要离开自己时，他感到自己对不起她。最后，他居然当着妻子的面哭了起来。

后来他们到另外一个医院检查，发现那个不幸的消息是医生的误诊。虽然他虚惊了一场，但是却得到了很多的东西。让他奇怪的是，他的妻子明显的比以前快乐多了。一天，他终于知道了他的妻子快乐起来的原因。

"亲爱的，"他的妻子跟他说道，"你以前从未让我感到过幸福。你在我面前从来就像我的父亲那样，对我都是用命令的语气说话。即使在我十分伤心的时候，你也从不安慰我。这好像是在告诉我，你一点儿都不在乎我。这种感觉折磨着我，但是我不知道怎么跟你说。直到这次，当你知道我患病了，表现得那样地伤心，我才知道你是爱我的。所以，我当然很快乐了。"

是的，大部分妻子都有这样的感觉，虽然她们没有表现出来——我在前面讲过，这样的情况很糟糕。因此，如果你们想要婚姻幸福，为什么不适当地表现出你们的脆弱来呢？

> 男人需要表现脆弱——只是适当的，不要使它过于肉麻。

第五章

改变人生的演讲语言

当众说话的方法和技巧

◎ 选择合适的说话题材——最好是跟自己有关的题材。这样才能深入、形象地谈论你所说的话题，并且融入你的说话当中。

◎ 充满激情地当众说话。让你的听众看到你对所说的内容充满兴趣和信心，只有这样，他们才可能被你打动。

◎ 与听众共鸣。不要让听众以为你在自言自语，并且你说的东西跟他们没有任何关系，千万不要忘记听众的存在。

如果你能够让这个世界所有的人都听到“演讲”这两个字，你就可以感觉到这个世界开始发生微微的颤动——那是人们因紧张而颤抖所造成的。人们羡慕那些用演讲征服世界的人，比如林肯、萧伯纳等著名的演说家，但是人们却一致地认为，自己没有能力像他们那样，至少这辈子已经不可能。

实际上，无论处在何种情况下，绝没有哪个人是天生的演说家。在历史上的有些时期，演讲曾经作为一门精致的艺术，需要遵守严谨的修辞法和采取优雅的演说方式。这种难度使得人们如果想要成为一个出色的大众演说家的话，就需要付出异常艰苦的努力。但是现在，我们却把当众演说看成是一种扩大的交谈。在宴会上、教堂中或看电视、听收音机时，我们希望听到的是率直的言语、依照常理的构思，而不是夸夸其谈的、生硬的演说。

因此，当众演说已不再是一门需要付出像以前那样的努力才能掌握的艺术了。它像平常说话一样轻而易举，只需要遵循一些简单的规则就行。

美国现金注册公司理事会会长、联合国教科文组织主席艾林在《演讲与领导在事业上的关系》一文中写道："在历史上从事商业的人之中，有相当一部分是凭借当众说话的才能而获得成功的。很多年前，一位当时还只是我们公司堪萨斯州一小分行的主管的小青年，在发表了一场十分精彩的演说之后平步青云，今天已经成为我们公司的副总裁，负责所有业务的拓展。"我恰好知道，这位副总裁现在已经是国家现金注册公司的总裁了。

的确，能够从容不迫地当众发表成功的演说，或者能够在众多人面前侃侃而谈，将使你的前途不可估量。因此，那些想要取得成功的人都会努力让自己当众说话的能力得到提高。

那么，当众说话都有些什么方法和技巧呢？这是一个很难回答的问题。根据多年的经验，我认为，要想取得当众说话的成功，至少应该注意以下三个方面。

选择跟自己有关的题材

一次，卡耐基口才训练班的老师和学生们在芝加哥的康拉德希尔顿饭店座谈。座谈进行的时候，一位学员站了起来，用慷慨激昂的语调当众说道："我认为，自由、平等、博爱是人类最伟大的思想。一旦没有了自由，生命便失去了意义。我们可以试想一下，如果我们的行动处处受到限制，那将是一种多么糟糕的生活！"

大家对他突然发表这样的高论十分惊奇。他的老师在他话还没有说完的时候，就制止了他继续往下说。这位老师问他为什么要谈论这个话题，为什么会有这样的结论，能不能就这个话题谈一下他的切身感受。

于是，这位学生说了一个惊心动魄的故事。他曾经是法国的一名地下工作者，亲身经历了纳粹党的严酷统治。他和他的家人，曾经遭到纳粹党的迫害和凌辱。他们十分惊险地逃过了纳粹党秘密警察的追杀，在历尽千辛万苦后终于到了美国。最后他说：

“今天，我自由地从密歇根大街来到这家饭店，大摇大摆地从一个警察身边走过。当我到达酒店的时候，并没有被要求出示身份证明。等座谈结束的时候，我可以去任何我想去的地方。因此，请大家相信，自由是值得争取的。”他的话引起了一阵雷鸣般的掌声。

毫无疑问，这位学员能够把这样空洞、严肃的话题讲得如此吸引人，是因为他加入了自己的真实经历。的确，如果你想要取得当众说话的成功的话，最好的说话题材是你自己的亲身经历。假使你亲身经历过一件事，或者你经过思考之后，使它成为你的一部分，可以肯定这个话题是适合你的。你可以回忆过去，从自己的经历中寻找有意义、给你留下了深刻印象的事情。它们可以是个人的成长历程、个人的奋斗故事、个人爱好、专门领域的知识、不同寻常的经历，或者是个人信仰和信念。我几年前进行过一项调查，发现上述与某些特定的个人背景有关的话题是听众最欣赏的题目，从而对听众也最有吸引力。

如果你在讲话中阐明了生命对你的启示，我想你会拥有很多的听众。当然，这个观点并不是那么容易就会被说话者们接受的；正好相反，他们往往会回避个人的经验，因为这些东西太琐碎和狭隘了。他们喜欢讲一些一般性的概念或哲理。实际上，这些东西更加不容易让人接受。人们喜欢新闻，可是你拿出社论来给他们看，他们怎么会喜欢呢？即使人们喜欢社论，也不应该由你来讲，他们会去请一个记者来讲。因此，如果可能的话，你还是谈谈生命对你的启示吧！只要讲得好，听众会很喜欢你的。

你千万不要以为这些话题太个人化了，或者太轻微了，听众不会喜欢听。事实上，正是这样的话题才能使听众感到快乐，让大家感动。

对话题充满激情

当然，并不是所有你有资格谈论的话题都一定能够吸引听众。比如，我是一个天天干家务的勤劳的男人，我当然有资格谈论拖地的事情。可是，我对拖地并没有热情，事实上我根本不愿提它，我能把这个话题讲好吗？但是，当一些家庭主妇来谈论这个话题的时候，她们似乎对之有无穷的兴趣，在说起这个话题时也十分投入，充满了激情。所以她们会说得十分精彩。

记得1926年的时候，我参加了日内瓦国际联盟第7次会议。一开始的几个演讲者使会议变得死气沉沉，他们几乎就是在读他们自己的演讲稿。接着，由加拿大乔治·佛斯坦爵士上台演讲，他并没有带任何手稿和纸条。他在整个演讲过程中充满了激情，经常使用各种手势，看起来非常诚挚。看得出来，他投入到自己所述说的内容当中去了。他诚心诚意地表达了自己的观点，并且希望听众也能相信他。他把这些信息表达得非常清晰和明确。

这就是非常有感染力的演说，因为演讲者本身就对演讲充满了激情。而那些对自己的演讲没有多大热情的人，看起来总是不那么可信。

弗胜·J.辛主教是美国著名的演说家之一，他的演说极具震撼力。可是，一开始他并没有明白这个道理。

弗胜·J.辛主教在他的《此生不疲》中记述了他的改变。当他在读书的时候，他有幸成了学院辩论队的队员。但是有一天，他们的辩论教授把他叫到了自己的办公室，狠狠地批评了他一顿。

“你真是差劲！”那位教授毫不留情地说，“从没有一个人像你这样发表自己的意见。”

他指的是弗胜不久前发表的一次演说。弗胜正想解释，这时，教授要求他照着那段演说词重新讲一遍。弗胜照着做了，这花了他差不多一个小时的时间。教授问他：

“你现在知道为什么这么差劲了吗？”

弗胜一下子并没有领悟过来。于是，教授更加恼火，对弗胜说：“你再复述一遍！”弗胜不得已，又照着原稿复述了一个小时，最后，他都已经筋疲力尽了。教授问他：“现在知道了吧？”弗胜说：“是的。”

这两个半小时的谈话让弗胜印象深刻，他把自己悟出的道理铭记在心。这个道理就是：把自己融入演讲之中。

所以，在你打算进行当众说话之前，最好先确认自己对所讲的内容充满激情。如果你不能做到这一点，那么最好是换个能够让你有激情的题材。

与听众共鸣

我们知道，演讲由演讲者、演讲内容和听众3个要素构成。前面介绍的两个方法，讨论了演讲者和演讲内容之间的关系。但是，只有当演讲者把自己的演讲和听众联系起来的时候，演讲才算真正完成，这也就是说我们要注意与听众共鸣。

高明的演讲者总是热切地希望听众能同意他的观点，能和他产生同样的感觉，他不仅希望自己热情，也希望把这种热情传达给听众。这就是共鸣。他的演讲绝不会以自我为中心，而会以听众为中心。因为他知道，他的演讲成功与否，归根到底不是由他决定的，而是由听众的头脑和心灵决定的。

这个道理听起来似乎很简单，但是实行起来却很难。在推行节俭活动的时候，我曾经对美国银行学会纽约分会的部分职员进行演讲训练。其中有一位学员遇到了困难：他发现无论自己怎么努力，都无法调动听众的积极性，也无法与听众沟通。我对他说，纽约

85%的过世的人，身后都没有留下分文给他们的家人；只有③3%的人留下了1万美元或者更多。因此，他所讲的内容是帮助听众进行准备，以便他们能够老来衣食无忧，并且留给妻儿安全的保障。他所要做的事情是，让听众知道他所说的东西对他们确实很有帮助。

他对此进行了深入而细致的思考，终于认识到了与听众共鸣的重要性。于是，当他在演讲的时候，他尽量找到听众感兴趣的东西，并且与他们就这方面进行积极的沟通。这样，他最后终于取得了成功。

以上3个方法是非常基本的方法，它们确实能够帮助我们更好地当众说话。

练习你的说话技能。切记，没有一种理论可以脱离你自己的实践，那些具体的方法，应该在你自己的经验中获得。

如何克服怯场

◎ 找出自己的弱点和不足，有针对性地进行自我暗示。

◎ 如果可能的话，找出其他演讲者的缺点和不足，比较自己的优点，进而建立你的自信心。

◎ 把你的演讲词扔在一旁，告诉自己，用不着它。

在一次卡耐基口才训练班的毕业聚会上，有一个毕业生面对着许多人，坦诚地对我说：

“卡耐基先生，5年前，我来到了你举办演讲的饭店门口。当时我知道，只要一参加卡耐基口才训练班，就迟早要当众演讲。因此，我的手僵在门把上，却不敢推门进去。最后，我只好转身离开了。如果当时我知道你能让我轻易地克服恐惧——克服那种让我一面对听众就瘫倒的恐惧的话，我就不会白白浪费这5年宝贵的时间了。”

我看得出来，他说这番话的时候显得格外轻松和自信。这个人一定能凭借他学到的演讲能力和自信力，提高自己处理各种事务的能力。我非常高兴他能勇敢地面对“恐惧”这个让无数人头痛的大敌，并且最终战胜了它。

不用多说，“怯场”这个词本身就会让我们紧张。当你在演讲之前，发觉自己心跳加剧、颤抖、流汗、口干舌燥的时候，这表明你已经开始怯场——当然，还会有其他的症状。一位女士在一个房间里发现一位男士在走来走去，并且不断地自言自语。女士问他：“你在做什么？”男士回答：“我将要在一个宴会上发言，现在还差10分钟。”女士又问：“你总是这样紧张吗？”男士说：“我并不紧张。难道你觉得我很紧张吗？”女士说：“你在走来走去，并且自言自语。最关键的问题是，你现在在女洗手间里。”

上面这个故事可能有些夸张了，但是的确有人经常告诉我们：大多数人认为当着众人说话比死还可怕。但对我来说，我并不相信怯场是不治之症——至少我们能够缓解怯场带来的压力。1912年我开始授课后，还不知道我的课程能帮助人们减轻恐惧和自卑感。随着研究的深入，我发现演讲实际上是一种自然的表现，学会它可以帮助人们减轻不安之感，从而鼓起勇气、建立自信。因此，我决定终生致力于帮助人们在当众说话上消除这种可怕的威胁。

我在前面已经讲过树立成功的信念的重要性。你要记住，你必须成功，也必定能够成功。另外，我还提到积极的心理暗示、借助别人的经验等等，这些方法对克服怯场也有很大的帮助。这里，我不打算再详细地进行解释。以下是可以采用的克服怯场的另外几个方法。

借助自己成功的经验

鲁宾逊教授在他的《思想的起源》一书中说：“恐惧产生于无知和不确定。”确实，对大部分人来说，他们害怕当众说话主要是因为不习惯、因为当众说话的不确定性，所以产生了焦虑和恐惧。特别是对新手来说，要面对许多相对来说更加复杂而陌生的环境，这比学网球或开汽车明显要困难很多。因此，只有通过不断的练习，才能把这种不确定因素变为确定因素，从而使自己感到轻松自在。只要有了成功的经验，当众说话就不再是一种痛苦，而是一种快乐了。

以下这个故事正好能说明这一点。杰出的演讲家、著名的心理学家艾伯特·爱德华·威格恩在他读中学时，曾被老师要求作一次5分钟的演讲。在即将演讲的那段时间里，爱德华一想到自己要当着那么多同学的面演讲，心里就十分恐惧。他详细地描述道：

“演讲的日子就要来了，我却病倒了。每次一想到那件可怕的事情，我就头昏脑涨、脸颊发热。我只好跑到学校后面，把脸贴在冰凉的墙面上，好让脸色不再发红。

“在读大学的时候，我也还是这样。有一次，我好不容易背下了一篇演讲词的开头，但是当我面对听众的时候，脑袋里突然“嗡”地响了一下，然后就一片空白了。后来，我又勉强挤出一句开场白：‘亚当斯和杰弗逊已经过世……’之后就再也说不出话来了。我只好向听众鞠躬，最后心情沉重地回到我的座位上。

“这时，校长站起来说：‘唉，爱德华，我们听到这则令人悲伤的消息，实在是太震惊了；不过，我想我们会尽量节哀的。’接着就是满堂哄笑。当时我真的想以死来求得解脱。之后，我就病了好几天。

“当时，我在这世上最不敢期望的，就是做一个大众演讲家。”

世事难料。爱德华大学毕业一年后，丹佛市掀起了“自由造币”运动。爱德华认为“自由造币主义者”的主张是错误的，并且他们只作空洞的承诺。为此，他艰难地凑齐了到达印第安纳州的路费，并在到达该州后，就健全的币制发表了演说。他回忆说：

“刚开始的时候，我在大学演讲的那一幕又浮现在我的脑海里，挥之不去的恐惧使我窒息。我讲话还是结结巴巴，恨不得立即从讲台上逃下去。不过，最后我还是勉强完成了绪论部分。虽然这只是一次微小的成功，但却增加了不少使我继续往下说的勇气。当我结束演讲的时候，我以为我只用了15分钟的时间，其实我却竟然说了一个半小时。这让我极为惊讶。

“结果，在以后的几年时间里，我成了令全世界震惊的人。我竟然把当众演讲当成了自己的职业。”

爱德华认识到，要想克服当众说话时那种灭顶之灾般的恐惧感，最好的方法莫过于首先获得成功的经验，并以此不断地激励自己。

做好充分的准备

出于职业原因，我每年都要担任5 000多次演讲的评审员。这个经历让我发现：只有在演讲之前做好充分的准备，才能真正克服恐惧、建立完全的自信。这就好比在打仗之前，只有精心准备作战的武器，才能立于不败之地。

丹尼尔·韦伯斯特说过：“如果我没做好准备就出现在听众面前，就像是没有穿衣服一样。”没有哪个比喻比这更贴切了。

几年前，在一次残疾人协会的午餐会上，一位政府要员被邀请作一次演讲。这位政府要员之前并没有做好准备。他站在台上，打算进行即兴演讲，但是却不知道该说些什么。他一边胡乱开了个头，一边从口袋里掏出一叠笔记纸，打算从上面找出一点合适的东西来。然而，由于笔记纸上的内容杂乱无章，他显得更加尴尬。

他手忙脚乱地在那些笔记纸中翻来翻去，时间也一分一秒地过去。他显得越来越绝望，所以不停地向大家道歉。最后，他不得不仓促地中断他断断续续的演讲，在困窘和尴尬中走下台来。

这位政府要员就是一个最没有面子的演讲者。他由于没有提前准备自己的演讲，结果正像卢梭所讽刺的某些人写的情书那样：

“不知道怎么开始，更不知道怎么结束。”而你如果希望建立完全的自信心，就必须认真对待每次演讲，提前做好充分的演讲准备。

如果你做好了充分的准备，你必须确信自己演讲的题目有意义。演讲题目选好之后，再根据计划加以汇集、整理。你要让自己确信这个题目是有意义的。你必须具有坚定的态度、严格的要求，并以此激励自己、坚信自己。怎么才能让自己确信这一点？这就需要你详细、深入地研究题材，抓住其中更深层的意义。在你登台演说之前，最好先和朋友聊聊。如果他提出了一些合适的意见和建议，你有必要对自己的演讲进行修改。这样，你就可以让自己确信：演讲题目很有意义，将有助于听众。

要给自己鼓气

除非心存某种远大的理想，并且准备为之献身，否则，任何一个演讲者都会对自己的演讲题材产生怀疑。他会问自己适不适合这个题目、听众会不会感兴趣，因此他很可能在一夜之间突然更改题目。所以，你应该学会给自己鼓气，告诉自己：这次演讲是适合我的，因为它来自我的经验，并且我为之做了充分的准备；我比任何一个讲演者都适合作这样的演讲；我能够也应当全力以赴把它说得清清楚楚。

另外，我还打算告诉你们一个事实。社会科学家以他们的研究告诉我们，说话的人和听话的人对于紧张持有不同的看法。通常情况下，即使说话的人宣称自己已经非常紧张，但是听话的人可能完全觉察不出来。这就好像一个人脸上起了一个小疙瘩，而他自己把它想象成有西瓜那么大——这可能相当于他的脑袋的大小了。所以，不论他走到哪里，他都以为人们都在注意他脸上的小疙瘩。

但是事实却是，根本没有人注意到这一点。紧张也是一样的。它只是你心理上的一个小疙瘩，和听众比起来，可能只是你感觉比较糟糕而已。

避免想那些可能使你不安的事情。比如说，你千万不要去设想你可能会犯语法错误，或中间突然中断讲不下去等等情况，因为这些消极的想法很可能使你在开始演讲之前就没有了信心。极为重要的是，演讲之前，不要把注意力放在自己身上——集中精力听别的演讲者在讲什么，把你的注意力放在他们身上，这样你就不会过度地恐惧了。

身体调试

释放你的压力，或者使它转移。你可以用这些方法：

呼吸。慢慢地吸一口气，尽量长时间地坚持住，然后慢慢地呼出去。重复这样的动作，多做几次。呼吸练习是最古老的一种释放压力的办法。生理学家说，我们可以在呼吸的时候，释放出自己身体里的二氧化碳，减少血液的酸性，而且能够增加大脑的供氧量。

伸展身体。尽量舒展你的身体大约10～15分钟。转动你的头部、用尽量大的力摆动上肢、张开你的嘴巴……这些动作能够减轻你的肌肉疲劳，而且也不需要什么特定的场地。

按摩。按摩你的太阳穴和脖子。当你怯场的时候，这是两个你最容易感到疲劳的地方。

停止你的紧张的动作。比如，不要像上面我提到的那位先生那样不停地踱步和自言自语，不要大量地喝水；不管你事实上有多紧张，都要表现出你很平静的样子；让听众感觉你充满了自信。

我非常真诚地希望，我介绍的这些方法能够有效地帮助你克服怯场。

任何事情，只要你坚信你会成功，你就应该一直朝它前进，不要顾虑太多。最重要的是，你要拿出你的勇气全力冲过去，如果总是过分地犹豫，你就成不了大事。

如何发表即席讲话

◎ 消除自己的胆怯心理。不要对自己寄予过高的期望，听众也不会这样的。相信自己能够说好。

◎ 不断地练习。练习能够使你明白即席讲话并不困难，而且能让你熟悉类似的环境。

◎ 随时准备发表讲话。不要等到被别人叫起来说话的时候，才开始想你的话题。

◎ 万事开头难，想办法平稳地度过开始的时间，你会慢慢地忘记紧张的。

几年前，布鲁克林有一位医生——我们姑且称之为科第斯先生——被邀请参加一次棒球队的聚会。在没有任何心理准备的情况下，他听见主持人说："今晚，有一位医学界的朋友在场，他就是科第斯先生。让我们欢迎他上台给我们谈谈棒球队员的健康问题。"

科第斯医生是研究卫生保健的专家，行医已30多年。照理说他应该胸有成竹才对，但是由于一生中从未作过公开演讲，当看到人们鼓掌的时候，他心跳加快、惊惶失措。所有人都注视着他，他却摇了摇头，表示谢绝。没想到这个举动引来了更热烈的掌声，人们的呼声也越来越大。

科第斯医生十分清楚地知道，如果自己站起来演讲，结果只能是失败。于是他只好站起来，转过身背对着自己的朋友，默不作声地走了出去，陷入了极度难堪之中。

我不知道那些宁愿选择死也不愿发表演讲的人，在毫无准备的情况下听到"请随便讲几句"这样的话时会有什么感想。他们连那些有准备的演讲都不愿意作，在面对这种突如其来的即席讲话的时候，会不会都像科第斯先生一样？

不幸的是，在我们的这个社会里，即使是在一般的休闲场合，我们都会经常被人问及自己对某件事情的看法，随时都有被叫起来讲几句的“危险”。

“如果给我时间好好准备，”你可能会这么说，“再让我站起来讲话，并不是什么难事。但是如果临时被叫起来，我就多半会不知所措。”

不要丧气，这是大部分人都会有的问题。他们在这种时候，都像你或者科第斯先生一样，恨不得马上找个地洞钻进去。不过，你应该明白，我这么说并不是想告诉你即席讲话是人们的死穴——无论我们怎么努力，都不能成功地战胜这个弱点。

很多说话高手的确成功地做到了这一点。他们看起来好像永远都准备得非常充分，而不是仓促地站起来。是的，每个智力正常如你我的人，只要运用了正确的方法，通常就都能够十分得体地甚至是非常精彩地进行即席讲话。而接下来我将告诉你，怎么样才能做到这一点。

进行针对性的练习

许多年以前，道格拉斯·菲尔班克在《美国杂志》上发表了一篇关于益智游戏的文章。据说查理·卓别林、玛利亚·匹克福和他经常玩这个游戏。

“我们每个人分别写下一个话题，然后把写了字的纸条折起来放在一起。我们当中的一个人在其中随意抽取一个，然后必须站起来讲一分钟。而且，同一个题目从不使用两次……

“非常重要的是，当我们玩过这个游戏后，我们的思维全都变得敏捷了，对于各种各样的话题也有了更多的了解。但更加有用的是，我们学会了在短时间里根据任何题目迅速运用自己的知识和思想进行思考，学会了站立思考。”

我在卡耐基口才训练班上经常使用另外一种方法。我会叫一个班的学员全体行动，让他们按照顺序，承接前一位说话者的话往下说。

比如，一个学员开始精彩地说着一个故事，当他说到关键地方的时候，我突然让他停住，然后叫另外一个学员往下说。

一开始，他们觉得非常困难。我鼓励他们无论自己说得多么糟糕，都应该把它说出来。结果，虽然他们讲得不怎么样，却并没有放弃。事实证明，这样的练习的确很有效——最后他们都不同程度地提高了自己即席讲话的能力。最重要的是，他们觉得即席讲话也不是什么让人为难的事了。

因此，注意多进行针对性的练习——方法当然不止上面提到的这两种——对你会有很大的帮助。像这类的练习多了，当需要即席讲话的时候，你也就能够应付自如了。

随时做好准备

无论是什么场合，我们随时都有被要求说两句的“危险”。如果你同意我的观点，为什么不早早地做好站起来说话的准备呢？如果你正在参加一个会议，你为什么不想一想如果你站起来，应该发表什么样的意见以及怎么发表意见呢？

我班上的学员都具备一种本领，那就是随时都做好了说话的准备。因为他们知道，他们随时都有可能被我叫起来讲话。事实上，正是这种准备使得他们的即兴说话水平变得很高。因此，我给你的建议是，随时都做好准备。

你知道，当你要发表意见的时候，前提是你得对这个问题已经有过自己的思考，并得出了自己的意见。因此，不要对你所参加的会议或宴会漠不关心，而应对与它相关的一些问题进行思考。

马上进行举证

当别人希望你说几句，而你因为各种原因并没有做好准备的时候，你最好立刻对你想要表达的观点进行举证。这种方法可以使你马上进入状态，忘掉暂时的紧张。相对来说，如果一件事情来自于自己的经验，描述起来并不困难，并且一般来说，举证需要花费一点儿时间。

立即进行举证的另外一个好处我已经在前面说过，那就是可以吸引听众的注意力。听众会对这种事例感兴趣的，而且这样也符合他们的节奏。因此，立即举证能使你和听众的关系更加和谐，而这对你很有利。

迅速找到切入点

不管你找没找到合适的例子，你必须迅速找到切入点。也就是说，告诉听众你想要说的究竟是什么。切入点应该从此时此地开始，我的意思是，要针对你的场合和说话对象。讲一些与当时的场合或者听众有关的事情，这样会激起他们的兴趣。

一个很好的例子是，赞美其他演讲人，并且从他们的话题中找到自己想要谈论的东西。我知道，你会用我前面讲过的三种思维方式去做到这一点的。

不要让别人认为你的即席讲话什么都没讲，要明白你正在进行的是即席讲话。人们并不希望你一直讲下去，因为那只是浪费他们的时间。不要像丘吉尔评价他儿子兰道尔夫的性格那样："他空有一门大炮，却没有多少弹药。"

组织你的讲话

仅仅不着边际地信口开河，把根本不相干的东西扯到一起，这样做的结果只能是失败。但是这似乎是一个很难的问题。因为如果你的很多想法和例子只是乱糟糟的一团，你就很难把它们都表达出来。如果你把你说话的布局都想好了，那么剩下的就只是用你的材料和观点把它填充起来。

我介绍几种常见的布局方式：

纵向布局。按照时间的发展顺序进行排列，或者按照事情发展的因果顺序、逻辑顺序进行排列。

横向布局。谈论几个问题的时候，或者谈论一个问题而打算用几个原因进行说明的时候，可以进行横向布局。这些问题的关系是并列的。

总分布局。对你谈论的东西进行解构，在大的标题下分列若干小标题，这样能够使你清晰、透彻地说明你的意见。你也可以通过提问或提供解决问题的方案进行布局。

递进布局。把你的话题内部的各个层次采取由浅到深、从大到小的顺序排列，这是一种最常见的布局方式。

我相信，如果你能够遵照这些方法的话，即兴讲话也不是多么难的事情。你也许已经看出来了，我强调即兴讲话的准备工作。没错，如果你想要你的即席讲话出色的话，最重要的还是你的平日之功。

要言之有物。如果正好相反，不但听众不会喜欢你的讲话，而且你也会走向无话可说的境地。

进行适当的布局。良好的布局可以使你的讲话变得更加轻松。

克服讲话中的6个主要误区

◎ 明确你的演讲目的。根据你和听众的需要，选择一个你演讲的目的，并努力去达到这个目的。

◎ 不要背诵演讲词。选用提纲或者提示语的形式，这样才能使你的演讲显得生动、自然。

◎ 不要给听众过多的信息——除了说明你的问题之外，不要让听众有头痛的感觉。

◎ 清楚地说明问题。必须清楚地说明问题，这样才能让听众有所收获。

公开讲话是十分重要而且复杂的。演讲者常常顾此失彼，经常会忽视某一个方面的问题。一般来说，演讲者常常会产生以下的问题。我在指出这些误区的同时，也会告诉你们应该怎么做。

第一个误区：演讲目的不明确

一个演讲者将要进行一个题为“汽车安全带”的演讲。我在他演讲之前问了他一个问题：“你为什么要进行这次演讲？”他回答说：“我想让人们了解汽车安全带。”他的这个目的让我很疑惑，因为就大多数人而言，仅仅了解这种知识并没有什么用处。所以，我当时就决定不再继续听他的演讲。

一些人似乎不大清楚自己演讲的目的以及听众需要什么，这给他们的演讲质量带来了很大的不利影响。

我曾经对演讲的目的作过总结，发现演讲的目的不外乎以下4种：

说明一种事情或事物。比如，美国宇航局的人员向人们解释彗星撞木星的影响时，他们并不打算要我们做些什么事情，而仅仅是为了告诉我们这一信息。

说服别人。大部分政治家发表的演讲都含有这种目的。他们希望听众在听完他们的演讲后，能够放弃自己的想法转而支持他们的意见。

增强别人的印象。当亨利·布雷过世的时候，林肯受邀就其一生致悼词。林肯演讲的主要目的就是增强听众的印象。

使人们愉快。如果你为了缓解工人们的压力而发表了一次演说，那么你发表这种演讲的目的就是使人们愉快。在这时候，这是你的惟一目的。

明确自己的演讲想要达到上面所述的哪一种目的，这一点对演讲者来说至关重要。要得出自己的目的，主要应该考虑两个因素，即自己打算展现什么以及听众需要什么。只有将这两者结合起来，才能使你进行一次成功的演讲。

第二个误区：背诵演讲词

不要背诵演讲词。这是许多演讲者极有可能犯的一个严重错误。他们这样做是为了保护自己，免得在听众面前演讲时大脑一片空白而陷入了背诵的陷阱中。我并不想危言耸听，但真实情况是，一旦上了这种心理麻醉的瘾，就会不可救药地持续采取这种浪费时间的准备方式。而也就是它，在很大程度上破坏了演讲的效果。

我已经说过，人一生当中说话一般都是自然流露，从未花过心思去细想言辞。这是因为，人们随时都在想着，等到思想明澈清晰的时候，言语便如同呼吸一样，自然而然地就顺畅起来了。

年轻时的丘吉尔也曾经写讲稿、背讲稿。有一天，当他在英国国会上背诵他的演讲词的时候，思路突然中断，脑海一片空白。他十分尴尬，也感到十分困窘。接着他把上一句重新背了一遍，但还是记不起接下来要说什么。他的脸色变得通红，不得不颓然坐下。从那以后，丘吉尔再也不背演讲词了。众所周知，他最后成了一个伟大的演讲家。

当面对听众时，我们很可能会忘记逐字背诵的演讲词；即使没有忘记，讲起来也一定十分机械化。这是为什么呢？因为它不是发自我们内心，不是出于自然的流露。你想一想，当你在私下说话的时候，你是不是也会这样做呢？当然不是。你总是一心想着我们要说的事，然后就直接说出来了，而绝对不会留心词句。既然你一直都是这么做的，为什么在演讲的时候就要违反自己的本能呢？

许多演讲者都不背讲稿。他们中的成功者常常都是把讲稿扔掉，但却说得更生动、更有效果了。这样做也许会遗忘某几点，说起来也比较散漫，但是起码显得更加有人情味。

林肯说过：“我不喜欢听平白的、枯燥无味的演讲。当我听人讲道理时，我喜欢他表现得好像在跟蜜蜂搏斗似的。”和林肯一样，绝大多数的听众都喜欢听一个演讲者在台上自在、随意、激情地演讲，而背诵演讲词的人绝做不到这一点。

第三个误区：信息过于庞杂

很多演讲者喜欢堆砌论据。他们不惜为自己的观点找上无数个事例，以为这样就能够取得很好的效果。虽然收集论据比进行各方面的分析容易得多，但是除非你指出来，否则听众多半不会知道这些论据有什么作用。他们的注意力集中到了这些论据上面，而不是你的观点上。

以上只是演讲者使自己的信息过于庞杂的一个表现。事实上，经常有听众抱怨他们抓不住演讲者的观点。作为演讲者，你的任务应该是对你的观点进行解释，而绝不仅仅是向他们提供许多信息——即使你演讲的目的是说明一种事物，你也应该尽量让你的信息显得有趣。

因此，如果你打算向听众举证的话，就要尽量使这些信息变得简单明了，并且一定要告诉听众它们和你的观点是什么关系。

第四个误区：未说清楚问题

我曾经听过一个演讲，演讲人声称在1个小时内要对30个问题进行说明。也就是说，他打算平均用2分钟去说明一个问题。而据我所知，有时即使用1个小时去说明一个问题，也未必能够说清楚。我不知道这样的演讲有什么意义，也许很多人去听他的演讲是出于一种好奇。

我曾经在自己的卡耐基口才训练班上要求学员们用3分钟进行一次演讲，结果却一点儿都不理想。只有小部分的人利用这点儿时间对一个问题进行了说明。他们所有的话都围绕着这个问题，因为他们知道这点儿时间仅仅允许他们说出450个简短的单词。但是大部分人都希望能够说明尽可能多的问题，想要给这3分钟填充进许多东西。结果，最后连他们自己都不知道自己在说什么。

上面所述的做法导致的结果是：没有能够说清楚一个问题。演讲者常常在如何卖弄技巧上用功，却忽视了演讲的作用。听众在他们的演讲中感到很迷惑，因为听众无法清晰地了解一个问题。

因此，最重要的是，务必就一个问题进行充分的说明。不要让听众在耐着性子听完你的演讲之后，却认为自己一无所获。

第五个误区：表现过于做作

我在前面已经讲过，大多数人在演讲的时候，经常忘了自己平常是怎么说话的。当他们意识到自己是在演讲的时候，他们的声音、动作、表情都发生了变化——其实发生变化并不要紧，关键是这种变化是不是一种不利的变化。

声音是你的第一名片，但是很多演讲者经常忽视这一点。他们以为只要把自己的观点表达给了听众就行，声音并不重要。事实上，我们还要考虑听众乐不乐意接受我们的信息——如果你用一种阴阳怪调、极不自然的声音来说话，这种声音本身就足以引起听众的反感。

一般人在平时说话的时候运用很多手势，表现得很有力度，但是当上台演讲的时候，他们要么身体僵硬，要么动作过于夸张。听众好像是在看滑稽表演一样，却忽视了演讲者所要表达的东西。

表情也是一样，把你生动的、自然的表情用到演讲上来。为什么不这样做呢？要知道，有时候传达信息的方式比要传达的内容更加重要。

第六个误区：忽视听众

如果你曾经做过教师，你一定会明白这样一个道理：如果你所说的内容跟学生们没有多少关系的话，他们不会有热情。因为这个原因，许多老师在教学的过程中非常注意这一点，他们尽量使自己所教授的内容与学生们的生活有关。

演讲也是一样的。不要让听众觉得你已经忘记了他们的存在，不要光顾着自己在讲台上表演。你永远不要奢望听众会对你的话题主动产生兴趣，除非你能够让他们知道你的讲话跟他们有关。

你应该通过一系列的方法来达到这个目的—这些方法只是为了打消听众的疑虑而已。准备跟听众有关的话题、采用他们熟悉的方式、让听众觉得你正在关心他们、告诉他们你的演讲将会给他们带来好处、让听众介入到你的演讲当中……这些方法，你都有必要用到。

尽量使自己的表现自然，把演讲想象成自己平常的讲话。

注意你的听众。永远不要忽视听众。

演讲口才要素

◎ 演讲者是整个演讲的核心之所在，一个成功的演讲者必须具有高远的思想、博大的情操和丰富的知识，并且具备多种能力。

◎ 演讲主要由3个方面来评判：可信度、说服力和影响力。这3个方面是交织在一起的。

众所周知，演讲口才包括3个基本要素：演讲者、演讲和听众。这3个要素都非常重要，而且相互紧密地联系在一起。现在，我就这3个要素进行简单的说明。

演讲者

在整个演讲过程中，演讲者是主导，是演讲的核心所在。演讲的成功与否，归根到底是由演讲者决定的。这是不言自明的道理。那么，作为演讲者应该具备哪些素质和修养呢？

如果我们把视野放于某一个演讲家身上，可能会更加具体一些。我曾经花了3年时间来写作和修订《林肯的另一面》这本书，这些努力使我确认自己比一般人更加了解这位伟大的总统。那么，让我们来看看究竟是什么使他成为一个伟大的演讲家的。

被美国人民尊敬和怀念的林肯在捍卫国家的统一和反对奴隶

制度方面作出了突出的贡献。我们相信，正是这种高贵的品德和情感，加上深厚的人道主义意识，才使他成为美国历史上最伟大的总统；而这也正是林肯成功的最根本的原因。

林肯在给一位向他请教成功方法的年轻律师的回信中写道："成功的秘诀，就是对书本进行仔细阅读和研究。只有不断地学习、学习，才是最重要的。"林肯自己是怎么样做的呢？鲁宾逊评价林肯说："他之所以成功，靠的全部是自学。他用丰富的文化素材把他的思想武装了起来，然后成为一个天才。"

的确如此——林肯的经验让我们看到，演讲者要有丰富的学识，这也是演讲成功的基本条件。放眼望去，从古至今的演讲家无一不是学识渊博的。他们之所以能够做到旁征博引，能够把自己的经历自如地组织到演讲中，就是因为他们博览群书、知识非常丰富。

另外，我通过研究发现，林肯具有一些超出常人的能力，包括敏锐的观察力、丰富的想象力和牢固的记忆力。当然，还有一种对演讲家来说必不可少的能力，那就是良好的表达力。我并不打算再举例，因为能够说明林肯具有以上4种能力的事例太多了。

以上是演讲家之所以取得成功的几种基本的素质和能力。当对一个演讲家进行评论的时候，我们考虑的就是这些能力。当然，这些能力只有都体现到演讲中去，才能获得演讲的成功。

演讲

演讲是演讲者操作的具体对象。从演讲者踏上讲台，直到演讲结束，这成为演讲的整个过程。每个演讲者都要尽自己最大的努力使演讲成功。那么，判断一次演讲是否成功，有哪些依据呢？

可信度。这是演讲是否成功的最基本的要素。如果听众说："你说谎了"或者"你在隐瞒什么"，那么很遗憾，这证明你的演讲已经彻底失败。正是可信度赋予你的演讲最重要的成功因素。在某些场合，即使你的演讲并不出色，而你可信度较高的话，你依然会取得成功。当然，如果事实正好相反，那么即使你发挥得再出色，也于事无补。一个很常见的判断是，听众绝不会相信一个烫着金发的时髦女郎是一个学识渊博的教授——虽然这样过于极端——因此，他们会认为你是一个头脑简单的笨蛋，而不会相信你所说的话。可信度跟演说者的品质、能力以及态度有关。

说服力。用语言去影响别人，这是一种让人十分自豪的能力。我们现在已经知道，要改变一个人的思想或行动并不需要改变他的面容。这表明改变他人变得比以前容易多了。当你发表演讲的时候，无论是出于何种目的，你都希望能够说服他人。当我们告诉别人某一件事情的时候，你必须运用恰当的方法、全面的观点对它进行说明。这样，听众才会相信你所说的是真的，否则他们会对你说的产生怀疑。说服力较高的演讲是，听众在听完演讲后说："的确像他说的那样。"说服力跟演说者的态度、价值观、参与意识以及可信度有关。

影响力。那些成功的演讲会产生巨大的影响。林肯的葛底斯堡演讲让人们铭记在心，现在听起来都有一种震撼人心的力量。演讲人希望自己的每一次演讲都能够改变听众的看法或行动，或者让听众了解到某种东西，这就是对听众的影响。人们说："布莱特的演讲影响巨大。"人们记住了他，并且因为他的演讲而有所改变——不管是思想还是行动，这种演讲就是有影响力的。

听众

听众是演讲者演讲的受众。任何一次演讲的成功与否，都是由听众来评判的。

听众一般是从以下几个方面对演讲进行评价的：

需求。你能够满足听众的需求吗？这是最关键的问题。每一个人都只对自己感兴趣，他们只关心自己的需要。"这场演讲，我听了之后有什么收获？"他们会这样问自己。当然，你不能满足他们的全部需求，但是你至少应该满足一个方面。比如，给他们带来知识、愉悦他们，或者使他们改变了自己，甚至只是对他们表示了尊重。对听众来说，演讲本身并不重要，重要的是他们有没有得到什么东西。

亲密度。我指的是演讲对他们而言是否陌生、是否过于高深等一些问题。如果听众在听完你的演讲后感到很茫然，对你所说的东西和概念有很多疑问，那么他们会毫不犹豫地认为你的演讲是失败的。跟听众的知识、经验和情感层次是否相当，也是他们判断你的演讲水平的一个重要标准。

体验。很多听众认为听演讲并不是想要得到什么东西，而只是一种体验。他们往往要求演讲者能够带来精彩的演讲，但是什么是“精彩”，他们自己也不清楚。他们就好像在看表演一样，对演出的内容并不那么重视，而是对表演的方式、表演人更加注意。

影响听众主要从增加与他们的亲密度和满足他们的需求、体验来进行。

成功演讲的方法

◎ 必须从演讲者、演讲和听众这3个方面对你的演讲进行思考，不要忽视任何一个方面。

◎ 充分地进行准备，这是保证你演讲成功的首要因素。演讲之前，要确认自己已经准备妥当。

◎ 要注意你演讲的方式、说明问题的方法，以及你的个人风格。方式恰当与否不但影响你所表达的内容，而且可能决定演讲的成败。

我们已经讲过了演讲成功的重要性，所以并不打算在这里再次强调。我将直接告诉你如果想要演讲成功，需要注意哪些问题。下面就是你需要注意的问题：

充分准备演讲

选择你生活背景中有意义的、曾经教导过你的、有关人生内涵的经验，然后，把从这些经验中汲取来的思想、概念、感悟等汇集起来，进行符合你习惯的组织和安排，务必要做到胸有成竹。

记住这一点：所谓真正的准备，是对你将要演讲的题目的深思熟虑。你可以把你的思想写在纸片上——寥寥数语即可。当你演讲的时候，这些片断可能有助于你的安排和组织。听起来并不难吧？当然，只要多一点专注和思考，就能达到你的目的。

为了演讲的万无一失，你可以采取一种十分有效的方法，那就是在朋友面前预讲。历史学家艾兰·尼文斯对作家说："你可以找一个对你的题材感兴趣的朋友，详尽地把你的想法说出来。这种方式，可以帮助你发现可能遗漏的见解、无法预知的争论以及找到最适合讲述这个故事的形式。"你可以把你选的用来作演讲的观念，用于和朋友或同事平常的交谈中。当然，你不需要全部搬出，他们可能没有那么多时间来听你把它讲完，你甚至不必告诉他们这就是你要讲的题目。你只需在午餐时倾过身去，说类似这样的话："你知不知道，有一天我遇到这样一件事情，告诉你吧！"你的朋友或同事可能很有兴趣听下去。在你讲的时候，你可以观察他的反应。说不定他会有有趣的主意给你，可能那是很有价值的意见或建议，你不妨听一听。即使他知道了你是在预演，那也没关系。他很有可能本来就很喜欢听你的讲话。

考虑演讲时可能遇到的问题。这些问题不仅包括与你演讲有关的，比如可能没有想到一个合适的词语，也包括会场上可能出现的各种情况，比如可能话筒的声音太小等等，还有就是如果你忘记了接下来要讲什么或者你的演讲被陌生人打断你应该怎么办。只有考虑到这些问题并且想好解决的办法，才能称得上是充分的准备。

成功的演讲构架

我曾经花费了许多精力，想要寻找到一个合适的演讲构架。我希望学员们能够通过演讲材料的有效安排，一蹴而就地打动听众。我们在美国的许多地方举行过会谈，邀请了我们所有的老师对这个问题踊跃发表自己的看法。最后，我们终于得出了一个“魔术公式”。

这个公式的具体步骤是这样的：第一步，把自己的观点用实例告诉听众；第二步，详细而准确地表明你的论点；第三步，告诉听众，你的演讲会给他们带来什么好处。

我们这个时代是快节奏的。听众不希望演讲者发表冗长的、闲散的演讲，而是希望演讲者能够以直率的语言一针见血地指出自己的观点，因此这个“魔术公式”特别有效。当然，我并不是说这个公式就是万能公式，因为可能还存在其他的同样有效的演讲构架，这要针对不同的演讲人、听众、演讲内容而定。总的原则是，我们的演讲构架必须使我们能够直接而有效地说明我们的观点，并且能让听众理解、接受。

随时关注你的听众

在你打算进行演讲之前，务必对你的听众有相当的了解。你必须知道他们是些什么样的人、有什么爱好、关心什么问题，否则你可能面临对牛弹琴的危险。要选择听众感兴趣的主题、容易接受的方式，想到他们可能会提出的问题的解决方法。要通过各种方式得到这方面的信息，因为无论如何，这种信息都会对你有很大的帮助。

在演讲过程中，你要随时和听众保持联系。不要忘了与听众的沟通，你可以用你的微笑、停顿或其他动作来表示你对他们的关注，或者向他们提出一些问题。随时注意你的听众的反应：他们是紧锁眉头，是激昂亢奋，还是快要睡着了？你要针对这些观察，采取相应的对策。

演讲结束后，你还可以对听众的感受进行调查。他们会提出一些对你很有用的问题，这样对于完善你的演讲会有很大的帮助。

建立自己的风格

我曾经对100位著名的商业界成功人士进行过一项测试。结果发现，在促成一个人成功的因素当中，个性的因素远远比智力因素重要。

同样地，这个结论对演讲者来说也十分重要。成功的演讲者一致认为，除了充分的准备之外，个人风格是演讲成功最为重要的因素。

我们需要认识到这一点：演讲并不仅仅是讲话，还包括讲话的方式。作为听众，他并不是一台机器，他能够强烈地感觉到你的眼神、动作、空间运用、表情、个人魅力等东西，而且对这些东西的关注，甚至超过了你的讲话本身。而这些东西恰好构成了你的风格。没有人愿意听一个他不喜欢的人讲两个小时。

每个人都可以形成自己的风格，这种风格并不只是跟你的个性有关，还包括许多细微的东西。可以说，你的任何一个细节，如果能够给听众带来一种愉悦感的话，那么你就应该毫不犹豫地加以利用。

幽默、机智也是个人的风格，它能够反映你本身的修养和性格。总之，只要是能够博得听众的好感的个性，你都应该运用，并且将这种个性清晰、具体地展现出来。

关注你的听众。演讲是讲给他们听的，而不是自言自语。

第六章

有效沟通的艺术

从双方投机的话题谈起

◎ 双方投机的话题意味着不仅双方感兴趣，而且至少表面上意见一致。你不能选择只是自己感兴趣的话题，也不要选择让你们产生分歧的话题。

◎ 在你面对对你来说十分重要的对象时，你需要提前了解他对什么感兴趣、是什么意见；而如果你没有时间这么做，你可以用试探性的话引导他自己说出来。

这一章中我们来讨论关于沟通的话题。首先摆在我们面前的问题是：谁需要学会沟通？在这个高速发展、人和人联系越来越紧密的时代，对这个问题最好的回答是："有谁不需要学会沟通？"

的确，现代社会已经把每个人都融入与他人的关系中去了，人人都需要与他人沟通。如果你想要别人了解你的想法或者你想要了解别人的想法，如果你想要别人愉快地跟你交谈，如果你想要说服别人，如果你想要赢得与别人合作的机会，你就要学会如何和他人沟通。

说话中的听和说是最直接和最有效的沟通方式，但是沟通方式并不仅仅包括听和说。当然，只有综合运用这些方式，才能实现有效的、高效的沟通。

我每年夏天都要去缅因州的河里钓鱼。我个人很喜欢吃奶油和草莓，但是我并不因此而把奶油和草莓当做钓鱼的诱饵，而是用鱼儿喜欢吃的虫子和蚱蜢。道理显而易见：鱼儿跟我并不一样，它们不喜欢奶油和草莓。

聪明的人往往也用这个方法来处理问题。有一天，爱默生和他的儿子想把一头小牛弄进牛棚。爱默生用力拉，儿子用力推，但是小牛就是不肯进去，因为它更加喜欢牛棚外面鲜美的草。一位爱尔兰农妇见到这种情形，就把自己富有母性的指头伸进小牛的嘴里，让它感觉到自己在吮吸母牛的乳头。于是，它一面吮吸，一面跟着农妇进了牛棚。

这位农妇不会像爱默生那样写散文，但是她却更加懂得小牛需要什么，因而能够轻易地解决这个难题。第一次世界大战期间，英国首相劳埃德·乔治也用了这种方法来处理人际关系。那时候，一些战时的要人，像威尔逊、奥兰多、克里孟梭等都已经在人们的心目中褪色了，唯有乔治还能够占据重要的领导地位。乔治说，如果一定要用一个原因来解释的话，那就是他每次在钓鱼之前，都是首先问鱼儿喜欢吃什么。

不错，每个人都有自己的需要。你认为这很幼稚、很荒唐吗？事实上，除了你自己，你不会对任何人、任何事感兴趣。因此，总是和对方谈论你想要的东西，或自己感兴趣的事情，这是极为不明智的。你感兴趣的是你自己的需要，但是如果你想赢得他人的欢心、改善与他人的关系，你就首先要问对方需要什么，看看对方对什么感兴趣。

当然，从对方感兴趣的话题入手，还有一个问题需要解决，那就是，如果你自己对这个问题不感兴趣或者不同意对方的意见怎么办？要知道那样会很容易引起争执。所以，我们在一开始谈话的时候，不但要注意选择的这个话题应是两个人都感兴趣的，而且是双方持有相同意见的。即使你对这个话题并不感兴趣，也至少应该表现出你很感兴趣的样子；假如你对这个问题有不同的看法，你也需要把它藏在心里，不要把它说出来。

从双方投机的话题谈起，这样做会有很好的效果。耶鲁大学已经过世的教授菲尔普在小时候就曾经有过这样的经历。8岁时候的一天，他到他的姑妈家串门。晚上，一位中年人也到姑妈家来做客。打完招呼之后，那位先生立即把注意力集中到了他身上。那时候，菲尔普对帆船十分感兴趣，而那位中年人恰好也跟菲尔普有相同的爱好，并且跟他一样，也认为西班牙的帆船是全世界最好的帆船。于是，两个人非常高兴地谈论了许多关于帆船的知识。客人走后，菲尔普依旧十分激动，他兴奋地对姑妈说："这个人真有趣，居然对帆船有这么大的兴趣。"

但是姑妈说的话却让他大吃一惊。姑妈告诉菲尔普，其实那位客人是个律师，而且他本来对帆船毫无兴趣。

"那么，"菲尔普不解地问道，"他为什么跟我谈了这么多关于帆船的话呢？"

"他是一位绅士，"姑妈说，"是一个很有修养的人。他知道谈论让对方感兴趣的事情并且跟对方取得一致的意见，能够使对方感到愉悦，也能够使自己受到欢迎。"

由此可见，即使你是装着对某一个话题很感兴趣，并且跟对方是一样的意见，这对你的社交也是有很大的帮助的，更不用说你真的如此了。

杜甫洛是一个面包公司的老板，他一直在想办法将自己公司的面包卖给一家大酒店，因为这家酒店不但需求量很大，而且在业内很有影响，可以为他们树立一个很好的口碑。4年以来，公司的销售代表差不多每个星期都去拜访一次那家酒店的总经理，而且租用酒店的房间，但是这些措施都失败了。杜甫洛决定改变一下策略。

他搜集到了这家酒店总经理的许多资料，他惊奇地发现这位总经理原来是美国酒店业协会的会员，而且因为热衷于该协会的活动，成为该协会的会长。而杜甫洛本来就对酒店业有着十分浓厚的兴趣，并且一度想要加入酒店业协会。

这一次，杜甫洛亲自拜访酒店总经理的时候，就以酒店业协会为话题开始了他们的谈话。果然，这位总经理对这个话题十分感兴趣，兴致盎然地跟杜甫洛谈了半个小时。这场谈话无疑使总经理非常高兴。在杜甫洛离开的时候，总经理邀请他加入酒店业协会，杜甫洛则愉快地接受了他的邀请。

在谈话中，杜甫洛并没有向他提起关于面包的事情。但是，几天之后，酒店的一位分部经理打来电话，要杜甫洛把面包的样品和价格表拿到酒店去。

“我不知道你们对总经理用了什么高招儿，”那位经理说，“不过，你们确实已经成功了。”

在一开始的时候，从双方投机的话题谈起，不仅能够打开话题，而且会使对方消除紧张和戒备心理。如果你能够和对方取得一致的意见，对方就会慢慢地接受你，进而接纳你的意见，增进和你的亲密关系。而如果你选取的只是你自己感兴趣的事情，或者是一个有可能存在较大分歧的话题，那么，你们的谈话就会变得十分糟糕。

不要使对方一开始就和你意见不一致。心理学家告诉我们，这会给你的谈话带来十分不利的影响。

善于倾听别人说话

◎ 不要认为倾听别人的谈话是一件很无聊的事情。事实上，正是因为倾听，我们才得以了解别人的想法，才能学到别人的经验和知识，使自己得以进步。这不是一件两全其美的事情吗?

◎ 如果你需要向对方提出不同的意见，最好是等对方说完之后用恰当的方法说出来。不要在他谈意正浓的时候打断他。

◎ 如果你想要别人讨厌你，最简单的方法就是永远不倾听别人说话，一见面就滔滔不绝地谈论自己；当对方说话的时候，立即打断他，改由自己来演说。

我们每个人都最关心自己，这是人的本性。我们都非常喜欢讲述自己的故事，也喜欢听到与自己有关的东西。在这种心理影响之下，我们总喜欢独自滔滔不绝，完全不顾对方的感受，或者当别人说话的时候心不在焉，根本不去关心对方讲的是什么。即使是看起来沉默寡言的人，他们也很喜欢谈论自己。这种做法是跟别人交谈时最大的忌讳。如果你想要成为一个受欢迎的人，那么就要学会倾听，要鼓励别人多谈自己；当别人要告诉你一些东西的时候，要认真地倾听。这样，他会认为你是一个明智、领悟力强，并且很有同情心的人。

一次，我参加了一个纽约出版商组织的宴会。在宴会上，我碰到了一位很著名的自然科学家。以前，我从未和这类科学家谈过话，但是跟他谈话之后，我觉得他所说的话颇有吸引力。他和我讲了大麻、布置室内花园和关于马铃薯的一些我以前从未听过的、令人难以置信的知识。当我提到我有个室内花园时，他马上告诉我应该怎样解决室内花园里经常遇到的一些问题。

这次宴会上，我因为一直在倾听这位自然科学家的话，因此忽略了其他的客人。难以置信的是，我们谈了几个小时。在宴会结束的时候，那位科学家语气坚定地对主人说："卡耐基先生真是一位出色的演说家，他是我见过的最有魅力的一位。"

事实上，那个晚上，我自始至终都没有说几句话，而是大部分时间在听他说话。所以他对主人说的那句话让我百思不得其解。最后我得出一个结论：倾听是适合任何人的、最好的恭维和尊重。

在古老的东方，充满智慧的中国人用下面这个故事告诉了我们倾听的价值：

一个小国给中国的皇帝供奉了3个一模一样的金人，皇帝非常高兴。但是使者也给皇帝和大臣们出了一道难题，那就是：判断出这3个金人哪个最有价值。这让皇帝和大臣们十分为难。他们想了很多办法，请来珠宝匠称重量、看做工，用尽了各种办法，但是却发现3个金人是一模一样的。

皇帝和大臣们束手无策，于是把这个难题公布到全国各地。皇帝答应，答出来的人将得到重赏。终于，有一位隐居的智者说，如果能让他见到3个金人的话，他就有办法解决这个难题。

皇帝将信将疑地把智者和使者请到宫殿。智者仔细地看了看3个金人，发现每个金人的耳朵里都有1个小孔。于是他拿出3根纤细的铜丝，从金人的耳朵里穿了进去。

结果，插入第1个金人耳朵的铜丝从另外一个耳朵出来了；插入第2个金人耳朵的铜丝从它的嘴巴出来了；只有插入第3个金人耳朵的铜丝掉进了肚子里。于是，智者告诉皇帝说："第3个金人最有价值。"那位使者连连点头称是。

这则故事告诉我们，最有价值的人，既不是听到什么就左耳朵进右耳朵出的人，也不是听到什么就从嘴巴里说出来的人，而是那个把话放在自己心里的人。心理学家也告诉我们，倾听的价值就是了解对方的心理，使人和人之间形成一种良好的互动关系。有人说："上帝给了我们一个嘴巴，却给了我们两个耳朵，那就是用来听别人说话的。"这种说法虽然过于夸张，但是的确很有道理。

多年前，从荷兰来到美国的巴克非常贫穷。在13岁的时候，巴克就不得不离开学校去当童工。他的工作十分繁重，工作时间很长，并且每周只能得到⑥5美元。但是巴克从未放弃学习，而是用省吃俭用节省下来的钱买了一本《美国名人传全书》。他抓紧时间读完这本书后，写信给这本书上的名人，请他们说说童年生活中的一些事情。

14岁的巴克是一个善于倾听的人。他鼓励名人讲述自己的童年，并把它们记了下来。他请过爱默生讲述自己的童年；格雷将军给了巴克一张地图，并且邀请他一起吃饭，和他谈了一整夜；他还询问过当时正在参选总统的加菲大将，问他是否在运河上做过童工。他把这些资料整理起来，并且成为这些名人的座上宾客。同时，他吸取了这些名人成功的经验，最后终于也走向了成功。

面对那些激烈的批评者，我们最需要做的就是忍耐和沉默——这并不是一件容易做到的事情，但这也正是成功者和失败者的区别。

纽约电话公司最近遇到了一个麻烦，一位顾客毫无理智地大骂公司的接线员，并且拒绝缴纳电话费。他向媒体写信，恶毒地攻击电话公司，最后还向公众服务会投诉。电话公司不想惹这样的麻烦，于是派了一个说客拜访这位顾客。那位说客后来对我说：

“我第1次去的时候，那位老先生说了3个小时。以后每次去，我都只带耳朵不带嘴巴。我先后去了4次。第4次去的时候，我圆满地解决了这个问题。他向我们道了歉，答应撤销诉讼，并且缴纳了电话费。”

这说明了什么？那位顾客可能并非真的愿意跟电话公司作对，而是想要得到一种被尊重的感觉。当那位高明的说客满足了他这个要求后，他就立刻不再为难公司了。

享有“世界第一保险推销员”美誉的哈默里，是做保险生意获得成功的第一人。他成功的秘诀就是真诚地倾听客户的谈话。一般情况下，他同客户谈话的时候，往往主要是做一个善于倾听的人；而当客户沉默寡言的时候，他就会想办法提出各种各样的问题，鼓励对方说话。哈默里就是用这样的方法，使自己在一年之内做成了几千万美元的保险业务。

摄影记者伊斯阿克·麦克逊采访过世界各地的许多名人，他成功的方法也是善于倾听。他说："人们之所以不能给别人留下很好的印象，就是因为不善于倾听。我们只关心自己要说些什么，而从来不会等对方把话讲完。许多名人都曾告诉我，他们喜欢的是那些善于倾听别人说话的人。倾听别人谈话的习惯，跟优秀的品格一样重要。"

你在认真倾听的时候，最好能让对方知道这一点。这不但能够鼓励对方继续说下去，而且也能够使自己更容易集中精力。你可以通过以下这些方法来做到这一点：

进行目光交流

在倾听别人说话的时候，你的眼睛最好能够注视他。无论你的地位和身份如何，你都必须这么做，因为只有那些傲慢、轻浮、缺乏勇气的人才不去正视别人。

用语言配合对方

你可以简单地说"是"、"太好了"、"真的吗"这样的表示你的态度的话，你也可以问一些问题，以鼓励对方继续往下说。这些都表明你对对方的谈话很用心。但是，千万不要把别人说话的机会抢过来，除非对方已经说完了。

不要随便纠正别人的错误，因为你不能保证对方说的一定是错的；即使他错了，你的纠正也可能会使他难堪，从而失去谈话的兴致。如果过激的话，你们还可能会争执起来。这样的话，谈话就更没有办法继续下去了。

用肢体语言示意

在和对方说话的过程中，不要让对方以为你已经睡着了。微微地点一下头，或者欠一下身子，好像你要更加仔细地听他说话一样。但是千万不要动作过大，这会使对方认为你在故意捣乱，或者至少分散了对方的注意力。

重复重点词句

比如，对方在说“尼加拉瓜大瀑布很美”的时候，你可以说“确实很美”之类的话。这样，不仅让对方知道你在听，而且也说明你知道他要表达的是什么意思。

对要点进行解释

很多说话者担心对方没有听懂他的意思。因此，你要对要点进行适当的解释，借此来说明说话者已经把话说得很清楚，你已经明白他说话的意思了。

关心自己确实是人的天性，但是同时我们也应该关心别人。哥伦比亚大学的彼得博士说：“只为自己着想的人，是不可救药的教育缺乏者。”

倾听是最好的恭维——记住这句话将使你受到人们的欢迎。

关注肢体语言

◎ 在你说话的时候，注意运用你的肢体语言——实际上，在一般情况下，你会很自觉地使用肢体语言的。有时候，肢体语言传达的信息比口头语言还多。

◎ 同一类型的肢体语言不可使用得过多，这会带来不利的影响。

在你说话的时候，你的形体应该有也一定会有活动和变化，构成不同的姿态和动作，从而表示不同的含义。

你的姿态和动作就是感情的语言，正如我们在前面说过的那样，这些肢体语言有着十分重要的作用。

当你面对听众的时候，挺直腰部反映出你情绪高昂、充满自信；凸出腹部，表示自己感到满足；在说话之前解开上衣，如果不是因为天气太热的话，那么就表示你镇定自若；耸肩，配合摇头和双手动作，则表示你很疑惑。就头部动作而言：抬头表示你在遐想，当然，也可以说明你很傲慢；点头表示欣喜、同意、致意等；摇头表示否定；侧头表示疑问……

早在两千年前就有一位古罗马的政治家说过："一切心理活动都随着手脚等动作的变化而改变。人的面部表情尤其丰富。手势恰如人体的一种语言，这种语言连最野蛮的人都能理解。"一个没有学过英语的中国人到了美国后，与一群聋哑儿童不期而遇，居然能用手语跟他们交流。这个中国人事后说："用手势跟他们交流，比专门去学英语方便、简单得多！"而罗斯福在演讲的时候，他的身体就好像变成了一架表现感情的机器。

表情

当你和一个陌生人见面的时候，对方伸出他的手来和你握手，在这一瞬间你感觉到的是他的整体形象。你可以看到他潇洒的气度、高雅的气质、得体的打扮等。之后，你会自觉或者不自觉地把你所有的注意力都放在他脸上，这并不是因为对方的脸特别吸引你，而是因为面部表情是一个人的感情的晴雨表，你可以从他的脸上读出他的各种心理活动。

如果你想和对方建立一种深入的关系，在你们的谈话中，你必须掌握他的脸上所表现出来的情绪。

下面举出一些常见的面部表情所表示的情绪：

眉毛上抛、嘴角向下、口张开、瞳孔放大，表示的是有兴趣、快乐、高兴、幸福等积极的表情；

视角斜下、眉毛放平或者抬起面颊，表示蔑视、嘲笑的表情；

皱眉、眯眼、张嘴、嘴角下拉，表示痛苦等表情；

眼睛睁大、眉毛倒竖、嘴巴拉开等，表示发怒、生气的表情；

眉毛高扬、眼睛和口张开、吐气等，表示惊愕和恐惧的表情。

我们在前面已经说过，微笑是最常用到的一种面部表情。我们通常在表示下列情绪的时候，用到微笑这种表情：

赞美或歌颂对方时；

鼓励对方时；

肯定或否定对方时；

其他与微笑不相冲突的时候（也就是说，应该常常使你的脸上带着笑容，除了那些不该笑的时候）。

首语

首语就是用头部的活动来向对方传递信息，最常见的就是点头、摇头、侧头、昂头以及低头。

点头主要表示同意、致意、承认、感谢、应允等意思；摇头则正好相反，它主要表示的是否定的意思；侧头可表示天真、思考等信息；昂头表示充满信心、胜利在握等意思；低头则表示顺从、委屈等意思，有时也可以理解为另有想法。

眼神

心理学研究表明，人们在接受信息的过程中，眼睛所吸收的信息量大约占总信息量的80%。眼神能够把人们的心理状态、思想情绪、品德、学识和兴趣在一定程度上表现出来。人们内心的所有活动，都会自觉或者不自觉地通过眼神流露出来，这双小小的眼睛凝聚着一个人的气质、神韵。诺贝尔文学奖获得者、印度诗人泰戈尔说："一旦学会了眼睛的语言，表情的变化就将是无穷无尽的。"

在你与他人的交谈中，眼神的运用是最丰富多彩的。一个很会说话的人，不但会熟练地运用眼神来表达自己的各种情绪，而且能够轻易地读懂各种目光的含义。正视表示尊重，斜视表示蔑视，仰视表示思索，俯视则表示羞涩；不住地打量表示挑衅，低眉偷觑表示困窘；愤怒的时候横眉怒目，顺从的时候则低眉顺眼。如果你眼睛虚盯前方，旁若无人，那么你好像在说："我是一个了不起的人"；如果你左顾右盼，则说明你心怀鬼胎。

一般来说，敬仰你的人，目光会仰视你；喜欢你的人，目光会流露出热烈的光彩；傲慢而不可一世的人，目光则是轻视的感觉；讨厌你的人，目光会无意识地乱转，甚至看起来很疲倦。

手势

说话的时候，合适的手势往往能够带来很好的效果。之前我们已经讲过了手势的重要性，现在我着重讲如何运用手势。

指示手势。你可能要为听众指出一些人、物或方向来，这个时候你需要用指示类的手势。比如，你指着某个人、物或方向，并且说"你"、"我"、"这边"。这类手势是实际应用的，跟表达情感没有多少关系。

模拟手势。如果你没有带某个东西，但是却想告诉听众这是个什么东西，这时候你需要用手势比画，把它的大致形状描绘出来。一个人讲述自己在身患重病的时候没有钱去治疗，但是却收到了很多的汇单、物品。一个当时只有四五岁的小女孩，送给他一个很大的苹果，使他十分感动。这个人在演讲的时候，用手势比画出那个苹果的形状和大小，这种手势语的运用也能起到很好的作用。

抒情手势。这是一种抽象感很强的手势，我们在前面也已经详细地讨论过。比如，我们兴奋时拍手、恼怒时挥舞拳头等。

习惯手势。任何人都有一种自己特有的手势，这种手势的含义不一定明确，它随着说话内容的变化而改变。

需要强调的是，手势贵在自然、协调、有力，切忌做作、脱节和泛滥。

动作

有一次，小丑浦洛莱斯说了一大通笑话，却没有使客人们露出笑容。于是，浦洛莱斯一头栽倒在床上，并且放声大哭起来。客人们很奇怪，问他为什么。只见浦洛莱斯一边拼命地擤鼻涕，一边痛苦地说："人们都不会笑了。我完蛋了。因为到目前为止，人们请我吃饭、给我钱，就是因为我可以逗他们笑。以后，谁还会请我吃饭呢？我马上就要饿死了。浦洛莱斯就要死了，因为笑已经死了。"

这时候客人们大笑了起来。小丑使出了绝招，赢得了最后的胜利。本来，看他表演的人们以为已经结束了，但是后来却发现表演实际上还在进行。

这种比较夸张的形体动作不但在想要引人发笑时可以运用，在别的时候也可以用。它跟手势不同，需要整个身体都做出较大的动作。

使用肢体语言应该以自然为前提，不要做作，这样才能起作用。

恰当地提问

◎ 一般情况下，不要限定对方的回答。你应该提一个开放性的问题，使他有发挥的空间，这样会更有利于谈话的进行。

◎ 避免无用的问题。不要提那些看上去是问题，但是实际上并没有发问的问题。

◎ 在你提问题之前，要想一想对方可能会做哪一方面的回答，要自己掌握问题的方向。

我有一次参加了一个桥牌聚会。我和另外一个漂亮的小姐都不会打桥牌，因此我们就聊了起来。当听说我以前曾是汤玛斯的私人助理，并因为工作关系到过欧洲各地旅行的时候，那位小姐十分感兴趣，并且要我将一些旅行的事情告诉她。我就在她的聆听中说起了一些旅行的趣事。

在谈话中，我了解到她和她的丈夫刚从非洲旅行回来，我猜想她一定对这次经历的印象非常深刻。于是我问道："非洲一定很有意思吧？遗憾的是，我除了在阿尔及尔做过短暂的逗留外，还没到过非洲的其他地方。你能给我讲一讲你的非洲之旅吗？"

于是她兴高采烈地谈了起来。在之后的45分钟里，这位小姐再也没有问过我任何问题，而是自己一个劲儿地讲。我知道，她需要的是一个可以听她讲述精彩的非洲之旅的倾听者。

像这位小姐一样的人一点儿都不少。在社会交往中，我们需要向别人提问题。当你向对方提出一个问题之后，他会觉得你对他的事情很感兴趣，因此很乐意跟你分享他的经验。

实际上，提问对于促进交流、获取信息、了解对方都有着十分重要的作用。善于提问，你就能够掌握谈话的进程、控制会话的方向、开启对方的心扉。

提问的目的就是要达到一种和谐的氛围。我们从讲话者的角度去提问题，往往能获得良好的沟通效果。因此提问时，要把握好时机，摸清对方的心理脉络，使谈话变成一种互动，使问答能够顺利地进行。不要提对方难以回答或者不愿回答的问题，也不要限制对方的回答。

一位顾客想要买一种适合自己汽车的轮胎，售货员需要先了解一些基本的情况，让我们比较一下以下两种不同的提问方式：

方式一：

服务员：你的车在什么级别的公路上行驶？

顾客：在柏油路上。

方式二：

服务员：你的车一般是在什么级别的公路上行驶？

顾客：一般是在柏油路上，周末可能去一些道路条件不太好的地方。

服务员：也就是说，通常情况下道路条件较好。

顾客：是的，但是我每天都需要翻过一座小山。

服务员：这样的话，车的轮胎会磨损很快的，而且拐弯驾驶对你来说一定非常重要。

顾客：的确如此。

很明显，方式二的服务员得到的信息大大超过了方式一，因此根据方式二提供的信息，服务员为顾客提供的参考一定会更加适合顾客的需要。两句提问，仅仅差了一个词，其结果却出现了这样巨大的差别，可见我们在提问的时候一定要注意技巧和方法。

为了方便起见，我们将提问的方式分为以下几种类别：

正面提问。开门见山地问问题，直接提出你想要了解的问题。

反向提问。从相反的方向提问题。

旁敲侧击地问。从侧面入手，迂回到主题上来。

设问。假设一个前提，启发对方思索，使对方回答。

追问。循着对方的谈话发问。

根据提问的内容，可以将问题分为开放式的问题和封闭式的问题。如果你提的问题是一个封闭式的问题，比如“你喜欢动物吗？”你得到的信息将会非常少，因为这样的问题通常得到的是“是”、“否”或者另外一些简单的答案。封闭式的问题对于那些打算结束别人啰嗦的说话的人是非常有效的。另外，当你在帮别人迅速地作出决定，在你想要使别人说得更加简洁一些的时候，它也很有效果。但是如果你希望对方继续把话说下去，维持正常的、热烈的谈话，你最好不要提这种问题。

像上段那个问题，如果换成开放式的问题的话，就可以是“告诉我一些关于你的宠物的信息好吗？”这样，对方的回答肯定是十分丰富的，你得到的信息也比较多，你甚至可以在他的回答中找到可以进一步发问的信息。封闭式问题和开放式问题的一个明显的区别是，前者有诸如“何时”、“何地”、“谁”、“何事”、“为什么”、“是否”等词汇在里面。很明显，开放式问题比封闭式问题应用得更加广泛。

你可能曾经碰到过一些问题，让你不知道该怎么回答。有可能这并不是你的错，而是这样的问题根本就提错了。我们称这些问题为无用的问题——请注意，这些无用的问题都只是说，作为一个问题来说它是“无用”的或者对谈话继续进行是无效的。以下简单介绍几种无用的问题。

导向性问题

如果你问“你认为我们是不是应该……”，这种问题有明显的导向性。实际上，你要得到的答案已经设置在你的问话里了。类似这种问题，我们都称之为导向性问题。作为一个问题而言，它没有任何意义——当然，你可能本来就没把它当作问题。类似的问题还有：

“你不是真的……吧？”

“……是吧？”

“难道你不认为……吗？”

假设性问题

假设性问题实际上是假设一种没有出现过的、实际上没有可能出现的情况，以此来达到自己的目的。这种问题实际上已经包含问话者肯定的、间接的断言了。类似的问题有：

“如果你处在我的位置上，你会不会这么做？”

“如果你像他一样得了第一名，你会想要……吗？”

设定性问题

设定性问题就是先设定某人的状况，然后向他问问题。在多数情况下，这种问题是为了达到压制、强迫甚至打击的目的。这种问题只会引起人们的不适和警惕，因为他们很明显地会感到提问者另有深意。类似的问题有：

“你不是……吗？现在为什么却……？”

比如，某人问道：

“你不是认为我们应该抵制日货吗，因为日本人对我国人民不友好？”

“哦，是啊！”

“可是我发现你现在开的是日本车。”

多重问题

多重问题指的是将几个问题合成一个问题提问。这种问题往往导致人们不知道该先回答哪个问题，从而造成了尴尬。更加重要的是，当提问者附加了一些细节时，被问者往往找不到问题的重点。类似的问题有：

“你们是如何相处的？你们在一起有困难吗？你愿意告诉我这些吗？”

提问者提出了一连串的问题，这样无形中造成了紧张的气氛，让被问者不知道该先回答哪个问题，甚至不愿回答。

> 你也需要适时地提问，不要在别人谈得兴起的时候提问题，这会打断他的谈话，并且使他产生不悦的情绪，甚至有可能不愿回答你的问题。

按6个步骤表达意思

◎ 这6个步骤不是金科玉律，因为实际情况常常发生变化。在实际的说话中，不要困在这些窠臼之中。

◎ 6个步骤应该根据不同的说话内容而繁简有别。有的说话可能很难把你的意思表达清楚，所以你需要在前面两个步骤花较长时间和篇幅，而有些说话内容可能正好相反——论证它需要花更多的时间。

我们在表达意思的时候，要注意按照一定的步骤。这样做不仅能够使你有话可说和把话说清楚，而且能够使对方对你的话印象深刻。

大致而言，我们在表达意思的时候，需要按照以下6个步骤去进行：

告诉对方你要说的是什么

在结束适当的开场白之后，开门见山地把你要表达的意思说出来。我们所处的时代是一个快节奏的时代。因此，说话的人切不可沉溺于那种冗长、闲散的绪论之中。现在的人们都很忙碌，他们希望说话的人能够以非常直白的语言、一针见血地指出他想要表达的意思，而不是以他的主题来设置悬念。他们希望不必拐弯抹角地得到某种知识，并且已经习惯于那种消化过的新闻报道。他们希望听到的话像麦迪逊大街上的那些广告一样——借助了招牌、电视、杂志和报纸，通过一些简洁有力的词语，把发布的信息告诉人们。他们没有耐心等你结束全部讲话后，再去猜测你要讲的究竟是什么。因此，你只有在一开始的时候就告诉对方你要讲的是什么，这样才能强调你所要表达的意思。

有些说话人喜欢在一开始用那种陈词滥调来引起对方的注意，这类话听起来让人生厌。比如，你应该直接告诉对方，在寒冬时开车需要更加小心。

对你的意思进行解释

当你说出了你想要表达的意思的时候，你需要对其进行适当的解释和说明。你可以进行纯粹的理论上的说明，但更好的办法则是运用实例去说明。这一步骤是对前一步骤的深化、详述和说明，因为仅仅一句话是不能让对方明白你的意思的，而必须加以说明。

我通常习惯于一开始就把自己要讲的主题用实例的形式告诉对方，通过这个例子，我可以生动而具体地说明我想要向对方传达的意思。当然，如果你们打算学习的话，需要注意的是，所举的例子必须是能够说明这个问题的。如果不合适的话，是会误导对方的。

如果你想要告诉人们的是一个事件，你必须告诉他们人物、时间、地点等要素，而且还应该告诉他们这一事件发生的过程；而如果是一个意见的话，你也要向他们深入地说明你的观点。如果你想要表达“在寒冬时开车需要更加小心”这个意思的时候，你应该解释说：“我想要说的是，寒冬是我们开车时最需要注意的季节，如果稍不注意的话，我们的生命就会有危险。”当然，如果你的意思一目了然的话，也可以省去这一步骤。

为什么这么说

这个步骤对你来说十分重要，甚至可以说是最重要的，因为每个人都可以有他自己的观点，重要的是你如何去说明、论证这个观点。如果说“是什么”是你的观点的话，那么“为什么”就是它的原因。

卡耐基训练班的某位学员就“在寒冬时开车需要更加小心”这个主题，在进行了许多说明后，又举了下面这个例子：

“1949年冬天的某个早上，我带着我的妻子和两个孩子在印第安纳州沿着41号公路开车北上。那时候，车子在镜片一样的冰上缓慢地行驶，我小心翼翼地把着方向盘，因为一点小问题就会使整部车子失去控制。

“我们的车子在冰上开了好几个钟头之后，来到了一条较宽阔的马路上。这时候，路上的冰已经被太阳晒得融化了。因为要赶时间，我踩了变速器。其余的车子都跟我一样纷纷加速，似乎每个人都急着赶往芝加哥。孩子们则高兴地在车子的后座唱起歌来。

“忽然，马路的上坡处深入一片林地。车子爬上坡之后，下坡的地方由于被林地的树木挡住了阳光，那里的冰还没有融化。我意识到危险来临了，想减速，但是却已经来不及了。我前面的两部汽车急速地往下冲，我的车子也一样。汽车滑过路肩，停在了一处雪堤之上。幸运的是，车子并没有翻。但是紧跟着我们滑行而下的车子却正撞在了我的车子侧面，我的车门被撞坏了，并且车窗玻璃也纷纷落在我们身上。”

怎么样？这段描述是否能够说明他的观点？答案无疑是肯定的。他所举的例子真实又生动，这样的例子正好是我们在论证的时候所需要的。

这个意思怎么样

这个步骤是从对方的角度出发，更进一步地说明和解释你的意思。也许对方会对你所说的话表示反对，并且提出几条意见来反驳你。你最好在对方提出反对意见之前，主动想到他们可能会有的意见。

你必须对你的意思进行自我否定，然后去说明这一否定是错误的，并且考虑错在什么地方，这样才能使它更加可靠。对对方来说，它也才会更加可信。经不起质疑的意见是不可靠的，并且很有可能就是错误的。当然，这种思考必须在你准备说话之前就已经做好了。

对对方有什么用

许多推销人员说明了他的产品有很多好处，但是似乎并没有成功。这是因为，他说的固然有道理，但是可能跟顾客根本没有任何关系。对对方而言，最重要的不是有没有道理，而是这个道理跟他是否有关系。如果他得不到任何有益的东西的话，那么他一定不会对它感兴趣。因此，你有必要告诉对方，你说的这个道理跟他有什么关系。你最好是找一个最适当的理由来打动对方，并且让他既同意你的意见，又会在这个意见的指导下去行动。

重复一遍你要说的意思

有些人讽刺说：“在你结束你的说话之前，提醒一下那些已经睡着的人们该醒醒了。”说话结尾的作用当然不止如此，但是如果真的有人睡着了，你强调一下你的意思，至少能起到一定的作用。

因为在现实中，即使你说得非常精彩，也可能因为对方的才智、知识水平等问题，或者因为你的说话时间过长，你的主要观点已经被他们遗忘了。

实际说话可能更加复杂，这6个步骤可能需要变换顺序。

有效的说话，最重要的是把话说清楚，而并不一定要遵照方法——方法与内容相比是次要的。

避免沟通中可能犯10种过失

◎ 控制你的情绪，让理性的思维控制你说话，而不要依靠情绪。

◎ 我们必须清醒地认识一点：我的这本书讲述的主要是理论，而最重要的却是你如何在行动中去实践它，否则，一切理论都只是空谈。所以，这10种可能犯的错误，你必须根据你的实际情况有所侧重地避免。而更多的过失，也等待你自己去慢慢发现。

在高效的沟通过程中，我们必须避免一些经常犯的错误。这些错误只会使你和他人的沟通出现不愉快，进而影响到你们沟通的效果。下面简单地介绍10种可能犯的过失，至于更多的过失，需要你自己去慢慢地发现。

轻易地评价别人

我们在碰到一件事情的时候，总是会给它下一个判断、作一个评价。在通常情况下，如果别人说出某一件事情的时候，我们总是急于说出自己的意见。我们总喜欢给别人一个“好”或者“不好”的评语，就好像我们的意见是绝对正确的一样。或许我们希望通过评论别人来满足自己的优越感和自尊，因为我们在评论别人的时候，首先就已经自认为取得了评价别人的资格。

任何人都会反感对方采取一种高高在上的姿态。谈话时双方的地位是平等的。他跟你谈的可能只是自己的一个问题，他告诉你并不是因为他需要一个评价——即使这个评价他自己已经得出来了——而是需要对这个问题的解决，或者仅仅是陈述它而已。

当我们不得不发表自己的意见对别人进行评价的时候，我们当然不应该隐瞒自己的意见。但是“你是一个好人”或者“你真可爱”这类评价不会使对方满意，因为这表示你对对方不那么重视。

因此，你必须对他的优缺点进行具体的评价。我们实际上应该“就事论事”，而不要针对某一个人。也就是说，在我们评价一件事情之前，不要带有任何成见，更不要因为一件事就对某人轻易地进行评价。

对别人进行说教

我们每个人并非都是老师，对方也并不都是学生，可是我们总喜欢对对方进行说教。我们总喜欢告诉别人应该这么做，而不应该那么做；这么做是明智的，那么做是错误的、是愚蠢的。我们总是自认为比对方知道的东西要多，看得更加清楚，因此完全有资格告诉别人应该怎么做。原本是一般的谈话，一下子变成了课堂上的教与被教，谈话双方的身份变成了老师和学生。

有时候，我们并不了解对方做一件事情的全部原因，以及做这件事情时的全部情况。当别人犯了错误的时候，我们总喜欢用过于简单的道理去说明他做得不那么正确。指出别人的错误，对我们来说是一件“诱人”的事情，为此，我们即使失去了对方的理解和谈话的和谐气氛也会觉得在所不惜。

你应该试着从别人的角度去看问题，这样，也许你就不会对他进行说教，而是更加倾向于理解、尊重和欣赏他了。即使你想要帮助别人，也不要用说教这种硬气的方式。

揣测别人的心理

在潜意识里，我们都希望成为一个心理学家。我们经常对别人说“你理解得不够”或者“你患了妄想症”。即使我们并没有受过专门的心理训练，我们也似乎有一种天生的“推己及人”（用自己的心理去推测别人）的本领，并且自认为这样做是对的。

要知道，那些心理学家也并不仅仅是从心理上就能推测出一个人的心理特征的，而必须结合相当多的事实，才能谨慎地得出结论。我们好像跳过了这一步。

所以，不要不顾事实而无端地推测别人的心理，你能够看到的仅仅是事实而已，你只有通过事实才能读懂他的心理。

直话直说

我们经常会对别人说：“我这个人是个直性子，说错了话大家别见怪。”好像这样我们就能毫无顾忌地犯错误一样；对方也会有意无意地鼓励我们说：“有话就直说。”

事实是，我们常常因为这样的事情而和别人产生隔膜，甚至发生激烈的冲突。当我们在进行谈话的时候，气氛看上去好像很融洽，但是某一天你可能会听到对方对这次谈话不满的评价，这个消息绝对会使你惊讶。

这说明，你的直性子实际上破坏了你们的关系，只是当时没有表现出来而已。

当你直接指出对方的错误，而并没有委婉地把你的意思说出来的时候，你可能并没有意识到你已经不自觉地伤害了对方。与此相同的是，你可能在不适当的场合说了不适当的话，因此给别人造成了伤害。因此，要尽量委婉地把你的意思表达出来。

命令对方做事或者接受你的意见

命令就是当你想要别人做某件事情的时候，你用非常肯定的语气告诉他，让他感到没有商量的余地。你让对方感觉到自己就像一台做事的机器一样。

另外，当你想要别人同意你的意见的时候，你可能会采取一种不容置疑的态度去赢得他的同意。在整个过程中，看起来好像你一直在与对方商量，实际上对方却没有表达自己意见的机会。

这两种形式会使你给人一种威慑的力量，使对方不至于反对你的意见。前一种情况，对方只是做了你让他做的事情，但是他不会调动自己的全部精力去做这件事情，并且只会考虑尽快地结束这件事情，而不考虑其他的因素；后一种情况则导致对方有不同的意见却没有发表出来，但是表面上好像你们已经取得了一致。

因此，你应该真正地去赢得他人的同意，应该让他自己说服自己，把你的愿望变成他自己的愿望。

独自诉说或倾听

有些人喜欢把别人当成一面墙壁，只让自己滔滔不绝，而让对方什么都不做；或者在整个谈话中，他们自己拒不发表任何意见，甚至一直沉默。看起来，他可能并不愿意这样做，而是当时的情形逼得他这样做。

这两种情形都是不可取的。我们都知道，所谓沟通，本来就预设了一个前提，那就是谈话是双方的事情。如果希望圆满地谈话，必须两方面都积极地参与进来，共同构建和谐的氛围。在谈话中，“独角戏”是唱不起来的。

不说逆耳的忠言

人们往往以为说出一个人的缺点或错误是让对方不高兴的事情，所以我们通常保持沉默。另外，好像我在前面也隐隐约约地提倡这么做。

在很多情况下，我确实反对直接地指责别人的错误，因为这将会导致谈话气氛的不和谐，甚至使对方产生敌对心理。但是，这并不意味着要隐瞒他人的错误。当我们发现他人有错误的时候，我们应该利用适当的时机指出来，而不是让它就这样过去。

我们和别人沟通的目的，是为了相互提高和人际关系的圆满。

因此，如果你发现了别人的错误，并且用恰当的方法告诉了他，他一般情况下是会欣然接受的，因为说到底，这是为了他的进步。他接受了你的指正，当然会更加感激你，从而与你的关系会更加和谐。

不拘小节

我们在日常的交谈中，常常会犯一些小错误而不去注意。比如，一个人的打扮通常被认为是小节问题而不被顾及。我们考虑的可能是一些所谓的“大问题”，比如一个人要有才华、有知识，而不是究竟该怎么讲话。

这种想法的一个特点是，把那些属于“内容”性的东西的作用无限夸大，而把那些“技术”性的东西的作用无限缩小。殊不知，就是这些小节的东西在时刻地影响着你的说话形象，减低着对方与你交谈的兴趣，甚至引起了对方的反感，进而毁损了你讲话的效果。

说话模棱两可

如果我们不能准确地表达我们的意思，不能使我们一语中的，对方一定会认为我们另有所图。另外，可能你所表达的东西并不是你所想的东西。因此，我们必须注意使我们的意思很明确，并且能够充分地表达我们的意见。

含糊不清的原因就在你的思维，你可能并没有真正弄懂或理清你自己的思想。因此，如果你想要表达清楚，最合适的方法就是整理清楚你自己的想法，然后采用一定的技巧清晰、明确地表达出来。

转移话题

如果你在说话中有情绪化的倾向，或者你想隐藏你的观点，你可能会选择换个话题来谈论。你根本不会去回答对方提出来的问题，而是转换一个话题。当然，也可能是因为你没有注意对方的谈话，所以才不得不另寻一个话题。

毫无疑问，转换话题只有在特定的场合才是适合的。一般情况下，我们不要轻易地转换话题，这会严重地影响你与他人的沟通。

比如，对方问：“你觉得我们的关系怎么样？”你却回答：“我想我们应该去看场足球赛。”你可以想象对方会有什么感受。

我们的目的只有一个，那就是有效地和他人进行沟通。你所要想的就是如何实现这个目标，这样你存在的所有问题都会自然而然地得到解决。

掌握应对抱怨的技巧

◎ 面对抱怨者，不管他是否无理，你都要先冷静下来。只有这样，才能解决问题。

◎ 要先了解对方抱怨的究竟是什么，在没有弄清楚之前，不要轻易发表你的意见。

◎ 告诉对方你会怎么解决这个问题，尽量让对方觉得你很诚恳。

沃顿在新泽西州近海的一个百货商店买了一套衣服。几天后，他发现这套衣服已经褪色，并且把他的衬衫染黑了。于是，他决定去百货商店问明原因。

百货商店的一个店员接待了他。当沃顿把事情的原委告诉这个店员的时候，这个店员不耐烦地对他说：“我们已经卖出了上千套这样的衣服，为什么你是第一个来挑剔的人呢？”这个店员的声音很大，好像在对沃顿说：“你在说谎！你以为我们是好欺负的吗？”

讲话被打断的沃顿顿时十分愤怒，他与这个店员争执了起来。这时候另一个店员插话说：“所有黑色的衣服，一开始总是会褪一点色，而且这种价钱的衣服都是这样。”

第一个店员怀疑他的诚信，而第二个店员却暗示他买的是次等货，这对他而言是莫大的侮辱。沃顿顿时火冒三丈。他正要大发脾气，这时候，公司的负责人走了过来。

这个负责人诚恳地对沃顿说："先生，我首先为我的店员的粗鲁向你道歉。但是请告诉我，这究竟是怎么回事？"

沃顿大略地说了事情的经过，并且着重强调了这两个店员十分不友好的态度是使他非常生气的原因。在这一过程中，负责人一直微笑地看着他，一句话也不说，并且仔细地倾听他的谈话。可是那两个店员听了后，又要向负责人辩解什么。那位负责人站在了沃顿的一边，对她们说："这位先生的衬衫领子的确是被我们的衣服染黑的。这种不能令人满意的商品，我们怎么能卖出去呢？"然后他又对沃顿说："先生，我得承认，我起先并不知道这套衣服的质量是如此之差。你认为我们应该怎么做才能使你满意呢？"

本来沃顿打算退衣服的，但是听负责人这么说，就立即打消了退衣服的念头。他对负责人说："我只是想知道，这套衣服以后还会不会褪色？还有，有没有办法可以补救呢？"

负责人建议沃顿把衣服拿回去再穿一个星期试试，看看情形如何。如果他到时还不满意的话，那么百货公司可以给他换货。于是沃顿这么做了。果然，穿了一个星期之后，他的衣服再也没有褪色。他又恢复了对百货公司的信任。

我们发现，在处理沃顿的这件事情上，百货公司的员工主要采取了两种方法，而取得成功的是第二种方法。那位负责人是这么做的：他耐心地倾听了顾客的抱怨，并且从顾客的角度出发，采取了顾客可以接受的处理办法。

我们希望可以找到一个处理抱怨的普遍的方法，以便能够像那位负责人一样从容地应对抱怨。在现实生活中，我们总会遇到各种各样的抱怨：可能来自一个顾客，他投诉我们的商品有问题；可能来自一个朋友，他抱怨自己的事业遭遇了挫折；也有可能来自一个精力旺盛的人，他没什么别的目的，就是想发泄多余的精力。

我们该怎么处理抱怨？实际上，一个人表现出来的抱怨基本上都与要求被尊重有关。即使是火冒三丈的抱怨者，他们也并不在乎你处理抱怨的结果，而只是希望得到被尊重的感觉。基于此，可以按照如下的顺序来处理抱怨：

了解抱怨

卡恩乘坐了比原定班机早一班的飞机，当她到达机场的时候，她发现到处都找不到自己的行李。她猜测自己的行李在后一班的飞机上——后来证明事实果然如此。第二天，她打电话给机场中心，想提醒一下他们管理系统出了问题。

“你应该把你的抱怨写出来。”机场的工作人员回答道。

“我是想提醒你们可以改进你们的管理系统。”卡恩解释说。

“我们这里并不处理抱怨，你应该把它写出来。”工作人员继续彬彬有礼地说。

“我没有时间，而且我并不是在抱怨。行李我已经取回来了。我只是想让你们知道，如果班机调整的话，你们的行李系统应该作相应的调整。”卡恩说。

“哦，原来是这么回事。但是我还是帮不了你，你得打电话给机场的管理者。”工作人员回答道。

你同意像这位机场的工作人员一样处理抱怨吗？他看起来好像很礼貌地在处理问题，实际上自始至终都没有弄懂对方想要表达的是什么意思，更加重要的是，他似乎对对方说什么毫不在意。

因此，如果你想妥善地处理抱怨，一定要弄清楚对方在抱怨什么。不管对方态度如何，你都需要了解他所抱怨的究竟是什么东西。

了解抱怨的前提自然是倾听，也就是听他究竟是怎么说的。然后，在你听到的信息中，分辨出哪些是真实的，哪些是虚假的，以及哪些是感觉。

你需要做其他一些事情配合你的倾听。为了鼓励对方说下去，你最好在对方说的过程中，用真诚的目光注视对方，同时点头表示他说的东西有道理（或者你听到了）。如果对方是通过电话与你进行交流的，你需要说一些肯定性的词语如“我明白”之类，来表示你确实已经知道了。你可以问一些你不了解的问题，但是你不要问那些细枝末节的问题，而要问非常重要的问题，因为这类问题是解决纠纷的关键。

给予信息

在听完对方的陈述之后，要负责任地、积极地解决抱怨，或者委托别人解决。千万不要用“请把它写下来”、“我很忙”、“这不是我的工作”之类的借口把对方打发走。你应该给人一种十分诚恳的印象。

首先，你应该向抱怨者表示诚挚的感谢。如果他是一位顾客，你可以感谢他对你工作的支持；而如果他是你的朋友，则可以表示你对他的信任感到十分高兴。这种感谢十分有利于关系的拉近。

其次，告诉对方你打算怎么处理这件事。千万不要说“我一定会慎重处理的”这样的话，这样听起来像是在敷衍对方，而是要告诉对方你打算怎么处理。面对卡恩的抱怨，那位工作人员应该说：“非常感谢你抽时间帮助我们解决问题，我会把这个意见传达给行李中心经理的。”

而对那些必须立即解决的问题，必须马上行动起来，以表示你对抱怨者的意见很重视。

询问对方

一旦确定要处理，你最好询问一下对方再去做。你应当问一问对方，你的解决办法是否令他满意。如果不满意的话，你必须回到第一个步骤，或者听一听他的解决办法。

处理抱怨前，确认对方已经十分满意你的处理办法。在处理完抱怨之后，有必要的话，记录下来，以便改进自己的工作。

用请求不用命令

◎ 即使确认自己站在较“权威”的一边，为了维护他人的自尊，也必须用请求来代替命令。

◎ 请求实际上是命令的弱化，但是会收到截然不同的效果。

◎ 如果能把命令说成是你的想法或建议的话，在某种程度上，对方会不便于拒绝你。

我们已经知道，那些强迫、要求和命令性的语气容易使人产生抵触情绪，而这种情绪正是我们不愿意看到的，因为它将严重地破坏人与人之间的关系。只有在相互尊重的基础上请求而不是命令，才能使交流顺畅地进行。

卡耐基训练班有位叫汤姆森的学员，他亲身经历了这样一个故事：

汤姆森所在的汽车公司修好了6名顾客的汽车后，顾客集体拒绝付修理费。他们并非不承认这个账目，而是认为其中某些项目写错了。事实上，每一个修车的项目单上，都有他们的亲笔签名，因此，公司拒不承认这些账目有差错。

汽车公司信用部的职员去收款的时候碰到了麻烦。他们逐一拜访了每一位顾客，要求他们缴纳未付的账款，并且表示，公司是绝对不会把账目弄错的。这些“错误”，应该都由顾客自己负责。这些职员暗示说，在业务方面，只有公司才是专业的，所以，他们没有必要进行无谓的争辩。结果，职员与顾客吵了起来。

这些账很不幸地将要成为一笔烂账，于是公司打算诉诸法律。这件事情被总经理知道了，他查阅了这6位客户以前的付款记录，发现他们之前并没有拖欠的情况。总经理认为，这些顾客之所以不付款，一定是公司在某个环节上出现了问题。于是，他派出了汤姆森去收这笔欠款。

汤姆森也像信用部的职员一样，逐一拜访了那些客户。但是他绝口不提欠款的事情，而是对他们说，他是来对公司的服务情况进行调查的。他表示，他并不相信公司绝对不会出错，然后他尽量让顾客们发泄不满，而自己只是仔细地听。

最后，那些顾客的情绪好像缓和了许多，于是汤姆森说道：

“我也觉得公司对这件事情的处理不是很恰当，为此我代表公司向你表示真诚的歉意。听了你刚才的话，我为你的忍耐力和力求公平的态度而非常感动。正因为你的宽广胸襟，我才请求你为我做这一点儿事。我相信，你会比其他任何人都胜任这件事情。请你再查下我们公司开给你的账目，因为你比任何人都更加清楚。如果有哪个地方记错了的话，你说该怎么办就怎么办吧！”

结果，他们高兴地核对了账单。这些账单的数额在150美元到400美元之间浮动。其中一位顾客只是付了最低额，他拒绝付来历不明的款项，但是其他5位都尽可能高地付了款项，一点儿都没有让公司吃亏。最奇妙的地方是，两年之内，这6位顾客又买了公司的6辆汽车。

毫无疑问，那些信用员是用合同的权威来命令顾客付款的，而汤姆森却正好相反，他所用的方法是请求他们这么做。比较一下即可看出，他们取得的结果是截然不同的。

用请求而不是命令的语气，有很多不可思议的好处，一旦你发现了这些好处，你就会慢慢地养成请求的习惯。

比如，不要说“不要那么做！”应该说“我觉得这样做不是很好”；不要说“我不喜欢你去做！”应该说“你不介意我让约翰去做吧？”

一个很好的方法，就是在你说话的时候带上一个“我”字，用“我”字可以非常详细地叙述个人行为，并且也能够告诉对方这将会对他造成什么影响，或者为什么这是重要的。用“我”来表达要求对方不要做某事的观点，将会使你的话听起来很平静，而不是在责备或命令他人。

比如，你说："我真的希望在中午之前拿到这份文件的复印件，你能帮我吗？"如果没有别的原因，对方会非常愉快地回答："没问题！"

当你打算要对方给你打电话的时候，如果你说："希望你给我回个电话！"这样说虽然礼貌，但是却带有命令的口气。你不妨说："如果你给我回个电话的话，我会非常高兴的。"

当你在会上讲话的时候，一位同事打断了你的话，并且对你说："布朗，我想请教你一个问题。"你为了表示不满，会说："请不要打断我的演讲。"还是会说："我把话讲完再跟你讨论，怎么样？"

如果我们要表达的意思是命令对方，你可能会担心用请求的语气与对对方说话会显得威力不足，对方根本就不会听我们的话。

杜鲁门总统曾经非常形象地形容过美国的外交政策：拿着大棒轻轻地走路。劝说他人的时候也可以用这种策略。一开始，我们可以"请求"对方，但是如果对方并不为我们的"请求"所打动，我们再转向"大棒"，即告诉他们不这样做的话会有什么后果。

比如，一开始说"我希望在中午之前拿到这份文件的复印件"，如果对方表示有事不能完成的话，你可以接着说一句"如果到时候拿不到的话，恐怕这次谈判会搞砸的"，对方就会明白这个任务很重要，而他完全会先不做其他的事情，转而做你所命令的这件事情。

没有命令、强迫或要求，可能就没有反抗和抵触。

10种方法说“不”

◎ 你首先要有诚恳的态度，要让对方知道你真的考虑过这些问题，而拒绝对方是因为客观的不可改变的原因。

◎ 不要轻易地说“不”，这会让人觉得你不是一个热心和负责的人，不要因为可能遇到的一点困难就拒绝对方。

◎ 不要因为希望讨别人的喜欢、担心拒绝别人会产生不好的影响而轻易地答应别人。实际上，如果你答应了别人却办不到，还不如一开始就拒绝。

你每天都准备和不同的人交往，那些人可能会向你提出各种要求。这些要求有合理的，也有不合理的；有你愿意答应的，也有不愿意答应的。但是，拒绝别人往往被认为是一件不好的事情，因为这往往会导致对方很难堪，破坏你和别人的关系。因此，你应该学会拒绝的艺术。

我们发现，如果你在拒绝别人时，冷冰冰地对对方说“不”等词语，这样一般会伤害对方，增加对方的不快和不满，从而使他在心底抱怨你，进而影响到你和他人的人际关系。而如果你用诚恳的态度、一定的技巧来拒绝对方，这样对方会更容易接受，并且能够减少对你的不满，而你也往往能够得到别人的谅解，并把对方的不快和失望控制在很小的范围内。因此，我将介绍10种方法，告诉你怎么来说“不”。

先同情后拒绝

当对方向你提出一个要求的时候，你应该告诉他这个要求并不过分，但是因为各种原因，暂时没有办法实现。也就是说，在语言表达上，采取了一种“先肯定后否定”的程序，这是一个通用的、十分有效的拒绝方法。你这样做并不会给对方造成心理伤害，而他也会对你的拒绝表示理解。

一个能力出众而且工作勤奋的员工向你提出加薪的要求，而你却因为各种原因，并不打算给他加薪。如果你直接告诉他："你的要求太过分了！"这样最坏的结果是导致他跳槽，并使他对你产生厌恶感。但是如果你告诉他，他确实对公司作出了不同于一般人的贡献，他的工作能力十分出色，加工资确实是应该的事情，这样能够产生完全不同于直接拒绝的效果。

比如，你这样对他说道：

"约翰，我知道你是个很棒的员工。上次那么重大的销售任务，你都完成了，简直太棒了！我个人认为，你确实应该加薪。但是，你应该知道，我们本季度整体的销售并没有达到预期的目标，因此，公司方面暂时不会调薪。从个人而言，如果单单为你一个人调薪的话，那么一定会引起其他人的不满，这势必会影响公司的整体发展。我想你不希望出现这样的情况吧？

"所以，我的意思是，我们暂时不会为你加薪，但是这只是暂时的情况。公司一定会认真考虑你的待遇问题的，因为你确实是我们公司不可多得的人才。我有信心，如果你继续为公司创造更好的业绩的话，我们一定会根据你的情况来调薪。到时候，你一定会得到满意的薪酬的。我并不是要求你比现在更加卖力——你已经非常卖力了，这一点相信所有人都看得到。我希望你能够继续保持这样的工作状态，在下个季度结束的时候，我们再一起来看看情况如何。"

告诉对方这么做的后果

不合理的要求可能就是因为它会给你或他人带来不利的影响，因此，在你拒绝他人的时候，你可以告诉他这么做的后果。他可能并没有看到这一因素，或者以为你没有看到。当你把利害关系跟他说清楚的时候，也就说明了你为什么不能答应他。

约翰急匆匆地走到你的面前，要你帮忙把一份文件打印一下。但是你当时正在准备一份更加重要的文件，那些董事们都在等着要这份文件。你会默不作声地把约翰的文件放在一旁，等到他30分钟后过来的时候，你再跟他解释你为何还没有完成他的文件吗？这样做不是不可以，但是需要花费你太多的时间和精力。

所以，为了免去许多麻烦，你应该直接告诉约翰："我现在正在打印董事们的一份文件，他们比你更急着要。如果你不希望我因此而被解雇的话，那么请让我把这份文件打完再说。"

一个销售人员在卖给你一本装帧精美的书之后，还想再卖给你一张光盘。他对你说："每个人都觉得这本书如果配上这张光盘的话，一定会让自己更加有收获。让我帮你搞定吧，只需要15美元而已。"但是你并不想买，你可以跟他说："我很感谢你这么替我着想，但是我爸爸说过：'一旦成交，不要再多要。'我们刚才已经成交了一笔交易啦！"你是在委婉地告诉对方，持续地强力促销可能会危及第一笔交易，那么他就会自觉地降低他的要求。

换一种处理方案

在你说"不"的同时，如果换一种方式清楚地说明这样做不切合实际的话，也可以达到同样的目的。当你的试用期的员工要求转正的时候，而你却认为他并不适合这一工作，如果你直接告诉他："公司拒绝为你转正。"这样做对吗？当然不对，这是十分愚蠢的做法。实际上，你应该坦诚地告诉他："约翰，我知道你在这段时间里已经尽了最大的努力，同时也取得了不错的成绩。是的，我们应该给你转正。但是，不知道你发现没有，你做事注意细节、待人态度诚恳，如果在销售部门继续做下去的话，这些优点恐怕都得不到充分的发挥。因此，我认为你非常适合在服务部工作。你有兴趣谈论这件事情吗？"

顾客要求你星期二将所有的货送到他的公司，但是你办不到。你难道会直接对他说"不"吗？实际上，你应该对他说："我无法在星期二将货全部送到你的公司，但是我可以在星期二将大部分货送到你的公司，其余的星期四之前全部送到；或者我们在星期二的时候把所有的货都凑齐，到时候你可以直接到我们这里来提货。你觉得哪种办法更好？”

诱导对方自我否定

我们知道，如果能够让一个人自己说服自己的话，那么拒绝他就变得好办多了。因此，一个很好的拒绝的办法就是，让对方意识到不应该这么做，从而使他进行自我否定。

一个老客户打电话给市场部经理托马斯，请他在他的部门为自己的女儿安排一份工作。这很明显使托马斯十分为难：一方面，他不能直接拒绝客户，这样的话就会失去这位老客户；另一方面，他又不能答应客户，因为他不但没有权力录用一个人，而且客户的女儿根本无法胜任市场部的工作。托马斯给她安排了一场面试。之后，在打电话回复的时候，托乌斯对那位客户说：

“洛宾逊先生，很明显，你的女儿非常聪明，她的写作能力尤其出色，并且，她对艺术有浓厚的兴趣。是这样吗？”

洛宾逊先生回答道：“确实如此。她很小的时候就表现出了很强的艺术气质。”

“那么，”托马斯继续说，“你觉得她最适合什么工作呢？”

“可能，她根本就不适合在市场部门工作吧！”

就这样，洛宾逊先生主动地提出不再麻烦托马斯，决定让她进学校教美术课。

间接原因拒绝

间接原因拒绝，也就是回避对方认为应该被接受的原因而拒绝他。这是因为，如果顺着对方的思维方法推论下去的话，那么似乎真的没有反对他的理由。

一个坚持不懈的求职者打来电话说：“我以十分诚恳的态度再次打电话来，希望你能给我一个机会，让我为你们公司效力。我知道你们公司已经没有多余的名额了，但是我希望你们知道，我将是最卖力的员工，并且，我真的非常希望能够得到这份工作。”

看起来，这样的员工是每个公司都想要的，但是实际的情况是，公司已经没有多余的名额了。你想用什么办法来拒绝他呢？作为公司人事部的负责人，洛克这样回答道：

“先生，我想我们已经一再地告诉过你，不要再把你的时间花在谋求本公司的职位上了。我想你需要明白一点，虽然你有那么多的优点，但是，我们公司想要的是服从公司领导的员工。实际上我已经对你说过多次，我们已经把你的联系方法记下了，如果有需要，我们一定会主动联系你的。这是我以前对你说过的，也是今天想对你说的，如果你尊重我的建议的话，希望你能照办。祝你早日找到工作。”

从对方的立场出发

在拒绝对方之前，要学会从对方的立场去考虑问题。在某些情况下，你完全可以说服对方，你之所以拒绝，是出于为对方考虑的。

如果你的老板交给你一个不可能完成的任务，你打算拒绝他，你可以对他说：“如果有可能的话，我可以做到24小时连续工作，但是这样势必会影响工作的质量。实际上，你比我更加不希望我们的产品出问题吧？”

避实就虚

将那些要求或问题变成一堆泡沫，这需要有相当的技巧。避开那些实质性的问题，而故意用模棱两可的话回答对方，委婉地表达你的不合作的态度。这在许多外交场合都可以碰到。

一位国家元首圆满地访问了他国之后，在该国领导人的陪同下抵达了机场。这位国家元首诚挚地邀请对方回访本国，那位领导人说：“在适当的时候，我们是会访问贵国的。”这就是著名的外交辞令。他并没有接受或拒绝对他国的访问，看起来好像回答了访问是必要的，但实际上并没有说出是否会访问或者什么时候访问，而对方要求回答的正是这些。在听完这句话之后，那位国家元首应该已经明白对方的意思了。

电视上那些政府官员在回答记者的提问时，用得最多的是“无可奉告”。我们在现实生活中也可以这样来回答这类自己不愿回答的问题。你可以用“天知道”、“到时候自然就知道了”这些模糊的方式来拒绝回答对方。

以笑代答

在某些场合，可能你不能用语言拒绝对方，这时候，你的肢体语言就可以发挥它的作用。当别人向你要求什么的时候，你需要先表明一个态度。用微笑来代替回答，这种古老的方法十分有效，因为它不会弄得双方都难堪。

约翰在演讲的时候，发现一个听众正朝他示意，之后约翰知道原来他是想要提问。约翰并不喜欢他的演讲被别人打断，并且不希望听众被提问分散了精力。于是他朝那位听众笑了笑，然后就把目光移到了别人身上。那位听众会意，于是在演讲结束的时候才问约翰那个问题。

可以想象，如果约翰对那位听众说了点什么，那么听众的注意力一定会被打断。

当别人问你：“你喜欢跟阿兰得辛在一起吗？”你一笑置之，别人就会明白你的意思。

把难题留给对方

当对方向你要求什么的时候，你如果感到很为难，不妨把这个问题留给他，也就是请他从你的立场来考虑问题。不要轻易地拒绝对方，而是要让他理解你的处境，这才是不会带来什么副作用的好方法。

你和你的妻子已经约好了今天晚上一起在餐厅共进晚餐，以庆祝你们的10周年结婚纪念日。但是今天，你们公司临时决定举行一个晚会，欢迎一个非常重要的客户。公司决定由你来主持这个欢迎仪式。你会怎么办？

如果你认为结婚纪念日比这个让你锻炼的机会更加重要的话，你必须鼓起勇气拒绝公司的任务，并且告诉领导，你很爱你的妻子，你不希望结婚纪念日里让她感到孤单。这样显然还不够有说服力，你可以这样对你的领导说：

“约翰，你跟我一样都深爱着自己的妻子。结婚纪念日里，我不希望对方受一点点委屈。如果是你的话，你会怎么做呢？”

你实际上把问题推给了对方，在多数情况下，领导会同意你的请求的。

对事不对人

当你拒绝别人的时候，为了不使别人感到难堪，必须让别人了解，你拒绝的是这件事而不是对方本人。我们必须将人和事分开。比如，你不能说“我不能为你做这件事”，而应该说“我不能做这件事”。

某公司的一个业务员造访了他的朋友—另一公司的部门经理，打算请他订购他们公司的纸张。这位部门经理解释说：“实在很抱歉，我们公司规定，任何人—包括总经理在内—都不能私自订购任何一家公司的纸张。这些采购工作必须由采购部完成。”这样，那位业务员就不好再提出要求了，因为这一规定针对的并不是他一个人。

在你拒绝了别人以后，如果有时间的话，尽量询问一下事情的进展，这样可以显出你确实是关心对方的。

批评也要讲艺术

◎ 你必须在尊重别人的基础上批评别人，这样别人才有可能接受你的批评。

◎ 批评并不是争论，也不是有话直说，而应该运用一些方法和技巧。

◎ 注意在批评之前先赞美一下对方，这样会形成一种自然和谐的谈话氛围，然后再把谈话引向批评。

1929年，美国教育界发生了一件惊天动地的大事，一位刚满30岁的年轻人——名叫罗伯特·哈金斯——被聘为芝加哥大学的校长。人们纷纷对此进行批评，认为他太年轻，没有足够的经验来管理一个在全美国排名第四的大学。连本来很客观的报纸，也开始对哈金斯进行批评。

哲学家叔本华的一句话正好能说明这场攻击："小人常常为发现伟人的缺点而得意。"心理学家研究发现，人们常常通过批评他人来得到某种自我满足。

有太多的例子可以证明这一点。所以，当你打算批评别人的时候，你需要想一想你是不是也想得到一种自我满足的快感。这是一种很无聊的举动，而被批评的人不会有丝毫的感激，他只会对你感到厌恶。

而我接下来打算讲的是这样一种批评：你并不打算用它来满足你的自我优越感，而纯粹是为了对方着想，想要纠正对方错误的意见或想法，弥补他的不是。在此基础上，我们希望能够使我们的批评达到它应该有的效果。

事实证明，如果你真的为了对方着想，对方是不会一直非常固执地坚持自己的意见的——如果你运用了正确方法的话。但是同时，我们不能认为，只要我们的出发点是好的，那么一切都不是问题。这是一种过于简单的想法。

我们每个人都有自尊，而有的人甚至达到了自负的地步。当你指出别人的错误、对别人进行批评的时候，一般的人都会下意识地去维护自己的尊严，从而对你的批评采取抵触的态度。这就是人性的弱点之一。我们必须了解这个弱点，利用恰当的批评艺术，来达到我们批评的目的。

数年前，我的侄女约瑟芬从堪萨斯城来到纽约，当起了我的秘书。她当时才19岁，没有丝毫办事经验，理所当然地会经常犯错误。一次，当她又犯了一个常识性的错误的时候，我很想找她谈谈。于是我对她说：

“约瑟芬，你当然也意识到你刚才犯了一个错误。但是，你可能不知道，你比我当年可强多了，我那时真的是愚蠢至极，我曾犯过无数的错误。而且，你现在比我那时更加勇敢，也更加懂事。你不可能从一生下来就会懂得做某件事情的，那需要经验的积累。我并不是想批评你，约瑟芬。可是，你想想，如果少犯一些错的话，是不是会更好些呢？”

约瑟芬十分高兴地接受了我的批评，并且很快成长为一个能干、合格的秘书。在批评她之前，我首先指出她做得并不非常糟糕，比当年的我要好多了，并且委婉地指出她应该尽可能把事情做得更好。

德皇威廉二世是一个骄傲自大、目空一切的皇帝，他曾经说过一些令全世界震惊的话，并且引起了整个欧洲社会的不满。他说：

“我是惟一感觉英国很友善的德国人。我正在建立海军，以对付日本。只要有我一个人的力量，就能使英国不至于被法、俄两国所威胁。英国罗伯特爵士之所以能在南非战胜荷兰人，就是我筹划的。”

事实上，在一百来年的和平时期里，欧洲没有哪位国王能说出这样的话来，可想而知这些话在当时所引起的轰动。各国政府都表达了对威廉二世的不满，德国政治家则十分恐慌。威廉二世也开始感到紧张，并暗示布罗亲王替他受过。

布罗亲王看不惯他的做法，于是说道："陛下，恐怕没有人相信我会建议陛下说那些话的。"

当他说出这些话之后，威廉二世咆哮道："你认为我是一头驴，你不至于犯的错误，我却犯了？"

布罗亲王意识到自己犯了一个很大的错误，但是为时未晚，他必须想办法补救。于是，他对威廉二世说：

"陛下，我绝对不是那个意思。你在很多方面都超过了我。不论是在海军知识上，还是在自然科学知识上，我都知道得太少了，而你比我知道的多得多。身为一个亲王，我深感惭愧。"

德皇听到这样的话后，脸上的怒意马上就消失了，露出了笑容。这是因为布罗亲王贬低了自己，抬高了他。德皇握着布罗亲王的手说："我知道自己在这件事情上做错了，我将承认这个错误。"

一开始，布罗亲王犯了一个很大的错误，他没有在批评之前先赞美德皇，从而引起了德皇的不满。但是，仅仅几句赞美，又使德皇开始高兴起来，轻易地使德皇接受了批评。我们在批评别人的时候，是不是也应该这么做呢？

下面我将举出林肯在1863年4月26日写的一封信，收信人是集国家、人民命运于一身的霍格将军：

"霍格将军：

我已经任命你为包托麦克军队的司令官，并且我相信这样做完全是正确的。但是，我希望你知道，我在一些事情上对你并不满意。你是一个英勇善战的军人，这一点我毫不怀疑，我一向对此十分欣慰。同时，我相信你不会把政治和你现在的职责混为一谈。你的自信是非常有价值的、可贵的精神。

在一定范围内，你的野心对你来说确实是有益无害的。可是，你曾经一度过于放纵你的野心，阻碍了波恩学特将军带领他的军队前进的脚步。这是你对国家、人民以及所有军人所犯的一个极大的错误。

据说，你认为军队和政府需要一位独裁的领袖。但是，我希望你不要忘记，我给你军队的指挥权，并不是想让你成为独裁者，而且以后我也无此打算。

只有那些在战争中取得胜利的将领，才能够成为独裁者。而目前，我的确希望你取得胜利。如果你取胜了，我将会冒着危险将独裁权授予你。

政府将会像协助其他将领一样，尽其所能地协助你。但是，我的确担心你的那种不信任人的思想会传给你的下属和战士，而它将会使你损失惨重。因此，我愿意尽力帮助你，平息你这种危险的思想。因为如果有这种思想存在，那么即使是拿破仑，也不能获得胜利。现在，千万不要轻易地向前推进，也不要急躁，你最需要的是谨慎，以最终赢得我们的胜利。”

林肯写这封信的时候正是内战最黑暗的时候，将领们因为联军屡遭失败，普遍地存在着悲观的情绪。林肯描述当时的情景时曾这样说：“我们现在已经走到了毁灭的边缘，上帝似乎都已经抛弃我们了。我看不到一丝胜利的曙光。”这时候，林肯给霍格写了这封信。

正是这封信改变了霍格这位固执的将领，从而改变了国家的命运。当时霍格因为判断出了差错，犯了严重的错误。但是林肯并没有在一开头就批评霍格，而是对他进行了赞美。即使是批评的时候，他也采用了十分委婉的语气。

辛辛监狱的监狱长罗斯用他自己的经验告诉我们这样一段话：“如果你面对一个盗贼或骗子，只有一个办法可以制服他，那就是像对待一个体面的绅士一样去对待他。因为只有这样，他才会感到受宠若惊，进而激发起内心的骄傲，因为终于有人信任他了。”

因此，我们在批评别人的时候，不妨采用一些有技巧的方法，这样才能取得令我们满意的效果。

你可以在批评别人之前，先指出自己的错误和缺点，在这种比较平等的条件下，对方会更加容易接受批评意见。

借口要尽可能地合理

◎ 不要直接拒绝别人，要做到使别人心服口服，在被你拒绝后不对你产生怨恨心理。

◎ 用合理的借口去说服别人。这些借口有可能是真实存在的，也有可能是“善意的谎言”。

◎ 合理的借口意味着你的这个借口必须是合乎情理的。也就是说，它能够被对方所理解和接受。

有些人随便找了一些借口来搪塞对方，以求得一时的解脱。他们没有料到事情并没有结束，因为那些被拒绝的人完全可以寻找到另外一些理由来反驳他们，认为他们所举的理由是站不住脚的。这时候，他们反而陷入了不利的局面。

比如，如果你想拒绝为对方抄稿子，你对他说：“对不起，我今天没有时间。”对方可能会说：“没关系，那明天好了。”如果你被邀请跳舞，你解释说：“我不会跳。”对方可能会说：“没关系，我可以带你慢慢地跳。”

这些理由总是显得很无力，会被对方轻易地驳倒。所以，当我们要拒绝某个人的时候，需要找到一个合理的借口，让对方心服口服，不会再因为这件事情而麻烦你，并且使他在被你拒绝之后，对你没有丝毫的怨言。

公司的职员要求加薪大概是公司领导最头疼的一件事情了，

但是这种事情好像经常发生。一位才进公司3个月的小姐兴冲冲地要求汤姆加薪。她的工作状态确实不错，而且汤姆也不想挫伤她的积极性，但是他却没有办法答应她。事实上，汤姆已经有过无数次类似的经历。他知道，拒绝对方最好的办法是，不要带任何批评、指责的态度，而应该美言她几句——我们知道，这并不花我们什么东西。

于是汤姆对她说：

“罗拉，你在过去3个月里确实表现得很出色。在这么短的时间里，我们就看到了你突飞猛进，公司方面十分满意你的工作。但是，因为你刚来公司，有些规定你可能不是很清楚。一般而言，到职不满一年的职员，我们是不会考虑调整薪酬的。当然，如果你特别出色的话，我们会有另外的规定。针对你的情况，我建议你再工作一段时间，到4月份的时候，公司会开始全面地评估你的工作绩效。而到时候你已经来公司半年了，如果你的绩效更好，用不了一年的时间，我们就会调整你的薪酬的。”

汤姆拒绝罗拉的理由十分直接，那就是公司的规章制度。这样，汤姆以他诚恳的态度使罗拉相信，他拒绝她的加薪要求绝对不是因为她的工作能力有问题，或者别的什么原因。他还给了罗拉一个可以预期的未来目标，从而激励了她继续努力工作。我们不能不说汤姆做得确实非常出色。

就拒绝员工而言，公司的规章制度确实是一个十分合理的借口。但是换作是顾客，如果还拿公司的规章制度来作为推辞或拒绝的理由的话，就不那么合理了，因为这会让顾客觉得公司只看重规则，而不关心顾客。

某位顾客想要零星订购你们公司的产品，但是你们公司却不做这么小的业务。一般人会对他说：“对不起，我们公司只做大宗业务。”这样多少有点冷冰冰的感觉。你不妨说：“在这一行里，我们公司的报价是最便宜的。我们之所以能够做到这一点，是因为我们公司接的订单量都很大，一般都在12件以上。对我们而言，小于这个限额的订单都是不划算的。所以我只能就12件的最低限度给你一个报价。”

这样的回答听上去舒服多了。它并不让人觉得冷冰冰的，而是给人一种非常诚恳的感觉。这样的回答虽然表达了拒绝的意思，但是顾客对公司的印象却不会变差。

策划部的经理希望你能够调入他的部门工作，但是你却想继续待在销售部，你总不能直接说“我不想”或者找个蹩脚的理由来拒绝对方吧——除非你不想和他处好关系。而且如果真是这样的话，恐怕你做得不是很好，因为毕竟他是在给你机会。总之，你最好不要直接回绝他。当你确实认真思考了这个问题之后，你可以诚恳地对他说：“洛克，我非常感谢你给我这样的机会到你的部门做事。我考虑了很久，这个机会对我来说确实很有诱惑力。但是，经过慎重的考虑，我还是觉得销售部更加适合我，而且这样也能够使我为公司做出更大的贡献。再一次感谢你的赏识，谢谢你。”

这个借口十分合理。无论对公司还是个人而言，你留在原部门都更加有利，使人没有反驳的余地。这样的理由通常能够发挥它的作用，即使是面对那些不讲道理的人。

塔夫脱总统曾经经历过这样一件事情，对我们可能会有启发：

一位华盛顿的贵妇人要求塔夫脱为她的儿子安排一个充任总统秘书而且专门管理、咨询两院议事的职位。她的丈夫有一定的权力，并且她委托了两院中的一些议员帮她说话。可是，这个职位只有具有专业知识的人才能担任。因此，塔夫脱拒绝了她，而且委任了另外一个更加适合的人来接任这个职位。她感到很失望，立即给他写了一封信。信中她言辞激烈，说塔夫脱不懂人情世故，并且说她曾经努力劝说过那些代表，让他们赞同塔夫脱提议的某一项法案，而塔夫脱却连这一件小事都不肯帮忙。

塔夫脱总统过了两天才给那位夫人回了信。他对她表示了完全的理解，说作为一个母亲，遇到这样的事情，当然会是十分失望的。但是他解释说，任用一个专门的技术人员不是他一个人能够做主的，还需要该部门领导的推荐才能任命。这封信使那位夫人平静了下来。

因为一些原因，塔夫脱委派的那个人没有及时到达岗位。几天后，塔夫脱总统收到一封署名为那位夫人丈夫的信，但是笔迹和前一封信一模一样。这封信说，她为了儿子的职位的事情愁闷成疾，并且犯了一种很严重的胃病，而能够使她痊愈的办法就是让她的儿子成为总统秘书。

塔夫脱总统当然知道这封信就是那位夫人写的。他给她丈夫写了一封信，表示很同情夫人的病，同时希望医生的诊断有误。他解释说，如果要撤掉那位已经委任的人，必须遵照非常复杂的程序，而这在目前是不可能的。

之后不久，那位总统委任的人到任。过了两天，总统在白宫开了一个音乐会，而第一对参加音乐会的人就是那位夫人和她的丈夫。

塔夫脱总统3次拒绝那位夫人，都有着十分合理的理由，因此，他们能够继续保持良好的关系。这得益于总统十分恰当的处理方法。因此，我们在拒绝别人的时候，一定要用合理的理由去解释拒绝的原因。

不要认为借口越多、越复杂越好。有时候，简单的一点理由就足够使你说服对方了。

冷静地处理冲突

◎ 你们要时刻牢记你们的目标是解决问题，而不是争执。或许争执是必不可少的，但是它必定要达到这个目标。

◎ 理解对方的意图，并且尊重对方的选择。如果没有更好的办法的话，同意对方的意见。

◎ 不要让冲动的情绪来帮你解决问题，它只会将问题越弄越糟糕，最后连你自己都会失去目标。冷静下来，这样对你将更加有利。

我们常常会因为某一件事与对方争吵起来，有时候吵得面红耳赤，甚至最后闹得不欢而散。但是只要稍加注意你就可以看到，其实这些争论到最后也没有解决什么问题。事后，只要我们冷静地想一想，就会发现本来没有争吵的必要。因为这些问题本来也不是什么大问题，犯不着这样争吵。

冲突在我们的交谈中是难免会出现的，但是这仅仅是表面现象。实际上，冲突是两个人或者更多的人在看法、方法、目标、方式甚至价值方面的不同所引起的，并不仅仅表现在言语的争论上。我们知道，人与人都是不同的。哲学家说“这个世界上没有完全相同的两片树叶”，人类则更是如此。在大多数情况下，出现分歧是十分正常的，也是可以解决的。但是人们却往往把这些分歧变为争吵，试图向对方说明对方是错误的、自己是正确的，以至于看起来似乎不可调和，有什么深仇大恨一样。

冲突的形式并不限于争吵，它还有很多表现形式。比如，你把问题的所有责任都推到对方身上，并且开始攻击对方的能力、性格甚至人格，使自己得到了自我满足的快感。我们知道，这种批评是每个人都喜欢做的，况且它还跟你有关系。这是一种常见的批评和攻击方式。比如，你说话的时候话中带刺儿，让他人觉得受到了侮辱，或是受到了轻视。也许你认为这是一种幽默，但是事实上却伤害了对方。又比如，你试图在解决这个问题的方法上，说明你比对方更加高明，以此显示你的优越感。你的这种强烈的感情使对方反感，你们的目的从解决问题上开始转移，转而变为对各自的评价。

冲突自然也不仅仅包括语言上的争吵，它更多地表现为沟通上存在的问题。当我们没有了解并理解对方的观点、方法、价值、意图的时候，冲突自然就会产生。我们总是习惯以自我为中心，以为每个人都应该按照自己的那一套去做事情和看问题，同时，又对别人的那一套表示不满。这是冲突的本质之所在。

古希腊哲学家苏格拉底的妻子是一个十分蛮横的妇女。一次，她对着苏格拉底大发雷霆，后来居然把一盆脏水对着苏格拉底迎头泼去。但是苏格拉底并不生气，反而说："我知道，雷鸣之后总会有一场暴风雨的。"别人劝他把这个悍妇休掉，苏格拉底说："善于驯马的人都会选择悍马作为自己训练的对象。因为如果连悍马都驯好了的话，那么其他马自然也不在话下。如果我连她都能忍受的话，还有什么不能忍受的呢？"

我们平常的冲突自然没有这么激烈，而且我们一般人也没有苏格拉底这么好的涵养。为了圆满地解决问题，树立良好的社交形象，追求更高的境界，我们需要学会处理冲突。诚然，有些问题不能改变，或者说不能轻易地改变，比如个人的价值观等，但是只要我们愿意，我们的确能够运用适当的方法处理冲突，以达到我们的目的。

纽约市一个电话公司的策划部经理保罗十分赞同我的观点，他甚至乐观地认为，他的员工的冲突是因为对工作热情而产生的，他十分喜欢这些冲突。他不喜欢那种死气沉沉的工作氛围，而喜欢冲突所带来的新的思想、角度，以及解决问题的新的方法。他说，问题的关键在于如何"有建设性地"处理这些冲突。

一个和那位改良蒸汽机的伟大发明家同名的员工，以保罗和策划部其他职员的名义，给他的同事玛丽发了一封电子邮件，指责她的某一个策划方案存在许多致命的错误。“你应该改正它，”瓦特在信的末尾说，“或者干脆让更加适合的人来做。”

保罗看到这封电子邮件后，直接找到了瓦特，并指出他指责对方错误的方法是不当的，并且，他更加不应该擅用他人的名义。这不是解决冲突的正确办法，如果他需要跟玛丽讨论策划方案，应该用另外一种方式去解决这个问题——保罗并没有告诉他应该采用哪种方式。

一天后，瓦特找到保罗，说他已经跟玛丽当面协商了策划方案存在问题的解决办法，玛丽也已经原谅了他的鲁莽。

我们在解决冲突的时候，需要注意以下一些问题：

弄清楚对方的立场

你可以假设对方的用意是好的，从而更多地从对方的立场去考虑问题，这样你或许能够心平气和地和对方谈论。你希望别人理解你的决定，同样你也应该理解对方的决定。在没有弄清楚对方的真实用意之前，不要假设对方是意气用事，是为了维护自己的利益。这些假设往往会把我们引入误解的歧途。把你的眼光更多地放在对方的言语、行动上，不要依靠猜测来评判对方。

在别人说话的时候，冷静下来仔细倾听，这样你才能理解对方想要表达的是什么意思。然后，告诉对方，你完全理解他。不要打断别人的谈话，更不要气势汹汹地指责对方。

寻找共同点

我们可以轻易地了解到，我们与别人产生冲突，都是为了事情的解决。我们和他人的关系是伙伴而不是对手，更不是敌人。

所以，当我们和别人发生冲突的时候，应该积极地找出问题的解决方案，而不是使冲突升级。我们和对方的争吵或者其他的行动，都有可能使我们的注意力从问题本身转移到其他方面。在讨论中，不管我们冲突的核心问题是什么，在问题上产生了什么不同的观点、方式，关键是要注意问题本身，而不是其他方面。

解决问题而不是责备他人

你应该诚恳地表达你的观点。如果你确认自己的方案是最优的，就尽量说服对方，让他也这么认为。光提高嗓门是没有办法说服对方的，更不用说责备对方了，那样只会给你们带来不快和不信任。你的目标是解决问题，而不是为了比较你们谁更加高明。

当你配合他人解决问题的时候，你会发现自己正处在一个十分友好的氛围之中，这种氛围会更加有利于问题的解决。如果一次两次的意气用事是你没有办法克制的话，那么千万不要使它成为你的习惯。

> 如果你拿定了主意，就帮助对方也拿定主意。你们必须取得一定程度的一致，即使这需要你们作出一点儿牺牲。

恰到好处地作出回答

◎ 回答要得体，这是最基本的要求。要针对不同的场合、不同的人作出最合适的回答。

◎ 不要任何回答都闪烁其词，这样会给听众带来不真实的感觉。应该有所区分：对那些应该回答的问题，必须直接、简洁地给出回答；而对于那些不想或不能回答的问题，应采用适当的技巧来回答。

◎ 回答问题能够显出一个人的机敏度，艺术地回答问题能够显出你说话艺术、反应能力的高超。

如果说提问是人们沟通中必不可少的一个组成部分的话，回答提问也一样重要。我们经常冷不防地被提问，并且要求作出令提问者满意的回答。有问必有答，一问一答构成了语言交流的重要部分。

中国人的语言内涵十分丰富，同时也意味着解读语言的多种可能性。有一位中国老人满99岁了，一位政府官员去祝贺她，并对她说："我希望明年能够来给你庆贺100岁生日。"那位老人回答道："怎么不能呢？你的身体不是很好吗？"

其实，那位政府官员的意思是，希望老人能够活到100岁。但是那位老人却理解成了政府官员对他自己的身体的担心。虽然我们不在中国，但是我们在回答对方问题的时候，也通常犯那位老人一样的错误：答非所问。因此，我们在回答问题的时候，首先应该仔细地听清楚对方要表达的意思。

没有一种问话会要求你在听到问题后一秒钟之内马上给出答案，除非你自己想要表现出你反应很迅速。你完全有时间想一想对方问话的意思，了解他的意图，然后再确定回答的方式和范围，从容地组织答案。有些人似乎习惯于一边说话一边思考，但是这并不是大部分人能够做到的。一般的人在脱口而出之后，马上就会后悔说出了那样的话，因为那样的话本来不应该说，或者完全可以说得更好。

不要急于回答。你可以试着对提问者的意思进行解释，并且夸赞提问者几句。这会让你真正了解提问者的意思，并且得到他的好感，你还可以利用这些时间好好整理一下你的答案。

对问题作出判断，揭示其隐藏的意图。如果你怀疑对方另有意图的话，不管对你有利还是不利，在没有弄清楚之前，不要直接给出答案，而要问一下对方真正的意图是什么。你可以问他："告诉我你真正感兴趣的是什么？你想让我说的是什么？"

你可以建立一座桥梁，由此进入你的回答阶段。这可以算做解释对方问题的一部分。一位议员被问及："你反对加税吗？"那位议员回答道："这位先生想要知道我是否反对加税。实际上，你真正想问的是，我们是怎样使美国人民更加富裕的。让我告诉你我们对于复苏经济的计划……”这个议员十分巧妙地把对方的问题过渡到自己想要回答的问题上。

这样，你首先要对你的答案进行设计，也就是我们前面所说过的“思维”过程——相对于你把它陈述出来而言。当然，对待一般的问题，你必须用你的知识作出符合客观实际情况的回答。不然的话，就会犯狡辩的错误，从而给人不真诚的感觉。

上面我介绍了回答问题时应该注意的一些基本问题。接下来，我将就如何具体回答常见的问题给出一些意见：

关于是非型问题。提问者想要你回答简单的几个字，这当然是很容易的事情，但是这类问题往往设有陷阱，因为简单往往容易导致误解。除非在法庭上，你不需要具体回答是非型的问题，你应该直接回答“是”或“不是”。

关于选择型问题。有人问：“你们公司的目标是增加投入还是减少人员？”这样的问题不好回答，因为答案可能不在他给出的选择项内。不要被提问者提出的问题所干扰，按照事实说吧！对上面问题的回答可以是：“我们的目标是提供最优质的产品。”

关于不能回答的问题。当你被问及那些关于个人秘密等不便回答的问题的时候，你应该直接告诉他为什么不能说出来。你必须给出你的理由，否则将会被认为是不真诚的。

关于倾向性问题。比如，“你不再打你的老婆了吗？”而事实上你并没有打过她；或者“此次调价对你们公司造成了多大损失？”事实上你们公司一点儿损失都没有。

回答这类问题时可以直接跳过对方的假设，用事实说话。

关于问题太多。对方提出一系列的问题的时候，你没有必要一一回答。你应该说：“慢一点，我的朋友。”然后再一次回答一个问题。

让人为难的是那些你不想或者不能作出正面、直接回答的问题，这时候你还可以用以下这些方法来回答：

无效回答

当你不想回答对方的问题的时候，你可以选择这样的回答方式。也就是说，你可以用一些没有实际意义的话回答他。

比如，对方问你："今晚你要到哪里去？有什么秘密的事情吗？"你却不想告诉他，于是你可以说："没什么大不了的事。"这样，提问的人就不会再问下去了。

对方问你："贵国打算什么时候对该国采取军事行动？"你回答他说："我们已经提交给议会讨论了，我相信他们会本着对国家、对世界人民负责的态度来讨论此事的。至于什么时候，到时候诸位就知道了。"

反转问题

有些问题是比较刁钻的，它可能是一个含沙射影的问题，也可能是一个陷阱。这些问题可能会使你尴尬。在这种情况下，你可以换一个角度想一想。

比如，对方问你："我没有兴趣继续听下去了。这个问题你已经讲过很多遍了，你觉得还有继续说下去的必要吗？"你可以这样回答："你觉得你已经完全听懂了吗？"让对方来回答他自己提出的问题。

一个外交官被一群记者围住，被要求就前几天某位议员在国会进行的演讲发表一下意见。那位议员讲的是一个国际政治上的敏感话题。这个外交官回答道："你们要我说，我当然可以说。但是我的态度全世界的人民都已经知道了，因此，我没有必要把它说出来。"

间接回答

在有些场合里，对方可能会提出一些十分敏感的问题，或者想刺探你的真实意图，或者就是想刁难你，使你不便直接给出回答。

这时候，你可以间接地作出回答。

英国首相丘吉尔在20世纪30年代访问美国时，一位强烈反对他的女议员对他说："如果我是你的妻子的话，我是一定会在你的咖啡里投毒的。"丘吉尔轻轻一笑，回答道："如果我是你的丈夫的话，我一定会把那杯咖啡喝下去的。"

还有一次，丘吉尔因为力主和苏联联合对抗德国，一位记者诘难他说："你为什么老是替斯大林说好话呢？"丘吉尔回答道："如果希特勒侵入了地狱，我同样会在下院为阎王讲情的。"

当你在回答问题的时候，态度一定要恳切，要让提问者感到你正在努力、真诚地回答他的问题，而不是在敷衍了事。如果有人在寻求信息，则要表现得很专业，让对方觉得你的答案很可信。

不要把注意力局限在提问者身上。提问者提出了问题，但是这不是你跟他之间的私聊，你需要注意的是，有更多的人在你面前，等待你作出解答，提问者只是为你们提供了一个话题而已。当然，相对于其他听众而言，你还是应该相对多地注意这位提问者。

当你回答了某个问题之后，要保持你一贯的作风，千万不要因此而得意起来。否则，你的听众就会努力在你的回答上找漏洞。

对那些有敌意的提问者，你最好保持你的优雅的风度。不要因为对方提出了一个让人尴尬的问题，你就非常不客气地对待他。你应该冷静地处理这个问题，以便使局势朝对你有利的方向发展。

适当地处理那些有敌意的问题。对这些问题必须慎重，因为你说话所取得的效果可能会毁在回答这些问题上，这是些十分危险的问题。

第七章

说服力

避免与对方争论

◎ 争论只会带来不利的影响，而对你想要达到的目的毫无用处。相信这一点，不要再因你一时的冲动而浪费你的时间和精力。

◎ 当别人发怒的时候，平静地等待着。不要试图在发脾气上跟他竞赛。等他能够听进你的话时，再跟他好好说话。

◎ 避免和对方争论——做到这一点本身并不难，难就难在每个人都有争强好胜的心理，而你要克服这种心理。

卡耐基口才训练班的学员一开始都一致认为，如果能够掌握一套轻易地说服他人的方法，那一定是十分美妙的事情；但是他们同时也认为，说服他人是口才中最难掌握的一种方法。

能够让别人改变想法和要求转而接受自己的想法和要求，无疑是很吸引人的。在所有的沟通中，说服术是最基础也是最重要的一种技巧。实际上，你在任何场合都能用到这种技巧——多得我都不用举例说明了。

但是我不同意学员们后一部分的说法，即认为学习说服术十分困难。我认为，世上并无真正的难事，关键在于我们是否肯运用正确的方法努力去做。而我也将把自己的经验告诉大家。只要把以下这些原则掌握了，你们会发现，说服他人也不是什么很难的事情。

美国报业大王霍斯托在他还没有出名的时候，就已经雄心勃勃地想要在新闻界占有一席之地。他在自己创办的报纸上发起了一个倡议，其主题是：在全市的电车道上装备救护网，保护儿童。他在自己的报纸上大肆宣传，同时还请美国漫画大师乃西欧为这一活动作画，以吸引读者的注意力。一切进展得很顺利的时候，一个麻烦突然出现了：乃西欧作的画所反映的主题跟霍斯托想要表达的意思正好相反，因此根本不能作为宣传材料。

霍斯托想要乃西欧另外画一张合适的画，但他并没有找乃西欧直接说出来。因为这样一定会引起乃西欧的不满，搞不好还会跟他争吵起来。一天晚上，他邀请了乃西欧一起吃饭，在席间一直不停地称赞乃西欧的画，这当然让乃西欧十分受用。说了一会儿话之后，霍斯托把话题很自然地转移到了电车上，他对乃西欧说：

“我现在一看到电车就很不舒服，因为好像我看到的不是载人的电车，而是一辆辆运送人的骸骨的车。你知道，那些电车道上经常有儿童被轧伤或轧死。而那些开电车的司机，在看到那些穿过电车道的儿童时，似乎大都不怀好意。”

“这个题材很好，”乃西欧说，“我建议你把我以前送给你的那幅漫画撕掉，我会以这个题材重新创作一幅漫画送给你的。”

霍斯托知道争论的结果，因此他并没有直接跟乃西欧争论那幅漫画的对错，而是避免了争论，采取了一种暗示的方法，让对方意识到自己错了，并且主动提了出来。后来，乃西欧用了半个晚上创作的那一幅画，成功地使旧金山全市的电车道上都安装了救护网。

当你打算说服一个人的时候，最愚蠢的方法就是跟对方争论。我们已经知道，几乎没有人会因为争论失败而改变自己的想法。争论确实能够带给你一时的快感，但是却会使你得不偿失。

遗憾的是，有很多人经常犯这样的错误。年轻时候的本杰明·富兰克林就非常喜欢与人争论。当时他与镇上一个小伙子关系很好，两个人在一起的时候，常常争得面红耳赤。他们都非常喜欢辩论，很想驳倒对方，获得片刻的成就感。这种嗜好让他养成了一种习惯，那就是：在和人讨论的时候，他常常会不自觉地去寻求一种与对方不同的意见—不管是对还是错。富兰克林发现，除了一些律师、大学生和一些特别的人外，对一般人而言，这其实是一种非常不好的习惯。就像他，常常因为这种习惯而得罪人。

于是，富兰克林决定改变这种好争论的习惯。当他致力于提高自己的语言水平的时候，他看到了一本分析英语语法的书，其中有一篇关于逻辑的文章，是苏格拉底论证的实例，这让他受益匪浅。不久之后，富兰克林又找到了《回忆苏格拉底》一书，里面有大量的苏格拉底式的论辩的实例。富兰克林接受了这种方法，放弃了率性的反驳和绝对的争辩，从而让自己成为一个谦逊的提问者和怀疑者。这使得富兰克林彻底改变了自己在人们心目中的形象。

格拉瑞是卡耐基口才训练班的学员，他是纽约一家木材公司的推销员。多年来，他都在跟那些冷酷无情的木材质检员打交道。他们常常因为一个小问题而发生争执，有时候甚至吵得不可开交。争论往往是以格拉瑞取得胜利而告终，但是这种胜利却使他和木材质检员的关系冷淡，使公司总是赔钱。在上了卡耐基口才训练班的课程之后，他决定改变策略了。

一天早上，质检员打电话给格拉瑞说他们公司的木材不合格，现在已经停止卸货，并且要他马上把木材运回。当卸完木材总量的1/4之后，质检员声称这批木材的合格率仅为50%。因此，他们拒绝接受这批木材。

格拉瑞很快赶到了现场。对方的采购员和质检员看到他之后，马上摆出了一副准备吵架的神态。格拉瑞说："我一声不吭，和他们一起走到了那些已经卸下的木材面前，并仔细地看了看那些木材，然后听了他们的意见。根据我的经验判断，他们又一次犯了错误，因为这种木材是白松。实际上，质检员对这种木材并不熟悉，他最熟悉的是硬木，但是他却自认为对白松木也很内行。而比较而言，我比他更熟悉白松木。

“如果在以前的话，我会马上指出他的错误，并和他进行一场争辩，但是这次我并没有这么做。我对他的木材分类方法没有提出任何异议，而是告诉他们，他们可以把不合格的木材挑出来，我立刻把它们运回去。这一办法果然很有效，他们立即变得热情起来，我们之间的紧张感开始消除，大家的关系也显得很友好。之后，我建议他们重新对这些木材进行检查，并提醒他们白松木和硬木是不一样的。质检员终于承认他其实对白松木没有多少经验，然后虚心征求了我的意见。”

最后，他们接受了全部的木材，给了格拉瑞全价的支票。从那以后，格拉瑞和质检员的关系越来越好，后来还成了朋友。

这种做法的作用多么明显啊！从“敌人”到朋友的转变，只是因为其中一方避免了争论。因此，如果你想要说服一个人，就要避免同对方争论。

任何一个人只要被他人攻击，都会下意识地树立起自我保护的意识。当他受到言语的攻击时也是一样的。因此，争论是不会使对方相信你说的话的。当你想说服对方时，你需要冷静地把事实指给他看，与他从容地交谈。

为了避免跟对方争论，我们在与对方意见发生冲突的时候，需要注意以下这些问题：

欢迎不同意见

不同的意见往往带来看问题的不同角度，这会使你收获不小。一个人往往是从自己的立场出发，根据自身的经验和知识，以自己的价值观判断一件事情或一个人的，所以每个人都很难说自己的看法就是正确的。学会从别人的意见中去发现自己想要的东西，这样你就能够做到尽可能全面地看问题。也许这样，你就不会那么激烈地反对跟你持有不同意见的人了。

了解对方的看法

不要一句话不和，就开始跟对方争论起来。你至少应该听完对方的说话，这样才能明白他究竟想表达什么意思。不要想当然地认为自己能够根据一句或几句话给对方下结论，因为根据一般人的习惯，往往并不会在一开始就表明自己的观点。一开始就打断对方说话，急于下结论，这是没有忍耐力和没有修养的表现。

试着从对方的角度去考虑问题。站在对方的立场上，顺着对方的思路去思考。不要犯偏执的毛病，不要妄自尊大，也不要让别人觉得你纯粹是为了反对他而跟他争论。要让对方意识到，你是在发表意见，而不是在争论。

态度真诚地发表意见

当一个人跟你谈话的时候，他并不是想听你的教训的。你们并不是说教与被说教的关系，而是平等的对话者。和你一样，他也会认为自己的想法是对的，并且毫不犹豫地使自己相信这一点。

如果你确实认为对方是错误的、你是正确的，并且能够确保这种判断不会有什么偏差，那么就用真诚的态度跟他说话。用一点儿技巧避免争论，循循善诱地使他慢慢地相信这一点，让他自己说服自己。

不和对方争论并不意味着你要舍弃自己的原则，隐忍自己。我们所强调的是如何艺术地把自己的观点表达出来，以及如何艺术地说服他人。

间接地指出对方的错误

◎ 相互尊重，是人与人之间交往的基础。如果你妄图通过批评对方显出你的高明和优越，你是不会受到欢迎的。

◎ 委婉、暗示地说出对方的错误，让对方觉得这是他自己发现的错误，这会使对方更加容易接受。

◎ 不想让对方觉得你在以指出他的错误为乐，最好的办法莫过于用平和的语气间接地指出来。

当你发现对方犯了一个很明显的错误时，为了使对方能够尽快地改正，于是你好心地对他说："看，约翰，你刚才说的有这样一个错误……"你满以为他会感激你，但是结果却让你很意外，甚至让你感到不可理喻——他坚决不承认自己犯了错误，更不用说感激你了。

你没有必要因此而责备对方。这种事情太常见了，几乎每个人都会有这样的毛病。当别人指出自己的错误，尤其是直截了当地指出的时候，一般人似乎都受不了。他会因此而产生一种让人觉得不可思议的强大的力量，正是这种力量迫使他拒绝接受你的批评或指正，即使他明明知道你是为他着想的。

心理学家指出，这种强大的力量中有很大一部分是自我认同感在起作用。当自己所相信的东西被怀疑或否定之后，每个人都会产生一种焦虑，感到自己的自尊被伤害了，甚至感到自己的安全已经没有了保障。结果是，他会本能地拒绝承认自己的错误，即使他可能认为你说的是对的。因此，当你想要说服一个人，让他明白自己的错误的时候，千万不要直接指出对方的错误。

一天，查尔斯·史考伯经过自己的钢铁厂的时候，撞见几个工人正围在一起抽烟。他们显然忘记了公司禁止吸烟的明文规定，或者像很多犯错误的人一样存在侥幸心理。史考伯先生应该把他们揪出来，然后狠狠地批评他们吗？或者把那块“禁止吸烟”的牌子指给他们看？这都只会让对方感到难堪，并且对史考伯产生怨恨。只见他不动声色地走上前去，发给他们每个人一支雪茄，并对他们说：“我们到外面抽去。”这些工人当然不会跟着史考伯一起出去抽烟，而是对他说：“啊，我们忘记公司禁止吸烟的规定了。请你原谅。”然后赶快回到他们的工作岗位上去了。当然，我们能够体会到他们心里的那种复杂的感觉：既为犯了错误而感到自责，又为没有受到惩罚或指责而感到庆幸，同时对史考伯先生也越发尊敬。他们以后一定不会犯同样的错误了。

我相信，直接指出对方的错误，实际上就是在批评对方。任何人都不喜欢被他人批评，即使他明白自己确实做错了。但是人们却往往做这样的蠢事。从上面两个例子的结果来看，间接地指出对方的错误，是十分正确的。采用温和的语气，间接地指出别人的错误，这样就不会引起对方的反感。

确实，我们只要在指出对方错误的同时，注意维护对方的自尊，就容易收到很好的效果。这是十分符合人的本性的——正因为我们没有办法改变人性的弱点，所以只有使自己所做的事情符合人性。

那些聪明的人总是会想方设法这么去做，因为他们知道这样做的效果比直接指出对方的错误要好得多。马吉·嘉可布太太请了几位技术非常好的工人加盖房子。头几天，他们总是把院子弄得乱七八糟，到处都有木屑。一次，等他们结束了一天的工作后，聪明的嘉可布太太不露声色地叫来她的孩子们，和他们一起把木屑处理干净，堆到院子的角落里。第二天，工人们来的时候，她非常高兴地对工人们说：

“你们昨天把院子打扫干净了，我非常高兴。老实说，这简直比我们以前的院子还要干净。”

听到这些话后，那些工人十分高兴，以后都把木屑堆在了院子的角落。试想一下，如果嘉可布太太摆出一副雇主的姿态，那些工人会怎么样呢？他们会毫不犹豫地换另外一份活儿的，因为像他们这么优秀的建筑工人毕竟很少。

一些大公司或者机构的上层人物一般人通常很难见到，其中的部分原因固然是他们很忙，但是那些下属的“过滤”也是一个重要的原因：他们不愿意他们的上司被打扰，因此帮上司挡掉了许多看起来不那么重要的客人。这对那些上层人物来说并不一定就是好事。卡尔·佛朗在当佛罗里达州奥兰多市的市长的时候，就曾经遇到过这样的麻烦。他奉行的是“门户开放”政策。当时他规定，市民如果有事的话就可以直接来见他。但是，那些造访的市民却常常被工作人员挡在门外。

后来，为了圆满地解决这个问题，聪明的市长想出了一个高招儿：他叫人把他办公室的门给拆了。这样，他相当于在明白无误地告诉工作人员不要再阻挡那些造访者了。另一方面，他用行动暗示了工作人员的错误，但并没有直接指出来，这就给他们保留了自尊。

所以，为了劝服别人同时又不伤害别人，你需要间接地指出他人的错误。

当你找出一条理由来指出对方的错误时，对方一定会找出10条理由来反驳你。所以，千万不要让对方产生这种抗拒心理。

让对方以愉悦的心情与你交谈

◎ 让对方十分高兴地跟你谈话，这样会减少你谈话的阻力。

◎ 不想使对方树立敌对的意识，最好的办法是使他感到愉悦，让他能够轻松地与你交谈，就像和一个老朋友聊天一样。

◎ 不要让对方恼怒、气愤或者消沉，不要触犯对方。要让他感到你在跟他进行普通的交谈，而不是辩论。

威尔逊总统曾经说过这样的一段话：

“当你捏紧你的拳头准备跟我说话的时候，对不起，我也会和你一样地捏紧拳头。但是如果你友善地对我说：‘让我们一起坐下来谈一谈，看如何解决我们之间的分歧。’这样我也会非常友善地坐下来。这样我们才可以看到，我们之间存在的问题可以得到解决，因为我们的意见分歧不大，并且共同点很多。只要有友善的态度，我们就容易取得一致。”

的确如此。多年的生活经验告诉我，当我想要说服一个人的时候，能够采取的最好的办法是使对方能够以愉悦的心情跟我交谈；而如果我采取的是愤怒、粗暴的态度，对方就会感觉受到了威胁，那么我们多半会解决不了问题。

这个现象很好解释。当我采取的是愤怒和粗暴的态度的时候，那么对方会感到我和他是敌对的关系，我是他的敌人——我们知道，基本上人们都不会听信敌人的意见。对方会不自觉地在我们之间设一道鸿沟，使自己处于绝对的安全之中。我们可以想象，在这样的态度之下，想要说服一个人会有多难。

怀特汽车公司的工人为了增加工资而举行了规模巨大的罢工。公司的总经理卡特先生并没有像多数的老板一样，在这样的情况下采取强硬的态度。他争取使工人们有一个愉悦的心情，从而使他能够跟他们在平和、友善的环境中进行对话。他积极地做了一些事情来做到这一点。卡特非但没有恐吓和威胁工人们，还在报纸上刊登广告，称赞他的工人们是“放下工具的和平者”。他为工人们买了棒球棍和手套，让他们因为罢工无事可做时可以在空地上打棒球；他还租下了一个保龄球室，供工人们在闲暇的时候使用。

他在适当的时候和工人的代表进行了谈话，谈话气氛十分友好。看得出来，工人对公司已经由敌对态度变成了可以谈判解决问题的平和的态度。这次罢工在一周内就被解决了，卡特的做法给那些老板们提供了一个十分出色的范例。

史特劳伯觉得自己租的房子租金太高了，想要房东把租金降下来。于是，他写了一封信给房东，说他的房子的租期快到了，如果能够适当地降低房租的话，那么他还打算继续住下去。其他的房客却觉得这个方法根本行不通，因为房东是一个十分顽固和吝啬的人，他们都试过这个方法，结果都失败了。

房东看了史特劳伯的信后，就来找他了。史特劳伯站在门口欢迎他，并且一开始绝口不提降低房租的事情，而是一个劲儿地说他非常喜欢这所房子，他实在不愿意搬走。他还对房东说，他现在已经总结出对这所房子的管理办法了。

这使得房东非常高兴。很明显，从来没有一个房客像史特劳伯这么欢迎他，他甚至都有一点儿不知所措了。

房东对史特劳伯讲他的房客让他感到十分烦心，他对他们都没什么好感。他们总是抱怨这抱怨那，有一位房客甚至给他写了14封信来侮辱他。还有一位房客威胁他说，如果楼上的人还想睡觉的话，办法只有一个，那就是降低房租。

“你真是一个惹人喜爱的房客，”房东对史特劳伯说，“能够遇到你这样的房客，真是让我太高兴了。”

接着，还没等史特劳伯开口，他就主动提出降低史特劳伯的房租，所降的房租比史特劳伯自己想象的还要多。临走的时候，他还提出打算对史特劳伯租的房子进行装修。

史特劳伯的方法十分简单，那就是尽量使对方感到愉悦，从而能够在友好的气氛中进行交谈。

当别人犯了错误的时候，不要气势汹汹地去批评他，这样多半会导致对方的反感和反抗。你应该采用一定的技巧，使对方以愉快的心情与你交谈，这样才会使对方能够被你说服。

我们相信，愉悦的心情会使一个人有勇气承认自己所犯的错误，从而接受对方的批评和建议。而这种心情在多半情况下都必须由对方提供一个很好的谈话环境来获得，因为心情确实与谈话环境有很大的关系。

美国通用汽车公司想要在一个分公司附近新建一处车间。当在附近收购地皮的时候，他们遇到了一个麻烦。这块地皮的大多数主人都肯将其转让，但是有一个叫伊兰特的老太太却拒绝转让。伊兰特老太太所拥有的那块土地，正位于整块地皮的正中央，因此公司必须将其收购。公司派了许多人去“攻关”，但是却都失败了。

建筑工期马上就要开始了，时间十分紧迫。公司经理弗莱克为了不至于因为这一块土地而影响整个计划，决定亲自去说服这位老太太。出发之前，他精心为自己“打扮”了一番。他戴着一顶破草帽，穿着一件破旧不堪的衣服，出现在了老太太的面前。这位老太太简直把他当成了一个苦工——而这正是弗莱克所希望的，他想使这位老太太看起来更加尊贵一些。

“我是通用汽车公司的一个经理，”弗莱克说，“我叫弗莱克。我从来没有见过像你这么高贵的老太太，我不得不说，你的生活品质比我的高多了。我相信，像你这样的老太太生活在这样简陋而狭窄的屋子里，未必合你的身份。你应该搬到更加漂亮的地方去，这样才能使你更加体面和舒心。”

老太太才不会理会弗莱克的打扮是不是故意的，或者他的奉承话是不是真心的，但是她的确非常高兴。弗莱克继续和她谈论转卖土地的事情。这时候，老太太已经不像先前那样冷淡了，而且也不像弗莱克的员工所说的那样顽固。几天之后，老太太打电话给弗莱克，决定将她的土地卖给通用汽车公司。而她所提出的价钱，比弗莱克所预计的更是少了一半。

因此，尽量使对方以一种愉悦的心情跟你谈话，这样会使事情变得更加容易解决。弗莱克用了什么高超的手段吗？没有。他只不过是营造了一种平和的、令对方愉悦的谈话环境。原来看起来好像不可能成功的事情，却因此而变得如此简单！

以一种宽容的态度面对对方的过失，不要伤害对方的自尊心。这是使对方愉悦的基本前提。

努力让对方客观地认识事物

◎ 不要直接告诉他人应该怎么做、怎么想，而应该告诉他真实的事情是怎么回事。

◎ 不要对他人说："你这种想法非常无聊。"或者"你太片面了！"而应该告诉对方，他现在在受着某种客观条件或某种错误想法的束缚，应该排除这种偏见。

我之前说过，我现在已经不像以前那样确信许多东西了。这并不是悲观的论调，只是我现在能够更加客观地认识一些东西，不再像以前那样从狭隘的个人经验、个人知识、个人信仰和个人立场来看事物。但是很多时候，一些人还是在确信许多我以前确认、现在却怀疑的东西。想到这一点，我就会感到十分焦急。

你们也可以发现，当你们在交谈的时候，常常遇到一些看起来十分顽固的人。这些很顽固的人，换个角度来看的话，我们可以称之为有着坚强信念的人。这些人不会轻易地改变自己的看法，只要是他们认定的事实，如果没有更加确凿、更加有力的证据的话，他们从来不会产生怀疑。

我不想给这些人下评论。不论你有何种性格，"不及"和"过"可能是同样的效果，而对不同的事情而言，这种执着的信念往往会有不同的效果。比如，不应该坚持的东西，你却坚持了，这时候就是你的不对了；而有一些正确的东西，你越坚信它，对你来说就越好。

你确信自己的意见是对的，而别人的意见是错的。但你要让别人认识到这一点却并不是一件很容易的事情。你不能对他说："事实明明就摆在那里。"这样的话没有多少说服力，因为他也看到了事实，只是每个人看到的事实都是不一样的。但你明明知道他的意见是一种偏见，他是从你认为不正确的角度来看问题的。在这时候，你应该尽量使对方客观地认识事物。这样，他才会真正认识到自己所犯的错误。

我们举一个有点违反常规的例子，来说明一个人会固执到什么地步。

有位号称"双枪"的杀人魔王科洛雷曾经和他的女友开车在一条乡村公路上兜风，他把汽车停在了马路中央。这时候，警察走过来请他出示驾照。他二话不说，掏出手枪就朝警察射击。当警察已经躺倒在地的时候，科洛雷跳下车，拔出警察的手枪，又对尸体射了一枪。这当然只是科洛雷的种种恶行中的一件，因为他生平杀人无数。

1931年5月7日，警察把科洛雷围在他女友的公寓里，并朝屋内扔了催泪弹，试图把科洛雷从房子里逼出来。但是即使在一个小时后，科洛雷还蹲在一个沙发后面朝警察开枪。当警察抓获负隅顽抗的科洛雷后，纽约市警察局局长马罗尼发表了公开讲话，他说："这是一个名副其实的杀人魔王，任何一件小事都会成为他杀人的借口。"

但是科洛雷自己却并不这么认为。他在自己的公开信里这样写道："没有人知道，我在凶恶的外表下藏着一颗疲惫和善良的心，我并不愿意杀害任何一个人。"

谁会相信他居然会这么说？！他居然觉得自己没有什么错！对这样的人，你想对他说些什么呢？

这绝不是特例。因为工作需要，我曾经和纽约市辛辛监狱的监狱长通过几次信，他告诉我一些与我的想法截然相反的事情：“监狱里的犯人很少有人自责，他们认为自己和正常人一样。他们很擅长为自己辩解，他们会试图说明为什么必须撬开别人的保险柜，为什么会开枪朝路人射击。大多数人都能为自己找出理由，尽管他们的理由是荒谬的、违反逻辑的以及反社会的，但是他们却用这些理由来说明自己是不应该进监狱的。”

我们看到，这些罪大恶极的犯人从自己的角度去看事情，都认为自己所做的事情是对的（当然，他们犯罪的原因并不这么简单）。这些人明显地犯了常识性的错误（或罪恶），都不能客观地看待问题，我们又怎么能够强求一般人——他们只是在一些相对来说并不重要或并不那么清楚的问题上不能客观地看待——完全正确地看待问题呢？

我们帮助别人客观地认识事物，首先要知道他是怎么想的，以及是如何得出这一想法的。每个人都会有一定的坚持已见的习惯。他们看问题当然是从自己的经验、自己的立场去作判断，而且认为这是对的。当有人怀疑他的正确性的时候，他会毫不犹豫地为自己的观点进行辩护，除非你能够指出他的致命的缺陷。所以，你必须站在他的立场去考虑问题，并进一步地反驳他。

当年，西奥多·罗斯福退出白宫之后，面对他的继任者、共和党人塔夫脱总统的保守作风，他感到十分恼火。于是，他不仅在公开场合对塔夫脱进行严厉批评，而且组建了“雄麋党”，打算再次竞选总统。他们的争论使共和党几乎土崩瓦解，直接导致了共和党在竞选史上的最大的一次失败。但是塔夫脱并没有为此自责，他在事后满含热泪地说：“我想我并没有做错什么。”

我们且不去管这件事情谁对谁错。我们发现，批评就像火星儿一样，它足以引爆人们心中的虚荣和自尊，并使人们不去管这样做可能会置人于死地。如果当年罗斯福能够站在塔夫脱的立场去考虑问题——假定是罗斯福对了的话，这既能让罗斯福更加客观地考虑问题，当然也能够说服塔夫脱改变自己的政策。而如果是塔夫脱对了的话，他也可以这么做。而他们却似乎只懂得批评、抱怨和责备对方，这种做法实际上是非常愚蠢的。

我想以我自己的亲身经历来说明让别人客观地认识事物对于说服一个人的重要性。我通常在规劝或者说服他人去做某一件事情的时候，先停下来想一想“如何才能使他心甘情愿地去做”这个问题。这个方法使我受益匪浅。

我在一开始进行我的讲座的时候，租用了纽约市一家饭店的舞厅作为演讲地点。我的每期培训都需要租用20个晚上。

一开始我并不为这件事情担心，因为这点租金是我可以承受的数额。但是有一次，在新的一轮演讲开始的时候，饭店方面突然打电话告诉我说必须付比以前高3倍的租金。我并不想改变演讲的地点，因为一切准备工作都已经就绪。我打算说服饭店的经理，使他打消这样的念头。我很清楚，他们想的只是自己的利益，但是我相信自己能够说服这位经理。

“你们的通知的确让我很吃惊。”我见到那位经理后，微笑着对他说，“但是我这次来并不是想责怪你。我知道，如果我是你，我也会这么做的。因为不这样做的话，饭店的利益就要受损，而你将会被辞退。那么现在，为饭店的利益着想，我们来分析一下这项决定的利与弊。”

我从我的包里拿出一张早就准备好的纸，在纸的中间画了一道线，作为“利”和“弊”的分区。接着，我在“利”的那一边写下“可做他用”，然后跟他解释说：“的确，你们可以把舞厅租给人家，用来跳舞或者开会。毫无疑问，这样肯定会比租给我的价钱要高。而租给我的话，相当于你们损失了很大一笔钱。”

再接着，我在纸的另一边写下“减少收入”和“广告效应”，然后对他解释说：“首先，我因为付不起你们的租金，所以不得不另觅地方，这样一来，你们势必要空出这个舞厅一段时间。相对来说，这比现在算是减少了收入。其次，你们知道，我每次所举办的一系列讲座，都会吸引许多人——包括很多名人到你们饭店来居住，难道你不认为这是最好的广告吗？你们每次需要在报纸上花多少钱打广告呢？如果我猜得不错的话，5 000美元应该是必不可少的。而且，这些报纸上的广告的效果也未必有这么大。这对像你们这么大的酒店来说，价值是不是非常大呢？”

最后，我把这张纸交给尚在思考的经理，并且对他说：“为了你们的利益，请认真地考虑一下，然后尽快通知我。”

结果已经可以预料：第二天，饭店方面就通知我，我的租金只需要增加50%，并不是之前决定的3倍。

我并不是想要说明我的做法有多么高超——实际上，这件事情看起来好像被我轻易地解决了。我只是想说：我们在说服他人的时候，是完全可以用更加简单而有效的方法来做到这一点的——让他人客观地认识事物。你也可以试着这么去做。

你没有必要把什么是对的、什么是错的都摆出来，你应该告诉他哪些是真实的、哪些是虚假的，或者哪些是明显的、哪些是容易被忽视的。

满足对方的心理需求

◎ 了解对方，了解他有什么需求，然后，尽量满足他的需求。

◎ 不要以为满足对方的心理需求需要作出多大的牺牲，好像自己会丢掉什么东西一样。正如我们知道的那样，在我们给予他们这些东西之前，这些东西是没有丝毫价值的。

◎ 当然，我们不能无原则地去满足他人的心理需求。我的意思是说，我们不能对一个无法赞美他英俊的人说他英俊，如此等等。这样做会给我们带来麻烦。

拿破仑26岁的时候，已经是法国意大利方面军的总司令了。当时，全军正处于军需供应十分紧张的困境之中。但是拿破仑却在这样的时候作出了一个重要决定：攻打通往意大利的要塞，然后占领意大利。在部队出发之前，他向他的士兵们这样演说道："伟大的法兰西的士兵们，我知道你们现在的处境十分困难，我们的共和国亏欠你们太多了。但是，就目前而言，我们并不能为你们做更多的事情。而现在，我将要带领你们到敌人最富足的地方去。到那里之后，你们将丰衣足食，你们将拥有富饶的城镇和乡村，你们将拥有美好的前景。为了你们美好的生活，鼓起你们的勇气吧！"

拿破仑的演讲激励了那些原本身心俱疲的士兵。最后，他们在统帅的带领下，终于一鼓作气攻进了意大利。《拿破仑》一书的作者雷特伊评论道："正是他的说话魅力，成就了他伟大的事业。"

我们知道，人们做一件事情——无论他有多么高尚——总是为了达到自己的某种目的。这可以说是常识性的知识了。奥福斯教授在《影响人类行为》一书中写道："行动，总是由一定的基本欲望而引起的……不管是在商界、家庭、学校还是在政治界，那些能够引起别人渴求的人，才真正是不败的高手。"我们看到，拿破仑正是因为抓住了士兵们的心理需求，才能发表富有煽动性的演讲，从而在那么困窘的条件下建立战功。

那么，一个人究竟需要什么呢？美国学识最渊博的哲学家之一约翰·杜威认为，人性本质中最深远的驱动力就是"希望具有重要性"，但是这显然还不够全面。一般来说，大多数人都希望拥有以下这些东西：

①健康。

②食物。

③睡眠。

④金钱以及用金钱可以买来的东西。

⑤未来生活的保障。

⑥性满足。

⑦儿女的幸福。

⑧被人重视的感觉。

能够让人做一件事情的办法，就是满足他想要的那种需求。这个道理非常简单，甚至简单到人们容易忽视的地步。据统计，在我们这个号称发达的时代，有90%的人在90%的时间里忽视了它的作用。

用来证明的事例不难找到。下面这件事能够突出地反映出人们对这种常识的忽视。这是广播公司发给无线电代理商的一封信，而括号里的文字则是一位叫做布兰德的部门经理读信时的感受：

“亲爱的布兰德先生：

我们公司希望能够继续保持无线电行业内广告业务的绝对领导地位。”

（你们公司跟我有什么关系？我自己的事情都忙不完：作为抵押，银行正准备没收我的房子；昨天股票大跌，我损失惨重；我的花草被害虫吃得只剩下几根主茎；早上我误了火车，上班迟到了30分钟；我的头皮现在还在发痒，医生说我血压高、有皮炎、头屑多，好像我全身没有一处好的器官。天知道接下来还会发生什么倒霉的事情。一大清早就读到这样的信，简直倒霉透了。这个家伙还在向我絮叨他的破公司，滚他的吧！如果他知道这封信带给我的印象，他肯定会离开广告界，改行去卖消毒液了。这样我就不会读到这样让我烦心的信了。）

“本公司的客户是无线电台。我们每年的营业额是全行业首屈一指的。”

（高高在上，不可一世。那又怎么样呢？你的公司有多大关我什么事？即使你把全世界联合起来了，我也不会管的，我只管自己有多大。你们公司非常大、非常成功，可是，就我自己而言，你们公司简直太渺小了。）

“我们希望把有关无线电台的最新消息及时提供给我们的客户。”

（你们希望！你们希望！你这个不知深浅的家伙。你有什么希望关我什么事呢？我告诉你吧：像你一样，我只对自己感兴趣！但是你却只字不提“您的希望”。）

“你应该把本公司当做优先对象。”

（我“应该”？我应该怎么做用得着你来告诉我吗？你以为你是谁？你自吹自擂，让我把你作为“优先对象”，居然连一个“请”字都不说。）

“立即回信。告诉我你们最近都有哪些活动，这样对双方都有好处。”

（愚蠢的家伙！这样一封丝毫没有礼貌的复写的信件，就想让我在担心我的房子会被抵押的时候给你写信？真有意思。我们做了什么，用得着告诉你吗？你说说，这样做对我有什么好处？）

你会指责布兰德自私吗？即使是这样，其实我们每个人也都跟他一样。问题的关键在于，这家广播公司发出的这封信——我们知道，都是一样的内容——会收到多大的效果，这是我们可以预料到的。他们在写信的时候没有考虑读者的心理，从不去想别人想要的是什么，而只是大谈特谈自己想要什么。每个读者的心理跟这位布兰德应该都是差不多的。

作家欧文说过：“能够设身处地地为他人着想、了解他人的心理，这样的人不必在意自己的前途，因为他们是不会没有前途的。”这句话的确不错。社会交际学上也有一句名言与此对应：先满足别人的需求，然后才能满足自己的需求。

幼儿园的那些老师应该是我们学习的榜样。我曾经在幼儿园开学的时候去过一次幼儿园，成百上千的孩子随着父母前来，再加上孩子的哭声，整个场面显得十分混乱。当时我感到头皮发麻，但是那些老师却镇定自若。我曾经问过一个幼教是怎么处理这些问题的，她说："这一点都不难啊！"

她的回答让我吃惊。如果换作是我，我会认为这简直是天底下最难做的事情了。于是我问她："对于那些初来的孩子，他们总是有很多麻烦事，比如大小便、哭哭啼啼、害怕等等。你们是怎么应付的呢？"

"只要你知道了他们的心理，知道他们需要什么、对什么感兴趣，这些就都不是问题了。"那位老师回答道。

这位老师接着告诉我，孩子们经常需要家长陪同来上课，但是如果老师说："约翰，你看玛丽都不需要妈妈陪同了，你让妈妈留在家里，给你做最好吃的午餐怎么样？"这样，小约翰多半就会主动要求不再让妈妈陪同来上课了。而应付那些爱哭的孩子，老师会说："杰克，你看大家都没有哭，就你一个人在哭了。等一会儿，我会给那些不哭的孩子发一块好吃的蛋糕。"那个孩子会马上停止哭声。

同样的道理对大人当然也很适用。律师威廉·埃米尔就因此而得到过"意外之财"。那是他头一次陪着自己的妻子去长岛看她的姑妈，妻子有事离开了，剩下埃米尔一个人陪着姑妈聊天。因为他看到独处的姑妈实在没有多少快乐可言，于是就想办法使她高兴起来。

"你的这座房子非常古雅，"埃米尔说，"是不是建于1890年前后？"

"是的，"姑妈回答说，"正是那一年建造的。"

"拉苏尔以前就经常跟我描述你的房子，我开始还很怀疑，现在我却一点儿都不怀疑了。现在已经没有房子像这座房子这么漂亮了。它的设计结构简直太完美了！它让我想起了我的老家。”

“是啊，”姑妈说，“不过，现在的年轻人并不关心这些，他们只需要冰箱和汽车。”

埃米尔请求姑妈给他讲一讲这座房子的历史，因为人往往在谈论自己往事的时候最快乐。果然，姑妈同意了。她很高兴地告诉他：这座房子是她和丈夫亲自设计的，然后用了很多年的时间才建造完成，而它也见证了他们的爱情，凝聚了他们的理想和希望。

姑妈然后领着他参观了这座房子的很多古老的房间以及各种器具，埃米尔表示了自己由衷的赞叹和惊喜。最后，他们来到了车库，埃米尔看到了一辆全新的凯迪拉克轿车。

“这部车是我丈夫去世前不久买的，”姑妈说，“在他死后，我再也没有开过它。现在，我打算把它送给你。”

这让埃米尔感到十分意外，他并不想接受这么贵重的礼物，况且他也没做什么。他建议她把这部车留给她的直系亲属，他们一定会喜欢的。

“当然，”姑妈激动地说，“他们当然会喜欢。他们巴不得我马上死去，然后开走这辆轿车。可是，他们是不会得逞的。”

“这样……”埃米尔为难地说，“你也可以把这部车卖给旧车市场。”

“决不！”姑妈喊了起来，“我决不会卖掉它的。我无法想象一个陌生人坐在我丈夫的车上，开着车到处乱跑的情形。况且，我要钱做什么呢？你是一个懂得欣赏的人，我才会把它送给你。”

埃米尔无法再拒绝姑妈的好意，因为这会让她伤心。

我们可以想象，一个住在古老的房子里的老太太，她心里最需要的是什么？她的精美的房子、贵重的文物，这些东西代表着她的过去。如果有人对她赞美和欣赏，就表示了对她的过去的赞美和欣赏，而这正是一个人最想要得到的东西。也许在她看来，只送给埃米尔一辆汽车还不足以表达她的感激之情。这一切，只不过是因为埃米尔满足了她的心理需求——即使他并不想得到什么。

斯通就是通过这种方法创办了芝加哥《每日快讯》，并且赢得了许多读者的。他把该报的读者按照收入的多少分为4个层次，在每个层次中选择了4 000个读者，针对他们进行了详细而深入的调查。他对他们所感兴趣的、所希望的以及对该报的态度、建议和批评等，都进行了详细而深入的分析和总结。通过这样的研究，他对这些读者需要什么、对什么感兴趣都有了一个十分全面而深入的了解，并将其用来指导办报。这正是这份报纸的成功秘诀。

《波士顿报》的创办者格鲁吉也是运用同样的方法让报纸的发行量与日俱增的。他在创办自己的报纸之前，只是一个默默无闻的记者。报纸创办之初，他每天都到人群中去闲逛——要么叼一支雪茄听大家讲各种事情，要么跟别人聊天。他通过这种方式知道了读者们感兴趣的事情，了解了他们的需要。这些东西对一份报纸甚至对整个商业运作而言，都是极为重要的。

如果可能的话，多读一些心理学方面的书，这样会使你更加详细地了解人的心理需求。

让对方觉得那是他的主意

◎ 让别人以为那是他的主意——这可以算是逆向思维的一种：当你不能轻易地说服别人的时候，何不让他自己说服自己呢？

◎ 影响一个人的最好的办法就是在不经意间将一种意见移植到他的脑海中，从而变成他自己的意见。

费城一家汽车经销商的经理约道夫最近发现他的业务员们非常散漫，于是他召开了全体业务员参加的会议，并鼓励他们在会上说出自己对公司的期望。这些业务员非常高兴地把自己的期望说了出来，约道夫则把它们都记在了黑板上。当他们说完的时候，约道夫说："公司会尽力满足你们的期望，但是你们知道公司对你们的期望是什么吗？"

这个问题在业务员中间引起了热烈的回响，他们都把自己所认为的公司对他们的期望说了出来，如忠诚、乐观、合作、进取等，还有些人甚至说，公司希望他们能够每天工作14个小时。当然，其中有些是约道夫并没有想到的，但是他们都愿意去做。那次会议之后，大家都一扫以前的低迷态度，一个个精神焕发，而公司的业务量也出现了很大程度的增长，这是约道夫始料不及的。

你只要稍微思考一下就可以发现，这次会议之所以能够成功，是因为他们觉得公司对他们的期望是他们自己想出来的主意，变成了他们自己的诺言—既然约道夫实现了自己的诺言，那么他们也必须实现自己的诺言。

心理学研究表明，没有人愿意被强迫或者被命令去做一件事情，除非他认为那是自己的想法，是自己觉得必须或者应该这么做的。相对于别人的意愿而言，人们通常更加关心自己的意愿和需要。

因此，如果你打算硬生生地把自己的意见塞进别人的耳朵的话，你不妨先考虑一下这样做的后果会是怎样的。

罗斯福总统对这一方法运用自如。还是在他当纽约州州长的时候，他就跟州内的那些政界要人相处得十分融洽—我们知道，这并不是一件容易的事情。他究竟使用了什么妙方呢？其实很简单，那就是当他想要别人同意某一件事情、某一项决定的时候，他会让对方觉得那是他自己的主意—谁会不同意自己的主意呢？

比如，罗斯福曾经成功地推行了一些这些政要本来不喜欢因此也不会让其通过的方案。他是怎么做到的呢？我们不得不佩服罗斯福的领导才能。当一个重要的职位空缺的时候，罗斯福会请那些政界要人推荐合适的人选。一开始，他们推荐的是一个不受欢迎、需要被照顾的人选，但是罗斯福告诉他们，这样的人选公众肯定不会喜欢；接着，他们推荐了一个没有多大本事但是也没有多大缺点的人，罗斯福同样告诉他们，这样的人公众也不会喜欢；然后，他们推荐了相对来说比前两次好的人选，但还是不理想—实际上，他根本不符合罗斯福的要求。

但是罗斯福并没有说出来，而是对那些政界要人表示感谢，因为推荐人选确实是很麻烦的事情。他请他们再次慎重考虑，以求达到一个完美的结果。他们也觉得，这样的人选确实不理想，于是就推荐了第四个人，这个人同时也是罗斯福理想的人选。罗斯福任命了这个人，并把功劳算在了那些政界要人的头上，这样就取得了皆大欢喜的结果。这时候，罗斯福趁机说："各位先生，刚才我做了让你们高兴的事情，而现在，我想该是你们让我高兴的时候了吧？"

接着，他就提出了自己的方案，而那些反对者也表示支持这个方案。

这个方法即使在罗斯福做了总统以后，也一直在使用。凡事他都尽可能多地征询其他人的意见，并对他们的建议表示理解和尊重。当罗斯福需要别人同意自己的意见的时候，也往往想办法让对方觉得那是他自己的主意，而罗斯福只是听从了他的建议而已。

卡耐基口才训练班有一位学员洛宾在长岛从事二手汽车经销。一天，一对苏格兰夫妇找到他，想要买一辆二手汽车。这当然是好事。但是那对夫妇却很挑剔，洛宾带着他们俩看了一辆又一辆旧车，但是没有一辆合他们的心意——洛宾甚至认为，他们是想用一辆二手车的钱买一辆新车。当他把这件事情告诉班上的学员时，学员中有人告诉他："不要向那些摇摆不定的人推销你的汽车，而要让他们觉得这是他们自己的主意。"

几天后，一位顾客想要卖掉他的汽车，换一辆新车。洛宾马上想到了那对苏格兰夫妇。他打电话给他们，并对他们说自己有一些问题需要请教他们。

他们很快就来了。洛宾对男人说："从上次的谈话中，我知道你对汽车很内行。所以，烦请你替我为这辆车估个价，这样我才不至于亏本。"男人很高兴洛宾向他请教问题。他开着这辆车出去，一直从牙买加开到了佛罗里斯特山。当他回来之后，他对洛宾说："如果你能够以低于300美元的价格收购此车的话，那么你一定不会吃亏。"

洛宾问他："那么，如果我以300美元买进，你会不会接受这个价位，从我这买走这辆车呢？"

"当然会，"男人回答道，"实际上，这非常合算。"

洛宾的成功之处在于，他让对方自己给出一个价位，让对方觉得那辆车300美元的价位是自己的主意，而他当然也乐意从洛宾手里买走那辆车。

布鲁克林市的一家医院打算购进一台X光检查仪，具体的购买事宜由艾沃尔医生负责。那些消息灵通的推销员们一下子就把艾沃尔医生包围住了。他们向医生介绍自己的产品的优越性能和低廉价格，希望能够打动这位医生。

艾沃尔医生感到十分为难，因为这些产品让他眼花缭乱，而推销员的花言巧语也不能尽信。一天，他收到了一封信，写信的也是某一家X光检查仪的制造商。

"最近我们生产了一种新式的X光检查仪。由于是新产品，毫无疑问，它在某些方面一定可以继续改进。但是，我们并不知道该如何改进。你是这方面的专家，我们非常希望你能在百忙之中来看看我们的仪器，给我们提出改良的方案，使它能够适合医院的临床应用。你的时间非常宝贵，但是我们还是希望你能够前来，届时我们将派专车去接你。"

这封信让艾沃尔医生受宠若惊。实际上，他对这种X光检查仪并不很熟悉，也没有人向他征询过有关这种仪器的意见。虽然他很忙，但是他还是取消了其他约会，去看了那套设备。结果呢？可能因为心理因素作怪，他越来越喜欢那套仪器，并且相信那套仪器简直无懈可击。最后，他主动说服了医院方面购买了那套设备。

制造商巧妙地让艾沃尔医生自己去发现仪器的优点，并说服自己购买了那套设备。这种方法确实高人一等，也难怪他们能够成功地取得竞争的胜利了。

因此，如果你想要别人相信你的观点，你必须想办法让对方以为这是他自己的主意，而不是你的命令或者强迫，这样他才会欣然接受。

你只需适当提示，让他主动地思考下去，他就会得出跟你一样的意见，但是如果你这么做的意图过于明显，他就会采取抵抗的心理。

戏剧化地说出自己的想法

◎ 有的时候，如果我们有一些不便直接说出的想法，也可以用行动或者语言戏剧性地表达出来。

◎ 我们相信，每个人都是出色的戏剧家，只是要看不同的方面而已。千万不要怀疑自己戏剧性地表达意见的能力。

◎ 戏剧性地表达自己的想法，要求有一定的夸张，但是却不能过于夸张，因为这样容易使你看起来像一个小丑。人们往往会在笑或者欣赏你的戏剧表演的同时忘记你所想要表达的意思。

几年前，有人恶意地攻击《费城晚报》，指责其刊登的广告太多、新闻太少，完全没有可读性，并且劝晚报的读者以后不要再继续买晚报了。

对这样的问题当然必须作出反应，不然的话，晚报的声誉将会受到极大的损害。可问题在于，应该如何反击才会取得很好的效果呢？一般的做法是写文章反驳这种观点或者登声明澄清此事，较激进一点的做法是诉诸法律。但是对人们而言，这些方法丝毫不能引起他们的注意。

《费城晚报》的做法是这样的：他们把以前每天刊登的各种新闻摘录下来分类整理，结集出版了一本书。这本名叫《一天》的书总共有307页，它的内容超过了一本售价2美元的书的内容，但是却只售2美分。这样一来，那些恶意的攻击自然不攻自破，因为，这本书的出版证明了《费城晚报》每天都有大量可读性强、价值高的新闻报道，而且也证明了营利不是它的惟一目的。这种富有戏剧性的做法，使得人们马上就恢复了对晚报的信赖，甚至比以前更加愿意购买晚报了。

好奇是人类的天性之一。如果你想要表现自己的意图，对他人进行说服，你可以戏剧性地表达自己的观点。这不但会使他更加乐于接受你的观点，而且也会使他的印象更加深刻。

戏剧性地表达自己的意思，在商业领域中应用极为广泛。这是因为，在商品经济时代，商业是最具竞争性的一个行业，人们需要借助最有效的方法来取得竞争的胜利。

在《商业中的表演》一书中，科德与考夫门介绍了许多富有商业戏剧性的表演方法，让人们感到，这些商家真是绞尽脑汁在销售他们的产品。我们在这本书里可以看到：伊莱克斯的销售员们在顾客的耳朵边擦燃火柴，用这种声音跟冰箱噪音相比较，从而证明他们的冰箱噪音是最低的；一顶本来只卖①95美元的帽子，因为签上了明星的名字而受到人们的追捧；推销员在销售证券的时候，并不是只拿着一张证券向人们拼命地兜售，而是拿着两张不同的证券，并且告诉人们，两张证券在5年前都是1000美元，但是他所销售的那张却比5年前高出许多，而另外那张却是跌入谷底的。

米老鼠的名字曾经挽救了一家濒临倒闭的公司，这已经不是什么新闻了；一盏吸顶灯的意外脱落，使糖果交易会上的一家展销商的糖果销量增加了一倍；克莱斯勒让一头大象站在他的汽车上，以此来证明汽车的牢固性和坚实程度，结果，果然收到了很好的效果。

不论你是否承认，我们这个社会是一个戏剧化的社会。我们常常有这样的感觉：吸引我们的东西太多了，我们往往不知道该把自己的目光投向何处。所以，仅仅靠语言述说已经不能使别人同意我们的看法，甚至于连吸引他们的目光都变得十分困难。因此，我们必须寻求一种更加生动、更加富有戏剧性的行动或语言来吸引人们，进而达到说服他们的目的。

美国一家生产“美的思”牌透明丝袜的公司就是因为一则轰动性的广告，使他们的丝袜迅速走红，最后成为世界名牌的。让我们来看看这则广告有什么高明之处。

电视上出现了一双穿着长筒女丝袜的美腿。然后，一个很动听的女性声音响起来：“让我们来证明，‘美的思’丝袜可以使任何形状的腿都变得非常美丽，它是美国一流的女性用品。”

镜头往上移——这是一个十分缓慢的过程。观众顺着镜头往上看，猜想拥有如此美腿的是怎样一位美丽的女子或者是哪位迷人的女明星。

但是结果却出人意料，拥有这双美腿的原来是一位著名的男性棒球运动员。那位棒球明星笑容可掬地对观众们说道：“我当然并不穿长筒丝袜，但是我想，‘美的思’丝袜既然可以使我这样一双变形的腿变得如此漂亮，相信也一定能够使女性的腿变得更加美丽吧！”

我们可以想象一下，如果这则广告换成是一个妇女穿着“美的思”丝袜的话，会不会收到这么好的效果呢？或者，只凭着一般的广告，会不会说服人们相信“美的思”丝袜的作用确实非常明显呢？

杰姆·伊莫斯是一家公司的收款机推销员。一天，当他在一家规模不大的杂货店推销时，他发现这个店里的收款机已经非常陈旧了。看得出来，老板是个吝啬的家伙，并不是那种可以轻易被说服的人。于是，伊莫斯灵机一动，把手里的硬币往地上一扔，然后对老板说：“你每次在收款时，都会像这样直接把钱丢在地上的。”这个戏剧性的动作和语言吸引了老板的注意力，他最后终于决定换掉店里的全部收款机。

戏剧化的表现——包括行为和语言——不仅适合于商业运作，如果你并不从事商业，你也可以把这种方法用于工作和生活的很多方面。

逢德先生的可爱却很调皮的儿子和女儿，经常把他们喜爱的玩具丢得到处都是，等到想要玩的时候，又总是找不着。逢德先生已经跟他们说过很多遍，要求他们改变这个习惯，可是他们就是不听。有一次，逢德先生制作了一辆“火车”——把儿子的三轮车当火车头，女儿的篷车接在后面当货车。当晚上儿子驾驶火车头在室内绕行的时候，女儿就把丢在地上的玩具当做货物，并全部装进货车。从此以后，他们也慢慢地养成了新的习惯。

以前，男人们在向心爱的女子求婚的时候，往往不仅说一些山盟海誓的话，而且配合自己的动作——正像我们在电视里看到的那样——单膝跪地，以表达自己的诚意。这种招式虽然古老，但是却非常有效。现在，男人们虽然不再单膝跪地了，但是在求婚之前一般都会做一些事情，以营造一个浓重而有情调的氛围，然后再向女子求婚。

玛丽小姐最近在工作中遇到了一些问题，她很想找老板谈谈。但是老板却一直没有时间，所以把约见她的时间一直往后推。玛丽认为这些问题应该尽早得以解决，于是就采取了一个戏剧性的办法。她给老板写了一封信，在信里详细地说明了这些问题的重要性，并且附上了一个写有自己名字的回信信封和一张回复单。她在回复单上这么写道：

玛丽小姐：

拟定于__月__日__点抽出__分钟与你面谈。

这一做法确实很有效果，第二天玛丽就收到了老板的回信。他们约好谈10分钟，结果却谈了1个小时，直到把问题彻底解决。

《美国周刊》的詹姆斯·伯顿花了很大的心血做好了关于润肤霜的调查报告，却遭到了他的客户——一家化妆品公司的全盘否定。对方的广告部经理声称这个调查报告不符合他们公司的要求，需要重新确定一个调查方法进行调查。他对伯顿大喊大叫，而伯顿也不甘示弱，竭尽全力为自己辩护。最后，伯顿看起来似乎占了上风，但是谈话却没有任何效果。

当伯顿第二次去见那位经理的时候，他戏剧性地把自己调查的事实展现了出来。他把自己带去的手提箱打开，让那里面的32瓶不同品种的知名品牌润肤霜展现在经理面前。而这些润肤霜的瓶子上都标有调查的结果，简明扼要地说明了它们的历史和现状。这是一种全新的报告形式，巧妙地避免了无谓的争论。经理一瓶一瓶地拿起那些润肤霜仔细地看，并不时地问一些问题。他看起来很感兴趣，本来约定的谈话时间是10分钟，但是这次谈话却持续了1个小时。因此，虽然这次的调查报告跟上次一模一样，但是由于这次采取了戏剧性的表达方式，因此效果截然不同。

我们可以看到，如果你在表达自己想法的时候，采取了戏剧性的表达方法，那么一定会取得非常好的效果。

戏剧性地表达自己的想法主要有两个目的，即想办法吸引人和用夸张的方法说服人。

假如是自己错了就赶快承认

◎ 不要试图掩饰自己的错误，这样并不能带给你任何好处。相反，当你的错误被人们发现的时候，你将会失去许多人的信任。

◎ 承认自己的错误并不比掩饰自己的错误难。可能很少有人真正想到真诚的性格有多么大的说服力。

◎ 承认自己的错误可以帮助你说服他人，因为这会使他以你为榜样。

如果你是对的，你要温和地、巧妙地取得别人的同意；当你意识到自己是错误的时，你应该当即真诚地承认自己的错误。

我经常带着我的波士顿哈巴狗——我把它叫做里克斯——到离我家不远的森林公园散步。由于里克斯性格很温和，而且公园里一般很少有人，所以我通常不给它拴狗链和戴口罩。

一天，像往常一样，我正跟里克斯享受公园里清新的空气和怡人的景致，却碰到了一个警察。这老兄好像急于建立自己的权威，他对我大声说："先生，你为什么不给你的狗系上皮带或者戴上口罩呢？你不知道这是违法的吗？"

"我知道，先生，"我对他说，"可是我想它是不会对别人造成伤害的。"

"你想不会？！法律可不管你怎么想！这只狗也许会伤害松鼠，也许会吓到孩子。这次就算了，如果下次再看到你这样的话，你就得去跟法官解释了。"

我答应了他。但是当我试了几次之后就放弃了，因为我发现里克斯不大喜欢被拴起来或者戴上口罩。我决定碰碰运气，我想也许不是那么容易再碰到那位警察先生的。但是不幸的是，一天下午，当我和里克斯越过一个小山丘的时候，我们再次碰到了他。

"警官先生，"我决定先发制人，于是说，"你上次已经警告过我了。这次我不想给自己找借口，因为我确实违了法。请你处罚我吧！”

“是的，是的。”出乎意料的是，警察却用柔和的口气说，“不过，我知道在这周围没有人的时候，谁都忍不住会带这样一只可爱的小狗出来散步的。”

“不错，”我说，“可是，这毕竟是违法的。”

“这样一只可爱的小狗，怎么会伤人呢？”警察看着里克斯，好像在替我辩解。

“但它也许会伤害松鼠，或者吓到小孩。”我说。

“哦，不，”警察说，“你太认真了。让我告诉你该怎么办吧！你只要带着你可爱的小狗越过这个山丘，我就将看不到你们。我想我会很快忘记这件事的。”

可以理解，这位警察先生希望受到尊重，所以在第一次的时候，态度十分强硬，但是第二次当我主动承认错误的时候，他由于得到了尊重，就采取了宽容的态度。但假如我还在为自己辩护的话，结果会怎么样呢？你想象一下与一个警察辩论的情形吧！

我没有和他正面辩论，而是毫不犹豫地承认他是绝对正确的，我是绝对错误的。我站在他的立场说话，而他也反过来开始为我说话。这件事就这样在平和的气氛中处理了。这位警察显得是如此的宽厚仁慈，而就在一个星期以前，他还曾以法律的惩罚来威吓我呢！

所以，当我们知道自己犯了错误免不了要受到惩罚的时候，为什么不主动地承认自己的错误呢？自己责备自己，不是比受别人的斥责要好受一些吗？要是你知道别人可能正想把你的错误指出来，你为何不在他说出来之前以攻为守，自己把他要说的话说出来呢？因为这样的话，他很有可能会原谅你的—就像那位宽厚仁慈的警察先生一样。

在社会交往中，如果我们拒绝承认自己的错误，这样做的后果是什么？那就是不可避免地导致人与人之间失去信任。在这种情况下，如果你想说服别人做什么事情或者同意你的意见，别人会说——即使口头不说——“你连自己犯的错误都不承认，有什么资格来要求别人呢？”

费狄南·华伦是一位商业艺术家，他曾讲过这么一个故事：

“我们公司的美术编辑要求将他们交代的工作马上做好，在这种情况下出现细小的错误当然是在所难免的。而有位美术主管，总是喜欢鸡蛋里挑骨头。我每次离开他的办公室时，总会感到不舒服。这并不是因为他批评了我，而是因为他攻击我的方法有问题。最近，我交了一份十分急的画稿给他，之后他打电话叫我立刻赶到他的办公室，说是出了问题。

“当我赶到那里时，他开始责问我为什么会犯那样的错误。他看起来很得意，因为终于有了挑我毛病的机会。而我一改往日的态度，对他说：‘主任，如果你说的是真的，那么我真的错了。我十分惭愧我会有这样的过失，而对这些过失，我决不想推脱。我为你作画这么多年，应该知道怎么做更好些才对。’

“果然，不出我所料，他立刻开始为我辩护了，说这其实也不是很严重的错误。我坚持说：‘无论什么样的错误，我都必须为此付出代价，否则会让人觉得讨厌。’

“我并没有给他机会让他插嘴。我有生以来第一次批评自己，我发现自己喜欢这么做。

“我继续对他说：‘我今后会更小心些，你给了我许多机会，我应该尽力做到最好才是。我打算重画一次。’

“‘不！不！’他急切地表示反对，‘完全没有必要。’接着，他称赞了我的作品，并且对我说他只不过是想做个小小的改动而已，这点儿小错没什么大不了的。这毕竟是小节，不值得担心。

“我真诚地自我批评，使他怒气全消。最后，他还特地请我吃了午饭，给了我一张支票，并交给我另外一项工作任务。”

一般情况下，人们总是会为自己的错误辩护，这好像是一种发自本能的举动。但是如果你打算获得别人的谅解，给人以谦逊和高尚的印象，你就必须勇于承认自己的错误。辩护只会增加你的错误，而不会解决任何实际问题。

作家艾伯·赫巴的讽刺性文字常引起人们的反感，为此他经常收到一些愤怒的读者写给他的信，表示不能同意他的某一篇文章的观点。他们为了表示愤怒，经常在信的末尾把赫巴臭骂一顿。看了信后，赫巴通常会这么写道：

“仔细想想，我也觉得自己的意见不大妥当，我甚至连昨天写的东西都觉得不满意。非常高兴你能告诉我你的看法。我希望我能当面和你进行交流，那将是我莫大的荣幸。

赫巴谨上”

当你收到这样一封言辞恳切的信的时候，难道你还会大发脾气吗？当然不会。事实证明，在许多情况下，这样做要远远胜过你为自己辩护。

不要固执己见地认为你的看法就一定是对的。一旦你发觉自己错了的话，首先要做的就是赶快承认这一点。

没有人乐意受人指使

◎ 用建议或者商量的语气跟他人说话，这样更加能够使对方做某件事情。

◎ 说服他人的时候，不要指使别人应该怎么做，而应该让他自己知道该怎么做。

◎ 不要针对某个人发表你的意见，如果你要说服他，需要针对的不是人，而是事。

俄克拉荷马州一家工程公司的安全检查员乔士得的工作是检查工地上的工人是否带了安全帽。一开始，当他看到那些没有戴安全帽的工人时，他会立即批评这些工人，并且命令这些工人立刻戴上。但是这种方法收效甚微。工人当着他的面会戴上安全帽，但是当他走了以后，他们便会再把安全帽拿下来。

乔士得觉得自己的做法不合适，于是决定采用其他方式。当他看见没有戴安全帽的工人的时候，他就微笑着询问对方是不是觉得安全帽戴在头上不舒服、帽子的大小是不是不合适；然后他会对工人讲安全帽的重要性，建议他们为了自己的安全，最好把安全帽戴上。结果，这种做法收到了很好的效果。

工人们不喜欢听乔士得的指使，这是他原来那套做法失败的主要原因。而后来乔士得之所以成功地说服了那些工人，同样也是因为他没有指使工人们怎么做。

无独有偶。一年夏天，我和一位朋友驱车前往法国的乡下旅行，结果却迷了路。我们只得把车子停下来，向一群当地人问路。

我的朋友是一位大大咧咧的人，他冲上前去，对他们几乎吼着——我在几十米外都能清楚地听到——说："喂，到××镇怎么走？"

几分钟后，那位朋友怏怏地走了回来，向我愤愤不平地埋怨这里的农民没有礼貌、一点儿都不热情。我当然知道是怎么回事，于是微笑着走向那群农民，然后脱下帽子客气地向他们说道："我遇到了一个麻烦，需要你们帮一个忙。请问到××镇怎么走？"

结果我很快就得到了十分准确而详细的答案。他们显得很热情，回答得快速而有礼貌。等他们说完之后，我向他们表示了感谢，而他们也邀请我到他们的家里做客。我因为忙着赶路，因此答应下次有时间再去他们家。

我的那位朋友对我受到的欢迎表示很不理解。于是，我对他说："没有人喜欢受人指使。"

当然，你可能会说这仅仅是礼貌的问题。不错，礼貌确实有一定的影响，但是这绝不仅仅是礼貌的问题。而且，正是那种没有礼貌的语气使得你好像在对别人发号施令一样。的确，没有人乐意听从别人的指使，没有人喜欢让别人告诉他应该怎么做，应该怎么想，这似乎是人的天性。

你在酒店里可能也会遇到这种情况。比如，你对服务员说："去，给我打壶水！"这位服务员多半会答应你："好的。"但是却迟迟不会把水打来。你可以投诉她服务态度不好，但是这样对你自己并没有什么好处。你为什么不对她说："我现在需要一壶水，你能给我打壶水来吗？"她一定会非常乐意为你服务的。而这样做，难道使你损失了什么吗?

当我们在说服一个人的时候，我们也经常像是在指使别人："你应该这么做……"或者"你这么想才是对的……"我们经常使用的是命令或者强迫的语气，即使我们有时候并不具有那种权威。你应该让你的语气更加柔和和委婉一些。

当某些人犯了错误的时候，我们通常会以一种居高临下的姿态对他进行说教，指使他应该怎么做，而对方也很有可能会为了维护自己的尊严而不惜跟你争论。我们知道，在这种尖锐对峙的情况下，没有谁能够有办法说服对方。因此，最好的办法是维护对方的尊严，换一种方式指出他的错误，引导他应该怎么做。

沃德将军曾经担任过训练新兵的教官。一天，他驾着吉普车到新兵营去巡查，碰到一名士兵正领着女朋友在散步。那名士兵似乎没有看到他，而等他的车子经过的时候，那名士兵"碰巧"弯下腰来系鞋带。沃德知道是怎么一回事了，于是把那名不懂军规的士兵叫了过来。

"小伙子，"沃德说道，"难道你真的没有看到我吗？"

“看到了，将军。”那名士兵知道瞒不过去，只得承认。

“那么，你为什么不向我敬礼，而是装作在系鞋带没看到？”沃德问道。

士兵十分为难，没有办法回答。他看了看他的女朋友，苦着脸说：“将军，如果你是我，带着你的女朋友在散步，你会怎么做？”

沃德被士兵逗乐了，笑着回答说：“我会跟她说：‘我想先给这个老家伙敬个礼，怎么样？’”

那名士兵听了之后，微笑着向沃德将军敬了一个礼。而沃德将军也不再说什么，回敬了一个礼，然后就开着车走了。

可以想象，如果沃德将军满脸怒气地对那位士兵说：“你刚才所做的是错误的，你应该向我敬礼！”那么，士兵虽然会照办，但是却会从此怀恨在心，因为沃德使他在女朋友面前丢了面子。而沃德将军并没有这么做，他巧妙地指出了士兵的错误，告诉他应该怎么做，而且也顾及了士兵的面子。

我接着讲一个同样是有关军人的故事。美国一个新兵营里最近接收了一批新兵。这些新兵有着坚强的毅力，这同样意味着他们不容易改变自己的一些习惯——那些坏习惯。教官发现，对这些文化程度较低的新兵并不适合讲大道理，当然，也不适合用强迫或命令使他们改变自己的不良习惯——那样的话他们会很暴躁地跟你对着干。教官们对此很伤脑筋，所以想了很多办法来改变他们，以使他们成为合格的军人，但是都收效甚微。总之，这些士兵倔强地认为，用不着别人来指使自己怎么做。

最后，教官们告诉士兵们，他们应该给家里寄一些信，以免家人挂念。教官们印发了一些信件，作为他们写信的参考。这些参考信的内容大致是告诉家人他们已经在军队里养成了良好的生活习惯，以前的很多坏习惯都已经改正了，请家人不用担心。当他们把信写好寄出去之后，奇怪的事情发生了：这些很顽固的士兵慢慢地主动克服了以前的坏习惯，一个个都变得精神焕发、讲卫生、守纪律了，最后都成了合格的军人。

你要记住，没有人乐意受人指使。在你打算说服别人的时候，不要用命令的语气告诉他应该怎么做，而应该换一种方式。

维护他人的自尊，维护他人那种自重的感觉，这将会使对方听从你的意见。

巧妙地控制话题

◎ 使你所有的话都变成有效的话题，它或者为你将要讲的话做铺垫，或者代替你要讲的话，却能达到一样的目的。

◎ 控制讲话的主动权，不能让谈话失去方向，这样才能达到自己想要的效果。

◎ 说服他人，而不被他人说服，最重要的是掌握谈话的主动权。

胡佛总统的沉默寡言让许多记者都望而却步，想让话从他的嘴巴说出来，简直比登天还要难。但是，一个芝加哥记者却轻易地做到了这一点，而且使胡佛总统谈了两个多小时。

那时候，胡佛是共和党的总统候选人。年轻的记者里尼提偶然地跟他坐同一辆列车，并得到了采访他的机会。一开始，当里尼提询问一些问题的时候，胡佛总是简单地回答“是”或“不是”，然后就长久地陷入沉思。里尼提觉得很尴尬，虽然他早就知道胡佛的习惯了。他不得不一边问问题，一边想办法解决这种状况。当火车经过贫穷而荒凉的内华达州时，里尼提突然想到了一个很好的话题。他望着窗外，好像是自言自语地说：“在这个地方，人们应该还是用那种古老的方法来采矿的吧？”

这时候，胡佛马上说道：“早就不用那种方法了，现在全国都在采用最新的采矿方法。”

接着，胡佛的话匣子好像是被打开了一样，他滔滔不绝地谈了起来，从采矿到石油，从航空到邮政……当时，那些跟胡佛同坐一列火车的人都是有名望的人，但是胡佛对他们都不理不睬，却偏偏跟里尼提讲了两个多小时。

里尼提本来是一个默默无闻的记者，但是却因为跟胡佛总统聊了一个合适的话题，使自己成为和胡佛总统话谈得最长的记者。看来，话题对谈话确实起着至关重要的作用。如果没有找到合适的话题，不难想象，谈话的结果一定不会很理想。

一位图书推销员敲开一户人家的门，对一个太太说：“太太，我们的图书质量非常好，装帧也非常精美，您看有没有需要呢？”

在大部分情况下，这位推销员得到的回答是：“不需要！”然后门会被关上。看得出来，这样的推销员不是出色的推销员。如果是一位出色的推销员，他会更加懂得推销时的说话艺术。让我们来推测一下一位优秀的推销员的推销情况：

推销员：太太，早上好！你家的孩子都上学去了吗？

某太太：是的。

推销员：你的孩子上几年级了？

某太太：大的五年级，小的二年级。

推销员：他们一定都很聪明吧？

某太太：是的，当然。

推销员：他们平时喜欢看书吗？

某太太：有时候看。

推销员：太棒了！我想我这里有些书他们可能会喜欢……

我们可以想象，这位推销员成功的概率应该是非常高的。为什么？因为他掌握了很好的推销艺术，并且在谈话过程中很好地控制了话题。

有效地控制话题，对说服一个人来说的确十分重要。苏格拉底以擅长言辞而著称于世，他创立的问答法至今有着经久不衰的魅力，成为谈话的一种经典方式。问答法的核心内容是，我们在与人谈话的时候，如果想要说服对方，当不可避免地要面临一些有分歧的话题的时候，我们需要就这个话题的共同点（相对于分歧）对话题进行控制，一步一步地使对方作出肯定的回答。这样，就可以使谈话朝着对我们有利的方向发展。

卡尔是一家汽车公司的推销员，下面是他与客户的一次谈话。

卡尔：你好，你有兴趣看一看我们公司推出的吨位为4吨的汽车吗？

客户：实际上我们已经有一辆2吨的汽车了，而且这更加适合我们。

卡尔：嗯，至少就目前而言，2吨的汽车确实比4吨的更加划算些，是吗？

客户：的确如此。

卡尔：我是否可以知道，你需要的汽车的平均载重量是多少呢？

客户：2吨。

卡尔：这是个平均数吗？

客户：是平均数。

卡尔：嗯，也就是说，你有可能用它来运超过2吨的货物，是吗？

客户：是的。

卡尔：如果装着超过两个吨位的货物在丘陵地区行驶，你的汽车承受的压力比正常的情况要大，是吗？

客户：的确如此，而且这很正常，因为我们经常在丘陵地区行驶。

卡尔：据我所知，冬天一般是汽车运营的旺季，是这样吗？

客户：是的。夏天一般生意很清淡，冬天却经常超载。

卡尔：不幸的是，丘陵地区的冬天一般都特别长。

客户：是的。

卡尔：那么，也就是说，你的汽车经常处于超负荷状态了？

客户：是这么回事。

卡尔：这自然会影响它的寿命，你说呢？

客户：是的。

卡尔：那么，你会不会觉得，如果你拥有两辆汽车，让4吨的汽车在旺季的时候运营，而让2吨的汽车在淡季运营，两辆汽车的使用寿命是不是都会延长呢？

客户：好像是那么回事。

就这样，卡尔随后得到了一个订单。一开始客户看起来好像并不需要购买汽车，因为他已经有一辆了，但是卡尔巧妙地运用了说服技巧，让谈话朝着对他有利的方向发展，最后终于取得了成功。这就是控制了话题的巨大作用。

问答法可能算是曲径通幽的一种方法。通过曲折地迂回，使对方顺着你的思路进行思考，往往会收到事半功倍的效果。

获取对方的信任

◎ 信任实际上是人们进行交往的基本前提。如果没有信任，即使人们在互相谈话，也称不上是真正的沟通。

◎ 信任并不是一开始就有的，它需要人们努力去建立。

◎ 当你不知道对方为什么拒绝你的说服时，你应该考虑到对方可能对你有强烈的不信任感。

一次，我受一家公司的委托，请我的一位学者朋友给他们帮忙。一开始事情看起来似乎进展得很顺利，但是在就要开始工作的前几天，公司的有关负责人打电话给我，说不知道什么原因这位学者突然不愿意为他们公司工作了。公司方面对他进行了百般劝说，答应宽限上岗日期、减少工作时间、增加工资等，他却一直拒不接受。

我决定弄清楚究竟是什么原因使这位学者改变了态度，于是就和那位负责人一起去拜访了他。他见到我后依旧十分热情，并且跟我谈起了许多事情。我相信这些东西跟这件事情本身都没有什么联系。

后来，我直接问他为什么会拒绝为这个公司服务。他说了一些理由，但是其中我认为最重要的是：他担心公司方面是否能履行合同，以及与公司配合得不够默契等。

听到这里，我觉得继续对他进行说服已经没有什么作用了，因此便告辞了。在回家的路上，我对那位负责人说："我不知道为什么他会对你们公司产生这种感觉，但是你们必须要做的事情是，让他对你们信任起来。在此之前，任何工作都将无济于事。"

第二天，那位公司负责人打电话给我，说那位学者已经改变了态度。原来，他在离开学者的家后又回到了学者家的门口，并且拦了一辆出租车等待这位学者，之后送他上飞机。这种真诚的态度赢得了学者的信任。另外，负责人还利用空闲时间，向学者说明他们愿意提前履行合同中公司的义务。这使得学者答应回来后立即上班。

我们并不能责备这位学者出尔反尔或者太势利，因为这本来就是一个十分复杂的社会。各种各样的人、各种各样的事，真相、假相，真诚的、虚伪的，都在这个世界上非常积极地活动。人与人之间已经不再是单纯的相互合作的关系，而是加入了相互竞争、相互欺诈的成分。因此，不信任感在人们的心里始终占据着一席之地。

当林肯在1858年竞选美国上议院议员时，他需要到伊利诺伊州南部的一些地方演说，以赢取那里的选票。但是要达到这个目的却困难之极——那些地方的人们对他极不信任，甚至有敌对的心理。

这是因为，林肯是一个废奴主义者，而那些地方的农场主却拥有大量的黑奴，他们自然不会喜欢林肯当选。这种政见和利益的对立是十分尖锐的。他们甚至扬言，只要林肯一来，他们就会立即把他杀死——这些野蛮的当地人即使在公共场合也腰挂短枪、身带利刃。

面临如此巨大的危险，我们可以想象林肯在作决定时需要多么大的勇气。结果是，这些威胁并没有阻止林肯前进的步伐，他说："给我几分钟，我就能说服他们。"

在演说之前，林肯与当地的几位重要的首领一一握手，然后开始了他的演说：

"伊利诺伊的朋友们，肯塔基的朋友们，密苏里的朋友们！我来之前就听说过一个谣言，说你们中间有些人要跟我作对——如果有的话，那么这些人一定就坐在下面吧？但我不相信这是真的，因为你们没有理由这么做；因为我也像你们一样，是从艰苦的乡村中艰难地爬出来的，是一个爽快而直率的平民。那么，为什么我不能和你们一样发表自己的意见呢？朋友们！我了解你们比你们了解我要多得多！你们将来会知道，我是怎么样的一个人。我并不想跟你们作对，所以，你们也绝不会跟我作对的。现在，我站在这里，我们就已经成为朋友。我相信你们会愿意交我这个朋友的，因为我是一个谦和的人。我诚恳地要求你们给我说几句话的时间。你们——勇敢而豪爽的人们，一定不会拒绝我这个朋友的这个小小的要求的。那么现在，就让我们开诚布公地讨论一下严重的问题吧！"

听完林肯的这段话之后，原本愤怒的人们开始为他喝彩。结果是，这里的大部分人后来成了林肯的朋友——他们开始终生信任他。也正是这些人，后来帮助他成为美国的总统。

由不信任到信任的差别如此之大，这正是林肯所意识到的。所以，他极力向这些人说明他和他们之间没有不可逾越的鸿沟，说明他和他们是朋友。所幸的是，林肯做到了这一点。

我们无法想象一个对我们心怀戒备的人会听从我们的建议，有时候，这让我们不知所措。究竟怎么样才能取得别人的信任，从而让他们听从我们的劝说呢？

当你为这个问题苦恼的时候，不妨翻一翻本书的前面一些章节。实际上，虽然我并没有直接指出来，但是有说话和沟通的方法已经能够帮助你取得别人的信任了。比如，我们认为，微笑是最简单、最有效的与人沟通的方法。这个方法也能够帮助你取得别人的信任，因为这会让你看起来更加真诚。

同样地，我们勇敢地承认自己所犯的错误，这也能够使自己得到别人的信任，因为这表明你很诚实。

不信任会导致莫名其妙的猜想。对方会对你所说的东西产生疑问，即使你明白无误地表达出来了，他仍然会生出不同的理解来。

促使对方主动与自己合作

◎ 真心地喜欢对方，发自内心地关心对方，这会使别人主动为你考虑。

◎ 当别人犯了错误的时候，在指出他的错误的同时，要注意维护对方的自尊，这会让别人主动改正自己的错误。

当我们需要说服别人跟我们合作的时候，我们为什么不用另外一种看起来更加轻松的方法？也就是说，为什么不让对方主动跟自己合作？事实上，只要你抓住了对方的心理，就不难做到这一点。

布鲁克林的一位小学教师露丝在开学的头一天发现全校最有名的“坏孩子”汤姆被分配到了自己的班上。汤姆的“名声”的广泛传播，在很大程度上是由于他上个学期的任课老师的不断讲述。他与男生打架、捉弄女生、冒犯老师，以这些行为为乐，并且行为的性质越来越恶劣。他惟一的优点是功课似乎还过得去。

露丝并不打算为这样的困难而烦恼。实际上，当每个学生走进教室的时候，她都会对他们进行赞美：“罗拉，你的裙子真漂亮。”“亚里克斯，你的头发梳得真好。”“约翰，听说你的画画得很棒。”……当轮到汤姆的时候，露丝真诚地看着他的眼睛，并且对他说：“汤姆，你的领导才能很棒。我需要你的帮助，我决定任命你为我们班的班长。我相信你能带领大家一起努力，把我们班变成全校最好的班级。”在接下来的几天里，她不断地对汤姆强调他的才能，并且夸奖他所做的一切。果然，汤姆非常注意自己的表现，试图证明自己是一个当之无愧的班长。最后，他真的变成一个好学生了。

这样的例子屡见不鲜。如果你想要别人变成你希望的那样，你不妨先设定他已经做到了这一点。这就是激励的作用。同样地，当你想要对方满足你的要求的时候，你最好先满足对方的要求。这也会使对方主动与你合作。

美国一位杰出的企业家维恩·朗经历了一件使他印象十分深刻的事情，正是这件事情使他得出了跟我一样的结论。一天晚上，他4岁的小孙子乔丹到他们夫妇家过了一晚。当第二天早上起来的时候，乔丹发现维恩先生在打开电视看新闻的同时却在读报纸。于是乔丹对维恩说道：

“爷爷，要不要先关掉电视？这样的话，你可以专心读报。”

维恩知道乔丹实际上是很想看卡通片，于是对他说：“可以关掉，你也可以看自己想看的节目。”

果然，他马上找到了遥控器，转到了卡通片频道。

这个男孩虽然只有4岁，却会这么想：“爷爷想要的是什么？我应该怎么做才会得到我想要的？”这样，当你满足了对方的要求的时候，对方一定会反过来为你做些什么的。

由此，我想更进一步说明，使别人主动跟自己合作的最基本的前提，就是发自内心地关心别人。当然，我并不是说，那些技巧或方法都是不必要的。这只是从不同的角度来考虑问题罢了。

霍华德·塞斯德是全美有名的魔术表演家。他的魔术表演倾倒了数千万的观众——我这样说，并非夸大。据统计，40年来，至少有6000万人欣赏过他的魔术表演，而他也因此得到了不下200万美元的收入。

他并没有受过很好的教育。因为生计问题，很小的时候他就离开家乡，到各地流浪。他靠乞讨来的食物使自己不至于饿死，夜里有时候就睡在草地上，冬天则躲在别人的货车厢里御寒。

这样的人为什么会取得如此惊人的成就呢？这并不是因为他懂的魔术知识比别人多，也不是因为他有什么过人的天分。我曾经分析过他成功的原因，大致有以下两条：第一，他能够在舞台上展现自己的个性，能够使表演做到天衣无缝，而这是他努力的结果；第二，更加重要的是，他是发自内心地喜欢台下的观众——或者正是幼年的流浪生涯使他更加深爱着人们。他从不像一般的魔术表演家一样，在心里说："你们就是一群笨蛋，我只要略施技巧，就可以把你们耍得团团转。"——他从不这么想。他所想的是："我深爱我的观众，正是他们让我变得衣食无忧，让我能够继续体面地活下去。我要拿出我的全部技巧，尽力使他们感到愉快。我永远感激他们！我永远爱他们！"

正是这样一种强烈的感情使他真心诚意地关心人们，给人们带来快乐；而观众自然也替他着想，更加愿意看他的表演。

在银行工作的查尔斯·瓦特想要从一家公司的经理那里得到另一家公司的业务情况的资料，于是他拜访了那位经理。瓦特坐下之后，正打算说明来意，就被一位年轻的小姐打断了。她探头进来告诉经理说："今天没有什么好邮票。"

经理向瓦特表示了歉意，并且对他解释说："我那12岁的儿子非常喜欢集邮。"

瓦特并没有留意这件事，他匆匆地说明了来意，恳求经理提供一些信息。但是那位经理却含糊其辞，并没有成全他的美意。过了一会儿瓦特感到再谈也是浪费时间，于是就离开了。

这件事情让瓦特十分棘手，他不知道应该怎么做。他想了很久，终于想起了那位经理的儿子集邮的事，而他知道银行的国际部经常跟国外通信，有很多珍贵的邮票。

第二天，瓦特带着他搜集的邮票又去见了那位经理。当他把邮票拿出来并说明要把它们送给经理的时候，那位经理十分感动，脸上带着笑容，显出了只有在参加总统选举时才能见到的那份热情。他一张一张地看着瓦特送给他的邮票，一个劲儿地说这些邮票确实非常珍贵，他儿子一定会非常喜欢。

接下来的事情可以预料：那位经理把他掌握的所有资料都给了瓦特，还把一些信件、数字等原始资料也给了他，而那正是瓦特想要得到的几乎全部的资料。

因此，如果你打算说服别人，不妨采取一定的技巧，让对方主动跟你合作。

让别人喜欢你，这是让别人主动跟你合作的一个基本的前提，只有你取悦对方，对方才会主动地取悦于你。

第八章

打造个人的说话风格

声音：一开口就与众不同

◎ 你要让自己“先声夺人”，使自己的声音具有强大的吸引力。

◎ 声音不是一成不变的，你必须使你的声音富有变化。

◎ 注意自己的发音，你需要扎实地练习。

当我们在演讲台上、宴会上、面试中、谈判桌上开始说话的时候，我们会因为掌握了高超的说话艺术而感到前所未有的放松、自信和满足。我们的每一个动作、神情，甚至每一个词句都展现了我们之所以是我们的那些东西——那些只属于我们自己的个性的东西。这时候的我们是独一无二的。

这是说话高手的必备特征。他们让自己说的每个词、每句话都带着他们自己的风格，形象鲜明地准确抵达对方的耳朵里，对方因此被深深地吸引。他们的声音与众不同、语调生动有趣、举止恰到好处……凡是与他们有关的东西都能够体现出他们的特色。

这就是说话高手的风格。对说话高手而言，只有这些风格才是真正有价值的。为了拥有自己的说话风格，你需要进行一系列重要的基础训练。

声音是你讲话内容的载体。你的声音反映出你的感觉、你的心情和现在的状态，是你说话中强有力的、必不可少的工具。当我们与听众交流思想的时候，要使用许多发音组织和身体的各个部分。我们会做出这样的动作：耸肩、挥动手臂、皱眉、提高音量、改变高低调门和音调，并且依据场合与题材变换语速，以发出不同的声音来。

需要注意的是，我所强调的是声音的效果而不是声音的产生，即物理品质。那些东西已经无法改变，而声音的效果则受到说话者的情绪、状态的影响，这就是我强调说话者必须要热情的原因之一。因此，你需要一开口就与众不同。

遗憾的是，随着年龄的增长，我们中的大多数人都会失去幼时的纯真和自然，在不知不觉中落入一定的、为我们所习惯的沟通模式中去。这使得我们的说话越来越没有生气，我们也越来越不会使用手势，并且不再抑扬顿挫地提高或放低声音。总之，我们正在逐渐失去我们真正交谈时的那种鲜活和自然。

我们也许已经养成了说话太快或太慢的习惯。同时，我们的用词一不小心就会非常散乱。我经常强调，你在说话的时候要自然，也许你会误以为可以胡乱地遣词造句，或以单调无聊的方式表达——只要你做到了自然。其实不然。我要求大家讲话自然，是要你把自己的意念完整地用词语表达出来。从另一个角度来说，说话高手绝不会认为自己无法再增加词汇，无法再运用想象和措辞，无法变化表达的形式和增强表达的效果。这些都是追求精益求精的人们所乐于去做的。

那么，如果你也想塑造自己的讲话风格，你最好注意一下自己的音量及音调的变化和说话速度。你可以把你说的话录下来，也可以请朋友给你指出来，当然，如果能让专家来给你指导的话则会更好。不过，这些都是没有说话对象的练习，跟实际说话完全不同。一旦站在人们面前，你就要将自己的全部精力投入到讲话之中，以引起对方的共鸣。

选择什么样的说话声音，完全取决于你的个性、场合以及你所要表达的感情。在一般情况下，说话清晰，才显得有自信心、目的性明确和善于表达，这会给对方泰然自若的感觉。在公众场合，如果别人的谈话正处在争论不休的阶段，你站起来说一句话，语句简短、声音洪亮，则会产生震撼人心的作用。

讲话时你的声音能够让大家都听到吗？我指的是你的声音足够大而且清晰。你所处的场合也许是三两个人的促膝而谈，在这种谈话中你可能比较容易做到这一点。事实上，这时你如果音量过大的话，反而会使人以为你在跟人争吵。但是，如果你面对的是成百上千个听众，比如站在广场上发表演讲时，你则应该尽量让更多的人听到。因为如果他们没有听到的话，他们就会忽略你所说的内容，而不是提醒你大声讲或者重新讲述。因此，你要根据情况的不同调整你的音量。

当你需要强调某一个重点的时候，你可以适当地提高音量。在某个重要的地方提高音量，可以引起大家的注意。当然，有的时候适当地降低音量也能使你达到这个目的。在任何情况下，音量的变化都可以使你突出重点。

这里有一个运用重音的例子。

一天，林肯正低着头擦靴子，有位外国外交官看见了，嘲讽林肯说：

“总统先生，你经常给自己擦靴子吗？”

“是的，”林肯答道，“你经常给谁擦靴子？”

林肯的这句话巧妙地转移了对方的重音，使自己脱离了被嘲讽的境地，并置对方于尴尬的处境。

另外，你需要使你的声音有变化。变音涉及音高程度。如果你一直采用高音来说话，有谁愿意听这样尖锐的声音呢？而且，当你普遍地使用高音的时候，你的声音会显得过于单调。因此，你必须在音高上有所变化，这样能够使你的声音悦耳而且更有活力。与调节音量一样，当你要阐明某个观点时，变音也会使你更加积极地传达信息。你可以采取略高或略低的声音来表示你对某个观点的重视程度。

我们平时与人交谈时，声音会高低起伏不断变化，就像大海不断起伏一样。为什么会这样呢？没有人知道，也没有人关心这个问题。但是，这种方式显然能使人感到愉快，而且它也是一种很自然的方式。然而，当我们开始某种正式的讲话时，我们的声音却变得枯燥、平淡而单调，就像一片沙漠一样。当你发现自己出现以上的状况时，就要停下来反省了。

一般来说，你需要使你的声音避免出现以下这些情况：

发音含糊

如果你的牙齿紧紧靠合，或者更加糟糕些，你的双唇像腹语者一样紧闭不动，那么毫无疑问，你正在用鼻音说话。用鼻音说话导致的最大问题就是发音含糊不清。这样对方会以为你在抱怨，而你则会显得恹恹而无生气，非常消极。

听起来不确定

你必须使对方感觉到，你对你所讲的内容是非常自信的。当你的声音颤抖或者犹豫的时候，对方会以为你对所说的没有把握。如果连你自己都对你所说的没有把握的话，怎么要求让对方对它产生兴趣呢？

咕哝

不要使你的话听起来像是在自言自语。声音过低或者不清晰，听起来同样让人觉得你不确定。你可能本来就不打算让对方听到你的这些话，但是他们模糊地听到了，却不知道你讲的是什么，他们就会产生怀疑，猜测你正在说一些对他们不利的东西。

声音过高

如果你的声音像飞机降落时候的制动声，对方会感到你十分可厌，因此不去听你讲话。过高的声音会使你的讲话具有攻击性，他们会以为你正处在一种压倒、胁迫他们的立场，而这不是他们所愿意的。所以当你喊着要大家听你的话的时候，没有人会愿意听从你的意见。

尾音过低

你可能会造成这样的情况：当到了一句话的结尾或者关键的地方，你的声音慢慢地低下去，最后就没有了。这样会使句子听起来不完整。你要相信，对方不会愿意去猜测你后面到底讲了什么东西。

令人不适的语调

无论你的意图如何，它最终都是通过声音来表达的。因此，如果你的声音里含有傲慢、蔑视或者其他消极的情感因素的话，你就会伤害听你讲话的人，或给别人不受尊重的感觉。

当你处于一种消极状态的时候，如果你将它掺杂到你的声音中，人们会把它想象得比真实情况要糟糕得多，转而分散自己的注意力。比如，你的挫折感可能被理解为歇斯底里，而你的失望可能被理解为绝望。因此，你必须在你的语调中显示出你诊治后的感情来，这样才能以积极的方式去吸引对方的注意力。

夹杂乡土口音

要想声音娓娓动听，最好不要夹杂地方口音。当然，如果你确实要用的话，你必须运用某种方法进行强调，而不要让人们以为你的发音不标准。

> 中国有句古话：“工欲善其事，必先利其器。”“器”指的是工具，而声音就是你跟听众交流的工具，你需要彻底掌握你的“器”。

节奏：说话不能拖泥带水

◎ 节奏明快并不是要你一口气把你想说的都说完，那样肯定不好。我的意思是你需要尽可能简单明了地把你的意思表达清楚。

◎ 不要过多地重复你说话的内容。你可以适当地重复从而强调相关的内容，但是你必须保证自己是有意识这么做的，而且尽量让对方知道这一点，不然他们会怀疑你很拖沓。

◎ 如果你发现自己说了老半天，还是没有让对方明白你所说的话，你就有必要再次强调你的观点。

你肯定希望自己给人干练、明快的印象，那么，你必须掌握好说话的节奏。影响说话节奏的主要有两个因素：讲话的快慢和说话内容的简繁。

在语言交流中，讲话的快慢程度会影响你向对方传达信息。速度太快就如同音调过高一样，会给人以紧张和焦虑的感觉。如果你说话太快，以至于某些词语模糊不清，他人就会听不懂你所说的东西；节奏太慢又会表明你过于拖沓、过于迟钝。

华特·史狄文思在《记者眼中的林肯》一书中说道：

“他（指林肯）会以很快的速度说出几个字，但是遇到他希望强调的词句时，就会拖长声音，一字一句说得很重。然后，他会像闪电一样迅速地把整个句子都说完……他会尽量拖长所需要强调的字句，差不多与说其他五六句不重要的句子所使用的时间一样长。”

比如，“今天我们要向大家介绍的就是我们公司的这款商品”。当你在说这句话的时候，你可以先用平缓略低的声音说到“公司的”这三个字为止，然后稍作停顿，热情地大声说出“这款商品！”利用这种技巧你一定能够收到意想不到的效果。

也就是说，我并不反对你刻意延缓某些词句的速度，以突出这些或另外一些内容（这根据你的音调来决定）。但是，如果你整篇说话或者大部分篇幅都这样，我则建议你千万不要这么做。

社交语言要简洁、精练，并尽可能地承载更多和更有用的信息，这样才能使你的说话节奏明快，使听众觉得你果断、直接和对说话内容肯定。如果空话连篇、言之无物，你的说话节奏必然拖沓，并且似乎很犹豫，好像在回避什么东西似的。

有的说话者在表达自己观点的时候讲得太多，而且持续的时间太长。我在前面举过一个例子，即林肯的葛底斯堡讲话。当时林肯只讲了两分钟，全篇讲话才不过226个字，但是爱德华·伊韦瑞特却讲述了两个小时。结果是，林肯获得了成功。

为了使你的说话不拖泥带水，你的信息最好简短直接。你需要注意的是：

直接

你需要直接地向对方表达你的意思。你需要尽快抵达主题，让你的主要意思清晰明了。有的人总喜欢旁敲侧击，但是这容易分散对方的注意力。

简单明了

当你在说明你的重要观点的时候，词汇或句子越少越好。一句老话这么说："我问你几点钟，你不用告诉我表的工作原理。"

可是现实情况是，明明可以用少数词句就可以表达清楚的观点，人们总是喜欢用过多的词句，甚至堆砌故事、人物、数字来说明他的主题。你需要避免过多的修饰，它只会损害你的表达。

你应该知道下面这位父亲在说话时的错误：

一个十几岁的孩子第一次参加正式的舞会，他的父亲这样教导他说：

"你也许不应该在今晚的舞会之前、之中或之后喝酒。"

像"也许"这样缺乏说服力的限制词或关联词，听起来叫人不那么肯定你要表达的究竟是什么意思，对方可能不明白你所肯定的是什么。你不仅不能给对方以果断、直接和坚决的印象，还会使你的表达不够简洁。

集中一点

你可能会让你的主题有多个，这将使你和对方的精力都被分散。实际上，你要把一个主题讲得很透彻都十分困难，所以更不可能把每个主题都讲透。如果非得这样，那么每个主题你都只会浅尝辄止，因此跟对方讨论各种话题会影响你主要观点的表达。

另外，许多人总喜欢注重细节的描述。你可以描述细节，但是必须注意一个前提，即不能影响你的主题的表达。如果你过于重视这些细节，你的信息重点就会不清晰。千万不要让对方以为，在理解你的观点时需要付出多么艰难的努力。大多数人都不愿意这么去做。通过你的表达，使对方得到重要的信息，这才是最重要的。

> 有必要修饰你所说的话，但是你的意思必须让对方明白。

语调：化乏味枯燥为生动有趣

◎ 语调使你和你的说话更有生命力。

◎ 语调表达的东西比你想象的要多得多。

◎ 注意自己说话的语调，注意多加训练。

语调就是说话人的语气和声调的变化结合，它表达了话语中包含的情感。在说话的时候，你需要让语调来表现出比你说话的具体内容更多的信息，或者说，语调实际上也是你说话内容的一部分。比如，当你的话听起来很真诚的时候，你实际上是在对对方说：“我所想的就是我所说的，我所说的就是我所想的，我这样做实际上是对你的尊重。”这样一来，对方自然会更加相信你所说的话。

第一次世界大战后不久，我因为同事德玛斯的原因逗留在阿拉伯。一天，我闲逛进了海德公园，走到了大理石拱门附近——我知道经常有各式各样的人在那里谈论关于各种宗教信仰和政治的话题，并且想听听他们的谈话。当时我看到一位天主教徒正向人们解释教皇无谬论，之后又听了一位社会主义者对卡尔·马克思的意见。最后，我还听了一个男人关于多妻制的高论。

我注意到在这三位主讲人周围的听众人数的变化。一开始，那位鼓吹一夫多妻制的演讲者的听众最多，但是到后来，他的听众越来越少，而围绕在另外两个演讲者周围的人却越来越多。你知道这是为什么吗？难道是因为话题的原因吗？

我对这个问题进行了研究。我发现：那位多妻制的鼓吹者，自己好像对讨三四个老婆并没有多大的兴趣，他的语调听起来也一点都不高兴，人们因此觉得他讲得很枯燥无味；那两位拥有完全对立观点的天主教徒和社会主义者，却都沉浸在自己的演讲当中——他们情绪高昂，并且挥动着手臂，声音高亢而充满信念，散发着热情和生气，这种热情感染了人们。原来，正是演讲者不同的态度和语调引起了听众人数的变化。

你可能也听过不少类似那位鼓吹一夫多妻制的演讲者的讲话。他们的语调平淡、生硬，没有激情，他们对自己所讲的题目没有表现出多大的兴趣，好像在有气无力地念书稿一样。这样的说话方式能吸引你吗？当然不能。

实际上，语调传达的信息远比我们想象的要多得多。语调就像说话者的表情一样，向对方传达着某种言外之意的感染力。当你听到一个人的电话的时候，如果他的口气热烈，那么你即使没有见到他，也可以判断出他很高兴，但是如果他的口气很平淡，那么即使他告诉你一件值得高兴的事，你也会认为这没什么好高兴的。

一个说话高手不仅声音悦耳，他的语气和语调也很有感染力，总能拨动人的心弦，引起对方的共鸣。据说，一个意大利演员用悲怆的语调朗诵阿拉伯数字，听的人居然被感动得凄然泪下，而一位中国艺术家朗诵菜谱则像诗歌一样动听。又比如，一个“啊”字，运用不同的语调，可以分别表达“我明白了”、“惊讶”、“终于知道了”等诸多含义。正是语调使得你的说话变得声情并茂。

很多人并没有意识到自己的语调有问题，或者他们认为语调和嗓音一样，都是天生的。没有语调或语调不当的声音会让对方很麻木，失去对说话内容的注意力，从而没有心思去思考你说话的内容。而有语调的声音则会产生完全相反的效果。

很多时候我们费力地对说话的内容冥思苦想，孰不知我们的语调已经把一切都搞砸了。拿起听筒，听到一个“喂”字，无需再多说什么，从这一个字里，我们就已经知道男朋友是不是还对我们拥有火一般的激情，母亲是不是没有睡好觉，好友是不是已经顺利通过了考试……“嗓音是身体的音乐，语调是灵魂的音乐”，这句话说得很对。我们悲伤的时候，语调是苍白空洞的；经过一夜狂欢，我们的语调变得有气无力、底气不足；一个星期的海边度假，又可以让我们的语调重新恢复活力和弹性。

大致有以下这些语调，你可以根据不同的需要来变换：

慷慨激昂的语调

慷慨激昂的语调能够给人以气壮山河的气势，从而增强语言的震撼力。

抑扬顿挫的语调

抑扬顿挫指的是句子里语调升降、轻重缓急的变化，它包含说话节奏的一部分内容。同样一句话，语调升降和轻重缓急的变化会使表达的意思有所不同，在某个时候甚至完全相反。

平和舒缓的语调

当置身于一些不宜高声说话的场合的时候，你需要用平和舒缓的语调来说话。比如主持某人的葬礼，如果你运用得当的话，不仅能够表达你的敬意，还能感染其他人。

不同的人、不同的场合以及不同的话，我们需要用不同的语调。

形象：让别人更容易接受

◎ 不要只注意你的口才，也要适当地注意你的形象——只是适当地注意。

◎ 不要轻易地改变你的形象，这会让人觉得你很善变，从而觉得你不可信。

◎ 穿着打扮的第一原则：得体。

东方有句话叫“人不可貌相”，说的是我们不能以貌取人。但是，我们不难发现，人们虽然知道这个道理，但在与人交往的时候，往往还是最先从一个人的外貌去作判断，揣测这个人是什么样的。尽管这种方法十分片面、很不科学，但是却形成了一种社会现象。因为我们在与人交往时，给我们直接的、真实的感觉的就是一个人的形象。至于他的内在，比如涵养和性格，都只能经过较长时间的观察才能得出。

具体说来，形象是说话者文化素养和情趣的反映，它微妙地作用于人的脑海，完成了语言难以完成的效果。如果你注意你的形象，争取在第一时间给人好的印象，那么这将有助于你得到别人的认同。比如说，你给人一种诚恳的感觉的话，别人可能对你产生一种信赖感，从而也相信你所说的话。

你可能非常相信你的老师所说的话，也更加容易被一个你仰慕已久的专家所打动。如果对方是一位总统的话，你可能毫不犹豫地认为他所说的话是对的，这在很大程度上是因为对方在你心目中的形象十分可信。假设你在街上邂逅一个陌生人向你推销商品，如果对方衣冠不整、口齿不清，你多半会认为他卖的是伪劣产品，而如果对方衣冠楚楚、谈吐不凡，你很有可能相信他介绍的产品的优点是真的，从而把它买下。

另外，社会学家发现，我们往往在7～20秒内就对别人进行了判断，这就是对方在我们心目中留下的印象。而这种在极短时间内形成的印象，日后也很难改变，甚至可以延续一辈子。这就是我们为什么本能地喜欢或讨厌一些人的原因。

几年前，我在纽约参加了一个宴会。宴会上，我碰到一位少女，她在不久之前得到了一份丰厚的遗产，这使得她有足够的钱对自己进行打扮——事实确实如此，她使自己成了宴会上最华丽的人。她为什么这么做呢？无疑，她是想给参加宴会的人一个好印象。但是，虽然她的打扮十分高贵，自己却摆出一副深沉的面孔，好像有一股盛气凌人的傲气，叫人看了没办法生出愉快的感觉。她只知道打扮自己，却忘记了人最要紧的是面部表情。老实说，她给我的第一印象极为差劲，这自然也影响到我跟她的交谈了。

人们希望看到的是笑脸，而不是一张哭丧着的脸。所以即使她的打扮再华丽，她也不可能给人留下好的印象。到现在为止，我对她的印象一直没有改变——参加宴会的大部分人都会如此。

我们可能会有这样的感觉：如果一个人给你的第一印象很好的话——假如他看起来很自信、对人真诚——那么你可能对他产生相当的好感，转而更加相信他所说的话。事实上，这是所有人都有的感受。

面对说话者，我们的第一印象确实十分重要，这几乎可以影响到自己对对方的所有判断。比如，面对同一个演讲者，如果他给你的第一印象好的话，那么不论他讲得好不好，你都会认为他讲得好，而如果他给你的第一印象坏的话，他即使讲得再好，在你的心里仍然要大打折扣。这个印象对判断他以后的演讲仍然有一定的影响。

既然事实如此，你如果想给人好的印象，使他对你的话更加相信的话，就只有更加注意自己的形象，尤其是给人的第一印象。良好的第一印象是成功交往、创建融洽的人际关系的良好开端。

关于形象的建立，具体说起来非常复杂，因为它包含了许多内容。而我在前面所讲的很多内容仍然有效，比如，讲究艺术的说话，就能够使你看起来比较可信，因此也有利于在别人的心目中建立你的良好形象。现在我着重补充以下的内容：

衣着形象

衣着是信息的一部分，人们对衣着会有自己各种各样的判断。我们应该知道为什么在店铺里穿着好的人会比穿着简陋的人得到更好的服务。一个娱乐节目的主持人，如果他穿着一套笔挺的西装的话，可能会显得比较尴尬；而一个政府发言人，如果他穿着一套休闲服装的话，人们可能不大相信他所说的话，甚至可能以为他是冒牌的。至少你也应该做到让人看起来顺眼，而不是相反。

如果需要更高一点的要求，那就是：衣着应该支持你的观点，而不是转移它。对说话人而言，更重要的一点就是看起来可信——如果你穿着合适的话。比如我前面所说的那个少女，她的穿着看起来确实顺眼，但是如果仔细讲起来，与她的身份是不匹配的。

确实，在那样高级的宴会上，应该穿着正式，但是也不至于要求每个人都珠光宝气，而是应该跟个人的气质、个性和年龄相符合。如果那个少女穿得相对简单、青春一些的话，就会让人对她的印象好起来——前提是她不拉长她的脸。

一个人的穿着打扮，包括服饰的颜色、式样、档次和搭配，以及饰物的裁剪，都与他的性格爱好、文化修养、生活习惯有关系。心理学家发现：一个注重穿着打扮的人，他的责任心和可信度会比较高。

你在穿着方面应该注意以下的问题：

装束要适度。你要让对方注意的是你的讲话，而不是你吸引人的衣服。

要擦亮你的皮鞋。你在台上的时候应该更加注意这一点。

穿着要舒适。不要让领带勒紧你的脖子，这会让你看起来很费劲。

不要把你的衣服口袋塞满。这会让你看起来像是刚从杂货店出来。

不要让你的铅笔等物品从衬衫口袋或西服口袋里面露出来。这会让你看起来很令人讨厌。

礼貌待人，主动热情

不要让自己看起来冷冰冰的，这会让人觉得你很高傲，从而打消跟你交往的念头。你要举止得体、彬彬有礼，而不要看起来很莽撞、没有一点涵养。主动热情则要求你在交往的过程中表现为喜欢、赞美和关注他人。如果你做到了这一点，对方会认为你说的话确实是从他们的角度进行考虑的，从而更加愿意相信你所说的话。

求同存异，缩小差距

平等是交往的首要原则。如果你看起来高人一等的样子，你会使人产生反感情绪；相反，如果你随时都附和别人的观点，那么人们也会认为你没有自己的主见。

相似是交往的另一个原则。你如果和他人在兴趣爱好、观点态度，甚至年龄、服饰等方面差距较小，就会较容易和他拉近距离，从而消除陌生感，尽快地从心理上靠近对方。

了解对方，记住特征

每个人最关心的都是自己。如果你对他的个人问题表示出一定的关心的话，你会给他一种被尊重的感觉。在了解了他人之后，如果你打算更进一步地交往的话，你需要把你们的话题转换到他感兴趣的事情上来。

比如，如果对方喜欢养花的话，你可以跟他谈谈养花的逸闻和趣事，或者表示你对玫瑰的历史有相当的兴趣。不过，千万不要请教太高深的问题，如果对方回答不出来的话，他容易迁怒于你。

第一印象不仅仅指第一面的印象，它更多的是指你和别人的第一次的印象。因此，即使你只打算面对听众作仅有的一次演讲，第一印象仍然具有很重要的影响。

修辞：让话语更有分量

◎ 使用比喻，使你的说话更加形象。

◎ 使用夸张和反复，强调你的重要观点。

◎ 使用对比，使你的说话更加具有说服力。

◎ 使用排比，使你的话更加有气势。

耶稣在解释“天国”时，采用了一种非常好的方法，那就是运用人们熟悉的东西来说明他们不熟悉的东西。比如，他说：

“天国就像酵母，人们把它放到玉米粉里面，它就会全部发酵完毕……

“天国就像寻找珍珠的商人……

“天国就像撒入大海中的网……”

在这里，“天国”可能不是人们所熟悉的，而酵母、商人、网则是为大家所熟悉的东西。耶稣采用了这样一种巧妙的方式，运用两者类似的地方进行比较，就更加容易让人明白。

你是不是有时候也会这么去做？当你想要对方快一点的时候，

你可能会对他说："希望你弄完的时候，我还不至于变成'木乃伊'！"你和对方都知道，你至少在这么短的时间里变不成"木乃伊"，但是你却很明显地夸大了事实。实际上，在说话的时候，如果你想要强调某一点，适当地运用一些夸张将是一个非常好的办法。而如果你想说明某人的做法可能会产生严重后果的话，你也许会说："你这样做，就好像是打开了潘多拉的盒子。"而他肯定也知道你说这话的意思。

如果想要在辩论中取胜，你必须采用各种各样类似上面所举的例子那样的方法来改善自己的话语，以使它更有分量，使人们更加相信你。而这种方法就是通常所说的修辞。如果你注意了的话你就会发现，律师之所以能言善辩，正是因为经常用到它。

上面所举的两个例子是两种十分常见的修辞方法，耶稣用的那种是比喻，而你在说自己变成"木乃伊"时所用的是夸张。修辞方法除了上面两种外，还有许多种。你不用因为需要掌握这么多修辞方法而烦恼，实际上，正是因为它多，才使你的说话变得更有说服力。我将就几种主要的、对你来说可能容易掌握的修辞方法进行简略的说明。

引用

实际上，这种修辞方法是我们最常用到的。我就经常在本书里大量地引用著名演讲家（比如林肯）和学员的故事来说明我的观点，事实证明，这样的确收到了很好的效果。

有时候，我们并不打算引用一个冗长的故事，而只选择了某人说过的某一句话，甚至某一个词。还有这样一种情况，我们有时候引用一句古话（比如中国的古话）或俗语来说明我们的观点，这样也非常有效。引用不仅简单有效，而且会使你的话更有说服力。

反复

反复也就是以相同的节奏重复同一个意思。这样做的好处是，你不仅能够把听众的注意力吸引住，从而让他们知道你的主要观点是什么，而且能够将你的主要思想与整个演讲融为一体。比如，一个演讲家在谈论某个部门的时候说：

“这个系统，它有着糟糕的公众服务，政府雇员的数量却远远超过了工厂。

“这个系统，它有着一个好管闲事的政府，每时每刻都准备插手你的商业事务和私人生活。

“这个系统，它吞噬了整个国家将近一半的财政预算。”

通过反复，他让听众相信，这个部门确实存在很多问题而急需改革了。

对比

对比是指同时列出两个相反或者相对的事物。我们先看查尔·狄更斯在《双城记》里是如何巧妙地运用对比这种修辞手法的：

“那是最美好的年代，也是最糟糕的年代；那是智慧的时代，也是愚蠢的时代；那是信仰的时期，也是怀疑的时期；那是光明的季节，也是黑暗的季节；那是希望的春天，也是绝望的冬天；在我们前面，堆积如山，也一无所有；我们全都奔向天堂，也全都走向地狱……”

听起来如何？是不是很打动人？你也很希望如此优美、能说服人的句子出现在你的话里吧！

对比确实能够使原本平淡无奇的话变得精彩，使你变得很雄辩。不用去管为什么会这样，这些问题可以留给语言学家或心理学家去解答，你只要知道它有用并尽量去用就行了。

比如，你在鼓励大家尽快完成任务的时候，可以说：“让我们停止空谈，开始行动。”

而当你在提醒大家不要浪费粮食的时候，你可以说：“你现在的确吃得很饱，但是这个世界上有很多正在挨饿的人。”如果你需要更多的例子，你可以自己去发现和总结。

反问

当你在表达一个观点的时候，你可能会说："难道不是这样吗？"一方面，你认为事实明明就是这样的；另一方面，你可能并不需要听众回答这个问题。这时候，反问只是为了吸引听众对你的问题的注意，它常常被用在结论和过渡中。

但是有时候，它可以表达更多的意思。如果你想说服一个人，最好的方法就是举出例证反问之，这样比正面辩论要有更大的说服力。

有一次，伟大的拿破仑骄傲地对他的秘书说："布里昂，你知道吗？你将永垂不朽了。"布里昂并没有明白他的意思，问拿破仑为什么这么说。

拿破仑说道："你不是我的秘书吗？"

布里昂明白后，不甘示弱地对拿破仑说："请问，亚历山大的秘书是谁？"

拿破仑没有答上来，他赞扬布里昂说："问得好！"

你明白这段对话的奥妙吗？拿破仑的意思是，因为布里昂是他的秘书，所以会扬名。但是，布里昂却表示自己不愿意靠别人出名，所以反问了拿破仑这么一句话。他问拿破仑那句话的意思是，伟大人物的秘书不一定就会出名。但是，因为拿破仑是他的主帅，他不能直接反驳拿破仑的观点，所以用反问巧妙地表达了自己的看法。

排比

排比就是将3个或3个以上同样的句式放在一起，而不是表达同一种意思。你可能也曾经看到过这样的例子，只是没有注意而已。林肯在他著名的葛底斯堡演讲的最后说：

"……我们在此坚决地表示：要让他们的死有价值；要让这个国家在上帝的保佑下，得到自由的新生；要让民有、民治、民享的政府不会从这个地球上消失。”

林肯在此运用了两个排比。（中英文排比有所不同。英语原文为：…that we here highly resolve that these dead shall not have died in vain，that this nation， under God， shall have a new birth of freedom，and that government of the people，by the people and for the people shall not perish from the earth.在英文中确实有两个排比句——编者注。）这使得原本平淡无奇的话变得生动和有气势起来，从而对听众产生了非常大的感染力。

排比的独特优点还在于它对任何话题都适用。无论你要讲的是什么，你总能用上这种修辞方法。

关于更多的修辞方法，你可以找相关的著作来看。

使用引用，听众更加容易理解你的观点。

通俗：说话的最高境界

◎ 尽量少使用专业词汇，那只会让你的说话听起来很深奥、不那么好懂，甚至令人止步。

◎ 当你不得不使用专业词汇的时候，务必对它进行详细的解释。

◎ 不要把你的词汇当成大家都应该懂的词汇，这并不能使你更加高明。

◎ 不要使用你自创的语言表达方式，而是要用符合对方习惯的方式。

因为职业的关系，我听了无数次演讲。其中一些演讲因为演讲者的大意而失败了。他们失败的原因不在于他们的专业知识不牢靠，而是他们显然完全不知道一般听众对他们的特殊行业缺乏了解，而他们却只管大谈专业。这样的结果如何？虽然他们高谈阔论，大量使用工作中常用的词汇，却使得那些外行听众根本不了解他们所说的话。

并不只是在演讲中存在这种情况，实际上，几乎所有牵涉到从事不同行业的谈话者的谈话，都存在这样的问题。这种不经意的忽略使谈话失去了本来应该有的效果。所以，如果你想使你的说话更能够被大家理解，你就必须学会使你的语言通俗化，使你的语言成为人人能懂的语言，这样你就算是达到了说话的最高境界。

在做到说话通俗这一点上，你面临的最大问题可能是需要使用一些专业词汇，也就是我们前面所说过的“术语”。这些词汇只有与某项工作有关或者某个特定研究领域的人才能够真正理解。另外，有些行业可能会创造一些只有本行业人员才懂的缩略语，这些语言通常是仅由首字母组成的。对不熟悉它们的人来说，运用这些词汇的时候，他们可能并不知道你说的究竟是什么意思。而由于很多原因，一般人是不会站起来说明他没有听懂的。所以，他们很可能会微笑，然后带着困惑离开。由此可见，我们要确保我们的术语能被他们听懂。

我的一位学员，他作为一名医生曾经在班上这样开始他的讲话：

“横膈膜是这样一种东西，如果它被用来呼吸的话，将会明显地帮助肠子的蠕动，而这对你的健康有很大的好处。”

他想接着讲其他的东西，可是老师打断了他。老师让听懂了这句话的人举起手来，结果出乎这位医生的意料：没有一个人举起手来。也就是说，没有一个人听懂了他的话。

老师要求他对那句话进行解释，告诉他在让大家知道那东西究竟是什么样的以及究竟如何工作之前，先不要急着往下说。于是那位医生解释道：

“横膈膜实际上是一种非常薄的肌肉，它的位置在胸腔底部和腹腔顶部之间，它会随着胸腔和腹腔的呼吸而变化。当胸腔呼吸的时候，它会被压缩，就像一只倒置的洗刷盆；而当腹腔呼吸时，它就会被往下推，使它成一个平面，而此时肠胃会受到挤压。而它的这种向下的推力，会按摩和刺激腹腔的上部器官，比如胃、肝、胰等等。当人们呼气的时候，胃和肠又往上推压横膈膜，这样的话，就相当于做第二次按摩。这种按摩有助于人体排泄。许多人的身体不舒服，主要是因为肠胃不适，而一旦我们的肠胃因为横膈膜的按摩而得到适当的运动，那么大部分的不舒服都会消失。”

作了这番解释以后，虽然麻烦了一点，但是学员们都听懂了他的话。

我们很多人在讲话的时候，都会犯和这个学员一样的错误——他们讲着自己很了解的东西，并且以为听众也一定会了解。其实，这个问题并不难解决，而是常常被说话者所忽视。

比如，你在对一位家庭主妇讲解为什么冰箱需要除霜的时候，有可能会这么讲：

“冷冻的原理是这样的：蒸发器从冰箱内吸收热量，然后散发到冰箱外面。这时候，被吸出来的热量伴随着湿气，这些湿气会附着在蒸发器上，形成很厚的一层霜，导致蒸发器绝热，而且使马达频繁地工作来进行补偿。”

对那些家庭主妇来说，这段话可能相当于什么都没说。你其实完全可以这么说：

“蒸发器的作用，就好像吸风机一样，把冰箱里的热量都吸出去，使冰箱能够冰冻你的东西。各位在打开冰箱的时候，一定会发现你的冰箱放肉的那一层上结有一层霜，这些霜就是结在蒸发器上的。霜越结越厚，就好像越来越厚的石棉一样，使蒸发器和冰箱里面的空气隔开，从而没有办法正常吸热。这样，你的冰箱的冰冻效果就会越来越差。这时，马达只有不停地运转，才能保证冰箱里的冷度，但是这会减少你的冰箱的使用寿命。为了使马达运转得慢一点，以使你的冰箱不那么吃力，我们必须想办法把这些霜除去。而如果在冰箱里装一个自动除霜器，就可以做到这一点了。”

如果你面对的是很多人，如何使你的话被所有的人听懂？印第安州前参议员比佛里吉有一个关于这方面的建议：

“最好的办法，就是在你的对象中选取一个看上去最不聪明的人，然后尽量使他明白你所说的话。你只能用最通俗的话来讲述，尽可能清晰地表明你的观点，这样才能使他听明白。还有一个好的方法，就是把目标锁定在那些由父母陪同的小孩身上。

“然后，你需要不断地提醒自己——自然，你也可以把它向对方说出来——你要尽量讲得简单明白一些，让所有人都理解你的解释，并且记住它，而且还能将你讲的东西讲给别人听。”

有一次，我去听一位证券经济商的演讲，听的人都是一些家庭妇女，她们想了解一些关于银行和投资的知识。这位演讲者一开始就使用了简单通俗的语言和幽默轻松的方式，以使她们放松下来。他把她们所关心的问题都说得清清楚楚，更加重要的是，他把一些专业术语，比如“票据交易所”、“课税”和“偿付”等，都用简单通俗的话解释得非常清楚。结果，这场演讲获得了空前的成功。人们对他非常感激，并且都主动找他咨询投资方面的事情。

还有一个十分有趣的例子。曾经有一个传教士想要把《圣经》翻译成他传教的地方的语言。其中有这么一句：虽然你的罪恶一片鲜红，但是它终将白如雪花。一般情况下是逐字翻译这句话，但是现在他却遇到了问题。这些土著人根本没有扫除积雪的经验，甚至连“雪”这个字都不认识，他们根本不知道雪和煤炭有什么差别。但是当地有椰子树，人们都很熟悉。于是传教士就把“雪花”和“椰子肉”联系了起来。最后，那句话被翻译成：虽然你的罪恶一片鲜红，但是它终将白如椰肉。

在面对英语是其第二语言或者对英语可能没那么熟悉的人时，不要过多地使用俚语或比喻的方法。语言有千差万别，而语言的表达方法也会各不相同。最好的做法是，用最通俗的语言表达你的观点，而不是用许多母语或者想当然的表达方法。

尽可能让你的讲话通俗易懂，为此你需要对对方的情况进行慎重的分析，比如他们的受教育程度等。

尊重：也是一种征服

◎ 尊重对方，将使你说服力更强。

◎ 不要指责他人的过错，否则你将得不偿失。

◎ 如果对方迫于某种压力而屈服于你的话，他在内心深处是不会赞成你的。

林肯总统有次在批评他的女秘书时说："你这件衣服很漂亮，你真是一位迷人的小姐。只是我希望你打印文件的时候，能够注意一下标点符号，让你打出的文件像你一样可爱。"这位女秘书听了之后，对这次批评印象非常深刻，从此打印文件很少出错。

林肯总统可以说是当时世界上最有权势的人了，但是他说话还这么委婉——这当然是他修养高、气度好的表现。相反，如果他换一种盛气凌人的方式去对女秘书说："你怎么工作的？连标点符号都搞不清楚！"这么一来，只能让对方感到反感，反而达不到纠正对方错误的目的。这说明尊重一个人也能帮助你说服对方。

人都是有自尊的。渴望获得别人的尊重是每个人的本能，所以当你需要指出一个人的错误或者说服一个人时，你必须要以尊重对方为前提。事实上，当我们处在这样的位置时，我们很可能给对方一种高高在上的感觉。因此，对方可能担心自己被伤害，从而下意识地采取一种闭合的心理来抗拒你的意见。所以，尊重对方实在是很重要的。

不久前，卡耐基训练班的会计师学员格莱格告诉我们，最近他必须辞退一些老员工。他们公司的工作具有季节性，因此每到这个时候都要大量裁员。以前，他们公司一般都是直接对对方说："先生，这个季度已完，我们再没有什么别的事情给你干了。"然后，直接把他们辞退。而被辞退者大部分都是终身从事会计工作的，因此，他们对这样草率地辞退他们的公司不会有什么好感，而这会影响到以后招人。

现在，他并不想这么做了，他希望自己能对被辞退的员工多一点技巧和体谅。他特意考察了每个人在冬季的工作表现，然后与他们一一进行交谈。他现在可能这么说："先生，你的工作成绩确实极好。那次我们派你去华盛顿，尽管困难重重，但是你还是完成得很圆满！我们希望你能知道，我们以你为荣！你有真本事，不论你在哪个公司上班，你都前途远大。本公司相信你，并支持你。"结果，这些人走了以后，并不觉得自己是被遗弃了。当公司需要再用他们的时候，他们会带着很美好的感情重新到岗。

另外两位学员也以自己的亲身经历说了两件完全相反的事情。其中一位是佛瑞·克拉克，他讲述了发生在他公司里的一件事：

"在我们公司的一次会议中，一位副董事长非常尖锐地质问一位管理生产过程的质量监督员，他的语调充满了攻击性，很明显就是指责对方处置不当。这位监督员含糊不清的回答更使得副董事长发起火来，他不仅严厉地批评了这位监督员，还指责他在说谎，好像对方之前的所有工作都没有任何成绩似的——而这位监督员实际上是很负责的。从那以后，他开始不那么认真了。最后，他终于离开了我们公司，去了竞争对手那里工作。而据我所知，他在那里干得十分出色。"

而另外一位学员安娜·马佐尼也讲了一件非常相似的事情：

"我是一位食品包装行业的市场行销员。我曾经做过某项新产品的市场调查，那是我的第一份工作。当调查结束的时候，由于我在做计划时犯了一个极大的错误，导致整个调查都必须重新再做一遍。更加糟糕的是，我在参加会议之前，已经没有时间去跟老板讨论了。所以，轮到我作报告的时候，我心里非常不安。我用尽了全力克制自己，使自己不至于崩溃。当时我真的非常想哭，但是我告诉自己不能哭，因为这样的话，别人一定会认为我感情用事，不适合做行政事务。那次，我的报告十分简单，只是告诉他们，因为犯了一个错误，我会在下次开会之前重新研究。说完后，我满以为老板会训斥我一顿，但是结果却大出所料。老板不但没有训斥我，反而安慰我说，没有一个人的第一次计划是不出错的。他还鼓励我说，他相信我的第二次计划肯定会比第一次出色，对公司也更有意义。散会之后，我的心思很乱，但我已经下定决心，决不再让老板失望。"

两件事情都是源于犯了错误，可为什么会产生截然不同的结果呢？原因很简单，犯错的人一个没有得到尊重，而另一个却得到了充分的尊重。

即使我们是对的，别人绝对是错的，如果我们不留余地地指责对方，也会使他失去颜面，没了自尊。法国飞行员安东安娜·德·圣苏何邑说："我们没有权利去做或者说任何事情来贬低一个人的自尊。重要的是他自己觉得如何，而不是我们认为他如何。伤害人的自尊是一种犯罪。"

包特门机车公司的一位经理萨姆尔·华特里说："如果你尊重一个人，你就会发现他非常容易受你的指引行动，尤其是当你对他的能力尊重的时候。"

已故的德怀特·玛洛能够轻易地使两个拼命的好斗者和解，他是怎么做到的呢？原来，他会找出两个人各自正确的一面，并且对此加以称赞和强调。无论如何，他从不伤害别人的自尊。

1922年，土耳其人决定将希腊人永远驱逐出自己的领土。他们的领袖姆斯塔法·凯末尔对士兵们说："你们的目的地，就是地中海。"这段拿破仑式的振奋人心的话鼓舞了这群士兵，于是一场近代史上最激烈的战争开始了。

如我们所知，土耳其人取得了战争的最后胜利，他们对对方已经投降的将军理科比斯和迪亚尼斯进行了辱骂。但是，凯末尔丝毫没有胜利者的骄傲，他拉着两位战败的将军的手说："两位请坐，我知道你们已经极度疲倦了。"接着，在详细地讨论了投降事宜后，凯末尔像战士对战士说话那样，又安慰这两位十分沮丧的将军："战争，就是一种竞技。即便是最优秀的人，有时也会失败。"

看来，凯末尔牢牢地记住了这句话：在谈话中始终尊重对方。这为他赢得了更多人的尊重。

> 如果你希望他人尊重你的意见，你必须首先学会尊重他人。

真诚：言之有理，言之有物

◎ 真诚说话的两个基础：言之有理，这会让你听起来不像在狡辩，而是在讲合乎情理的事情；言之有物，这会让你听起来不像在夸夸其谈，而是在讲他非常关心的、实际的东西。

◎ 真诚说话对自己而言，是非常真实而不做作；对他人而言，则能让你的说话具有更重的分量。

◎ 在尊重别人和你自己的意见的基础上，才能做到真诚地说话。

1915年，科罗拉多州爆发了美国工业史上最有名的一次工人大罢工。科罗拉多煤铁公司的工人为了改善待遇举行了罢工，但是因为有关部门处置不善，罢工最终演变成了流血的惨剧，工人和工厂方面开始尖锐对立。

那时候，管理矿务的人是美国石油大王洛克菲勒的儿子。他最初使用了高压手段，请出军队进行镇压，但是没有收到很好的效果，双方矛盾越来越大。后来，由于认识到这样做无济于事，小洛克菲勒改变了策略，开始采取温和的手段来解决矛盾。他把罢工的事情放到一边，到各个工人家里去慰问，使双方的矛盾慢慢地缓和了。后来，他召集罢工运动的代表们参加谈判会议，在会议上他说了一段十分打动人的话，正是这段话结束了长达两年之久的罢工运动。下面就是他说话的内容：

“对我来说，这一辈子里，今天是最值得纪念的日子。我十分荣幸能与各位代表相识。如果时间倒回两个星期，那么我在这里完全是面对一群陌生人，因为那时候，我对诸位的认识不多。后来，我有机会去了南煤区的各个帐篷，和代表们也有过一次私人的个别谈话。我看了诸位的家庭，会见了你们的家人。诸位对我十分客气，好像把我当成了朋友一样。所以，在这里，我不妨将诸位都当做朋友。现在，我们本着朋友之间的友谊，来共同讨论我们的公共利益，这将会使诸位都非常高兴。参加这次会议的是工厂和职工的代表，正是因为你们，我才有幸跟诸位成为朋友，有幸站在这里跟诸位一起为解决矛盾而努力。对于这些，我是终生不会忘记的。从今天开始，我们的前途将一片光明。对我个人而言，今天我虽然代表着工厂的董事会，可是，我和诸位却是站在一边的。因为我觉得，我和诸位是有着密切的联系和友谊的。我希望就我们共同关心的话题展开讨论。让我们从长计议，想出一个令大家都满意的解决办法，因为，这是对大家都有益的事情……”

小洛克菲勒的说话谈不上很有文采，但是却透出一种真诚的味道。他让代表们明白，他确实是在为他们的利益考虑的。所以，工人们才被他打动了。

要做到说话真诚，必须使自己的说话言之有理、言之有物。像上面小洛克菲勒的讲话，就是因为始终围绕着工人的利益，从工人的立场出发的，才让对方觉得一点都不空泛，而且确实很有道理，这样才显得很真诚。

杰伊·孟古是一个电梯公司的业务经理，他们公司需要为该市最好的一家酒店定期维修电梯。为了不给客人带来不便，酒店经理要求电梯最多只能停开两个小时。但是，维修电梯最少需要8个小时，而且，在酒店经理要求的那两个小时里，公司也未必能派工人去检修。

在一次维修中，孟古能够派出一位最好的工人，但维修时间也要超过两个小时，于是，他打电话给酒店经理。他说：“力克，我知道你们酒店的客人非常多，而且，你也不希望给客人带来不便。你希望能够尽量减少维修时间，我们应该尽量满足你的要求。不过，我们在检查你的电梯之后发现，如果不能将电梯彻底修好，那么电梯损害的程度会更加严重，到时候，维修的时间肯定会更长。我知道，你不希望到时给客人带来大得多的麻烦。”

酒店经理只好同意孟古的建议，因为他知道，电梯停开8个小时比停开几天要好多了。而孟古抓住了这一点，晓之以理，动之以情，让对方知道自己确实在为他考虑，表明了自己真诚的态度，于是终于把他说服了。

很多人以为只要自己所表达的意见很正确，其他方面都不重要。事实并非如此。替弱势群体募捐，是一件高尚的事情吧？如果你打算让人们慷慨解囊，你打算怎么去说服他们？你会这么样开头吗：

“女士们、先生们：我之所以来这里，是希望诸位能够每人捐助5美元。”

如果你真是这么说的话，那么很遗憾，你将得不到一分钱。你失败的最重要的原因是人们觉得你根本不够真诚，没有打动他们。让我们看看里兰·斯托先生是怎么为一家偏远儿童医院的小病人们募捐的：

“我希望这样的情景不要再出现在我的面前了：一个孩子跟死亡之间只有一颗花生米的距离。世界上还有比这更加悲惨的事情吗？我希望永远不要活在这样悲惨的记忆里。请你想象一下吧！某一天你在雅典那个被炸得千疮百孔的工人居住区里，听到了孩子们凄惨的声音，看到了他们哀怜的眼神。你会觉得更加悲惨。可是，在我的记忆中，所有的印象都只有半磅重的一罐花生。当我用力打开罐子时，一群衣衫褴褛的孩子睁大眼睛看着我，朝我伸出手来。还有那些母亲，抱着婴儿在推挤争抢……她们都把婴儿伸向我，而婴儿那柴秆一样的小手抽搐地伸张着。我尽力使每颗花生都起作用。

“在他们争先恐后的拥挤之下，我几乎被撞倒了。当我举目远眺的时候，我所见的上百只手——那些乞求的手、争抢的手、绝望的手，全都是瘦弱而可怜的手。他们在这里分一颗盐花生，在那里再分一颗，再在这里分一颗，再在那里分一颗……那么多手伸向我，向我乞求着，那么多眼睛闪烁着希望的光芒。我沮丧地站在那里，手里只剩下一个蓝色的空罐子……哦！我多么希望这种事情再也不要发生在我们身上。”

有什么比这样的说话更加富有感情呢？难道你认为人们在听了这么真诚的话语之后，能够不为所动吗？

因此，如果你打算打动对方，最好的做法是让你的讲话言之有理、言之有物。只有这样，才能使你显得很真诚。

> 赞美别人的时候，你需要真诚，这会使你看起来不像在谄媚；批评别人的时候，你需要真诚，这会使你看起来不是在挖苦他。

素材：能让表达变得更容易

◎ 积累素材是你胸有成竹的重要前提，不要在需要的时候才做这样的工作，你要在平时就注意积累。

◎ 好的素材可以帮助你更加准确、生动、简单地表达你的观点。

我们在前面一再强调，你在说话的时候，一定要选择自己熟悉的题材，这样才能真正成功说话。之所以强调这一点，还有一个十分重要的原因，那就是素材的来源。

如果把你说话的主题、观点和说话的框架比做一个篮子的话，你的素材大致相当于篮子里的水果，你必须用这些东西对你的观点进行说明、论证或者辩护。它既可以是一个故事、一个科学原理，也可以是一句话。

你一旦选定了你说话的主题，就可以进行有针对性的素材积累，而那些你非常熟悉的题材，需要的自然是你熟悉的素材。

你手里有10支钢笔，比你只有1支钢笔是不是会好得多呢？有10支钢笔，你才有选择的空间，可以从容地选择一支适合自己的。素材也是这样。你积累了很多素材的话，当需要的时候，你可以信手拈来，而根本不用花过多的时间去思索。

中国有句古话叫做“书到用时方恨少”，说的就是这个道理。如果你平时不注意积累素材的话，那么到你开口说话的时候，一定会手忙脚乱、苦不堪言。

当你说“马丁·路德小时候十分调皮”的时候，你为什么不说“他小时候经常挨老师的打，有时候一上午要被打15下甚至更多下手心”呢？这样不是更加有说服力吗？

当然，前提是，你必须知道这些东西，也就是我们所说的素材。

“我总是要搜集比我所需要的多10倍的材料，有时甚至达到100倍。”畅销书《内涵》的作者约翰·甘德这么说。这是他准备说话的方法。

有一次，他正准备写一篇关于精神病院的文章。他走访各地的医院，分别和院长、护士及病人谈话。我的一个朋友曾经帮了他一些忙。后来，这个朋友告诉我，他们曾经在不同的楼房之间奔走，不停地上上下下，日复一日地走路，也不知道总共走了多少路。甘德在采访的过程中，光记录就用了许多笔记本；他的办公室里也堆满了政府和各州的报告，还有许多别的资料。

我的朋友对我说："最后，他写出了4篇论文，非常简单但趣味横生，都是很好的讲话题材。这些文章的用纸不会超过80克，可是，那些采访资料和其他资料，即所有的依据，却超过了9000克！"

很多人以为，那些说话高手或演说家之所以能够说得那么好，只是因为他们的说话技巧好。

当然，他们注意训练自己的口才，注意表达的技巧，但是，这并不是惟一重要的原因。当看报纸的时候，他们绝不会只把它当做消遣而已；看电影的时候，他们也是坐在那里聚精会神。这些都是他们积累素材的工作。

下面介绍几种有效的积累素材的方法。

从书本中汲取精华

语言天才林肯，一个木匠的儿子，难道天生就具有非凡的语言天赋吗？不是的。

他熟读了许多著名诗人如波恩斯、拜伦、勃朗宁的诗集，甚至能够整本整本地背下来。他的办公室和家里都放着拜伦的诗集，办公室的那本经常翻到《唐璜》那一篇。当上总统之后，他虽然已经没有很多精力去钻研文学了，但是他仍然会经常抽出时间——或者是在喝茶的时候，或者是在午休的时候——翻阅英国诗人胡德的诗集。有时候，他深夜起来也会读诗。林肯还经常抽空阅读早已背熟的莎士比亚的名著，评论一些演员对莎士比亚的看法，同时提出自己的看法。

鲁滨逊教授写道："这个自学成才的人，用真正的文化素材武装了他的思想，可以称之为天才。"而林肯曾写信给一位年轻律师说："成功的秘诀，就是拿起书本，然后仔细地阅读。学习，学习，学习！这才是最重要的。"

书本里面的知识，是自古以来人们取之不尽的丰富宝藏。你可以先从最著名的文学名著读起，因为这些名著是被许多人熟悉的；然后再慢慢地深入阅读，每深读一本书，你都将有意外的收获。

搜集跟你的题材有关的信息

如果你选择好了讲话的题材，你可以注意从跟别人谈话、看电视、读报纸等途径中获取有关的信息。

在跟别人谈话时，对方或多或少能够给我们带来一定的信息，而这些信息说不定跟你的主题有关。并且，你可以判断出对方是否对你的主题感兴趣。

现代人看报纸往往是为了消遣，而不是获得某种知识。他们似乎更加愿意看看明星的新闻，以及一些消遣性的内容。如果你已经养成了读报的习惯，不要浪费这样的机会，你应该更多地关注国家大事、文化事件等等。这些东西具有很强的时效性，一般会成为社交场合人们比较喜欢谈论的话题。电视也是一样，它可能比报纸更加容易引起人的兴趣。因此，一些比较有名的节目所传播的信息，对你将十分有用。

另外，你还可以在生活中的一些地方获取这样的信息，比如在地铁上听别人的谈话等。你必须时时注意你的主题，为你的主题准备素材。

搜集名言名句

名言名句是一些思想高度集中的话，一般都为大家所熟悉和接受，在使用的时候也容易被大家理解。如果你能够正确地运用，可以达到事半功倍的效果。

你可以随身携带一个笔记本，当看到或听到名言名句时，可以随时把它记下来，这样你才不至于忘记，并且没事的时候还可以拿出来翻一翻，以加深印象。

多加思考，灵活运用

当收集到一些素材的时候，你还需要把它变成你自己的东西。首先，你需要对它进行深入的思考，彻底了解它的含义、它所表达的意思，以及可以用的地方，甚至你还要注意它适用的场合，因为有些东西是适用于不同场合的。其次，你要注意它跟你的主题有什么关系，如何才能把它不露痕迹地放到你的说话中去。

可能你积累了许多素材，但是那只是一堆杂货，你需要对它们进行细致的分类，以便你用的时候不那么匆忙。

心理：相信自己一定能说好

◎ 战胜恐惧——并不是消灭它——是说话成功的必要条件。如果你相信自己能够成功，那么你就能够成功。

◎ 没有人天生是说话的天才，他们的才能都是后天努力的结果。如果你愿意，你也可以把话说好。

“你为什么不站起来讲两句呢？”——当一个沉默寡言的人被问及这样一个问题的时候，他多半会苦笑一下，然后告诉你：“我说不好，我从没有说好过。我想，我大概没有说话的天赋吧！”

这种说法让我想起一件事情。美国南北战争期间，海军上将都庞在法拉格上将面前振振有辞地解释自己为什么没有能够率领战舰进入查尔斯港口。法拉格上将听完他列举的一大堆理由后，一字一句地对他说：“你似乎还有一点没有提到。”

都庞很疑惑地问道：“哪一点？”

法拉格回答说：“你并不相信自己能够做到。”

法拉格上将的话的确是一针见血，我正打算把这句话告诉那些沉默寡言的人。我想告诉他们，他们之所以说不好，并不是因为他们没有天赋，而是他们不相信自己能够说好。实际上，只要他们相信自己能够说好，他们就能办到。我在前面说过心理暗示的重要作用，那个理论能够解释我所说的这一点。

很多说话高手一开始并不相信自己能够在人们面前侃侃而谈，直到他们用行动证明了这一点。事实上，说话并不是一种天生的技能，出色的说话高手也并不是天生拥有如簧的巧舌。他们都是经过艰苦的训练才实现这一点的，否则，我这本书通篇都成了废话——如果说话是天生的技能的话，那么我这本书对你不会有任何用处。

担心自己表现不佳的并不是只有你一个人。这个毛病不仅困扰着那些沉默寡言者，而且折磨过那些经验丰富的说话高手。我在前面已经说过，林肯在无数的社交场合和无数的人成功地进行了对话，但是每次他在开口之前，都会对自己的表现十分担心。他曾经说：“我很喜欢讲话，但是这并不能阻止每当讲话的时候我所感到的那种神秘的、也许是来自天堂的恐惧。”

幸运的是，他的恐惧并没有使他失败。现在的问题是，你正被这样的问题所困扰，而且你的恐惧使你屡屡失败。

难道这说明了林肯比你更有说话天分吗？绝对不是。这是因为他正确地处理了这种恐惧，使自己战胜了恐惧，而不是被恐惧所控制。

多年前，费城一位成功的企业家根特先生在一次下课后邀请我共进晚餐。餐桌上，他对我说：“卡耐基先生，我曾经避免在各种聚会中说话，但是如今我当选为大学里董事会的主席，必须主持会议。你认为年过半百的我，是否还能学会那些令人羡慕的说话技巧呢？”我肯定地对他说：“先生，你一定会成功的。”

我想我的话对根特先生有一定的帮助。大约3年之后，我们俩又一次共进晚餐，我对根特提起了上次的谈话。他从口袋里拿出一个笔记本，给我看他此后数月里排定的演说日程表。然后，他高兴地说："在每次开口之前，我都告诉自己，我一定能够成功。这使得我的说话技巧突飞猛进。说话时所获得的快乐，以及我对社会能够提供的额外服务，都是我一生中最值得高兴和满足的事情。"

接着，根特又非常高兴地说出他在说话方面的更大成就——他所在的教区邀请英国首相前来，并在一次宗教会议上发表讲话，而负责向大家介绍首相的不是别人，正是3年前怀疑自己能不能当众说话的他。

他的说话能力提高如此神速，是否很不平常呢？不，这一点儿也不稀奇，因为类似的例子还有很多。我认为，根特先生的成功跟他的心理素质及自我认识的改变密切相关。当他说"我能行"的时候，他就已经成功了一半。

我曾收到一份令我感到意外的来自古巴的电报，拍电报的是一个叫玛利欧·拉卓的人。他在电报中告诉我，他将来接受我的口才训练。之后他很快就来了，接受了我为期3周的训练。在这3周里，我把他的课程排得很满，让他每晚都在班上说三四次话。他非常努力地去做了。3周后，拉卓先生在"哈瓦那乡村俱乐部"庆祝俱乐部创建人50岁生日的盛大聚会中进行了演讲。他的演讲获得了空前的成功，他本人则被《时代》杂志誉为"银舌雄辩家"。

你们并不知道，在此之前拉卓先生是多么的担心。他在到达纽约后对我解释说，他是一个律师，但从不曾公开讲话。在培训的过程中，我不断地对他强调：你一定能够说好，并且必须让自己相信这一点。他也尽力地这么去做了。

在这次生日聚会上，他被邀请呈献一个银杯给创建人。这是一个十分盛大的聚会，拉卓先生十分担心讲砸了，因为如果这样的话，他和他的太太会很难堪，而且也会影响他的生意。但是经过训练之后，他却获得了意想不到的成功。了解他的人都认为这是一个奇迹。

相信自己能够说好，这对说话的人来说的确十分重要。因此，如果你想要成为一个说话高手的话，也必须首先做到这一点。

建立对自己的说话才能的信心。必须认识到这一点——每个人都有天生的表达自己的才能。

思维：由内而外的转化过程

◎ 当你有空的时候，选择以上几种方法中的一种，随时随地地展开练习。

◎ 你可以选择同一样东西，用以上的三种方法一一练习，看看会有什么不同的收获。比如，一根断了的仙女棒，你用定向思维方法想到了什么？用逆向思维方法想到了什么？而用发散思维方法又想到了什么？

◎ 思维方法其实随时随地都可以练习，因为只要开始了思考，就是运用了某种思维方法。

说话是你思维的表达方式，没有思维就没有说话。你要表达什么观点，这是思维；只有把它表达出来了，这才是说话。说话其实就是把你思维的结果表达出来，是内部语言向外部语言的转化。用更加专业的方式来解释的话，说话的过程其实是这样的：从思维到句子类型，到词汇，再到语音。

我之所以进行上面的说明，主要是为了强调思维的重要性。但是，需要说明的是，即使思维如此重要，对思维进行有针对性的训练仍然不是口才学需要解决和能够解决的问题。因为思维研究是一个十分基础和重要的专业领域。

我在这里主要是指出这一点，并且简单地介绍几种思维方法。你需要对这些思维方法进行有针对性的训练，这对你的口才表达的提高具有十分重要的作用。

定向思维方法

定向思维方法就是进行常规的思维。究其根本，它依靠的是我们在长期的生活中所积累的经验。比如，当你看到火时，绝不会用手去触摸，那是因为你知道痛。这就是经验——别人的或者自己的经验。可见，定向思维有很多好处。而定向思维的训练则可以培养我们对问题进行深入思考的能力，有助于我们深入分析问题。

你可以从一些比较简单的要求开始进行训练。比如，为了使你的表达更加有层次、有条理，你可能通常会在说话的时候用以下这些关联词："之所以……是因为"、"首先……其次……"等等；你还可能有"凡事有果必有因"、"什么是最好的"之类的思考。这些都是能够基本满足你的思维要求的，你可以就此开始，也可以按时间的、空间的顺序或者先总后分、先分后总等方式进行训练。

注意，也有些时候，定向思维会导致我们思维模式的固定化。很多时候我们甚至懒得去想同样的事情是否还有更好的解决方法，而只是按部就班，因为反正照样能解决问题。

逆向思维方法

逆向思维就是反向思维，它使肯定变否定、否定变肯定或者变正面为反面、变反面为正面。比如，我们都说"万物生长靠太阳"，如果你问：万物的毁灭是不是也和太阳有关呢？这就是一种逆向思维。逆向思维方法能够培养全面思考问题和独立发表自己看法的能力。

中国人有句"知足常乐"的俗话，他们都希望自己的生活能够快乐，所以提倡不要贪心。但是，如果用逆向思维方法进行思考的话，这句话的反面未必就不对。如果我们人类在进行科学研究的时候也“知足常乐”，岂不是停滞不前，无法取得一个又一个科学成就了吗？而人类的发展不也会止步不前，至少不也会变缓很多了吗？

同样的道理，奥运会上运动员们一次又一次地刷新纪录也告诉人们：我们不能知足常乐，而是应该永无止境地追求，创造一个又一个奇迹，不断地进行尝试和挑战。

人们习惯于沿着事物发展的正方向去思考问题并寻求解决办法。其实，对于某些问题，尤其是一些特殊问题，从结论往回推、倒过来思考，从求解回到已知条件、反过去想，或许会使问题简单化，使问题的解决变得轻而易举，甚至因此而有所发现。这就是逆向思维的魅力所在。

某时装店的经理不小心将一条高档女裙烧了个洞。即使用织补法补救，也只是蒙混过关，欺骗顾客。这位经理突发奇想，干脆在小洞的周围又挖了许多小洞，并加以精心修饰，将其命名为“凤尾裙”。没想到，“凤尾裙”最终竟使该时装店出了名。这就是逆向思维带来的可观的经济效益。“无跟袜”的诞生与“凤尾裙”异曲同工。因为袜跟容易破，一破就毁了一双袜子，商家运用逆向思维，试制成功“无跟袜”，创造了非常好的商机。

发散思维方法

发散思维似乎没有多少特定的方法可循。它是这样一种思维方法——沿你得到的信息朝各种可能的方向扩散，并且引出更多的新的信息，从而达到创新的目的。发散思维是能够使你更好地即兴讲话的最佳思维方式。但是看起来，似乎它也是最难的一种方式。

我具体介绍3种训练方法：

连接法。就是当前一个人说出一种东西后，另一个人把它接下去。比如，几个人在一起的时候，可以共同编一个故事。

联想法。比如，当你看到雪花的时候，你可以就此展开联想，然后发表一下你的看法。你可以说说北极是什么样子，或者联想让你最难忘的一个圣诞节。

连点法。当我随意地给你几个词语：花、沙漠、电影……要求你把它们联系起来，并说出包含这些词的一段话，你是否能够轻易地做到？如果你平时就做过这种训练，这应该不是什么很难的事情吧？

当你说话的时候，你完全可以把说话当做只是和朋友在进行练习而已。

反馈：洞察对方心理的能力

◎ 你必须在你讲话的时候注意对方的反应，然后准备随时调整你的说话。

◎ 如果出现某种对你说话不利的局面，你可以通过调整你的讲话主题、说话方式以及鼓励对方参与讲话来改变它。

◎ 使对方产生不同反应的原因可能不只跟你讲话有关，还可能有另外的因素——如果说他们确实已经很疲惫，那么即使你尽了最大的努力，也可能无济于事。当然，你能够把握的只有你自己。

我们已经一再地强调过听话人的重要性了。实际上，就算是一个说话高手，如果面对的是世界上最糟糕的听众，那么他也没有丝毫的办法。你是在作演讲，还是在作一般的交谈，对方对你的印象绝对会有所不同，甚至截然相反。所以，从这一点说，了解对方的心理也是十分重要的。

有一次，我应邀为一群大学生进行人生方面的指导。在讲了一个小时之后，我跟他们谈起毕业后如何找工作的问题。但是我发现他们的热情并不高，甚至有人还呵欠连天，而当时关于这个话题的很多重要的东西还没有讲完。我当即换了一个话题，于是他们又都被我吸引住了。

很多说话高手都能够像读一本书一样读懂对方，从而洞察对方的心理是喜欢，还是反感、厌烦。他们试图从不同的角度、用不同的方法去做到这一点。有些人在讲话的同时试着读懂对方的心理，从他们的反应去调整方法或策略。

这么说也许你会觉得有些空泛。也许你会问我，什么是洞察对方的心理？用什么样的方法可以做到这一点呢？当我们读懂对方以后——比如说他们呵欠连天，我们应该做些什么呢？

观察对方的反馈

了解对方的心理最简单的一个方法就是了解他们的兴奋度。如果他们聚精会神地听你讲话，并且时不时地向你提出一些问题，对你也报以会心的微笑，这时候你应该感到幸福。这说明他们十分关注你，因为他们都显得非常兴奋。对讲话的人而言，这些热情高涨的听众的好处是，他们永远不会使你的努力失去作用。假如你运用了幽默，运用了恰当的修辞方法，你会收到应该收到的效果——如果你真的运用了正确的方法的话；相反，如果对方看起来萎靡不振，在你说话的时候呵欠连天，或者看起来真的很疲惫，对你说的话没有丝毫反应的话，那么你的努力可能都会白费。注意，有时候这不是你的问题，而是对方的问题。

你还可以观察对方的肢体语言。你可以看对方是不是在对你点头，那表示赞成；或者有没有在向上看着你，这表示对你很尊敬。他们也可能身体向前倾，在微笑，或者在椅子上不停地动来动去。这些非语言的肢体动作能够告诉你大量关于你讲话效果的信息——对方究竟对你的讲话抱着什么态度？是专心，还是失去了兴趣？是不耐心，还是尽量在克制自己？如此等等。

最后，你必须学会观察对方的表情。在大多数情况下，表情能够表明他现在想的是什么。比如，皱着眉头说明他可能有什么不懂的地方，或者正在对你的观点进行深入的思考——至于究竟是哪一种，需要你根据当时的情况来确定；如果露出了高兴的表情，他可能已经非常理解你所说的，并且表示赞成。

在面对多人讲话的场合中，不要根据你对一个人的观察来确定所有听众的态度，以免对这个人反应的深刻感受使你对所有人都作同样的判断。道理很简单——一个当然不能代表全体。

但是说话者往往会犯这样的错误。你可能看到其中一个人从一开始到最后从来没有笑过，也可能看到另外一个人从头到尾都皱着眉头，但是那只能说明他自己如此而已。你必须对所有人从整体上作一个判断，从而调整你说话的策略和方法。因为你面对的不是一个人，而是所有人。

另外，你作判断的时候必须考虑多种可能性，因为一个人的表情会很复杂，而且，导致一个表情的原因也很复杂。比如，如果他对你不那么友好，或者看起来不可一世，有可能他是一个知识水平很高的人；但是也有另外一种可能，那就是他恰好知道你所讲的东西，并且进行过深入细致的思考。这个时候，如果你换一个话题，那么他很有可能就不再会有那样的表情了。

采取对策

对那些很兴奋或有其他对我们来说有利的反应的对象，办法我已经说过了很多。但是如果是那些我们不希望看到的反应——比如说对方快睡着了——我们则必须像在急救室里的医生一样，对他进行“抢救”，这样才不会失败。

当你满眼都是很令人沮丧的表情时，我建议你最好先对他们进行一次诊断，给对方分一下更加细致的“级别”。因为针对对方不同“级别”的反应，我们需要采用不同的“急救”方法。

第一级，对方对你的讲话还有兴趣，只是他们看起来对于接受它还有点儿困难。对方还在听你说话，只是他们并不能完全理解你所说的东西，这是一个十分常见的问题。因为虽然我们强调要让对方明白你所说的话，但是大多数情况下，他们并不是那么快就能接受的。所以，这是一个稍作努力就能解决的问题。你只需要更加有耐心，对他们继续解释或者换一种方式说话。你可以从你的讲话中跳出来，问对方是否还需要你另外再举一个例子来进行说明，或者告诉他们接下来你要讲的将是十分重要的。另外，你还可以采用一些提问的方式来回答他们不懂的问题，或者引导他们进行思考。

第二级，对方对你的讲话不耐烦。也就是说，对方的注意力已经开始从你的说话上转移，分散到别的地方去了。他们或者经常往窗户外面看，或者不停地看表——可以说，他们只对你不感兴趣。他们对你的讲话已经不再像一开始那么兴奋，也不再那么激动。这可能是因为你谈话的时间太长了，或者你的讲话不那么有吸引力了。这时候你可以请他们站起来，稍微舒展一下身体，或者讲一个笑话，以吸引他们的注意力，并且注意尽量使你说话的内容显得有趣，或者对他们很有用。你必须抓紧机会，像一开始一样抓住对方的兴奋点——如果你的行动不能达到这样的效果的话，你将再一次失败。

第三级，对方快要睡着了。在听你讲话的过程中，对方看起来好像小孩一样，其中一些已经睡着了，一些处于半昏睡状态，而另外一些可能一片茫然。这是对给多人讲话而言，而如果是两人谈话，对方只可能是其中一种状态。如果这种糟糕的情况真的出现了的话，很遗憾，这说明你的讲话已经失败，或者至少濒临失败。你需要尽快做一些可以使对方兴奋起来的事情，从而再次吸引他们的注意力。你可以试着这么做：用激昂的语调讲出某件有可能让大家都感到气愤的事情，并敲击桌子；让你的麦克风对着扬声器，以使它发出刺耳的鸣声；将你的某件东西扔到地板上……需要注意的是，不论采取何种办法，你都必须表现得不像是你故意这么做的，不然的话对方可能会对你的做法感到反感。例如，当你说到“这就是人们用头去撞击墙壁的声音，因为他们对政府感到十分失望”的时候，你再适时地敲一敲桌子，一定会收到很好的效果。

为了不至于出现上面那种令人沮丧的局面，你需要使你讲话的内容确实符合对方的兴趣和需要，而且应该运用适当的说话技巧，比如说讲故事之类。另外，你最好能够使对方参与到你的谈话中来。

比如，你可以随时向他提出一个问题，或者询问他是否听懂了；在某些场合，你甚至可以请对方跟你一起做游戏。

你可以在讲话之后适当地回想一下，在你讲话的过程中对方都有些什么反应，然后在以后注意调整。